高等学校电子信息类规划教材·九五电子部重点教材·

传感器原理与应用

[第二版]

黄贤武　　郑筱霞　　编著

高 等 教 育 出 版 社

电子科技大学出版社

内 容 提 要

本书主要介绍各类传感器的工作机理、基本结构、相应的测量适配电路和较多的应用实例。全书共分十四章，第一章简介传感器的基本内容和概念；第二章至第四章简明介绍电阻、电容和电感型传感器；第五章至第八章详细介绍压电压磁式、热电式、光电效应式、光导（纤）式和磁敏式多种传感器原理及应用；第九章介绍气、湿敏式传感器；第十章以较多的篇幅介绍了红外、超声、核辐射和激光传感器（换能器）各种探测、转换技术及应用；第十一章介绍了数字式传感器；第十二章和第十三章分别介绍近代发展起来的生物传感器和智能传感器的原理、组成、应用以及今后发展的技术趋势；最后一章为读者提供正确使用传感器技术的方法。

该书涉及到的学科门类多，内容广泛，结构紧凑。在编写中突出传感器的工作机理和实用性。本书可作为电子工程、电子信息技术、自动控制、计算机应用技术、机械电子、电气、仪器仪表和医学影像、分子生物学等专业教学用书，也可作为相关工程技术人员的技术参考书。

图书在版编目（CIP）数据

传感器原理与应用／黄贤武，郑筱霞编著．—2版．北京：高等教育出版社；
成都：电子科技大学出版社，2004．3（2020.7重印）
高等学校电子信息类规划教材．九五电子部重点教材
ISBN 978—7—81065—063—2
Ⅰ．传…　Ⅱ．①黄…②郑…　Ⅲ．传感器—高等学校—教材　Ⅳ．TP212
中国版本图书馆CIP数据核字（2004）第031245号

高等学校电子信息类规划教材·九五电子部重点教材

传感器原理与应用

（第二版）

黄贤武　郑筱霞　编著

出　　版：高等教育出版社　　电子科技大学出版社（成都建设北路二段四号　邮编：610054）
责任编辑：唐雅邻
发　　行：电子科技大学出版社
主　　页：www．uestcp．com．cn
电子邮件：uestcp@uestcp．com．cn
经　　销：新华书店
印　　刷：成都金龙印务有限责任公司
开　　本：787mm×1092mm　1/16　印张　23.625　字数　570　千字
版　　次：2004年3月第二版
印　　次：2020年7月第33次印刷
书　　号：ISBN 978—7—81065—063—2
定　　价：48.50元

出 版 说 明

为做好全国电子信息类专业"九五"教材的规划和出版工作，根据国家教委《关于"九五"期间普通高等教育教材建设与改革的意见》和《普通高等教育"九五"国家级重点教材立项、管理办法》，我们组织各有关高等学校、中等专业、出版社，各专业教学指导委员会，在总结前四轮规划教材编审、出版工作的基础上，根据当代电子信息科学技术的发展和面向 21 世纪教学内容和课程体系改革的要求，编制了《1996—2000 年全国电子信息类专业教材编审出版规划》。

本轮规划教材是由个人申报，经各学校、出版社推荐，由各专业教学指导委员会评选，并由我部教材办商各专指委、出版社后，审核确定的。本轮规划教材的编制，注意了将教学改革力度较大、有创新精神、特色风格的教材和质量较高、教学适用性较好、需要修订的教材以及教学急需，尚无正式教材的选题优先列入规划。在重点规划本科、专科和中专教材的同时，选择了一批对学科发展具有重要意义，反映学科前沿的选修课、研究生课教材列入规划，以适应高层次专门人才培养的需要。

限于我们的水平和经验，这批教材的编审、出版工作还可能存在不少缺点和不足，希望使用教材的学校、教师、同学和广大读者积极提出批评和建议，以不断提高教材的编写、出版质量，共同为电子信息类专业教材建设服务。

电子工业部教材办公室

前　　言

本教材系按原电子工业部的《1996—2000 年全国电子信息类专业教材编审出版规划》，由应用电子技术专业教学指导委员会编审、确定为“九五”期间电子部重点规划教材，推荐出版。本教材由苏州大学工学院黄贤武教授、郑筱霞教授编著，东南大学无线电技术工程系杨吉祥教授担任主审，责任编委为上海大学胡平洋。

本教材的参考学时数为 54 ~ 72 学时，其主要内容是介绍传感器的基本概念，重点阐述传统的电阻、电容、电感、压电、热电、光电效应的敏感原理及其传感器的结构和应用，同时也详细介绍了气敏、湿敏、磁敏和辐射技术及传感器的机理、结构和应用。本教材的“九五”规划内容与“八五”规划内容比较，更详细地介绍了各类新型传感器，如光纤传感器、激光传感器、生物分子传感器、仿生传感器、超导传感器、智能传感器的原理与应用。这些传感器都是近年来随着相应学科的发展而发展起来的新一代传感器，它们对科学技术的现代化起着举足轻重的作用。这些学科本身就代表 21 世纪的科学技术，例如，生物分子技术就是生命科学中的 DNA 重组技术的一部分。又如智能传感器中的微加工(μm)技术是纳米技术的初级阶段，纳米技术实际上是分子和原子级加工、处理技术，它的发展对生物分子传感器的产生起着至关重要的作用。我们知道，信息科学、材料科学和生命科学是 21 世纪人类探索、改造自然的三大支柱科学，它们无不与传感器发展息息相关，因此，本教材重点介绍它们的原理与应用是非常必要的。本书最后一章简单介绍使用传感器的几个技术问题。

使用本教材时应注意：(1) 侧重讲清楚各类传感器的原理；(2) 结合本书的应用实例，培养学生使用各类传感器的使用技巧，指导学生学会对传感器各种相应电路进行设计；(3) 结合本教材的内容可选择本书附录所推荐的实验；(4) 根据各专业教学计划，可选择 54 学时或 72 学时的教学内容。若教学计划是 54 学时的，凡在章节标题后标注有可选择的内容可以不讲授。

本教材可作为电气工程、应用电子技术、自动控制、自动检测、机电一体化、计算机应用和通信工程等专业的教学用书和有关工程技术人员的参考资料。

本教材由黄贤武编写第一章、第六章至第十三章，郑筱霞编写第二章至第五章。参加审阅工作的还有何启才同志；电子科技大学出版社，特别是唐雅邻、周元勋编辑对本教材提出许多宝贵意见，付出了辛勤劳动，在此表示诚挚的感谢。由于编者水平有限，书中难免还存在一些缺点和错误，殷切希望广大读者批评指正。

黄贤武

1999 年 3 月

于苏州大学

再版前言

《传感器原理与应用》一书自1995年入选为全国高等学校电子信息类规划教材后，1999年又被评定为“九五”重点规划教材至今，相继出版发行了九万余册，已得到了全国广大高校教师、学生和相关工程技术人员的关注、支持和欢迎。为了使本书即时跟随当今科学技术的发展，与时俱进，在高等教育出版社和电子科技大学出版社共同促进下，本书由我和郑筱霞教授共同对本教材的内容、结构作了适当的调整、增删，进行了重新编写。重编后的《传感器原理与应用》可能对教学和阅读更为有利。我们借此，向在教学第一线的教师和工程技术人员，在过去几年中对本教材的关怀表示真诚的感谢；并诚请广大读者一如继往地对本教材提出建设性意见和批评，使该教材进一步成熟和完善。

本教材的教学参考学时数仍为54～72学时。教学时仍然坚持详细讲授电阻式、电容式、电感式、热电式、压电式、压磁式、光电式、光导（纤）式、磁敏式、激光和智能型传感器的机理（原理）、结构和应用的内容，注重对学生实际应用和设计能力的培养和训练。可以把上述内容列为第一重要层次。同时，也要给予气、湿敏式、数字式和生物传感器的讲授适当的课时数，可视专业情况和培养目标而定。

为了保持本教材的连续性和持久性，本版教材与前两轮教材相比较，其主要内容和结构体系未作大的变动；但作了如下几点调整和增减：① 取消了前两轮教材中的所谓新型传感器独立一章的做法。经几年的教学实践，认识到各类传感器随着科学技术的发展，每一类都已或将会出现新型传感器，因此，将它们分别归类到相关章节，这是合理的。② 有些章节增加了部分内容和应用实例，如增加了压磁式、图像等传感器。③ 将智能传感器另立一章，并重新编写。这是因为智能传感器是传感器今后的发展方向，必须引起我们的重视和关心。④ 力求在本版教材中达到更高质量，将各类差错降至最低点。

本教材的主要授体为电子工程、信息工程、自动控制、计算机应用、机械电子、电气、仪器仪表和医学影像、分子生物学等专业的高校学生和相关专业的工程技术人员。

本教材由黄贤武编写第一章、第六章至十四章，郑筱霞编写第二章至第五章。本教材能取得如此“业绩”，除了广大读者的支持之外，高等教育出版社及其电子科技大学出版社领导的关心，责任编辑唐雅邻、周元勋等同志认真负责的工作，辛勤的劳动是分不开的，在此我们表示诚挚的感谢。由于编者水平有限，书中难免还会存在一些缺点和错误，殷切希望广大读者批评指正。

黄贤武

2004年3月

于苏州大学

目　录

第一章　传感器的基本概念

在当今信息化时代发展过程中，各种信息的感知、采集、转换、传输和处理的功能器件——传感器或智能传感器，已经成为各个应用领域中不可缺少的重要技术工具。获取各种信息的传感器无疑“掌握”着这些领域和系统的命脉。

例如，在化工厂产品自动生产过程中，首先，进料时要自动对原料称重，分析原料成分或浓度，使它们按比例混合；混合后，在反应容器中自动反应，又必须测定容器中的压力和体积；如果是液体，还需要自动控制容器液位高度；然后，半成品在生产线(管道)中传输，需要自动控制传输速度或流量，这里必须使用液动或气动设备产生推动力，因而要检测压力或压强……最后成品自动分装还要称重。所有这些环节均需要使用各种传感器对相应的非电量进行检测和控制，使设备或系统自动、正常地运行在最佳状态，保证生产的高效率和高质量。

又如，在各种航天器上，都利用多种传感器测定和控制航天器的飞行参数、姿态和发动机工作状态，将传感器获取的种种信号再输送到各种测量仪表和自动控制系统，进行自动调节，使航天器按人们预先设计的轨道正常运行。

传感器是信息采集系统的首要部件，是实现现代化测量和自动控制(包括遥感、遥测、遥控)的主要环节，是现代信息产业的源头，又是信息社会赖以存在和发展的物质与技术基础。现在，传感技术与信息技术、计算机技术并列成为支撑整个现代信息产业的三大支柱，可以设想如果没有高度保真和性能可靠的传感器，没有先进的传感器技术，那么信息的准确获取就成为一句空话，信息技术和计算机技术就成了无源之水。目前，从宇宙探索、海洋开发、环境保护、灾情预报到包括生命科学在内的每一项现代科学技术的研究以及人民群众的日常生活等等，无一不与传感器和传感器技术紧密联系着。可见，应用、研究和开发传感器和传感器技术是信息时代的必然要求。因此，毫不夸张地说：没有传感器及其技术将没有现代科学技术的迅速发展。

第一节　传感器的定义与组成

关于传感器的定义，至今尚无一个比较全面的定义。不过，对以下提法，学者们似乎不持异议，传感器(Transducer 或 Sensor)有时亦被称为换能器、变换器、变送器或探测器。其主要特征是能感知和检测某一形态的信息，并将其转换成另一形态的信息。因此，传感器是指那些对被测对象的某一确定的信息具有感受(或响应)与检出功能，并使之按照一定规律转换成与之对应的有用输出信号的元器件或装置。当然这里的信息形式应包括电量或非电量的。在不少场合，人们将传感器定义为敏感于待测非电量并可将它转换成与之对应的电信号的元件、器件或装置的总称。当然，将非电量转换为电信号并不是惟一的形式。例如，可将一种形式的非电量转换成另一种形式的非电量(如将力转换成位移等)；另外，从发展的眼光来看，将非电量转换成光信号或许更为有利。

此外，人们从其功能出发，形象地将传感器定义为：所谓传感器，是指那些能够取代甚至超出人的“五官”，具有视觉、听觉、触觉、嗅觉和味觉等功能的元器件或装置。这里所说的“超出”是因为传感器不仅可应用于人无法忍受的高温、高压、辐射等恶劣环境，还可以检测出人类“五官”不能感知的各种信息(如微弱的磁、电、离子和射线的信息，以及远远超出人体“五官”感觉功能的高频、高能信息等)。

传感器一般是利用物理、化学和生物等学科的某些效应和机理按照一定的工艺和结构研制出来的。因此，传感器的组成的细节有较大差异，但是，总的来说，传感器应由敏感元件、转换元件和其他辅助部件组成，如图 1-1 所示。敏感元件是指传感器中能直接感受(或响应)与检出被测对象的待测信息(非电量)的部分。转换元件是指传感器中能将敏感元件所感受(或响应)出的信息直接转换成电信号的部分。例如，应变式压力传感器是由弹性膜片和电阻应变片组成。其中弹性膜片就是敏感元件，它能将压力转换成弹性膜片的应变(形变)；弹性膜片的应变施加在电阻应变片上，它能将应变量转换成电阻的变化量，电阻应变片就是转换元件。

应该指出的是，并不是所有的传感器都必须包括敏感元件和转换元件。如果敏感元件直接输出的是电量，它就同时兼为转换元件，因此，敏感元件和转换元件两者合一的传感器是很多的。例如，压电晶体、热电偶、热敏电阻、光电器件等都是这种形式的传感器。

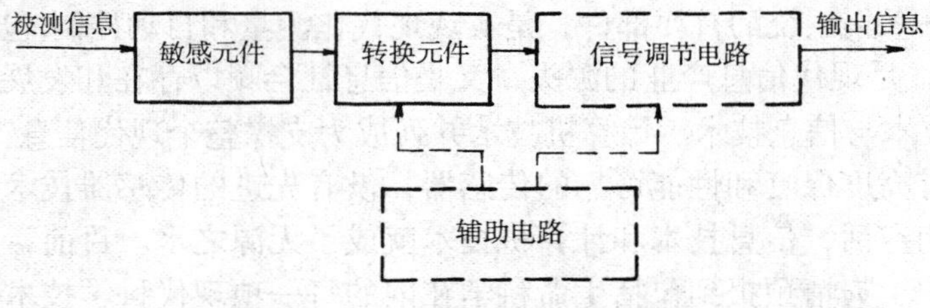

图 1-1　一般传感器组成框图

信号调节电路是能把转换元件输出的电信号转换为便于显示、记录、处理和控制的有用电信号的电路。辅助电路通常包括电源，即交、直流供电系统。

仅就目前而言，传感器应涉及传感器的机理、材料、制造工艺和应用等多项综合技术。

随着计算机科学、微电子学、人工智能以及微机械加工技术的发展，传感器的概念已超出图 1-1 所示的内容，这就是本书第十三章所介绍的智能传感器，因此，本书第十三章之前介绍的传感器就称为一般传感器；但是，这些传感器的内容是智能传感器的基础，是十分重要而必不可少的知识。

第二节　传感器的分类

传感器的品种很多，原理各异，检测对象门类繁多，因此其分类方法甚繁，至今尚无统一规定。人们通常是站在不同角度，作突出某一侧面来分类的。归纳起来有如下几种大家认可的分类法：

一、按工作机理分类

这种分类方法是以传感器的工作原理划分。将物理、化学和生物等学科的原理、规律、效应作为分类的依据。按传感器的工作机理的不同，又可以分为结构型、物性型和复合型三大类。

结构型传感器是利用物理学的定律等构成的，其性能与构成材料关系不大。这是一类利用其结构的几何尺寸(如厚度、角度、位置等)在被测量作用下随之发生变化，且能获得比例于被测非电量的电信号的敏感元器件或装置。例如用于测量压力位移、流量、温度的力平衡式、振弦式、电容式、电感式等传感器的均属该类。这类传感器开发得最早，至今仍然广泛应用于工业流程检测设备中。

物性型传感器是利用物质的某种和某些客观属性构成的，其性能与构成材料的不同而有明显区别。这是一类由其构成材料的物理特性、化学特性或生物特性直接敏感于被测非电量，并可将被测非电量转换成电信号的敏感元器件或装置。由于它的“敏感体”本来就是材料本身，故不存在显著的结构特征，也无所谓“结构变化”，所以这类传感器通常具有响应快的特点；又因为它多以半导体为敏感材料，故易于集成化、小型化、智能化，显然，这对于与微型计算机接口是有利的。所有半导体传感器，以及一切利用因环境发生变化而导致本身性能发生变化的金属、半导体、陶瓷、合金等制成的传感器都属于物性型传感器。

复合型传感器是指将中间转换环节与物性型敏感元件复合而成的传感器。之所以要采用中间环节，是因为在大量被测非电量中，只有少数(如应变、光、磁、热、水分和某些气体)可直接利用某些敏感材料的物质特性转换成电信号。所以，为了增加非电量的测量种类，就必须将不能直接转换成电信号的非电量变换成上述少数量中的一种，然后再利用相应的物性型敏感元件将其转换成电信号。可见，复合型传感器实际上是既具有将待测非电量先变换成中间信号的功能，又具有将该中间信号随即转换成电信号之功能的一类敏感元器件或装置。毫无疑问，这类传感器的性能不仅与物性型敏感元件的优劣及选用得当与否密切相关，而且还与中间转换环节设计的好坏及选用恰当与否关系甚大。目前，对某些信息的获取主要靠它来完成。

这种分类法的优点是对于传感器的工作原理分析得比较清楚，类别少，有利于传感器工作者从原理与设计上进行归纳性的分析和研究。本书的传感器就是按工作原理分类编写的。

二、按被测量分类

这种分类方法是按被测量的性质不同而划分。目前把被测量不同的传感器分为物理量传感器、化学量传感器和生物量传感器三大类。各类传感器又分为若干族，每一族又可分为若干组。按此种方法分类的传感器体系如表 1-1 所示。

表 1-1　按被测量分类法的传感器体系

类	族	组	具体传感器名称
物理量传感器	机械量传感器	物理机械量传感器	硬度传感器 粘度传感器 密度传感器 浊度传感器
		几何量传感器	表面粗糙度传感器 厚度传感器 形状传感器 容积传感器 面积传感器 角度传感器
		位置量传感器	物位传感器 姿态传感器
		流量传感器	体积流量传感器 质量流量传感器
		加速度传感器	冲击加速度传感器 角加速度传感器 振动加速度传感器 加速度传感器
		速度传感器	流速传感器 角速度(转速)传感器 线速度传感器 速度传感器
		力传感器 应变传感器	张力传感器 应力传感器 力矩传感器 荷重传感器 测力传感器
		压力传感器	负压(真空)传感器 动压传感器 静压传感器 绝对压力传感器 差压传感器 微压传感器
	热学量传感器	热导率传感器 热流传感器 温度传感器	
	光学量传感器	可见光传感器 红外线传感器 色传感器 激光传感器 图像传感器	

（续　表）

类	族	组	具体传感器名称
	磁学量传感器	磁场强度传感器 磁通密度传感器	
	电学量传感器	电流量传感器 电压传感器 电场传感器	
	声学量传感器	超声波传感器 声压传感器 噪声传感器 表面声波传感器	
	核辐射传感器	X 射线传感器 β射线传感器 γ射线传感器 辐射剂量传感器	
化学量传感器	气体传感器	气体分压传感器 气体浓度传感器	
	湿度传感器	露点传感器 水分传感器	
	离子传感器	离子活度传感器 离子浓度传感器 成分传感器 pH 传感器	
生物量传感器	生理量传感器	生理化学量传感器	血液成分传感器 激素传感器
		生理机械量传感器	心音传感器 血压传感器 气道阻力传感器 肌肉张力传感器
		体检生化量传感器	尿素传感器 血蛋白传感器
	微生物传感器	葡萄糖传感器 甲烷传感器 谷氨酸传感器 头孢菌素传感器 青霉素传感器 生化耗氧传感器	
	酶传感器		
	组织传感器		
	免疫传感器		

由于这种分类方法是按被测量命名传感器的，其优点是能明确地指出传感器的用途，便于使用者根据其用途选用；但是这种分类方法是将原理互不相同的传感器归为一类，很难找出每种传感器在转换机理上有何共性和差异，因此，对掌握传感器的一些基本原理及分析是不利的。

三、按敏感材料分类

这种分类方法是按制造传感器的材料分类。这也可分出很多种类：如半导体传感器、陶瓷传感器、光导纤维传感器、高分子材料传感器、金属传感器等等。这种分类方法是第一类分类方法的子集。

四、按能量的关系分类

根据能量关系分类，可将传感器分为有源传感器和无源传感器两大类。前者一般是将非电能量转换为电能量，称之为能量转换型传感器，也称为换能器。通常它们配有电压测量和放大电路，如压电式、热电式、压阻式等。无源传感器又称为能量控制型传感器。它本身不是一个换能装置，被测非电量仅对传感器中的能量起控制或调节作用。所以，它们必须具有辅助能源(电源)，这类传感器有电阻式、电容式和电感式等。无源传感器常用电桥和谐振电路等电路测量。

五、其他分类法

除以上几种常用的分类法外，还有按其用途分类、科目分类、功能分类、输出信号的性质分类等方法。

第三节　传感器的技术特点

传感器技术包括传感器的研究、设计、试制、生产、检测与应用。它已逐渐形成了一门相对独立的专门学科。与其他学科相比，它具有如下技术特点：

一、内容范围广且离散

传感器所涉及到的内容广而离散的特点主要体现在传感器技术可利用的物理学、化学、生物学、电子学等学科中的基础“效应”、“反应”、“机理”不仅为数甚多，而且它们往往彼此独立，甚至是完全不相关。

二、知识密集程度甚高、边缘学科色彩极浓

由于传感器技术是以材料的电、磁、光、声、热、力等功能效应和功能形态变换原理

为基础，并综合了物理学、化学、生物工程、微电子学、材料科学、精密机械、微细加工、试验测量等方面的知识和技术而形成的一门科学。由此可见，传感器技术是学科交叉应用极多，知识密集极高，与许多基础学科和专业工程学密切相关的一门技术就不难理解了。

三、技术复杂、工艺要求高

传感器的制造涉及了许多高新技术，如集成技术、薄膜技术、超导技术、微细或纳米加工技术、粘合技术、高密封技术、特种加工技术以及多功能化、智能化技术等。因此，传感器的制造工艺难度很大，要求很高。

四、功能优、性能好

传感器功能优良主要体现在其功能的扩展性好、适应性强。具体地说，传感器不但具备人类“五官”所具有的视、听、触、味觉功能，而且还能检测五官不能感觉到的信息，同时还能在人类无法忍受的高温、高压等恶劣环境下工作。性能好体现在传感器的量程宽、精度高、可靠性好等方面。

五、品种繁多、应用广泛

由于现代信息系统中待测的信息(待测量)很多，而且一种待测量往往可用几种传感器来测量，因此，传感器产品品种极为庞杂、繁多。

传感器的应用范围很广。从航天、航空、兵器、船舟、交通、冶金、机械、电子、化工、轻工、能源、环保、煤炭、石油、医疗卫生、生物工程、宇宙开发等领域至农、林、牧、副、渔业，甚至人们日常生活的各个方方面面，几乎无处不使用传感器，无处不需要传感器技术。

第四节　传感器的数学模型概述

从系统角度来看，一种传感器就是一种系统。根据系统工程学理论，一个系统总可以用一个数学方程式或函数来描述。即用某种方程式或函数表征传感器的输出和输入间的关系和特性，从而，用这种关系指导对传感器的设计、制造、校正和使用。通常从传感器的静态输入-输出关系和动态输入-输出关系两方面建立数学模型，有些系统的数学模型是可以准确地用数学解析方式建立，但是有些系统是难以准确地建立一个模型。在工程上，总是采用一些近似方法建立起系统的初步模型，然后，经过反复模拟试验确立系统的最终数学模型，这种方法同样适用传感器数学模型的建立。下面介绍传感器静态和动态数学模型的一般描述方法。

一、静态模型

静态模型是指在静态信号(输入信号不随时间变化的量)情况下，描述传感器输出与输入量间的一种函数关系。如果不考虑蠕动效应和迟滞特性，传感器的静态模型一般可用多项式来表示：

$$y=a_0+a_1x+a_2x^2+\cdots+a_nx^n \tag{1-1}$$

式中 x——输入量；

y——输出量；

a_0——零位输出；

a_1——传感器线性灵敏度，常用 K 或 S 表示；

a_2，…，a_n——非线性项的待定系数。

传感器的静态模型有三种有用的特殊形式：

$$y=a_1x \tag{1-2}$$

$$y=a_1x+a_2x^2+a_4x^4+\cdots \tag{1-3}$$

$$y=a_0+a_1x+a_3x^3+a_5x^5+\cdots \tag{1-4}$$

式(1-2)表示传感器的输出和输入量呈严格的线性关系，式(1-3)和(1-4)则均为非线性关系。

二、动态模型

动态模型是指传感器在准动态信号或动态信号(输入信号随时间而变化的量)作用下，描述其输出和输入信号的一种数学关系。动态模型通常采用微分方程和传递函数等来描述。

1. 微分方程

绝大多数传感器都属模拟(连续变化)系统之列。描述模拟系统的一般方法是采用微分方程。在实际的模型建立过程中，一般采用线性时不变系统理论描述传感器的动态特性，即用线性常系数微分方程表示传感器输出量 y 和输入量 x 的关系。其通式如下：

$$a_n\frac{\mathrm{d}^ny}{\mathrm{d}t^n}+a_{n-1}\frac{\mathrm{d}^{n-1}y}{\mathrm{d}t^{n-1}}+\cdots+a_1\frac{\mathrm{d}y}{\mathrm{d}t}+a_0y=b_m\frac{\mathrm{d}^mx}{\mathrm{d}t^m}+b_{m-1}\frac{\mathrm{d}^{m-1}x}{\mathrm{d}t^{m-1}}+\cdots+b_1\frac{\mathrm{d}x}{\mathrm{d}t}+b_0x \tag{1-5}$$

式中 a_n，a_{n-1}，…，a_0 和 b_m，b_{m-1}，…，b_0 为传感器的结构参数(常量)。对于传感器，除 $b_0\neq0$ 外，一般取 b_1，b_2，…，b_m 为 0。

对于复杂的系统，其微分方程的建立求解都是很困难的；但是，一旦求解出微分方程的解就能分清其暂态响应和稳定响应。为了求解的方便，常采用拉普拉斯变换(简称拉氏变换)将式(1-5)变为算子 S 的代数式或采用下面将要介绍的传递函数研究传感器动态特性。

2. 传递函数

如果 $y(t)$在 $t\leqslant0$ 时，$y(t)=0$，则 $y(t)$的拉氏变换可定义为

$$Y(S)=\int_0^\infty y(t)\mathrm{e}^{-St}\mathrm{d}t \tag{1-6}$$

式中 $S=\sigma+\mathrm{j}\omega$，$\sigma>0$。

对式(1-5)两边取拉氏变换，则得

$$Y(S)(a_nS^n+a_{n-1}S^{n-1}+\cdots+a_0)=X(S)(b_mS^m+b_{m-1}S^{m-1}+\cdots+b_0)$$

我们定义输出 $y(t)$的拉氏变换 $Y(S)$和输入 $x(t)$的拉氏变换 $X(S)$的比为该系统的传递函数

$H(S)$:

$$H(S)=\frac{Y(S)}{X(S)}=\frac{b_m S^m+b_{m-1}S^{m-1}+\cdots+b_0}{a_n S^n+a_{n-1}S^{n-1}+\cdots+a_0} \tag{1-7}$$

对 $y(t)$进行拉氏变换的初始条件是 $t\leqslant 0$，$y(t)=0$。这对于传感器被激励之前所有的储能元件如质量块、弹性元件、电气元件等均符合上述初始条件。从式(1-7)可知，它与输入量 $x(t)$无关，只与系统结构参数 a_i，b_j $(i=1，2，\cdots，n；j=1，2，\cdots，m)$有关。因此，$H(S)$可以简单而恰当地描述其输出与输入关系。

只要知道 $Y(S)$，$X(S)$，$H(S)$三者中任意两者，第三者便可方便地求出。这时可见，无需了解复杂系统的具体内容，只要给系统一个激励信号 $x(t)$，便可得到系统的响应 $y(t)$，系统特性就能被确定。它们可用图 1-2(*a*)框图表示。

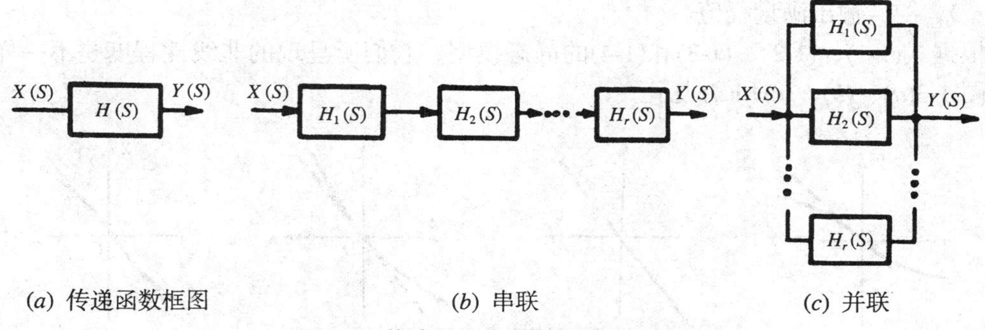

图 1-2　传感器的传递函数框图表示法

对于多环节串、并联组成的传感器，如果各个环节阻抗匹配适当，可忽略相互间的影响，则传感器的等效传递函数可按下列代数方式求得：

若传感器由 r 个环节串联而成，如图 1-2(*b*)所示，其等效传递函数为

$$H(S)=H_1(S)*H_2(S)*\ \cdots\ *H_r(S) \tag{1-8}$$

若传感器由 p 个环节并联而成，如图 1-2(*c*)所示，其等效传递函数为

$$H(S)=H_1(S)+H_2(S)+\ \cdots\ +H_p(S) \tag{1-9}$$

其中 $H_i(S)$ $(i=1，2，\cdots，p)$为各个环节的传递函数。

第五节　传感器的基本特性

传感器所测量的非电量一般有两种形式：一种是稳定的，即不随时间变化或变化极其缓慢，称为静态信号；另一种是随时间变化而变化，称为动态信号。由于输入量的状态不同，传感器所呈现出来的输入-输出特性也不同，因此存在所谓的静态特性和动态特性。为了降低或消除传感器在测量控制系统中的误差，传感器必须具有良好的静态和动态特性，才能使信号(或能量)按规律准确地转换。

一、静态特性

传感器的静态特性主要由下列几种性能来描述：

1. 线性度

所谓传感器的线性度就是其输出量与输入量之间的实际关系曲线偏离直线的程度。又称为非线性误差。非线性误差可用下式表示：

$$E = \pm \frac{\Delta_{\max}}{Y_{FS}} \times 100\% \tag{1-10}$$

式中 $\Delta_{\max}$——输出量和输入量实际曲线与拟合直线之间的最大偏差；

Y_{FS}——输出满量程值。

根据式(1-1)、(1-2)、(1-3)和(1-4)的静态模型，它们所呈现的非线性程度是不一样的，可用图 1-3(*a*)、(*b*)、(*c*)和(*d*)表示。

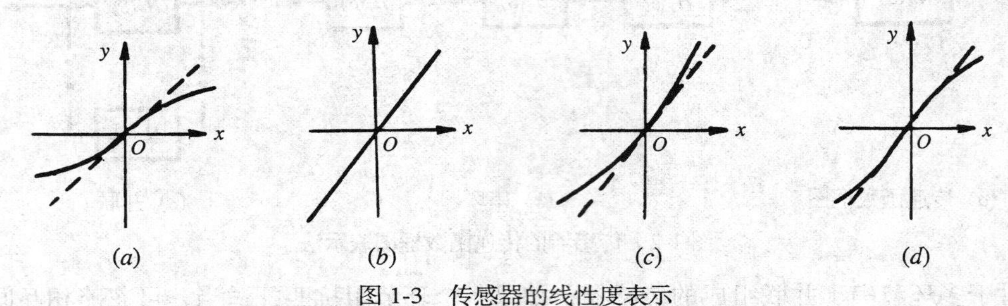

图 1-3 传感器的线性度表示

从图 1-3 可以看到，具有奇次方多项式模型的传感器在相当大的输入范围内有较宽的准线性。图(*b*)为理想线性特性，绝大多数传感器都不具备如此特性，即都存在非线性。在使用非线性传感器时，为了直观显示，便于使用，因此，必须对传感器输出特性进行线性处理。常用的方法有理论直线法、端点线法、割线法和切线法、最小二乘法和计算程序法等，具体的线性化方法将在第十四章详细介绍。

2. 灵敏度

传感器的灵敏度是其在稳态下输出增量Δy与输入增量Δx的比值，常用S_n来表示。即

$$S_n = \frac{\Delta y}{\Delta x} \tag{1-11}$$

对于线性传感器，其灵敏度就是它的静态特性的斜率，如图 1-4(*a*)所示，即

$$S_n = \frac{y - y_0}{x}$$

非线性传感器的灵敏度是一个变量，如图 1-4(*b*)所示，即用$\frac{\mathrm{d}y}{\mathrm{d}x}$表示传感器在某一工作点的灵敏度。

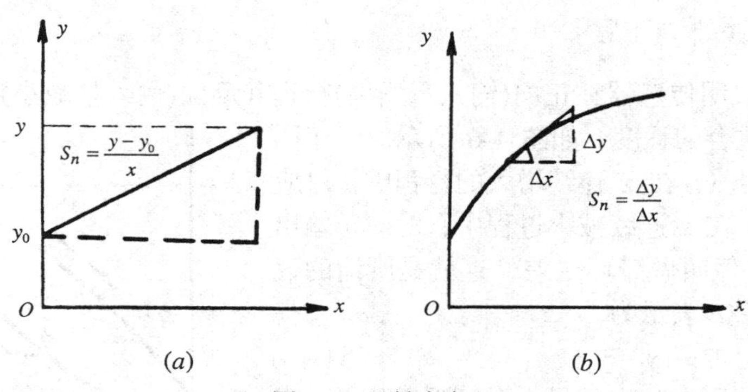

图 1-4　灵敏度定义

3. 重复性

重复性表示传感器在输入量按同一方向作全量程多次测试时，所得其输出特性曲线不一致性的程度(见图1-5)。多次按相同输入条件测试的输出特性曲线越重合，其重复性越好，误差也越小。传感器输出特性的不重复性主要由传感器机械部分的磨损、间隙、松动、部件的内摩擦、积尘以及辅助电路老化和漂移等原因产生。

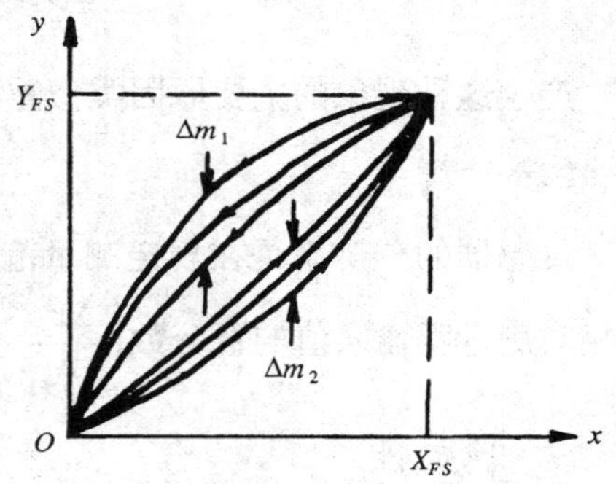

图 1-5　重复性

不重复性可以采用下式的极限误差式表示：

$$E_x=\pm\frac{\varDelta_{\max}}{Y_{FS}}\times100\% \tag{1-12}$$

式中　$\varDelta_{\max}$——输出最大不重复误差；

Y_{FS}——满量程输出值。

但是，不重复性误差一般属于随机误差性质，按极限误差公式计算是不太合理的。那么，不重复性如何得到？一般不重复性误差是通过校准测得。根据随机误差的性质，校准数据的离散程度随校准次数不同而不同，其最大偏差值也不一样。因此，重复性误差 E_x 可按下式计算：

$$E_x=\pm\frac{(2\sim3)\hat{\sigma}}{Y_{FS}}\times100\% \tag{1-13}$$

式中 $\hat{\sigma}$ 为标准偏差。

如果误差服从高斯分布，标准偏差可以按贝塞尔公式计算：

$$\hat{\sigma}=\sqrt{\frac{\sum_{i=1}^{n}(y_i-\bar{y})^2}{n-1}} \tag{1-14}$$

式中　y_i——某次测量值；

$\bar{y}$——各次测量值的平均值，$\bar{y}=\frac{\sum_{i=1}^{n}y_i}{n}$；

n——测量次数。

4. 迟滞(回差滞环)现象

迟滞特性能表明传感器在正向(输入量增大)行程和反向(输入量减小)行程期间，输出-输入特性曲线不重合的程度，如图 1-6 所示。对于同一大小的输入信号 x，在 x 连续增大的行程中，对应某一输出量为 y_i，在 x 连续减小过程中，对应于输出量为 y_d 之间的差值叫做滞环误差，这就是所谓的迟滞现象。该误差用 E 表示为

$$E = |y_i - y_d| \tag{1-15}$$

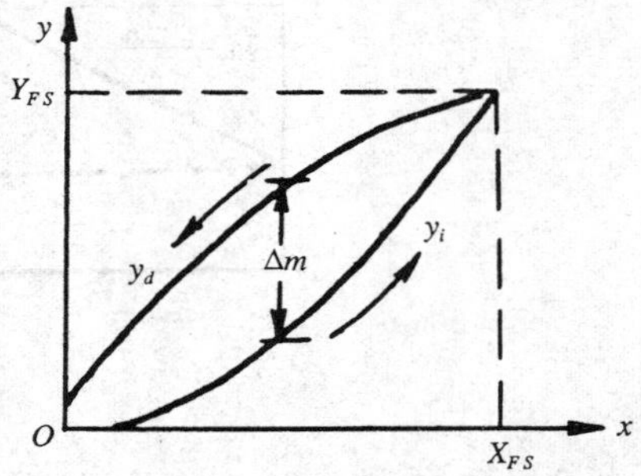

图 1-6 迟滞现象

在整个测量范围内产生的最大滞环误差用 Δm 表示，它与满量程输出值 Y_{FS} 的比值称为最大滞环率 E_{max}，即

$$E_{max} = \frac{\Delta m}{Y_{FS}} \times 100\% \tag{1-16}$$

产生这种现象的主要原因类似重复误差的原因。

5. 分辨率

传感器的分辨率是在规定测量范围内所能检测输入量的最小变化量 Δx_{min}。有时也用该值相对满量程输入值的百分数 $\left(\frac{\Delta x_{min}}{X_{FS}} \times 100\%\right)$ 表示。

6. 稳定性

稳定性有短期稳定性和长期稳定性之分。对于传感器常用长期稳定性描述其稳定性。所谓传感器的稳定性是指在室温条件下，经过相当长的时间间隔，如一天、一月或一年，传感器的输出与起始标定时的输出之间的差异。因此，通常又用其不稳定度来表征传感器输出的稳定程度。

7. 漂移

传感器的漂移是指在外界的干扰下，输出量发生与输入量无关的、不需要的变化。漂移包括零点漂移和灵敏度漂移等。

零点漂移或灵敏度漂移又可分为时间漂移和温度漂移。时间漂移是指在规定的条件下，零点或灵敏度随时间的缓慢变化。温度漂移为环境温度变化而引起的零点或灵敏度的漂移。

二、动态特性

1. 传感器的动态特性和误差概念

传感器的动态特性是传感器在测量中非常重要的问题，它是传感器对输入激励的输出响应特性。一个动态特性好的传感器，随时间变化的输出曲线能同时再现输入随时间变化的曲线，即输出-输入具有相同类型的时间函数。在动态的输入信号情况下，输出信号一般来说不会与输入信号具有完全相同的时间函数，这种输出与输入间的差异就是所谓的动态

误差。不难看出，有良好的静态特性的传感器，未必有良好的动态特性。这是由于在动态(快速变化)的输入信号情况下，要有较好的动态特性，不仅要求传感器能精确地测量信号的幅值大小，而且需要能测量出信号变化过程的波形，即要求传感器能迅速准确地响应信号幅值变化和无失真地再现被测信号随时间变化的波形。

影响动态特性的“固有因素”任何传感器都有，只不过表现形式和作用程度不同而已。研究传感器的动态特性主要是为了从测量误差角度分析产生动态误差的原因以及提出改善措施。具体研究时，通常从时域或频域两方面采用瞬态响应法和频率响应法来分析。

由于激励传感器信号的时间函数是多种多样的，在时域内研究传感器的响应特性，同自动控制系统分析一样，只能通过几种特殊的输入时间函数，如阶跃函数、脉冲函数和斜坡函数等来研究其响应特性。在频域内通常利用正弦函数研究传感器的频率响应特性。为了便于比较或评价，或动态定标，最常用的输入信号为阶跃信号和正弦信号。因此，对应的方法为阶跃响应法和频率响应法。

2. 阶跃响应

当给静止的传感器输入一个单位阶跃函数信号

$$u(t)=\begin{cases}0, & t\leqslant 0\\ 1, & t>0\end{cases} \tag{1-17}$$

时，其输出特性称为阶跃响应特性。衡量阶跃响应特性的几项指标如图 1-7 所示。

(1) 最大偏离量σ_p

最大偏离量就是响应曲线偏离阶跃曲线的最大值，常用百分数表示。当稳态值为 1，则最大百分比偏离量$\sigma_p=\dfrac{y(t_p)-y(\infty)}{y(\infty)}\times 100\%$。

最大偏离量能说明传感器的相对稳定性。

(2) 延滞时间 t_d

t_d是阶跃响应达到稳态值的 50%所需要的时间。

(3) 上升时间 t_r

它有几种定义：

① 响应曲线达到稳态值的 10% ~ 90%所需要的时间；

② 响应曲线达到稳态值的 5% ~ 95%所需要的时间；

③ 响应曲线从零上升到第一次到达稳态值所需要的时间。

对有振荡的传感器常用③，对无振荡的传感器常用①描述。

(4) 峰值时间 t_p

响应曲线到达第一个峰值所需要的时间。

(5) 响应时间 t_s

响应曲线衰减到与稳态值之差不超过±5%或±2%时所需要的时间，有时称为过渡过程时间。

上述是时域响应的主要指标。对于一个传感器，并非每一个指标均要提出，往往只要提出几个被认为是重要的性能指标就可以了。

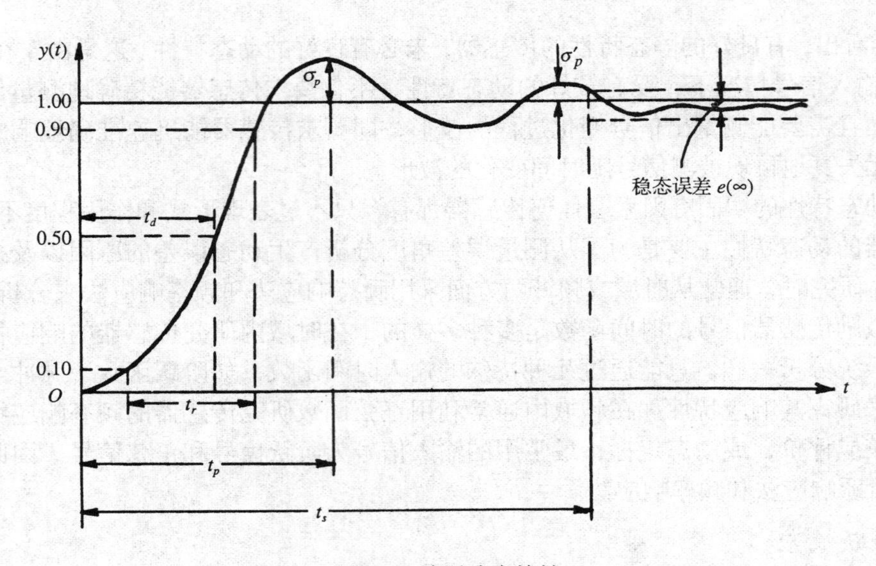

图 1-7　阶跃响应特性

由于传感器的动态参数测量的特殊性，如果不注意控制这些误差，将会导致严重的测量误差。为了深入了解其特殊性，下面以测量水温的实际过程为例进行讨论。用一只热电偶测量某一容器的液体温度 T ℃，若环境温度为 T_0℃，把置于环境温度之中的热电偶立即放入容器中(设 $T > T_0$)，这时热电偶的测量参数发生突变，即从 T_0 突然变化到 T；但热电偶并不能立即从 T_0℃上升到 T℃，而是如图 1-8 所示，逐渐地从 T_0 上升到 T 值。热电偶的温度从 T_0℃上升到 T℃，经历了时间 $t_0 \to t$ 的过渡过程。如果不注意到这一过程，测温结果必定会产生很大的误差。从 $t_0 \to t$ 的过程中，测试曲线终值与温度从 $T_0 \to T$ 的阶跃波形存在差值，这个差值就是动态误差。显然，这是由热电偶对动态参数(T_0℃→T℃)适应性能(响应)所产生的。总的来说，产生动态误差的原因，一方面是激励信号的变化，另一方面是由于传感器测量电路、机械惯性、延时等原因而产生。

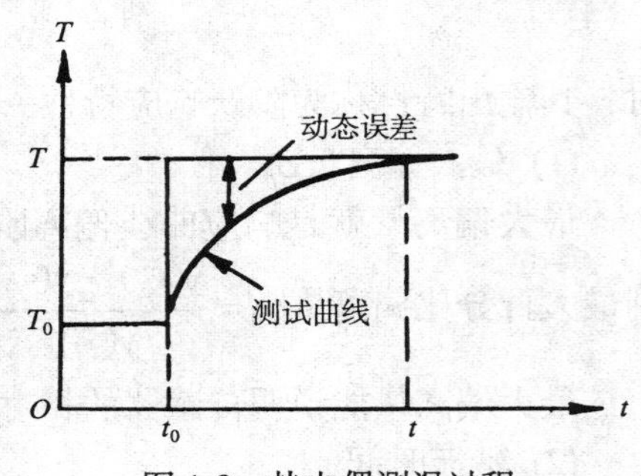

图 1-8　热电偶测温过程

3. 频率响应特性

在定常线性系统中，根据《信号与系统》一书的知识，拉氏变换是广义的傅氏变换，取 $S = \sigma + \mathrm{j}\omega$中的$\sigma = 0$，则 $S = \mathrm{j}\omega$，即拉氏变换局限于 S 平面的虚轴，则得到傅氏变换，那么，式(1-6)变为

$$Y(\mathrm{j}\omega) = \int_0^\infty y(t)\mathrm{e}^{-\mathrm{j}\omega t}\mathrm{d}t \tag{1-18}$$

同样有

$$X(\mathrm{j}\omega) = \int_0^\infty x(t)\mathrm{e}^{\mathrm{j}\omega t}\mathrm{d}t$$

则

$$H(\mathrm{j}\omega)=\frac{Y(\mathrm{j}\omega)}{X(\mathrm{j}\omega)}=\frac{b_m(\mathrm{j}\omega)^m+b_{m-1}(\mathrm{j}\omega)^{m-1}+\cdots+b_0}{a_n(\mathrm{j}\omega)^n+a_{n-1}(\mathrm{j}\omega)^{n-1}+\cdots+a_0} \tag{1-19}$$

$H(\mathrm{j}\omega)$称为传感器的频率响应函数(频率响应)。

频率响应函数 $H(\mathrm{j}\omega)$是一个复函数，它可以用指数形式表示，即

$$H(\mathrm{j}\omega)=\frac{Y(\mathrm{j}\omega)}{X(\mathrm{j}\omega)}=\frac{Y}{X}\mathrm{e}^{\mathrm{j}\phi}=A(\omega)\mathrm{e}^{\mathrm{j}\phi} \tag{1-20}$$

式中 $A(\omega)=|H(\mathrm{j}\omega)|=\frac{Y}{X}$，即

$$A(\omega)=|H(\mathrm{j}\omega)|=\sqrt{[H_R(\omega)]^2+[H_I(\omega)]^2} \tag{1-21}$$

称为传感器的幅频特性，也称为传感器的动态灵敏度(或增益)。$A(\omega)$表示传感器的输出与输入的幅度比值随频率而变化的大小。

若以 $H_R(\omega)=\mathrm{Re}\left[\frac{Y(\mathrm{j}\omega)}{X(\mathrm{j}\omega)}\right]$，$H_I(\omega)=\mathrm{In}\left[\frac{Y(\mathrm{j}\omega)}{X(\mathrm{j}\omega)}\right]$分别为 $H(\mathrm{j}\omega)$的实部和虚部，则频率特性的相位角

$$\Phi(\omega)=\mathrm{tg}^{-1}\left[\frac{H_I(\omega)}{H_R(\omega)}\right]=\mathrm{tg}^{-1}\left\{\frac{\mathrm{In}\left[\frac{Y(\mathrm{j}\omega)}{X(\mathrm{j}\omega)}\right]}{\mathrm{Re}\left[\frac{Y(\mathrm{j}\omega)}{X(\mathrm{j}\omega)}\right]}\right\} \tag{1-22}$$

对于传感器，$\Phi(\omega)$通常为负的，表示传感器输出滞后于输入的相位角度，而且Φ 随ω 而变，故称之为传感器的相频特性。由于相频特性与幅频特性之间有一定的内在关系，所以，研究传感器的频域特性时主要用幅频特性。

4. 传感器的频率响应分析举例

图 1-9 所示为一只由弹簧阻尼器组成的机械压力传感器，系统输入量为 $F(t)=Kx(t)$，系统输出量为位移 $y(t)$。根据牛顿第二定律，可列出系统原始方程式为

$$f_C+f_K=F(t)$$

式中 f_C——阻尼器摩擦力，$f_C=C\frac{\mathrm{d}y(t)}{\mathrm{d}t}$；

f_K——弹簧力，$f_K=Ky(t)$。

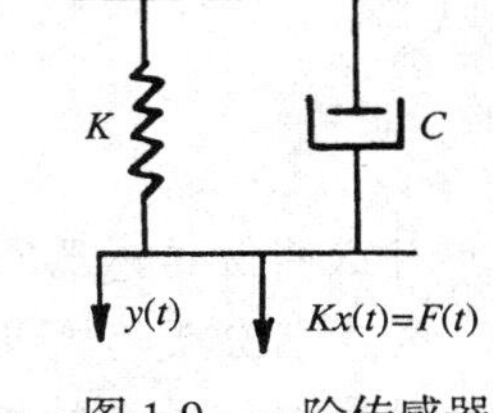

图 1-9　一阶传感器

该系统可写为

$$C\frac{\mathrm{d}y(t)}{\mathrm{d}t}+Ky(t)=Kx(t)$$

式中 K 为弹簧刚度；C 为阻尼系数。该压力传感器为一阶传感器。

两边除以 K 得

$$\frac{C}{K}\frac{\mathrm{d}y(t)}{\mathrm{d}t}+y(t)=x(t)$$

其传递函数为

$$H(S)=\frac{1}{\frac{C}{K}S+1}=\frac{1}{\tau S+1}$$

式中$\tau=\frac{C}{K}$为时间常数。

其频率响应函数$H(\mathrm{j}\omega)$、幅频特性$A(\omega)$、相频特性$\Phi(\omega)$分别为

$$H(\mathrm{j}\omega)=\frac{1}{\tau(\mathrm{j}\omega)+1} \tag{1-23}$$

$$A(\omega)=\frac{1}{\sqrt{1+(\omega\tau)^2}} \tag{1-24}$$

$$\Phi(\omega)=-\mathrm{arctg}(\omega\tau) \tag{1-25}$$

图 1-10 为一阶传感器的频率响应特性曲线。从式(1-24)、(1-25)和图 1-10 看出，时间常数τ越小，频率特性越好。

当$\omega\tau \ll 1$时，$A(\omega)=1$，说明传感器输出与输入为线性关系；当$\Phi(\omega)$很小时，则$\mathrm{tg}\Phi=\mathrm{tgarctg}\,|H(\mathrm{j}\omega)|\approx\Phi$，$\Phi(\omega)\approx\omega\tau$，所以相位差与频率$\omega$成线性关系。这时保证测试是无失真的，$y(t)$能真实地反映输入$x(t)$的变化规律。至于二阶以及二阶以上的传感器这里不作进一步分析。

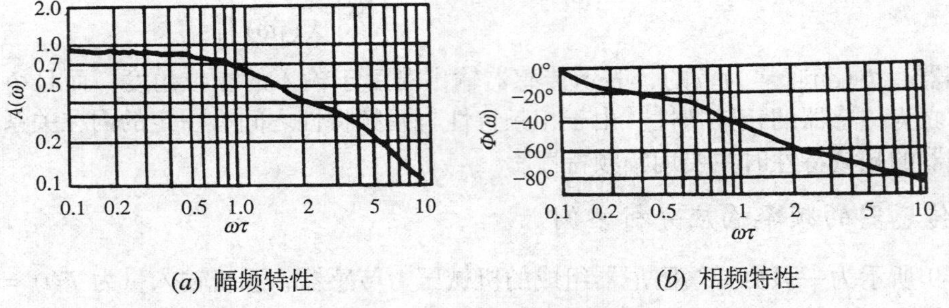

(a) 幅频特性　　　　(b) 相频特性

图 1-10　一阶传感器的频率特性

习题与思考题

1. 什么叫做传感器？它由哪几部分组成？它们的作用及相互关系怎样？
2. 传感器分类有哪几种？它们各适合在什么情况下使用？
3. 传感器的静态特性由哪些性能指标描述？它们一般用何公式表示？
4. 什么是传感器的动态特性？其分析方法有哪几种？
5. 传感器数学模型的一般描述方法有哪些？为什么说建立其模型是必要又是困难的？
6. 试分析$A\frac{\mathrm{d}y(t)}{\mathrm{d}t}+By(t)=Cx(t)$传感器系统的频率响应特性。

第二章　电阻式传感器

电阻式传感器是将非电量(如力、位移、形变、速度和加速度等)的变化量，变换成与之有一定关系的电阻值的变化，通过对电阻值的测量达到对上述非电量测量的目的。电阻式传感器主要分为两大类：电位计(器)式电阻传感器以及应变式电阻传感器。前者分为线绕式和非线绕式两种，它们主要用于非电量变化较大的测量场合；后者分为金属应变片和半导体应变片，它们用于测量变化量相对较小的情况，其灵敏度较高。

第一节　电位器式电阻传感器

一、线绕式电位器传感器

1. 线绕电位器结构和工作原理

线绕电位器式传感器的工作原理，可由图 2-1 来说明。若线绕电位器的绕线截面积均匀，则其电阻值变化均匀(线性)。图 2-1 中的 U_i 为工作电压，U_o 为负载电阻 R_L 两端的输出电压，x 为线绕电位器电刷移动的长度，L 为其总长度，总电阻值为 R，对应于电刷移动量 x 的电阻值为 R_x。

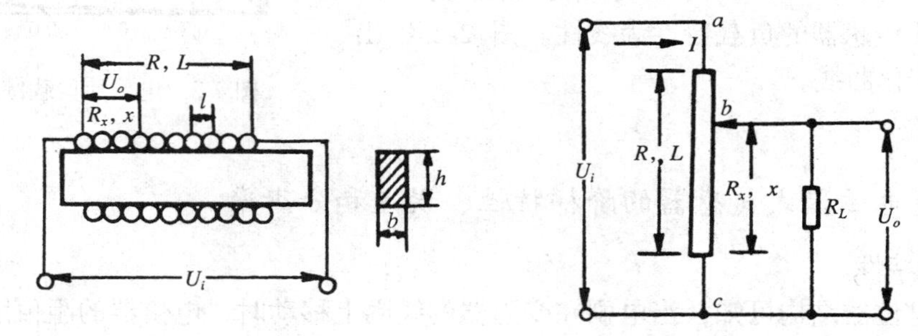

图 2-1　工作原理图

若电位器为空载($R_L=\infty$)时，根据分压原理得

$$U_o = U_i \frac{R_x}{R} \tag{2-1}$$

而对应的电阻变化为

$$\frac{R_x}{R} = \frac{x}{L}, \quad R_x = R\frac{x}{L} = S_R x \tag{2-2}$$

将式(2-2)代入式(2-1)得

$$U_o = U_i \frac{x}{L} = S_V x \tag{2-3}$$

式中 $S_R = \frac{R}{L}$，$S_V = \frac{U_i}{L}$ 为线绕电位器的电阻和电压灵敏度，它们分别表明了电刷单位位移所能引起的输出电阻和输出电压的变化量。S_R，S_V 均为常数。上述分析表明，改变测量电阻值 R_x 所引起输出电压 U_o 的变化为线性变化。

若电位器的负载电阻 $R_L \neq 0$，则输出电压 U_o 应为

$$U_o = I\frac{R_L R_x}{R_L + R_x} = \frac{U_i}{\dfrac{R_x R_L}{R_x + R_L} + (R - R_x)} \frac{R_L R_x}{R_x + R_L} = \frac{U_i R_x R_L}{R_L R + R_x R - R_x^2} \tag{2-4}$$

设 $r = \frac{R_x}{R}$，$K_L = \frac{R_L}{R}$，$X_R = \frac{x}{L}$，$Y = \frac{U_o}{U_i}$，用诸相对量代入式(2-4)得

$$Y = \frac{r}{1 + \dfrac{r}{K_L} - \dfrac{r^2}{K_L}} = \frac{X_R}{1 + \dfrac{X_R}{K_L} - \dfrac{X_R^2}{K_L}} \tag{2-5}$$

式中 r——电阻的相对变化；

K_L——电位器负载系数的倒数；

X_R——电刷的相对行程；

Y——电位计相对输出电压。

式(2-5)是电位器式传感器负载特性的一般形式。当负载电阻 $R_L \neq 0$ 时，Y 与 r 为非线性关系，则线绕电位器式传感器的负载特性为非线性。当 $K_L = \frac{R_L}{R} \to \infty$，即负载 $R_L \to \infty$ 时，$Y \to r$，U_o 与 x 才满足线性关系，则线绕电位器式传感器的负载特性为线性。图 2-2 给出了负载特性变化曲线。

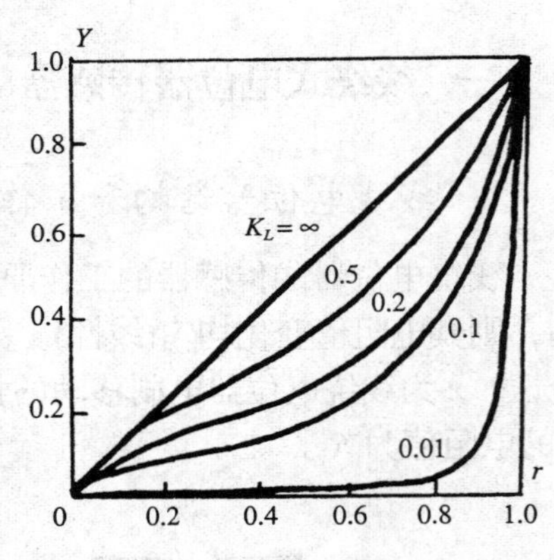

图 2-2 电位计负载特性曲线

2. 线绕电位器式传感器的阶梯特性、误差和分辨率

(1) 阶梯特性。

由线绕电位器结构可知，当电刷在变阻器的线圈上移动时，电位器的阻值随电刷从一圈移动到另一圈是不连续变化的，故输出电压 U_o 也不连续变化，而是阶跃式地变化。电刷每移动一匝线圈使输出电压产生一次跳动，移动 n 匝，则使输出电压产生 n 次电压阶跃，其阶跃值为

$$\Delta U = \frac{U_o}{n} \tag{2-6}$$

当电刷从$(m-1)$匝移至 m 匝时，电刷瞬间使两相邻匝线短接(使电位器总匝数减少了一匝，为$(n-1)$匝)，在每一个电压阶跃中产生一次小阶跃(参见图 2-3)，这个小阶跃电压ΔU_n 为

$$\Delta U_n = \frac{U_o}{n-1}m - \frac{U_o}{n}m = \frac{m}{n(n-1)}U_o \tag{2-7}$$

线绕的线性电位器实际输出特性如图 2-3(*a*)所示。由图可知，$\Delta U = \Delta U_n + \Delta U_r$。

工程上总是将真实输出特性理想化为图 2-3(*b*)所示的阶梯状特性曲线，这样，给使用带来方便。

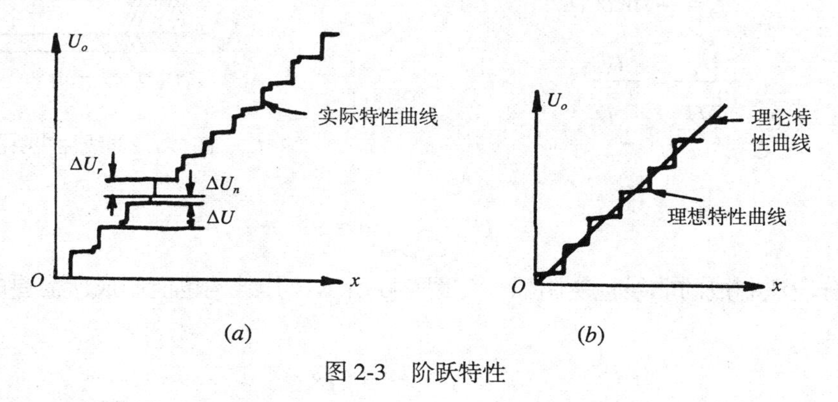

图 2-3 阶跃特性

(2) 电压分辨率。

线绕电位器的电压分辨率是指在电刷行程内电位计输出电压阶梯的最大值与最大输出电压之比的百分数。

对于具有理想阶梯特性线绕电位计，其理想的电压分辨率为

$$R_e = \frac{\frac{U_o}{n}}{U_o} \times 100\% = \frac{1}{n} \times 100\% \tag{2-8}$$

从电位器的电刷行程来说，又有行程分辨率，其表达式为

$$R_e = \frac{\frac{L}{n}}{L} \times 100\% = \frac{1}{n} \times 100\% \tag{2-9}$$

(3) 阶梯误差。

理论特性曲线就是图 2-3(*b*)中通过每个阶梯中的直线，阶梯特性曲线围绕该直线上下波动，从而产生一定偏差，这种偏差称为阶梯误差。

电位器的阶梯误差 e_i 通常用理想阶梯特性曲线对理论特性曲线的最大偏差值与最大输出电压值之比的百分数表示，即

$$e_i = \frac{\pm\left(\frac{1}{2} \times \frac{U_o}{n}\right)}{U_o} \times 100\% = \pm\frac{1}{2n} \times 100\% \tag{2-10}$$

3. 非线性线绕电位器结构

由图 2-1 所示的电位器，当负载相当大时，可近似为线性变阻器。有时为了控制过程需要，输入量位移 x 和输出电压 U_o 之间要求呈现某种特殊函数规律变化，因此，在工业控制中，通常特制几种非线性结构的变阻器以供使用。常用的有：

(1) 用曲线骨架绕制的非线性变阻器。这种非线性变阻器的结构形式如图 2-4 所示，骨架的形状就是一种特殊函数关系。

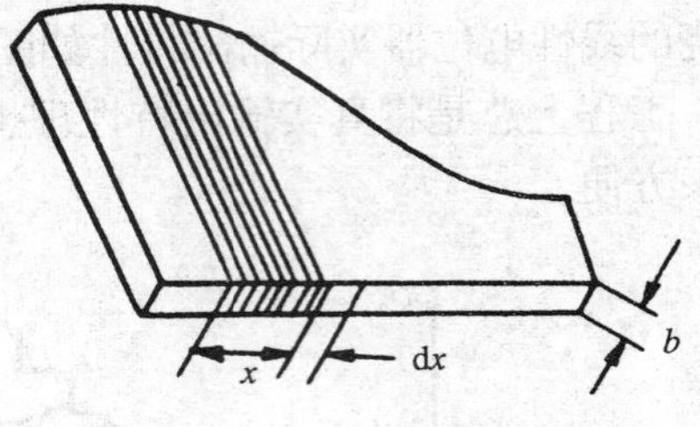

图 2-4 非线性变阻器

(2) 三角函数变阻器，如图 2-5 所示，它的输出与输入之间具有正弦函数关系：

$$L=\frac{D}{2}\sin\alpha$$

$$\frac{U_o}{\frac{1}{2}U_i}=\frac{L}{\frac{1}{2}D}$$

所以

$$U_o=\frac{U_i}{2}\sin\alpha \tag{2-11}$$

(3) 用分段法制成的非线性变阻器，如图 2-6 所示，其结构也能制成所需要的非线性关系的变阻器。

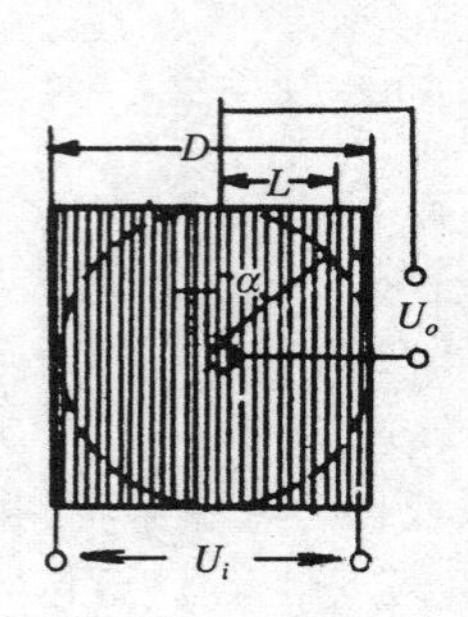

图 2-5 三角函数变阻器

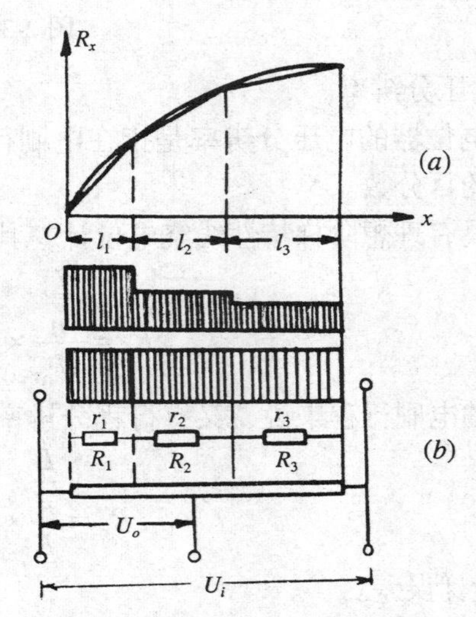

(a) 梯形骨架，均匀绕制

(b) 矩形骨架，密疏绕制

图 2-6 分段法制成的非线性变阻器

二、非线绕式电位器

线绕电位器具有精度高、性能稳定、易于实现线性变化等优点，但是也有不少缺点：如分辨率低、耐磨性差、寿命较短等。因此人们研制了一些性能优良的非线绕式电位器。

1. 膜式电位器

膜式电位器通常有两种：一种是碳膜电位器，另一种为金属膜电位器。

碳膜电位器是在绝缘骨架表面上喷涂一层均匀的电阻液，经烘干聚合后而制成电阻膜。电阻液由石墨、碳墨、树脂材料配制而成。这种电位器的优点是分辨率高、耐磨性较好、工艺简单、成本较低、线性度较好，但有接触电阻大、噪声大等缺点。

金属膜电位器是在玻璃或胶木基体上，用高温蒸镀或电镀方法，涂覆一层金属膜而制成。用于制作金属膜的合金为锗铑、铂铜、铂铑、铂铑锰等。显然这种电位器的温度系数小，具有在高温下可工作等优点，但仍然存在耐磨性差、功率小、阻值不高(1 ~ 2kΩ)等缺点。

2. 导电塑料电位器

这种电位器由塑料粉及导电材料粉(合金、石墨、碳黑等)压制而成，它又被称为实心电位器。其优点是耐磨性较好、寿命较长、电刷允许的接触压力较大(几十至几百克重)，适用于振动、冲击等恶劣条件下工作；阻值范围大，能承受较大的功率。其缺点是温度影响较大、接触电阻大、精度不高。

3. 光电电位器

上述几种电位器均是接触式电位器，共同的缺点是耐磨性较差、寿命较短。光电电位器是一种非接触式电位器，它克服了上述几种电位器的缺点。其结构如图 2-7 所示。

其结构原理是在基体(氧化铝)上沉积一层硫化镉(CdS)或硒化镉(CdSe)光电导层，然后在基体上沉积一条金属导电条作导电电极，并在光电导层 1 之下沉积一条薄膜电阻 3，并使电阻带和导电电极 5 之间形成一间隙，当电刷的窄光束 4 照射在此间隙上时，就相当于把电阻带和导电电极接通，在外电源 E 的作用下，负载电阻 R_L 上便有电压输出；而在无光束照射时，因其暗电阻极大，可视为电阻带与导电电极之间的断路，这样，输出电压随着光束位置的移动而变化。

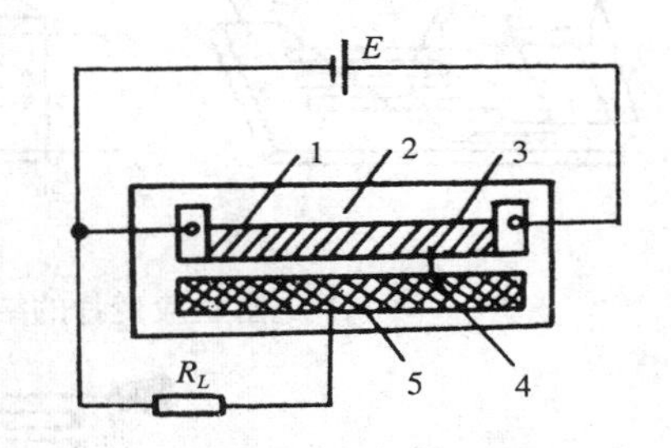

图 2-7　光电电位器原理图

1—光电导层　2—基体　3—薄膜电阻带　4—电刷的窄光束　5—导电电极

光电电位器优点甚多：耐磨性好，精度、分辨率高，寿命、可靠性好，阻值范围宽(500Ω ~ 15MΩ)等等；但是其结构较复杂，工作温度的范围比较窄(< 150℃)，输出电流小，输出阻抗较高。

第二节　应变式电阻传感器

应变式电阻传感器是目前用于测量力、力矩、压力、加速度、重量等参数最广泛的传感器之一。它具有悠久的历史，但新型应变片仍在不断出现，它是利用应变效应制造的一种测量微小变化量(机械)的理想传感器。

一、应变效应

导体或半导体材料在受到外界力(拉力或压力)作用时，产生机械变形，机械变形导致其阻值变化，这种因形变而使其阻值发生变化的现象称为“应变效应”。导体或半导体的阻值随其机械应变而变化的道理很简单：因为导体和半导体的电阻$R=\rho\frac{L}{A}$与电阻率 ρ 及其几何尺寸(其 L 为长度，A 为截面积)有关，当导体或半导体在受外力作用时，这三者都会发生变化，所以会引起电阻的变化。通常测量阻值的大小，就可以反映外界作用力的大小。

二、电阻应变片种类、结构和工作原理

电阻应变片品种繁多，形式多样，但就按其构造的材料可划分成两大类：金属电阻应变片和半导体电阻应变片。

1. 金属电阻应变片的结构及其工作原理

金属电阻应变片种类也很多，但其基本结构大体相似，只是它们的制造工艺有所不同。一般有金属丝绕式应变片和以光刻、腐蚀工艺制造的金属箔栅式应变片两种，它们分别如图 2-8(*a*)、(*b*)和(*c*)所示。

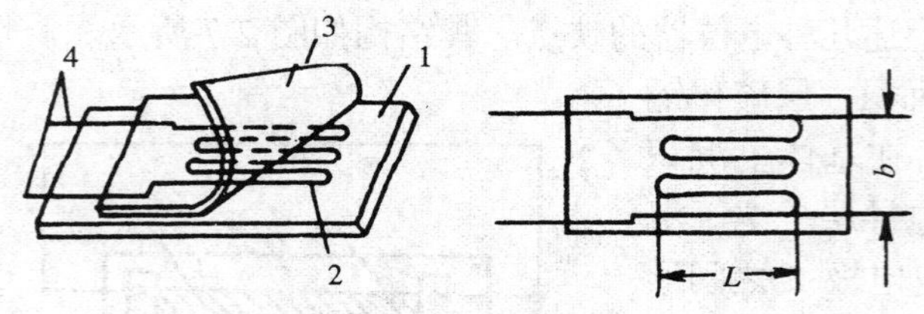

(*a*) 电阻丝应变片的结构图

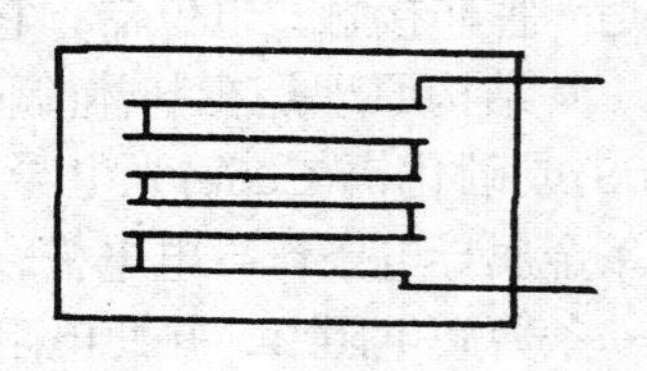

(*b*) 短接式丝式应变片结构

(*c*) 箔式应变片结构

图 2-8 金属电阻应变片的结构示意图

1—基片 2—直径为 0.025mm 左右的高电阻率的合金电阻丝 3—覆盖层

4—引线，用以和外接导线连接 L—敏感栅长度 b—敏感栅的宽度

金属丝绕式应变片是将金属电阻丝粘贴在基片上，上面覆一层薄膜，使它们变成一个整体，就构成了丝绕式应变片。图 2-8(*a*)是回线式应变片。为了克服回线式应变片的横向效应，可采用图 2-8(*b*)所示的短接方式构造的应变片。箔栅式应变片用光刻、腐蚀等工艺制成一种薄的金属箔栅，其厚度一般在 0.003 ~ 0.010mm 范围内。其特点是表面积和截面积之比大，散热率条件好，允许通过较大电流，可方便地制成各种所需要的形状，便于大批量生产。由于上述优点，箔栅式应变片有逐渐取代丝绕式应变片的趋势。

金属丝绕式应变片性能中最重要的一项技术指标就是其灵敏系数。所谓其灵敏系数就是单位应变所能引起的电阻相对变化。这项指标的好坏就决定该应变片的优劣。下面以金

属丝绕式应变片为例给出其灵敏系数。

因为，金属导体的电阻 R 为

$$R=\rho\frac{L}{A} \tag{2-12}$$

如果对电阻丝长度作用均匀应力，则 ρ，L，A 的变化 $\mathrm{d}\rho$，$\mathrm{d}L$，$\mathrm{d}A$ 将引起电阻 $\mathrm{d}R$ 的变化，$\mathrm{d}R$ 可以通过对式(2-12)作全微分求得：

$$\mathrm{d}R=\frac{\rho}{A}\mathrm{d}L+\frac{L}{A}\mathrm{d}\rho-\frac{\rho L}{A^2}\mathrm{d}A$$

其相对变化量为

$$\frac{\mathrm{d}R}{R}=\frac{\mathrm{d}L}{L}+\frac{\mathrm{d}\rho}{\rho}-\frac{\mathrm{d}A}{A} \tag{2-13}$$

若电阻丝是圆形的，则 $A=\pi r^2$，r 为电阻丝的半径，对 r 微分得 $\mathrm{d}A=2\pi r\mathrm{d}r$，则

$$\frac{\mathrm{d}A}{A}=\frac{2\pi r\mathrm{d}r}{\pi r^2}=2\frac{\mathrm{d}r}{r} \tag{2-14}$$

令 $\frac{\mathrm{d}L}{L}=\varepsilon_x$，则 ε_x 为金属丝的轴向应变；令 $\frac{\mathrm{d}r}{r}=\varepsilon_y$，则 ε_y 为金属丝的径向应变。由《材料力学》一书得知，在弹性范围内，金属丝受拉力时，沿轴向伸长，沿径向缩短，那么轴向应变和径向应变的关系可表示为

$$\varepsilon_y=-\mu\varepsilon_x \tag{2-15}$$

式中　μ——金属材料的泊松系数。

将式(2-14)和(2-15)代入式(2-13)得

$$\frac{\mathrm{d}R}{R}=(1+2\mu)\varepsilon_x+\frac{\mathrm{d}\rho}{\rho}$$

或

$$\frac{\frac{\mathrm{d}R}{R}}{\varepsilon_x}=(1+2\mu)+\frac{\frac{\mathrm{d}\rho}{\rho}}{\varepsilon_x} \tag{2-16}$$

令

$$K_S=\frac{\frac{\mathrm{d}R}{R}}{\varepsilon_x}=(1+2\mu)+\frac{\frac{\mathrm{d}\rho}{\rho}}{\varepsilon_x} \tag{2-17}$$

则 K_S 就称为金属丝的灵敏系数，其物理意义就是单位应变 ε_x 所引起的电阻相对变化。

从式(2-17)可知，灵敏系数由两个因素决定，一个是受力后材料几何尺寸的变化，即 $(1+2\mu)$；另一个是受力后材料的电阻率发生的变化，即 $\frac{\mathrm{d}\rho}{\rho\varepsilon_x}$。对于确定的材料，$(1+2\mu)$ 项是常数，其数值约在 1 ~ 2 之间。实验证明 $\frac{\frac{\mathrm{d}\rho}{\rho}}{\varepsilon_x}$ 也是一个常数，因此得到

$$\frac{\mathrm{d}R}{R}=K_S\varepsilon_x$$

或

$$K_S = \frac{\frac{dR}{R}}{\varepsilon_x} \tag{2-18}$$

式(2-18)表示金属电阻丝的电阻相对变化与轴向应变成正比。

2. 半导体应变片的结构和工作原理

半导体应变片是用半导体材料，采用与丝式应变片相同方法制成的半导体应变片。其结构如图 2-9 所示。

半导体应变片的工作原理是基于半导体材料的压阻效应。所谓压阻效应是指半导体材料，当某一轴向受外力作用时，其电阻率 ρ 发生变化的现象。

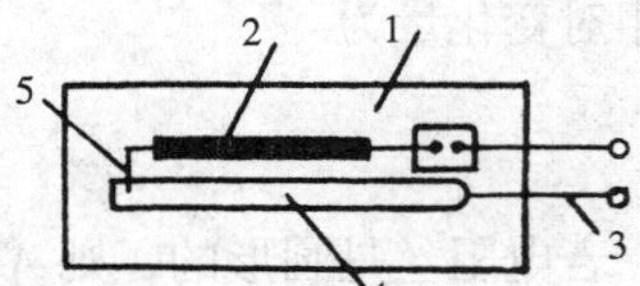

图 2-9 半导体应变片

1—基片 2—半导体敏感条
3—外引线 4—引线连接片
5—内引线

半导体应变片受轴向力作用时，其电阻相对变化为

$$\frac{\Delta R}{R} = (1+2\mu)\varepsilon_x + \frac{\Delta\rho}{\rho}$$

$\frac{\Delta\rho}{\rho}$ 为半导体应变片的电阻率相对变化，其值与半导体敏感条在轴向所受的应变力之比为一常数，即

$$\frac{\Delta\rho}{\rho} = \pi\sigma = \pi E\varepsilon_x \tag{2-19}$$

式中 π——半导体材料的压阻系数。

将式(2-19)代入 $\frac{\Delta R}{R}$ 式中得

$$\frac{\Delta R}{R} = (1+2\mu+\pi E)\varepsilon_x$$

式中$(1+2\mu)$项随几何形状而变化，πE 项为压阻效应，随电阻率而变化。实验证明：πE 比$(1+2\mu)$大近百倍，所以$(1+2\mu)$可忽略，因而半导体应变片的灵敏系数为

$$K_S = \frac{\frac{\Delta R}{R}}{\varepsilon_x} = \pi E \tag{2-20}$$

半导体应变片最突出的优点是体积小，灵敏度高，频率响应范围很宽，输出幅值大，不需要放大器，可直接与记录仪连接使用，使测量系统简单；但它具有温度系数大，应变时非线性比较严重的缺点。

综上所述，利用应变片测量应变或应力的基本过程是：

在外力作用下，被测对象产生微小机械变形，应变片随其发生相同的变化，同时，应变片电阻也发生相应变化。当测得应变片电阻值变化量 ΔR 时，便可得到被测对象的应变值 ε，根据应力和应变的关系，得到应力值 σ 为

$$\sigma = E\varepsilon \tag{2-21}$$

式中 σ——试件的应力；

ε——试件的应变；

E——试件材料的弹性模量(kg/mm²)。

由此可知，应力值σ正比于应变ε，而试件应变又正比于电阻值的变化 dR，所以应力正比于电阻值的变化。这就是利用应变片测量应变的基本原理。

三、电阻应变片的测量电路

由于机械应变一般都很小，要把微小应变引起的微小电阻值的变化测量出来，同时，要把电阻相对变化$\dfrac{\Delta R}{R}$转换为电压或电流的变化，因此，需要设计专用的测量电路。下面介绍常用的几种测量电路。

用于测量应变变化而引起的电阻变化的电桥电路通常有直流电桥和交流电桥两种。电桥电路的主要指标是桥路灵敏度、非线性和负载特性。下面具体讨论有关电路和这几项指标。

1. 直流电桥

(1) 平衡条件

直流电桥的基本形式如图 2-10 所示。R_1，R_2，R_3，R_4称为电桥的桥臂，R_L为其负载(可以是测量仪表内阻或其他负载)。

当$R_L \to \infty$时，电桥的输出电压U_o应为

$$U_o = E\left(\frac{R_1}{R_1+R_2} - \frac{R_3}{R_3+R_4}\right)$$

当电桥平衡时，$U_o = 0$，由上式可得到

$$R_1R_4 = R_2R_3$$

或

$$\frac{R_1}{R_2} = \frac{R_3}{R_4} \tag{2-22}$$

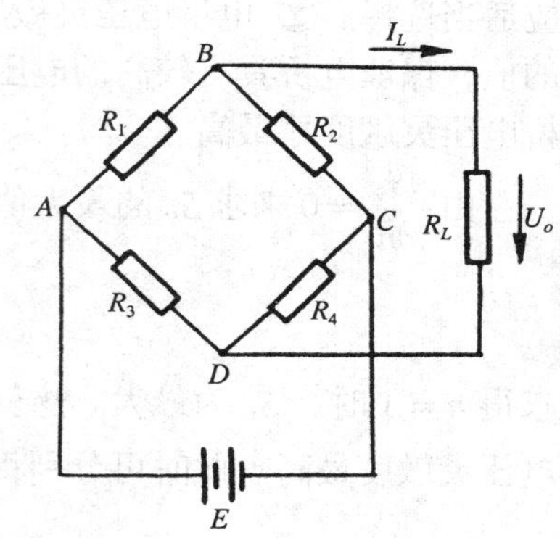

图 2-10　直流电桥

式(2-22)称为电桥平衡条件。平衡电桥就是桥路中相邻两臂阻值之比应相等，桥路相邻两臂阻值之比相等方可使流过负载电阻的电流为 0。

(2) 电压灵敏度

如果在实际测量中，使第一桥臂R_1由应变片来替代，微小应变引起微小电阻的变化，电桥则输出不平衡电压的微小变化。一般需要加入放大器放大。由于放大器的输入阻抗可以比桥路输出电阻高得多，所以此时仍视电桥为开路情况。当受应变时，若应变片电阻变化为ΔR_1，其他桥臂固定不变，则电桥输出电压$U_o \neq 0$。下面试求不平衡电桥输出的电压U_o。

$$U_o = E\left(\frac{R_1+\Delta R_1}{R_1+\Delta R_1+R_2} - \frac{R_3}{R_3+R_4}\right) = \frac{\Delta R_1 R_4}{(R_1+\Delta R_1+R_2)(R_3+R_4)}E$$

$$=\frac{\left(\frac{R_4}{R_3}\right)\left(\frac{\Delta R_1}{R_1}\right)}{\left(1+\frac{\Delta R_1}{R_1}+\frac{R_2}{R_1}\right)\left(1+\frac{R_4}{R_3}\right)}E \tag{2-23}$$

设桥臂比 $n=\frac{R_2}{R_1}$，由于 $\Delta R_1 << R_1$，分母中 $\frac{\Delta R_1}{R_1}$ 可忽略，并考虑到起始平衡条件 $\frac{R_2}{R_1}=\frac{R_4}{R_3}$，从式(2-23)可得到

$$U_o' \approx E\frac{n}{(1+n)^2}\frac{\Delta R_1}{R_1} \tag{2-24}$$

电桥电压灵敏度定义为

$$S_V=\frac{U_o'}{\frac{\Delta R_1}{R_1}}=E\frac{n}{(1+n)^2} \tag{2-25}$$

从式(2-25)分析发现：① 电桥电压灵敏度正比于电桥供电电压，供桥电压愈高，电桥电压灵敏度愈高，但是供桥电压的提高，受到应变片允许功耗的限制，所以一般供桥电压应适当选择。② 电桥电压灵敏度是桥臂电阻比值 n 的函数，因此必须恰当地选择桥臂比 n 的值，保证电桥具有较高的电压灵敏度。下面分析当供桥电压 E 确定后，n 应取何值，电桥电压灵敏度才最高。

由 $\frac{\partial S_V}{\partial n}=0$ 来求 S_V 的最大值，由此得

$$\frac{\partial S_V}{\partial n}=\frac{1-n^2}{(1+n)^4}=0 \tag{2-26}$$

求得 $n=1$ 时，S_V 为最大。这就是说，在供桥电压确定后，当 $R_1=R_2$，$R_3=R_4$ 时，电桥的电压灵敏度最高。此时可分别将式(2-23)、(2-24)、(2-25)简化为

$$U_o=\frac{1}{4}E\frac{\Delta R_1}{R_1}\frac{1}{1+\frac{1}{2}\frac{\Delta R_1}{R_1}} \tag{2-27}$$

$$U_o' \approx \frac{1}{4}E\frac{\Delta R_1}{R_1} \tag{2-28}$$

$$S_V=\frac{1}{4}E \tag{2-29}$$

由上面三式可知，当电源电压 E 和电阻相对变化 $\frac{\Delta R_1}{R_1}$ 一定时，电桥的输出电压及其灵敏度也是定值，且与各桥臂阻值大小无关。

(3) 非线性误差及其补偿的方法

在上面分析中，都是假定应变片的参数变化很小，而且可忽略掉 $\frac{\Delta R_1}{R_1}$，这是一种理想

情况。实际情况应按式(2-23)计算，分母中的$\frac{\Delta R_1}{R_1}$不可忽略，此时式(2-23)中的输出电压U_o与$\frac{\Delta R_1}{R_1}$的关系是非线性的。实际的非线性特性曲线与理想的线性曲线的偏差称为绝对非线性误差。下面计算非线性误差。

设在理想情况下，从式(2-23)中忽略掉$\frac{\Delta R_1}{R_1}$，记输出电压为U_o'。非线性误差为

$$r=\frac{U_o-U_o'}{U_o'}=\frac{U_o}{U_o'}-1=\frac{\dfrac{\left(\dfrac{R_4}{R_3}\right)\left(\dfrac{\Delta R_1}{R_1}\right)E}{\left[1+\left(\dfrac{\Delta R_1}{R_1}\right)+\left(\dfrac{R_2}{R_1}\right)\right]\left(1+\dfrac{R_4}{R_3}\right)}}{\dfrac{\left(\dfrac{R_3}{R_4}\right)\left(\dfrac{\Delta R_1}{R_1}\right)E}{\left(1+\dfrac{R_2}{R_1}\right)\left(1+\dfrac{R_4}{R_3}\right)}}-1$$

$$=\frac{\dfrac{1}{1+\dfrac{\Delta R_1}{R_1}+\dfrac{R_2}{R_1}}}{\dfrac{1}{1+\dfrac{R_2}{R_1}}}-1=\frac{1+\dfrac{R_2}{R_1}}{1+\dfrac{\Delta R_1}{R_1}+\dfrac{R_2}{R_1}}-1=\frac{-\dfrac{\Delta R_1}{R_1}}{1+\dfrac{\Delta R_1}{R_1}+\dfrac{R_2}{R_1}} \tag{2-30}$$

对于一般应变片来说，所受应变ε通常在5 000μ以下，若取灵敏系数$K_S=2$，则$\frac{\Delta R_1}{R_1}=K_S\varepsilon=5\,000\times10^{-6}\times2=0.01$，代入式(2-30)计算，非线性误差为0.5%，还不算大；但对电阻相对变化较大的情况，就不可忽视该误差了。例如半导体应变片$K_S=130$，当承受ε为1 000μ时，$\frac{\Delta R_1}{R_1}=K_S\varepsilon=130\times1000\times10^{-6}=0.130$，代入式(2-30)，得到非线性误差达6%。所以对半导体应变片的测量电路要作特殊处理，才能减小非线性误差。减小或消除非线性误差的方法有如下几种：

① 提高桥臂比

从式(2-30)可知，提高桥臂比$n=\frac{R_2}{R_1}$，非线性误差可以减小；但从电压灵敏度$S_V\approx E\frac{1}{n}$来考虑，电桥电压灵敏度将降低，这是一种矛盾，因此，为了达到既减小非线性误差，又不降低其灵敏度，必须适当提高供桥电压E。

② 采用差动电桥

根据被测试件的受力情况，若使一个应变片受拉，一个受压，则应变符号相反；测试时，将两个应变片接入电桥的相邻臂上，如图2-11所示，称为半桥差动电路。该电桥输出电压U_o为

$$U_o = E\left(\frac{R_1+\Delta R_1}{R_1+\Delta R_1+R_2-\Delta R_2}-\frac{R_3}{R_3+R_4}\right)$$

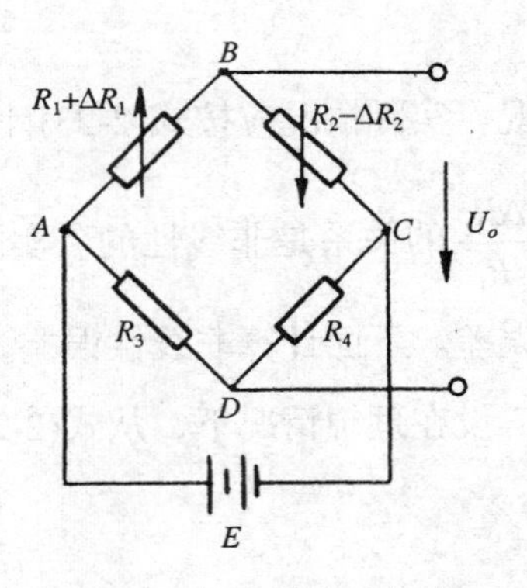

图 2-11　半桥差动电路

若$\Delta R_1=\Delta R_2$，$R_1=R_2$，$R_3=R_4$，则得

$$U_o=\frac{1}{2}E\frac{\Delta R_1}{R_1} \tag{2-31}$$

由式(2-31)可知，U_o与$\frac{\Delta R_1}{R_1}$成线性关系，差动电桥无非线性误差。而且电压灵敏度为$S_V=\frac{1}{2}E$，比使用一只应变片提高了一倍，同时可以起到温度补偿的作用。

若将电桥四臂接入四片应变片，如图 2-12 所示，即两个受拉，两个受压，将两个应变符号相同的接入相对臂上，则构成全桥差动电路。若满足$\Delta R_1=\Delta R_2=\Delta R_3=\Delta R_4$，则输出电压为

$$U_o=E\frac{\Delta R_1}{R_1} \tag{2-32}$$

$$S_V=E$$

由此可知，差动桥路的输出电压U_o和电压灵敏度比用单片提高了四倍，比半桥差动电路提高了一倍。

③ 采用高内阻的恒流源电桥

通过电桥各臂的电流如果不恒定，也是产生非线性误差的重要原因。所以供给半导体应变片电桥的电源一般采用恒流源，如图 2-13 所示。供桥电流为 I，通过各臂的电流为 I_1 和 I_2，若测量电路输入阻抗较高，则

$$\begin{cases} I_1(R_1+R_2)=I_2(R_3+R_4) \\ I=I_1+I_2 \end{cases}$$

解该方程组得

$$I_1=\frac{R_3+R_4}{R_1+R_2+R_3+R_4}I$$

$$I_2=\frac{R_1+R_2}{R_1+R_2+R_3+R_4}I$$

输出电压为

$$U_o=I_1R_1-I_2R_2=\frac{R_1R_4-R_2R_3}{R_1+R_2+R_3+R_4}I$$

若电桥初始处于平衡状态$(R_1R_4=R_2R_3)$，而且$R_1=R_2=R_3=R_4=R$，当第一桥臂电阻R_1变为$R_1+\Delta R_1$时，电桥输出电压为

$$U_o=\frac{R\Delta R}{4R+\Delta R}I=\frac{1}{4}I\Delta R\frac{1}{1+\frac{1}{4}\frac{\Delta R}{R}} \tag{2-33}$$

由式(2-33)可知，分母中的ΔR被$4R$除，与式(2-27)相比较，比前面的单臂供压电桥的非线性误差减少了 50%。

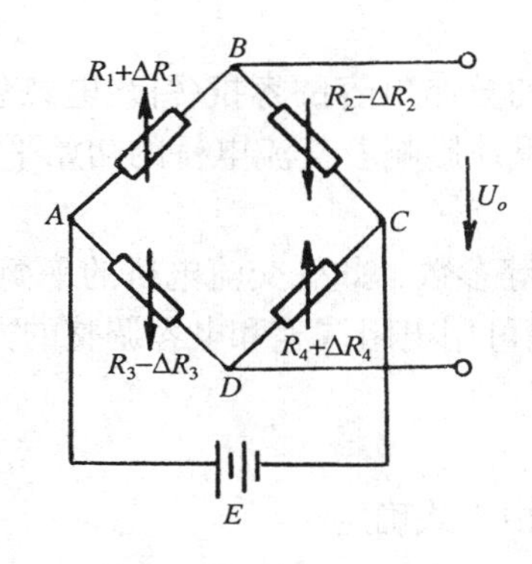

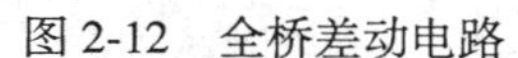

图 2-12　全桥差动电路

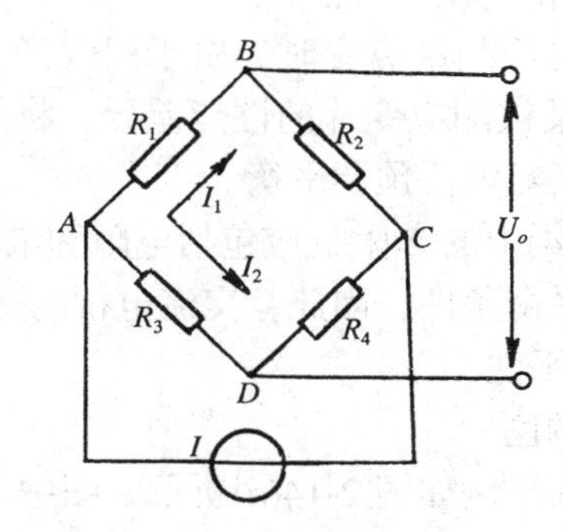

图 2-13　恒流源电桥

2. 交流电桥

(1) 交流电桥平衡条件

由上述内容知道，应变电桥输出电压很小，一般都要加放大器，由于直流放大器易于产生零漂，因此目前也常用交流放大器。由于供桥电源为交流电源，引线分布电容(忽略引线电感)使得桥臂的四只应变片均呈现复阻抗特性，即相当于四只应变片各并联了一只电容，但分析电桥平衡和输出电压方法仍与直流电桥相同，故输出电压为

$$\dot{U}_o = \dot{U}_{AC}\left(\frac{Z_1}{Z_1+Z_2}-\frac{Z_3}{Z_3+Z_4}\right)=\dot{U}_{AC}\frac{Z_1Z_4-Z_2Z_3}{(Z_1+Z_2)(Z_3+Z_4)}$$

式中 Z_1，Z_2，Z_3，Z_4，为电阻、电感、电容任意组合的复阻抗。

那么，桥路平衡条件为

$$Z_1Z_4 = Z_2Z_3$$

或

$$\frac{Z_1}{Z_2}=\frac{Z_3}{Z_4} \tag{2-34}$$

设各桥臂阻抗为

$$\begin{aligned} Z_1 &= r_1 + \mathrm{j}x_1 = z_1\exp(\mathrm{j}\phi_1)\\ Z_2 &= r_2 + \mathrm{j}x_2 = z_2\exp(\mathrm{j}\phi_2)\\ Z_3 &= r_3 + \mathrm{j}x_3 = z_3\exp(\mathrm{j}\phi_3)\\ Z_4 &= r_4 + \mathrm{j}x_4 = z_4\exp(\mathrm{j}\phi_4) \end{aligned}$$

式中 $r_1 \sim r_4$ 和 $x_1 \sim x_4$ 分别为各桥臂的电阻和电抗；$z_1 \sim z_4$ 和 $\phi_1 \sim \phi_4$ 为各复阻抗的模值和幅角，由此可得到交流电桥的平衡条件的另一形式为

$$\begin{cases} z_1z_4 = z_2z_3\\ \phi_1+\phi_4=\phi_2+\phi_3 \end{cases}$$

或

$$\begin{cases} r_1r_4 - r_2r_3 = x_1x_4 - x_2x_3\\ r_1x_4 + r_4x_1 = r_2x_3 + r_3x_2 \end{cases}$$

(2) 交流电桥的调平方法

利用交流电桥测量应变时，由于引线产生的分布电容的容抗(引线电感忽略)，供桥电源$\dot{U}$的频率以及被测应变片的性能差异，将严重地影响着交流电桥的初始平衡条件和输出特性，因此必须对电桥预调平衡。

由于式(2-34)中的Z阻抗应包括电阻和电容等参数，此处交流电桥的平衡，应包含着电阻和电容两个平衡条件，因此，交流电桥的平衡可用电阻调整和电容调整的方法实现。

① 电阻调平法

(i) 串联电阻法

串联电阻调平法如图 2-14(*a*)所示，图中R_5由下式确定：

$$R_5 = \left(|\Delta R_3| + \left| \Delta R_1 \frac{R_3}{R_1} \right| \right)_{\max} \tag{2-35}$$

式中ΔR_1，ΔR_3分别为桥臂R_1与R_2，R_3与R_4的偏差。

(ii) 并联电阻法

并联电阻调平法如图 2-14(*b*)所示，通过调节电阻R_5改变AD和CD的阻值比，使电桥满足平衡条件。电阻R_6决定可调范围，R_6越小，可调范围越大，但测量误差也越大。R_5，R_6通常取相同阻值。R_5可按下式确定：

$$R_5 = \frac{R_3}{\left(\left| \frac{\Delta R_1}{R_1} \right| + \left| \frac{\Delta R_3}{R_3} \right| \right)_{\max}} \tag{2-36}$$

② 电容调平法

(i) 差动电容法

差动电容调平方法如图 2-14(*c*)所示，C_3和C_4为差动电容，调节C_3和C_4时，由于电容大小相等，极性相反，可使桥路平衡。

(ii) 阻容调平法

阻容调平方法如图 2-14(*d*)所示，该电桥接入了“T”形 RC 阻容电路，可通过交替调节电容、电阻使电桥达到平衡状态。

(3) 交流电桥不平衡状态

① 单臂交流电桥

其输出电压为

$$\dot{U}_o = \frac{1}{4} \dot{U}_{AC} \frac{\Delta Z_1}{Z_1}$$

② 差动交流电桥(半桥差动电路)

其输出电压为

$$\dot{U}_o = \frac{1}{2} \dot{U}_{AC} \frac{\Delta Z_1}{Z_1}$$

③ 双差动交流电桥(全桥差动电路)

其输出电压为

$$\dot{U}_o = \dot{U}_{AC}\frac{\Delta Z_1}{Z_1}$$

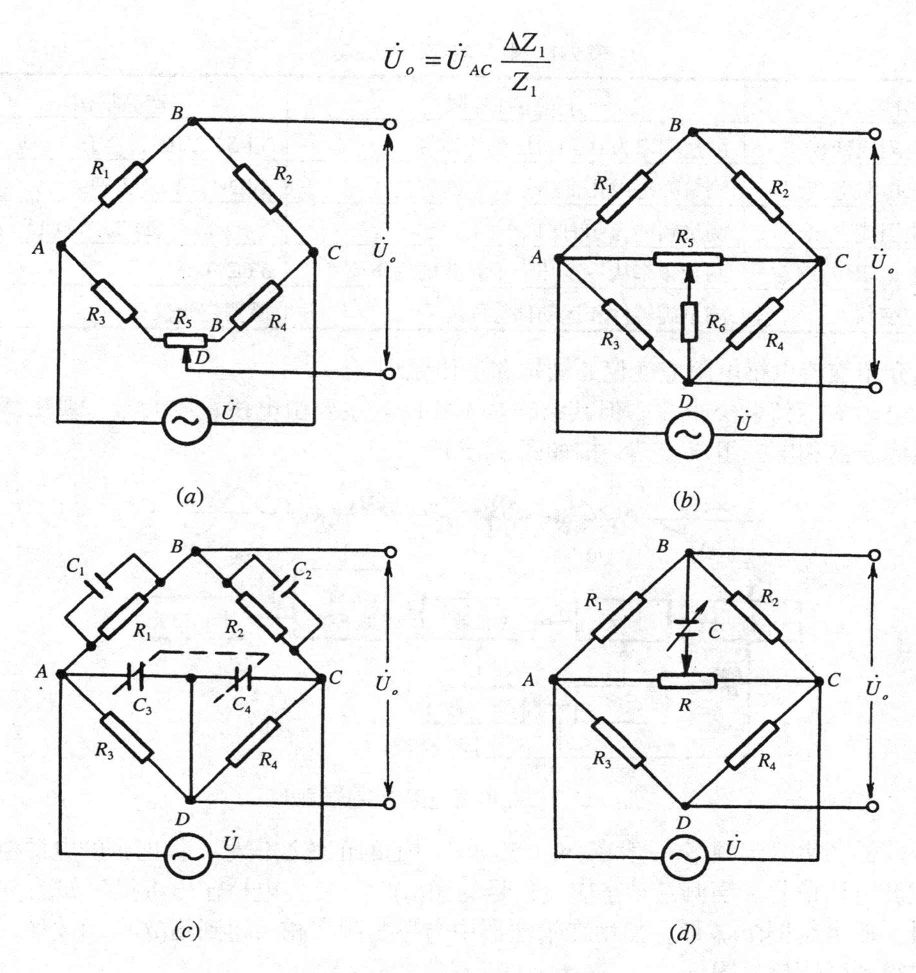

图 2-14　交流电桥平衡调节方法

第三节　电阻式传感器应用举例

本章前两节介绍了电阻式传感器的种类、结构、工作原理以及测量电路。在测量试件应变时，只要直接将应变片粘贴在试件上，即可用测量仪表(例如电阻应变仪)测量；然而测量如力、加速度等，就需要辅助构件(例如弹性元件、补偿元件等)，首先将这些物理量转换成应变，然后再用应变片进行测量。由于实际使用的传感器形式很多，这里不可能一一介绍，下面只能举几例加以说明。

一、电阻应变仪

电阻应变仪是一种可以直接测量试件应变的仪器。它以电桥为基础，将电桥输出的微小变化，经过电压放大，供普通电流计指示或记录器记录。电阻应变仪种类如表 2-1 所示。

表 2-1　电阻应变仪的分类

分类名称	分类指标界限	产品举例
静态电阻应变仪	测量频率为 0 ~ 15Hz 的应变	YJ-5，YJB-1，YJS-14 等
静动态电阻应变仪	测量静态或几百赫兹以下的应变	YJD-1，YJD-7 等
动态电阻应变仪	测量频率为 5kHz 以下的应变	Y4D-1，Y6D-2，YD-15 等
超动态电阻应变仪	测量频率从零至几十千赫兹的动态应变	Y6C-9 等
遥测应变仪	测量旋转件和运动件等的应变	遥测应变仪

下面介绍交流电桥电阻应变仪的结构和工作原理。

尽管电阻应变仪种类很多，但其结构基本相同。主要由电桥、放大器、乘法器、振荡器、低通滤波器和电源组成。其结构如图 2-15 所示。

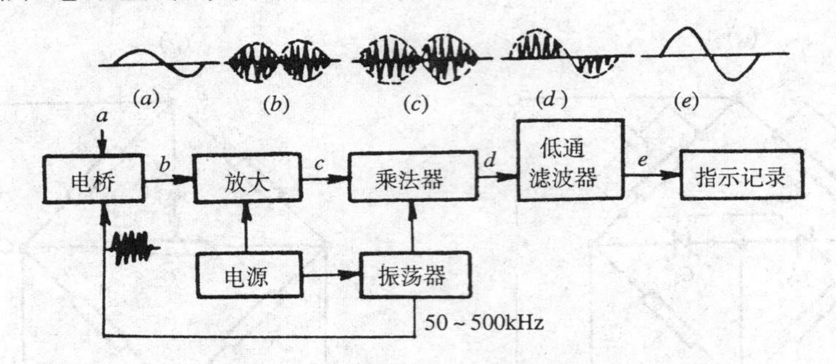

图 2-15　交流电桥电阻应变仪框图

由振荡器产生一定频率(一般在 50 ~ 500kHz 内)的正弦波信号，作电桥的电源电压和乘法器的载波电压信号。当测量动态应变信号为图(*a*)时，首先电桥输出将得到如图(*b*)所示的调幅信号，放大得图(*c*)波形，然后在乘法器中与振荡频率相乘得到图(*d*)所示波形，再经过低通滤波得到低频信号图(*e*)。

乘法器的工作原理如下：

若电桥输出信号(*b*)为 $u_1 = V_1 \cos \Omega t \cos \omega_1 t$ ，振荡器信号电压为 $u_0 = V_0 \cos(\omega_0 t + \phi)$ ，当振荡器输出信号电压的角频率 $\omega_0 = \omega_1$ (载波信号角频率)时，乘法器输出为

$$u_2 = V_1 V_0 \cos \Omega t \cos \omega_1 t \cos(\omega_1 t + \phi)$$

$$= \frac{1}{2} V_1 V_0 \cos\phi \cos \Omega t + \frac{1}{4} V_1 V_0 \cos[(2\omega_1 + \Omega)t + \phi] + \frac{1}{4} V_1 V_0 \cos[(2\omega_1 - \Omega)t + \phi] \quad (2\text{-}37)$$

由低通滤波器滤除 $2\omega_1$ 附近的频率分量后，就得到频率为 Ω 的低频信号为

$$u_\Omega = \frac{1}{2} V_1 V_0 \cos\phi \cos \Omega t \quad (2\text{-}38)$$

由该式可知，低频信号[如图(*e*)所示]的输出幅度与 $\cos\phi$ 成正比。当 $\phi = 0$ 时，低频信号幅值最大。此处载波信号同出于一个正弦振荡器，所以 $\phi = 0$ (相位等于零)；但必须注意：相乘后的电压信号中载波信号比原振荡器的频率高了一倍($2\omega_1$)，但对低通滤波器不会产生什么影响。

波形(*e*)经处理后，就可以驱动指示或记录仪表。

二、电阻应变片在轧制力检测中的应用

在轧钢生产过程中，轧制力的测量和控制是提高产品质量和生产效率、降低成本、延长轧机使用寿命的一个不可缺少的检测手段。

国内外对轧制力测量常采用的测力传感器有压磁式、电阻应变式和电容式等几种。应用最广泛的是电阻应变式传感器。下面介绍加拿大生产的一种电阻应变式轧制力测量传感器的结构和工作原理。

图 2-16(*a*)是加拿大生产的圆盘式压力传感器，其额定量为 2 000t，检测精度为 0.15%，目前我国各大钢厂均引用了这种传感器用于轧制力的测量。

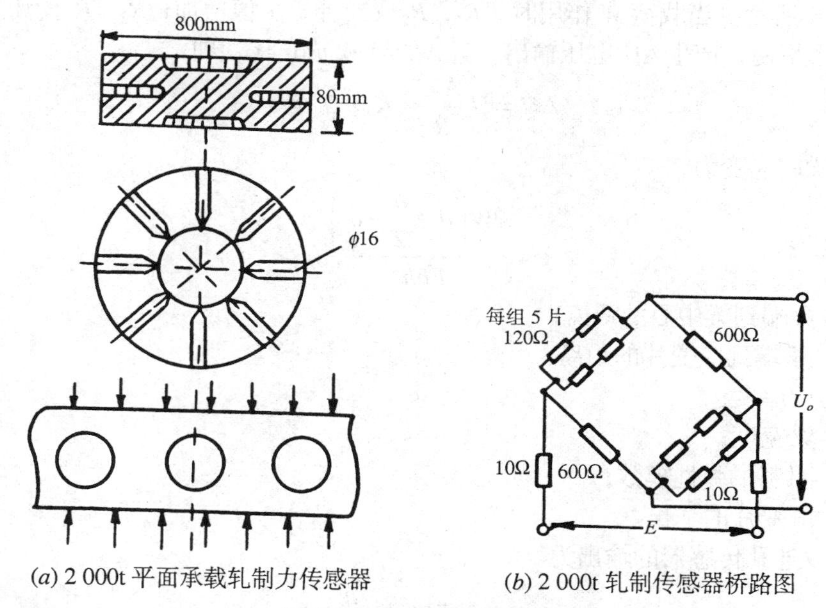

(*a*) 2 000t 平面承载轧制力传感器　　(*b*) 2 000t 轧制传感器桥路图

图 2-16　圆盘应变传感器

这种传感器的圆盘外径为 800mm，厚度为 80mm；径向打有如图(*a*)所示的 8 个 ϕ16 的孔，孔侧粘贴 5 片 120Ω的应变片，对边两孔共贴有 10 只应变片串联在一起，并且在与此相隔 90°方向的对边两孔 10 只应变片也同样串联连接，再将两者并联构成一个桥臂。8 组测量孔共构成 2 个测量桥臂，另外 2 个补偿臂由贴在圆盘侧面的 10 片 120Ω应变片构成，每 5 只为一个桥臂，这样，桥路电阻为 600Ω，参见图 2-16(*b*)，然后用 10 ~ 12V(DC)稳压电源供电。外套不锈钢护罩，抽真空后充氮气。这种传感器用在轧钢机上，能准确可靠地检测轧钢机上的轧制力。

轧钢机是一个极其庞大而昂贵的系统，轧制过程的物理现象相当复杂。尽管用上述的传感器能将应变转化成电阻变化，但是为了保证钢铁产品的质量要求和精确的厚度、宽度和平直度，还必须利用电子计算机进行轧制过程中的参数检测和控制。目前已研究出各种不同的控制模型和控制方法，以保持生产过程的均衡性。用计算机控制轧制机是目前最佳的方法。

三、应变传感器在衡器中的应用

用于衡器的传感器一般有电阻应变片、弹性金属结构传感器等，自从 1983 年将电阻应变片用于商用计价秤后，已逐渐取代传统的机械式案秤和光栅式码盘秤。这种电阻应变式计价秤的称重误差已可做到小于满量程的 0.02%。

下面介绍用电阻应变片的电子秤结构、工作原理和有关电路。

采用 S 形双弯曲悬梁应变测力传感器和单片机相结合的数字式电子秤，它具有零点跟踪、非线性校正、精度选择、称重、去皮重、累计、显示、打印等多种功能。

传感器弹性体为双弯曲梁，四片应变片分别粘贴在梁的上、下两表面上，组成全桥电路如图 2-17(*a*)所示。当载荷 W 作用时，R_1，R_2 受拉伸，阻值增加；R_3，R_4 受压缩，阻值减小，电桥失去平衡，产生 ΔU 电压输出，且 ΔU 与 W 成正比，即

$$\Delta U = U\frac{\Delta R}{R} = K_S \varepsilon U \tag{2-39}$$

对于双弯曲梁的应变为

$$\varepsilon = \frac{3W\left(d - \frac{a}{2} - \delta\right)}{Ebh^2} \tag{2-40}$$

式中　d——梁端到梁中心的距离；

δ——梁端到应变片的距离；

h——梁厚度；

b——梁宽度；

E——材料的弹性模数；

a——应变片的基长。

那么，双连孔传感器的输出为

$$\Delta U = K_S U \frac{3W\left(d - \frac{a}{2} - \delta\right)}{Ebh^2} \tag{2-41}$$

传感器的灵敏度为

$$S = \frac{\Delta U}{U} = K_S \frac{3W\left(d - \frac{a}{2} - \delta\right)}{Ebh^2} \tag{2-42}$$

S 形双弯曲梁应变式测力传感器有以下特点：

(1) 输出灵敏度高。

由于结构是双连孔形的，粘贴应变片处较薄，应变大，而其他部位较厚，故强度、刚度好。

(2) 变化加载点不影响输出。

在传感器上装配上、下承压板，变成了 S 形状(图 2-17(*d*))，则传感器部分如图 2-17(*c*)所示，由该图可证明变化加载点对输出特性不产生影响。

$$M_1 = Wx$$

$$M_2=W(x+a)$$
$$M_2-M_1=W(x+a)-Wx=Wa$$

由此可见，输出只与应变片基长 a (常数)有关，而与重物加载点 x 无关。

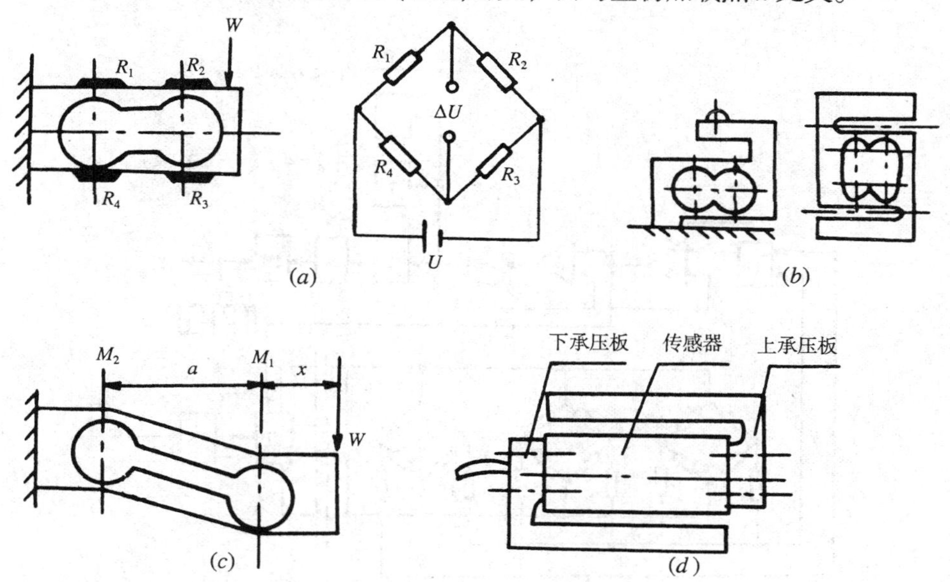

图 2-17 S 形双弯曲梁应变测力传感器结构原理

(3) 抗侧向力强。

倘若增加一个侧向力，对于中间梁而言，只增加了一对轴向力，则四个应变片将同时增、减 ΔR，故对输出无影响。

(4) 由于该秤只用一个测力传感器，结构简单、精度高、量程宽、工作可靠。

为了提高测量精度，传感器可采用种种补偿措施消除有关误差。例如图 2-18 是一种调零电路。电桥 2(补偿电桥)串接在应变片传感器的输出和测量仪表之间，通过调节补偿电桥中的电位器 W，改变其输出电压 U_{o2}，用 U_{o2} 来抵消传感器的零点偏移输出电压 U_{o1}，因此调节 W 可使传感器在空载时输出电压 U_o 为零。

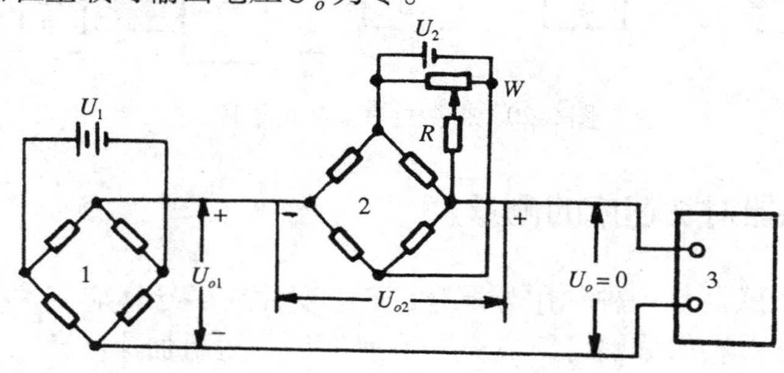

图 2-18 调零电桥及其接法

1—称重传感器 2—调零电桥 3—测量仪表

图 2-19 是一种电子秤的逻辑框图，各部分的功能如图所示。其中数字倍增器的作用是保证各量程的分辨率始终保持在一个固定数值上。如果用微处理机与模拟电路结合的方案

可以将图 2-19 的若干数字电路省略掉，只要用如图 2-20 所示框图即可实现自动称重目的，而且增加很大的灵活性。它可以根据预先编制的程序对称重进行采样、处理和控制，完成自动较准、自动调零、自动量程、自动判断、自动计价、自动显示和打印结果等功能。

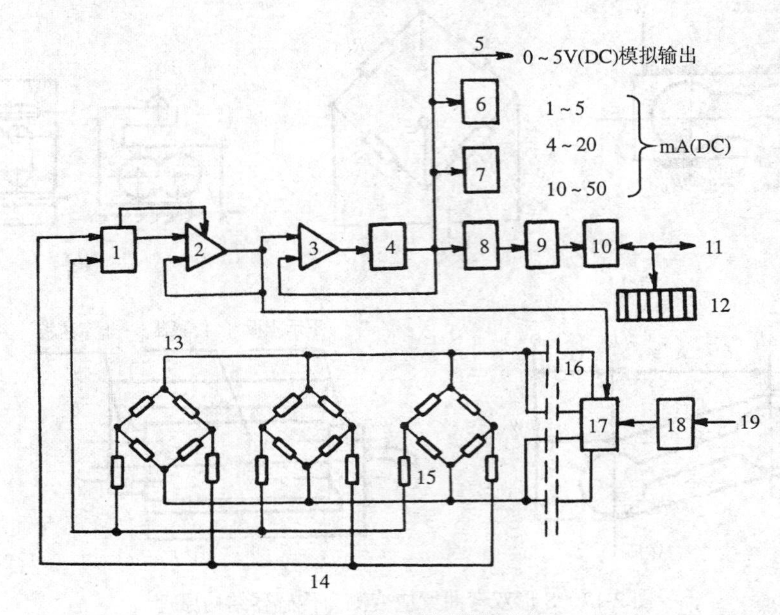

图 2-19　电子秤逻辑框图

1—零点自动调节器　2—前置放大器　3—输出放大器　4—低通滤波器　5—模拟输出
6—电流放大器　7—给定值控制器　8—模-数转换器　9—数字倍增器　10—脉冲存储器
11—BCD 码输出　12—数字显示器　13—传感器非线性补偿　14—传感器桥路　15—隔离电阻
16—远距离传输补偿　17—电压调节器　18—电源　19—交流电网

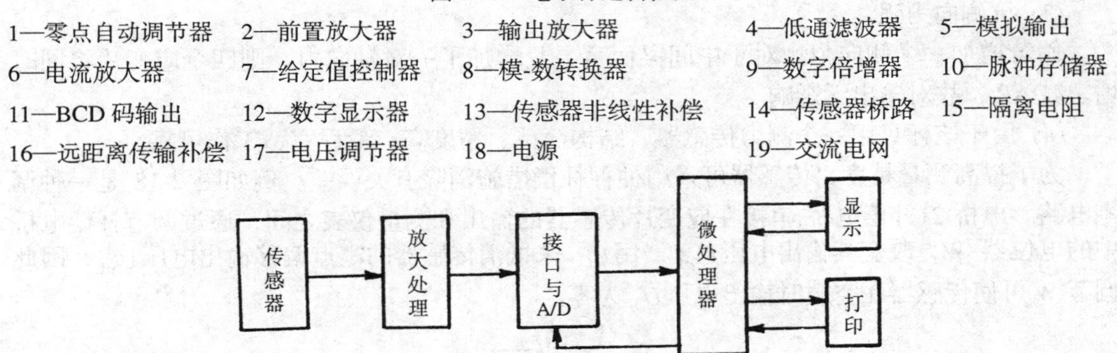

图 2-20　带微处理器的电子秤

四、应变传感器对加速度的测量

应变式加速度传感器是一种利用金属丝(箔)应变片或半导体应变片作为敏感元件进行加速度测量的传感器。它们分别可组成应变加速度计和压阻加速度计，它们体积小、重量轻、输出阻抗低，可用于飞机、轮船、机车、桥梁等振动加速度的测量。它们的工作原理及其结构如图 2-21(*a*)和(*b*)所示。

1. 应变加速度计

结构如图 2-21(*a*)所示。其工作原理如下：

在悬臂梁 2 的一端固定质量块 1，梁的另一端用螺钉固定在壳体 6 上，在梁的上下两面粘贴应变片 5，梁和质量块的周围充满阻尼液(硅油)，用以产生必要的阻尼。测量振动时，将传感器壳体和被测对象刚性固定在一起，因此作用在质量块上的惯性力 $F=ma$ 使悬臂梁产生变形(应变)，这样，粘贴在梁上用应变片所构成的电桥失去平衡而输出电压。此输出电压的大小正比于外界振动加速度 a。

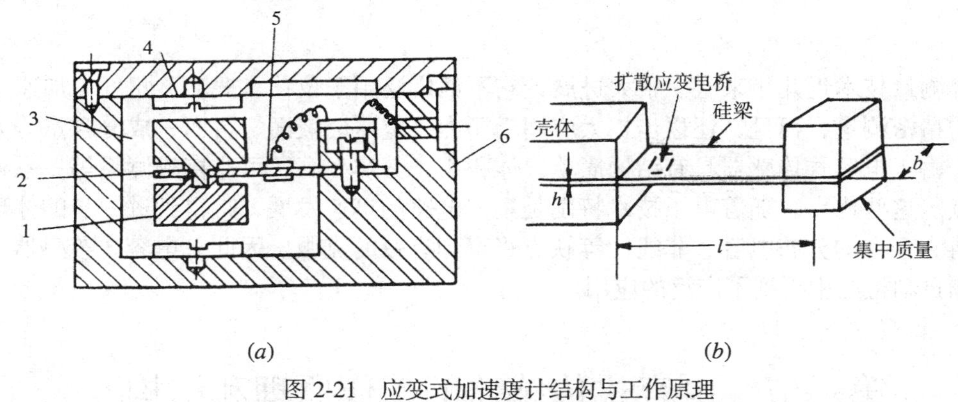

(a)　　　　(b)

图 2-21　应变式加速度计结构与工作原理

1—质量块　2—悬臂梁　3—阻尼液　4—螺钉　5—应变片　6—壳体

2. 压阻式加速度计

压阻式加速度计其结构和金属丝(箔)应变式加速度计相类似。这里是用硅梁代替金属梁，直接在硅梁上扩散四个应变电阻，其结构如图 2-21(b)所示。这种结构的优点是体积小、灵敏度高、滞后小、蠕变小，具有良好的线性和稳定性，频率范围从直流到几十千赫。

习题与思考题

1. 线绕电位器的负载特性在什么情况下才呈现线性特性？为什么？

2. 金属电阻应变片测量外力的原理是什么？其灵敏系数及其物理意义是什么？受哪两个因素影响？

3. 在半导体应变片电桥电路中，其一桥臂为半导体应变片，其余均为固定电阻，该桥路受到 $\varepsilon=4300\mu$ 应变作用。若该电桥测量应变时的非线性误差为 1%，$n=\frac{R_2}{R_1}=1$，则该应变片的灵敏系数为多少？

4. 减小直流电桥的非线性误差有哪些方法？尽可能地提高供桥电源有什么利弊？

5. 交、直流电桥的平衡条件是什么？试设计一交流电桥电路消除空载时不平衡电桥输出电压。

6. 利用双连孔式应变传感器，试设计一个微处理器控制的电子秤硬件部分，A/D 转换器利用 ICL7135。

7. 基于 PC 机或工业控制计算机的平台上，将轧制力检测细化设计。

第三章　电容式传感器

电容测量技术近几年来有了很大进展，它不但广泛用于位移、振动、角度、加速度等机械量的精密测量，而且，还逐步扩大应用于压力、差压、液面、料面、成分含量等方面的测量。由于电容式传感器具有结构简单，体积小，分辨率高，可非接触测量等一系列突出的优点。这些优点，随着电子技术特别是集成电路的迅速发展，将得到进一步的体现，且又使得它存在的分布电容、非线性等缺点将得到有效的克服。因此，电容式传感器在非电测量和自动检测中得到了广泛的应用。

第一节　电容式传感器的工作原理和结构

一、基本工作原理

电容式传感器是一个具有可变参数的电容器。多数场合下，电容是由两个金属平行板组成并且以空气为介质，如图 3-1 所示。

由两个平行板组成的电容器的电容量为

$$C=\frac{\varepsilon A}{d} \tag{3-1}$$

式中　ε——电容极板间介质的介电常数，对于真空，$\varepsilon=\varepsilon_0$；

A——两平行板所覆盖的面积；

d——两平行板之间的距离；

C——电容量。

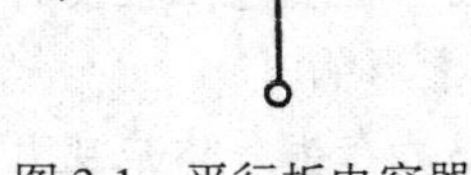

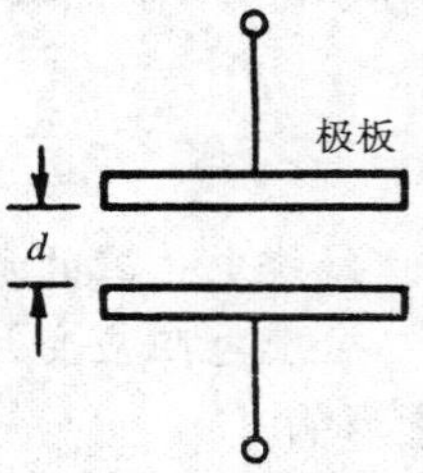

图 3-1　平行板电容器

当被测参数使得式(3-1)中的 A、d 或 ε 发生变化时，电容量 C 也随之变化。如果保持其中两个参数不变仅改变另一个参数，就可把该参数的变化转换为电容量的变化。因此，电容量变化的大小与被测参数的大小成比例。在实际使用中，电容式传感器常以改变平行板间距 d 来进行测量，因为这样获得的测量灵敏度高于改变其他参数的电容传感器的灵敏度。改变平行板间距 d 的传感器可以测量微米数量级的位移，而改变面积 A 的传感器只适用于测量厘米数量级的位移。

二、变极距型电容式传感器

由式(3-1)可知，电容量 C 与极板距离 d 不是线性关系，而是如图 3-2 所示的双曲线关系。若电容器极板距离由初始值 d_0 缩小 Δd ，极板距离分别为 d_0 和 $d_0-\Delta d$ ，其电容量分

别为 C_0 和 C_1，即

$$C_0=\frac{\varepsilon A}{d_0} \tag{3-2}$$

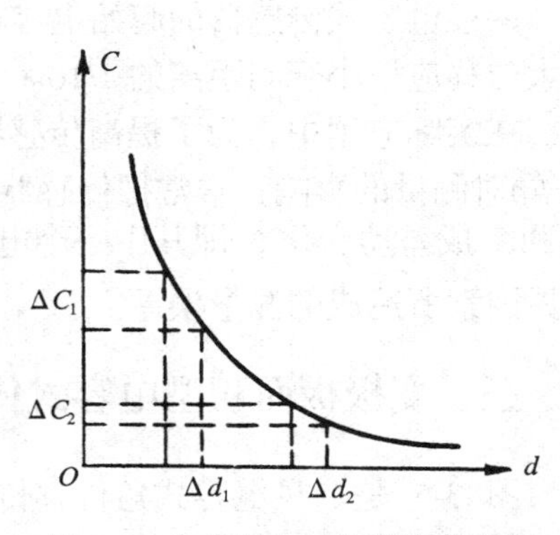

图 3-2　电容量与极板距离的关系

$$C_1=\frac{\varepsilon A}{d_0-\Delta d}=\frac{\varepsilon A}{d_0\left(1-\dfrac{\Delta d}{d_0}\right)}=\frac{\varepsilon A\left(1+\dfrac{\Delta d}{d_0}\right)}{d_0\left(1-\dfrac{\Delta d^2}{d_0^2}\right)} \tag{3-3}$$

当 $\Delta d << d_0$ 时，$1-\dfrac{\Delta d^2}{d_0^2}\approx 1$，则式(3-3)可以简化为

$$C_1=\frac{\varepsilon A\left(1+\dfrac{\Delta d}{d_0}\right)}{d_0}=C_0+C_0\frac{\Delta d}{d_0} \tag{3-4}$$

这时 C_1 与 Δd 近似呈线性关系，所以改变极板距离的电容式传感器往往设计成 Δd 在极小范围内变化。

另外，由图 3-2 可以看出，当 d_0 较小时，对于同样的 Δd 变化所引起的电容变化量 ΔC 可以增大，从而使传感器的灵敏度提高；但 d_0 过小时，容易引起电容器击穿。改善击穿条件的办法是在极板间放置云母片，如图 3-3 所示。此时，电容 C 变为

$$C=\frac{A}{\dfrac{d_g}{\varepsilon_0\varepsilon_g}+\dfrac{d_0}{\varepsilon_0}} \tag{3-5}$$

式中　ε_g——云母的相对介电系数，$\varepsilon_g=7$；

ε_0——空气的介电系数，$\varepsilon_0=1$；

d_g——云母片的厚度；

d_0——空气隙厚度。

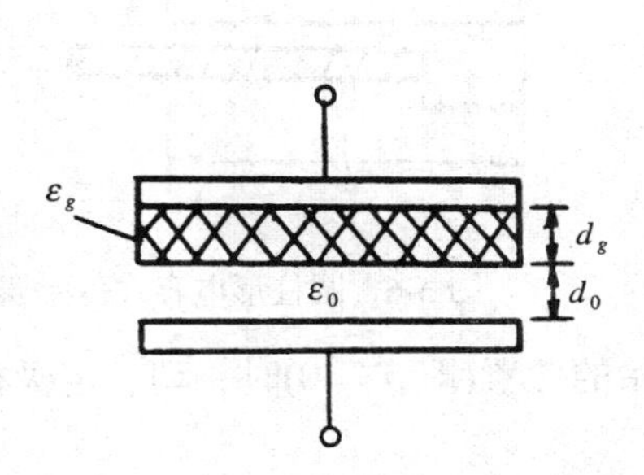

图 3-3　放置云母片的电容器

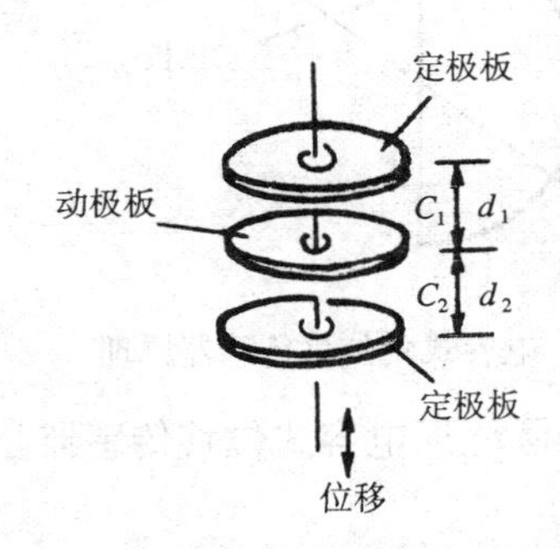

图 3-4　差动电容式传感器原理

云母的相对介电系数为空气的 7 倍，其击穿电压不小于 10^3kV/mm，而空气的击穿电压仅为 3 kV/mm，即使厚度为 0.01mm 的云母片，它的击穿电压也不小于 10 kV/mm。因此有了云母片，极板之间的起始距离可以大大减小。同时式(3-5)分母中的 $\dfrac{d_g}{\varepsilon_g}$ 项是恒定值，它能使电容式传感器的输出特性的线性度得到改善，只要云母片厚度选取得当，就能获得

较好的线性关系。

一般电容式传感器的起始电容在 20 ~ 30pF 之间，极板距离在 25 ~ 200μm 的范围内，最大位移应该小于间距离的 1/10。

在实际应用中，为了提高传感器的灵敏度和克服某些外界因素(例如电源电压、环境温度等)对测量的影响，常常把传感器制成差动形式，其原理如图 3-4 所示。当动极板移动后，C_1和C_2成差动变化，即其中一个电容量增大，而另一个电容量则相应减小，这样可以消除外界因素所造成的测量误差。

三、变极板面积型电容式传感器

图 3-5 是一只电容式角位移传感器的原理图。当动极板有一个角位移θ时，与定极板的遮盖面积就改变，从而改变了两极板间的电容量。当$\theta=0$时，则

$$C_0=\frac{\varepsilon_1 A}{d} \tag{3-6}$$

式中　ε_1——介电常数。

当$\theta\neq 0$时，则

$$C_1=\frac{\varepsilon_1 A\left(1-\dfrac{\theta}{\pi}\right)}{d}=C_0-C_0\frac{\theta}{\pi} \tag{3-7}$$

可以看出，这种形式的传感器电容量 C 与角位移θ是成线性关系的。

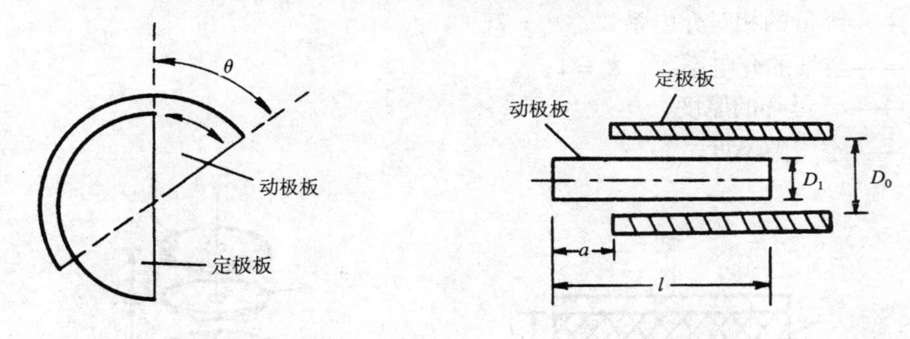

图 3-5　电容式角位移传感器原理　　图 3-6　圆柱形电容式传感器

图 3-6 为圆柱形电容式位移传感器。在初始的位置(即 $a=0$)时，动、定极板相互覆盖，此时电容量为

$$C_0=\frac{\varepsilon_1 l}{1.8\ln\left(\dfrac{D_0}{D_1}\right)} \tag{3-8}$$

式中 l、D_0和 D_1的单位为 cm，C_0的单位为 pF。

当动极板发生位移 a 后，其电容量为

$$C = C_0 - C_0 \frac{a}{l} \tag{3-9}$$

由此可知 C 与 a 成线性关系，且动极板稍作径向移动时，不影响电容器的输出特性。

四、变介质型电容式传感器

图 3-7 为一种改变工作介质的电容式传感器，其电容量为

$$C = C_A + C_B \tag{3-10}$$

$$C_A = ba \frac{1}{\dfrac{d_2}{\varepsilon_2} + \dfrac{d_1}{\varepsilon_1}} \tag{3-11}$$

$$C_B = b(l - a) \frac{1}{\dfrac{d_1 + d_2}{\varepsilon_1}} \tag{3-12}$$

式中　b——极板宽度。

设在电极中无 ε_2 介质时的电容量为 C_0，即

$$C_0 = \varepsilon_1 \frac{bl}{d_1 + d_2}$$

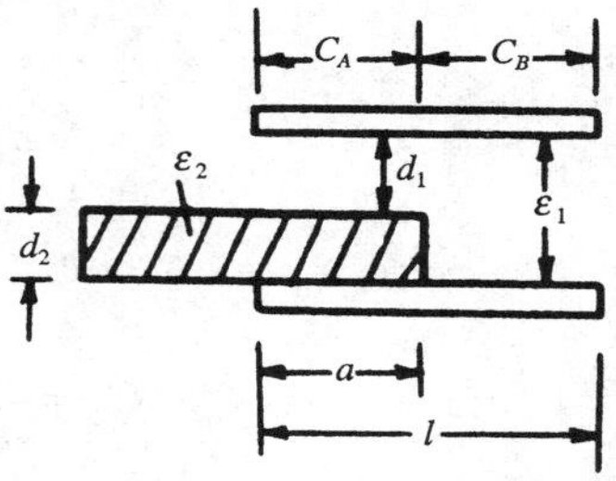

把 C_A、C_B 和 C_0 的表达式代入式(3-10)，可得

$$C = ba \frac{1}{\dfrac{d_2}{\varepsilon_2} + \dfrac{d_1}{\varepsilon_1}} + b(l-a) \frac{1}{\dfrac{d_1 + d_2}{\varepsilon_1}}$$

$$= C_0 + C_0 \frac{a}{l} \frac{1 - \dfrac{\varepsilon_1}{\varepsilon_2}}{\dfrac{d_1}{d_2} + \dfrac{\varepsilon_1}{\varepsilon_2}} \tag{3-13}$$

图 3-7　改变介质的电容式传感器

式(3-13)表明，电容量 C 与位移 a 成线性关系。

五、电容式位移传感器的结构形式

电容式位移传感器的基本结构形式，按照将机械位移转变为电容变化的基本原理，通常把它们分为面积变化型、极距变化型和介质变化型三类。这三种类型又可按位移的形式分为线位移和角位移两种。每一种又依据传感器的形状分成平板型和圆筒型两种。电容式传感器也还有其他的形状，但一般很少见。注意，圆筒式传感器不能用做改变极距的位移传感器。

一般来说，差动式要比单组式的传感器好。差动式传感器不但灵敏度高而且线性范围大，并具有较高的稳定性。

绝大多数电容式传感器可制成一极多板的形式。几层重叠板组成的多片型电容传感器

具有类似的单片电容器的$(n-1)$倍电容量。多片型相当于一个大面积的单片电容传感器，但是它能缩小尺寸。

六、电容式传感器的输出特性

式(3-4)、(3-7)、(3-9)、(3-13)给出了单组式传感器的基本设计公式。差动式电容可以根据两个独立的、在一定位移范围内的单组电容 C_1 和 C_2 来计算。对于经常采用的、改变极距型的传感器，其输出特性可按如下过程求得：

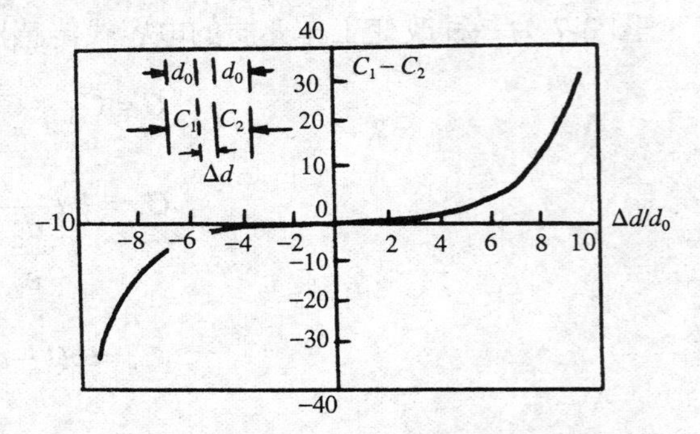

图 3-8　差动电容传感器输出特性曲线

差动电容传感器的结构如图 3-4 所示，其输出特性曲线如图 3-8 所示。在零点位置上设置一个可动的接地中心电极，它离两块极板的距离均为 d_0，当中心电极在机械位移的作用下发生位移Δd 时，则传感器电容量分别为

$$C_1=\frac{\varepsilon A}{d_0-\Delta d}=\frac{\varepsilon A}{d_0}\left(\frac{1}{1-\dfrac{\Delta d}{d_0}}\right)=C_0\left(\frac{1}{1-\dfrac{\Delta d}{d_0}}\right)$$

$$C_2=\frac{\varepsilon A}{d_0+\Delta d}=C_0\left(\frac{1}{1+\dfrac{\Delta d}{d_0}}\right)$$

若位移量Δd 很小，且$\left|\dfrac{\Delta d}{d_0}\right|<1$，上两式可按级数展开，得

$$C_1=C_0\left[1+\frac{\Delta d}{d_0}+\left(\frac{\Delta d}{d_0}\right)^2+\left(\frac{\Delta d}{d_0}\right)^3+\cdots\right]$$

$$C_2=C_0\left[1-\frac{\Delta d}{d_0}+\left(\frac{\Delta d}{d_0}\right)^2-\left(\frac{\Delta d}{d_0}\right)^3+\cdots\right]$$

电容量总的变化为

$$\Delta C=C_1-C_2=C_0\left[2\frac{\Delta d}{d_0}+2\left(\frac{\Delta d}{d_0}\right)^3+\cdots\right]$$

电容量的相对变化为

$$\frac{\Delta C}{C_0}=2\frac{\Delta d}{d_0}\left[1+\left(\frac{\Delta d}{d_0}\right)^2+\left(\frac{\Delta d}{d_0}\right)^4+\cdots\right]$$

略去高次项，则$\frac{\Delta C}{C_0}$与$\frac{\Delta d}{d_0}$近似成线性关系：

$$\frac{\Delta C}{C_0}\approx 2\frac{\Delta d}{d_0} \tag{3-14}$$

此式可表示为图 3-8 的曲线。

差动电容式传感器的相对非线性误差 r 近似为

$$r=\frac{\left|2\left(\frac{\Delta d}{d_0}\right)^3\right|}{\left|2\left(\frac{\Delta d}{d_0}\right)\right|}\times 100\%=\left(\frac{\Delta d}{d_0}\right)^2\times 100\%$$

然而，非差动式电容传感器的非线性误差可由如下分析知道，以式(3-3)为例：

$$C=C_0\frac{1}{1-\frac{\Delta d}{d_0}}$$

则

$$\frac{\Delta C}{C_0}=\frac{\Delta d}{d_0}\left(1-\frac{\Delta d}{d_0}\right)^{-1}$$

也按级数展开得

$$\frac{\Delta C}{C_0}=\frac{\Delta d}{d_0}\left[1+\frac{\Delta d}{d_0}+\left(\frac{\Delta d}{d_0}\right)^2+\left(\frac{\Delta d}{d_0}\right)^3+\cdots\right]$$

那么，近似的线性关系为

$$\frac{\Delta C}{C_0}\approx\frac{\Delta d}{d_0}$$

故单一电容传感器的非线性误差为

$$r_1=\frac{\left|\left(\frac{\Delta d}{d_0}\right)^2\right|}{\left|\frac{\Delta d}{d_0}\right|}\times 100\%=\left|\frac{\Delta d}{d_0}\right|\times 100\%$$

显然，差动式传感器的非线性误差 r 比单一电容传感器的非线性误差 r_1 大大地降低。

当与适当的测量电路配合后，它的输出特性在$\frac{\Delta d}{d_0}=\pm 33\%$的范围内，偏离直线的误差不超过 1%。

电容式传感器的灵敏度定义为电容变化与所引起该变化的可动部件的机械位移变化之比。平板型改变面积的线位移传感器的灵敏度为

$$\frac{\Delta C}{\Delta l}=\frac{\varepsilon b}{d} \tag{3-15}$$

式中 b 为极板宽度(cm)，ε 和 d 的意义及单位同式(3-1)。

平板型改变极距的线位移传感器的灵敏度为

$$\frac{\Delta C}{\Delta d}=\frac{\varepsilon A}{d^2} \tag{3-16}$$

显然，改变极距的传感器能够用减少极距 d 来增加灵敏度，但实际上 d 受电极表面不平度和极距非常小时的击穿电压所限制，因此，极距 d 不能无穷小。

平板型差动电容传感器的灵敏度为

$$\frac{\Delta C}{\Delta d}=2\frac{\varepsilon A}{d^2} \tag{3-17}$$

第二节　电容式传感器的等效电路

电容式传感器的等效电路可以用图 3-9 所示电路表示。图中考虑了电容器的损耗和电感效应，R_p 为并联损耗电阻，它代表极板间的泄漏电阻和介质损耗。这些损耗在低频时影响较大，随着工作频率增高，容抗减小，其影响就减弱。R_s 代表串联损耗，即引线电阻，电容器支架和极板的电阻。电感 L 由电容器本身的电感和外部引线电感组成。

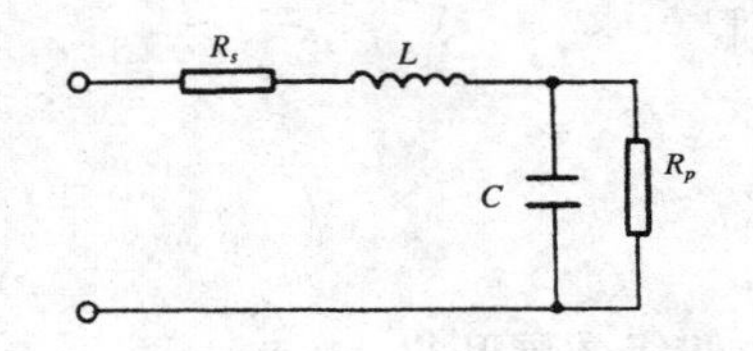

图 3-9　电容式传感器的等效电路

由等效电路可知，等效电路有一个谐振频率，通常为几十兆赫。当工作频率等于或接近谐振频率时，谐振频率破坏了电容的正常作用。因此，应该选择低于该谐振频率的工作频率，否则电容传感器将不能正常工作。

传感元件的有效电容 C_e 可由下式求得(为了计算方便，忽略 R_s，R_p)：

$$\frac{1}{\mathrm{j}\omega C_e}=\mathrm{j}\omega L+\frac{1}{\mathrm{j}\omega C}$$

$$C_e=\frac{C}{1-\omega^2 LC} \tag{3-18}$$

$$\Delta C_e=\frac{\Delta C}{1-\omega^2 LC}+\frac{\omega^2 LC\Delta C}{(1-\omega^2 LC)^2}=\frac{\Delta C}{(1-\omega^2 LC)^2}$$

在这种情况下，电容的实际相对变化量为

$$\frac{\Delta C_e}{C_e}=\frac{\dfrac{\Delta C}{C}}{1-\omega^2 LC} \tag{3-19}$$

式(3-19)表明电容传感器的实际相对变化量与传感器的固有电感 L 和角频率 ω 有关。因此，

在实际应用时必须与标定的条件相同。

第三节　电容式传感器的测量电路

根据电容式传感器的特性，在实际应用中，通常采用如下几种电路测量其电容量的变化来实现对其他待测量的检测。

一、调频电路

调频测量电路把电容式传感器作为振荡器谐振回路的一部分。当输入量导致电容量发生变化时，振荡器的振荡频率就发生变化，将频率的变化在鉴频中变换为振幅的变化，经过放大后就可以用仪表指示或用记录仪器记录下来。

调频接收系统可以分为直放式调频和外差式调频两种类型。外差式调频线路比较复杂，但是性能远优于直放式调频电路。图 3-10(*a*)和(*b*)分别表示这两种调频系统。

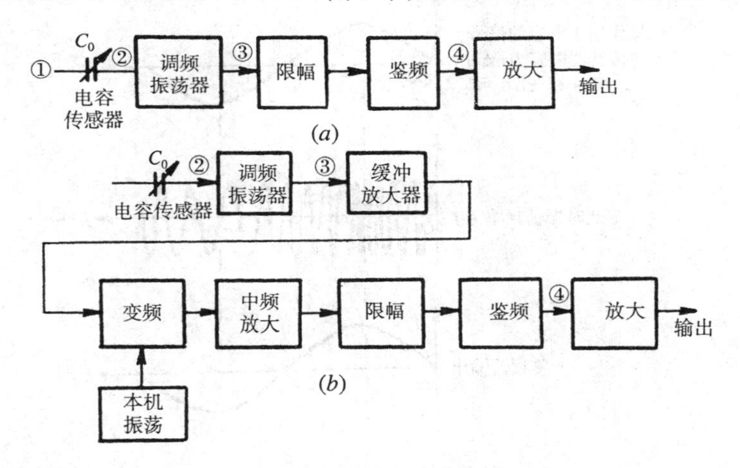

图 3-10　调频电路方框图

图中的调频振荡器的振荡频率由下式决定：

$$f = \frac{1}{2\pi\sqrt{LC}}$$

式中　L——振荡回路的电感；

　　　C——总电容，$C = C_1 + C_0 \pm \Delta C + C_2$；

其中　C_1——振荡回路的固有电容；

　　　C_2——传感器的引线分布电容；

　　　$C_0 \pm \Delta C$——传感器的电容。

当被测信号为 0 时，$\Delta C = 0$，则 $C = C_1 + C_0 + C_2$，所以振荡器有一个固有频率 f_0：

$$f_0 = \frac{1}{2\pi\sqrt{(C_1 + C_0 + C_2)L}}$$

当被测信号不为 0 时，即 $\Delta C \neq 0$，振荡频率有相应变化，此时，频率为

$$f=\frac{1}{2\pi\sqrt{(C_1+C_0+C_2\pm\Delta C)L}}=f_0\pm\Delta f \tag{3-20}$$

此变化过程的波形如图 3-11 所示。

用调频系统作为电容传感器的测量电路主要有以下特点：

(1) 选择性好，且灵敏度高；

(2) 抗外来干扰能力强；

(3) 特性稳定；

(4) 能取得高电平的直流信号(伏特数量级)；

(5) 因为是频率输出，易于用数字仪器和计算机接口。

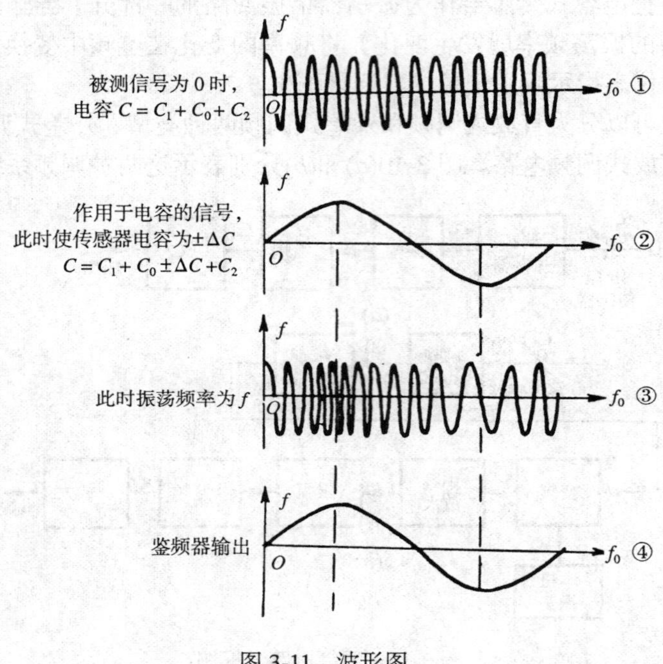

图 3-11 波形图

二、谐振电路

图 3-12(a)为谐振式电路的原理方框图，电容传感器 C_3 作为谐振回路中(L_2，C_2，C_3)调谐电容的一部分。谐振回路通过电感耦合，从稳定的高频振荡器取得振荡电压。当传感器电容 C_3 发生变化时，使得谐振回路的阻抗发生相应的变化，而这个变化又表现为整流器电流的变化。于是，该电流经过放大后即可指示输入量的大小。

为了获得较好的线性关系，一般谐振电路的工作点选在谐振曲线的一边，且在最大振幅 70%附近的地方，如图 3-12(b)所示，即工作范围选在 BC 段内。

这种电路的优点是比较灵敏，缺点是：

(1) 工作点不容易选好，变化范围比较窄；

(2) 传感器与谐振回路要靠近，否则电缆的杂散电容对电路影响较大；

(3) 为了提高测量精度，振荡器的频率稳定度要优于10^{-6}的数量级。

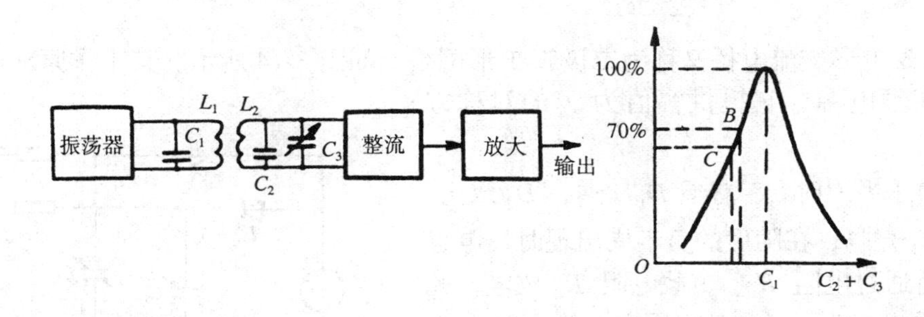

(a) 原理方框图 (b) 工作特性

图 3-12 谐振电路

三、运算放大器式电路

由于运算放大器的放大倍数 K 非常大，而且输入阻抗 Z_i 很高，运算放大器的这一特点可以作为电容传感器的比较理想的测量电路，其电路如图 3-13 所示，C_x 为电容传感器。图中 a 点为虚地点，由于 Z_i 很高，所以 $I \approx 0$，根据克希霍夫定律，可列出如下方程：

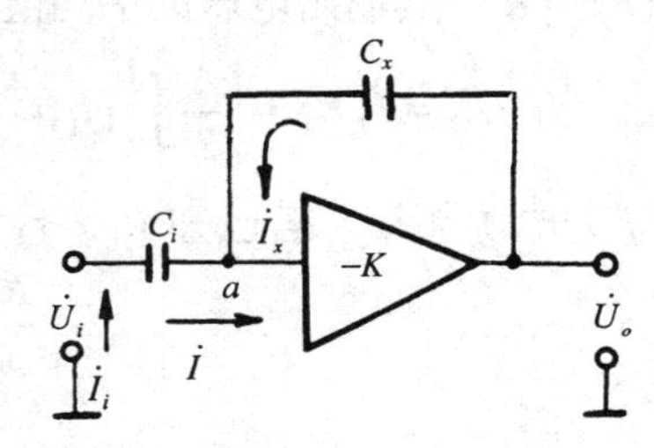

图 3-13 运算放大器测量电路

$$\dot{U}_i = \frac{\dot{I}_i}{\mathrm{j}\omega C_i}$$

$$\dot{U}_o = \frac{\dot{I}_x}{\mathrm{j}\omega C_x}$$

$$\dot{I}_i = -\dot{I}_x$$

解上面三式得

$$\dot{U}_o = -\dot{U}_i \frac{C_i}{C_x} \tag{3-21}$$

如果传感器是一只平板电容，则

$$C_x = \frac{\varepsilon_0 A}{d} \tag{3-22}$$

将式(3-22)代入式(3-21)得

$$\dot{U}_o = -\dot{U}_i \frac{C_i}{\varepsilon_0 A} d \tag{3-23}$$

从式(3-23)可知，运算放大器的输出电压与动极板机械位移 d (即极板距离)成线性关系，运算放大器电路解决了单个变极板距离式电容传感器的非线性问题。式(3-23)是在 $K \to \infty$，$Z_i \to \infty$ 的前提下得到的。由于实际使用的运算放大器的放大倍数 K 和输入阻抗 Z_i 总是一个有限值，所以，该测量电路仍然存在一定的非线性误差；当 K，Z_i 足够大时，这种误差是相当小的，可以使测量误差在要求范围之内，因此，这种电路仍不失其优点。

四、二极管双 T 形交流电桥

二极管双 T 形交流电桥又称为二极管 T 形网络，如图 3-14 所示。其工作原理如下：

$\dot{U}_i$ 是高频电源，它提供幅值为 $\dot{U}_i$ 的对称方波。

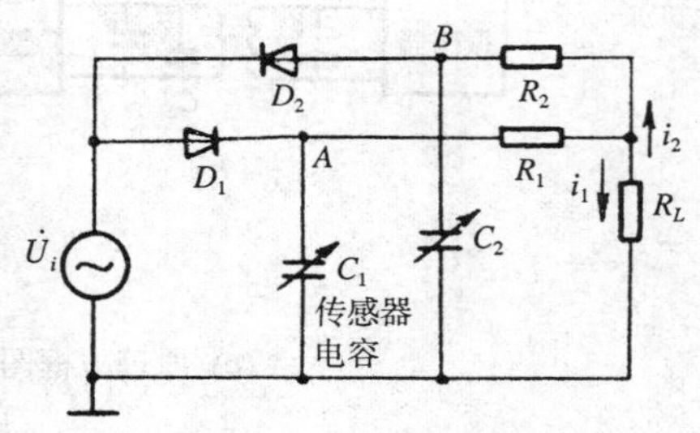

图 3-14　二极管 T 形网络

当 $\dot{U}_i$ 为正半周时，二极管 D_1 导通，D_2 截止，于是电容 C_1 充电；在随后的负半周出现时，电容 C_1 上的电荷通过电阻 R_1、负载电阻 R_L 放电，此时流过 R_L 的电流为 i_1。在负半周内，D_2 导通，D_1 截止，则电容 C_2 充电；在下一个半周(正半周)，C_2 通过电阻 R_2，R_L 放电，流过 R_L 的电流为 i_2。如果二极管 D_1 和 D_2 具有相同的特性，且令 $C_1 = C_2$，$R_1 = R_2$，则电流 i_1 和 i_2 大小相等，方向相反，则流过 R_L 的平均电流为零。若 $C_1 \neq C_2$，那么，$i_1 \neq i_2$，因此在 R_L 上必定有信号输出，若取 $R_1 = R_2 = R$，其输出电压的平均值为

$$\dot{U}_o = I_L R_L = \left[\frac{1}{T}\int_0^T \left| i_1(t) - i_2(t) \right| \mathrm{d}t\right] R_L \approx \frac{R(R+2R_L)}{(R+R_L)^2} R_L \dot{U}_i f (C_1 - C_2) \tag{3-24}$$

式中 f 为电源频率。若已知 R_L，且令

$$\frac{R(R+2R_L)}{(R+R_L)^2} R_L = M(\text{常数}) \tag{3-25}$$

则

$$\dot{U}_o \approx \dot{U}_i f M (C_1 - C_2) \tag{3-26}$$

从式(3-26)可知，输出电压不仅与电源 $\dot{U}_i$ 的频率和其幅值有关，而且与 T 形网络中的电容 C_1 和 C_2 的差值有关。当电源电压 $\dot{U}_i$ 确定后，输出电压 $\dot{U}_o$ 只是电容 C_1，C_2 的函数。根据有关实验证明：当 $\dot{U}_i$ 为 46V 的有效幅值、频率为 1.3MHz 时，传感器电容 C_1 和 C_2 从 −7 ~ +7pF 变化，则在 R_L = 1MΩ上可产生 −5 ~ +5V 的直流电压输出。该电路的输出阻抗与 R_1，R_2，R_L 有关，约为 1 ~ 100 kΩ，与电容 C_1，C_2 无关，故只要适当选择电阻 R_1 和 R_2，则输出电流可以直接用毫安表或微安表测量。输出信号的上升沿时间取决于负载电阻。例如 R_L= 1 kΩ时，其上升沿时间约为 20μs 左右，因此，该网络能用于高速机械运动量的测量。如果 $\dot{U}_i$ 的幅值很高，由于 D_1，D_2 工作在特性曲线的线性区域，故测量的非线性误差很小。

五、脉冲宽度调制电路

脉冲宽度调制电路如图 3-15 所示。设传感器为差动电容 C_1 和 C_2，当双稳态触发器处于某一状态，如 Q = 1，$\overline{Q} = 0$，A 点的高电位通过 R_1 对 C_1 充电，直至 C 点充电电位高于参比电位 U_r 时，比较器 A_1 输出正跳变信号，此时，因 $\overline{Q} = 0$，B 点为低(零)电位，电容器 C_2 上已充电流，通过 R_2 而放电，比较器 A_2 的“−”端电位高于“+”端，比较器输出负跳变，激励触发器翻转，使 $\overline{Q} = 1$，$Q = 0$，于是，B 点为高电位，对 C_2 充电；A 点为低电位，

C_1放电，当比较器A_1的“+”端电位低于A_1“−”端参比电压U_r时，产生触发脉冲使触发器翻转，如此交替激励，触发器两端输出极性相反、宽度取决于C_1和C_2的脉冲。当差动电容器$C_1=C_2$时，电路各点电压波形如图3-16(*a*)所示。

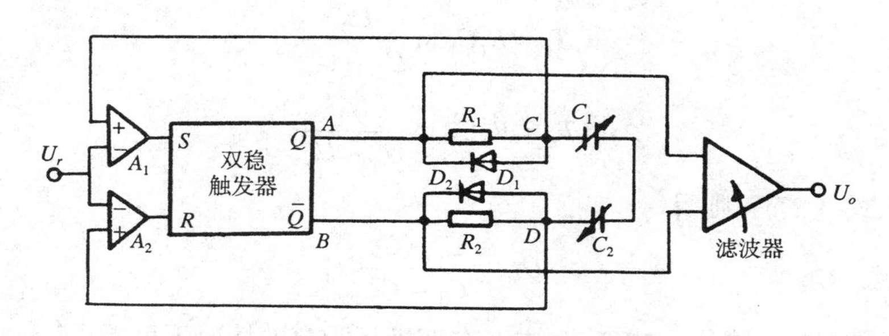

图3-15　脉冲宽度调制电路

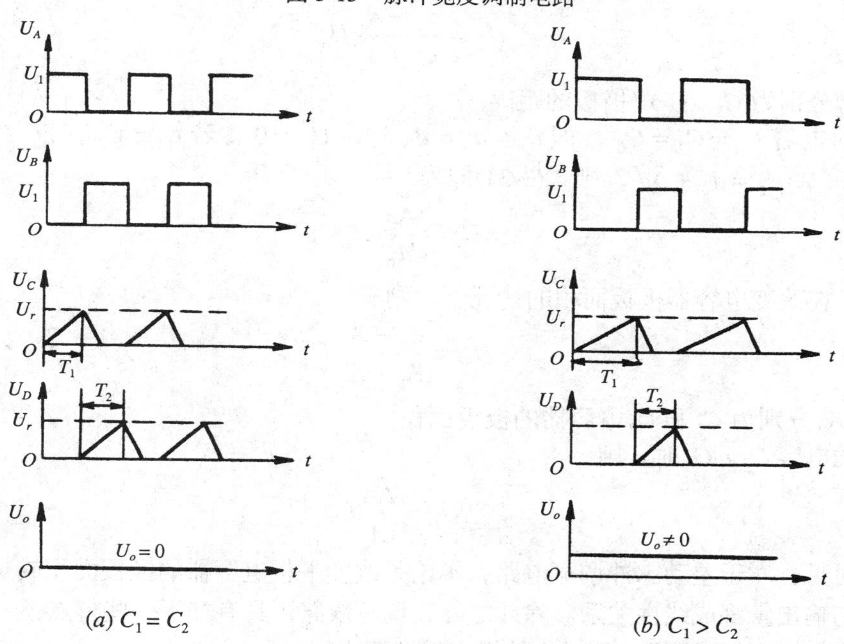

(*a*) $C_1=C_2$　　(*b*) $C_1>C_2$

图3-16　脉冲宽度调制电路电压波形

由图可见，*A*，*B*两点平均电压值为零。当差动电容C_1和C_2值不相等时，若$C_1>C_2$，则C_1和C_2充放电时间常数发生变化，电路中各点的电压波形如图3-16(*b*)所示。由图可见，*A*，*B*两点平均电压值不为零。*A*，*B*两点间的电压U_{AB}经低通滤波器滤波后获得，应等于*A*，*B*两点电压平均值U_A与U_B之差，即

$$U_o=U_A-U_B=U_1\frac{T_1-T_2}{T_1+T_2} \tag{3-27}$$

式中　U_1——触发器输出高电平；

T_1，T_2——C_1，C_2充电至U_r的所需时间；

$U_A=\dfrac{T_1}{T_1+T_2}U_1$；

$$U_B = \frac{T_2}{T_1 + T_2} U_1 \text{。}$$

根据《电路分析》知识可求出

$$T_1 = R_1 C_1 \ln \frac{U_1}{U_1 - U_r} \tag{3-28}$$

$$T_2 = R_2 C_2 \ln \frac{U_1}{U_1 - U_r} \tag{3-29}$$

将 T_1，T_2 代入式(3-27)，则得

$$U_o = \frac{C_1 - C_2}{C_1 + C_2} U_1 \tag{3-30}$$

把平行板电容的公式代入式(3-30)中，在变极板距离的情况下可得

$$U_o = \frac{d_2 - d_1}{d_2 + d_1} U_1 \tag{3-31}$$

式中 d_1，d_2 分别为 C_1，C_2 电极板的距离。

当差动电容 $C_1 = C_2 = C_0$，即 $d_1 = d_2 = d_0$ 时，$U_o = 0$；若 $C_1 \neq C_2$，设 $C_1 > C_2$，即 $d_1 = d_0 - \Delta d$，$d_2 = d_0 + \Delta d$，则式(3-31)即为

$$U_o = \frac{\Delta d}{d_0} U_1 \tag{3-32}$$

同样，在改变电容器极板面积的情况下，则有

$$U_o = \frac{A_1 - A_2}{A_1 + A_2} U_1 \tag{3-33}$$

式中 A_1 和 A_2 分别为 C_1 和 C_2 电容器的极板面积。

当差动电容 $C_1 \neq C_2$ 时，则

$$U_o = \frac{\Delta A}{A} U_1 \tag{3-34}$$

由此可见，对于差动脉冲调宽电路，不论是改变平板电容器的极板面积或是极板距离，其变化量与输出量都成线性关系。除此之外，调宽线路还具有如下一些特点：

(1) 不像调幅线路那样，需对元件提出线性要求；

(2) 效率高，信号只要经过低通滤波器就有较大的直流输出；

(3) 不需要解调器；

(4) 由于低通滤波器的作用，对输出矩形波纯度要求不高。

这些特点都是其他电容测量线路无法比拟的。

六、电桥电路

如图 3-17 所示为电容式传感器的电桥测量电路。一般传感器包括在电桥内。用稳频、稳幅和固定波形的低阻信号源去激励，最后经电流放大及相敏整流得到直流输出信号。从图 3-17 可以看出电桥平衡条件为

$$\frac{Z_2}{Z_1}=\frac{C_1}{C_2}=\frac{d_2}{d_1} \tag{3-35}$$

此外 C_1 和 C_2 为差动电容，d_1 和 d_2 为相应的间隙。当差动电容的动极板移动 Δd 时，根据差动电桥输出电压(式(2-31))，可得该电桥输出电压为

$$\dot{U}_o=\frac{\dot{U}_{AC}}{2}\frac{\dfrac{1}{\mathrm{j}\omega\Delta C}}{R_0+\dfrac{1}{\mathrm{j}\omega C_0}}=\frac{\dot{U}_{AC}}{2}\frac{\Delta Z}{Z} \tag{3-36}$$

式中 R_0——电容损耗电阻；

ΔC——差动电容变化量；

C_0——当 $C_1=C_2$ 时的电容量；

Z——为 C_0，R_0 的等效阻抗。

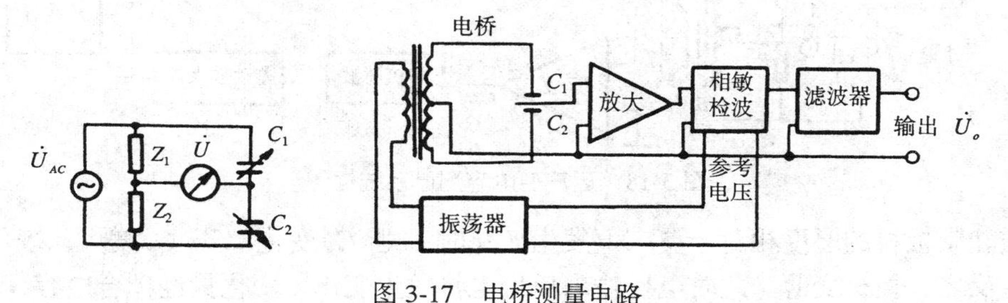

图 3-17 电桥测量电路

第四节 电容式传感器应用举例

电容传感器由于检测头结构简单，可以不用有机材料和磁性材料构成，所以它能经受相当大的温度变化及各种辐射作用，因而可以在温度变化大、有各种辐射等恶劣环境下工作。电容传感器可以制成非接触式测量器，响应时间短，适合于在线和动态测量。电容传感器具有高灵敏度，采用现代精密测量方法，已能测量电容值的10^{-7}的变化量。又因为其极间的相互吸力十分微小，从而保证了比较高的测量精度。因而，电容传感器近年来甚被重视，它广泛地被应用在厚度、位移、压力、速度、浓度、物位等物理量测量中。下面举几例来说明电容传感器的应用情况。

一、电容传感器在板材轧制装置中的应用——电容式测厚仪

电容式测厚仪的关键部件之一就是电容测厚传感器。在板材轧制过程中由它监测金属板材的厚度变化情况，该厚度量的变化现阶段常采用独立双电容测厚传感器来检测。它能克服两电容并联或串联式传感器的缺点。应用独立双电容传感器，通过对被测板材在同一位置、同一时刻实时取样能使其测量精度大大提高。独立双电容测厚传感器一般分为运算

型电容传感器和频率变换型电容传感器两种。前者对 0.5～1.0mm 厚度的薄钢板进行测量，其测量误差小于 20μm；后者其测量误差则小于 0.3μm。

1. 运算型电容测厚传感器

由运算型电容传感器组成的测厚仪的工作原理如图 3-18 所示。在被测带材的上、下两侧各置一块面积相等、与带材距离相等的极板，这样极板与带材就构成了两个电容器 C_1 和 C_2。把两块极板用导线连成一个电极，而带材就是电容的另一个电极，其总电容 $C_x = C_1 + C_2$，电容 C_x 与固定电容 C_0、变压器的次级 L_1 和 L_2 构成电桥。音频信号发生器提供变压器初级信号，经耦合作交流电桥的供桥电源。

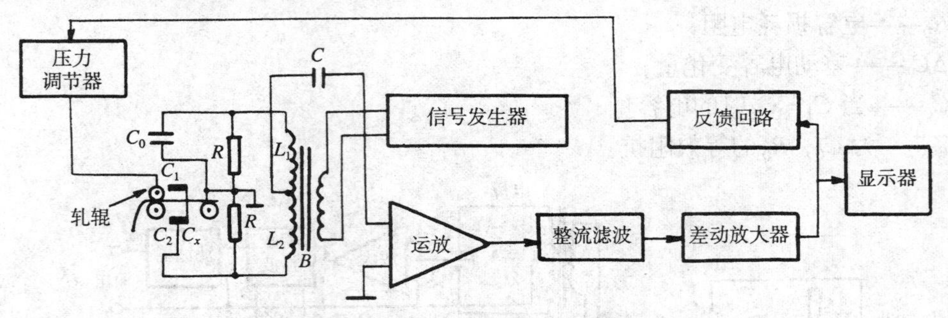

图 3-18　运算型电容测厚系统框图

当被轧制板材的厚度相对于要求值发生变化时，则 C_x 变化。若 C_x 增大，表示板材厚度变厚；反之，板材变薄。此时电桥输出信号也将发生变化，变化量经耦合电容 C 输出给运算放大器放大整流和滤波；再经差动放大器放大后，一方面由显示仪表读出该时的板材厚度，另一方面通过反馈回路将偏差信号传送给压力调节装置，调节轧辊与板材间的距离，经过不断调节，使板材厚度控制在一定误差范围内。

2. 频率变换型电容测厚传感器

频率变换型电容传感器检测金属板材厚度的系统组成如图 3-19(*a*)所示。

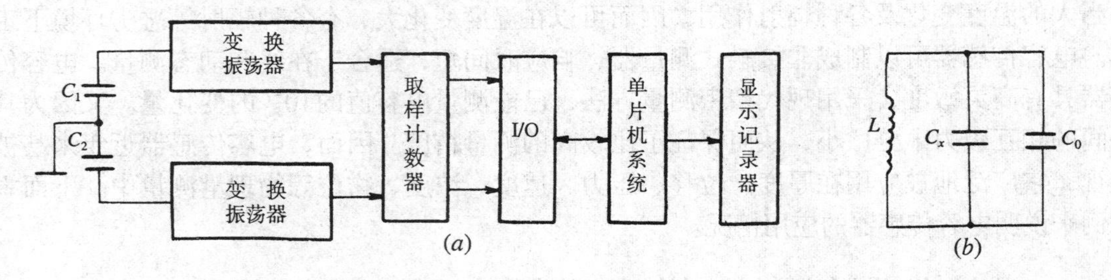

图 3-19　频率变换型的测厚系统组成框图

将被测电容 C_1，C_2 作为各变换振荡器的回路电容，振荡器的其他参数为固定值，其等效电路如图 3-19(*b*)所示，图中 C_0 为耦合和寄生电容。该电路的振荡频率 f 为

$$f = \frac{1}{2\pi\sqrt{L(C_x + C_0)}}$$

因为

$$C_x=\varepsilon_r\frac{A}{3.6\pi d_x}$$

则

$$d_x=\frac{\varepsilon_r A}{3.6\pi C_x}=\frac{\varepsilon_r A}{3.6\pi}\times 4\pi^2 L\frac{f^2}{1-4\pi^2 LC_0 f^2}$$

式中 ε_r——极板间的介质的相对介电系数；

A——极板面积；

d_x——极板间的距离；

C_x——待测电容器的电容量。

所以

$$d_{x_1}=\frac{\varepsilon_r A}{3.6\pi C_1}=\frac{\varepsilon_r A}{3.6\pi}\times 4\pi^2 L\frac{f_1^2}{1-4\pi^2 LC_0 f_1^2}$$

$$d_{x_2}=\frac{\varepsilon_r A}{3.6\pi C_2}=\frac{\varepsilon_r A}{3.6\pi}\times 4\pi^2 L\frac{f_2^2}{1-4\pi^2 LC_0 f_2^2}$$

设两传感器极板距离固定为 d_0，若在同一时刻分别测得上、下极板与金属板材上、下表面距离为d_{x_1}，d_{x_2}，则被测金属板材的厚度$\delta=d_0-(d_{x_1}+d_{x_2})$。由此可见，振荡频率包含了电容传感器的间距 d_x 的信息。各频率值通过取样计数器(可采用 16 位快速同步计数器取样)获得数字量，然后由微机进行函数处理，消除非线性频率变换产生的误差，无需 A/D 转换，也无需用先进的非线性变换，就可获得误差极小的板材厚度。因此，频率变换型电容测厚系统得到广泛应用。

二、电容传感器在真空注油机溢油自动控制中的应用

真空注油机是 X 射线源生产中的关键设备，其中的溢油量控制与 X 射线源的热设计密切相关，溢油量过大，在 X 射线源连续工作时，可能因膨胀不足而引起绝缘油渗漏；溢油量过小，环境温度较低时，膨胀鼓可能因收缩量不足而使源内产生负压使气体渗入。原来的注油系统，溢油量控制均采用人工观察，手动控制，这显然不符合现代生产的要求。1994 年，重新设计了真空注油机溢油系统，采用了 OMRON 公司生产的一种新型液位控制传感器——E2K-C 型静电电容式传感器，实现了溢油量的自动控制。

E2K-C 型静电电容式传感器按其供电电压可分为直流型和交流型，按其输出方式又可分成 NPN 开关输出型和 PNP 开关输出型两种。现以直流 NPN 开关输出型 E2K-C25ME1 为例，介绍其工作原理及应用。

E2K-C25ME1 的内部原理框图及输出信号示意见图 3-20。

该传感器由高频振荡器和放大器组成。当无物体接近传感器作用表面时，带浮动电极的高频振荡器不振荡；当有物体接近传感器作用表面时，使浮动电极产生的电场发生变化，高频振荡器产生振荡。振荡器的振荡和停振这两个信号，由整形放大器转换成开关信号，从而起到“开”、“关”的控制作用。

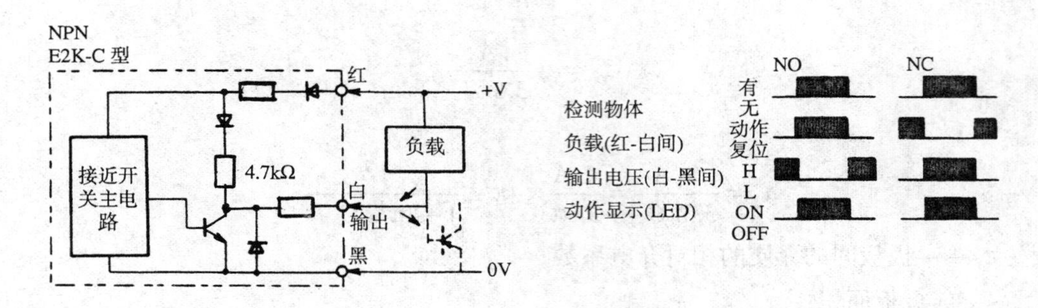

图 3-20　E2K-C25ME1 电原理图及输出信号示意图

不动作时，图中白黑引线间输出高电平，负载无电流流通，负载(继电器或接触器等)将不动作。

真空注油溢油自动控制系统如图 3-21 所示。其溢油自动控制工作过程如下：

首先，调节传感器的初始工作状态。调整过程为：在玻璃瓶空时，调节传感器的灵敏度，使它处于从“OFF”到“ON”的临界点，记下电位器的位置；然后在瓶中油面接近传感器中心线状态下，使它处于从“ON”到“OFF”的临界点上，记下电位器的位置；接着将电位器调节到两位置的中间位置上，此时，传感器加电便处于工作状态。

注油时，首先计算好待注油 X 射线源的所需油量并换算成高度 h；然后将传感器中心调节到高度略大于 h 处，并固定好，当注面到溢面到达 h 高度时，传感器将动作，输出高电平，使继电器断开；进而控制放油电磁阀动作，使之关断，停止注油。此时，传感器同时驱动峰鸣器和红色指示灯 H，给出声光指示，提醒工作人员作进一步处理。

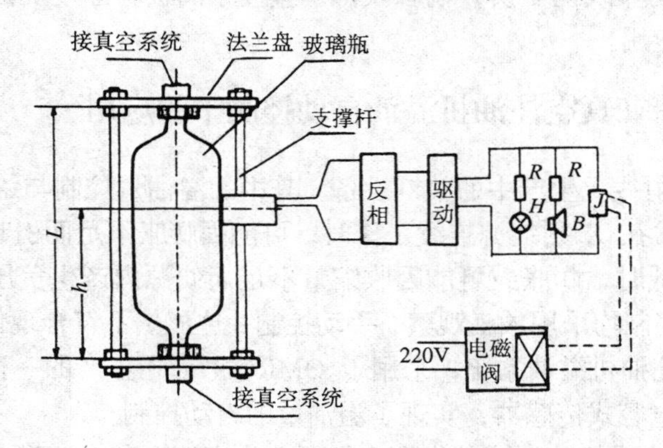

图 3-21　真空注油机溢油自动控制原理

传感器本身能提供最大为 200mA 的驱动电流，这对一般负载(执行器)已足够了。倘若不够，再加一级电流驱动器，即可适应使用。

在系统设计时，该传感器用于溢位控制的难点在于：环境温度高；不能污染真空系统，只能间接测量；周围均是金属物体，绝缘油的极性很小；负载干扰较大，为此在结构和电路上均须精心设计。图中的支撑杆只能采用非金属或铝材，以减少对传感器灵敏度的影响；溢油瓶采用壁厚 1.5mm 的玻璃瓶，传感器表面应紧贴溢油瓶表面。

该类传感器可以很方便地实现物料控制、液位高度控制、接近物体检测等，因此，应用广泛。

三、电容式压力传感器

图 3-22 示出了两种电容式压力传感器。图(*a*)为单只变极距型电容传感器，用于测量流体或气体的压力。液体或气体压力作用于弹性膜片(动极片)，使弹性膜片产生位移，位移导致电容量的变化，从而引起由该电容组成的振荡器的振荡频率变化，频率信号经计数、编码、传输到显示部分，即可指示压力变化量。

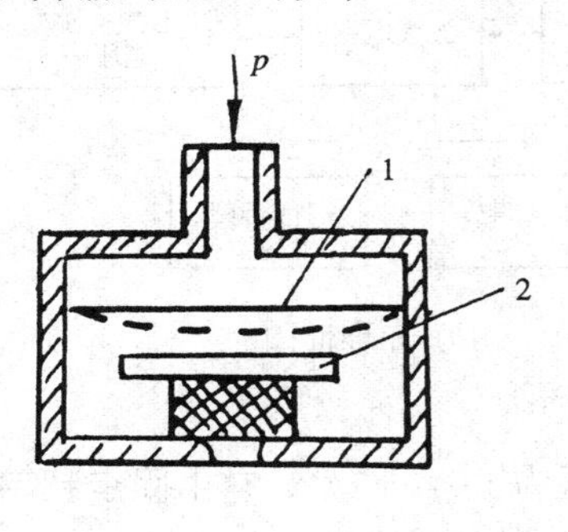

(*a*) 单只电容式压力传感器

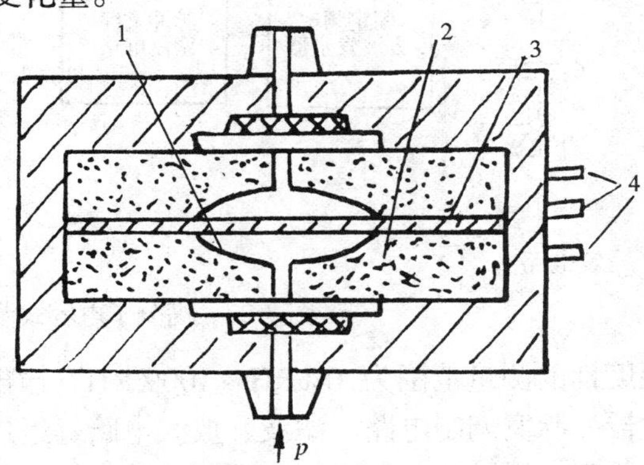

(*b*) 差动电容式压力传感器

图 3-22 电容式压力传感器

1—弹性膜片(动极板) 2—金属涂层(定极)

1—凹玻璃圆片 2—固定极板 3—弹性膜片 4—输出端子

图(*b*)为一种小型差动式电容压力传感器。它由金属弹性膜片与镀金凹型玻璃圆片组成。当被测压力 p 通过过滤器进入空腔时，由于弹性膜片两侧的压力差，使弹性膜片凸向一侧，产生位移，该位移改变了两个镀金玻璃圆片与弹性膜片间的电容量，通过如脉冲宽度调制等电路的处理可以实现压力测量。这种传感器的灵敏度和分辨率都很高。其灵敏度取决于初始间隙 d_0，d_0 越小，灵敏度越高。根据实验，该传感器可以测量 0 ~ 0.75Pa 的微小压差。其动态响应显然主要取决于弹性膜片的固有频率。

四、高分子电容式湿度变送器

该仪器是利用高分子薄膜湿敏元件测量湿度的。高分子薄膜式湿敏元件应用的是平板电容器原理构成电容式传感器。在绝缘基片上依次形成上电极、感湿膜、下电极。感湿膜是聚酰亚胺高分子聚合物，通过它吸收环境中的水分，使其介电常数发生变化，从而引起电容量变化，达到测湿目的。其等效电路如图 3-23(*a*)所示。两个平板电容器串联后的电容值为

$$C=\frac{C_1C_2}{C_1+C_2}$$

其中 C——湿敏元件输出电容值；

C_1——上电极与下电极 1 的电容值；

C_2——上电极与下电极 2 的电容值。

本仪器就是利用上述高分子膜为电介质制成的电容式传感器(如图 3-23(*b*)所示结构)组成的。当电容结构确定后，其电容值与高分子膜的介电常数成正比，高分子膜的介电常数随着其吸水量增加而增大，而吸水量多少又取决于气体湿度的大小，这样就可确定在一定温度下电容值与气体中相对湿度的函数关系。

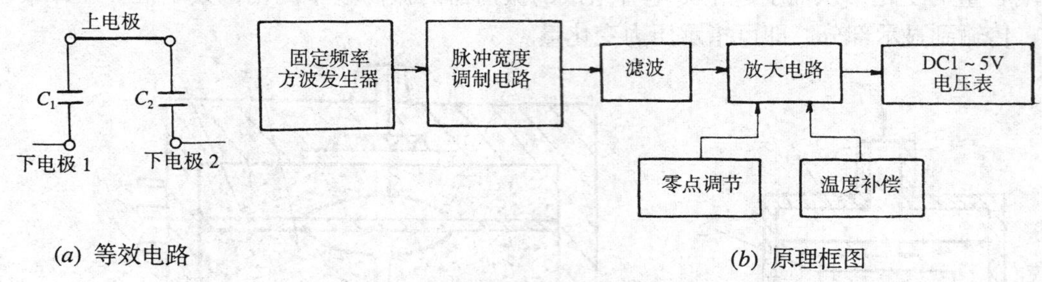

(*a*) 等效电路　　(*b*) 原理框图

图 3-23　高分子电容式湿度变送器

本湿度计的测量范围为 0%RH ~ 100%RH，输出电压为±1 ~ ±5 V。它由固定频率方波脉冲发生器、脉宽调制电路、滤波、放大电路等组成。

固定频率方波脉冲电路产生定周期脉冲，触发脉冲宽度调制电路，使脉宽 T_x 正比于湿度电容 C_x，然后将输出信号进行滤波后，取出直流信号，再经放大电路、调零电路和温度补偿电路，最后输出一个与相对湿度相对应的标准电压信号。

框图中固定频率方波脉冲电路采用 CMOS 型 555 定时器与定值电容组成多谐振荡器，产生固定频率的脉冲方波。脉宽调制电路是由另一块 555 定时器与湿度电容 C_x 组成单稳态触发器，构成脉宽调制电路，使脉宽 T_x 与湿敏电容 C_x 有如下关系：$T_x = KC_x$ (K 为常数)。滤波为低通滤波电路，放大与调零由 LM358 运算放大器组成，并用 AD590 运算放大器作温度补偿，这是因为它的线性好、精度高，与金属类测温电阻相比，它的抗湿度影响的能力更强，这样确保了温度补偿效果。

五、石英挠性伺服加速度计

石英挠性伺服加速度计是由固有频率很低的电容式加速度计和伺服回路两大部分组成，并形成一个闭环的自动控制系统，具体结构与原理如图 3-24 所示。

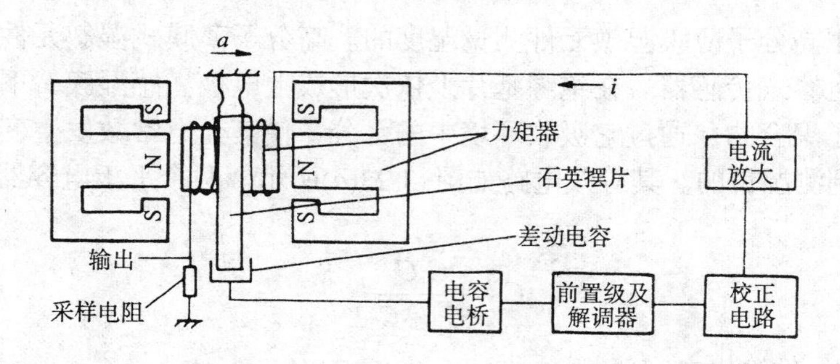

图 3-24　伺服加速度计工作原理图

其原理如下：当外界有一个加速度 a 沿输入轴作用于惯性质量上时，则惯性质量(石英摆片、力矩线圈组成)对平衡位置产生一个角位移，差动电容传感器的两个电容变得不等，从而破坏了电容电桥的平衡，产生一个电压输出信号，信号经伺服回路产生一个反馈电流 i，此电流流经力矩线圈，形成一个反馈力矩，强迫已产生角位移的惯性质量块恢复到平衡位置附近，若测出反馈电流 i 的大小，就能知道输入加速度 a 的大小。

这种加速度计的频率响应可从直流到 500Hz，最大非线性误差为 0.2%。它可用于振动测量、惯性导航、地震测量及钻井倾斜度测量，也可作低频标准加速度计使用，在美国已广泛用于航空、航海、导弹等方面的惯性导航，在日本已用于大型旋转机械(包括水轮机)的振动监测。缺点是价格较贵。

习题与思考题

1. 电容式传感器有哪三大类？试推导电容变化后的输出公式。

2. 当差动式极距变化型的电容传感器动极板相对于定极板位移了 $\Delta d = 0.75\,\text{mm}$ 时，若初始电容量 $C_1 = C_2 = 80\,\text{pF}$，初始距离 $d = 4\text{mm}$，试计算其非线性误差。若将差动电容改为单只平板电容，初始值不变，其非线性误差有多大？

3. 采用运算放大器作电容传感器的测量电路，其输出特性是否为线性的？为什么？

4. 设计一个油料液位监测系统。当液位高于 x_1 时，鸣响振铃并点亮红色 LED 灯；当液位低于 x_2 时，鸣响振铃并点亮黄色 LED 灯；当液位处于 x_1 和 x_2 之间时，点亮绿色 LED 灯。

5. 试比较图 3-14 和图 3-15 的工作原理。

6. 试设计电容式压差测量方案，并简述其工作原理。

第四章　电感式传感器

电感式传感器是利用电磁感应把被测的物理量如位移、压力、流量、振动等转换成线圈的自感系数 L 或互感系数 M 的变化，再由测量电路转换为电压或电流的变化量输出，实现非电量到电量的转换。

电感式传感器具有以下特点：

(1) 结构简单，传感器无活动电触点，因此工作可靠寿命长。

(2) 灵敏度和分辨率高，能测出 0.01μm 的位移变化。传感器的输出信号强，电压灵敏度一般每毫米的位移可达数百毫伏的输出。

(3) 线性度和重复性都比较好，在一定位移范围(几十微米至数毫米)内，传感器非线性误差可达到 0.05%～0.1%，并且稳定性也较好。同时，这种传感器能实现信息的远距离传输、记录、显示和控制，它在工业自动控制系统中广泛被采用；但是它有频率响应较低，不宜快速动态测控等缺点。

电感式传感器种类很多，本章主要介绍自感式、互感式和涡流式三种传感器。

第一节　变磁阻式传感器

变磁阻式传感器属自感式传感器，下面介绍其结构、工作原理和输出特性等内容。

一、结构和工作原理

变磁阻式传感器的结构如图 4-1 所示。它由线圈、铁芯和衔铁三部分组成。铁芯和衔铁都由导磁材料如硅钢片或坡莫合金制成。在铁芯和活动衔铁之间有气隙，气隙厚度为 δ 。传感器的运动部分与衔铁相连。当衔铁移动时，气隙厚度 δ 发生变化，从而使磁路中磁阻变化，导致电感线圈的电感值变化，这样可以藉以判别被测量的位移大小。

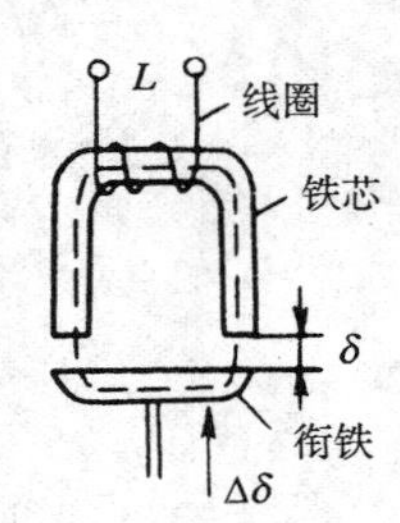

图 4-1　变磁阻式传感器基本结构

线圈的电感值 L 可按下列电工学公式计算：

$$L = \frac{N^2}{R_M} \tag{4-1}$$

式中　N——线圈匝数；

R_M——单位长度上磁路的总磁阻。

磁路总磁阻可写成

$$R_M = R_F + R_\delta \tag{4-2}$$

式中　R_F——铁芯磁阻；

R_δ——空气气隙磁阻。

而且 R_F 和 R_δ 可以分别由下式求出：

$$R_F = \frac{L_1}{\mu_1 A_1} + \frac{L_2}{\mu_2 A_2} \tag{4-3}$$

$$R_\delta = \frac{2\delta}{\mu_0 A} \tag{4-4}$$

式(4-3)中第一项为铁芯磁阻，第二项为衔铁磁阻；

L_1——磁通通过铁芯的长度(m)；

A_1——铁芯横截面积(m^2)；

μ_1——铁芯材料的导磁率(H/m)；

L_2——磁通通过衔铁的长度(m)；

A_2——衔铁横截面积(m^2)；

μ_2——衔铁材料的导磁率(H/m)；

δ——气隙厚度(m)；

A——气隙横截面积(m^2)；

μ_0——空气的导磁率($4\pi\times10^{-7}$ H/m)。

由于 $R_F << R_\delta$，常常忽略 R_F，因此，可得线圈电感为

$$L \approx \frac{N^2}{\dfrac{2\delta}{\mu_0 A}} = \frac{\mu_0 A N^2}{2\delta} \tag{4-5}$$

由式(4-5)可知，当线圈匝数确定后，只要改变 δ 和 A 均可导致电感的变化，因此，变磁阻式传感器又可分为变气隙厚度 δ 的传感器和变气隙面积 A 的传感器。使用最广泛的是变气隙厚度 δ 的电感传感器。

二、等效电路

变磁阻式电感传感器是利用铁芯线圈中的自感随衔铁位移或空隙面积改变而变化的原理制成的，但实际上线圈不可能呈现为纯电感，电感 L 还包含了线圈的铜损耗电阻 R_c（R_c 与 L 串联)，同时存在铁芯涡流损耗电阻 R_e（R_e 与 L 并联)；由于线圈和测量设备电缆的接入，存在线圈固有电容和电缆的分布电容，用集中参数 C 表示(C 与 L 和 R_c、R_e 相并联)，因此，电感式传感器可用图 4-2 所示等效电路表示。它又可以用一个复阻抗 Z 来等效。

由式(4-5)可知，当电感传感器线圈匝数和气隙面积一定时，电感量 L 与气隙厚度 δ 成反比，可用图 4-3 所示。下面分析变气隙式电感传感器的输出特性。

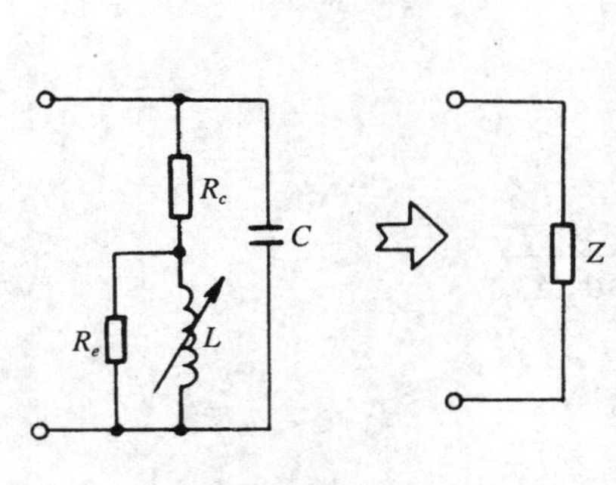

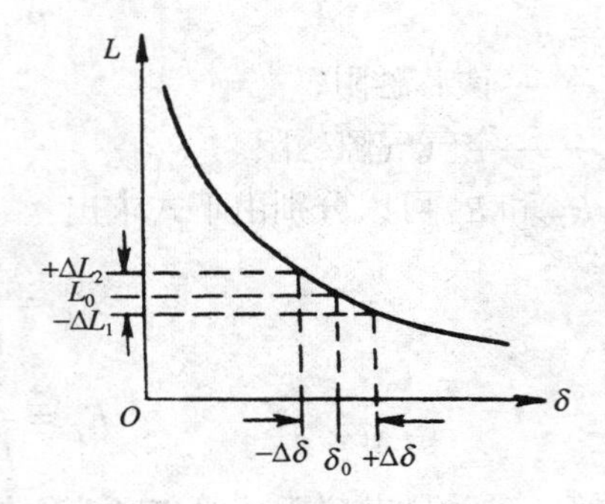

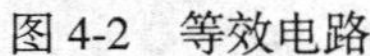

图 4-2　等效电路　　　　　　　　　　图 4-3　电感传感器 L-δ 特性

三、变气隙式电感传感器输出特性

设电感传感器初始气隙为δ_0，初始电感量为 L_0，衔铁位移引起的气隙变化量为$\Delta\delta$，从式(4-5)可知 L 和 δ 之间是非线性关系。那么，初始电感量为

$$L_0 = \frac{\mu_0 A N^2}{2\delta_0}$$

当衔铁下移$\Delta\delta$ 时，传感器气隙增大$\Delta\delta$，即$\delta = \delta_0 + \Delta\delta$，则电感量却减小，设电感减小量为$\Delta L_1$，那么

$$\Delta L_1 = L - L_0 = \frac{N^2 \mu_0 A}{2(\delta_0 + \Delta\delta)} - \frac{N^2 \mu_0 A}{2\delta_0} = \frac{N^2 \mu_0 A}{2\delta_0}\left(\frac{2\delta_0}{2\delta_0 + 2\Delta\delta}\right) - 1 = L_0 \frac{-\Delta\delta}{\delta_0 + \Delta\delta}$$

电感量的相对变化为

$$\frac{\Delta L_1}{L_0} = \frac{-\Delta\delta}{\delta_0 + \Delta\delta} = \left(\frac{1}{1 + \dfrac{\Delta\delta}{\delta_0}}\right)\left(\frac{-\Delta\delta}{\delta_0}\right)$$

当$\dfrac{\Delta\delta}{\delta_0} << 1$时，可将上式展开成级数形式为

$$\frac{\Delta L_1}{L_0} = \frac{-\Delta\delta}{\delta_0} + \left(\frac{\Delta\delta}{\delta_0}\right)^2 - \left(\frac{\Delta\delta}{\delta_0}\right)^3 + \cdots \tag{4-6}$$

当衔铁上移$\Delta\delta$时，气隙减小$\Delta\delta$，即$\delta = \delta_0 - \Delta\delta$，电感量增大，则电感的增加量为

$$\Delta L_2 = L - L_0 = L_0 \frac{\Delta\delta}{\delta_0 - \Delta\delta}$$

$$\frac{\Delta L_2}{L_0} = \frac{\Delta\delta}{\delta_0 - \Delta\delta} = \frac{\Delta\delta}{\delta_0}\left(\frac{1}{1 - \dfrac{\Delta\delta}{\delta_0}}\right)$$

同样展开成级数为

$$\frac{\Delta L_2}{L_0}=\frac{\Delta\delta}{\delta_0}\left[1+\frac{\Delta\delta}{\delta_0}+\left(\frac{\Delta\delta}{\delta_0}\right)^2+\cdots\right]=\frac{\Delta\delta}{\delta_0}+\left(\frac{\Delta\delta}{\delta_0}\right)^2+\left(\frac{\Delta\delta}{\delta_0}\right)^3+\cdots \tag{4-7}$$

忽略掉二次项以上的高次项，则ΔL_1与ΔL_2和$\Delta\delta$成线性关系。由此可见，高次项是造成非线性的主要原因，且ΔL_1和ΔL_2是不相等的。当$\dfrac{\Delta\delta}{\delta_0}$越小时，则高次项迅速减小，非线性得到改善。这说明了输出特性和测量范围之间存在矛盾，所以，电感式传感器用于测量微小位移量是比较精确的。为了减小非线性误差，实际测量中广泛采用差动式电感传感器。

由式(4-6)和式(4-7)，忽略二次以上项后，可得到传感器灵敏度为

$$S=\left|\frac{\Delta L}{\Delta\delta}\right|=\left|\frac{L_0\dfrac{\Delta\delta}{\delta_0}}{\Delta\delta}\right|=\left|\frac{L_0}{\delta_0}\right| \tag{4-8}$$

四、差动自感传感器

1. 结构和工作原理

变气隙电感传感器可以制作成各种形式(如螺管式电感传感器等)，但它们都存在严重的非线性。为了减小非线性，可以利用两只完全对称的单个电感传感器合用一个活动衔铁，这样可构成差动式电感传感器，如差动螺管电感传感器、差动式 E 形电感传感器等，如图4-4(*a*)和(*b*)所示。其结构特点是上、下两个磁体的几何尺寸、材料、电气参数均完全一致。传感器的两只电感线圈接成交流电桥的相邻桥臂，另外两只桥臂由电阻组成。尽管图(*a*)和(*b*)的结构形式不同，但其工作原理完全相似，它们构成四臂交流电桥，供桥电源为$\dot{U}_{AC}$(交流)，桥路输出为交流电压$\dot{U}_o$。

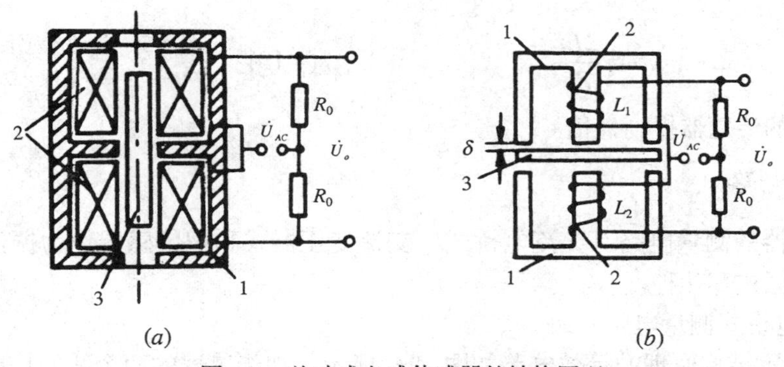

图 4-4　差动式电感传感器的结构原理

1—铁芯　2—线圈　3—衔铁

初始状态时，衔铁位于中间位置，两边空隙相等。因此，两只电感线圈的电感量相等，数值极性相反，电桥输出$\dot{U}_o=0$，即电桥处于平衡状态。

当衔铁偏离中间位置，向上或向下移动时，造成两边气隙不一样，使两只电感线圈的电感量一增一减，电桥不平衡。电桥输出电压的大小与衔铁移动的大小成比例，其相位则

与衔铁移动量的方向有关。若向下移动，输出电压为正；而向上移动时，输出电压则为负。因此，只要能测量出输出电压的大小和相位，就可以决定衔铁位移的大小和方向。衔铁带动连动机构就可以测量多种非电量，如位移、液面高度、速度等。

2. 输出特性

输出特性是指电桥输出电压与传感器衔铁位移量之间的关系。非差动式电感传感器电感量变化ΔL和位移量变化$\Delta\delta$是非线性关系。当构成差动电感传感器，且接成电桥形式后，电桥输出电压将与ΔL有关，即

$$\Delta L = L_2 - L_1 = 2L_0\left[\frac{\Delta\delta}{\delta_0} + \left(\frac{\Delta\delta}{\delta_0}\right)^3 + \left(\frac{\Delta\delta}{\delta_0}\right)^5 + \cdots\right] \tag{4-9}$$

式中

$$L_1 = \frac{\mu_0 A N^2}{2(\delta_0 + \Delta\delta)}$$

$$L_2 = \frac{\mu_0 A N^2}{2(\delta_0 - \Delta\delta)}$$

L_0为衔铁在中间位置时，单个线圈的电感量。

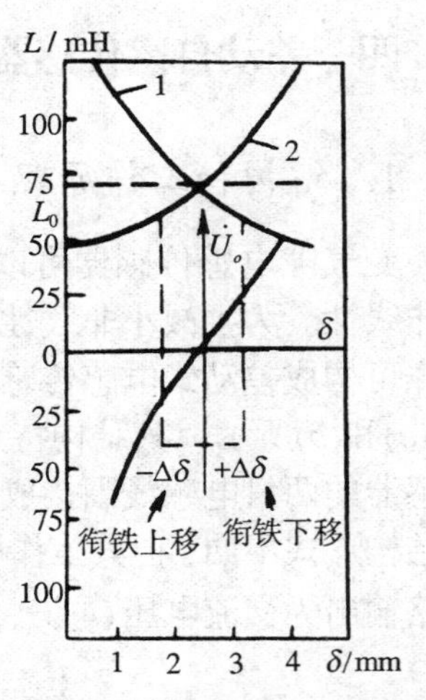

图 4-5 差动电感传感器输出特性

1—$L_1 = f(\delta)$ 2—$L_2 = f(\delta)$

从式(4-9)可知，不存在偶次项，显然，差动式电感传感器的非线性在$\pm\Delta\delta$工作范围内要比单个电感传感器小很多，由图 4-5 可以说明这一点。图 4-5 还说明电桥的输出电压大小和衔铁的位移量$\Delta\delta$有关，它的相位则与衔铁移动方向有关。若设衔铁向上移动$\Delta\delta$为负，则$\dot{U}_o$为负；衔铁向下移动$\Delta\delta$为正，则$\dot{U}_o$为正，即相位相差 180°。

差动式电感传感器的灵敏度 S，由式(4-9)忽略高次项后得到

$$S = \frac{2L_0}{\delta_0} \tag{4-10}$$

它比单个线圈的传感器提高一倍。

3. 测量电路

电感传感器的测量电路有交流电桥式、交流变压器式和把传感器作为振荡桥路中一个组成元件的谐振式等几种。

(1) 交流电桥式测量电路

图 4-4 所示结构原理的等效电路如图 4-6 所示，把传感器的两个线圈作电桥的两个桥臂Z_1和Z_2，另外两个相邻的桥臂用纯电阻($Z_3 = R$，$Z_4 = R$)代替。对于高Q值$\left(Q = \dfrac{\omega L}{R}\right)$的差动式线圈传感器，其输出电压

$$\dot{U}_o = \frac{\dot{U}_{AC}}{2}\frac{\Delta Z_1}{Z_1} = \frac{\dot{U}_{AC}}{2}\frac{\mathrm{j}\omega}{R_0 + \mathrm{j}\omega L_0}\Delta L \approx \frac{\dot{U}_{AC}}{2}\frac{\Delta L}{L_0} \tag{4-11}$$

式中　L_0——衔铁在中间位置时，单个线圈的电感，R_0为其损耗；

　　ΔL——两线圈电感的变化量。

忽略式(4-9)中的高次项后，$\Delta L = 2L_0\dfrac{\Delta\delta}{\delta_0}$，代入式(4-11)后可得：$\dot{U}_o = \dot{U}_{AC}\dfrac{\Delta\delta}{\delta_0}$，电桥输出电压与$\Delta\delta$有关，相位与衔铁移动方向有关。

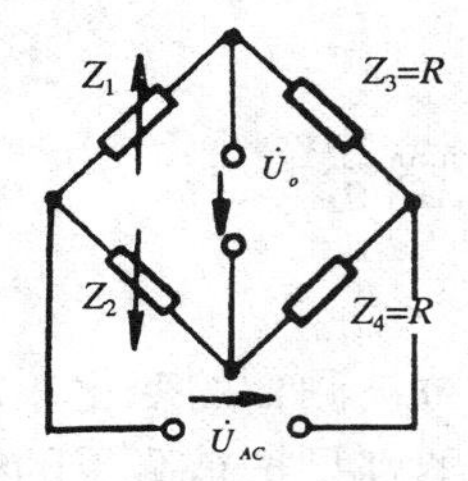

图 4-6　一般形式的交流电桥

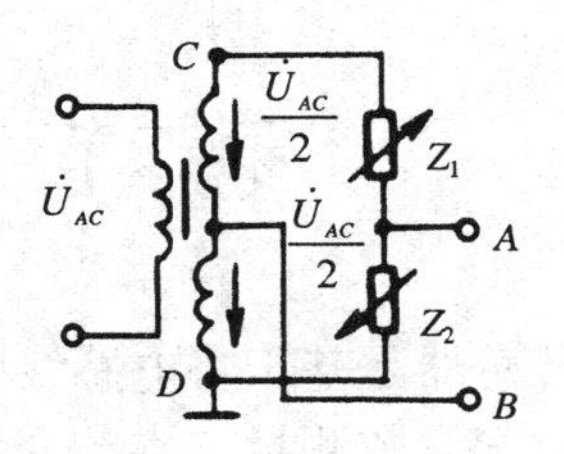

图 4-7　变压器式交流电桥

(2) 变压器式交流电桥

变压器式交流电桥如图 4-7 所示。电桥两臂 Z_1 和 Z_2为传感器线圈阻抗,另外两臂为交流变压器次级线圈的 1/2 阻抗，电桥 A 点的电压应为

$$\dot{U}_A = \frac{Z_2}{Z_1+Z_2}\dot{U}_{AC} \qquad (C\text{ 点为正，}D\text{ 点为负})$$

或

$$\dot{U}_A = \frac{Z_1}{Z_1+Z_2}\dot{U}_{AC} \qquad (D\text{ 点为正，}C\text{ 点为负})$$

B 点电位为

$$\dot{U}_B = \frac{\dot{U}_{AC}}{2}$$

当负载阻抗为无穷大时，桥路输出电压

$$\dot{U}_o = \dot{U}_{AC} = \dot{U}_A - \dot{U}_B = \frac{Z_2}{Z_1+Z_2}\dot{U}_{AC} - \frac{\dot{U}_{AC}}{2} = \frac{\dot{U}_{AC}}{2}\frac{Z_2-Z_1}{Z_1+Z_2}$$

或者

$$\dot{U}_o = \frac{\dot{U}_{AC}}{2}\frac{Z_1-Z_2}{Z_1+Z_2} \tag{4-12}$$

当传感器的衔铁处于中间位置时，即 $Z_1 = Z_2 = Z$,此时$\dot{U}_o = 0$，电桥平衡。

当衔铁上移时，下面线圈阻抗减小，即$Z_2 = Z - \Delta Z$；而上面线圈的阻抗增加，即 $Z_1=Z+\Delta Z$，于是由式(4-12)得

$$\dot{U}_o = \frac{\dot{U}_{AC}}{2}\frac{Z_1-Z_2}{Z_1+Z_2} = \frac{\dot{U}_{AC}}{2}\frac{\Delta Z}{Z} = \frac{\dot{U}_{AC}}{2}\frac{\mathrm{j}\omega\Delta L}{R+\mathrm{j}\omega L} \tag{4-13}$$

当衔铁下移同样大小的距离时，$Z_1 = Z - \Delta Z$，$Z_2 = Z + \Delta Z$，则输出电压

$$\dot{U}_o = \frac{\dot{U}_{AC}}{2}\frac{Z_1-Z_2}{Z_1+Z_2} = -\frac{\dot{U}_{AC}}{2}\frac{\Delta Z}{Z} = -\frac{\dot{U}_{AC}}{2}\frac{\mathrm{j}\omega\Delta L}{R+\mathrm{j}\omega L} \tag{4-14}$$

设线圈 Q 值很高，省略损耗电阻，式(4-13)和(4-14)可写为

$$\dot{U}_o = \pm \frac{\dot{U}_{AC}}{2} \frac{\Delta L}{L} \tag{4-15}$$

从式(4-15)可知，衔铁上、下移动时，输出电压大小相等，但方向相反。由于$\dot{U}_{AC}$是交流电压，输出指示无法判断出位移方向，若采用相敏检波器(其工作原理见本章第二节)就可鉴别出输出电压的极性随位移方向变化而变化。

第二节　互感式传感器

前面介绍的传感器是基于将电感线圈的自感变化代替被测量的变化，从而实现位移、压强、荷重、液位等参数测量。本节介绍的互感式传感器则是把被测量的变化转换为变压器的互感变化。变压器初级线圈输入交流电压，次级线圈则互感应出电势。由于变压器的次级线圈常接成差动形式，故又称为差动变压器式传感器。

差动变压器结构形式较多，但其工作原理基本一样，下面介绍螺管形差动变压器。它可以测量 1～100mm 的机械位移，并具有测量精度高、灵敏度高、结构简单、性能可靠等优点，因此也被广泛用于这些量的测量。

一、结构与工作原理

螺管形差动变压器结构如图 4-8 所示。它由初级线圈 P、两个次级线圈 S_1、S_2 和插入线圈中央的圆柱形铁芯 b 组成，结构形式又有三段式和两段式等之分。

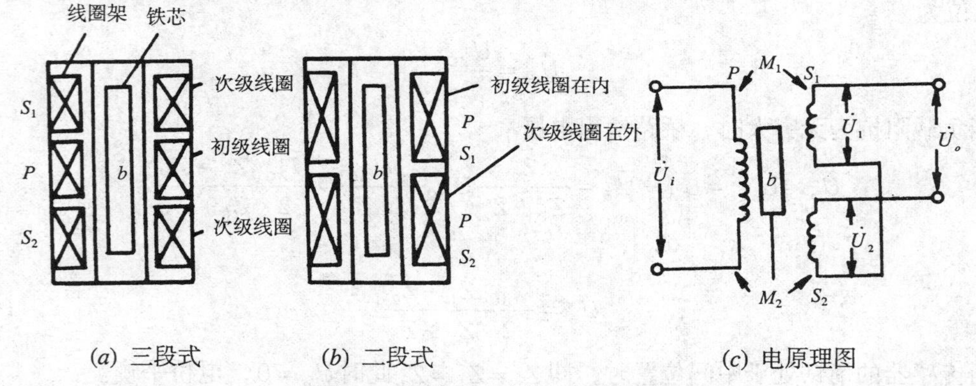

(a) 三段式　　(b) 二段式　　(c) 电原理图

图 4-8　螺管形差动变压器结构原理

差动变压器线圈连接如图 4-8(c)所示。次级线圈 S_1 和 S_2 反极性串联。当初级线圈 P 加上某一频率的正弦交流电压$\dot{U}_i$后，次级线圈产生感应电压为$\dot{U}_1$和$\dot{U}_2$，它们的大小与铁芯在线圈内的位置有关。$\dot{U}_1$和$\dot{U}_2$反极性连接便得到输出电压$\dot{U}_o$。

当铁芯位于线圈中心位置时，则$\dot{U}_1=\dot{U}_2$，$\dot{U}_o=0$；

当铁芯向上移动(见图(c))时，则$\dot{U}_1 > \dot{U}_2$，$|\dot{U}_o|>0$，M_1大，M_2小；

当铁芯向下移动(见图(c))时，则$\dot{U}_2 > \dot{U}_1$，$|\dot{U}_o|>0$，M_1小，M_2大。

当铁芯偏离中心位置时，则输出电压$\dot{U}_o$随铁芯偏离中心位置程度，使$\dot{U}_1$或$\dot{U}_2$逐渐增大，但相位相差 180°，如图 4-9 所示。实际上，铁芯位于中心位置，输出电压$\dot{U}_o$并不是零电位，而是 U_x，U_x被称为零点残余电压。U_x产生的原因很多，不外乎是变压器的制作工艺和导磁体安装等问题，U_x一般在几十毫伏以下。在实际使用时，必须设法减小 U_x，否则将会影响传感器测量结果。

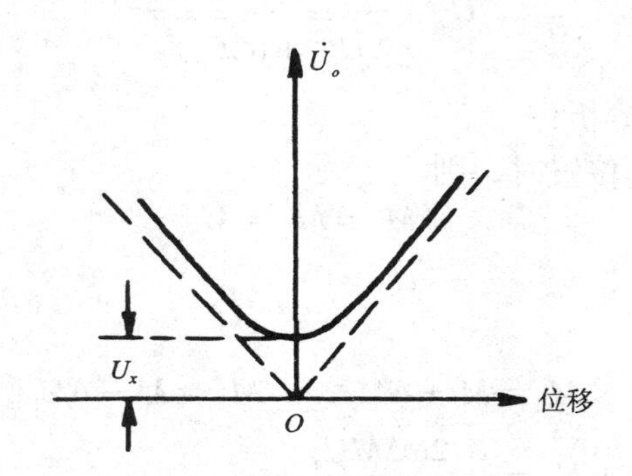

图 4-9　差动变压器输出电压的特性曲线

二、等效电路

差动变压器是利用磁感应原理制作的。在制作时，理论计算结果和实际制作后的参数相差很大，往往还要借助于实验和经验数据来修正。如果考虑差动变压器的涡流损耗、铁损和寄生(耦合)电容等，其等效电路是很复杂的，本节忽略上述因素，给出差动变压器的等效电路，如图 4-10 所示。

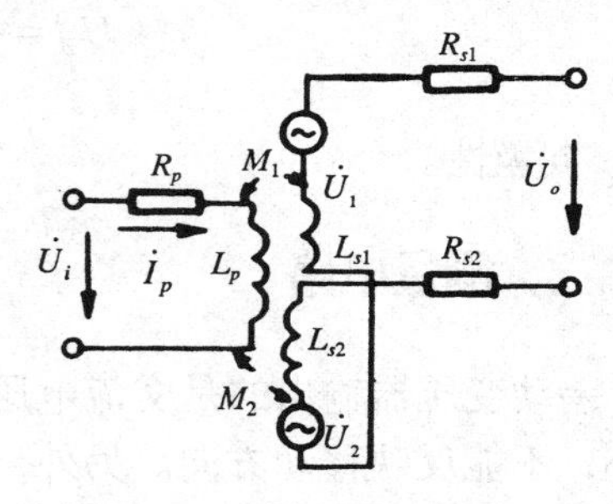

图 4-10　差动变压器等效电路

图中　L_p，R_p——初级线圈电感和损耗电阻；

M_1，M_2——初级线圈与两次级线圈间的互感系数；

$\dot{U}_i$——初级线圈激励电压；

$\dot{U}_o$——输出电压；

L_{s1}，L_{s2}——两次级线圈的电感；

R_{s1}，R_{s2}——两次级线圈的损耗电阻；

ω——激励电压的频率。

当次级开路时，初级线圈的交流电流为

$$\dot{I}_p=\frac{\dot{U}_i}{R_p+\mathrm{j}\omega L_p}$$

次级线圈感应电势为

$$\dot{U}_1=-\mathrm{j}\omega M_1\dot{I}_p$$

$$\dot{U}_2=-\mathrm{j}\omega M_2\dot{I}_p$$

差动变压器输出电压为

$$\dot{U}_o = -j\omega(M_1 - M_2)\frac{\dot{U}_i}{R_p + j\omega L_p} \tag{4-16}$$

输出电压的有效值为

$$\dot{U}_o = \frac{\omega(M_1 - M_2)U_i}{\sqrt{R_p^2 + (\omega L_p)^2}}$$

下面分三种情况进行分析：

① 磁芯处于中间平衡位置时，则

$$M_1 = M_2 = M$$

$$\dot{U}_o = 0$$

② 磁芯上升时，则

$$M_1 = M + \Delta M, \qquad M_2 = M - \Delta M$$

$$\dot{U}_o = \frac{2\omega\Delta M\dot{U}_i}{\sqrt{R_p^2 + (\omega L_p)^2}}$$

与$\dot{U}_1$同极性。

③ 磁芯下降时，则

$$M_1 = M - \Delta M, \qquad M_2 = M + \Delta M$$

$$\dot{U}_o = \frac{-2\omega\Delta M\dot{U}_i}{\sqrt{R_p^2 + (\omega L_p)^2}}$$

与$\dot{U}_2$同极性。

三、测量电路

差动变压器输出的是交流电压，若用交流模拟数字电压表测量，只能反映铁芯位移的大小，不能反映移动方向。另外，其测量值必定含有零点残余电压。为了达到能辨别移动方向和消除零点残余电压的目的，实际测量时，常常采用下面介绍的两种测量电路：差动整流电路和相敏检波电路。

1. *差动整流电路*

这种电路是把差动变压器的两个次级电压分别整流，然后将它们整流的电压或电流的差值作为输出。现以电压输出型全波差动整流电路为例来说明其工作原理。电路连接如图4-11(*a*)所示。

由图 4-11(*a*)可知，无论两个次级线圈的输出瞬时电压极性如何，流经两个电阻 R 的电流总是从 a 到 b，从 d 到 c，故整流电路的输出电压为

$$\dot{U}_o = \dot{U}_{ab} + \dot{U}_{cd} = \dot{U}_{ab} - \dot{U}_{dc}$$

其波形见图 4-11(*b*)。当铁芯在中间位置时，$\dot{U}_o = 0$；铁芯在零位以上或以下时，输出电压的极性相反，于是零点残余电压会自动抵消。

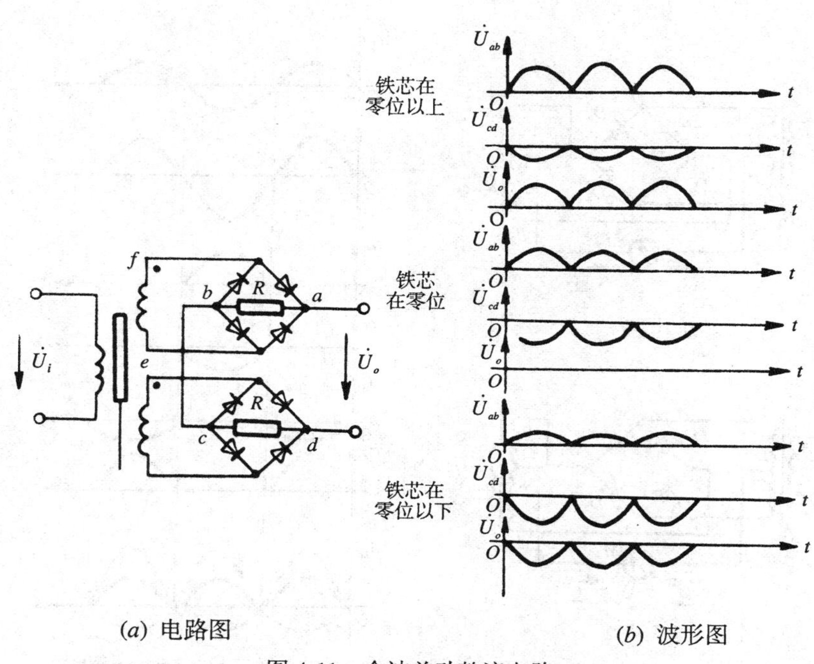

(*a*) 电路图　　　　(*b*) 波形图

图 4-11　全波差动整流电路

2. 相敏检波电路

(1) 二极管相敏检波电路

二极管相敏检波电路如图 4-12 所示。$\dot{U}_1$ 为差动变压器输入电压，$\dot{U}_2$ 为 $\dot{U}_1$ 的同频的参考电压，且 $\dot{U}_2 > \dot{U}_1$，它们作用于相敏检波电路中两个变压器 B_1 和 B_2。

当 $\dot{U}_1 = 0$ 时，由于 $\dot{U}_2$ 的作用，在正半周时，如图(*a*)所示，D_3，D_4 处于正向偏置，电流 i_3 和 i_4 以不同方向流过电表 M，只要 $\dot{U}_2' = \dot{U}_2''$，且 D_3，D_4 性能相同，通过电表的电流为 0，所以输出为 0。在负半周时，D_1，D_2 导通，i_1 和 i_2 相反，输出电流为 0。

当 $\dot{U}_1 \neq 0$ 时，分两种情况来分析。

首先讨论 $\dot{U}_1$ 和 $\dot{U}_2$ 同相位情况：

正半周时，电路中电压极性如图 4-12(*b*)所示。由于 $\dot{U}_2 > \dot{U}_1$，D_3，D_4 仍然导通，但作用于 D_4 两端的信号是$(\dot{U}_2 + \dot{U}_1)$，因此 i_4 增加，而作用于 D_3 两端的电压为$(\dot{U}_2 - \dot{U}_1)$，所以 i_3 减小，则 i_M 为正。

在负半周时，D_1，D_2 导通，此时，在 $\dot{U}_1$ 和 $\dot{U}_2$ 作用下，i_1 增加而 i_2 减小，$i_M = (i_1 - i_2) > 0$。$\dot{U}_1$ 和 $\dot{U}_2$ 同相时，各电流波形如图 4-12(*c*)所示。

当 $\dot{U}_1$ 和 $\dot{U}_2$ 反相时，在 $\dot{U}_2$ 为正半周，$\dot{U}_1$ 为负半周时，D_3 和 D_4 仍然导通，但 i_3 将增加，i_4 将减小，通过 M 的电流 i_M 不为零时，而且是负的。$\dot{U}_2$ 为负半周时，i_M 也是负的。

所以，上述相敏检波电路可以由流过电表的平均电流的大小和方向来判别差动变压器的位移大小和方向。

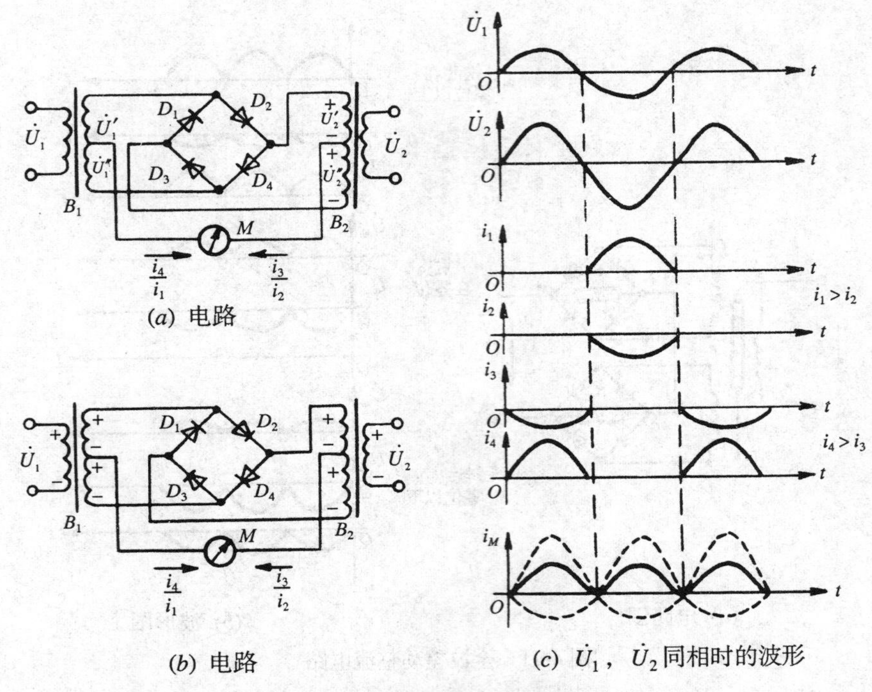

(a) 电路

(b) 电路

(c) $\dot U_1$，$\dot U_2$同相时的波形

图 4-12　二极管相敏检波电路和波形

(2) 集成化的相敏检波电路

随着集成电路技术的发展，相继出现各种性能的集成电路的相敏检波器，例如，LZX1 单片相敏检波电路。LZX1 为全波相敏检波放大器，它与差动变压器的连接如图 4-13 所示。相敏检波电路要求参考电压和差动变压器次级输出电压同频率，相位相同或相反，因此，需要在线路中插入移相电路。如果位移量很小，差动变压器输出端还要接入放大器，将放大后的信号输入到 LZX1 的输入端。

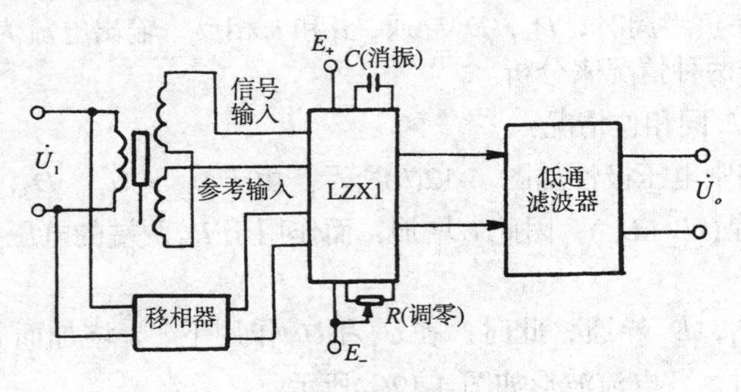

图 4-13　差动变压器与 LZX1 的连接电路

通过 LZX1 全波相敏检波输出的信号，还须经过低通滤波器，滤去调制时引入的高频信号，只让与 x 位移信号对应的直流电压信号通过。该输出电压信号 $\dot U_o$ 与位移量 x 的关系可用图 4-14 表示。输出电压是通过零点的一条直线，$+x$ 位移输出正电压，$-x$ 位移输出负电压。电压的正负表明了位移方向。

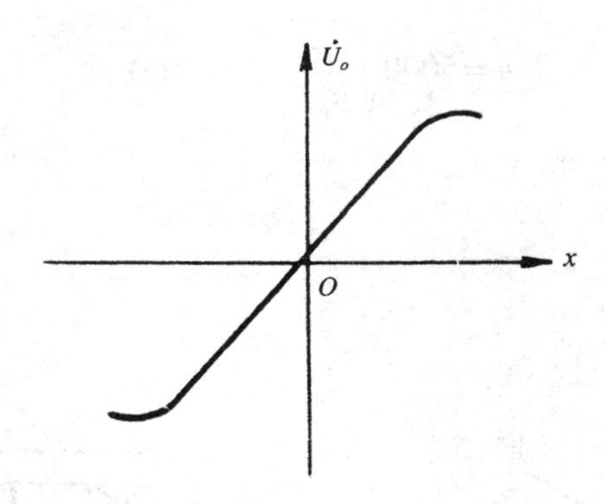

图 4-14 输出电压与位移量的关系

第三节 电涡流式传感器

电感线圈产生的磁力线经过金属导体时，金属导体就会产生感应电流，该电流的流线呈闭合曲线。类似图 4-15(*a*)所示的水涡形状，故称之为电涡流。

理论分析和实践证明，电涡流的大小是金属导体的电阻率 ρ 、相对导磁率 μ_r 、金属导体厚度 H、线圈激励信号频率 ω 以及线圈与金属块之间的距离 x 等参数的函数。若固定某些参数，就能按涡流的大小测量出另外某一参数。

涡流式传感器最大的特点是能对位移、厚度、表面温度、电解质浓度、速度、应力、材料损伤等进行非接触式连续测量，另外还具有体积小、灵敏度高、频率响应很宽等特点，所以应用极其广泛。

因为涡流渗透深度与传感器线圈的激励信号频率有关，故传感器可分为高频反射式和低频透射式两类涡流传感器，但从基本工作原理上来说仍是相似的。下面以高频反射式涡流传感器为例说明其原理和特性。

一、基本原理

电涡流式传感器产生涡流的基本结构形式如图 4-15 所示。当通有一定交变电流 $\dot{I}$ (频率为 f)的电感线圈 L 靠近金属导体时，在金属周围产生交变磁场，在金属表面将产生电涡流 $\dot{I}_1$，根据电磁感应理论电涡流也将形成一个方向相反的磁场。此电涡流的闭合流线的圆心同线圈在金属板上的投影的圆心重合。

据有关资料介绍，涡流区和线圈几何尺寸有如下关系：

$$\begin{cases}2R = 1.39D \\ 2r = 0.525D\end{cases}$$

式中 $2R$——电涡流区外径；

$2r$——电涡流区内径。

涡流渗透深度

$$h = 5000\sqrt{\frac{\rho}{\mu_r f}} \qquad \text{(cm)}$$

式中　ρ——导体电阻率(Ω·cm)；

f——交变磁场的频率；

μ_r——相对导磁率。

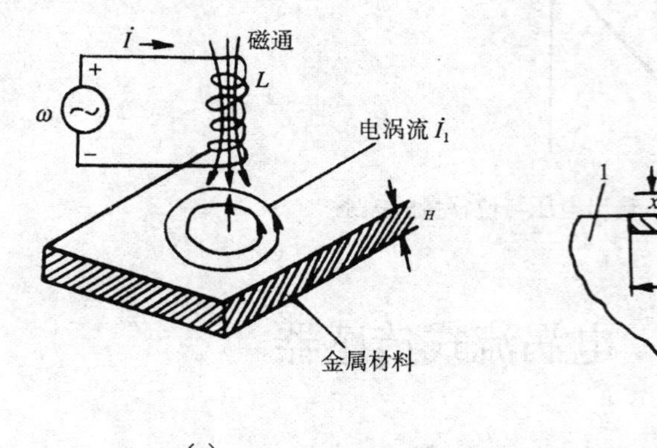

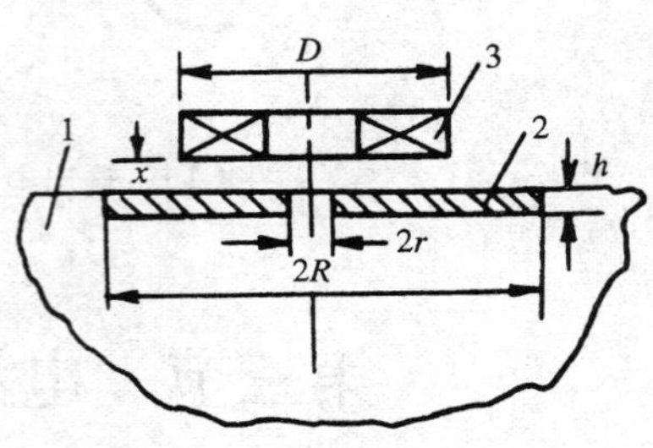

(a)　　(b)

图 4-15　电涡流式传感器原理图

1—金属导体　2—电涡流区　3—电感线圈 L

在金属导体表面感应的涡流所产生的电磁场又反作用于线圈 L 上，力图改变线圈电感量的大小，其变化程度与线圈 L 的尺寸大小、距离 x 和ρ、μ_r 有关。利用这种关系，经适当电路的检测，便可达到测量如位移、厚度等物理量的目的。

二、等效电路

涡流式传感器的等效电路如图 4-16 所示。空心线圈可看做变压器的初级线圈 L，金属导体中涡流回路视做变压器次级。当对线圈 L 施加交变激励信号时，则在线圈周围产生交变磁场，环状涡流也产生交变磁场，其方向与线圈 L 产生磁场方向相反，因而抵消部分原磁场，线圈 L 和环状电涡流之间存在互感 M，其大小取决于金属导体和线圈之间的距离 x。根据克希霍夫定律可列出如下方程：

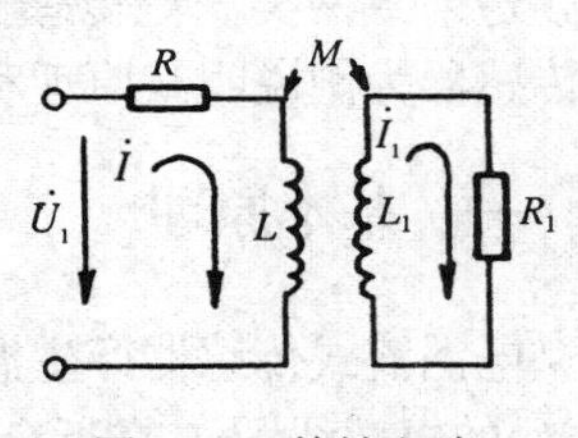

图 4-16　等效电路

$$\begin{cases} R\dot{I} + \mathrm{j}\omega L\dot{I} - \mathrm{j}\omega M\dot{I}_1 = \dot{U}_1 \\ -\mathrm{j}\omega M\dot{I} + R_1\dot{I}_1 + j\omega L_1\dot{I}_1 = 0 \end{cases} \tag{4-17}$$

式中　R，L——空心线圈电阻和电感；

R_1，L_1——涡流回路的等效电阻和电感；

M——线圈与金属导体之间的互感。

由式(4-17)解得

$$\dot{I}=\frac{\dot{U}_1}{R+\dfrac{\omega^2M^2}{R_1^2+(\omega L_1)^2}R_1+\mathrm{j}\omega\left[L-\dfrac{\omega^2M^2}{R_1^2+(\omega L_1)^2}L_1\right]}$$

$$\dot{I}_1=\frac{\mathrm{j}\omega M\dot{I}}{R_1+\mathrm{j}\omega L_1}=\frac{M\omega^2L_1\dot{I}+\mathrm{j}\omega MR_1\dot{I}}{R_1^2+(\omega L_1)^2}$$

当线圈与被测金属导体靠近时(考虑到涡流的反作用)，线圈的等效阻抗可由上式求得

$$Z=\frac{\dot{U}_1}{\dot{I}}=\left[R+\frac{\omega^2M^2}{R_1^2+(\omega L_1)^2}R_1\right]+\mathrm{j}\omega\left[L-\frac{\omega^2M^2}{R_1^2+(\omega L_1)^2}L_1\right] \tag{4-18}$$

线圈的等效电阻和电感分别为

$$R_{eq}=R+\frac{\omega^2M^2}{R_1^2+(\omega L_1)^2}R_1 \tag{4-19}$$

$$L_{eq}=L-\frac{\omega^2M^2}{R_1^2+(\omega L_1)^2}L_1 \tag{4-20}$$

线圈的等效 Q 值为

$$Q_{eq}=\frac{\omega L_{eq}}{R_{eq}} \tag{4-21}$$

由式(4-18)可知，由于涡流的影响，线圈阻抗的实数部分增大，虚数部分减小，因此线圈 Q 值下降；同时看到，电涡流式传感器等效电路参数均是互感系数 M 和电感 L、L_1 的函数，故把这类传感器归为电感式传感器。

三、测量电路

用于涡流传感器的测量电路主要有调频式、调幅式电路两种。

1. 调频式电路

调频式测量电路原理如图 4-17 所示。

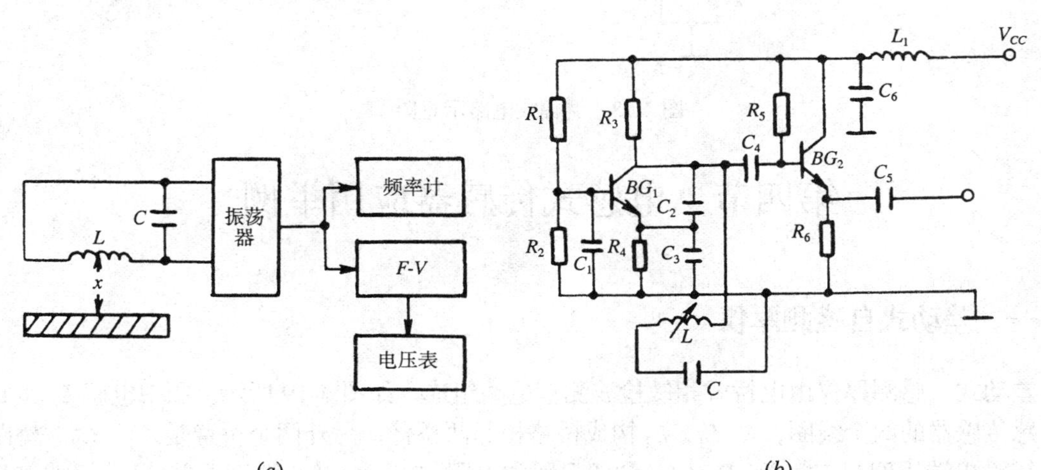

图 4-17 调频测量电路

传感器线圈接入 LC 振荡回路，当传感器被测导体距离 x 改变时，在涡流影响下，传感器的电感变化，将导致振荡频率的变化，该变化的频率是距离 x 的函数 $f = L(x)$，该频率可由数字频率计直接测量，或者通过 F-V 变换，用数字电压表测量对应的电压。振荡器电路如图(b)所示。它由克拉泼电容三点式振荡器(C_2、C_3、L、C 和 BG_1)以及射极跟随器两部分组成。振荡器的频率为 $f=\dfrac{1}{2\pi\sqrt{L(x)C}}$，为了避免输出电缆的分布电容的影响，通常将 L，C 装在传感器内部。此时电缆分布电容并联在大电容 C_2，C_3 上，因而对振荡频率 f 的影响就大大减小。

2. 调幅式电路

传感器线圈 L 和电容器 C 并联组成谐振回路，石英晶体组成石英晶体振荡电路，如图 4-18 所示。石英晶体振荡器起一个恒流源的作用，给谐振回路提供一个稳定频率(f_0)激励电流 i_0，LC 回路输出电压为

$$U_o = i_0 f(Z)$$

式中　Z——LC 回路的阻抗。

当金属导体远离或被去掉时，LC 并联谐振回路谐振频率即为石英振荡频率 f_0，回路呈现的阻抗最大，谐振回路上的输出电压也最大；当金属导体靠近传感器线圈时，线圈的等效电感 L 发生变化，导致回路失谐，从而使输出电压降低，L 的数值随距离 x 的变化而变化；因此，输出电压也随 x 而变化。输出电压经过放大、检波后，由指示仪表直接显示出 x 的大小。

除此之外，交流电桥也是常用的测量电路，其原理见第三章。

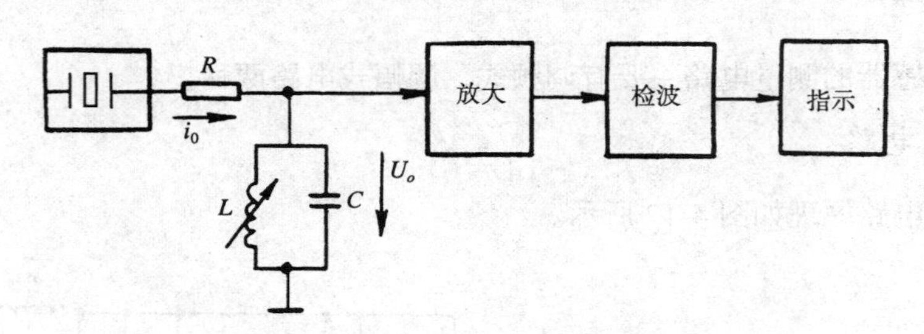

图 4-18　调幅式电路示意图

第四节　电感式传感器应用举例

一、差动式自感测厚仪

差动式自感测厚仪由电桥式相敏检波测量电路组成，如图 4-19 所示。图中电感 L_1 和 L_2 为电感传感器的两个线圈，由 L_1，L_2 构成桥路相邻两桥臂，另外两个桥臂是 C_1，C_2。桥路对角线输出端用四只二极管 $D_1 \sim D_4$ 和四只附加电阻 $R_1 \sim R_4$(减小温度误差)组成相敏整流器，电流由电流表 M 指示。R_5 是调零电位器，R_6 用来调节电流表满刻度值。电桥电源由变

压器 B 供电。B 采用磁饱和交流稳压器，R_7 和 C_4、C_3 起滤波作用。

当自感传感器中的衔铁处于中间位置时，$L_1 = L_2$，电桥平衡，$U_c = U_d$，电流表 M 中无电流流过。

当试件的厚度发生变化时，$L_1 \neq L_2$，此时有两种情况：

(1) 若 $L_1 > L_2$，不论电源电压极性是 a 点为正，b 点为负(D_1，D_4 导通)；或 a 点为负，b 点为正(D_2，D_3 导通)，d 点电位总是高于 c 点电位，M 的指针向一个方向偏转。

(2) 若 $L_1 < L_2$，c 点电位总是高于 d 点电位，M 的指针向另一个方向偏转。

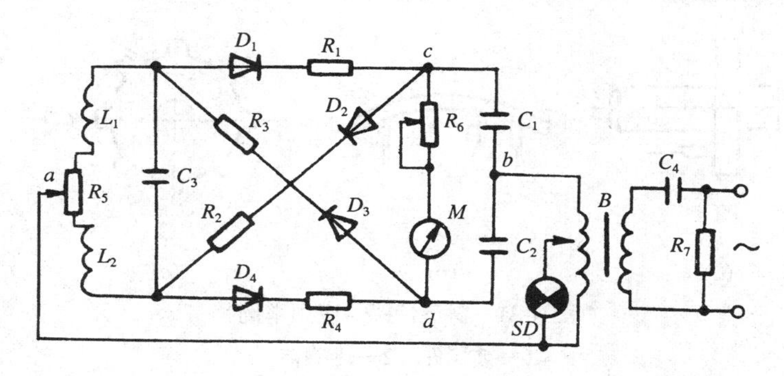

图 4-19 差动式电感测厚仪电路图

根据电流表的指针偏转方向和刻度就可以判定衔铁的移位方向，同时就知道被测件的厚度发生了多大的变化。

二、涡流式传感器应用举例

1. 位移测量

由式(4-18)等可知，电涡流传感器的等效阻抗 Z 与被测材料的电阻率 ρ、导磁率 μ_r、激磁频率 f 及线圈与被测件间的距离 x 有关。当 ρ，μ_r，f 确定后，Z 只与 x 有关，通过适当的测量电路，可得到输出电压与距离 x 的关系，如图 4-20 所示。在曲线中部呈线性关系，一般其线性范围为扁平线圈外径的 $\left(\frac{1}{3} \sim \frac{1}{5}\right)$，线性误差约为 3% ~ 4%。

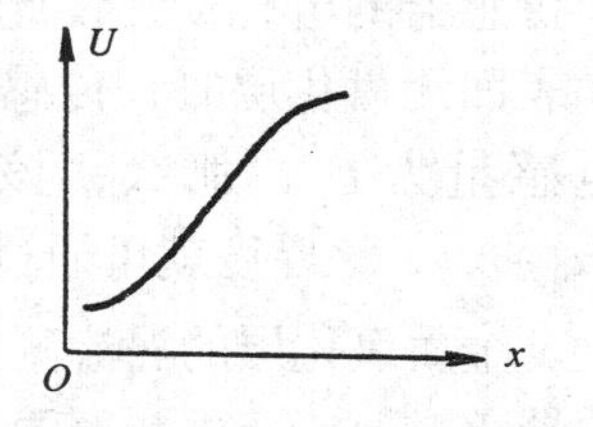

图 4-20 位移-电压关系曲线

根据上述关系，电涡流传感器可以测量位移。如汽轮机主轴的轴向窜动(图 4-21(a))，金属材料的热膨胀系数，钢水液位等。量程范围可以从 0 ~ 1mm 到 0 ~ 30mm，一般分辨率为满量程的 0.1%。

2. 振幅测量

为了非接触式地测量各种振动的振幅，如机床主轴振动形状的测量，可以使用多个涡流传感器安置在被测轴附近，如图 4-21(b)所示，再用多通道测量仪或记录器，可测出在机床主轴振动时，瞬时振动分布形状。

3. 转速测量

在一个旋转金属体上安装一只有 N 个齿的齿轮，旁边安装电涡流传感器(图 4-21(c))，当旋转体转动时，齿轮的齿与传感器的距离变小，电感量变小；距离变大，电感量变大。经电路处理后将周期地输出信号，该输出信号频率 f 可用频率计测出，然后换算成转速

$$n=\frac{f}{N}\times 60$$

式中 n 为被测转速(r/min)。

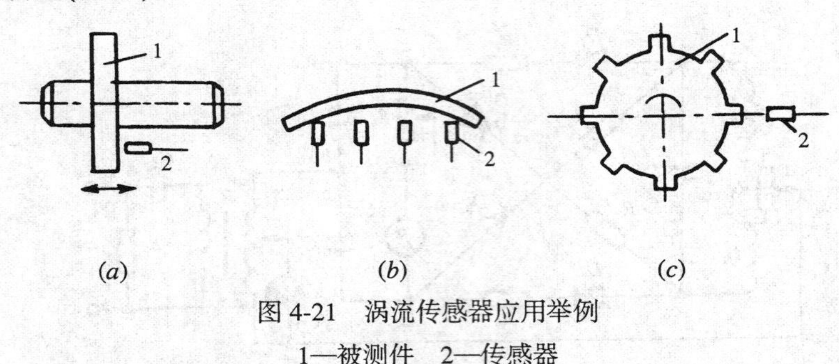

图 4-21　涡流传感器应用举例

1—被测件　2—传感器

4. 涡流膜厚测量

利用涡流检测法，能够检测金属表面的氧化膜、漆膜或电镀膜等膜的厚度；但是，金属材料的性质不同，其膜厚检测也有很大的不同。下面介绍金属表面氧化层厚度的测量，它是各种测量方法中较为有效的一种方法。

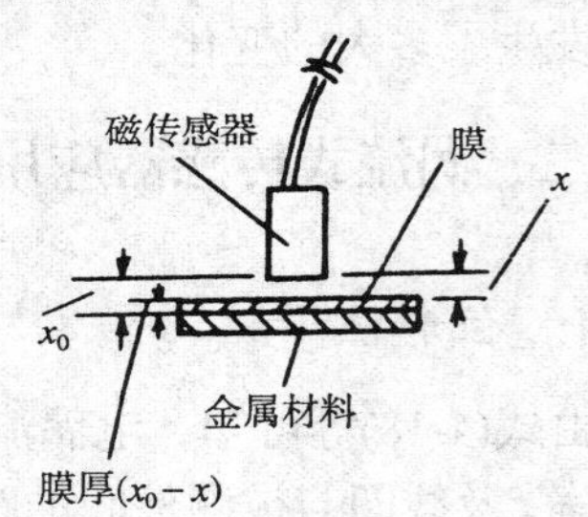

图 4-22　膜厚测量方法示意图

氧化层膜厚测定方法如图 4-22 所示。假定某金属表面有氧化膜，则电感传感器与金属表面的距离为 x；因为金属表面电涡流对传感器线圈中磁场的反作用，改变了传感器的电感量，设此时的电感量为$(L_0-\Delta L)$；当金属表面无氧化层时，传感器与其表面距离为 x_0，对应的电感量为 L_0，那么，该金属表面的氧化层厚度应为(x_0-x)，该厚度就可通过电感量的变化而测得。

金属氧化层的涡流测量可由图 4-23 所示的测量电路实现。在膜厚测量电路中，正弦振荡器 IC_1，IC_2 产生频率为 1 ~ 100kHz 的正弦波，加在变压器 B_1 初级上，次级输出的正弦信号加到桥式电路的输入端，由该桥路在非平衡状态下获取金属材料表面的涡流变化，涡流变化量由检测放大器 IC_3 进行适当放大，再经交流放大器 IC_4 和 IC_5 放大数十倍后，经转换电路将涡流变化量转换为膜厚，最后由指示仪表显示。图中 W_1，W_2，W_3 分别为灵敏度调整、零点调整和电平调节电位器。

除此之外，还可用电阻率或导磁率的变化对材料进行无损伤等测定。

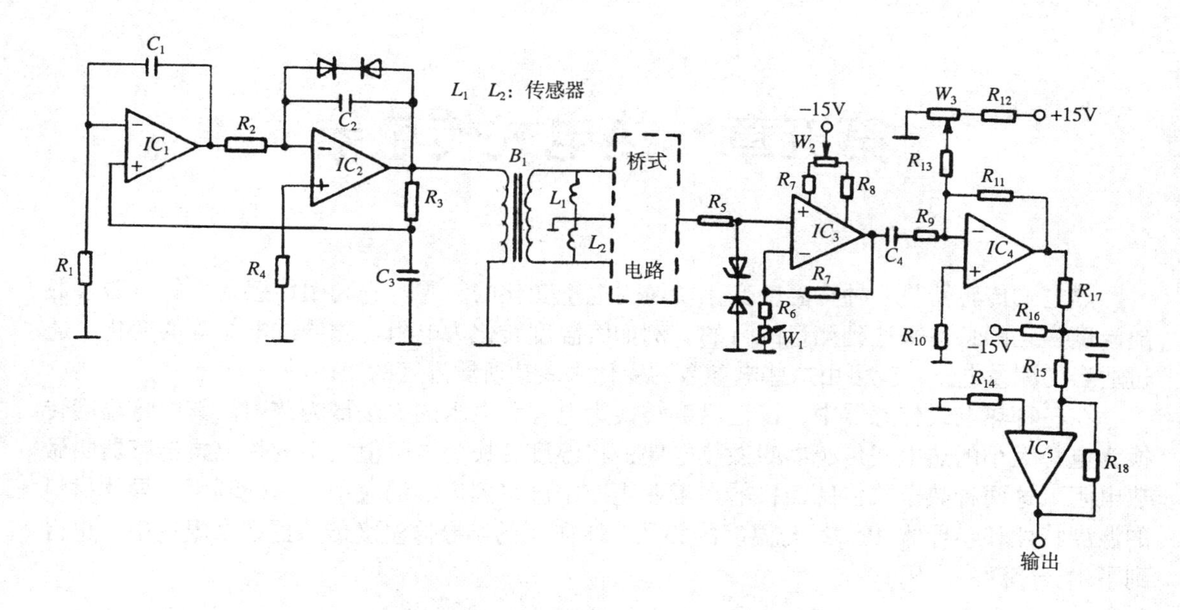

图 4-23　涡流膜厚测量电路

习题与思考题

1. 试分析比较变磁阻式自感传感器、涡流传感器和差动变压器式互感传感器的工作原理和灵敏度。

2. 试说明式(4-5)的具体含义？

3. 试分析图 4-12(*a*)、(*b*)在$\dot{U}_1$和$\dot{U}_2$不同相($\dot{U}_1$超前$\dot{U}_2$ 45°)时的工作过程，并绘出各点的波形图。

4. 试设计一个测量空气压缩机主轴径向振动的传感器和测量系统，画出原理框图，并简述其工作过程。

5. 某线性差动变压器式传感器在频率为 200Hz，峰-峰值为 6V 的电压激励下，若衔铁运动频率为 20Hz 的正弦波，它的位移幅值为±2mm，已知传感器的灵敏度为 2V/mm，试画出激励电压、输入位移和输出电压波形，并配以适当的测量电路。

6. 什么是电涡流？电涡流传感器为什么也属于电感传感器？

提示：从其等效电路的阻抗计算来说明。

第五章　热电式传感器

热电式传感器是一种将温度变化转换为电量变化的装置。它利用传感元件的电磁参数随温度变化的特性来达到测量的目的。例如将温度转化为电阻、磁导或电势等的变化，通过适当的测量电路，就可由这些电参数的变化来表达所测温度的变化。

在各种热电式传感器中，以把温度转换为电势和电阻的方法最为普遍。其中将温度转换为电势大小的热电式传感器叫做热电偶；将温度转换为电阻值大小的热电式传感器叫做热电阻。这两种热电式传感器目前在工业生产中已得到广泛的应用。另外利用半导体材料的温度特性和半导体 PN 结与温度的关系，所研制的半导体温度传感器在窄温场中，也得到了十分广泛的应用。

第一节　热　电　偶

一、热电效应

把两种不同的金属 A 和 B 连接成如图 5-1(a)所示的闭合回路。如果将它们的两个接点中的一个进行加热，使其温度为 T，而另一点置于室温 T_0 中，则在回路中就有电流产生。如果在回路中接入电流计 M，如图 5-1(b)所示，就可以看到电流计的指针偏转，这一现象称为热电效应。在这种情况下产生电流的电动势叫做热电势，用 $E_{AB}(T, T_0)$来表示。通常把两种不同的金属的这种组合称为热电偶，A 和 B 称为热电极，温度高的接点称为热端(或称为工作端)，而温度低的接点称为冷端(或称为自由端)。利用热电偶把被测温度信号转变为热电势信号，用电测仪表测出电势大小，就可间接求得被测温度值。

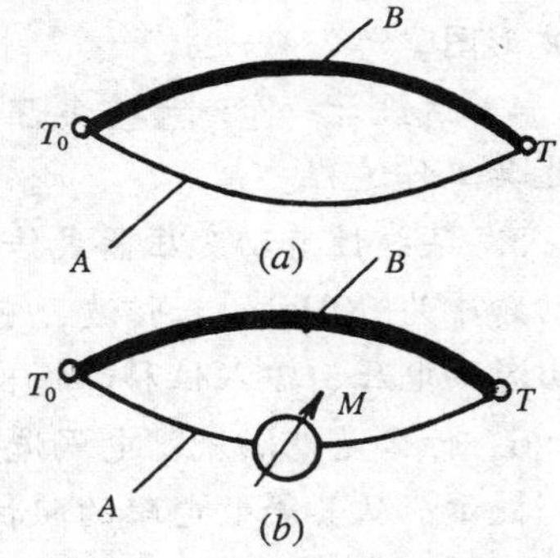

图 5-1　热电效应原理图

到此我们要问，热电效应中的热电势是怎样产生的？由理论分析和实验证明知道，热电效应产生的热电势 $E_{AB}(T, T_0)$是由接触电势和温差电势两部分组成。

1. 接触电势产生的原因

由于所有金属都具有自由电子，而且在不同的金属中自由电子的浓度不同，因此当两种不同金属 A 和 B 接触时，在接触处便发生电子的扩散。若金属 A 的自由电子浓度大于金属 B 的自由电子浓度，则在同一瞬间由金属 A 扩散到金属 B 中去的电子将比由金属 B 扩散

到 A 中去的电子多，因而金属 A 对于金属 B 因失去电子而带正电荷，金属 B 获得电子而带负电荷，由于正、负电荷的存在，在接触处便产生电场。该电场将阻碍扩散作用的进一步发生，同时引起反方向的电子转移。扩散和反扩散形成一对矛盾的运动。上述过程的发展，直到扩散作用和阻碍其扩散的作用的效果相同时，也即由金属 A 扩散到金属 B 的自由电子与金属 B 扩散到金属 A 的自由电子(形成漂移电流)相等时，该过程便处于动态平衡。在这种动态平衡状态下，A 和 B 两金属之间便产生一定大小的接触电势，它的数值取决于两种金属的性质和接触点的温度，而与金属的形状及尺寸无关。

由物理学可知，该电势为

$$e_{AB}(T)=\frac{k_0T}{e}\ln\frac{n_A}{n_B}$$

式中 k_0——波尔兹曼常数($k_0=1.38\times10^{-23}$ J/K)；

T——绝对温度；

n_A，n_B——材料 A，B 的自由电子密度；

e——电子电荷电量($e=1.6\times10^{-19}$ C)。

2. 温差电势产生的原因

对于任何一个金属，当其两端温度不同时，两端的自由电子浓度也不同。温度高的一端浓度大，具有较大的动能；温度低的一端浓度小，动能也小。因此，高温端的自由电子要向低温端扩散，最后同样要达到动态平衡，高温端失去电子而带正电，而低温端得到电子带负电，从而在两端形成温差电势，又称为汤姆森电势。

综上所述，在由两种不同金属组成的闭合回路中，当两端点的温度不同时，回路中产生的热电势等于上述电位差的代数和，即：

(1) 金属 A 和金属 B 的一个接点在温度为 T 时，产生的接触电势为 $e_{AB}(T)$，即

$$e_{AB}(T)=U_A-U_B \tag{5-1}$$

式中角码 A，B 的顺序代表电位差的方向。当角码顺序变更时，e 的正负号也需要变更。

(2) 金属 A 和金属 B 的另一接点在温度为 T_0 时，产生的接触电势为 $e_{AB}(T_0)$。

(3) 金属 A 两端温度为 T，T_0 时，形成的温差电势为 $e_A(T,T_0)$，即

$$e_A(T,T_0)=U_T-U_{T_0} \qquad (设 T>T_0) \tag{5-2}$$

(4) 金属 B 两端温度为 T，T_0 时，形成的温差电势为 $e_B(T,T_0)$。

因此，整个闭合回路内，总的热电势 $E_{AB}(T,T_0)$ 为

$$E_{AB}(T,T_0)=[e_{AB}(T)-e_{AB}(T_0)]+[e_B(T,T_0)-e_A(T,T_0)] \tag{5-3}$$

应该指出的是，在金属中自由电子数目很多，以致温度不能显著地改变它的自由电子浓度，所以在同一种金属内的温差电势极小，可以忽略。因此，在一个热电偶回路中起决定作用的是两个接点处产生的与材料性质和该点所处温度有关的接触电势，故上式可以改写为

$$E_{AB}(T,T_0)=e_{AB}(T)-e_{AB}(T_0)=\frac{K}{e}(T-T_0)\ln\frac{n_A}{n_B} \tag{5-4}$$

在工程中，常用式(5-4)来表征热电回路的总电势，该电势是比较准确的。

从式(5-4)中可以看出，回路的总电势是随 T 和 T_0 而变化的，即总电势为 T 和 T_0 的函数差。在实际使用中很不方便，为此，在标定热电偶时，使 T_0 为常数，即

$$e_{AB}(T_0)=f(T_0)=C(\text{常数})$$

则式(5-4)可以改写成

$$E_{AB}(T,\ T_0)=e_{AB}(T)-f(T_0)=f(T)-C=\phi(T) \tag{5-5}$$

式(5-5)表示，当热电偶回路的一个端点保持温度不变时，则热电偶回路总热电势 $E_{AB}(T,\ T_0)$ 只随另一端点的温度变化而变化。两个端点的温差越大，回路总热电势也越大。这样回路总热电势就可看成为 T 的函数。这给工程中用热电偶测量温度带来极大的方便。

对于各种不同金属组成的热电偶，温度与热电势之间有着不同的函数关系。一般是用实验的方法来求取这个函数关系。通常令 $T_0=0^\circ\mathrm{C}$，然后在不同的温差 $(T-T_0)$ 情况下，精确地测出回路总热电势，并将所测得的结果绘成如图 5-2 所示的曲线，或列成表格(称为热电偶分度表)，供使用时查阅。

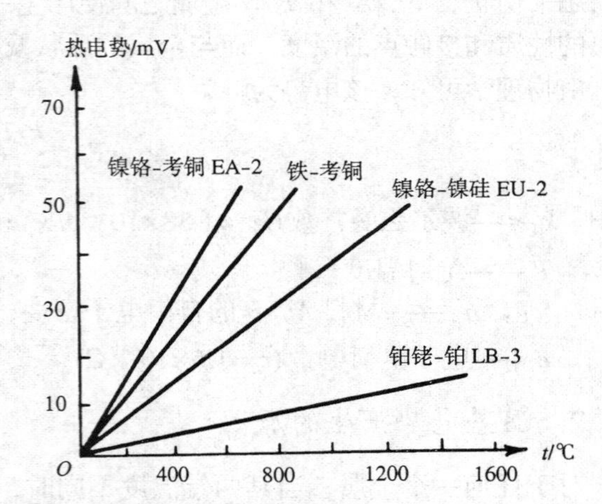

图 5-2　各种热电偶的热电势与温度关系曲线($T_0=0^\circ\mathrm{C}$)

二、热电偶基本定律

从式(5-4)中可以得出热电偶的一些基本定律，即：

(1) 只有由化学成分不同的两种导体材料组成的热电偶，其两端点间的温度不同时，才能产生热电势。热电势的大小与材料的性质及其两端点的温度有关，而与形状、大小无关。

(2) 化学成分相同的材料组成的热电偶，即使两个接点的温度不同，回路的总热电势也等于零。应用这一定律可以判断两种金属是否相同。

(3) 化学成分不相同的两种材料组成的热电偶，若两个接点的温度相同，回路中的总热电势也等于零。

(4) 在热电偶中插入第三种材料，只要插入材料两端的温度相同，对热电偶的总热电势没有影响。

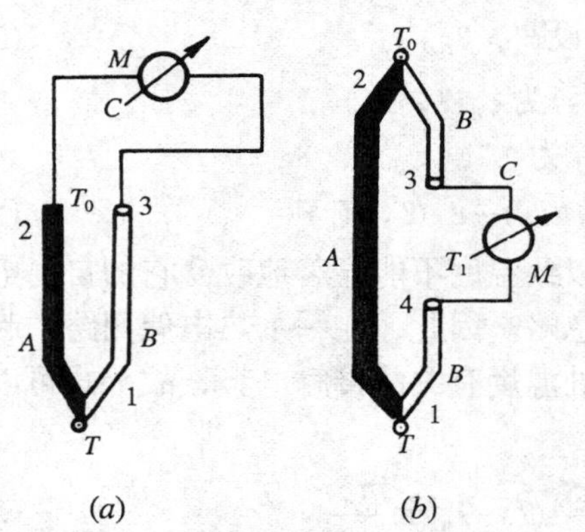

图 5-3　热电偶中加入第三种材料

这一定律具有特别重要的实际意义。因为利用热电偶来测量温度时，必须在热电偶回路中接入电气测量仪表，也就相当于接入第三种材料，如图 5-3 所示。图 5-3(a)是将热电偶的一个接点分开，接入第三种材料 C。设接点 2

和接点 3 的温度相同(T_0)，则这时热电偶回路的总的热电势为

$$E = e_{AB}(T) + e_{BC}(T_0) + e_{CA}(T_0) \tag{5-6}$$

因为我们知道，如果热电偶回路各接点温度相同，其总的热电势为 0。于是假设当接点 1、2 和 3 的温度都为T_0时，其回路总的热电势必为 0，即

$$E = e_{AB}(T_0) + e_{BC}(T_0) + e_{CA}(T_0) = 0$$

经变换以后得

$$e_{BC}(T_0) + e_{CA}(T_0) = -e_{AB}(T_0) \tag{5-7}$$

把式(5-7)代入式(5-6)中得

$$E = e_{AB}(T) - e_{AB}(T_0) = e_{AB}(T) + e_{BA}(T_0) \tag{5-8}$$

比较式(5-8)和(5-4)，其结果完全相同。

如果按照图 5-3(*b*)的方式接入第三种材料，则回路总热电势为

$$E = e_{AB}(T) + e_{BC}(T_1) + e_{CB}(T_1) + e_{BA}(T_0) \tag{5-9}$$

由于

$$e_{BC}(T_1) = -e_{CB}(T_1)$$

所以

$$E = e_{AB}(T) + e_{BA}(T_0) \tag{5-10}$$

式(5-10)也与式(5-4)完全相同。

由此可知，热电偶回路总的热电势，绝不会因为在其电路中的任意部分接入第三种两端温度相同的材料而有所改变。热电偶的这一特性，不但可以允许在其回路中接入电气测量仪表，而且也允许采用任意的焊接方法来焊接热电偶。

但是，如果接入第三种材料的两端温度不等，热电偶回路的总热电势将会发生变化。其变化大小，取决于材料的性质和接点的温度。对于图 5-3(*b*)来说，其改变值相当于 B 与 C 组成的附加热电偶的热电势。因此，接入第三种材料不宜采用与热电极的热电性质相差很远的材料；否则，一旦温度发生变化，热电偶的电势变化将会很大，从而影响测量精度。

(5) 如果两种导体分别与第三种导体组成的热电偶所产生的热电势已知，则此两种导体组成热电偶的热电势就已知。

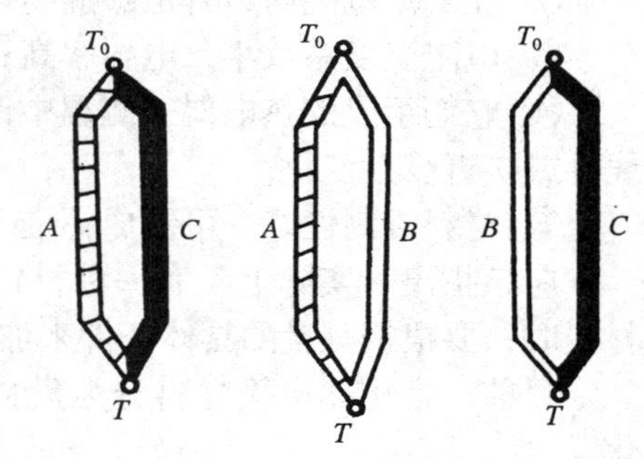

图 5-4　AC，AB，BC 三个热电偶

如图 5-4 所示，AC、AB 和 BC 三个热电偶，其接点温度一端都为 T，另一端为T_0，若

$$E_{AC}(T,\ T_0) = e_{AC}(T) - e_{AC}(T_0)$$

$$E_{AB}(T,\ T_0) = e_{AB}(T) - e_{AB}(T_0)$$

则两式相减得

$$\begin{aligned} E_{AC}(T,\ T_0) - E_{AB}(T,\ T_0) &= e_{AC}(T) - e_{AC}(T_0) - e_{AB}(T) + e_{AB}(T_0) \\ &= e_{AC}(T) - e_{AB}(T) - [e_{AC}(T_0) - e_{AB}(T_0)] \end{aligned}$$

根据热电偶基本定律(4)可知

$$e_{AC}(T) - e_{AB}(T) = e_{BC}(T)$$

$$e_{AC}(T_0)-e_{AB}(T_0)=e_{BC}(T_0)$$

因此

$$E_{AC}(T,\ T_0)-E_{AB}(T,\ T_0)=e_{BC}(T)-e_{BC}(T_0)=E_{BC}(T,\ T_0) \tag{5-11}$$

由此可知，当任一电极 B，C，D，…与一标准电极 A 组成热电偶产生热电势为已知时，就可以利用式(5-11)求出这些热电极彼此任意组成热电偶时的热电势。通常采用铂作为标准电极。

三、热电偶结构和种类

1. 结构

普通型热电偶通常将热电极加上绝缘套、保护套管和接线盒做成如图 5-5 所示的棒形结构。安装连接时，可采用螺纹或法兰方式连接；根据使用条件，可制作成密封式普通型或高压固定螺纹型。除此之外还有铠装型或微型热电偶结构。

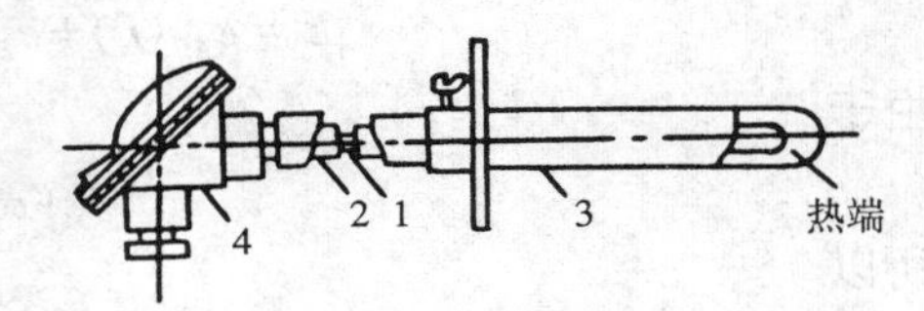

图 5-5 普通热电偶结构

1—热电极 2—绝缘套
3—保护套管 4—接线盒

(1) 热电极。

根据热电偶的原理，似乎只要是两种不同金属材料都可以组成热电偶，用以测量温度；但是为了保证工程技术中的可靠性，以及足够的测量精度，并不是所有材料都可组成热电偶。一般说来，对热电偶电极材料有以下要求：

① 在测量范围内，热电性质稳定，不随时间而变化；

② 在测量范围内，有足够的物理化学稳定性，不易氧化和腐蚀；

③ 电阻温度系数小，电导率高；

④ 它们组成的热电偶，测温中产生的热电势要大，并且希望这个热电势随温度单值地线性或接近线性变化；

⑤ 材料复制性好，可制成标准分度，机械强度高，制造工艺简单，而且价格便宜。

应该指出，实际上没有一种材料能满足上述全部要求，因此在设计选用热电偶的电极材料时，要根据测量的具体条件来加以选择。

目前，常用热电极材料分为贵金属和普通金属两大类，这些材料在国内外都已经标准化。

贵金属热电极材料有铂铑合金和铂，普通金属热电极材料有铁、铜、康铜、考铜、镍铬合金、镍硅合金等，还有铱、钨、铼等耐高温材料。此外还有非金属材料，如碳、石墨和碳化硅等也可以作热电极的材料。

贵金属热电偶电极直径大多在 0.13 ~ 0.65mm 范围内，普通金属热电偶电极直径为 0.5 ~ 3.2mm。热电极长度由具体使用情况决定，通常为 350 ~ 2 000mm 左右。

热电极有正、负之分，在其技术指标中会有说明，使用时应注意到这一点。

(2) 绝缘材料。

绝缘材料是为了防止电极间短路，根据不同使用温度，可选用橡胶、塑料(60 ~ 80℃)、玻璃丝、玻璃管(< 500℃)、石英管(0 ~ 1 300℃)、瓷管(1 400℃)和氧化铝管(1 500 ~ 1 700℃)作绝缘材料。最常用的是氧化铝和耐火陶瓷等。

(3) 保护套管。

保护套管的作用是使电极和待测温度介质隔离，使之免受化学侵蚀和机械损伤。

显然对保护套管的要求是必须有优良传热性能，能经久耐用，常用的套管材料有两类：金属和非金属。金属常用铝、铜、铜合金、炭钢、不锈钢、镍等高温合金材料；非金属材料有石英、高温陶瓷、氧化铝(镁)等。应根据热电偶类型、测温度范围和使用条件来选择套管材料。

(4) 接线盒。

接线盒供热电偶和补偿导线连接之用。接线盒固定在热电偶保护套管上，一般用铝合金制成，分为普通式和密封式(防溅式)两类。

2. 常用热电偶

在测量温度标准和工业使用中，常用的热电偶及其基本特性如表 5-1 所示。

表 5-1　常用热电偶及其基本参数

名　称	化学成分	测温范围/℃	特　点	标准编号、分度号
标准用： 铂铑 $_{10}$-铂 ($PtRh_{10}$-Pt)	(+)Pt：90% Rh：10% (−)Pt：100%	419.58 ~ 1 084.88	物化稳定性好，较精密，测温范围宽，可在金属氧化物、金属蒸气中使用，在SiO_2和碳氢还原介质中易损坏；价格贵，热电势小	
工业用： 铂铑 $_{10}$-铂 ($PtRh_{10}$-Pt)	同上	0 ~ 1 600	同上	IEC 标准及 JB116—72 分度号：S
标准用： 铂铑 $_{30}$-铂铑 $_{6}$ ($PtRh_{30}$-$PtRh_6$)	(+)Pt：70% Rh：30% (−)Pt：94% Rh：6%	1 200 ~ 1 600	同上	
工业用： 铂铑 $_{30}$-铂铑 $_{6}$ ($PtRh_{30}$-$PtRh_6$)	同上	0 ~ 1 700	同上	IEC 标准及 GB2902—82 分度号：B
工业用： 铂铑 $_{13}$-铂 ($PtRh_{13}$-Pt)	(+)Pt：87% Rh：13% (−)Pt：100%	0 ~ 1 600	同上	IEC 标准
双铂钼热电偶	(+)Pt：95% Mo：5% (−)Pt：99.9% Mo：0.1%	0 ~ 1 700	除上述优点外，它具有低的中子浮获截面，适用于核场测温	YCQ/JB204—73
铱铑 $_{10}$-依热电偶 ($IrRh_{10}$-Ir)	(+)Ir：90% Rh：10% (−)Ir：100%	0 ~ 2 100	除上述优点外，主要用于科学研究中测量温度	YCQ/JB203—73

(续　表)

名　称	化学成分	测温范围/℃	特　点	标准编号、分度号
依铱$_{40}$-铂铱$_{40}$热电偶 ($IrRh_{40}$-$PtRh_{40}$)	(+)Ir：60% Rh：40% (−)Pt：60% Rh：40%	0～1 900	常用于氧化、中性气体中测量温度	
钨铼$_3$-钨铼$_{25}$热电偶 (WRe_3-WRe_{25})	(+)W：97% Re：3% (−)W：75% Re：25%	300～2 800	主要用于还原惰性、真空中测温	
镍铬-镍铝 (NiCr-NiAl)	(+)Ni：89% Cr：10% Fe：1% (−)Ni：94% Al：2% Mn：2.5% Si：1% Fe：0.5%	0～1 300	抗氧化抗腐蚀能力较强，在＜500℃下，可用在还原介质中，价廉且性能较稳定，热电势比铂铑-铂的热电势约大 4～5 倍，寿命长，强度高	IEC 标准
镍铬-镍硅			性能同上	IEC 标准 分度号：K
铜-康铜热电偶 (Cu-CuNi)	(+)Cu：100% (−)Cu：60% Ni：40%	−200～+400	常用于−200～+200℃中测量，在 0～100℃中稳定性较好；但易氧化，线性不太好	IEC 标准及 GB2903—82
铁-康铜 (Fe-CuNi)		0～600	类似铜-康铜	分度号：J

四、热电偶实用测量电路

1. 测量单点温度的基本测温线路

这种测温线路如图 5-6 所示。图中 A，B 为热电偶，C，D 为补偿导线，冷端温度为 T，E 为铜导线(在实际使用的时候，可把补偿导线一直延伸到配用仪表的接线端子，这时冷端温度即为仪表接线端子所处的环境温度)，M 为所配用的毫伏计，或者数字仪表。如果采用数字仪表测量热电势，必须加适当输入放大电路。

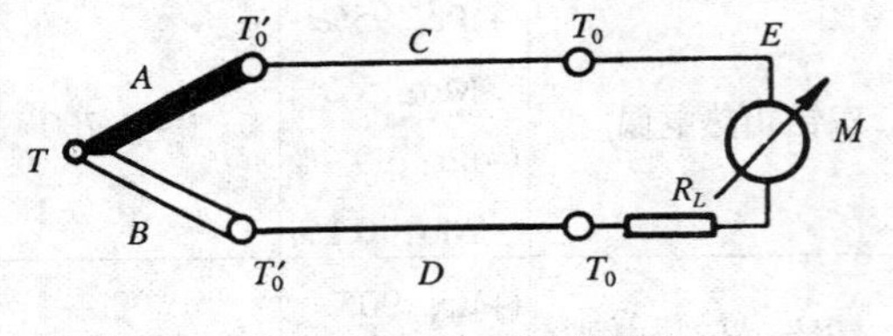

图 5-6　基本测量线路

这时回路中总热电势为 $E_{AB}(T,\ T_0)$，流过测温毫伏计的电流为

$$I = \frac{E_{AB}(T,\ T_0)}{R_Z + R_C + R_M} \tag{5-12}$$

式中R_Z，R_C，R_M分别为热电偶、导线(包括铜线、补偿导线和平衡电阻)和仪表的内阻(包含负载电阻R_L)。根据所采用的热电偶的热电势与被测温度间的关系(线性或非线性)将需要采用查表法、转换法等处理，方可直接显示所测温度数值。

2. 测量两点之间温差的测温线路

这种测温线路如图 5-7 所示。这是测量两个温度T_1和T_2之差的一种实用线路。用两只同型号的热电偶，配用相同的补偿导线，连接的方法应使各自产生的热电势互相抵消，这时仪表即可测得T_1和T_2的温度之差。证明如下：

回路内的总电势为

$$E_T = e_{AB}(T_1) + e_{BD}(T_0) + e_{DB}(T_0') + e_{BA}(T_2) + e_{AC}(T_0') + e_{CA}(T_0) \tag{5-13}$$

因为C，D为补偿导线，其热电性质分别与A、B材料性质相同，所以可以认为

$$e_{BD}(T_0) = 0 \qquad \text{(同一材料不产生热电势)}$$

同理

$$\begin{aligned} e_{DB}(T_0') &= 0 \\ e_{AC}(T_0') &= 0 \\ e_{CA}(T_0) &= 0 \end{aligned} \tag{5-14}$$

所以

$$E_T = e_{AB}(T_1) + e_{BA}(T_2) = e_{AB}(T_1) - e_{AB}(T_2) \tag{5-15}$$

如果连接导线用普通铜导线，则必须保证两热电偶的冷端温度相等，否则测量结果是不正确的。

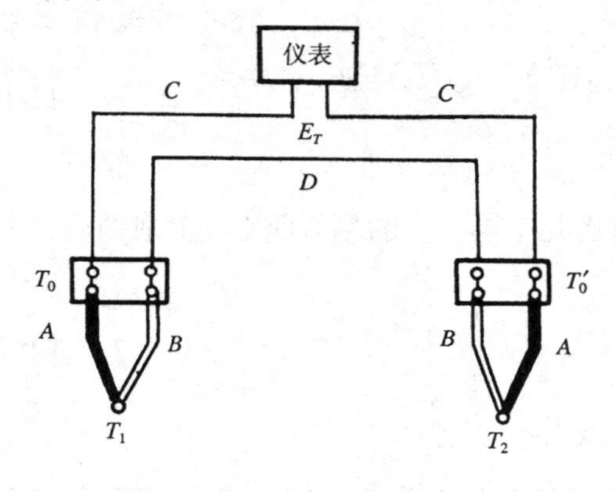

图 5-7　测量温差的线路

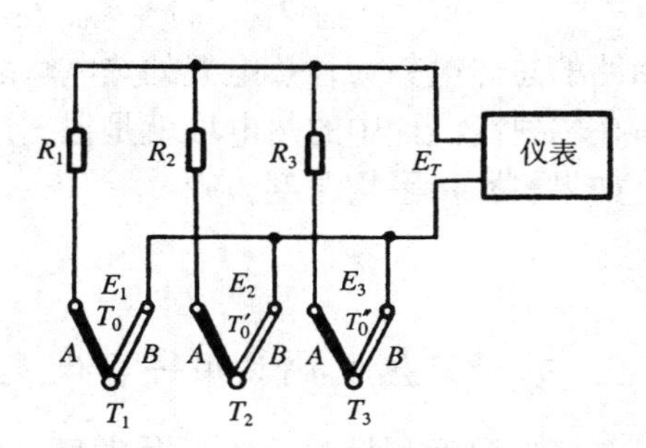

图 5-8　测量平均温度的线路

3. 测量平均温度的测温线路

测量平均温度的方法通常用几只相同型号的热电偶并联在一起，例如，如图 5-8 所示。要求三只热电偶都工作在线性段。在测量仪表中指示的为三只热电偶输出电势的平均值。在每一只热电偶线路中，分别串接均衡电阻R_1、R_2和R_3，其作用是为了在T_1、T_2和T_3不相等时，使每一只热电偶的线路中流过的电流免受电阻不相等的影响，因此与每一只热电

偶的电阻变化相比，R_1、R_2 和 R_3 的阻值必须很大。使用热电偶并联的方法测量多点的平均温度，其好处是仪表的分度仍旧和单独配用一个热电偶时一样；缺点是当有一只热电偶烧断时，不能够很快地觉察出来。

如图所示的输出电势为

$$E_1 = E_{AB}(T_1,\ T_0)$$
$$E_2 = E_{AB}(T_2,\ T_0')$$
$$E_3 = E_{AB}(T_3,\ T_0'')$$

此回路中总的热电势为

$$E_T = \frac{E_1 + E_2 + E_3}{3} \tag{5-16}$$

4. 测量几点温度之和的测温线路

利用同类型的热电偶串联，可以测量几点温度之和，也可以测量几点的平均温度。

图 5-9 是几个热电偶的串联线路图。这种线路可以避免并联线路的缺点。当有一只热电偶烧断时，总的热电势消失，可以立即知道有热电偶烧断。同时由于总热电势为各热电偶热电势之和，故可以测量微小的温度变化。

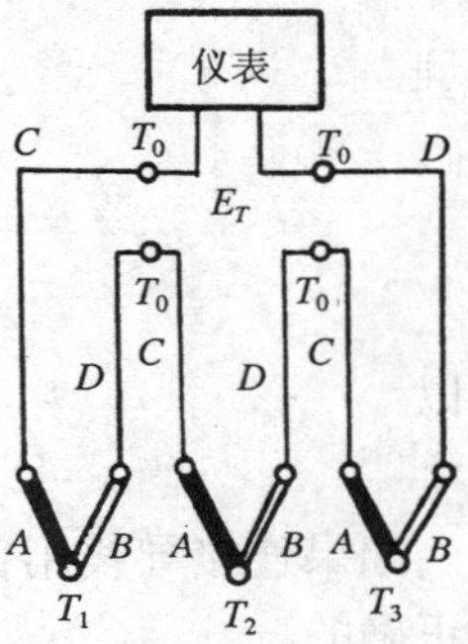

图中C,D为补偿导线，回路的总热电势为

$$E_T = e_{AB}(T_1) + e_{DC}(T_0) + e_{AB}(T_2) + e_{DC}(T_0) + e_{AB}(T_3) + e_{DC}(T_0) \tag{5-17}$$

因为 C，D 为 A，B 的补偿导线，其热电性质相同，即

$$e_{DC}(T_0) = e_{BA}(T_0) = -e_{AB}(T_0) \tag{5-18}$$

图 5-9　求温度和线路

将其代入式(5-17)中得

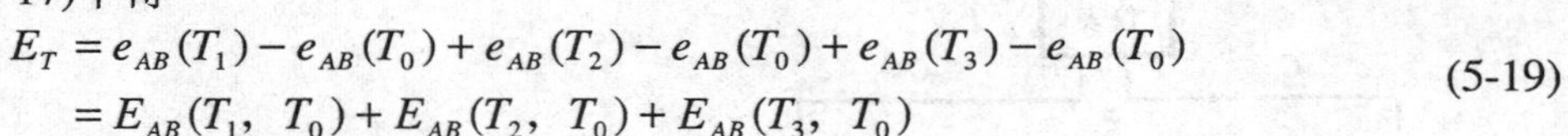

$$\begin{aligned} E_T &= e_{AB}(T_1) - e_{AB}(T_0) + e_{AB}(T_2) - e_{AB}(T_0) + e_{AB}(T_3) - e_{AB}(T_0) \\ &= E_{AB}(T_1,\ T_0) + E_{AB}(T_2,\ T_0) + E_{AB}(T_3,\ T_0) \end{aligned} \tag{5-19}$$

即回路的总热电势为各热电偶的热电势之和。

在辐射高温计中的热电堆就是根据这个原理由几个同类型的热电偶串联而成的。

如果要测量平均温度，则

$$E_{平均} = \frac{1}{3}E_T \tag{5-20}$$

5. 若干只热电偶共用一台仪表的测量线路

在多点温度测量时，为了节省显示仪表，将若干只热电偶通过模拟式切换开关共用一台测量仪表，常用的测量线路，如图 5-10 所示。条件是各只热电偶的型号相同，测量范围均在显示仪表的量程内。

在现场，如大量测量点不需要连续测量，而只需要定时检测时，就可以把若干只热电偶通过手动或自动切换开关接至一台测量仪表上，以轮流或按要求显示各测量点的被测数值。切换开关的触点有十几对到数百对，这样可以大量节省显示仪表数目，也可以减小仪表箱的尺寸，达到多点温度自动检测的目的。常用的切换开关有密封微型精密继电器和电子模拟式开关两类。例如精密继电器 JRW-1M，其接触电阻≤0.1Ω，绝缘电阻≥100MΩ，切换时间≤10ms，它是慢速多点温度测量时较为理想的一种机械切换开关。常用的电子切换开关有 AD7501，AD7503 等。它们适用于快速测量，但是，其接触电阻较大，约在几百欧姆左右。

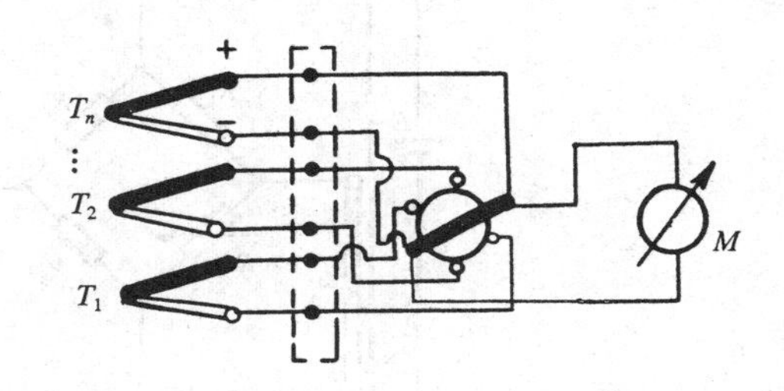

图 5-10　若干只热电偶共用一台仪表的测量线路

前面介绍了几种常用的热电偶测量温度、温度差、温度和或平均温度的线路。与热电偶配用的测量仪表可以用动圈式仪表(即测温毫伏计)、晶体管式自动平衡显示仪表(也叫做自动电子电位差计)、直流电位差计(通常只在实验室内应用)和数字电压表。若要组成微机控制的自动测温或控温系统，可直接将数字电压表的测量数据利用接口电路和测控软件连接到微机中，对检测温度进行计算和控制。这种系统在工业检测和控制中应用得十分普遍。

五、热电偶冷端补偿方式

在温度测量中，大多使用各种等级的热电偶作为温度传感器；但是，热电偶电路中最大的问题是冷端的问题，即如何选择测温的参考点。历来所采用的冷端方式有三种：

1. 冰水保温瓶方式(冰点器方式)

将热电偶的冷端置于冰水保温瓶中，获取热电偶冷端的参考温度。

2. 恒温槽方式

即将冷端置于恒温槽中，如恒定温度为T_0℃，则冷端的误差Δ为

$$\Delta = E_1(T,\ T_0) - E_1(T,\ 0) = -E_1(T_0,\ 0)$$

其中 T 为被测温度。由式可见，虽然$\Delta \neq 0$，但是一个定值。只要在回路中加入相应的修正电压，或调整指示装置的起始位置，即可达到完全补偿的目的。常用的恒温温度有 50℃和 0℃等。

3. 冷端自动补偿方式

工业上，常采用冷端自动补偿法。自动补偿法是在热电偶和测量仪表间接入一个直流不平衡电桥，也称为冷端温度补偿器，如图 5-11 所示。当热电偶自由端温度升高，导致回路总电势降低时，补偿器感受到自由端的变化，产生一个电位差，其值正好等于热电偶降低的电势，两者互相抵消以达到自动补偿的目的。

四臂电桥由电阻 R_1、R_2、R_3 和 R_{Cu} 组成，其中 R_1，R_2，R_3 的温度系数为 0，用锰铜丝烧制；R_{Cu} 为铜电阻，置于热电偶的冷端处，让其感受热电偶冷端同样的温度。设计时使电桥在 20℃处于平衡，即 a，b 两点电位差$U_{ab}=0$，电桥对仪表的读数无影响。当温度不等于 20℃时，电桥不平衡，产生一个不平衡电压U_{ab}与热端电势叠加，一起输入测量仪表。只要设计出的冷端补偿器所产生的不平衡电压正好补偿由于冷端温度变化而引起的热电势变化值，仪表便可正确地读出被测温度。

必须注意：由于电桥是在 20℃平衡，所以此时应把仪表的机械零位调整到 20℃处，不同型号的冷端补偿器应与所用的热电偶配套。常见的几种冷端补偿器如表 5-2 所示。

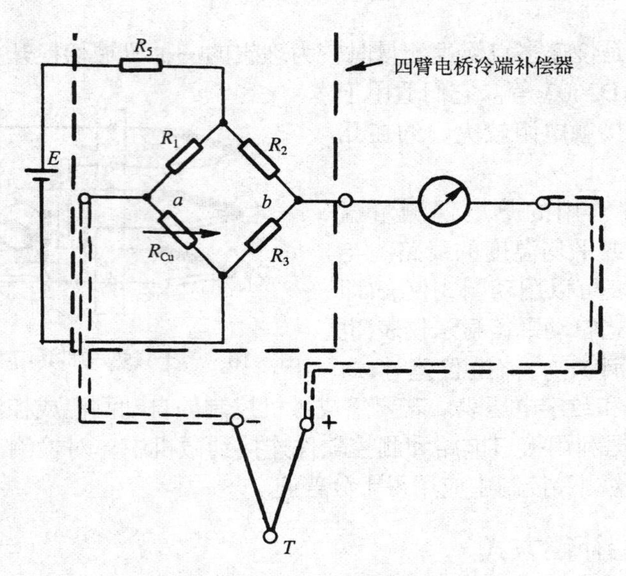

图 5-11 冷端补偿器原理图

表 5-2 几种常用的冷端温度补偿器

型 号	配用热电偶	电桥平衡时温度/℃	补偿范围/℃	电源/V	内阻/Ω	消耗/VA	外形尺寸/mm³	补偿误差/mV
WBC-01	铂铑-铂	20	0～50	AC 220	1	<8	220×113×72	±0.045
WBC-02	镍铬-镍铝							±0.16
WBC-03	镍铑-考铜							±0.18
WBC-57-LB	铂铑-铂	20	0～40	4	1	<0.25	150×115×50	±(0.015×0.001 5t)
WBC-57-EU	镍铬-镍硅							±(0.04×0.004t)
WBC-57-EA	镍铬-考铜							±(0.065×0.006 5t)

第二节 热 电 阻

热电阻是利用导体的电阻随温度变化而变化的特性测量温度的。因此要求作为测量用的热电阻材料必须具备以下特点：电阻温度系数要尽可能大和稳定，电阻率高，电阻与温度之间关系最好成线性，并且在较宽的测量范围内具有稳定的物理和化学性质。目前应用得较多的热电阻材料有铂和铜等。

热电阻由电阻体、保护套和接线盒等部件组成。其结构形式可根据实际使用制作成各种形状，通常都是将双线电阻丝绕在用石英、云母、陶瓷和塑料等材料制成的骨架上，它们可以测量−200～500℃的温度。

一、常用的几种热电阻

1. 铂电阻

由于铂电阻物理、化学性能在高温和氧化性介质中很稳定，它能用做工业测温元件和作为温度标准。按国际温标 IPTS-68 规定，在−259.34 ~ 630.74℃温域内，以铂电阻温度计作基准器。

铂电阻与温度的关系，在 0 ~ 630.74℃以内为

$$R_t = R_0(1 + At + Bt^2) \tag{5-21}$$

在−190 ~ 0℃以内为

$$R_t = R_0[1 + At + Bt^2 + C(t-100)t^3] \tag{5-22}$$

式中 R_t——温度为 t℃时的电阻；

R_0——温度为 0℃时的电阻；

t——任意温度；

A，B，C——分度系数：$A = 3.940\times10^{-2}$/℃，$B = -5.84\times10^{-7}$/℃²，$C = -4.22\times10^{-12}$/℃⁴。

由式(5-21)和式(5-22)可见，要确定电阻 R_t 与温度 t 的关系，首先要确定 R_0 的数值，R_0 不同时，R_t 与 t 的关系不同。在工业上将相应于 R_0 = 50Ω和 100Ω的 R_t-t 关系制成分度表，称为热电阻分度表，供使用者查阅。分度表如表 5-3 和表 5-4 所示。

工业用铂电阻体的结构见图 5-12，一般由直径为 0.03 ~ 0.07mm 的纯铂丝绕在平板形支架上，用银导线作引出线。

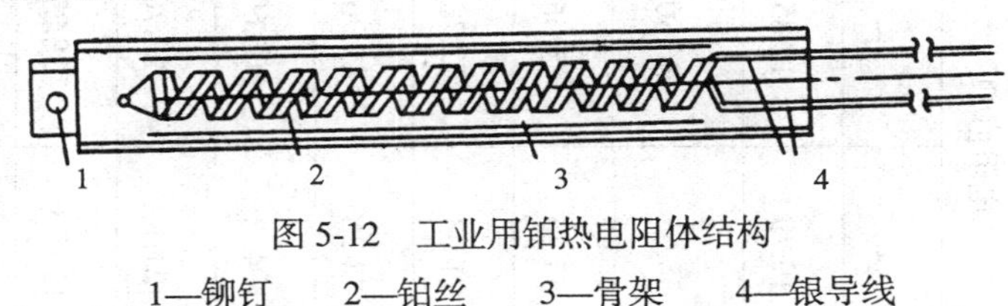

图 5-12 工业用铂热电阻体结构

1—铆钉 2—铂丝 3—骨架 4—银导线

2. 铜电阻

在测量精度不太高，测温范围不大的情况下，可以采用铜电阻来代表铂电阻，这样可以降低成本，同时也能达到精度要求。在−50 ~ 150℃的温度范围内，铜电阻与温度呈线性关系，可用下式表示：

$$R_t = R_0(1 + \alpha t) \tag{5-23}$$

式中 R_t——温度为 t℃时的电阻值；

R_0——温度为 0℃时的电阻值；

α——铜电阻温度系数，$\alpha = 4.25\times10^{-3}$ ~ 4.28×10^{-3}/℃。

铜电阻的缺点是电阻率较低，电阻体的体积较大，热惯性也较大，在 100℃以上易氧化，因此只能用于低温以及无侵蚀性的介质中。

铜电阻体的结构如图 5-13 所示。通常用直径为 0.1mm 的漆包线或丝包线双线绕制，而后浸以酚醛树脂成为一个铜电阻体，再用镀银铜线作引出线，穿过绝缘套管便制作成铜电阻。

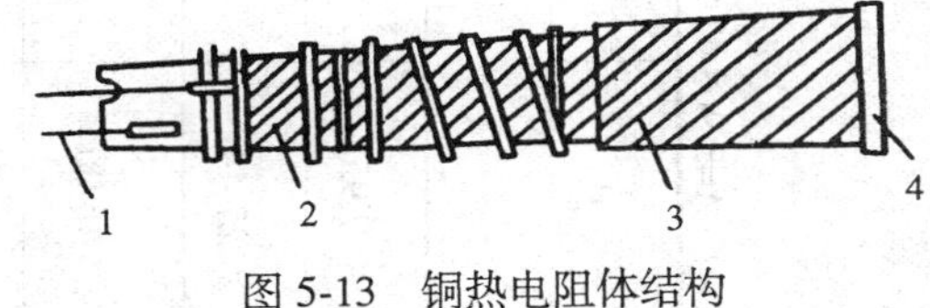

图 5-13 铜热电阻体结构

1—引出线 2—补偿线阻

3—铜热电阻丝 4—引出线

我国以 R_0 值在 100Ω和 50Ω条件下，制成相应分度表作为标准，供使用者查阅。分度表如表 5-5 所示。

表 5-3　WZB 型铂热电阻分度特性表

$R_0 = 46\Omega$　　规定分度号 B_{A-1}

分度系数　$A = 3.968\,47 \times 10^{-2}/℃$，$B = -5.847 \times 10^{-7}/℃^2$，$C = -4.22 \times 10^{-12}/℃^4$

温度/℃	0	10	20	30	40	50	60	70	80	90
	电阻值/Ω									
−200	7.95	—	—	—	—	—	—	—	—	—
−100	27.44	25.54	23.63	21.72	19.79	17.85	15.90	13.93	11.95	9.96
−0	46.00	44.17	42.34	40.50	38.65	36.80	34.94	33.08	34.21	29.33
0	46.00	47.82	49.64	51.45	53.26	55.06	56.86	58.65	60.43	62.21
100	63.99	65.76	67.52	69.28	71.03	72.78	74.52	76.26	77.99	79.71
200	81.43	83.15	84.86	86.56	88.26	89.96	91.64	93.33	95.00	96.68
300	98.34	100.01	101.66	103.31	104.96	106.60	108.23	109.86	111.84	113.10
400	114.72	116.32	117.93	119.52	121.11	122.70	124.28	125.86	127.94	128.99
500	130.55	132.10	133.65	135.20	136.73	138.27	139.79	141.83	142.83	144.34
600	145.85	147.35	148.84	150.33	151.81	153.30				

表 5-4　WZB 型铂热电阻分度特性表

$R_0 = 100\Omega$　　规定分度号 B_{A-2}

分度系数　$A = 3.968\ 47 \times 10^{-2}/℃$，$B = -5.847 \times 10^{-7}/℃^2$，$C = -4.22 \times 10^{-12}/℃^4$

温度/℃	0	10	20	30	40	50	60	70	80	90
	电阻值/Ω									
−200	17.28	—	—	—	—	—	—	—	—	—
−100	59.65	55.52	51.38	47.21	43.02	38.80	34.56	30.29	25.95	21.65
−0	100.00	96.03	92.04	88.04	84.03	80.10	75.96	71.91	67.84	63.75
0	100.00	103.96	107.91	110.85	115.78	119.70	123.49	127.49	131.37	135.24
100	139.10	142.95	146.78	150.60	154.41	158.21	162.00	165.78	169.54	173.29
200	177.03	180.75	186.48	188.10	191.88	195.56	159.23	202.89	206.53	210.07
300	213.79	217.40	221.00	224.59	228.17	231.76	235.29	238.83	242.36	245.88
400	249.38	252.88	256.36	259.83	263.29	266.78	270.18	272.60	277.01	280.41
500	283.86	287.18	290.55	293.91	297.25	300.58	303.90	307.21	310.50	313.79
600	317.06	320.22	323.57	326.80	330.80	333.25	—	—	—	—

表 5-5　WZB 型铜热电阻分度特性表

$R_0 = 53\Omega$　　规定分度号 G

分度系数　$\alpha = 4.25 \times 10^{-3}/℃$

温度/℃	0	10	20	30	40	50	60	70	80	90
	电阻值/Ω									
–50	41.74	—	—	—	—	—	—	—	—	—
–0	53.00	50.75	48.50	46.24	43.99					
0	53.00	55.25	57.50	59.75	62.01	64.26	66.52	68.77	71.02	73.27
100	75.52	77.78	80.03	82.28	84.54	86.79				

3. 其他热电阻

上述两种热电阻对于低温和超低温测量性能不理想，而铟、锰、碳等热电阻材料却是测量低温和超低温的理想材料。

铟电阻　用 99.999%高纯度的铟丝绕成电阻，可在室温至 4.2K 温度范围内使用。实验证明：在 4.2～15K 温度范围内，灵敏度比铂电阻高 10 倍；其缺点是材料软，复制性差。

锰电阻　在 2～63K 温度范围内，电阻随温度变化大，灵敏度高；缺点是材料脆，难拉成丝。

碳电阻　适合用液氦温域的温度测量，价廉，对磁场不敏感，但热稳定性较差。

二、热电阻的测量电路与应用举例

1. 测量电路

在实际的温度测量中，常用电桥作热电阻的测量电路。由于热电阻的电阻值很小，所以导线电阻值不可忽视。例如，50Ω的铂电阻，若导线电阻为 1Ω，将会产生 5℃的测量误差，为了解决这一问题，可采用如图 5-14(*a*)所示的三线式电桥连接测量电路。图中 R_t 为热电阻；r_1，r_2，r_3 为引线电阻；R_1，R_2 为两桥臂电阻，取 $R_1 = R_2$；R_3 为调整电桥的精密电阻。由于测量仪表 M 内阻很大，流过 r_3 的电流接近于 0，当 $U_A = U_B$ 时，电桥平衡，调节 R_3，使 $r_1 + R_t = r_2 + R_3$，就可消除引线电阻的影响。

为了高精度的测量温度，可将电阻测量仪设计成如图 5-14(*b*)所示的四线式测量电路。图中 I 为恒流源，r_1 ~ r_4 是导线电阻，R_t 为热电阻，V 为电压表。因为电压表 V 内阻很大，则

$$I_V << I_M\,,\qquad I_V \approx 0$$

又因为 $E_M = E + I_V(r_2 + r_3)$，所以

$$R_t = \frac{E}{I} = \frac{E_M - I_V(r_2 + r_3)}{I_M - I_V} \approx \frac{E_M}{I_M}$$

由此可知，引线电阻 $r_1 \sim r_4$ 将不引入测量误差。

电压表 V 指示的值将是热电阻 R_t 的电压降，根据此电压降可间接地测出微小温度变化。

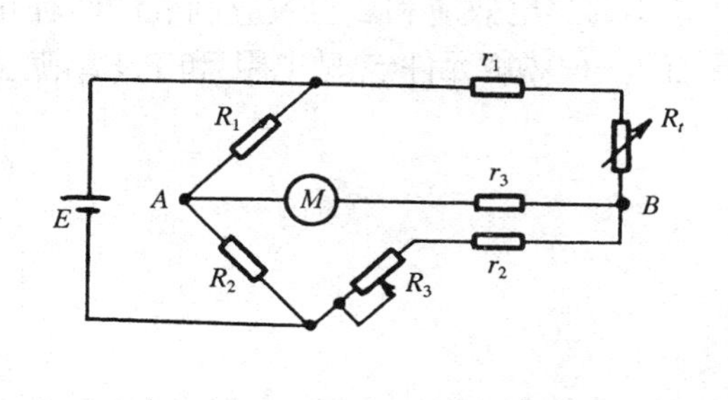

(*a*) 热电阻测温电桥的三线连接

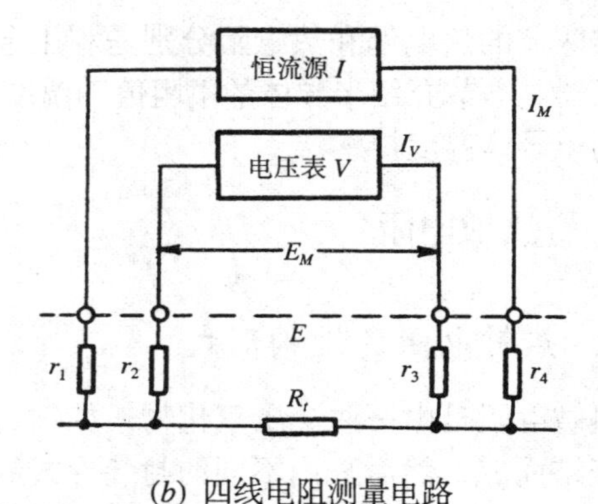

(*b*) 四线电阻测量电路

图 5-14　测量电路

2. 应用举例——热电阻测量真空度

把铂电阻丝装入与介质相通的玻璃管内，铂电阻丝由较大的恒定电流加热，当环境温度与玻璃管内介质导热而散失的热量相平衡时，铂丝就有一定的平衡温度，则对应有一定电阻值。当被测介质的真空度升高时，玻璃管内的气体变得稀少，气体分子间碰撞进行热传递的能力降低，即导热系数减小，原温度不易散失，铂丝的平衡温度和电阻值随即增大，其大小反映了被测介质真空度的高低。为了避免环境温度变化对测量结果的影响，通常设有恒温或温度补偿装置，一般可测到 10^{-3}Pa。

图 5-15 所示的电路为 BA_2 铂电阻作为温度传感器的电桥和放大电路。当温度变化时，电桥处于不平衡状态，在 a，b 两端产生与温度相对应的电位差；该电桥为直流电桥，其输出电压 U_{ab} 为 0.73mV/℃。U_{ab} 经比例放大器放大，其增益为 A/D 转换器所需要的 0～5V 直流电压。D_3，D_4 是放大器的输入保护二极管，R_{12} 用于调整放大倍数。放大后的信号经 A/D 转换器转换成相应的数字信号，因此，该电路便于与微机接口。

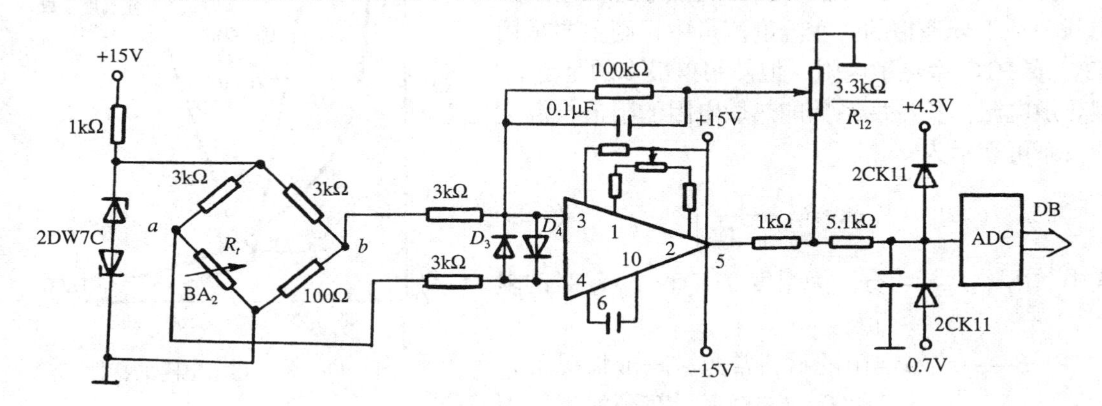

图 5-15　铂电阻测温电路

第三节　半导体温度传感器

前两节的热电偶和热电阻分别是利用金属导体的热电效应和热阻效应制成的两种热电式传感器。本节介绍半导体的电阻值随温度变化的一种热敏元件(热敏电阻)和 PN 结随温度变化的半导体温度传感器。

一、热敏电阻

1. 热敏电阻的结构形式

热敏电阻是由一些金属氧化物，如钴、锰、镍等的氧化物，采用不同比例的配方，经高温烧结而成，然后采用不同的封装形式制成珠状、片状、杆状、垫圈状等各种形状，其结构形式如图 5-16 所示。它主要由热敏元件、引线和壳体组成。

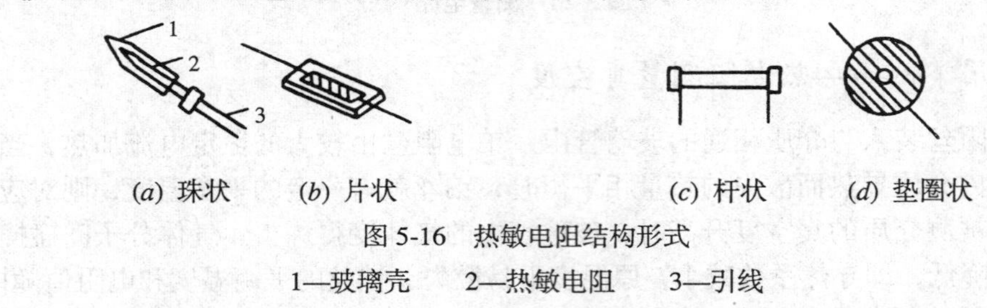

图 5-16　热敏电阻结构形式

1—玻璃壳　　2—热敏电阻　　3—引线

2. 热敏电阻的温度特性

按半导体电阻随温度变化的典型特性分为三种类型：即负电阻温度系数热敏电阻(NTC)，正电阻温度系数热敏电阻(PTC)和在某一特定温度下电阻值会发生突变的临界温度电阻器(CTR)。它们的特性曲线如图 5-17 所示。

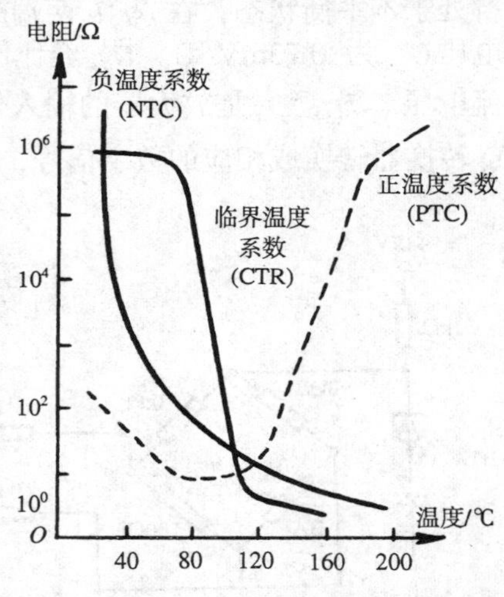

图 5-17　各种热敏电阻的特性

由图 5-17 可见，使用 CTR 型热敏电阻组成控制开关是十分理想的。在温度测量中，则主要采用 NTC 或 PTC 型热敏电阻，但使用得最多的是 NTC 型热敏电阻。负温度系数的热敏电阻的阻值与温度的关系可表示为

$$R_T = R_0 \exp B\left(\frac{1}{T} - \frac{1}{T_0}\right) \tag{5-24}$$

式中　R_T，R_0——分别为温度 T(K)和 T_0(K)时的阻值；

B——热敏电阻的材料常数，一般情况下，B = 2 000～6 000K，在高温下使用时，B 值将增大。

若定义 $\frac{1}{R_T}\frac{dR_T}{dT}$ 为热敏电阻的温度系数α_T，则由式(5-24)得

$$\alpha_T=\frac{1}{R_T}\frac{dR_T}{dT}=\frac{1}{R_T}R_0\exp B\left(\frac{1}{T}-\frac{1}{T_0}\right)B\left(-\frac{1}{T^2}\right)=-\frac{B}{T^2} \tag{5-25}$$

可见，α_T是随温度降低而迅速增大。α_T决定热敏电阻在全部工作范围内的温度灵敏度。热敏电阻的测温灵敏度比金属丝的高很多。例如 B 值为 4 000K，当 T = 293.15K(20℃)时，热敏电阻的α_T = 4.7%/℃，约为铂电阻的 12 倍。由于温度变化引起的阻值变化大，因此测量时引线电阻影响小，并且体积小，非常适合测量微弱温度变化；但是，热敏电阻非线性严重，所以，实际使用时要对其进行线性化处理。

常用的热敏电阻的主要参数如表 5-6 所示。

表 5-6　常用热敏电阻

型　号	用　途	标准阻值 25℃ /kΩ	材料常数 /K	额定功率 /W	时间常数 /s	耗散系数 /mW/℃
MF-11	温度补偿	0.01 ~ 15	2 200 ~ 3 300	0.5	≤60	≥5
MF-13	温度补偿	0.82 ~ 300	2 200 ~ 3 300	0.25	≤85	≥4
MF-16	温度补偿	10 ~ 1 000	3 900 ~ 5 600	0.5	≤115	7 ~ 7.6
RRC_2	测控温	6.8 ~ 1 000	3 900 ~ 5 600	0.4	≤20	7 ~ 7.6
RRC_7B	测控温	3 ~ 100	3 900 ~ 4 500	0.03	≤0.5	7 ~ 7.6
RRP7 ~ 8	作可变电阻器	30 ~ 60	3 900 ~ 4 500	0.25	≤0.4	0.25
RRW_2	稳定振幅	6.8 ~ 500	3 900 ~ 4 500	0.03	≤60	≤0.2

3. 热敏电阻输出特性的线性化处理

由式(5-24)可知，热敏电阻值随温度变化呈指数规律，也就是说，其非线性十分严重。当需要线性变换时，就应考虑其线性化处理。常用的方法有：

(1) 线性化网络

对热敏电阻进行线性化处理的最简单方法是用温度系数很小的精密电阻与热敏电阻串或并联构成电阻网络(常称为线性化网络)代替单个热敏电阻，其等效电阻与温度呈一定的线性关系。图 5-18 表示了两种最简单的线性化方法。

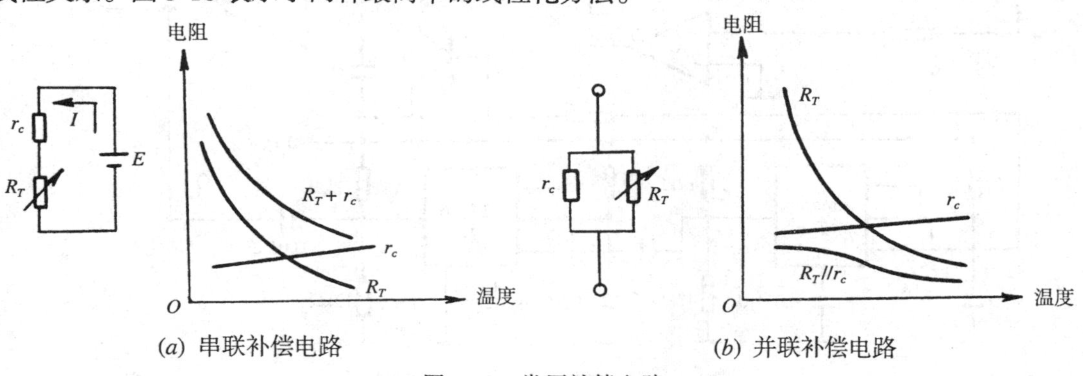

(a) 串联补偿电路　(b) 并联补偿电路

图 5-18　常用补偿电路

图(*a*)中热敏电阻R_T与补偿电阻r_c串联，串联后的等效电阻$R = R_T + r_c$，只要r_c的阻值选择适当，可使温度在某一范围内，与电阻的倒数成线性关系，所以，电流 I 与温度 T 成线性关系。

图(*b*)中热敏电阻R_T与补偿电阻r_c并联，其等效电阻$R = \dfrac{r_c R_T}{r_c + R_T}$。由图可知，$R$ 与温度的关系曲线便显得比较平坦，因此，可以在某一温度范围内得到线性的输出特性。并联补偿的线性电路常用于电桥测温电路，如图 5-19 所示。

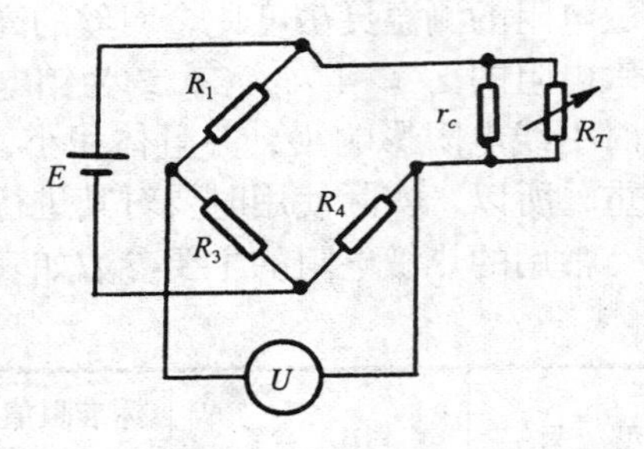

图 5-19　并联补偿的测量的桥式电路

当电桥平衡时，$R_1 R_4 = R_3(r_c // R_T)$，电压$U = 0$，这时对应某一个温度 T_0。当温度变化时，R_T将变化，使得电桥失去平衡，电压$U \neq 0$，输出的电压值就对应了变化的温度值。

(2) 计算修正法

大部分传感器的输出特性都存在非线性，因此实际使用时都必须对之进行线性化处理，其方法不外乎两大类：硬件(电子线路)法和软件(程序)法。在带有微处理机的的测量系统中，就可以用软件对传感器进行处理。当已知热敏电阻的实际特性和要求的理想特性时，可采用线性插值等方法将特性分段并把分段点的值存放在计算机的内存中，计算机将根据热敏电阻的实际输出值进行校正计算，给出要求的输出值。这种线性化方法的具体实现将在第十四章中详细介绍，作为传感器线性化的一般方法。

(3) 利用温度-频率转换电路改善非线性

图 5-20 是一个温度-频率转换电路。该电路利用 *RC* 电路充放电过程的指数函数和热敏电阻的指数函数相比较的方法来改善热敏电阻的非线性。

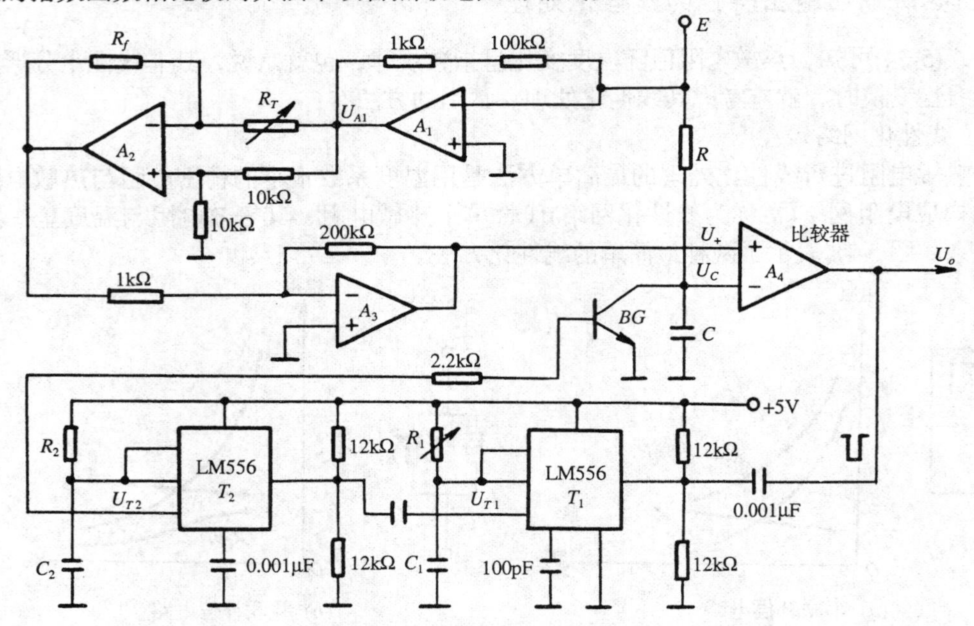

图 5-20　温度-频率转换器电路图

该转换器由温度-电压转换电路(A_1，A_2，A_3)、RC 充放电电路、电压比较 A_4 和延时电路组成。其改善热敏电阻 R_T 的非线性原理如下：

温度-电压转换电路由热敏电阻 R_T 和运算放大器 $A_1 \sim A_3$ 组成，产生一个与温度相对应的电压 U_+，加到比较器 A_4 的正端。运算放大器 A_1 为差动放大器 A_2 提供一个低电压 $U_{A1} = -\dfrac{E}{100}$ 的输入的信号，其目的是减小热敏电阻自身发热所引起的误差。A_2 输出再由反相放大器 A_3 提高信号幅值。该幅值为

$$U_+ = E\left(1 - \frac{R_f}{R_T}\right) \tag{5-26}$$

RC 电路(见 A_4 反相输入端)中的电容 C 上充电电压为

$$U_C = E\left[1 - \exp\left(\frac{t}{RC}\right)\right] \tag{5-27}$$

该转换器是把 RC 电路充电过程中电容 C 上的电压 U_C 与温度-电压转换电路的输出电压 U_+ 相比较，当 $U_C > U_+$ 时，比较器的输出电压由正变负，此负跳变电压触发延时电路(T_1，T_2)，使延时电路输出窄脉冲，驱动开关电路 BG，为电容器 C 构成放电通路；当 $U_C < U_+$ 时，比较器 A_4 输出由负变正，延时电路输出低电位，BG 截止，电容器 C 开始一个新的充电周期。当温度恒定时，输出一个将与该温度相对应的频率信号。当温度改变时，U_+ 改变，使比较器输出电压极性的改变推迟或提前，于是输出信号频率将相应地变化，从而实现温度到脉冲频率的变换，达到测量温度的目的。

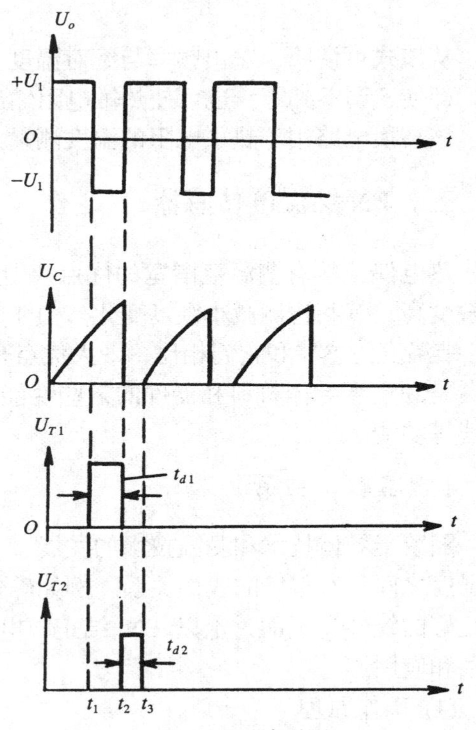

图 5-21　波形图

下面讨论转换器的输出频率与被测温度的关系。

延时电路 T_1，T_2 由两块 LM556 组成，它们产生宽度为 t_{d1}($t_{d1} = 1.1R_1C_1$) 和 t_{d2}($t_{d2} = 1.1R_2C_2$) 的脉冲信号，且使 $t_{d2} << t_{d1}$。如图 5-21 所示。

在 $t = 0$ 时，晶体管 BG 关断，比较器 A_4 输出 $U_o = +U_1$；当 $t = t_1$ 时，U_C 上升到超过 U_+，A_4 输出电压 $U_o = -U_1$，根据式(5-24)、(5-25)和(5-26)，且令 $R_f = R_{T0}$(温度 T_0 时的电阻值)，得到

$$t_1 = \frac{BRC}{T} - \frac{BRC}{T_0} \tag{5-28}$$

在 $t = t_1$ 时，比较器 A_4 输出的负跳变电压触发延时电路 T_1，产生 $t_{d1} = t_2 - t_1$ 的脉冲，在此脉

冲的下降沿($t=t_2$时)，触发延时电路T_2，产生$t_{d2}=t_3-t_2$的窄脉冲，该脉冲使晶体管BG导通，使电容C短路，U_C下降到零，并使A_4输出由$-U_1$变到$+U_1$，开始一个新周期，待t_3到来时，BG截止，电源通过R重新对C充电。

不难看出，A_4输出方波的周期T_m为

$$T_m=t_1+t_{d1}+t_{d2} \tag{5-29}$$

将式(5-29)代入式(5-28)，则输入方波频率f为

$$f=\frac{1}{T_m}=\frac{\dfrac{T}{BRC}}{1+\dfrac{\delta}{BRC}T} \tag{5-30}$$

注意：式(5-30)中的 T 是绝对温度，且$\delta=t_{d1}+t_{d2}-\dfrac{BRC}{T}$。由于$t_{d2}<<t_{d1}$，若调整$t_{d1}$，可能使$\delta$减小到零，则式(5-30)可简写为

$$f=\frac{T}{BRC} \tag{5-31}$$

从该式可说明，输出频率与绝对温度T成正比。所以，该电路，在$\delta=0$时输出是线性的。即使δ调不到零，也可使热敏电阻输出的非线性得到改善。

该转换电路用于热敏电阻的温度测量是比较理想的。

二、PN 结温度传感器

热电偶虽然有测温范围宽的优点，但其热电势较低；热敏电阻的工作温度范围窄，但灵敏度高，有利检测微小温度变化。由于它们输出都是非线性的，给使用带来一定的困难。PN 结温度传感器和它们相比，最大优点是输出特性呈线性，且测温精度高。PN 结测温传感器是利用半导体材料和器件的某些性能参数对温度依赖性，实现对温度的检测、控制和补偿等功能。

1. 温敏二极管

随着半导体技术和测温技术的发展，人们发现在一定的电流模式下，PN 结的正向电压与温度之间具有很好的线性关系。例如砷化镓和硅温敏二极管在 1～400K 范围的温度表现为良好的线性。下面讨论以 PN 结正向电压温度特性工作的温敏二极管的基本工作原理、特性和应用。

(1) 工作原理

根据 PN 结理论，对于理想二极管，只要正向电压U_F大于几个$\dfrac{k_0T}{e}$，其正向电流I_F与正向电压U_F和温度T之间的关系可表示为

$$I_F=I_S\exp\left(\frac{eU_F}{k_0T}\right)=ABT^{\gamma}\exp\left(\frac{E_{go}}{k_0T}\right)\exp\left(\frac{eU_F}{k_0T}\right)=B'T^{\gamma}\exp\left(-\frac{E_{go}-eU_F}{k_0T}\right) \tag{5-32}$$

式中　$I_S=ABT^{\gamma}\exp\left(-\dfrac{E_{go}}{k_0T}\right)$——饱和电流；

$B' = AB$——与温度无关并包含结面积 A 的常数；

B——包括了所有与温度无关的因子常数；

γ——与迁移率有关的常数($\gamma = 3 + \dfrac{\lambda}{2}$，而$\lambda$可通过 $\dfrac{D_n}{\tau_n} = T^{\lambda}$ 求得，D_n 是电子扩散系数，τ_n 是非平衡电子寿命)；

E_{go}——材料在零绝对温度时的禁带宽度，单位为 eV；

k_0——波尔兹曼常数；

e——电子电荷；

T——绝对温度，单位为 K。

对式(5-32)两边除以 I_S，并取对数，整理后得

$$U_F = \frac{k_0 T}{q} \ln\left(\frac{I_F}{I_S}\right) = U_{go} - \frac{k_0 T}{e} \ln\left(\frac{B' T^{\gamma}}{I_F}\right) \tag{5-33}$$

式中，$U_{go} = \dfrac{E_{go}}{e}$。

从式(5-33)可知，二极管的正向电压U_F与温度 T 之间的关系。在一定的电流下，其正向电压随温度的升高而降低，故呈现负温度系数。

由半导体理论可知，对于实际的二极管来说，只要它们工作在 PN 结空间电荷区中的复合电流和表面漏电流可以忽略，而又未发生在大注入效应的电压和温度范围内，其特性与上述理想二极管是相符合的。经研究表明，对于锗和硅二极管，在相当宽的一个温度范围内，其正向电压与温度之间的关系与式(5-33)是吻合的。

(2) 基本特性——(U_F - T) 关系

对于不同的工作电流，温敏二极管的U_F - T 关系是不同的；但是U_F - T 之间总是线性关系。例如图 5-22 所示的 2DWM1 型硅温敏二极管，在恒流下，U_F - T 在−50 ~ +150℃范围内，呈很好的线性关系。

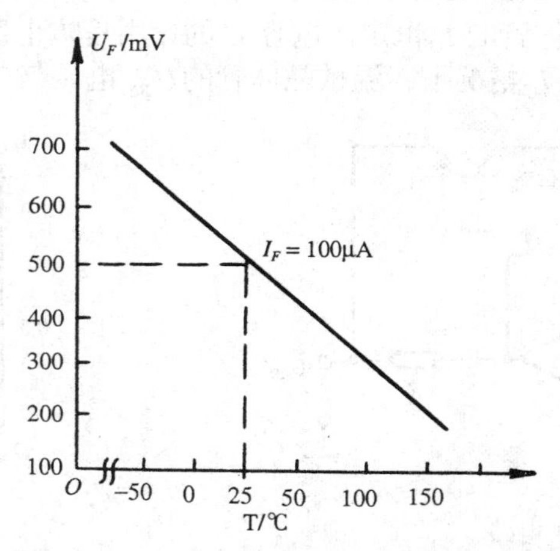

图 5-22　2DWM1 型温敏二极管的U_F - T 特性

2. 温敏三极管

经研究证明晶体管发射结上的正向电压随温度上升而近似线性下降，这种特性与二极管十分相似，但晶体管表现出比二极管更好的线性和互换性。

(1) 基本原理

温敏二极管的温度特性只对扩散电流成立，但实际二极管的正向电流除扩散电流成分外，还包括空间电荷区中的复合电流和表面复合电流成分。这两种电流与温度的关系不同于扩散电流与温度的关系，因此，实际二极管的电压-温度特性是偏离理想情况的。由于三极管在发射结正向偏置条件下，虽然发射结也包括上述三种电流成分，但是只有其中的扩散电流成分能够到达集电极形成集电极电流，而另外两种电流成分则作为基极电流漏掉，并不到达集电极。因此，晶体管的 I_C-U_{BE} 关系比二极管的 I_F-U_F 关系更符合理想情况，所以表现出更好的电压-温度线性关系。

根据晶体管的有关理论可以证明，NPN 晶体管的基极-发射极电压与温度 T 和 I_C 的函数关系为

$$U_{BE}=U_{go}-\left(\frac{k_0T}{e}\right)\ln\frac{B'T^{\gamma}}{I_C} \tag{5-34}$$

式中，$U_{go}=\dfrac{E_{go}}{e}$。

若 I_C 恒定，则 U_{BE} 仅随温度 T 成单调单值函数变化。

(2) 测温的基本电路

温敏晶体管测温的最常用的电路如图 5-23(*a*)所示。温敏晶体管作为负反馈元件跨接在运算放大器的反相输入端和输出端之间，基极接地。如此连接的目的是使发射结为正偏，而集电结几乎为零偏。零偏的集电结使得集电结电流中不需要的空间电荷的复合电流和表面复合电流为零。而发射结电流中的发射结空间电荷复合电流和表面漏电流作为基极电流流入地，因此，集电极电流完全由扩散电流成分组成。集电极电流 I_C 只取决于集电极电阻 R_C 和电源 E，保证了温敏晶体管的 I_C 恒定。电容 C 的作用是防止寄生振荡。

图 5-23(*b*)表示在不同的 I_C 情况下，温敏晶体管的 U_{BE} 电压与温度 T 的实际结果。

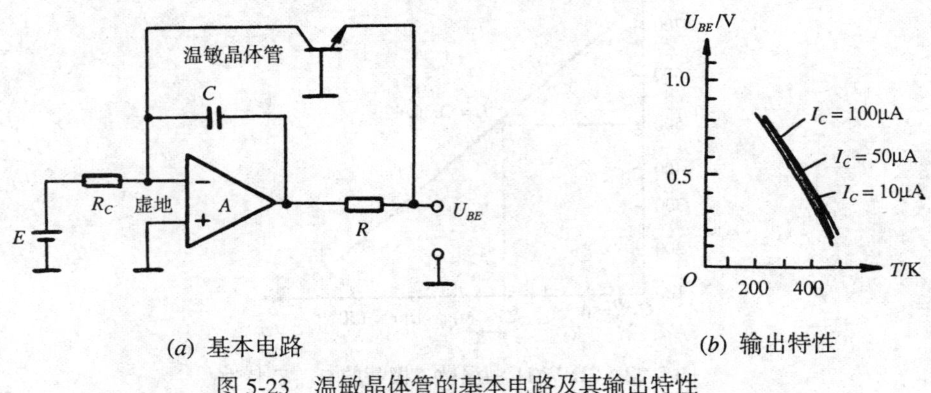

(*a*) 基本电路　　　　(*b*) 输出特性

图 5-23　温敏晶体管的基本电路及其输出特性

3. 集成温度传感器

集成电路温度传感器是将温敏晶体管及其辅助电路集成在同一芯片的集成化温度传感器。这种传感器最大的优点是直接给出正比于绝对温度的理想的线性输出，另外，体积小、成本低廉。因此，它是现代半导体温度传感器的主要发展方向之一。目前，已经广泛用于−50～+150℃温度范围内的温度监测、控制和补偿的许多场合。

(1) 基本原理

如前所述，晶体管的基极-发射极电压在其集电极电流恒定条件下，可以认为与温度呈线性关系；但是，严格地说，这种线性关系是不完全的，即关系式中仍然存在非线性项。另外，这种关系也不直接与任何温标(绝对、摄氏、华氏等)相对应。此外，温敏晶体管 U_{BE} 电压值在同一生产批量中，可能有±100mV 的离散性。鉴于上述原因，集成温度传感器均采用了图 5-24 所示的差分电路形式，使其直接给出正比于绝对温度的严格的线性输出。

在电路中，BG_1，BG_2 是两只结构和性能完全相同的晶体管，它们分别在不同的集电极电流 I_{C1} 和 I_{C2} 下工作。由图可见，电阻 R_1 上的电压应为 BG_1 和 BG_2 的基极-发射极电压差，即

$$\Delta U_{BE}=U_{BE1}-U_{BE2}=U_{go}-\left(\frac{k_0T}{e}\right)\ln\frac{B'T^{\gamma}}{I_{C1}}-U_{go}+\left(\frac{k_0T}{e}\right)\ln\frac{B'T^{\gamma}}{I_{C2}}=\frac{k_0T}{e}\ln\frac{I_{C1}}{I_{C2}} \tag{5-35}$$

由于两管集电极面积相等，因此，集电极电流比应等于集电极电流密度比，故式(5-35)可写为

$$\Delta U_{BE}=\frac{k_0T}{e}\ln\frac{J_{C1}}{J_{C2}} \tag{5-36}$$

式中 J_{C1}，J_{C2} 分别为 BG_1，BG_2 管的集电极电流密度。由此可见，只要设法保持两管的集电极电流密度之比不变，那么电阻 R_1 上的电压 ΔU_{BE} 将正比于绝对温度。这样就确保 ΔU_{BE} 与温度呈线性关系。

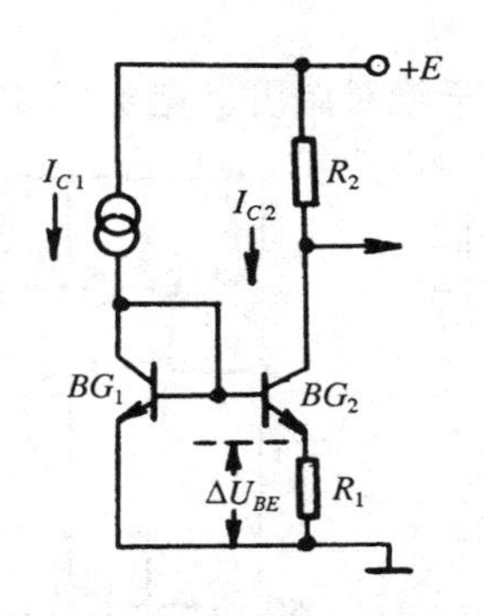

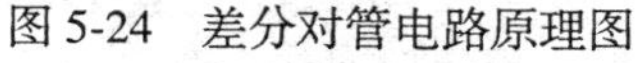
图 5-24　差分对管电路原理图

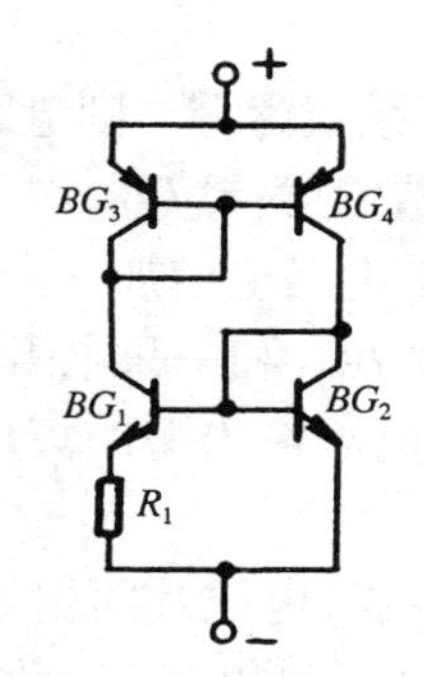

图 5-25　电流镜 PTAT 核心电路

若两管增益很高，则基极电流可以忽略不计，那么集电极电流等于发射极电流，故有

$$\Delta U_{BE}=R_1I_{C2} \tag{5-37}$$

由此可知，BG_2 的集电极电流 I_{C2} 也正比于绝对温度，并因此 R_2 上的电压也正比于绝对温度。为了保持两管集电极电流之比不变，电流源流过 BG_1 的电流 I_{C1} 也必须正比于绝对温度，

于是电路总电流($I_{C1}+I_{C2}$)正比于绝对温度。由此可见，图 5-24 所示电路可以给出正比于绝对温度的电流。集成温度传感器有电压型和电流型两大类。图 5-25 所示电路常被称为 PTAT(Proportional To Absolute Temperature)核心电路。

(2) 电流镜 PTAT 核心电路

对于 PTAT 核心电路，关键在于保证两管的集电极电流密度之比不随温度变化。只有实现了这一点，电路才会有正比于温度的电压或电流输出。为此设计了如图 5-25 所示的所谓电流镜 PTAT 核心电路。该电路在 PTAT 核心电路的基础上，用两只 PNP 管分别与 BG_1 和 BG_2 串联组成所谓的电流镜。由于 BG_3，BG_4 具有完全相同的结构和性能，且发射极偏压相同，所以使得流过温敏差分对管 BG_1，BG_2 的集电极电流在任何温度下始终相等。由前面可知，我们对 PTAT 核心电路作了两管增益无穷大的假设，因此才可以忽略集电极电流随集电极电压 U_{CE} 的变化和基极电流的影响。为了使 BG_1 和 BG_2 工作在不同的集电极电流密度下，两管必须采用不同的发射极面积来保证上述正比关系。

设 BG_1 和 BG_2 发射极面积之比为 r，则两管的电流密度比为其面积的反比，因此，只要在电路的“+”和“−”端施加高于 $2U_{BE}$ 的电压，在电阻 R_1 上将得到两管的基极-发射极电压差

$$\Delta U_{BE}=\frac{k_0T}{e}\ln\left(\frac{J_{C2}}{J_{C1}}\right)=\frac{k_0T}{e}\ln r \tag{5-38}$$

由此可知，在电流镜 PTAT 电路中，ΔU_{BE} 的温度系数仅取决于两管的发射极面积比 r，而 r 与温度无关。

根据式(5-38)可求得流过该电路的左右两支路的电流为

$$I=\frac{\Delta U_{BE}}{R_1}=\frac{k_0T}{eR_1}\ln r \tag{5-39}$$

由“+”端到“−”端流过电路的总电流为

$$I_0=2I=\frac{2k_0T}{eR_1}\ln r \tag{5-40}$$

若电阻 R_1 温度系数为零，则电路的总电流正比于绝对温度。电流镜 PTAT 电路就是一种基本的电流型集成温度传感器。

在电流镜 PTAT 电路上增加一个与 BG_3，BG_4 相同性质的 PNP 晶体管 BG_5 和一只电阻 R_2，如图 5-26 所示，就构成了一种电压输出型的集成温度传感器的基本电路。

由于 BG_5 的发射极电压及面积与 BG_3，BG_4 相同，所以流过 BG_5 和 R_2 支路的电流与另两支路电流相等，因此输出电压为

$$U_o=IR_2=\frac{R_2}{R_1}\frac{k_0T}{e}\ln r \tag{5-41}$$

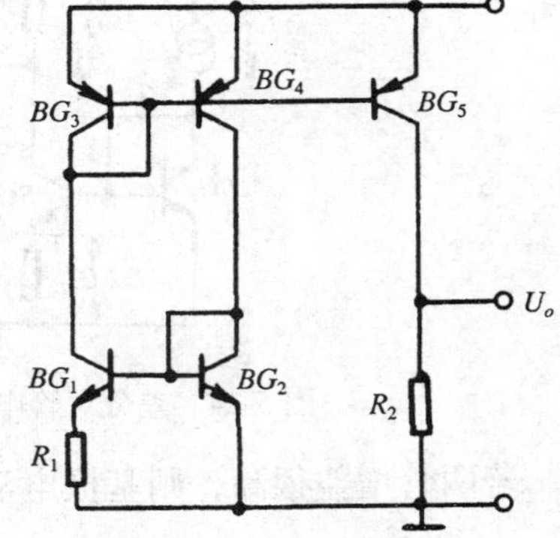

图 5-26　电压型 PTAT 电路

由此可见，只要 $R_2:R_1$ 为一常数，就可以得到正比于绝对温度的输出电压 U_o。输出电压的温度灵敏度可由 $R_2:R_1$ 和 r 来调整。

第四节　热电式温度传感器应用举例

一、温敏二极管的温度调节器

图 5-27 所示电路是一个典型应用实例。它可用于液氮气流式恒温器中，对 77～300K 范围的温度进行调节。D_T 是锗温敏二极管，通过调节 W_1，使流过 D_T 的电流保持在 50μA 左右。比较器采用μA741 运算放大器，其正端输入电压 U_r 为参考电压，由 W_2 调整；负端电压 U_x 随温敏二极管变化。当 U_x 低于 U_r 时，比较器输出高电平，晶体管 BG_2，BG_3 导通，加热器加热；当 U_x 高于 U_r 时，比较器输出低电平，使 BG_2，BG_3 截止，加热器停止加热，该电路可以使温度恒定在某温度点上，其控制精度优于±0.1℃。

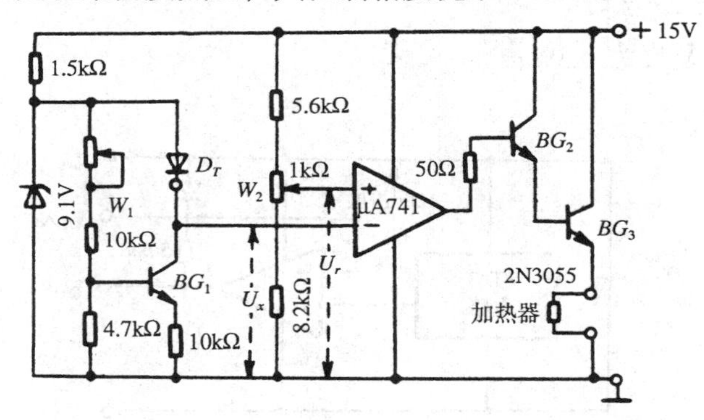

图 5-27　温度调节器电路

二、温敏晶体管的温差检测电路

图 5-28 给出一种温差实用检测电路。该电路的输出反映了两个待测点的温差，常常用于工业过程监视和控制场合。电路中使用了两只性能相同的温敏晶体管 MTS102 作测温探头，分别置于待测温场中，两个不同温度所对应的 U_{BE} 分别经过运算放大器 A_1，A_2 缓冲后，加到运算放大器 A_3 的输入端进行差分放大。

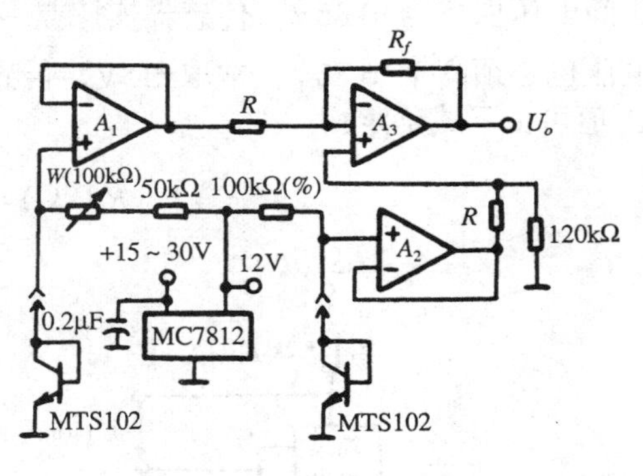

图 5-28　温差检测器

具体调整时，将两只温敏晶体管置于同一温度中，调节电位器 W(100kΩ)，使 A_3 输出 U_o 为 0。这样就可以保证输出电压 U_o 正比于两点温差。灵敏度由 R_f 和 R 值决定。当 R 取值 27kΩ和 15kΩ时，灵敏度分别为 10mV/K 和 10mV/℉。该电路可以测量 0～150℃范围内的温差，其精度可达±0.5℃。

三、集成温度传感器的典型应用

1. 电压型

(1) 四端电压输出型

早期研制的集成电压输出型温度传感器是四端结构，它由 PTAT 核心电路、参考电压源和运算放大器三部分组成，如图 5-29 所示。典型的型号有 LX5600/5700、LM3911、μP515/610A ~ C 和μP3911 等。

典型性能指标如下：

最大工作温度范围为–40 ~ +125℃；

灵敏度为 10mV/K；

线性偏差为 0.5% ~ 2%；

长期稳定性和重复性为 0.3%；

测量精度为± 4K。

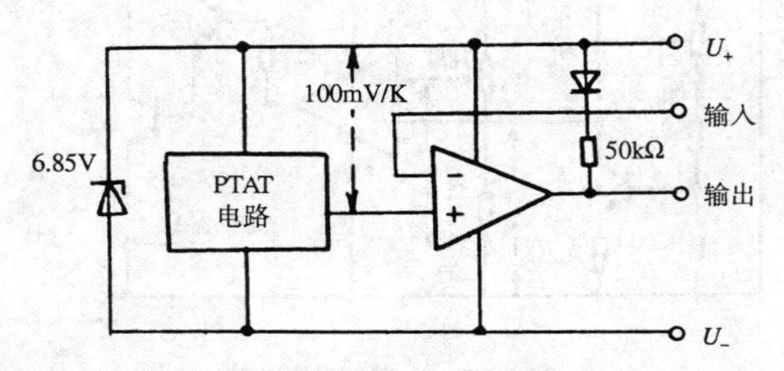

图 5-29　四端电压输出型温度传感器框图

① 基本应用电路形式

该电路可连接成如图 5-30 所示的两种形式：

图(*a*)为正电源接法，图(*b*)为负电源接法。在内部参考电压的钳位作用下，U_+和U_-端之间电压保持为 6.85V，传感器实际是一个电压源。因为传感器必须和电阻R_1串联，所加电压也必须高于 6.85V，常取±15V，传感器的电路电流通常选在 1mA 左右，因此，电阻R_1值可由下式确定：

$$R_1(\text{k}\Omega)=\frac{U_{CC}(\text{V})-6.85\text{V}}{1\text{mA}}$$

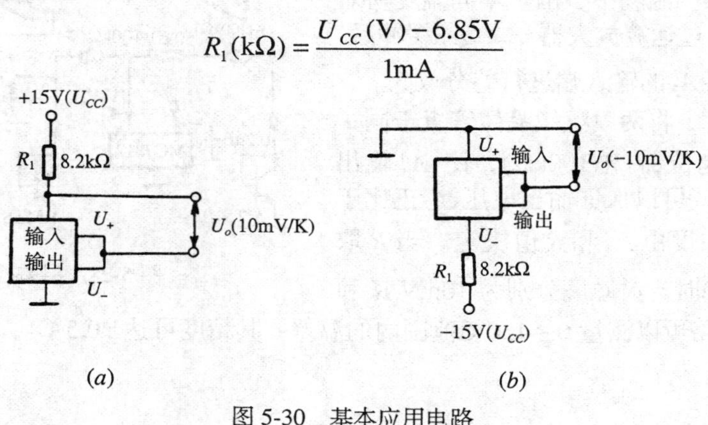

图 5-30　基本应用电路

② 摄氏温度检测器

图 5-31 给出两种输出电压直接表示摄氏温度的检测电路。两种电路都是利用传感器自身的参考电压分压，而得到 2.73V 作为其偏置电压，这样使输出电压移动–2.73V，即：使传感器在 273K(0℃)时，输出为 0，于是补偿后的输出电压U_o将直接指示摄氏温度，而不是绝对温度。

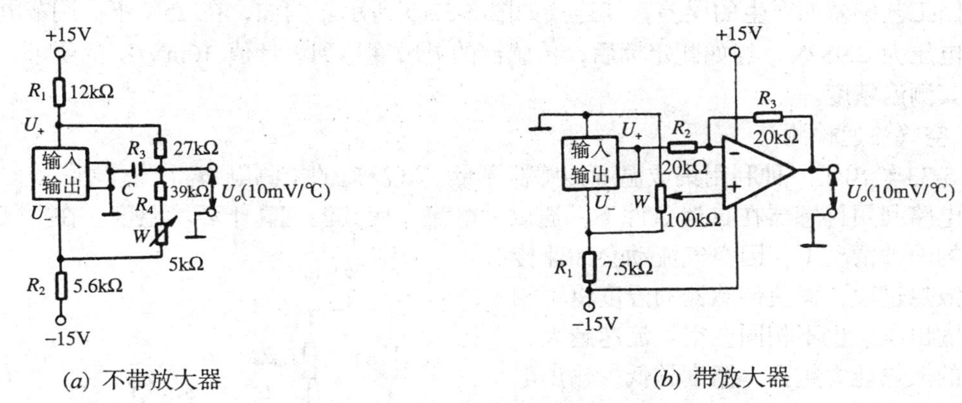

(*a*) 不带放大器　　　　(*b*) 带放大器

图 5-31　摄氏温度检测电路

(2) 三端电压输出型

三端电压输出型集成温度传感器是一种精密的、易于定标的温度传感器，它们是 LM135，LM235，LM335 系列等。其主要性能指标如下：

工作温度范围：–55 ~ +150℃、–40 ~ +125℃和–10 ~ +100℃；

灵敏度：10mV/K；

测量误差：工作电流在 0.4 ~ 5mA 范围内变化时，如果在 25℃下定标，在 100℃宽的温度范围内误差小于 1℃。

① 基本测温电路

把传感器作为一个两端器件与一个电阻串联，加上适当电压就可以得到灵敏度为 10mV/K，直接正比于绝对温度的输出电压U_o，如图 5-32(*a*)所示。

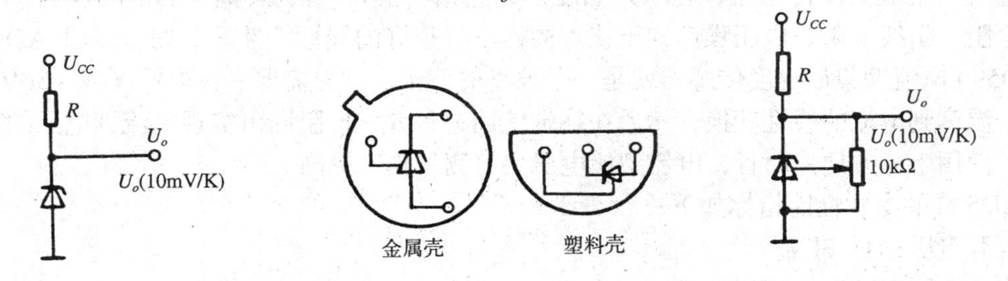

(*a*) 基本测温电路　　　　(*b*) 可定标的测温电路

图 5-32　基本电路

实际上，这时传感器可以看成是温度为 10mV/K 的电压源。传感器的工作电流由电阻 R 和电源电压U_{CC}决定：

$$I = \frac{U_{CC} - U_o}{R}$$

由此式可见，工作电流随温度变化，但是对于 LM135 等系列传感器作为电压源时，其内阻极小，故电流变化并不影响输出电压。

如果这些系列的传感器作三端器件使用时，可通过外接电位器的调节完成温度定标，以减小因工艺偏差而产生的误差，其连接如图 5-32(*b*)所示。例如，在 25℃下，调节电位器使输出电压为 2.982V，经如此定标后，传感器的灵敏度达到设计值 10mV/K 的要求，从而提高了其测温精度。

② 空气流速检测

图 5-33 给出了一种利用集成温度传感器测量空气流速的检测电路。

该电路利用传感器在自然条件下，通以大电流，使其温度高于环境温度，在空气静止或流动的两种情况下，因空气流动会加速传感器的散热过程，而使传感器的温度将不相同，故输出电压也不相同。空气流速越大，传感器的散热能力越强，温度越低，输出电压越低，这就是空气流速检测器的工作原理。

电路中采用了两只 LM335 温度传感器，一只工作在自然条件下，通以 10mA 的工作电流；另一只通以小电流，工作在环境温度条件下，则自然温升可以忽略。在静止空气中进行零点整定，即调 10kΩ电位器使放大器输出为 0。

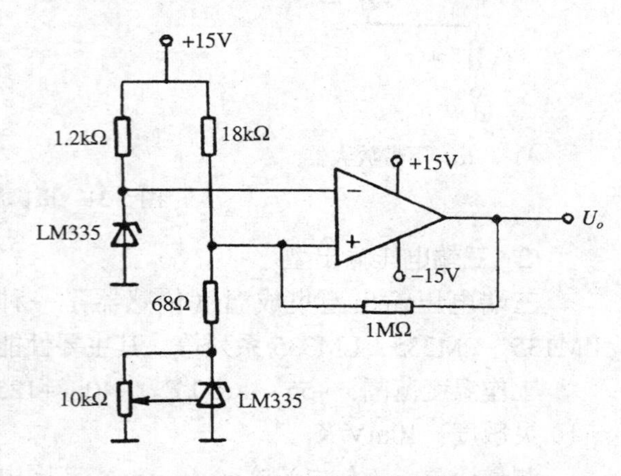

图 5-33 空气流速检测器

注意：在定标和测量时应该使两只 LM335 处在相同的环境温度下。

2. 电流输出型

电流型集成温度传感器，在一定温度下，它相当于一个恒流源。因此，它具有不易受接触电阻、引线电阻、电压噪声的干扰。同样具有很好的线性特性。例如，美国 AD 公司的 AD590 电流型集成温度传感器就是一个典型的例子。它只需要一种电源(+4 ~ +30V)，即可实现温度到电流的线性变换，然后在终端使用一只取样电阻即可实现电流到电压的转换，因此，使用十分方便。而且，电流型比电压型的测量精度更高。

AD590 的主要性能指标如下：

电源电压：4 ~ 30V；

工作温度：−55 ~ +150℃；

标定系数：1μA/K；

重复性：±0.1℃；

长期漂移：±0.1℃/月；

输出电压：$+4 \leqslant V_S \leqslant +5$V，0.5μA/V；

$+5 \leqslant V_S \leqslant +15$V，0.2μA/V；

$+15 \leqslant V_S \leqslant +30\text{V}$，0.1μA/V。

(1) 摄氏和华氏数字温度计

摄氏和华氏数字温度计主要由电流温度传感器AD590、ICL7106和显示器组成，如图5-34所示。

ICL7106包括模/数转换器、时钟发生器、参考电压源、BCD的七段译码和显示驱动器等。它与AD590和几个电阻及液晶显示器构成一个数字温度计，而且能实现两种定标制的温度测量和显示。对摄氏和华氏两种温度均采用同一参考电压(500mV)。摄氏温度最大读数为199.9℃，但AD590只能测到150℃。华氏温度最大读数为199.9℉(93.3℃)受显示数位的限制。对于两种温度，各电阻取值如下：

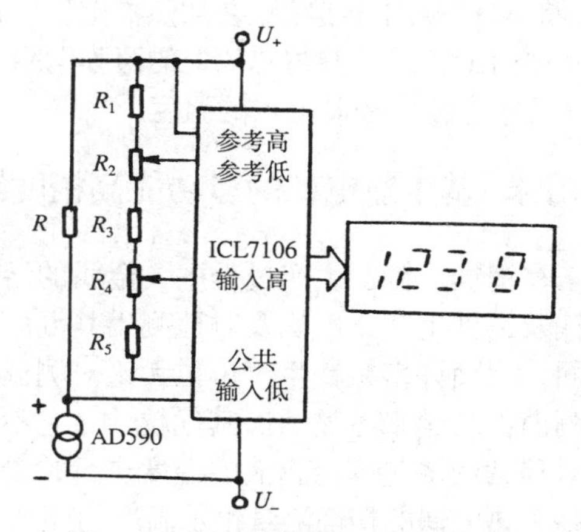

图5-34 摄氏和华氏数字温度计电路

	R	R_1	R_2	R_3	R_4	R_5
℉	9kΩ	4.02 kΩ	2 kΩ	12.4 kΩ	10 kΩ	0
℃	5 kΩ	4.02 kΩ	2 kΩ	5.1 kΩ	5 kΩ	11.8 kΩ

(2) 电流型IC传感器在控制方面的应用

图5-35是AD590型传感器用于筒状电炉内部恒温控制的实际应用电路。

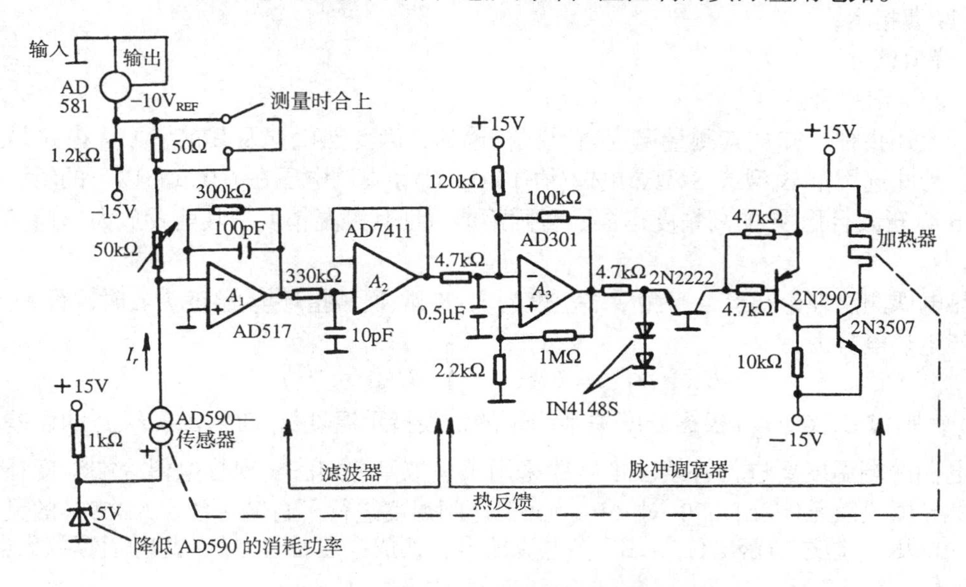

图5-35 用IC温度传感器的温度控制系统

图中A_1右侧的电路为可变脉宽调制器，以形成无开关控制的平滑响应特性。AD590的输出电流在反相运算放大器A_1的负输入端与基准电流比较，A_2为滤波器，A_3将电流作加法运算，放大误差信号，根据温度值，调节脉冲宽度驱动加热器。为了获得最稳定的动态响应，将 AD590 用硅脂粘贴在加热器上。由于 AD590 电流输出型传感器与温度的比例关系(灵敏度)为 1μA/K，可调整芯片上的薄膜电阻，使温度为 298.2K(25℃)时，输出电流为 298.2μA。这样可很方便地控制电炉的温度。

四、基于热电偶的多功能高精度钢水测温仪

在钢铁及铸造生产过程中，金属的熔炼及浇注温度是必控参数。特别是对于高质量的钢铁及铸件生产，准确及时地测出其温度尤为重要。由于，热工生产现场的工况条件不尽相同，因而许多钢铁生产单位无论对测温仪表的精度还是功能都提出了更高的要求。便携式测温仪表越来越显示出其优越性，它不但能定点测量炉内金属液体的温度，而且可方便地对移动的浇包内金属液的温度进行检测，能有效地保证浇注温度。这里介绍一种很实用的基于热电偶的精确测量钢水温度的便携式系统。

该测温系统组成和工作原理如图 5-36(*a*)所示。测温仪硬件主要由热电偶前置微弱信号处理模拟电路部分、以 80C31BH 为核心的低功耗微机和 DC-DC 电源组成。模拟电路部分由放大、冷端温度补偿、滤波、A/D 转换器等电路组成。微机部分由 80C31BH 及 EPROM 程序存储器、数据存储器、时钟电路、显示及键盘等电路组成。

该系统具有如下功能和指标：

(1) 测温范围为 1 000 ~ 2 000℃；

(2) 测量误差≤0.1% ~ 0.2%；对上述测温范围，折合温度误差为±1 ~ 2℃；

(3) 快速/连续测温方式(可供选择)；

(4) 断偶指示；

(5) 峰值锁存；

(6) 上/下限报警。

根据上述指标可知，其测量温度值是很精确的，因此热电偶及其前置放大电路是至关重要的。为此选用了 B 型或 S 型热电偶(约 10μV/℃)和失调电压在 0.05μV 以下的斩波放大器 ICL7650(斩波自稳零)的高精度运放；否则不能保证其测温精度。其前置放大器请参见图 5-36(*b*)。

由热电偶测温理论知道，当测量端温度为 t，冷端(通常指环境)温度为 t_p时，设 t_0=0℃，热电偶产生热电势为

$$E_{AB}(t,\ t_p)=E_{AB}(t,\ t_0)-E_{AB}(t_p,\ t_0)$$

若$t_p \neq t_0$，则由 $E_{AB}(t,\ t_p)$ 根据分度关系确定的仪表指示温度 t_n 产生 $\Delta t = t - t_n$ 的误差。因此，热电偶冷端温度要进行补偿。本电路采用了模拟量叠加法实现热电偶冷端温度补偿。选用了半导体温敏元件 AD590 对−50 ~ +50℃之间温度进行了自动补偿。AD590 的灵敏度为 $K_P = 1\mu A/K$。通过精密电位器 W_2 将电流信号转换成电压信号 U_P，此时运算放大器 A_2 输入端电压为

$$U_i = E_{AB}(t,\ t_p) + U_P - U_B$$

适当调整 W_1 和 W_2 可使 $E_{AB}(t_p,\ t_0) = U_P - U_B$，那么运算放大器 A_2 的输入电压即为

$$U_i = E_{AB}(t,\ t_p) + E_{AB}(t_p,\ t_0)$$

这样就实现了冷端温度的自动补偿的功能，且在–50 ~ +50℃之间，误差优于± 0.5℃。

另外，为了实现断偶报警功能，在前置放大器的信号输入端设置一个大阻值(10MΩ)的上拉电阻 R_3(歇火电路)；当正常工作时，热电偶电阻值很小，几微安的电流基本不会产生电压；一旦热电偶烧断，则前置放大器就会饱和，且输出高电压，此时，A/D 转换器 7109 的 OR 管脚输出溢出电平给单片机 80C31BH，进行断偶报警。

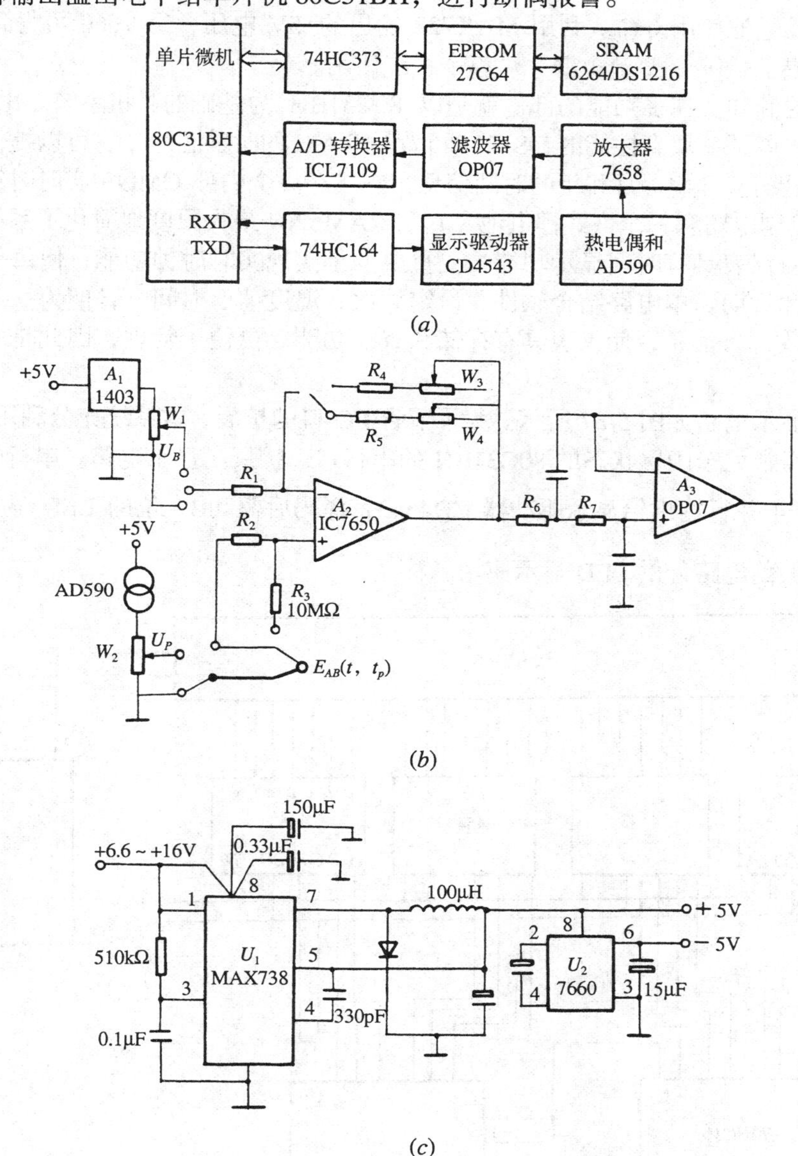

图 5-36　便携式热电偶测钢水温度系统

为了保证热电偶的高精度测温，除上述微信号处理技术外，A/D 转换器的选型也至关重要。虽然，通常 $3\frac{1}{2}$ A/D 转换器其分辨力也能达到 0.5℃/bit 的要求，但是要保证整个系统累加误差不大于 0.5℃就很困难了。为此，本系统选用了其分辨力优于 0.25℃/bit 的 12 位 A/D

转换器 ICL7109。

由于该系统是便携式仪表，因此，电源设计是重要环节。本系统采用了 Maxim 公司最新 DC-DC 电源技术，如图 5-36(*c*)所示。MAX738 及外围元件构成了步降型转换器，它采用了先进的脉宽调制技术(PWM)，其输入电压为± 5.5 ~ + 16.0V，输出电压为+ 5V，输出电压精度可达到 ±5%，在很宽的负载电流范围内具有高于 90%的效率，可提供 750mA 的负载电源，可延长电池使用寿命。利用 MAX738 输出的+5V 电压，经 7660 可得到−5V 的电压，这样便构成了± 5V 的直流电源，供整个系统使用。

本系统的控制和实现多功能的部件就是以 80C31BH 为基础的微机系统。由图 5-36(*a*)可知，该系统扩展了一块高性能的 DS1216 可背插 RAM 的时钟芯片，它可以提供百分之一秒、分、时、星期、日期、月和年的时间信息，它具有一个内部 CMOS 实时时钟、一个非易失性 RAM 控制电路和一个嵌式锂电池，它与 RAM6264 最大限度地简化了系统的接口电路。这样不仅使仪表具有时间显示功能，更重要的是实现实时时钟功能，使每一次测温值都对应有时间和日期。本电路结合软件，设定炉次、温度值、时间、日期为一条信息，仪表可保留高达数百条信息，使仪表具有存储和查找功能，更便于管理，因此是一种很实用的仪表。

该系统的显示电路如图 5-37 所示。为了节省 I/O 口的扩展，本系统充分利用系统功能，如利用系统中经常处于闲置状态的 80C31BH 的串行口，扩展了显示电路。串行输出的显示信息经 74HC164 并行输出给显示驱动器 CD4543，译码后驱动 $3\frac{1}{2}$ 位的 LED 显示器，7555 芯片组成多谐振荡电路，供 LED 显示使用。

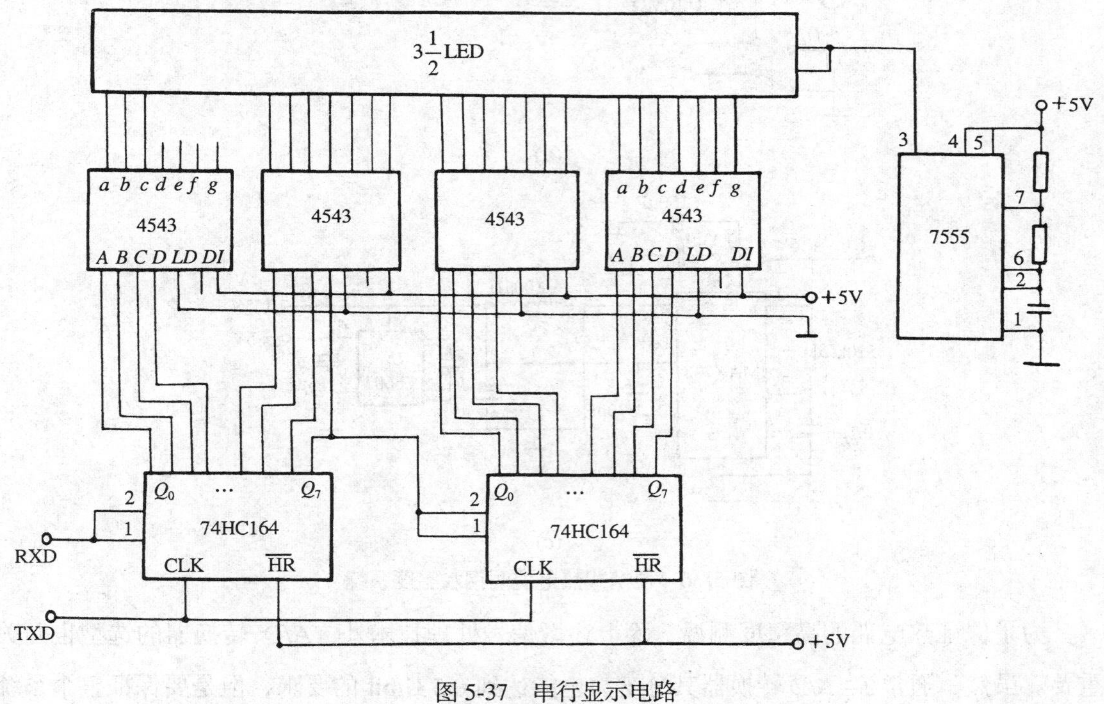

图 5-37　串行显示电路

习题与思考题

1. 试证明在热电偶中接入第三种材料，只要接入的材料两端的温度相同，对热电势没有影响这一结论。

2. 试比较热电阻和半导体热敏电阻的异同。

3. 利用精密继电器 JRW-1M(其工作电压为 12V，线包工作电流为 50mA)和四位半数字电压表(满量程指示电压为 19.999mV)，设计一个 16 点的巡回温度检测电路，整体误差为± 0.5℃，试问用何种温度传感器在 0～400℃温度内测温为最佳，并详细设计该系统的硬件，说明工作原理。

4. 某砷化镓(GaAs)温敏二极管在室温(25℃)下，$I_{F1}=100\text{mA}$，$U_{F1}=500\text{mA}$，又知 GaAs 的 $E_{go}=1.519\text{eV}$，$\gamma=3.5$，试描绘 $I_F=I_{F1}$，T 分别为 0℃，25℃，50℃，100℃，125℃时，U_F - T 关系曲线。

5. 叙述温敏晶体管的 U_{BE} - T 关系为什么比温敏二极管的 U_{BE} - T 关系更为线性。

6. 试分别用 LM3911，AD590 温度传感器设计一个直接显示摄氏温度为–50～+50℃的数字温度计。若被测温度点距离测温仪 500cm，应用何种温度传感器？为什么？

7. 总结本章所介绍的中心内容和课外实践或研究性试验，并在班级学习交流会上阐述和演示。

第六章　压电式与压磁式传感器

压电式传感器和压磁式传感器均是由外界力作用而引起电参量和磁参量的变化而设计的一种传感器，但是，压电式传感器是以某些物质的压电效应制作的一种传感器。当材料表面受力作用变形时，其表面会有电荷产生从而实现非电量测量。而压磁式传感器是以铁磁元件的压磁效应制成的一种传感器。当外力作用于铁磁元件时，引起铁磁元件的导磁率变化来实现力的测量和控制。

第一节　压电式传感器

一、电压效应与压电材料

1. 压电效应

当某些物质沿其某一方向被施加压力或拉力时，会产生变形，此时这种材料的两个表面将产生符号相反的电荷；当去掉外力后，它又重新回到不带电状态，这种现象称为压电效应。有时人们又把这种机械能转变为电能的现象，称为“顺压电效应”。反之，在某些物质的极化方向上施加电场，它会产生机械变形，当去掉外加电场后，该物质的变形随之消失，这种电能转变为机械能的现象，称为“逆压电效应”。具有压电效应的电介物质称为压电材料。在自然界中，大多数晶体都具有压电效应，然而大多数晶体的压电效应都十分微弱。随着对压电材料的深入研究，发现石英晶体，钛酸钡、锆钛酸铅等人造压电陶瓷是性能优良的压电材料。

2. 压电材料简介

压电材料可以分为两大类：压电晶体和压电陶瓷。前者为晶体，后者为极化处理的多晶体。它们都具有较好特性：具有较大的压电常数，机械性能优良(强度高，固有振荡频率稳定)，时间稳定性好，温度稳定性也很好等，所以它们是较理想的压电材料。

(1) 压电晶体

常见压电晶体有天然和人造石英晶体。石英晶体，其化学成分为 SiO_2(二氧化硅)，压电系数 $d_{11} = 2.31\times10^{-12}$ C/N。在几百度的温度范围内，其压电系数稳定不变，能产生十分稳定的固有频率 f_0，能承受 6 860 ~ 9 800N/cm^2 的压力，是理想的压电传感器的压电材料。

除了天然和人造石英压电材料外，还有水溶性压电晶体。它属于单斜晶系。例如酒石酸钾钠($NaKC_4H_4O_6\cdot 4H_2O$)、酒石酸乙烯二铵($C_6H_4N_2O_6$)等，还有正方晶系如磷酸二氢钾

(KH_2PO_4)、磷酸二氢氨($NH_4H_2PO_4$)等等。

(2) 压电陶瓷

压电陶瓷是人造多晶系压电材料。常用的压电陶瓷有钛酸钡、锆钛酸铅、铌酸盐系压电陶瓷。它们的压电常数比石英晶体高，如钛酸钡($BaTiO_3$)压电系数 $d_{33}=190\times10^{-12}$ C/N，但介电常数、机械性能不如石英好。由于它们品种多，性能各异，可根据它们各自的特点制作各种不同的压电传感器，这是一种很有发展前途的压电元件。

常用的压电材料的性能列于表 6-1。

表 6-1　常用压电材料性能

压电材料 / 性能	石英	钛酸钡	锆钛酸铅 PZT-4	锆钛酸铅 PZT-5	锆钛酸铅 PZT-8
压电系数/pC/N	$d_{11}=2.31$ $d_{14}=0.73$	$d_{15}=260$ $d_{31}=-78$ $d_{33}=190$	$d_{15}\approx410$ $d_{31}=-100$ $d_{33}=230$	$d_{15}\approx670$ $d_{31}=-185$ $d_{33}=600$	$d_{15}=330$ $d_{31}=-90$ $d_{33}=200$
相对介电常数/ε_r	4.5	1 200	1 050	2 100	1 000
居里点温度/℃	573	115	310	260	300
密度/10^3kg/m^3	2.65	5.5	7.45	7.5	7.45
弹性模量/10^9N/m^2	80	110	83.8	117	123
机械品质因数	$10^5\sim10^6$		≥500	80	≥800
最大安全应力/10^5N/m^2	95 ~ 100	81	76	76	83
体积电阻率/(Ω · m)	$>10^{12}$	10^{10}(25℃)	$>10^{10}$	10^{11}(25℃)	
最高允许温度/℃	550	80	250	250	
最高允许湿度/(%)	100	100	100	100	

二、石英晶体的压电特性

石英晶体是单晶体结构，其形状为六角形晶柱，两端呈六棱锥形状，如图 6-1 所示。石英晶体各个方向的特性是不同的。在三维直角坐标系中，z 轴称为晶体的光轴。经过六棱柱棱线，垂直于光轴 z 的 x 轴称为电轴。把沿电轴 x 施加作用力后的压电效应称为纵向压电效应。垂直于光轴 z 和电轴 x 的 y 轴称为机械轴。把沿机械轴 y 方向的力作用下产生电荷的压电效应称为横向压电效应。沿光轴 z 方向施加作用力则不产生压电效应。

若从石英晶体上沿 y 方向切下一块如图 6-1(b)、(c)所示的晶体片，当在电轴 x 方向施加作用力时，在与电轴(x)垂直的平面上将产生电荷 q_x，其大小为

$$q_x=d_{11}F_x \tag{6-1}$$

式中　d_{11}——x 轴方向受力的压电系数；

F_x——作用力。

若在同一切片上，沿机械轴 y 方向施加作用力 F_y，则仍在与 x 轴垂直的平面上将产生电荷，其大小为

$$q_y = d_{12}\frac{a}{b}F_y = -d_{11}\frac{a}{b}F_y \tag{6-2}$$

式中　d_{12}——y 轴方向受力的压电系数，因石英轴对称，所以 $d_{12}=-d_{11}$；

a，b——晶体片的长度和厚度。

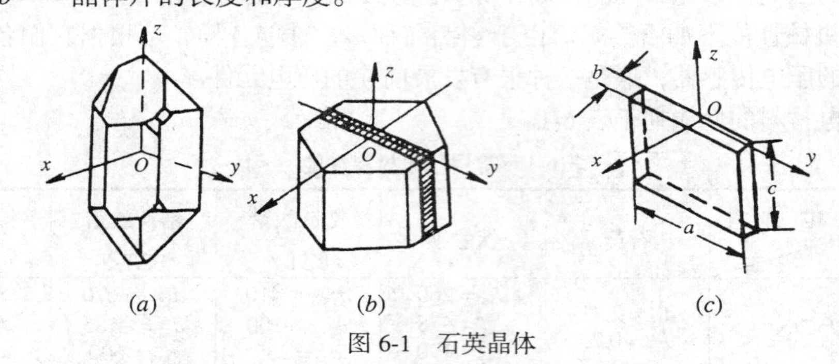

(a)　(b)　(c)

图 6-1　石英晶体

电荷 q_x 和 q_y 的符号由受压力还是拉力决定。由式(6-1)可知，q_x 的大小与晶体片几何尺寸无关，而 q_y 则与晶体片几何尺寸有关。

为了直观地了解石英晶体压电效应和各向异性的原因，将一个单元组体中构成石英晶体的硅离子和氧离子，在垂直于 z 轴的 xy 平面上的投影，等效为图 6-2 中的正六边形排列。图中“⊕”代表 Si_4 离子，“⊖”代表氧离子 $2O_2$。

当石英晶体未受到外力作用时，带有 4 个正电荷的硅离子和带有(2 × 2)个负电荷的氧离子正好分布在正六边形的顶角上，形成 3 个大小相等、互成 120°夹角的电偶极矩 $\boldsymbol{P}_1$、$\boldsymbol{P}_2$ 和 $\boldsymbol{P}_3$，如图 6-2(a)所示。$P = ql$，q 为电荷量，l 为正、负电荷之间距离。电偶极矩方向从负电荷指向正电荷。此时，正、负电荷中心重合，电偶极矩的矢量和等于零，即 $\boldsymbol{P}_1+\boldsymbol{P}_2+\boldsymbol{P}_3=0$，电荷平衡，所以晶体表面不产生电荷，即呈中性。

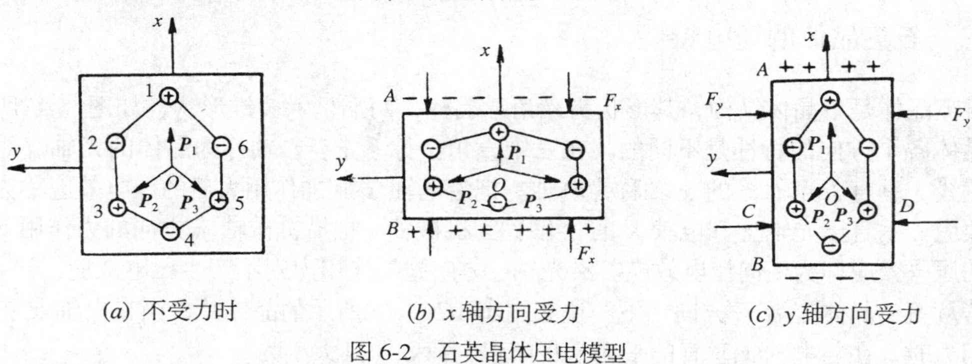

(a) 不受力时　(b) x 轴方向受力　(c) y 轴方向受力

图 6-2　石英晶体压电模型

当石英晶体受到沿 x 轴方向的压力作用时，将产生压缩变形，正、负离子的相对位置随之变动，正、负电荷中心不再重合，如图 6-2(b)所示。硅离子 1 被挤入氧离子 2 和 6 之间，氧离子 4 被挤入硅离子 3 和 5 之间，电偶极矩在 x 轴方向的分量 $(\boldsymbol{P}_1+\boldsymbol{P}_2+\boldsymbol{P}_3)_x<0$，结果表面 A 上呈负电荷，B 面呈正电荷；如果在 x 轴方向施加拉力，结果 A 面和 B 面上电荷符号与图 6-2(b)所示相反。这种沿 x 轴施加力，而在垂直于 x 轴晶面上产生电荷的现象，即为前面所说的“纵向压电效应”。

当石英晶体受到沿 y 轴方向的压力作用时，晶体如图 6-2(c)所示变形。电偶极矩在 x 轴方向的分量$(P_1+P_2+P_3)_x>0$，即硅离子 3 和氧离子 2 以及硅离子 5 和氧离子 6 都向内移动同样数值；硅离子 1 和氧离子 4 向 A，B 面扩伸，所以 C，D 面上不带电荷，而 A，B 面分别呈现正、负电荷。如果在 y 轴方向施加拉力，结果在 A，B 表面上产生如图 6-2(*c*)所示相反电荷。这种沿 y 轴施加力，而在垂直于 y 轴的晶面上产生电荷的现象称为"横向压电效应"。

当石英晶体在 z 轴方向受力作用时，由于硅离子和氧离子是对称平移，正、负电荷中心始终保持重合，电偶极矩在 x，y 方向的分量为零。所以表面无电荷出现，因而沿光轴(z)方向施加力，石英晶体不产生压电效应。

图 6-3 表示晶体切片在 x 轴和 y 轴方向受拉力和压力的具体情况，图 6-3(*a*)是在 x 轴方向受压力，图(*b*)是在 x 轴方向受拉力，图(*c*)是在 y 轴方向受压力，图(*d*)是在 y 轴方向受拉力。

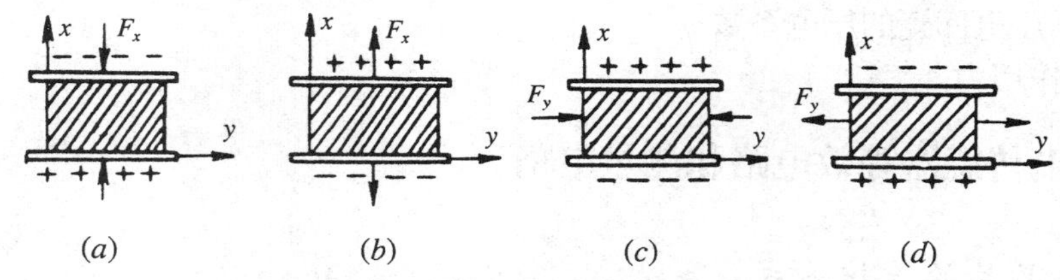

图 6-3　晶体片上电荷极性与受力方向的关系

如果在片状压电材料的两个电极面上加以交流电压，那么石英晶体片将产生机械振动，即晶体片在电极方向有伸长和缩短的现象。这种电致伸缩现象即为前述的逆压电效应。

三、压电陶瓷的压电现象

压电陶瓷是人造多晶体，它的压电机理与石英晶体并不相同。压电陶瓷材料内的晶粒有许多自发极化的电畴。在极化处理以前，各晶粒内电畴任意方向排列，自发极化的作用相互抵消，陶瓷内极化强度为零，如图 6-4(*a*)所示。

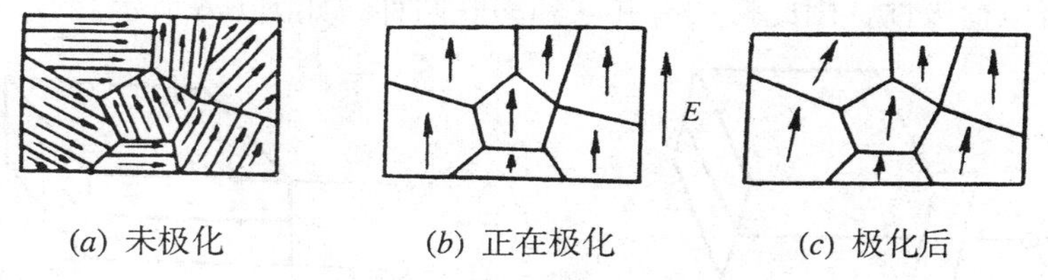

(*a*) 未极化　　(*b*) 正在极化　　(*c*) 极化后

图 6-4　压电陶瓷的极化

在陶瓷上施加外电场时，电畴自发极化方向转到与外加电场方向一致，如图 6-4(*b*)所示。既然已极化，此时压电陶瓷具有一定极化强度。当外电场撤销后，各电畴的自发极化在一定程度上按原外加电场方向取向，陶瓷极化强度并不立即恢复到零，如图 6-4(*c*)所示，此时存在剩余极化强度。同时陶瓷片极化的两端出现束缚电荷，一端为正，另一端为负，如图 6-5 所示。由于束缚电荷的作用，在陶瓷片的极化两端很快吸附一层

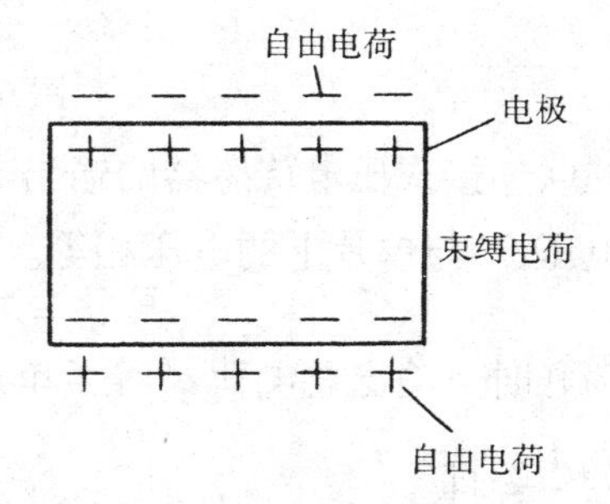

图 6-5　束缚电荷和自由电荷排列的示意图

来自外界的自由电荷，这时束缚电荷与自由电荷数值相等，极性相反，因此陶瓷片对外不呈现极性。

如果在压电陶瓷片上加一个与极化方向平行的外力，陶瓷片产生压缩变形，片内的束缚电荷之间距离变小，电畴发生偏转，极化强度变小，因此，吸附在其表面的自由电荷，有一部分被释放而呈现放电现象。

当撤销压力时，陶瓷片恢复原状，极化强度增大，因此又吸附一部分自由电荷而出现充电现象。

这种因受力而产生的机械效应转变为电效应，将机械能转变为电能，就是压电陶瓷的正压电效应。放电电荷的多少与外力成正比例关系。即

$$q = d_{33}F \tag{6-3}$$

式中 d_{33}——压电陶瓷的压电系数；

F——作用力。

四、压电传感器等效电路和测量电路

1. 压电晶片的连接方式

压电传感器的基本原理是压电材料的压电效应。因此可以用它来测量力和与力有关的参数，如压力、位移、加速度等。

由于外力作用而使压电材料上产生电荷，该电荷只有在无泄漏的情况下才会长期保存，因此需要测量电路具有无限大的输入阻抗，而实际上这是不可能的，所以压电传感器不宜作静态测量，只能在其上加交变力，电荷才能不断得到补充，可以供给测量电路一定的电流，故压电传感器只宜作动态测量。

制作压电传感器时，可采用两片或两片以上具有相同性能的压电晶片粘贴在一起使用。由于压电晶片有电荷极性，因此接法有并联和串联两种，如图 6-6 所示。

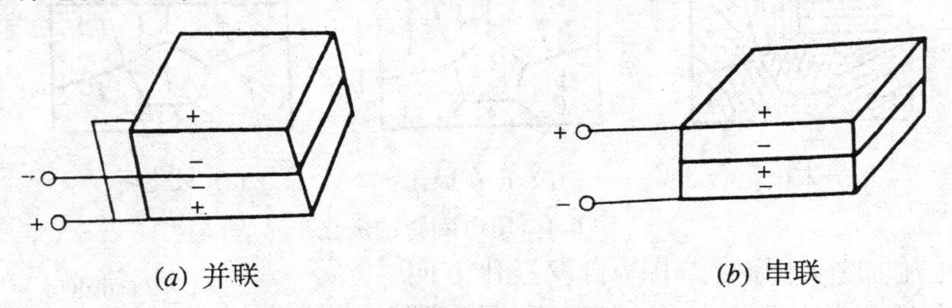

图 6-6 两块压电片的连接方式

并联连接式压电传感器的输出电容 C' 和极板上的电荷 q' 分别为单块晶体片的 2 倍，而输出电压 U' 与单片上的电压相等。即

$$q' = 2q\,,\qquad C' = 2C\,,\qquad U' = U \tag{6-4}$$

串联时，输出总电荷 q' 等于单片上的电荷，输出电压为单片电压的 2 倍，总电容应为单片的 $\frac{1}{2}$。即

$$q' = q\ , \quad U' = 2U\ , \quad C' = \frac{C}{2} \tag{6-5}$$

由此可见，并联接法虽然输出电荷大，但由于本身电容亦大，故时间常数大，只适宜测量慢变化信号，并以电荷作为输出的情况。串联接法输出电压高，本身电容小，适宜于测量快变化信号，且以电压输出的信号和测量电路输入阻抗很高的情况。

在制作和使用压电传感器时，要使压电晶片有一定的预应力。这是因为压电晶片在加工时即使磨得很光滑，也难保证接触面的绝对平坦，如果没有足够的压力，就不能保证全面的均匀接触，因此，事先要给晶片一定的预应力，但该预应力不能太大，否则将影响压电传感器的灵敏度。

压电传感器的灵敏度在出厂时已作了标定，但随着使用时间的增加会有些变化，其主要原因是性能发生了变化。实验表明，压电陶瓷的压电常数随着使用时间的增加而减小。因此为了保证传感器的测量精度，最好每隔半年进行一次灵敏度校正。石英晶体的长期稳定性很好，灵敏度不变，故无需校正。

2. 压电传感器的等效电路

当压电晶体片受力时，在晶体片的两表面上聚集等量的正、负电荷，晶体片的两表面相当于一个电容的两个极板，两极板间的物质等效于一种介质，因此，压电片相当于一只平行板介质电容器，参见图 6-7。其电容量为

$$C_e = \frac{\varepsilon A}{d} \tag{6-6}$$

式中 A——极板面积；

d——压电片厚度；

ε——压电材料的介电常数。

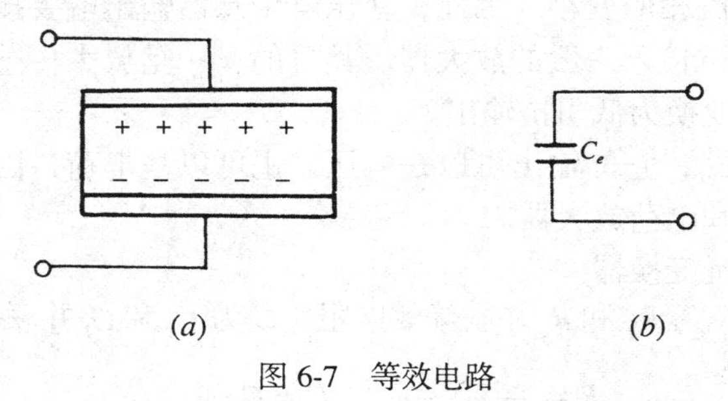

图 6-7 等效电路

所以，可以把压电传感器等效为一个电压源$U = \dfrac{q}{C_e}$和一只电容C_e串联的电路，如图 6-8(*a*)所示。由图可知，只有在外电路负载无穷大，且内部无漏电时，受力产生的电压 U 才能长期保持不变；如果负载不是无穷大，则电路就要以时间常数$R_L C_e$按指数规律放电。压电式传感器也可以等效为一个电荷源与一个电容并联电路，此时，该电路被视为一个电荷发生器，如图 6-8(*b*)所示。

压电传感器在实际使用时，总是要与测量仪器或测量电路相连接，因此，还必须考虑连接电缆的等效电容 C_c、放大器的输入电阻R_i和输入电容C_i，这样压电式传感器在测量

系统中的等效电路就应如图 6-9 所示。图中 C_e，R_d 分别为传感器的电容和漏电阻。

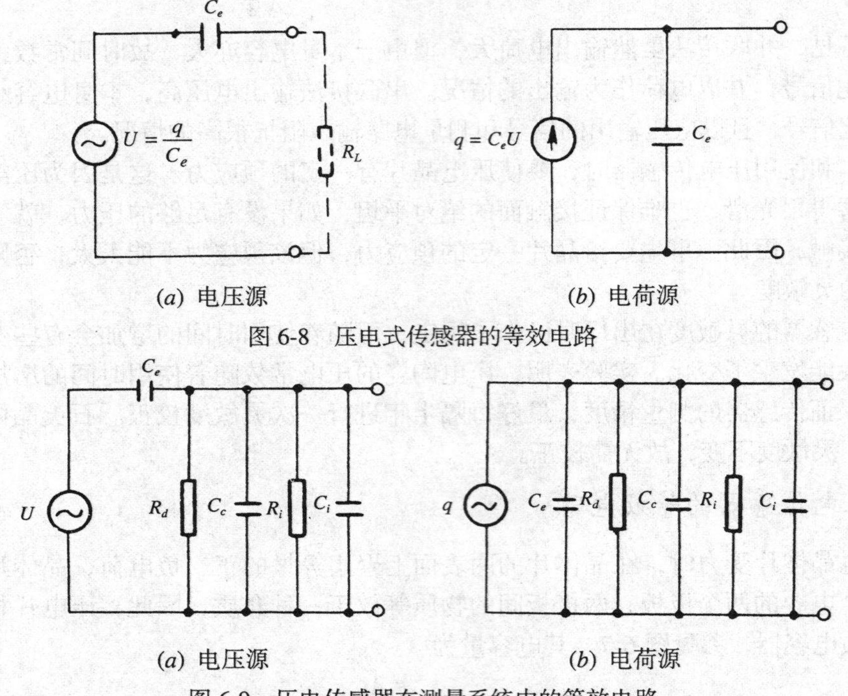

图 6-8 压电式传感器的等效电路

图 6-9 压电传感器在测量系统中的等效电路

3. 压电传感器的测量电路

为了保证压电传感器的测量误差小到一定程度，则要求负载电阻 R_L 要大到一定数值，才能使晶体片上的漏电流相应变小，因此，在压电传感器输出端要接入一个输入阻抗很高的前置放大器，然后，再接入一般的放大器。其目的：一是放大传感器输出的微弱信号；二是将它的高阻抗输出变换为低阻抗输出。

根据前面的等效电路，它的输出可以是电压，也可以是电荷，因此，前置放大器也有两种形式：电压放大器和电荷放大器。

(1) 电压放大器(阻抗变换器)

根据图 6-9(*a*)，设 R 为 R_d 和 R_i 并联等效电阻，C 为 C_c 和 C_i 并联等效电容，则

$$R=\frac{R_dR_i}{R_d+R_i},\qquad C=C_c+C_i \tag{6-7}$$

压电传感器的开路电压 $U=\dfrac{q}{C_e}$，若压电元件沿电轴方向施加交变力 $F=F_m\sin\omega t$，则产生的电荷和电压均按正弦规律变化，其电压为

$$U=\frac{q}{C_e}=\frac{dF}{C_e}=\frac{dF_m}{C_e}\sin\omega t \tag{6-8}$$

电压的幅值 $U_m=\dfrac{dF_m}{C_e}$，送到放大器输入端的电压为

$$U_i=\frac{dF}{C_e}\frac{1}{\dfrac{1}{j\omega C_e}+\dfrac{\dfrac{1}{j\omega C}R}{\dfrac{1}{j\omega C}+R}}\frac{\dfrac{1}{j\omega C}R}{\dfrac{1}{j\omega C}+R}=dF\frac{j\omega R}{1+j\omega R(C_e+C)}$$

$$=dF\frac{j\omega R}{1+j\omega R(C_e+C_i+C_c)} \tag{6-9}$$

因此，前置放大器的输入电压的幅值U_{im}为

$$U_{im}=\frac{dF_m\omega R}{\sqrt{1+(\omega R)^2(C_e+C_i+C_c)^2}} \tag{6-10}$$

输入电压和作用力之间的相位差φ为

$$\varphi=\frac{\pi}{2}-\text{tg}^{-1}\omega(C_e+C_i+C_c)R \tag{6-11}$$

在理想情况下，传感器的绝缘电阻R_d和前置放大器的输入电阻R_i都为无限大，即$(\omega R)^2(C_e+C_i+C_c)^2>>1$，也无电荷泄漏。那么，由式(6-10)可知，在理想情况下，前置放大器的输入电压的幅值U_{am}为

$$U_{am}=\frac{dF_m}{C_e+C_i+C_c} \tag{6-12}$$

它与实际输入电压U_{im}之幅值比为

$$\frac{U_{im}}{U_{am}}=\frac{\dfrac{dF_m\omega R}{\sqrt{1+(\omega R)^2(C_e+C_i+C_c)^2}}}{\dfrac{dF_m}{C_e+C_i+C_c}}=\frac{\omega R(C_e+C_i+C_c)}{\sqrt{1+(\omega R)^2(C_e+C_i+C_c)^2}}=\frac{\dfrac{\omega}{\omega_1}}{\sqrt{1+\left(\dfrac{\omega}{\omega_1}\right)^2}} \tag{6-13}$$

式中$\omega_1=\dfrac{1}{R(C_e+C_i+C_c)}=\dfrac{1}{\tau}$，$\tau=R(C_e+C_i+C_c)$为测量回路的时间常数。从而相角的表示为

$$\varphi=\frac{\pi}{2}-\text{tg}^{-1}\left(\frac{\omega}{\omega_1}\right) \tag{6-14}$$

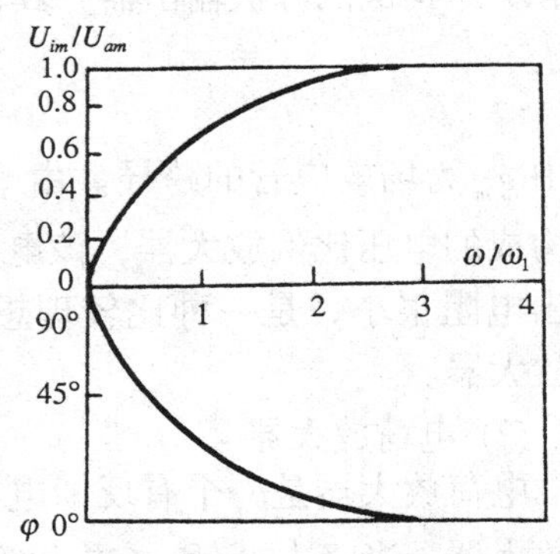

图 6-10　电压幅值比以及相角与频率比的关系曲线

由式(6-13)和(6-14)得到电压幅值比和相角与频率比的关系曲线，如图 6-10 所示。当作用于压电元件上的力为静态力($\omega=0$)时，则前置放大器的输入电压等于 0。因为电荷会通过放大器输入电阻和传感器本身的漏电阻漏掉，所以压电传感器不能用于静态测量。

当 $3>\dfrac{\omega}{\omega_1}>1$，即 $3>\omega\tau>1$ 时，前置放大器输入电压U_{am}随频率变化不大。

当$\frac{\omega}{\omega_1} >> 3$时，可近似认为输入电压与作用力的频率无关。即说明压电传感器的高频响应比较好，所以，它用于高频交变力的测量，而且相当理想。

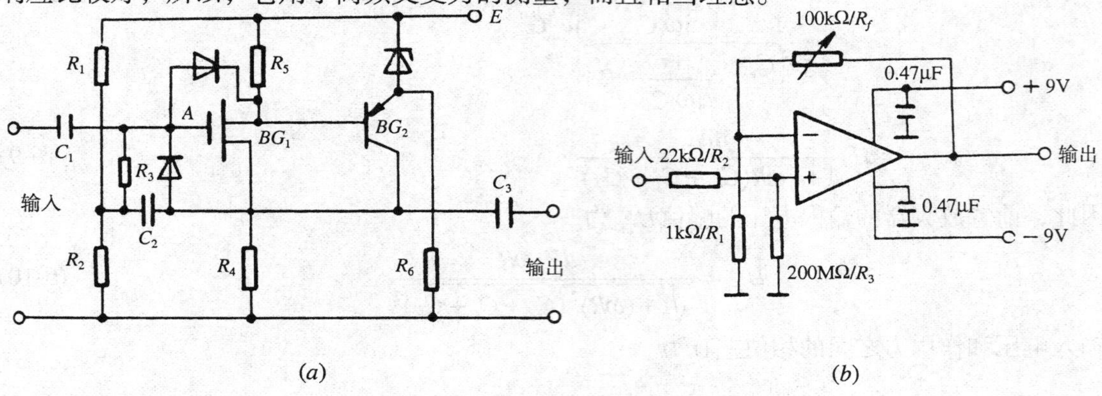

图 6-11　电压放大器

图 6-11(*a*)给出了一个电压放大器的具体电路。它具有很高的输入阻抗(>>1000MΩ)和很低的输出阻抗(<100Ω)，因此使用该阻抗变换器可将高内阻的压电传感器与一般放大器匹配。BG_1 为 MOS 场效应管，作阻抗变换，$R_3 \geqslant 100\text{M}\Omega$；$BG_2$ 管对输入端形成负反馈，以进一步提高输入阻抗。R_4 既是 BG_1 的源极接地电阻，又是 BG_2 的负载电阻，R_4 上的交变电压通过 C_2 反馈到场效应管 BG_1 的输入端，使 A 点电位提高，保证较高的交流输入阻抗。由 BG_1 构成的输入级，其输入阻抗为

$$R_i = R_3 + \frac{R_1 R_2}{R_1 + R_2} \tag{6-15}$$

引入 BG_2，构成第二级对第一级负反馈后，其输入阻抗为

$$R_{if} = \frac{R_i}{1 - A_u} \tag{6-16}$$

式中 A_u 是 BG_1 源极输出器的电压增益，其值接近 1。因此 R_{if} 可以提高到几百至几千兆欧。由 BG_1 所构成的源极输出器，其输出阻抗为

$$R_o = \frac{1}{g_m} // R_4 \tag{6-17}$$

式中 g_m 为场效应管的跨导。由于引入负反馈，使输出阻抗减小。图 6-11(*b*)是由运算放大器构成的电压比例放大器，该电路输入阻抗极高，输出电阻很小，是一种比较理想的石英晶体的电压放大器。

(2) 电荷放大器

电荷放大器是一个有反馈电容 C_f 的高增益运算放大器。当略去 R_d 和 R_i 并联等效电阻 R 后，压电传感器常使用的电荷放大器可用图 6-12 所示的等效电路表示。图中 A 为运算放大器增益。由于运算放大器具有极高的输入阻抗，因此放大器的输入端几乎没有分流，电荷 q 只对反馈电

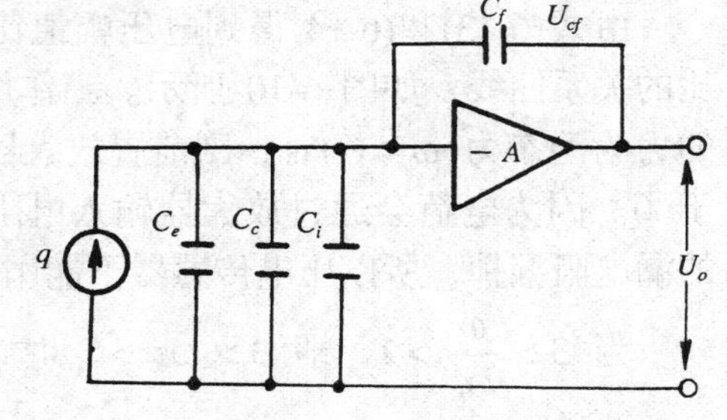

图 6-12　常用的电荷放大器的等效电路

容 C_f 充电，充电电压接近放大器的输出电压，即

$$U_o \approx U_{cf} = -\frac{q}{C_f} \tag{6-18}$$

式中　U_o——放大器输出电压；

U_{cf}——反馈电容两端的电压。

由运算放大器基本特性，可求出电荷放大器的输出电压

$$U_o = \frac{-Aq}{C_e + C_c + C_i(1+A)C_f} \tag{6-19}$$

当 $A >> 1$，且满足 $(1+A)C_f > 10(C_e + C_c + C_i)$ 时，就可认为 $U_o \approx -\dfrac{q}{C_f}$。可见电荷放大器的输出电压 U_o 和电缆电容 C_c 无关而且与 q 成正比，这是电荷放大器的最大特点。

由于电压放大器的输出电压随传感器输出电缆的电容而变化，所以在实际测量中，主要使用电荷放大器。图 6-13 给出一个实用的电荷放大器电路。

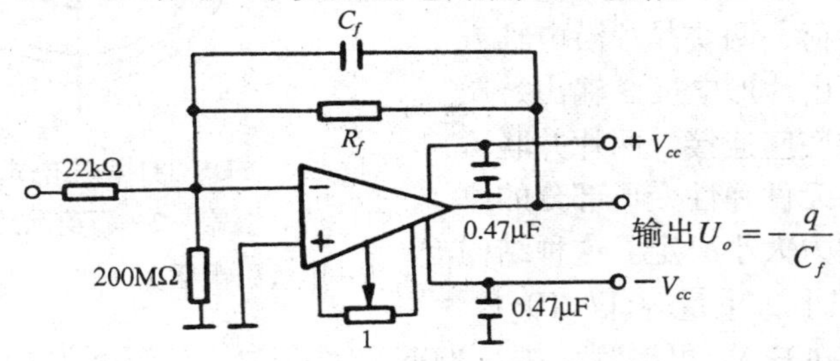

图 6-13　电荷放大器的实用电路

要注意的是，这两种放大器电路的输入端都应加过载保护电路；否则，在传感器过载时，会产生过高的输出电压。

五、压电传感器应用举例

广义地讲，凡是利用压电材料各种物理效应构成的各种传感器，都可称为压电式传感器，它们已被广泛地应用在工业、军事和民用等领域。表 6-2 给出了其主要应用类型。在这些应用类型中力敏类型应用最多。可直接利用压电传感器测量力、压力、加速度、位移等物理量。

表 6-2　压电传感器的主要应用类型

传感器类型	生物功能	转换	用　途	压 电 材 料
力敏	触觉	力→电	微拾音器、声纳、应变仪、点火器、血压计、压电陀螺、压力和加速度传感器	SiO_2，ZnO，$BaTiO_3$，PZT，PMS，罗思盐
热敏	触觉	热→电	温度计	$BaTiO_3$，PZO，TGS，$LiTiO_3$
光敏	视觉	光→电	热电红外探测器	$LiTaO_3$，$PbTiO_3$
声敏	听觉	声↗电 ↘压	振动器、微音器、超声探测器、助听器	SiO_2，压电陶瓷
		声→光	声光效应器	$PbMoO_4$，$PbTiO_3$，$LiNbO_3$

1. 压电式测力传感器

压电式测力传感器在直接测量拉力或压力时，通常多采用双片或多片石英晶体作压电元件。配以适当的放大器可测量动态或静态力。按测力状态分为单向力、双向力和三向力传感器。它可测量几百至几万牛顿的动、静态力。

(1) 单向力传感器

一种用于机床动态切削力测量的单向压电石英力传感器的结构如图 6-14 所示。压电元件采用 *xy*(即 *x* 0°)切型石英晶体，利用其纵向压电效应，通过 d_{11} 实现力-电转换。它用两块晶片(ϕ 8 × 1mm)作传感元件，被测力通过传力上盖 1 使石英晶片 2 沿电轴方向受压力作用，由于纵向压电效应使石英晶片在电轴方向上出现电荷，两块晶片沿电轴方向并联叠加，负电荷由片形电极 3 输出，压电晶片正电荷一侧与底座连接。两片并联可提高其灵敏度。压力元件弹性变形部分的厚度较薄，其厚度由测力大小决定。这种结构的单向力传感器体积小、重量轻(仅 10g)，固有频率高(约 50 ~ 60kHz)，可检测高达 5 000N 的动态力，分辨率为10^{-3} N。

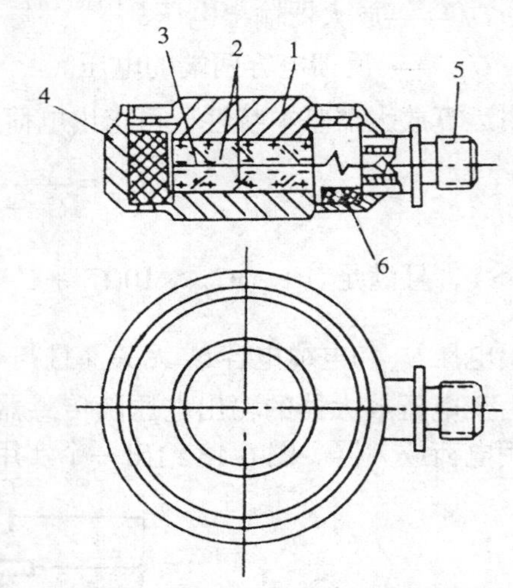

图 6-14 YDS-781 型压电式单向力传感器的结构

1—传力上盖 2—石英晶片 3—电极 4—底座
5—电极引出插头 6—绝缘材料

(2) 双向力传感器

双向力传感器基本用于测量垂直分力 F_z 与切向分力 F_x 或 F_y，以及测量互相垂直的两个切向分力，即 F_x 和 F_y。无论哪一种测量，传感器的结构形式相似。图 6-15 所示为双向压电石英晶片的力传感器的结构。

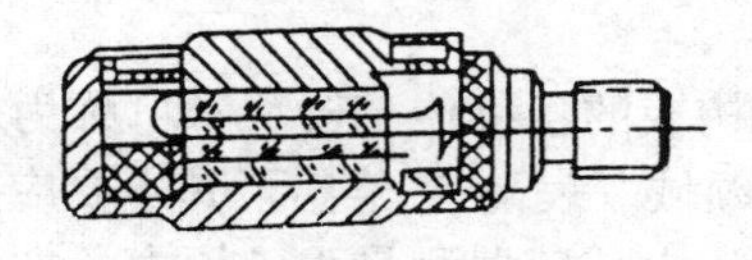

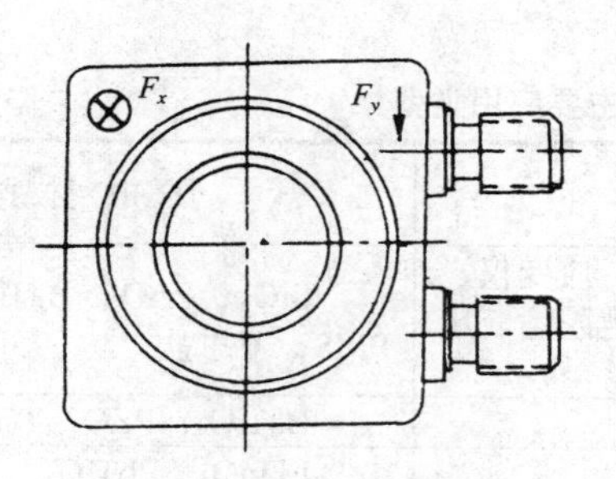

(*a*) 双向力石英传感器

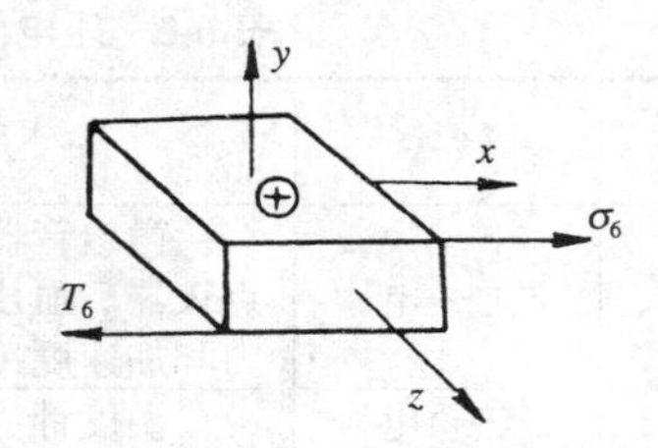

(*b*) 厚度剪切的 *yx*(*y* 0°)切型

图 6-15 双向压电石英力传感器

图中两组石英晶片分别测量两个分力，下面一组采用 *xy*(*x* 0°)切型，通过 d_{11} 实现力-电转换，测量轴向力 F_z；上面一组采用 $yx(y\ 0°)$切型，晶片的厚度方向为 y 轴方向，在平行于 x 轴的剪切应力 σ_6(在 xy 平面内)的作用下，产生厚度剪切变形。所谓厚度剪切变形是指晶体受剪切应力的面与产生电荷的面不共面，如图 6-15(*b*)所示。这一组石英晶体通过 d_{26} 实现力-电转换来测量 F_y。

(3) 三向力传感器

图 6-16 为 YDS-Ⅲ79B 型压电式三向力传感器结构。压电组件为三组双晶片石英叠成并联方式。它可以测量空间任一个或三个方向的力。三组石英晶片的输出极性相同。其中一组取 $xy(x\ 0°)$切型晶片，利用厚度压缩纵向压电效应 d_{11} 来实现力-电转换，测量主轴切削力 F_z；另外两组采用厚度剪切变形的 $yx(y\ 0°)$切型晶片，利用剪切压电系数 d_{26} 来分别测量 F_y 和 F_x，如图(*c*)所示。由于 F_y 和 F_x 正交，因此，这两组晶片安装时应使其最大灵敏轴分别取向 x 和 y 方向。

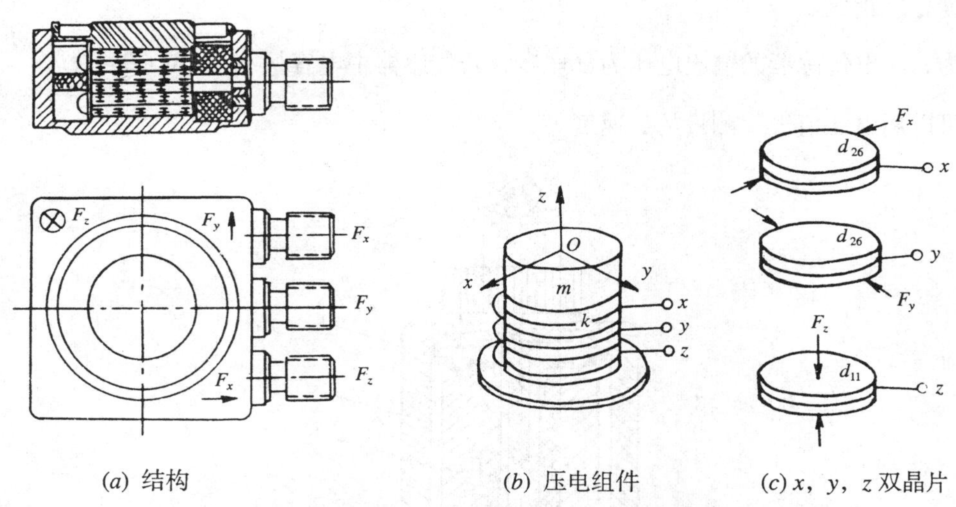

(*a*) 结构　　(*b*) 压电组件　　(*c*) x，y，z 双晶片

图 6-16　YDS-Ⅲ 79B 型压电式三向力传感器

2. 压电式压力传感器

压电式压力传感器的结构很多，可以适用各种不同要求的场所；但其工作原理相同，如图 6-17 所示结构形式的压电式压力传感器是常见的一种。

当力 F 作用于膜片时，压电元件的上、下表面产生电荷，由前面介绍可知，电荷量与作用力 F 成正比，即 $q = d_{11}F$。根据物理学知道，$F = pS$，S 为压电元件受力面积，p 为压强(压力)，于是可见，压电传感器输出的电荷与输入压力 p 也成正比，然后，将产生的电荷由引线插件输出给电荷或电压放大器。经过归一化处理就可以直接从仪表上读出压力的大小。

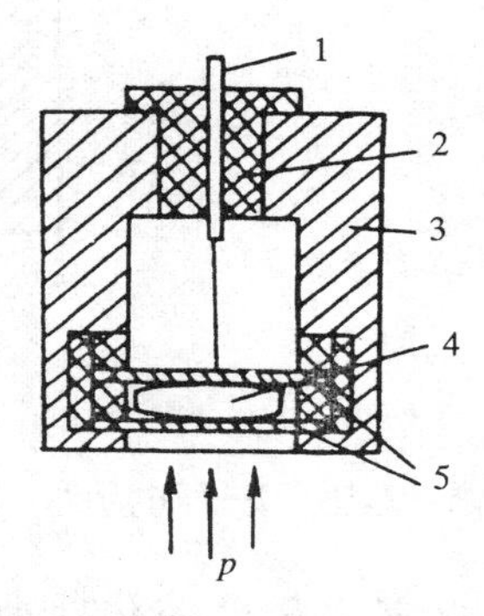

图 6-17　压电式压力传感器结构示意图

1—引线插件　2—绝缘体　3—壳体

4—压电元件　5—膜片

3. 压电式加速度传感器

用于测量加速度的传感器种类也很多，和其他类型的传感器相比较，用压电传感器测量加速度具有一系列优点：如体积小，重量轻，坚实牢固，振动频率高(频率范围约为 0.3 ~ 10kHz)和加速度的测量范围大(加速度为$10^{-5} \sim 10^{-4}g$，g 为重力加速度 9.8m/s^2)，以及工作温度范围宽等。下面介绍一种如图 6-18 所示的压电式加速度传感器的结构原理。

压电元件置于基座上，其上面加一块重物，用弹簧片将压电元件压紧，测量加速度时，由于被测物件与传感器固定在同一体上，因此，压电元件也受加速度的作用，此时惯性质量产生一个与加速度成正比的惯性力 F 作用于压电元件，因而产生电荷 q。因为 $F = ma$(m 为重块质量，a 为加速度)，当传感器选定后，m 为常数，所以传感器输出电荷为

$$q = d_{ij}F = d_{ij}ma \tag{6-20}$$

与加速度 a 成正比。

因为，压电传感器的输出电压为$U = \dfrac{q}{C}$，若传感器中电容量 C 不变，那么$U = \dfrac{d_{ij}ma}{C}$，因此，可以用电压值表示测量的加速度。

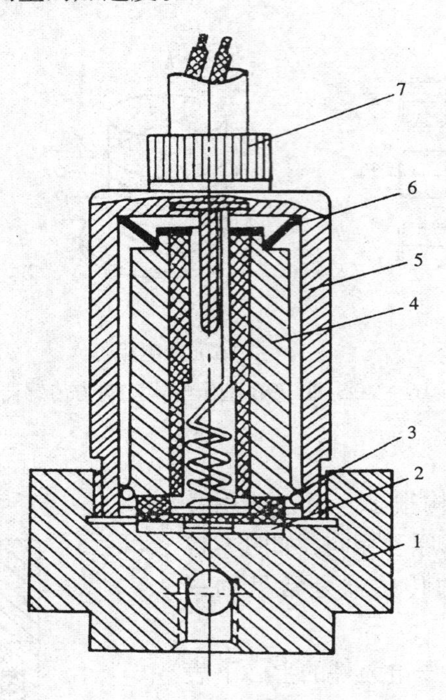

图 6-18　BAT-5 型加速度传感器

1—基座　2—压电元件　3—导电片　4—重块组件　5—壳体　6—弹簧片　7—插头

4. 微重力压电晶体生物传感器

根据晶体的压电效应可知，当晶体受力后，晶体表面电荷变化 Δq 与外力变化 ΔF 之间存在的线性关系可用下式表示：

$$\Delta q = D\Delta F \tag{6-21}$$

式中　D——材料常数。

若把压电晶体做成的压电转换器看成是一个平板电容器，则其电容量可用下式表示：

$$C=\frac{\varepsilon_r\varepsilon_0 A}{d} \tag{6-22}$$

式中　A——极板面积(cm^2)；

d——极板间距离(cm)；

ε_r——介质的相对介电常数；

ε_0——空气的介电常数。

由于$\Delta U=\frac{\Delta q}{C}$，故极板之间的电位变化为

$$\Delta U=\frac{D\Delta F}{\varepsilon_r\varepsilon_0 A}d \tag{6-23}$$

压电材料价廉、简单且输出电压较大，因而在生物医学领域得到广泛应用。下面介绍一种使用压电晶体的电子微重力测量传感器及其原理。

工业上生产的石英晶体具有很高的纯净度，固有频率十分稳定，且其压电振荡频率主要取决于石英片的厚度。用于电子微重力测量传感器的石英晶片厚度为 10～15mm，采用“Y”形切割的剪切模式，该模式可以克服谐振和泛音造成的干扰。因此，石英晶体的谐振频率极大地依赖于晶体以及涂层的组合质量。例如，现有的商品石英传感器，其表面吸附的被分析物质而引起的谐振频率变化可按下式算出：

$$\Delta f=-2.3\times10^6 f^2\frac{\Delta m}{A} \tag{6-24}$$

式中　f——晶体频率(Hz)；

Δm——晶体吸附的被测物质质量(g)；

A——传感器敏感区面积(cm^2)。

利用这一原理可对溶液中许多化合物，通过电极上的电解沉淀进行测量。例如可测溶液中的碘化物、铁Ⅲ、铅Ⅱ和铅Ⅲ。该方法当其浓度在 10～100μmol/L 范围内，有很好的线性关系。

利用电子微重力生物传感器组成的测量系统如图 6-19 所示。该系统使用了两只传感器，一只是参考传感器C_r，另一只是测量用传感器C_t，分别连接于振荡回路O_r和O_t中，并分别用频率计数器FC_r和FC_t伺服，连接在公用的微机上。这样一套系统可由Δf的测量而换算出Δm的量。此系统可用于生物液体的测量，如监测微生物的生长率等。

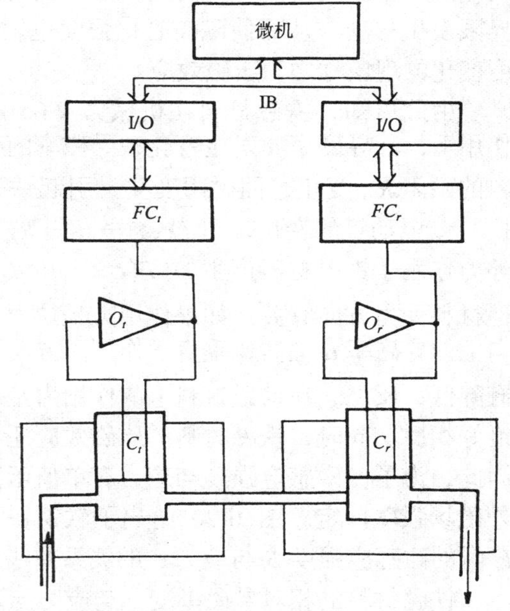

图 6-19　微重力传感器测量系统

第二节　压磁式传感器

压磁式传感器也称为磁弹性传感器。其作用原理是建立在磁弹性效应或称为压磁效应基础之上的。当作用力(如弹性应力、残余应力等)作用于该传感器后，它能将这些力的变化转换为传感器导磁体的导磁率变化，再配以相应的测量电路，最终将导磁率变化量转换成电信号。由此可知这种传感器的机理不同于应变式电阻传感器，也不同于压电传感器和磁敏传感器。

压磁式传感器有别于应变式电阻型的力测量传感器，它有许多优点：如输出功率大、信号强、结构简单、牢固可靠、抗干扰性能好、过载能力强、制造方便、经济实用等。它常用于冶金、矿山、运输等工业部门作为测力和称重传感器。典型的应用，如轧钢压力和钢板厚度的控制系统，起重运输的过载保护控制系统以及动态车辆装载物料的测重系统等。近年来，还在无损检测、生物医学领域得到大量应用，因此，压磁式传感器也是一种很有发展前途的传感器。

一、压磁效应

在外力作用下，引起铁磁材料内部发生应变，则产生应力或应力的变化，使各磁畴(铁磁材料内部相邻原子间，由于电子自旋而产生的元磁矩之间有相互作用力，它趋使相邻的元磁矩平行排列在同一方向上，而只在相当小的区域内发生相互作用，则形成磁畴)之间的界限发生移动，从而使磁畴磁化强度也发生相应的变化，这种由于应力使铁磁材料磁化强度变化的现象称之为压磁效应。

由此可知，铁磁材料在机械力 $F(\sigma)$(拉、压、扭)的作用下，其导磁率 μ 发生变化，导磁率的变化引起铁磁材料的磁阻 R_M 变化，而磁阻变化又引起铁磁材料的线圈阻抗 Z 或电动势的变化，即 $F(\sigma)\to\mu\to R_M\to Z$ 或 E。这种外力作用于铁磁材料产生的 $F(\sigma)\to\mu$ 大小的变化，与磁性材料受力方向有关：如果作用力是拉力，则在作用力方向上的导磁率 μ 提高，垂直于作用力方向上的导磁率 μ 略有降低；反之，在铁磁材料上的作用力是压力，则其效果恰好相反。同时，铁磁材料的压磁效应还与外磁场有关，因此，为了使磁感应强度与应力有单值函数关系，必须使外磁场强度恒定。图 6-20 给出了软钢在不同外磁场强度 H 时的磁感应强度 B 与应力 σ 的关系曲线。

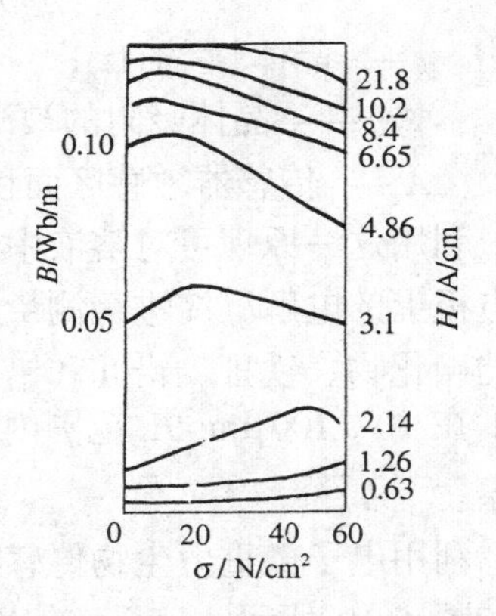

图 6-20　软钢的 B-σ 曲线

铁磁材料的相对导磁率变化与应力 σ 之间的关系为

$$\frac{\Delta\mu}{\mu}=\frac{2\varepsilon_\infty}{B_\infty^2}\sigma\mu \tag{6-25}$$

式中　σ——应力；

ε——压磁材料的应变，$\varepsilon=\dfrac{\Delta L}{L}$；

ε_{∞}——压磁材料在磁饱和时的应变；

B_{∞}——饱和磁感应强度；

μ——压磁材料的导磁率。

从式(6-25)可看出，用来做压磁元件的铁磁材料要求应变大、导磁率大及饱和磁感应强度小。

二、压磁元件工作原理及其结构

压磁式传感器是一种无源传感器。它是利用铁磁材料的压磁效应，在受外力作用时，铁磁材料内部产生应力或应力变化，引起铁磁材料导磁率的变化而制成的传感器。当铁磁材料上同时绕有激磁绕组和测量绕组时，导磁率的变化就转换为绕组间耦合系数的变化，从而使输出电势发生变化。通过相应的测量电路，就可以根据输出电势的变化来衡量外力作用。

压磁元件是压磁式传感器的外部作用力的敏感元件，它是压磁式传感器的核心部分。其基本工作原理如下：

压磁元件的结构原理如图 6-21(*a*)所示。在硅钢片上冲有四个对称的圆孔 1、2 和 3、4。孔 1、2 间绕有激磁绕组(初级绕组) n_{12}，孔 3、4 间绕有测量绕组(次级绕组)n_{34}，当激磁绕组 n_{12} 通过一定的交变电流时，铁芯中就产生一定大小的磁场。若将孔间分成 A，B，C，D 四个部分，在不受外力作用时，则这四个部分的导磁率相同，磁力线呈轴对称分布，合成磁场强度 H 平行于测量绕组 n_{34} 的平面，磁力线不与测量绕组 n_{34} 交链，故不会产生电势，如图(*b*)所示。

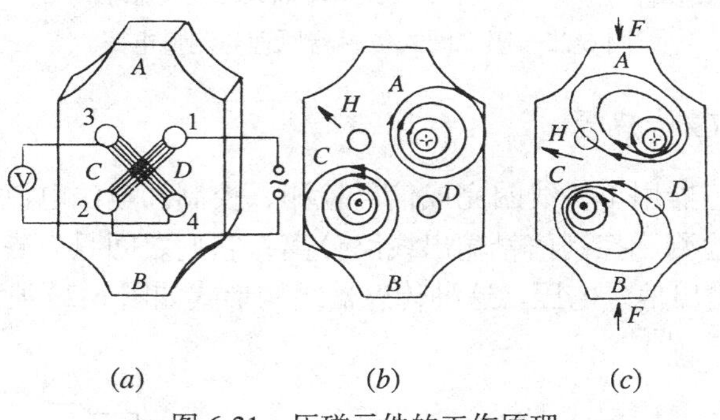

图 6-21　压磁元件的工作原理

若在压力作用下，A，B 区域将受到很大应力σ，而 C，D 区域内基本仍处于自由状态，于是 A，B 区域导磁率 μ 下降，磁阻 R_M 增大；而 C，D 区域的导磁率基本保持不变，那么整个磁芯中的导磁率处于非均匀分布，从而引起磁力线按不同导磁率重新分布，如图 6-21(*c*)所示。合成磁场强度 H 不再与测量绕组 n_{34} 的平面平行，一部分磁力线与 n_{34} 相交链而产生感应电势 E。被测力 F 愈大，交链的磁通愈多，E 值愈大。感应电势 E 经适当的电路处理后就可用电流或电压来表示被测力的大小。

三、压磁式传感器的结构及其工作原理

压磁式传感器按其电磁原理可分为阻流圈式、变压器式、桥式、电阻式、Wiedeman 效应和 Barkhausen 效应传感器等。其中使用得最多的是阻流圈式、变压器式和桥式压磁传感器。因此，本节主要介绍这三种传感器的结构形式。

1. 阻流圈式压磁传感器

阻流圈式传感器的压磁元件结构如图 6-22(*a*)所示。

当线圈通以交变电流时，压磁元件(铁芯)在外力 F 作用下，其导磁力将发生变化，磁阻和磁通也将相应发生变化，于是改变线圈的阻抗。基于图 6-22(*a*)所示压磁元件的阻流圈式压力传感器如图 6-22(*b*)所示。我们可以利用图 6-22(*c*)所示的方法测量电流或电压变化来检测或控制传感器的受力情况等。

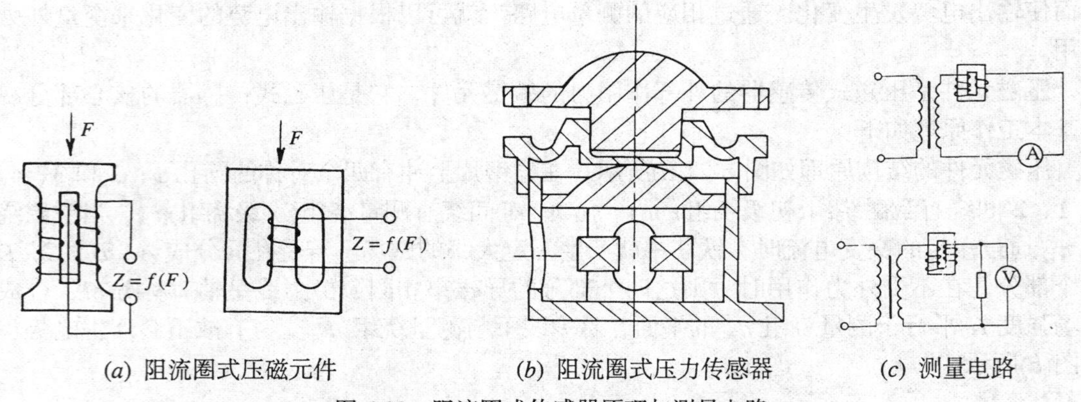

(*a*) 阻流圈式压磁元件　　(*b*) 阻流圈式压力传感器　　(*c*) 测量电路

图 6-22　阻流圈式传感器原理与测量电路

2. 变压器式压磁传感器

阻流圈式压磁传感器用单一线圈完成信号检测、控制和电源电流供给。变压器式压磁传感器将电源线路和检测、控制信号输出线路分离，它们之间只有磁的耦合。采用不同变压系数，获取不同的输出信号电压。这种传感器结构形式如图 6-23 所示。

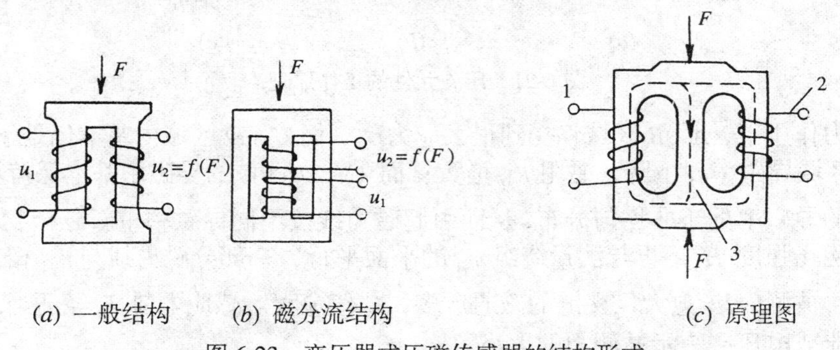

(*a*) 一般结构　(*b*) 磁分流结构　　　(*c*) 原理图

图 6-23　变压器式压磁传感器的结构形式

当未受力作用时，激磁线圈 1 所产生的磁通，主要通过铁芯的中心磁路形成回路(见图

(c))，而通过测量线圈 2 所围绕的铁芯的磁通很少。当外力(如压力)作用时，导磁体 3 在中心磁路部分的磁阻增大，一部分磁通分流到测量线圈 2 所围绕的铁芯上，从而在测量线圈中感应出电压。

变压器式压磁传感器结构形式较多，另有一种如图 6-24 所示结构是实践中常用的一种。在导磁体中互相垂直地放置初级和次级线圈(如图(a)所示)。在不受外力作用时，传感器铁芯的磁性各向同性，初级线圈的磁力线对称地分布，不与次级线圈发生耦合，如图(b)所示，因而不能在次级线圈感应出电动势。当受外力作用时，其铁芯材料呈现出磁的各向异性特征，即平行于作用力方向与垂直于作用力方向的导磁率出现不同。因此，磁场发生畸变，在导磁率强的方向拉长，并与次级线圈发生耦合，则感应出电动势，如图(c)所示，且该电动势与随施加在传感器的外力大小成比例地变化。这种变压器(压磁元件)加上压头和固定装置就构成完整的变压器式压磁传感器。例如瑞典 ASEA 公司制造的就是这种传感器，如图 6-25 所示。压磁元件是由冲压成形的冷轧硅钢片经热处理后叠成一定厚度，用环氧树脂粘合在一起，然后在两对垂直孔中分别绕上激磁线圈和测量线圈而成的。为了保证在长期使用中保持力作用点的位置不变，将压磁元件装入一个由弹簧钢制成的弹性机架内。机架的两道弹性梁使被测力垂直均匀作用于压磁元件上。机架上的钢球 4 保证被测力垂直集中作用于传感器上。

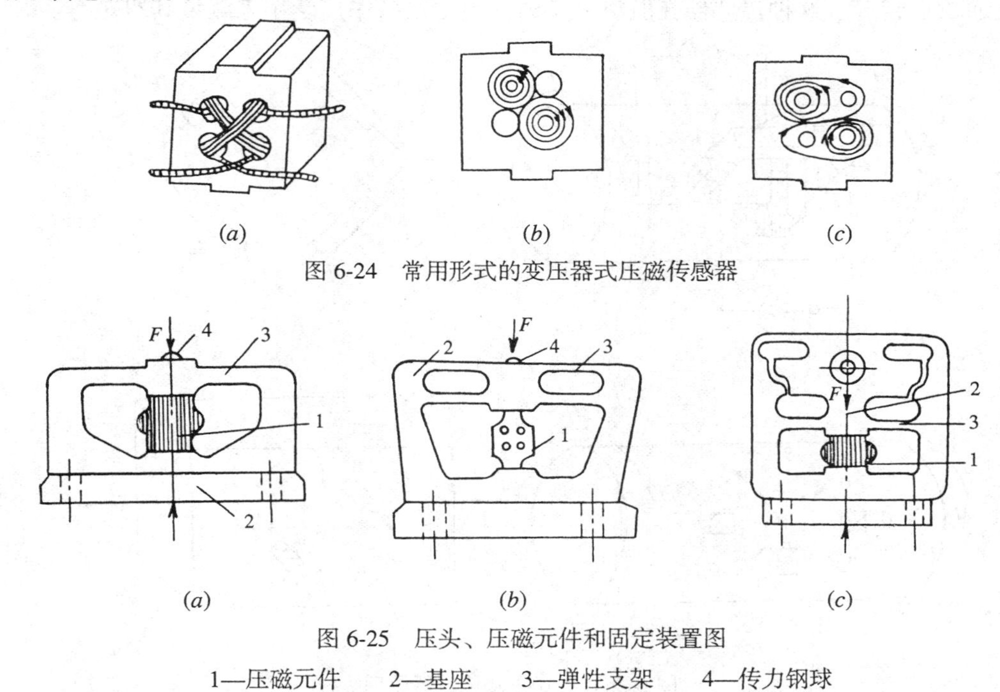

图 6-24　常用形式的变压器式压磁传感器

图 6-25　压头、压磁元件和固定装置图

1—压磁元件　2—基座　3—弹性支架　4—传力钢球

变压器式压磁传感器的结构形式除了以上介绍的而外，还有微分变压器式和具有中心极的变压器式等结构形式，由于篇幅限制本节不作介绍。

3. 桥式压磁传感器

我们在第二章介绍电阻应变片式传感器的测量电路时，已详细地分析了电阻应变片的桥测量电路原理，本节只介绍该桥臂如何用压磁元件构成电桥，从而测量重负荷力。

桥式压磁传感器的结构和作用机理如图 6-26 所示。这类传感器由两只互相垂直交叉放置的压磁元件构成π形铁芯，在铁芯上分别绕制激磁线圈和测量线圈。该铁芯与被测铁磁金属体共同组成一个磁路。假如被测金属是一个受扭曲的轴(如汽轮机主轴等)，且传感器如图(*a*)所示放置，则主轴上产生互相垂直的拉应力和压应力，并且与轴表面成 45°角，如图(*b*)所示，那么两个铁芯与被测金属表面的四个触点间的磁阻，形成如图(*c*)所示的电桥。

当给激磁线圈供以交流电流时，则在其中产生交变磁通。当被测金属体未受力时，其表面没有应力，因而磁性各向相同，各桥臂的磁阻 R_M 相等，从激磁铁芯流经被测金属分别流向测量铁芯的两束磁通量相等。这两束磁通流经测量铁芯时，由于其方向相反而互相抵消，那么在测量线圈中不产生交变磁通，于是其中也不能感应出电动势，输出信号为零，即磁桥处于平衡状态。当被测金属体(如轮机主轴)受扭曲负荷时，由于其表面产生的互相垂直的拉应力和压应力，在拉应力和压应力方向上的导磁率或磁阻会发生不同变化。例如，对硬磁材料来说，在拉应力方向上导磁率增高，即 $R_M - \Delta R_M$ ；而在压应力方向上导磁率降低，即 $R_M + \Delta R_M$ ，这样使磁桥失去平衡，那么，来自激磁铁芯的磁通沿相邻两臂分别流向测量铁芯的两磁通量不相等，磁阻 R_M 较小的臂通过较多的磁通。这两束磁通流过测量铁芯就在测量线圈中感应出电动态。被测金属受力越大，磁桥失衡程度越大，通过测量铁芯的磁通量也越多。这种传感器在航空、交通、电力设备中广泛用来测量其扭矩等。

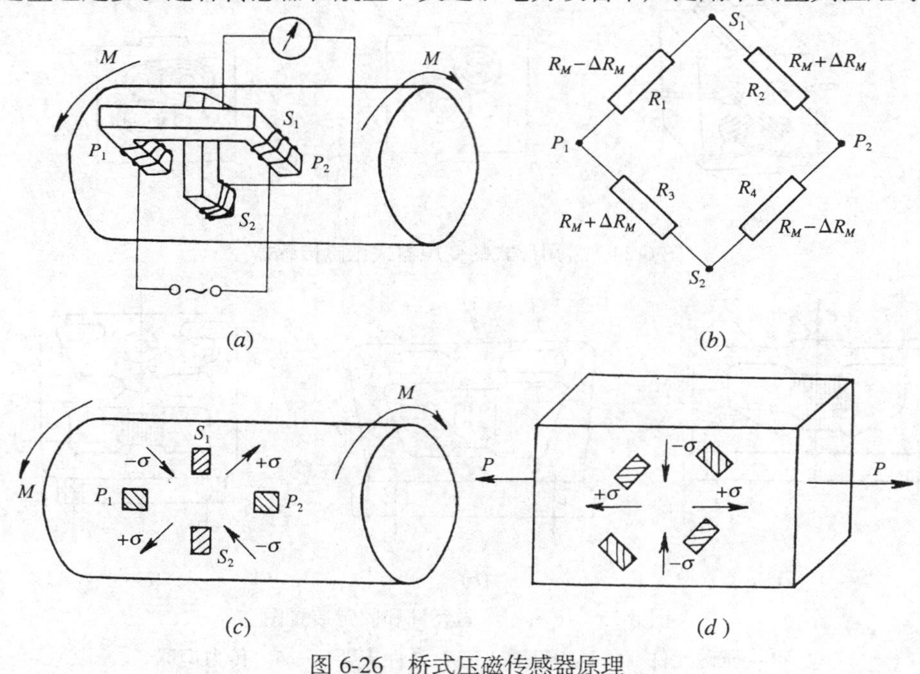

图 6-26　桥式压磁传感器原理

四、压磁式传感器的测量电路举例

由于压磁元件的次级绕组输出电压一般都比较大，因此其测量电路一般不需要放大电路，但需要设计滤波、整流等电路。下面给出压磁元件两种输出测量电路供参考。

图 6-27 是一种压磁式传感器的简单测量电路。图中 B_1， B_2 分别是降压和升压变电器，

B_1输出提供压磁传感器的初级绕组的励磁电压，B_2用以提高传感器的输出电压。滤波器LB_1和LB_2的作用，前者是滤除压磁元件输出的高次谐波，后者则是滤除电桥整流的脉动(波纹)，使输出为比较好的直流电压信号，以此供电压表(模拟的)或负载使用。虚框的电路为补偿电路，R_1和R_2分别调整电压幅值和相位，达到零位电压的补偿目的。

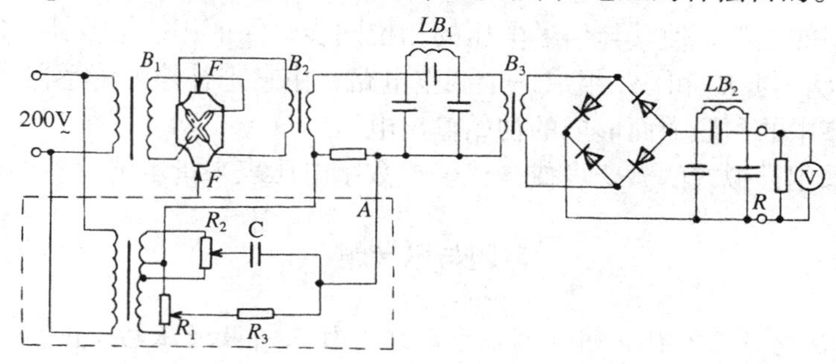

图 6-27　简单测量电路

图 6-28 所示电路是一种较为完善的压磁式传感器输出信号的测量电路。压磁元件初级绕组采用磁饱和稳压器，为其初级提供较为稳定的励磁电压，它由不饱和铁芯L_1和饱和铁芯L_2组成。电容器C_1和电抗器L_1组成串联谐振电路，滤除三次滤波，得到近似正弦电压，供给励磁回路 50Hz 的稳定电压。为了降低稳压器的负荷，并使传感器的初级电流接近于一个恒流源，故采用由C_2和L_2组成的并联共振回路，对 50Hz 共振，使$\omega^2 C_2 L_3 = 1$，其中L_3远远大于传感器的初级绕组的自感。图中变压器B_3为一匹配变压器，其作用使传感器的输出电压升高，使输出阻抗匹配，增大其输出功率。

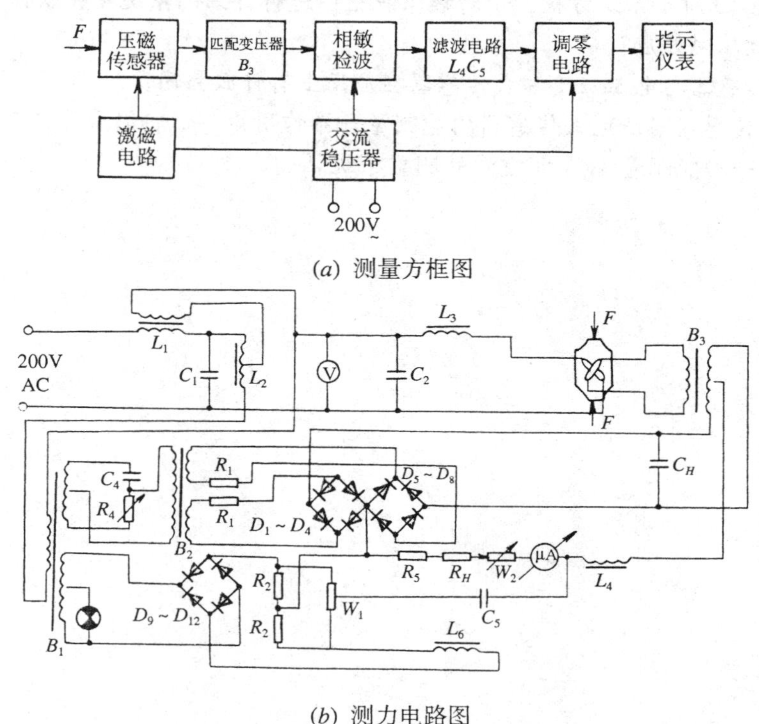

(*a*) 测量方框图

(*b*) 测力电路图

图 6-28　压磁测力测量电路框图和电路原理图

图中设置一个相敏检波器，使传感器输出一个平稳的直流电压。相敏检波器由解调电源变压器 B_2，信号电压变压器 B_3 与二极管解调电路 $D_1 \sim D_4$、$D_5 \sim D_8$、R_1、R_5、W_2 和微安表组成。

由变压器 B_1 的输出绕组、变压器 B_2 的输入绕组和电容 C_4、电阻 R_4 等组成移相电路，用之调整解调电路的相位，使其与信号电压的相位同步，保证相敏检波器正常工作。

二极管 $D_9 \sim D_{12}$ 与 R_2 和 W_1 组成一个调整电路，用它来补偿因传感器原始磁不平稳和压磁元件装在基座中的预压力而形成的初始输出电压。

指示仪表可采用模拟式的微安表或毫伏表或数字电压表来指示传感器的输出信号。

习题与思考题

1. 什么叫做压电效应？什么叫做顺压电效应？什么叫做逆压电效应？

2. 叙述石英晶体的压电效应的产生过程。石英晶体的横向和纵向压电效应的产生与外力作用的关系是什么？

3. $BaTiO_3$ 压电陶瓷一般怎样极化？它可能由哪些压电常数表示？若外界的作用力源为气体，怎样利用 $BaTiO_3$ 压电陶瓷测量其压强。

4. 设某石英晶片的输出电压幅值为 200mV，若要产生一个大于 500mV 的信号，需采用什么样的连接方法和测量电路达到该要求？

5. 试叙述双向力传感器测量力的原理。

6. 试说明图 6-18 的工作原理，并设计相应的可供实用的测量电路。

7. 根据图 6-19 所示系统方框，请对该系统框图进行详细的系统硬、软件设计。

8. 什么叫做压磁效应？

9. 压磁式传感器与电阻应变片式传感器在应用上有什么异同？

10. 压磁式传感器与压电式传感器均能测量外界作用力，但它们有什么不一样？

11. 试设计一种能测量 1g ~ 5t 重量的测重系统。

第七章　光电式与光导式传感器

本章主要介绍光电式传感器与光导式(光导纤维)传感器的机理、结构、特性和应用。这两类传感器的机理是不相同的，但是它们都是利用光而研制的。前者是基于光电效应，后者是基于光在光纤中传播时与外界因素调制而引起光的特性和光纤形态变化来实现其他物理量的测量的。因此，将两者合在一章介绍是符合本书对传感器的分类原则的。

第一节　光电效应与光电器件

光电传感器是一种将光量的变化转换为电量变化的传感器。它的物理基础就是光电效应。光电效应分为外光电效应和内光电效应两大类。

一、外光电效应

在光线的作用下，物体内的电子逸出物体表面向外发射的现象称为外光电效应。向外发射的电子叫做光电子。基于外光电效应的光电器件有光电管、光电倍增管等。

众所周知，光子是具有能量的粒子，每个光子具有的能量可由下式确定：

$$E = h\nu \tag{7-1}$$

式中　h——普朗克常数，$6.626\times10^{-34}\,\mathrm{J\cdot s}$；

ν——光的频率($\mathrm{s^{-1}}$)。

当物体中的电子吸收了入射光子的能量且该能量能足以克服电子逸出功 A_0 时，电子就逸出物体表面，产生光电子发射。如果一个电子要想逸出，光子能量 $h\nu$ 必须超过逸出功 A_0，超过部分的能量表现为逸出电子的动能。根据能量守恒定理：

$$h\nu = \frac{1}{2}mv_0^2 + A_0 \tag{7-2}$$

式中　m——电子静止质量，$m = 9.1091\times10^{-31}\,\mathrm{kg}$；

v_0——电子逸出时的初速度。

该方程称为爱因斯坦光电效应方程。由式(7-2)可知：

(1) 光电子能否产生，取决于光子的能量是否大于该物体的表面电子逸出功 A_0。不同的物质具有不同的逸出功，这意味着每一种物质都有一个对应的光频阈值，称为红限频率或波长限。光线频率低于红限频率，光子的能量不足以使物体内的电子逸出，因而小于红限频率的入射光，光强再大也不会产生光电子发射；反之入射光频率高于红限频率，即使光线微弱，也会有光电子射出。

(2) 当入射光的频谱成分不变时，产生的光电流与光强成正比。即光强愈大，意味着入射光子数目越多，逸出的电子数也就越多。

(3) 光电子逸出物体表面具有初始动能$\left(\frac{1}{2}mv_0^2\right)$，因此外光电效应器件，如光电管即使没有加阳极电压，也会有光电流产生。为了使光电流为零，必须加负的截止电压，而且截止电压与入射光的频率成正比。

二、内光电效应

当光照射在物体上，使物体的电阻率$\frac{1}{R}$发生变化，或产生光生电动势的效应叫做光电效应。内光电效应又可分为以下两类：

1. 光电导效应

在光线作用下，电子吸收光子能量从键合状态过渡到自由状态，而引起材料电导率的变化，这种现象被称为光电导效应。基于这种效应的光电器件有光敏电阻。

当光照射到光电导体上时，若这个光电导体为本征半导体材料，而且光辐射能量又足够强，光电导材料价带上的电子将被激发到导带上去，如图 7-1 所示，从而使导带的电子和价带的空穴增加，致使光导体的电导率变大。为了实现能级的跃迁，入射光的能量必须大于光电导材料的禁带宽度E_g，即

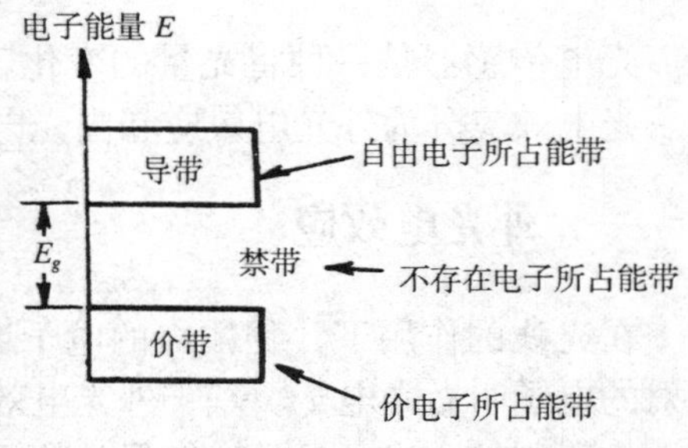

图 7-1　电子能级示意图

$$h\nu=\frac{hc}{\lambda}=\frac{12390}{\lambda}\text{Å}\geqslant E_g \tag{7-3}$$

式中ν，λ分别为入射光的频率和波长。

也就是说，对于一种光电导体材料，总存在一个照射光波长限λ_c，只有波长小于λ_c的光照射在光电导体上，才能产生电子能级间的跃进，从而使光电导体的电导率增加。例如：Si 的$E_g = 1.12\text{eV}$，$\lambda_c\approx 1.1\mu\text{m}$；GaAs 的$E_g = 1.43\text{eV}$，$\lambda_c\approx 0.867\mu\text{m}$；两者的截止波长都在红外区。CdS 的$E_g = 2.42\text{eV}$，$\lambda_c\approx 0.513\mu\text{m}$，截止波长在可见光区。

2. 光生伏特效应

在光线作用下能够使物体产生一定方向的电动势的现象叫做光生伏特效应。基于该效应的光电器件有光电池和光敏二极管、光敏三极管。

(1) 势垒效应(结光电效应)

接触的半导体和 PN 结中，当光线照射其接触区域时，便引起光电动势，这就是结光电效应。以 PN 结为例，光线照射 PN 结时，设光子能量大于禁带宽度E_g，使价带中的电子跃迁到导带，而产生电子空穴对，在阻挡层内电场的作用下，被光激发的电子移向 N 区外侧，被光激发的空穴移向 P 区外侧，从而使 P 区带正电，N 区带负电，形成光电动势。

(2) 侧向光电效应

当半导体光电器件受光照不均匀时，则将产生载流子浓度梯度而产生光电势，称这种现象为侧向光电效应。当光照部分吸收入射光子的能量产生电子空穴对时，光照部分载流子浓度比未受光照部分的载流子浓度大，就出现了载流子浓度梯度，因而载流子要扩散。如果电子迁移率比空穴大，那么空穴的扩散不明显，则电子向未被光照部分扩散，就造成光照射的部分带正电，未被光照射的部分带负电，光照部分与未被光照部分产生光电势。

下面将介绍利用外光电效应和内光电效应制成的光电器件。

三、外光电效应器件——光电管和光电倍增管

利用物质在光的照射下发射电子的所谓外光电效应而制成的光电器件，一般都是真空的或充气的光电器件，如光电管和光电倍增管。

1. 光电管及其基本特性

(1) 结构与工作原理

光电管有真空光电管和充气光电管两类。两者结构相似，如图 7-2 所示。它们由一个阴极和一个阳极构成，并且密封在一只真空玻璃管内。阴极装在玻璃管内壁上，其上涂有光电发射材料。阳极通常用金属丝弯曲成矩形或圆形，置于玻璃管的中央。当光照在阴极上时，中央阳极可以收集从阴极上逸出的电子，在外电场作用下形成电流 I，如图 7-2 (*b*)所示。其中，充气光电管内充有少量的惰性气体如氩或氖，当充气光电管的阴极被光照射后，光电子在飞向阳极的途中，和气体的原子发生碰撞而使气体电离，因此增大了光电流，从而使光电管的灵敏度增加；但导致充气光电管的光电流与入射光强度不成比例关系，因而使其具有稳定性较差、惰性大、温度影响大、容易衰老等一系列缺点。目前由于放大技术的提高，对于光电管的灵敏度不再要求那样严格，况且真空式光电管的灵敏度也正在不断提高。在自动检测仪表中，由于要求温度影响小和灵敏度稳定，所以一般都采用真空式光电管。

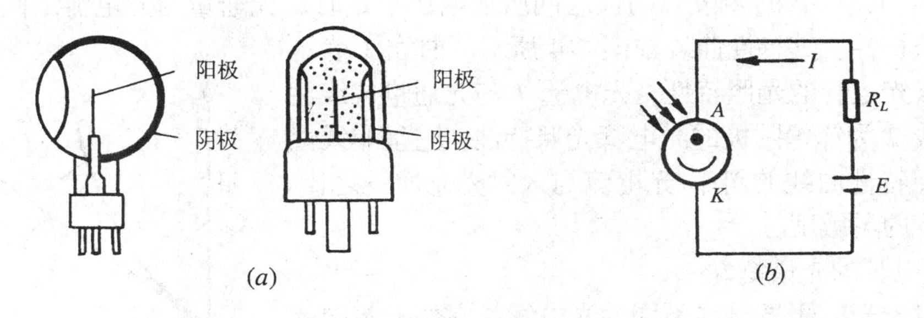

图 7-2　光电管的结构

下面研究光电管的基本特性。

光电器件的性能主要由伏安特性、光照特性、光谱特性、响应时间、峰值探测率和温度特性来描述。由于篇幅限制，本书仅对最主要的特性作简单介绍。

(2) 主要性能

① 光电管的伏安特性

在一定的光照射下，对光电器件的阳极所加电压与阳(阴)极所产生的电流之间的关系称为光电管的伏安特性。真空光电管和充气光电管的伏安特性分别如图 7-3(*a*)和(*b*)所示。它是应用光电传感器参数的主要依据。

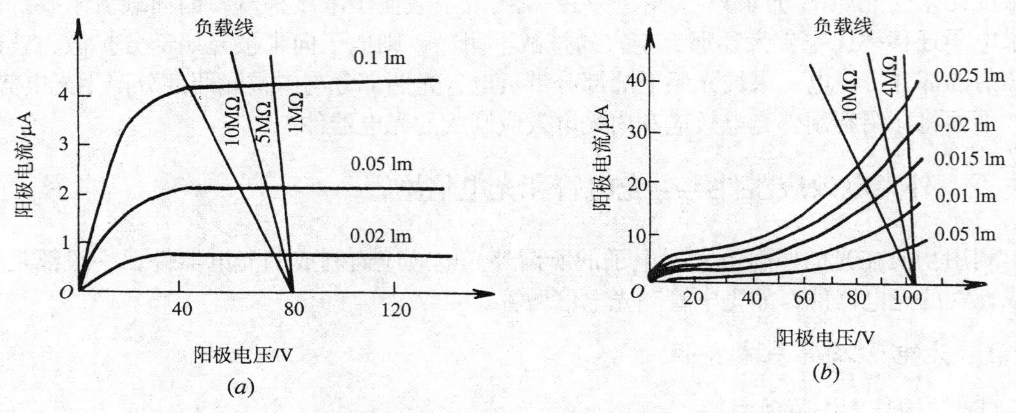

图 7-3　真空光电管和充气光电管的伏安特性

从图 7-3(*a*)可见，当入射光比较弱时，由于光电子较少，只要较低的阳极电压就能收集到所有的光电子，而且输出电流很快就可以达到饱和；当入射光比较强时，使输出电流达到饱和，则需要较高的阳极电压。光电管的工作点应选在光电流与阳极电压无关的饱和区内。由于这部分动态阻抗(d*U*/d*I*)非常大，以致可以看做恒流源，能通过大的负载阻抗取出输出电压。由图 7-3(*b*)可知，充气光电管当受光照射时，光电子在趋向阳极的途中撞击惰性气体的原子，使其电离，从而使阳极电流急速增加。因此，充气光电管不具有真空光电管的那种饱和特性。当达到充分离子化电压附近时，阳极电流急速上升。急速上升部分的特性就是气体放大特性，放大系数为 5 ~ 10。由此可见充气光电管的优点是灵敏度高，但稳定性较真空光电管的差。

② 光电管的光照特性

通常指当光电管的阳极和阴极之间所加电压一定时，光通量与光电流之间的关系为光电管的光照特性。其特性曲线如图 7-4 所示。曲线 1 表示银氧铯阴极光电管的光照特性，光电流 *I* 与光通量成线性关系。曲线 2 为锑铯阴极的光电管光照特性，它呈非线性关系。光照特性曲线的斜率(光电流与入射光光通量之比)称为光电管的灵敏度。

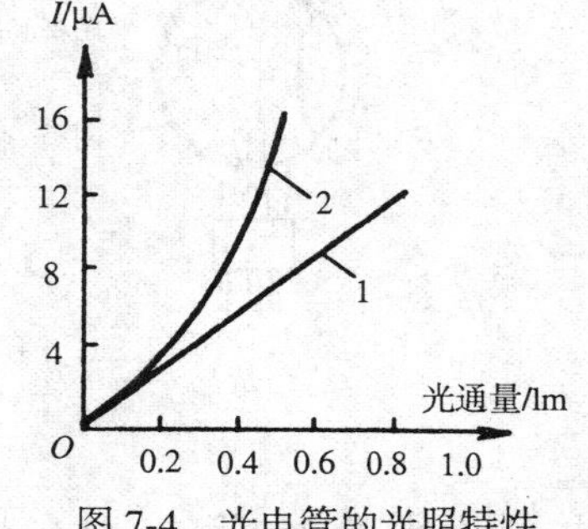

图 7-4　光电管的光照特性

(3) 光电管的光谱特性

一般对于光电阴极材料不同的光电管，它们有不同的红限频率ν_0，因此它们可用于不同的光谱范围。除此之外，即使照射在阴极上的入射光的频率高于红限频率ν_0，并且强度相同，随着入射光频率的不同，阴极发射的光电子的数量还会不同，即同一光电管对于不同频率的光的灵敏度不同，这就是光电管的光谱特性。所以，对各种不同波长区域的光，应选用不同材料的光电阴极。国产 GD-4 型的光电管，阴极是用锑铯材料制成的。其红限 $\lambda_0 = 7\,000$ Å，它对可见光范围的入射光灵敏度比较高，转换效率可达 25% ~ 30%。这种管子适用于白光光源，因而被广泛地应用于各种光电式自动检测仪表中。对红外光源，常用银氧铯(Ag-O-Cs)阴极，构成红外探测器。对紫外光源，常用锑铯阴极和镁镉阴极。另外，锑钾钠铯阴极的光谱范围较宽，为3 000～8 500Å，灵敏度也较高，与人的视觉光谱特性很接近，是一种新型的光电阴极；但也有些光电管的光谱特性和人的视觉光谱特性有很大差异，因而在测量和控制技术中，这些光电管可以担负人眼所不能胜任的工作，如坦克和装甲车上的夜视镜等。

2. 光电倍增管及其基本特性

当入射光很微弱时，普通光电管产生的光电流很小，只有零点几个微安，很不容易探测。这时常使用光电倍增管对电流进行放大。

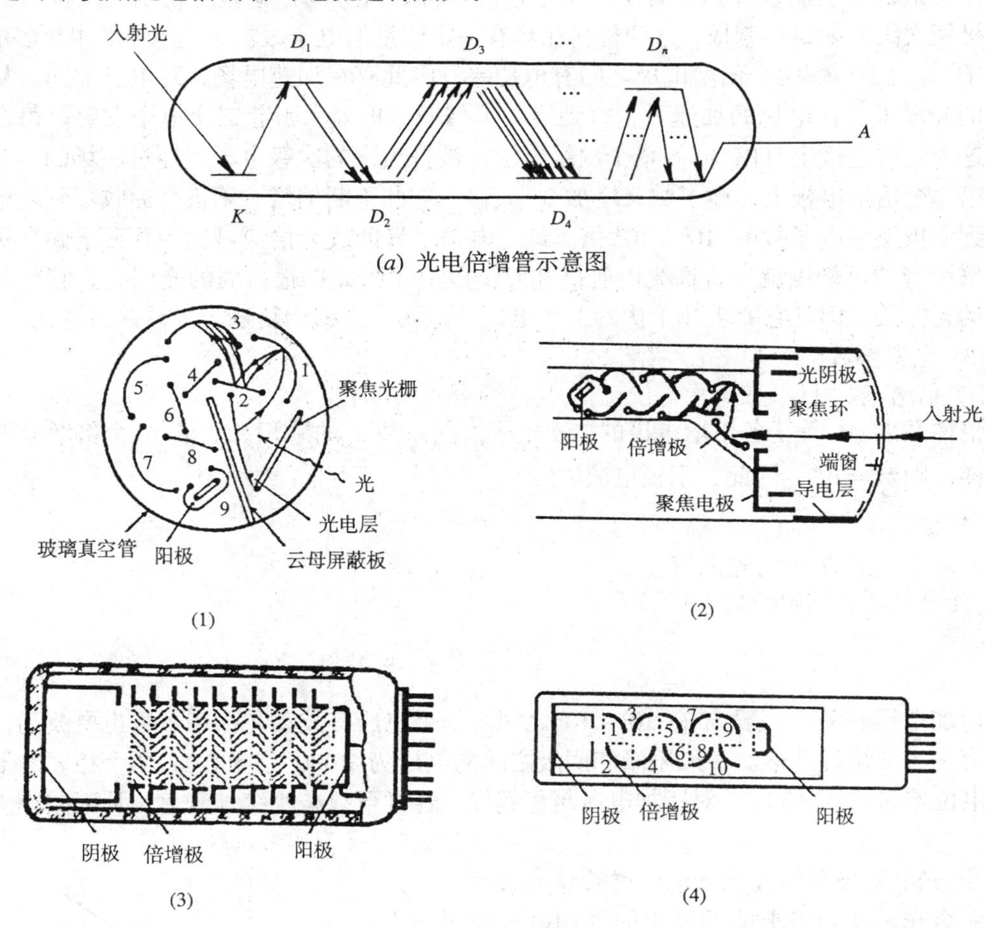

(b) 常见的几种光电倍增管的结构

图 7-5 光电倍增管工作示意图与常见的几种光电倍增管的结构

(1) 光电倍增管的结构

光电倍增管由光阴极(K)、次阴极(D_i)(倍增电极)以及阳极(A)三部分组成，如图 7-5(a)所示。光阴极是由半导体光电材料锑铯做成。次阴极是在镍或铜-铍的衬底上涂上锑铯材料而形成的。次阴极多的可达 30 级，通常为 12～14 级。阳极是最后用来收集电子的，它输出的是电压脉冲。

几种常见的光电倍增管的结构如图 7-5(*b*)所示。图(*b*)-(1)是很早就得到应用的侧窗聚焦型光电倍增管，光电面是不透明的，从光的入射侧取出电子。(2)～(4)分别是直接定向线性聚焦型、直接定向百叶窗型和直接定向栅格型光电倍增管，它们的光电面是透明的。它们的结构各有特点。在(1)和(2)中的电极的配置起到光学透镜作用，故叫做聚焦型。电子飞行时间短，时间滞后小，所以响应速度快。(3)和(4)电子飞行时间较长，但不必细致地调整倍增管倍增极的电压分配就能获得较大的增益。

(2) 工作原理

光电倍增管除光电阴极外，还有若干个倍增电极。使用时各个倍增电极上均加上电压。阴极电位最低，从阴极开始，各个倍增电极的电位依次升高，阳极电位最高。同时这些倍增电极用次级发射材料制成，这种材料在具有一定能量的电子轰击下，能够产生更多的“次级电子”。由于相邻两个倍增电极之间有电位差，因此存在加速电场，对电子加速。从阴极发出的光电子，在电场的加速下，打到第一个倍增电极上，引起二次电子发射。每个电子能从这个倍增电极上打出 3～6 倍个次级电子；被打出来的次级电子再经过电场的加速后，打在第二个倍增电极上，电子数又增加 3～6 倍，如此不断倍增，阳极最后收集到的电子数将达到阴极发射电子数的 $10^5 \sim 10^8$ 倍。即光电倍增管的放大倍数可达到几万倍到几亿倍。光电倍增管的灵敏度就比普通光电管高几万倍以上。因此在很微弱的光照时，它就能产生很大的光电流，但是它要求几千伏的工作电压，因而，其结构复杂、笨重并易老化。

(3) 主要参数

① 倍增系数 M

倍增系数 M 等于各倍增电极的二次电了发射系数 δ_i 的乘积。如果 n 个倍增电极的 δ_i 都一样，则 $M=\delta_i^n$，因此，阳极电流 I 为

$$I = i\delta_i^n \tag{7-4}$$

式中　i——光电阴极的光电流。

光电倍增管的电流放大倍数 β 为

$$\beta = \frac{I}{i} = \delta_i^n \tag{7-5}$$

M 与所加电压有关，一般 M 在 $10^5 \sim 10^8$ 之间。如果电压有波动，倍增系数也要波动，因此 M 具有一定的统计涨落。一般阳级和阴级之间的电压为 1 000～2 500V，两个相邻的倍增电极的电位差为 50～100V。对所加电压越稳越好，这样可以减小统计涨落，从而减小测量误差。

② 光电阴极灵敏度和光电倍增管总灵敏度

一个光子在阴极上能够打出的平均电子数叫做光电阴极的灵敏度。而一个光子在阳极上产生的平均电子数叫做光电倍增管的总灵敏度。

光电倍增管的实际放大倍数或灵敏度如图 7-6 所示。它的最大灵敏度可达 10A/lm，极间电压越高，灵敏度越高；但极间电压也不能太高，太高反而会使阳极电流不稳。

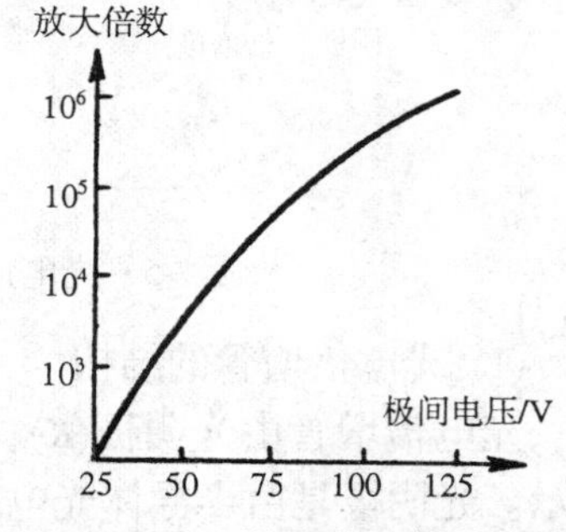

图 7-6　光电倍增管的特性曲线

另外，由于光电倍增管的灵敏度很高，所以不能受强光照射，否则将会损坏。

③ 暗电流和本底脉冲

一般在使用光电倍增管时，必须把管子放在暗室里避光使用，使其只对入射光起作用；但是由于环境温度、热辐射和其他因素的影响，即使没有光信号输入，加上电压后阳极仍有电流，这种电流称为暗电流。这种暗电流通常可以用补偿电路加以消除。

光电倍增管的阴极前面放一块闪烁体，就构成闪烁计数器。在闪烁体受到人眼看不见的宇宙射线的照射后，光电倍增管就会有电流信号输出，这种电流称为闪烁计数器的暗电流，一般把它称为本底脉冲。

④ 光电倍增管的光谱特性

光电倍增管的光谱特性与相同材料的光电管的光谱特性很相似。

国产光电管和光电倍增管的主要参数见附表 7-1 和 7-2。

四、内光电效应器件——光敏电阻、光电池和光敏二极管与光敏三极管

利用物质在光的照射下电导性能改变或产生电动势的内光电效应器件，常见的有光敏电阻和光电池、光敏晶体管等。

1. 光敏电阻

(1) 结构和原理

光敏电阻又称为光导管。光敏电阻几乎都是用半导体材料制成。光敏电阻的结构较简单，如图 7-7(*a*)所示。在玻璃底板上均匀地涂上薄薄的一层半导体物质，半导体的两端装上金属电极，使电极与半导体层可靠地电接触，然后，将它们压入塑料封装体内。为了防止周围介质的污染，在半导体光敏层上覆盖一层漆膜，漆膜成分的选择应该使它在光敏层最敏感的波长范围内透射率最大。如果把光敏电阻连接到外电路中，在外加电压的作用下，用光照射就能改变电路中电流的大小，如图 7-7(*b*)所示接线电路。

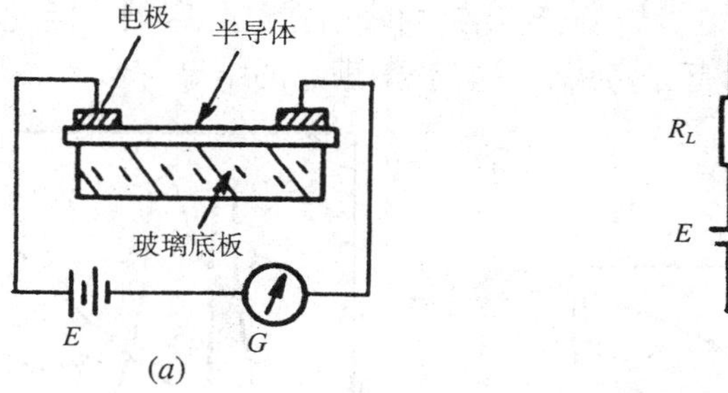

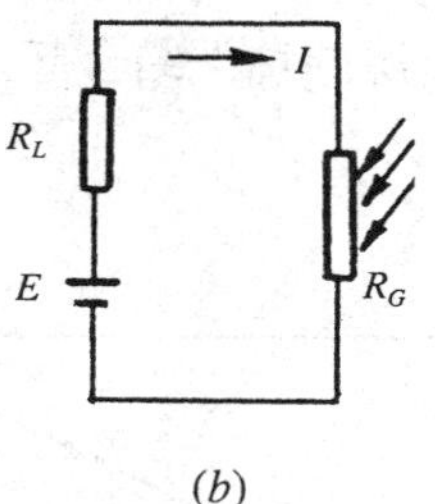

图 7-7　光敏电阻结构

光敏电阻在受到光的照射时，由于内光电效应使其导电性能增强，电阻 R_G 值下降，所以流过负载电阻 R_L 的电流及其两端电压也随之变化。光线越强，电流越大。当光照停止时，光电效应消失，电阻恢复原值，因而可将光信号转换为电信号。

并非一切纯半导体都能显示出光电特性，对于不具备这一条件的物质可以加入杂质使之产生光电效应特性。用来产生这种效应的物质由金属的硫化物、硒化物、碲化物等组成，如硫化镉、硫化铅、硫化铊、硫化铋、硒化镉、硒化铅、碲化铅等。光敏电阻的使用取决

于它的一系列特性，如暗电流、光电流、光敏电阻的伏安特性、光照特性、光谱特性、频率特性、温度特性以及光敏电阻的灵敏度、时间常数和最佳工作电压等。

光敏电阻具有很高的灵敏度、很好的光谱特性、很长的使用寿命、高度的稳定性能、很小的体积以及简单的制造工艺，所以被广泛地用于自动化技术中。

(2) 光敏电阻的特性

① 暗电阻、亮电阻与光电流

光敏电阻在未受到光照射时的阻值称为暗电阻，此时流过的电流称为暗电流。在受到光照射时的电阻称为亮电阻，此时的电流称为亮电流。亮电流与暗电流之差称为光电流。

一般暗电阻越大，亮电阻越小，光敏电阻的灵敏度越高。光敏电阻的暗电阻的阻值一般在兆欧数量级，亮电阻在几千欧以下。暗电阻与亮电阻之比一般在 $10^2 \sim 10^6$ 之间，这个数值是相当可观的。

② 光敏电阻的伏安特性

一般光敏电阻如硫化铅、硫化铊的伏安特性曲线如图 7-8 所示。由曲线可知，所加的电压越高，光电流越大，而且没有饱和现象。在给定的电压下，光电流的数值将随光照增强而增大。

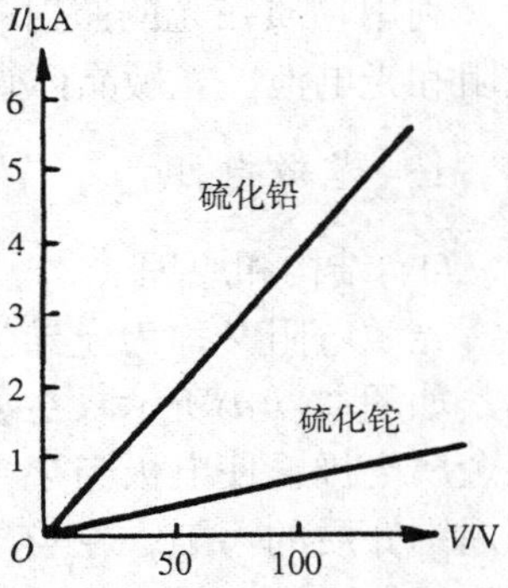

I/μA
6
5
4
3
2
1
O
50
100
V/V
硫化铅
硫化铊

图 7-8　光敏电阻的伏安特性

③ 光敏电阻的光照特性

光敏电阻的光照特性用于描述光电流 I 和光照强度之间的关系，绝大多数光敏电阻光照特性曲线是非线性的，如图 7-9 所示。不同光敏电阻的光照特性是不相同的。光敏电阻不宜作线性测量元件，一般用做开关式的光电转换器。

④ 光敏电阻的光谱特性

几种常用光敏电阻材料的光谱特性，如图 7-10 所示。对于不同波长的光，光敏电阻的灵敏度是不同的。从图中看出，硫化镉的峰值在可见光区域，而硫化铅的峰值在红外区域。因此在选用光敏电阻时应当把元件和光源的种类结合起来考虑，才能获得满意的结果。

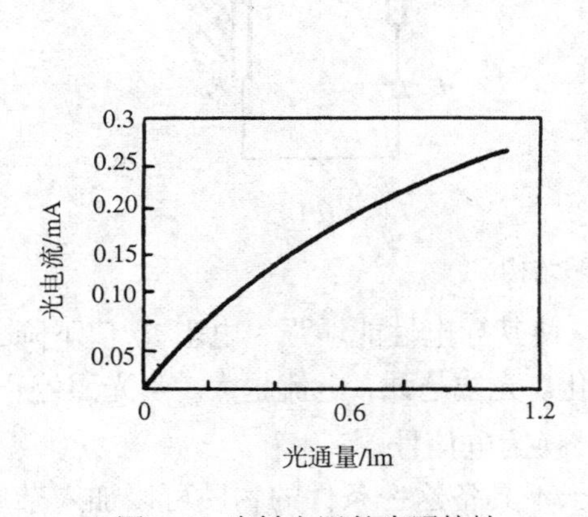

图 7-9　光敏电阻的光照特性

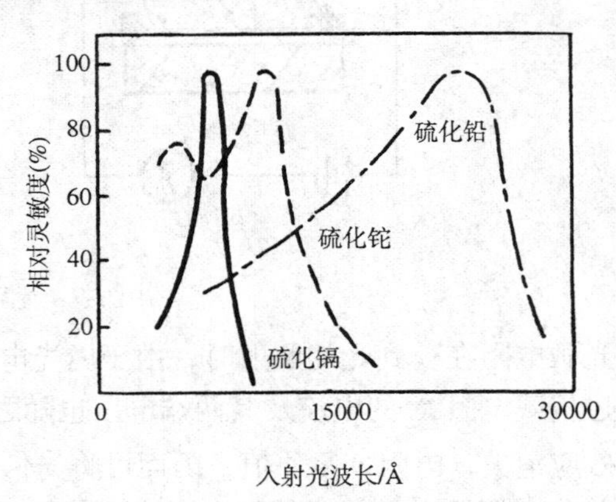

图 7-10　光敏电阻的光谱特性

⑤ 光敏电阻的响应时间和频率特性

实验证明，光敏电阻的光电流不能立刻随着光照量的改变而立即改变，即光敏电阻产生的光电流有一定的延迟性，这个延迟性通常用时间常数 t 来描述。所谓时间常数即为光敏电阻自停止光照起到电流下降为原来的 63%所需要的时间，因此，时间常数越小，响应越迅速；但大多数光敏电阻的时间常数都较大，这是它的缺点之一。

图 7-11 所示为硫化镉和硫化铅的光敏电阻的频率特性。硫化铅的使用频率范围最大，其他都较差。目前正在通过工艺改进来改善各种材料光敏电阻的频率特性。

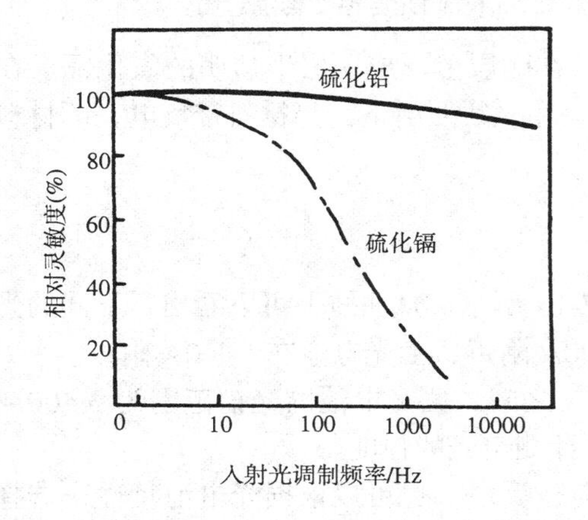

图 7-11　光敏电阻的频率特性

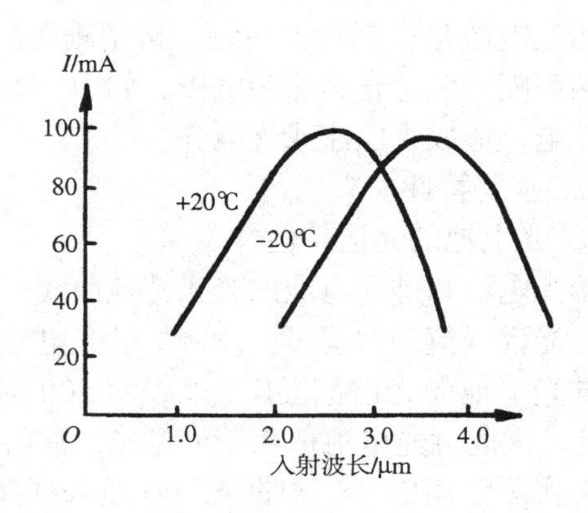

图 7-12　硫化铅光敏电阻的光谱温度特性

⑥ 光敏电阻的温度特性

随着温度不断升高，光敏电阻的暗电阻和灵敏度都要下降，同时温度变化也影响它的光谱特性。图 7-12 表示出硫化铅的光谱温度特性曲线。从图中可以看出，它的峰值随着温度上升向波长短的方向移动，因此有时为了提高元件的灵敏度，或为了能够接受较长波段的红外辐射而采取一些致冷措施。

部分国产光敏电阻的参数见附表 7-3。

2. 光电池

光电池是在光线照射下，直接能将光量转变为电动势的光电元件。实质上它就是电压源。这种光电器件是基于光生伏特效应。

光电池的种类很多，有硒光电池、氧化亚铜光电池、硫化铊光电池、硫化镉光电池、锗光电池、硅光电池、砷化镓光电池等。其中最受重视的是硅光电池和硒光电池，因为它有一系列优点，例如性能稳定、光谱范围宽、频率特性好、转换效率高、能耐高温和辐射等。另外，由于硒光电池的光谱峰值位于人眼的视觉范围内，所以很多分析仪器、测量仪表也常常用它。下面着重介绍硅和硒两种光电池。

(1) 结构原理

硅光电池是在一块 N 型硅片上，用扩散的方法掺入一些 P 型杂质(例如硼)形成 PN 结，如图 7-13 所示。

入射光照射在 PN 结上时，若光子能量 $h\nu$ 大于半导体材料的禁带宽度 E_g，则在 PN 结内产生电子-空穴对，在内电场的作用下，空穴移向 P 型区，电子移向 N 型区，使 P 型区带正电，N 型区带负电，因而 PN 结产生电势。

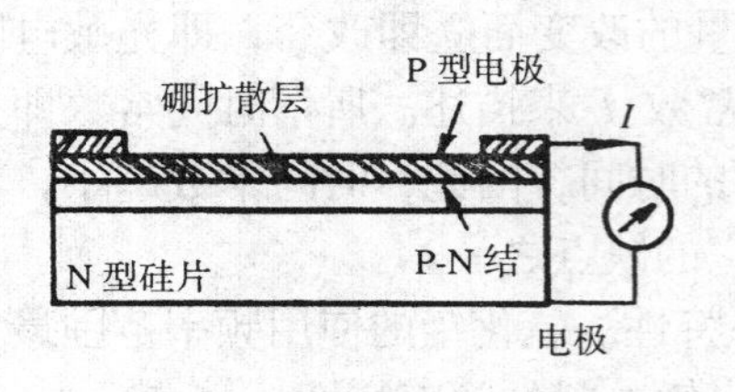

图 7-13　硅光电池结构示意图

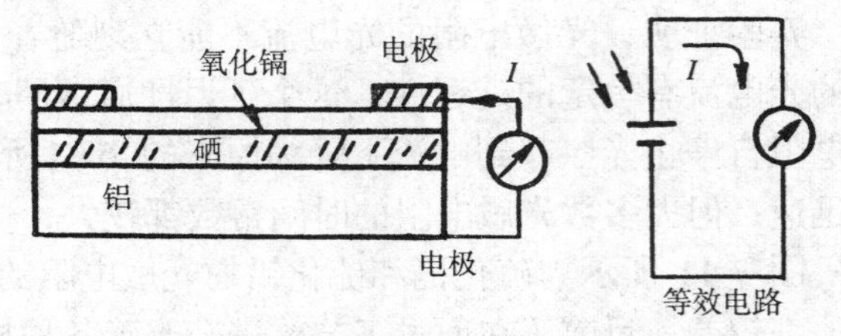

图 7-14　硒光电池结构示意图

硒光电池是在铝片上涂硒，再用溅射的工艺，在硒层上形成一层半透明的氧化镉。在正反两面喷上低熔合金作为电极，如图 7-14 所示。在光线照射下，镉材料带负电，硒材料上带正电，形成光电流或光电势。

(2) 主要特性

① 光电池的光谱特性

硒光电池和硅光电池的光谱特性曲线，如图 7-15 所示。从曲线上可以看出，不同的光电池，光谱峰值的位置不同。例如硅光电池在 8 000Å 附近，硒光电池在 5 400Å 附近。

硅光电池的光谱范围广，即为 4 500 ~ 11 000Å 之间，硒光电池的光谱范围为 3 400 ~ 7 500Å。因此硒光电池适用于可见光，常用于照度计测定光的强度。

在实际使用中，应根据光源性质来选择光电池；反之，也可以根据光电池特性来选择光源。例如硅光电池对于白炽灯在温度为 2 850K 时，能够获得最佳的光谱响应；但是要注意，光电池光谱值位置不仅和制造光电池的材料有关，同时也和制造工艺有关，而且也随着使用温度的不同而有所移动。

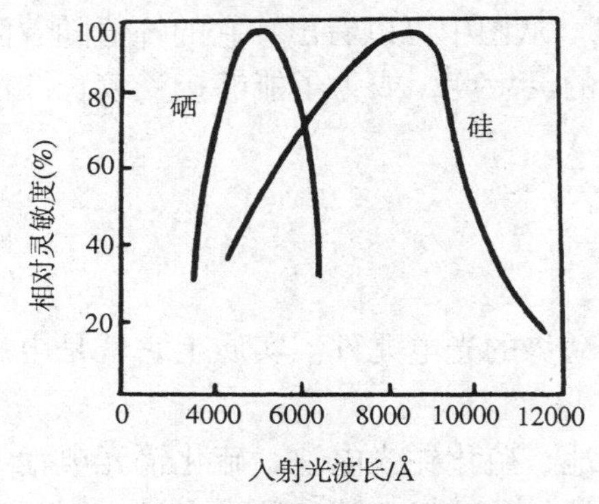

图 7-15　光电池的光谱特性

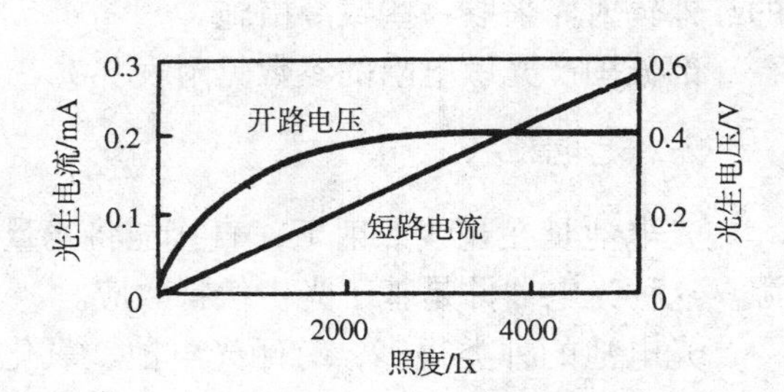

图 7-16　硅光电池的光照特性

② 光电池的光照特性

光电池在不同的光强照射下可产生不同的光电流和光生电动势。硅光电池的光照特性曲线如图 7-16 所示。从曲线可以看出，短路电流在很大范围内与光强成线性关系。开路电压随光强变化是非线性的，并且当照度在 2 000lx 时就趋于饱和了。因此把光电池作为测量元件时，应把它当做电流源的形式来使用，不宜用做电压源。

所谓光电池的短路电流，是反映外接负载电阻相对于光电池内阻很小时的光电流。而光电池的内阻是随着照度增加而减小的，所以在不同照度下可用大小不同的负载电阻为近似“短路”条件。从实验中知道，负载电阻越小，光电流与照度之间的线性关系越好，且线性范围越宽。对于不同的负载电阻，可以在不同的照度范围内，使光电流与光强保持线性关系。所以应用光电池作测量元件时，所用负载电阻的大小，应根据光强的具体情况而定。总之，负载电阻越小越好。

③ 光电池的频率特性

光电池在作为测量、计数、接收元件时，常用交变光照。光电池的频率特性就是反映光的交变频率和光电池输出电流的关系，如图 7-17 所示。从曲线可以看出，硅光电池有很高的频率响应，可用在高速计数、有声电影等方面。这是硅光电池在所有光电元件中最为突出的优点。

④ 光电池的温度特性

光电池的温度特性主要描述光电池的开路电压和短路电流随温度变化的情况。由于它关系到应用光电池设备的温度漂移，影响到测量精度或控制精度等主要指标，因此它是光电池的重要特性之一。光电池的温度特性曲线如图 7-18 所示。从曲线看出，开路电压随温度升高而下降的速度较快，而短路电流随温度升高而缓慢增加。因此当光电池作测量元件时，在系统设计中应该考虑到温度的漂移，从而采取相应的措施来进行补偿。

部分国产光电池的主要参数见附表 7-4。

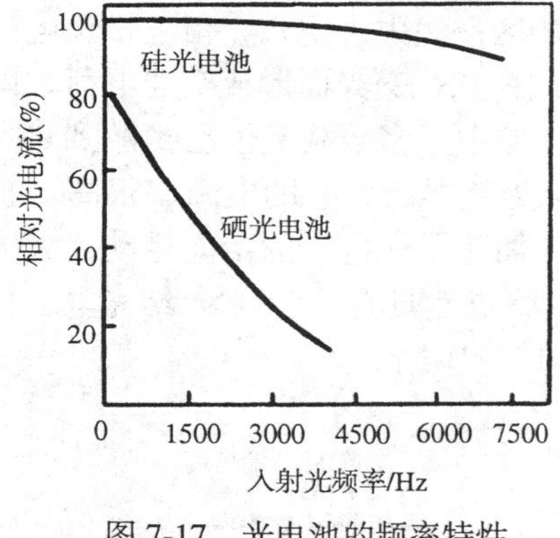

图 7-17　光电池的频率特性

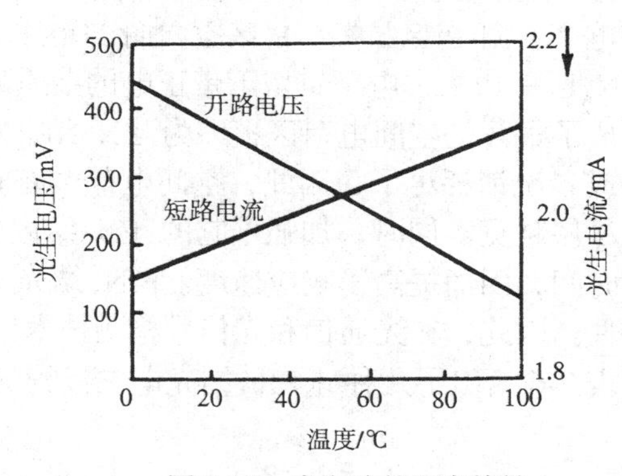

图 7-18　光电池的温度特性

3. 光敏二极管和光敏三极管

(1) 一般光敏二极管

光敏二极管的符号如图 7-19 所示。光敏二极管的结构与一般二极管相似。它装在透明玻璃外壳中，其 PN 结装在管顶，可直接接受光照射。光敏二极管在电路中一般是处于反向工作状态，如图 7-20 所示。

光敏二极管的光照特性是线性的，所以适合检测等方面的应用。

光敏二极管在没有光照射时，反向电阻很大，反向电流很小。反向电流也叫做暗电流。当光照射时，光敏二极管的工作原理与光电池的工作原理很相似。当无光照射时，光敏二极管处于载止状态；受光照射时，光敏二极管处于导通状态。光敏二极管的光电流 I 与照度之间呈线性关系。

部分国产光敏二极管的特性参数见附表 7-5。

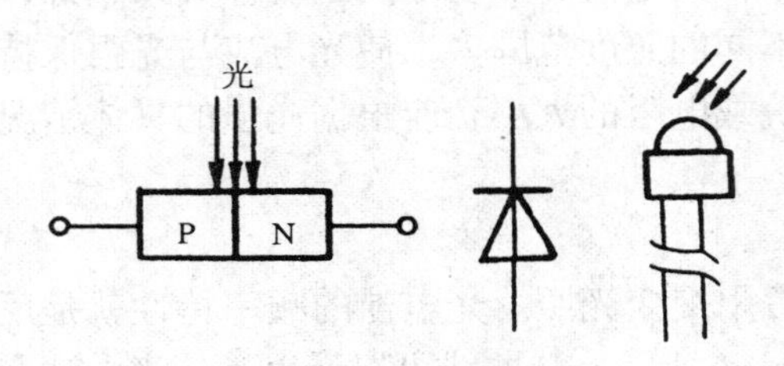

图 7-19　光敏二极管符号图

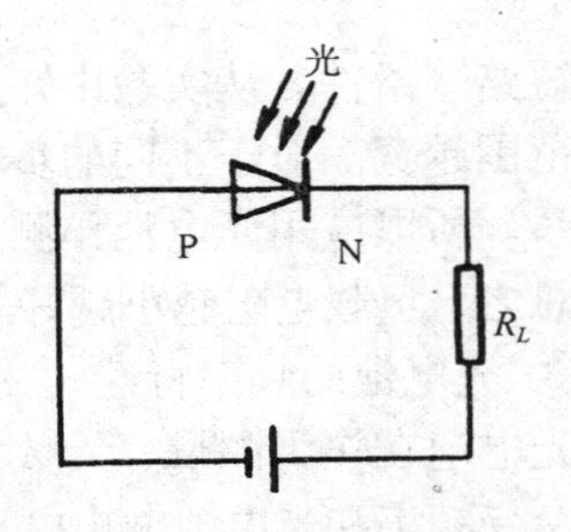

图 7-20　光敏二极管接线法

(2) 高速光电二极管

随着高速光通信和信息处理技术的发展，提高光电传感器的响应速度变得越来越重要，人们相继研制了一批高速光电器件，例如，PIN 结光电二极管、雪崩式光电二极管等。

① PIN 结光电二极管

PIN 结光电二极管结构如图 7-21 所示。它与一般 PN 结光敏二极管不同之处在于 P 和 N 层之间增加了一层很厚的高电阻率的本征半导体(I)。同时，将 P 层做得很薄。当入射光照射在 P 层上时，由于 P 层很薄，大量的光被较厚的 I 层吸收，激发较多的载流子形成光电流；又由于 PIN 结光电二极管比 PN 结光电二极管施加较高的反偏置电压，使其耗尽层加宽。当 P 型半导体和 N 型半导体结合后，在交界处就形成电子和空穴的浓度差别，因此，N 区的电子要向 P 区扩散，P 区空穴向 N 区扩散，P 区一边失去空穴，留下带负电的杂质离子，N 区一边失去电子，留下带正电的杂质离子，在 PN 交界面形成空间电荷，即在交界处形成了很薄的空间电荷区，即为 PN 结。在该区域中，多数载流子已扩散到对方而复合掉，或者说消耗尽了，因此，空间电荷区有时又称为耗尽层，它的电阻率很高。扩散越强，耗尽层越宽。同时，加强了它的 PN 结内电场，加速了光电子的定向运动，大大缩短了漂移时间，因而提高了响应速度。PIN 结光电二极管仍然具有一般 PN 结光电二极管的线性特性。因此，在光通信和光信号检测技术中得到广泛应用。

附表 7-6 给出了几种硅 PIN 结光电二极管的特性参数。

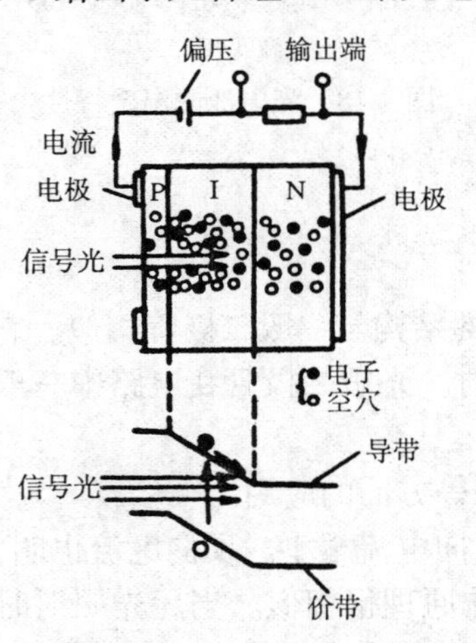

图 7-21　PIN 结光电二极管

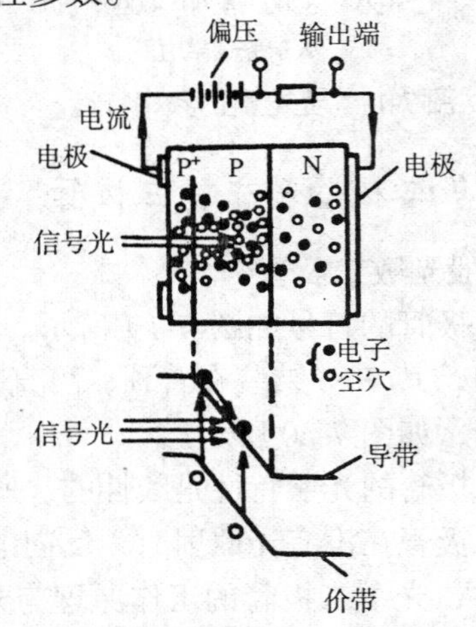

图 7-22　雪崩式光电二极管 APD

② 雪崩式光电二极管(APD)

雪崩式光电二极管的结构如图 7-22 所示。它不同于普通二极管的结构，在 PN 结的 P

型区外侧增加一层掺杂浓度极高的P^+层。当在其上加高反偏压时，以P层为中心的两侧产生极强的内部加速场(可达 10^5V/cm)。当光照射时，P^+层受光子能量激发的电子从价带跃迁到导带，在高电场作用下，电子以高速通过P层，并在P区产生碰撞电离，形成大量新生电子-空穴对，并且它们也从电场中获得高能量，与从P^+层来的电子一起再次碰撞P区的其他原子，又产生大批新生电子-空穴对。当所加反向偏压足够大时，不断产生二次电子发射，形成“雪崩”样的载流子，构成强大的光电流。

显然，APD的响应时间极短，灵敏度很高，它在光通信中应用前景广阔。

(3) 光敏三极管

光敏三极管有PNP型和NPN型两种，如图7-23所示。

光敏三极管的结构与一般三极管很相似，只是它的发射极一边做得很大，以扩大光的照射面积，且其基极往往不接引线。

光敏三极管像普通三极管一样有两个PN结，因此具有电流增益。光敏三极管的基本工作线路如图7-23(*b*)所示。当集电极加上正电压，基极开路时，集电极处于反向偏置状态。当光线照射在集电结的基区时，会产生电子、空穴对，光生电子被拉到集电极，基区留下空穴，使基极与发射极间的电压升高，这样便有大量的电子流向集电极，形成输出电流，且集电极电流为光电流的β倍。

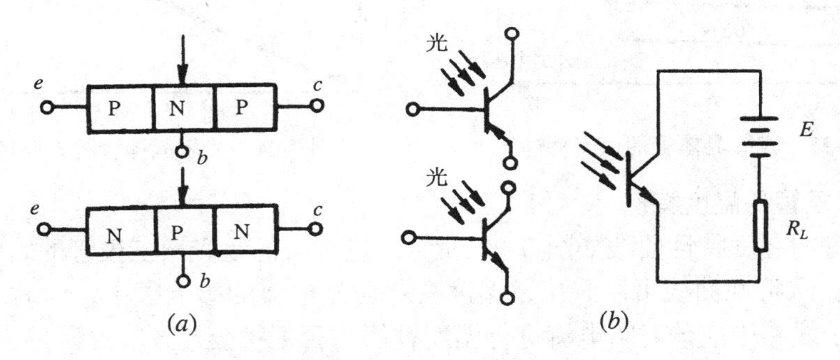

图7-23 光敏三极管的符号图和基本工作电路

光敏三极管的主要特性如下述：

① 光敏三极管的光谱特性

光敏三极管的光谱特性曲线，如图7-24所示。从曲线可以看出，光敏三极管存在一个最佳灵敏度的峰值波长。当入射光的波长增加时，相对灵敏度要下降，这是容易理解的。因为光子能量太小，不足以激发电子空穴对。当入射光的波长缩短时，相对灵敏度也下降，这是由于光子在半导体表面附近就被吸收，并且在表面激发的电子空穴对不能到达PN结，因而使相对灵敏度下降。

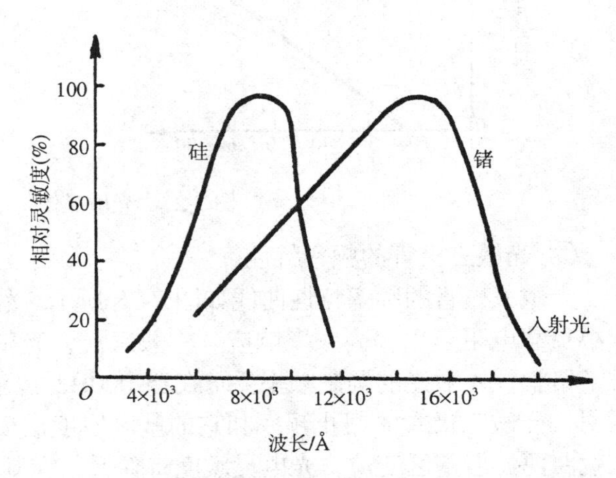

图7-24 光敏晶体管的光谱特性

硅的峰值波长为9000Å，锗的峰值

波长为 15 000Å。由于锗管的暗电流比硅管的大，因此锗管的性能较差。故在可见光或探测赤热状态物体时，一般都选用硅管；但对红外线进行探测时，则采用锗管较合适。

② 光敏三极管的伏安特性

光敏三极管的伏安特性曲线如图 7-25 所示。光敏三极管在不同的照度下的伏安特性，就像一般晶体管在不同的基极电流时的输出特性一样。因此，只要将入射光照在发射极 e 与基极 b 之间的 PN 结附近，所产生的光电流看做基极电流，就可将光敏三极管看做一般的晶体管。光敏三极管能把光信号变成电信号，而且输出的电信号较大。

③ 光敏三极管的光照特性

光敏三极管的光照特性如图 7-26 所示。它给出了光敏三极管的输出电流 I 和照度之间的关系。它们之间呈现了近似线性关系。当光照足够大(几千勒克斯)时，会出现饱和现象，从而使光敏三极管既可作线性转换元件，也可作开关元件。

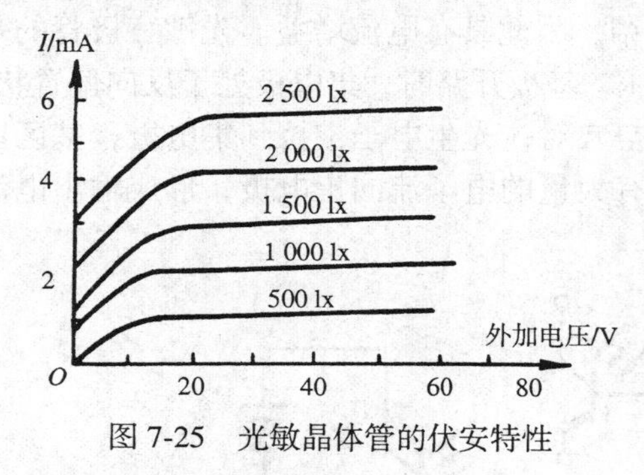

图 7-25　光敏晶体管的伏安特性

图 7-26　光敏晶体管的光照特性

④ 光敏三极管的温度特性

光敏三极管的温度特性曲线如图 7-27 所示。它反映的是光敏三极管的暗电流及光电流与温度的关系。从特性曲线可以看出，温度变化对光电流的影响很小，而对暗电流的影响很大。所以电子线路中应该对暗电流进行温度补偿，否则将会导致输出误差。

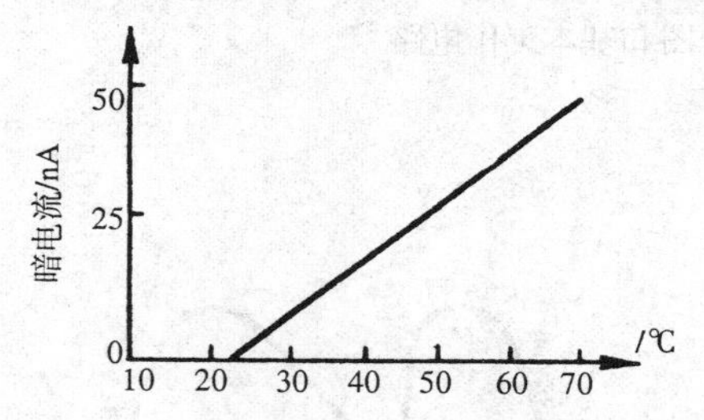

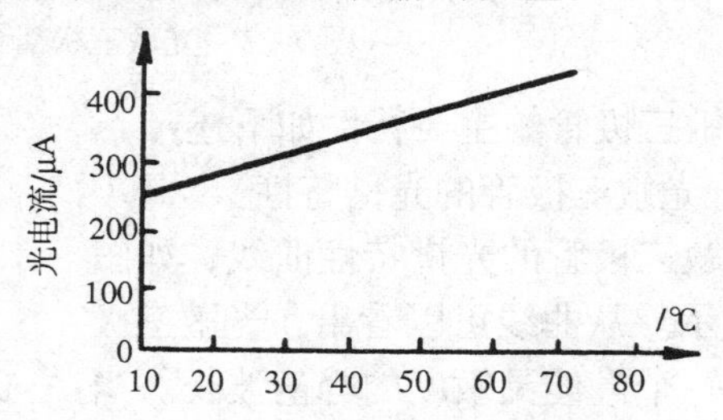

图 7-27　光敏晶体管的温度特性

⑤ 光敏三极管的频率特性

光敏三极管的频率特性曲线如图 7-28 所示。光敏三极管的频率特性受负载电阻的影响，减小负载电阻可以提高频率响应。一般来说，光敏三极管的频率响应比光敏二极管的差。对于锗管，入射光的调制频率要求在 5 000Hz 以下。硅管的频率响应要比锗管的好。实验证明，光敏三极管的截止频率和它的基区厚度成反比关系。如果要求截止频率高，那么基区就要薄；但基区变薄，光电灵敏度将降低，在制造时要适当兼顾两者。

国产部分光敏三极管的特性参数见附表 7-7。

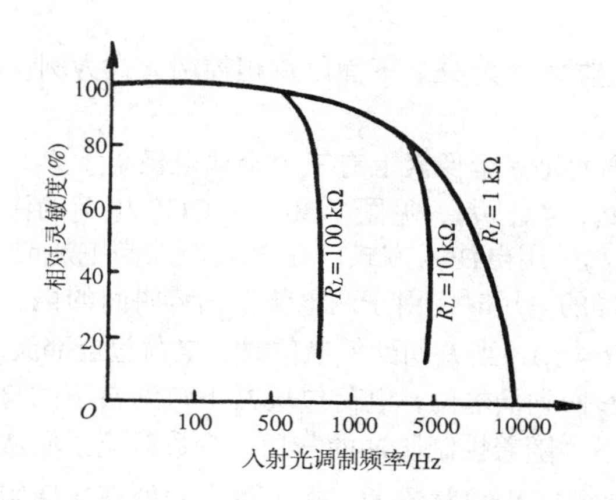

图 7-28　光敏晶体管的频率特性

第二节　固态图像传感器

固态图像传感器由光敏元件阵列和电荷转移器件集合而成。它的核心是电荷转移器件 CTD(Charge Transfer Device)，最常用的是电荷耦合器 CCD(Charge Coupled Device)。CCD 自 1970 年问世以后，由于它的低噪声等特点，CCD 图像传感器广泛地应用在微光电视摄像、信息存储和信息处理等方面。

一、CCD 的单元结构和基本原理

CCD 是由若干个电荷耦合单元组成，该单元的结构如图 7-29 所示。CCD 的最小单元是在 P 型(或 N 型)硅衬底上生长一层厚度约为 120nm 的 SiO_2，再在 SiO_2 层上依次沉积铝电极而构成 MOS 型的电容式转移器。将 MOS 阵列加上输入、输出端，便构成了 CCD。

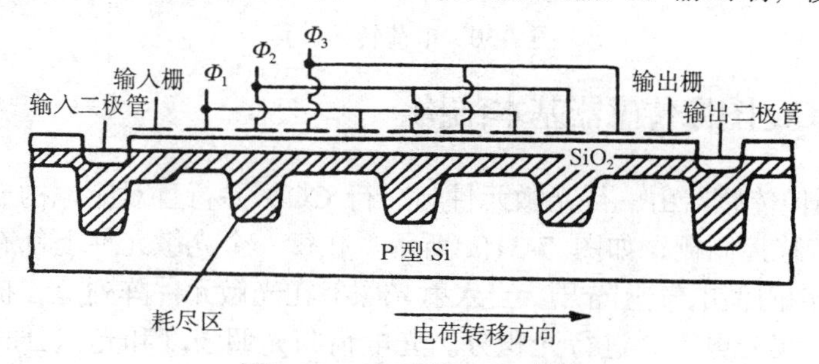

图 7-29　CCD 的 MOS 结构

当向 SiO_2 表面的电极加正偏压时，P 型硅衬底中形成耗尽区(势阱)，耗尽区的深度随正偏电压升高而加大。其中的少数载流子(电子)被吸收到最高正偏电压电极下的区域内(如图中 Φ_1 极下)，形成电荷包。对于 N 型硅衬底的 CCD 器件，电极加负偏电压，少数载流子为空穴。

如何实现电荷定向转移呢？电荷转移的控制方法，非常类似步进电机的步进控制方式，也有二相、三相等几种控制方式之分。下面以三相控制方式为例说明控制电荷定向转移的过程。参见图 7-30。

三相控制是在线阵列的每一个像素上有三个金属电极 P_1，P_2，P_3，依次在其上施加三个相位不同的控制脉冲Φ_1，Φ_2，Φ_3，见图 7-30(*b*)。CCD 电荷的注入通常有光注入、电注入和热注入等方式。图(*b*)采用电注入方式。当 P_1 极施加高电压时，在 P_1 下方产生电荷包($t = t_0$)；当 P_2 极加上同样的电压时，由于两电势下面势阱间的耦合，原来在 P_1 下的电荷将在 P_1，P_2 两电极下分布($t = t_1$)；当 P_1 回到低电位时，电荷包全部流入 P_2 下的势阱中($t = t_2$)。然后，P_3 的电位升高，P_2 回到低电位，电荷包从 P_2 下转到 P_3 下的势阱中($t = t_3$)，以此控制，使 P_1 下的电荷转移到 P_3 下。随着控制脉冲的分配，少数载流子便从 CCD 的一端转移到终端。终端的输出二极管搜集了少数载流子，送入放大器处理，便实现电荷移动。如果将这种电荷转移单元以直线排列，便构成 N 个单位的线型 CCD 图像阵列($1\times N$)；如果将这样的($1\times N$)的线型 CCD 阵列按 M 行排列起来，就可构成($M\times N$)的面型 CCD 阵列，那么，它们将成为下面要介绍的线型和面型 CCD 图像传感器的核心部分。

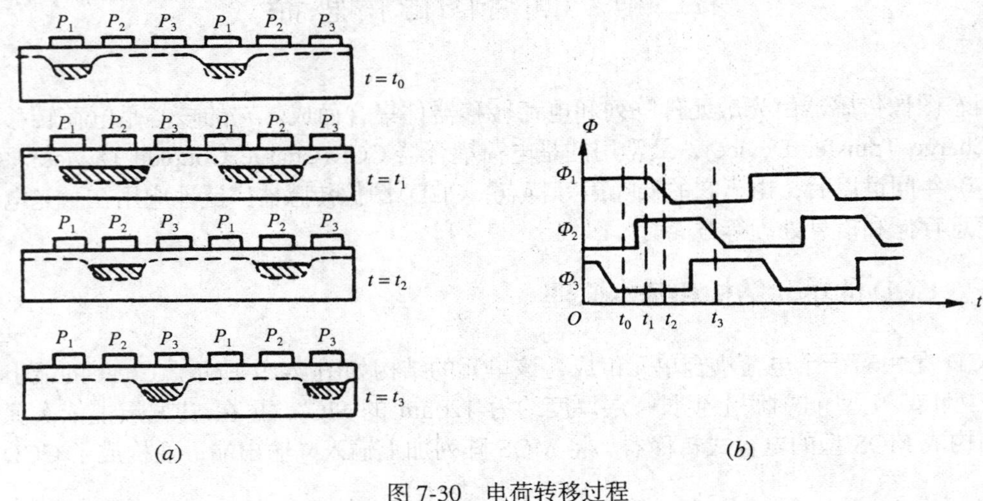

图 7-30　电荷转移过程

二、线型 CCD 图像传感器基本结构

线型 CCD 图像传感器由一行光敏元件与一行 CCD 并行且对应地构成一个主体，在它们之间设有一个转移控制栅，如图 7-31(*a*)所示。在每一个光敏元件上都有一个梳状公共电极，由一个 P 型沟阻使电气上隔开。当入射光照射在光敏元件阵列上，梳状电极施加高电压时，光敏元件聚集光电荷，进行光积分。光电荷与光照强度和光积分时间成正比。在光积分时间结束时，转移栅上的电压提高(平时低电压)，与 CCD 对应的电极也同时处于高电压状态。然后，降低梳状电极电压，各光敏元件中所积累的光电电荷并行地转移到移位寄存器中。当转移完毕，转移栅电压降低，梳状电极电压回复原来的高电压状态，准备下一次光积分周期。同时，在电荷耦合移位寄存器上加上时钟脉冲，将存储的电荷从 CCD 中转移，由输出端输出。这个过程重复地进行就得到相继的行输出，从而读出电荷图形。

目前，实用的线型 CCD 图像传感器为双行结构，如图 7-31(*b*)所示。单、双数光敏元件中的信号电荷分别转移到上、下方的移位寄存器中，然后，在控制脉冲的作用下，自左向右移动，在输出端交替合并输出，这样就形成了原来光敏信号电荷的顺序。

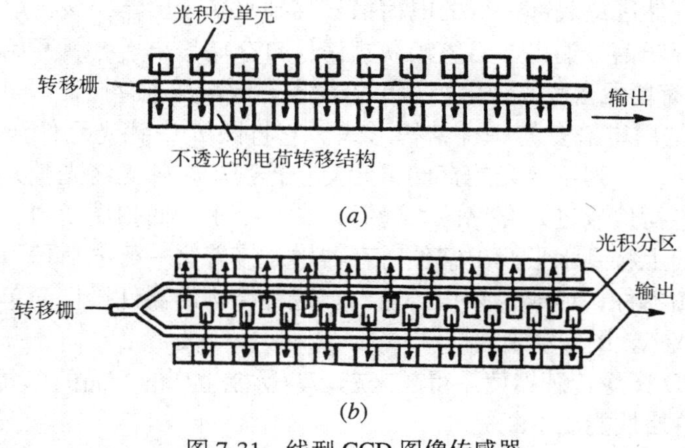

图 7-31　线型 CCD 图像传感器

我国也能生产多到 2 000 单元以上的线型图像传感器，国际水平达 5 732 个单元。

线型图像传感器只能用于一维检测系统，为了能传送平面图像信息，必须增加自动扫描机构，或者直接使用面型 CCD 图像传感器。

三、面型 CCD 图像传感器基本结构

面型 CCD 图像传感器由感光区、信号存储区和输出转移部分组成。目前存在三种典型结构形式，如图 7-32 所示。

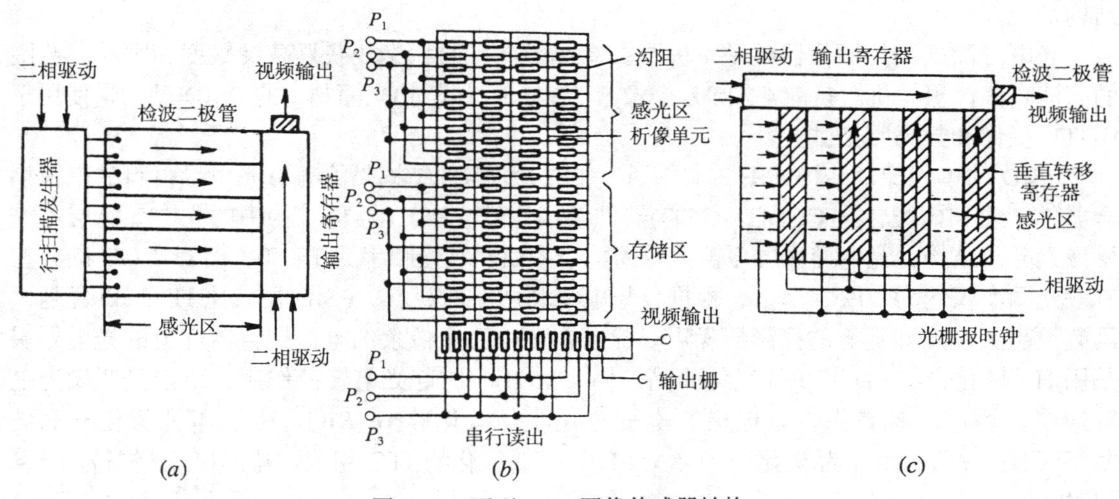

图 7-32　面型 CCD 图像传感器结构

图(*a*)所示结构由行扫描电路、垂直输出寄存器、感光区和输出二极管组成。行扫描电路将光敏元件内的信息转移到水平(行)方向上，由垂直方向的寄存器将信息转移到输出二极管，输出信号由信号处理电路转换为视频图像信号。这种结构易于引起图像模糊。

图(*b*)所示结构增加了具有公共水平方向电极的不透光的信息存储区。在正常垂直回扫

周期内，具有公共水平方向电极的感光区所积累的电荷同样迅速下移到信息存储区。在垂直回扫结束后，感光区回复到积光状态。在水平消隐周期内，存储区的整个电荷图像向下移动，每次总是将存储区最底部一行的电荷信号移到水平读出器，该行电荷在读出移位寄存器中向右移动以视频信号输出。当整帧视频信号自存储移出后，就开始下一帧信号的形成。该CCD结构具有单元密度高、电极简单等优点，但增加了存储器。

图(*c*)所示结构是用得最多的一种结构形式。它将图(*b*)中感光元件与存储元件相隔排列。即一列感光单元，一列不透光的存储单元交替排列。在感光区光敏元件积分结束时，转移控制栅打开，电荷信号进入存储区。随后，在每个水平回扫周期内，存储区中整个电荷图像一次一行地向上移到水平读出移位寄存器中。接着这一行电荷信号在读出移位寄存器中向右移位到输出器件，形成视频信号输出。这种结构的器件操作简单，但单元设计复杂，感光单元面积减小，图像清晰。

目前，面型CCD图像传感器使用得越来越多，所能生产的产品的单元数也越来越多，性能越来越稳定，价格性能比不断提高。

四、新型高清晰度图像传感器简介

近年来，固体摄像机图像传感器的性能有了很大的提高，不仅可用于室内电视摄像，而且还可用于广播摄像、监视摄像、高空摄像等。固体图像传感器的发展动向就是尽可能地减小像素面积和芯片尺寸，获得更高的分辨力和灵敏度以及更宽的动态范围。然而，从技术和工艺上来看，同时实现这些要求是很困难的。目前，工程技术人员利用Hg(汞)-敏化光-CVD(化学气相淀积)方法制作一种光电转换层的 PSID(光电导涂层固体摄像器件)图像传感器，满足了上述要求，为高清晰度电视(HDTV)摄像提供了手段。下面简单介绍 PSID 的结构情况。

光电导涂层固体摄像器件是一种既具有小的像素面积又能获得高灵敏度和宽动态范围的高清晰固体摄像机。目前，320万个像素 2.54cm (1英寸)光面制式的PSID已大量使用于HDTV摄像和数码照相机上。

PSID的单元像素结构如图7-33所示。PSID的器件结构是涂盖有光电导材料的电荷耦合器件。它和内线转换CCD(IT-CCD)器件结构比较，PSID器件结构中的光电导涂层不需要像素分离结构，光电导涂层覆盖器件的整个表面，其光圈率为100%，而IT-CCD的典型有效光圈率仅约为40%，所以，根据信号电子利用率的观点，PSID显然比IT-CCD优越，具有更高灵敏度和更低的摄影器噪声。涂盖在320万个像素的电荷耦合器件上的光电导层是用Hg-敏化光-CVD淀积的氢化非晶硅(α-Si : H)，它起光电转换作用，所以又叫做光电转换层。该层结构是由像素电极、本征氢化非晶碳化硅(α-SiC : H)、本征氢化非晶硅(α-Si : H)、P型氢化非晶碳化硅(α-SiC : H)、铟锡氧化物(ITO)组成。总的层厚范围为1.5 ~ 3.0μm 。

当器件工作时，光电转换层被反向偏置。α-SiC : H (p)层起电子阻挡作用，α-SiC : H (i)层起空穴阻挡作用。入射光在α-SiC : H (i)层中激发的全部空穴被扫出ITO电极，反之，光激发的全部电子通过独特的像素电极和钼多边电极，收集到独特的存储二极管中。这些信号电子相继转移到V-CCD，然后通过H-CCD读出。

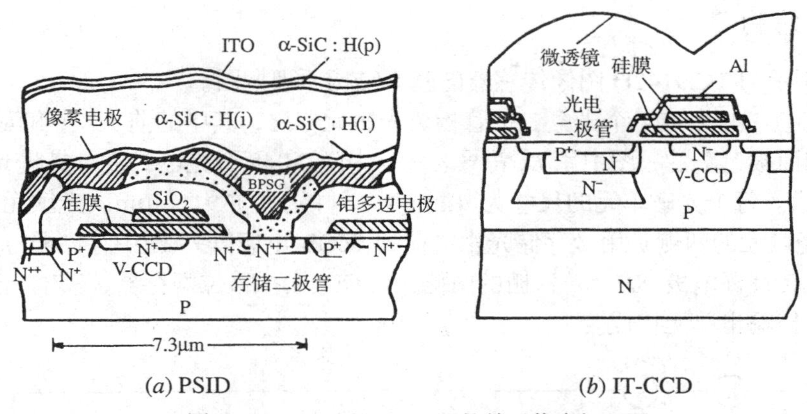

(*a*) PSID　　　　(*b*) IT-CCD

图 7-33　PSID 和 IT-CCD 的单元像素切面图

制作覆盖在电荷耦合器件上的非晶硅(α-Si)光电转换层的 Hg-敏化光-CVD 工艺技术是制作 PSID 图像的关键。我们知道，制作晶硅薄膜的方法有许多种，例如，等离子 CVD、离子束淀积、LPCVD、MRCVD 等；但这些方法都伴随有高温条件，由于高温制作工艺对集成器件损害很大，所以低温制作工艺受到特别的关注。光-CVD 特别适合在低温下生长晶硅薄膜，因为气源可以分离，在淀积时高能粒子少(高能粒子要干扰淀积晶粒的晶化)；此外，在 CVD 中，气源的激发对得到高质的淀积薄膜是很重要的。而 Hg-敏化光-CVD 工艺能够实现更高的分辨力和灵敏度，所以更适合制作 HDTV 制式所用的高性能固体摄像器件。PSID 光电转换层的制作方法(Hg-敏化光-CVD)装置如图 7-34 所示。Hg 原子被低压汞灯辐射的 UV 光激发，把光致激发能量传递给气源并分解它们，在这个过程中，没有带电的微粒发生。本征α-Si : H(i)层由 SiH_4 还原制作，本征α-SiC : H(i)层由 SiH_4 和 C_2H_2/He 混合气还原制备，α-SiC : H(p)层由 SiH_4 和 C_2H_2/He 再加入 B_2H_6/He 的混合物的还原制备。

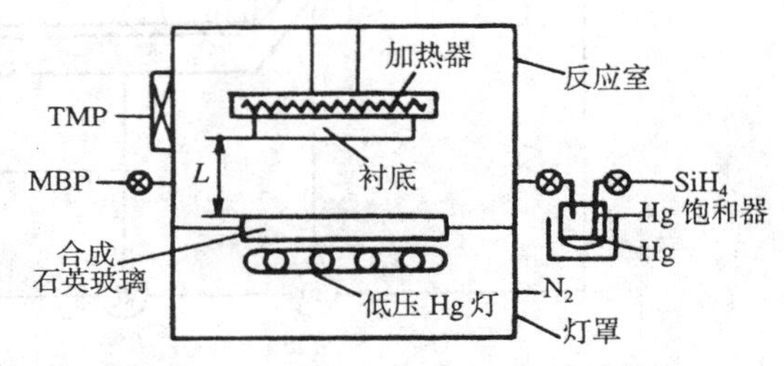

图 7-34　Hg-敏化光-CVD 方法的装置

光电转换层的淀积条件如下：衬底温度变化范围为 200 ~ 230℃，气压变化范围为 0.2 ~ 1.0 托。Hg 饱和温度在 80℃保持恒定。主要共振线 254nm UV 光的强度通过变化汞灯的输入电功率控制，在衬底表面的变化范围为 3.8 ~ 5.2mW/cm²。如此工艺制成的 PSID 图像传感器具有相邻像素之间漏电流低($< 5 \times 10^{-15}$A)，即α-Si : H(i)层的电阻率高，可防止图像衰变，所以是理想的 HDTV 的摄像器件，且得到了普遍的重视。

五、典型线型图像传感器的结构、原理及其驱动电路

本节通过典型二相线阵 2 048 像元的摄像器件 TCD142D 的基本结构、工作原理及其驱动电路设计的介绍，让我们大家以此为出发点，找出研究、设计和使用各种光固态图像传感器的途径。

1. 基本结构

图 7-35 所示为 TCD142D 图像传感器的基本结构原理框图。

由图可见，它由 2 124 个光电二极管构成光敏元阵列，其中的前 64 个和后 12 个是用做暗电流检测而被遮蔽的，图中用 D_n 符号表示。中间 2 048 个光电二极管是曝光像敏单元，图中用 S_n 表示。每个光敏单元的尺寸为 14μm 长，中心距亦为 14μm。光敏元阵列总长为 28.672mm，光敏元的两侧是用做存储光生电荷的 MOS 电容阵列(图中存储栅)。MOS 电容阵列的两侧是转移栅电极 *SH*。转移栅的两侧为 CCD 模拟移位寄存器，其输出部分由信号输出单元和补偿输出单元构成。

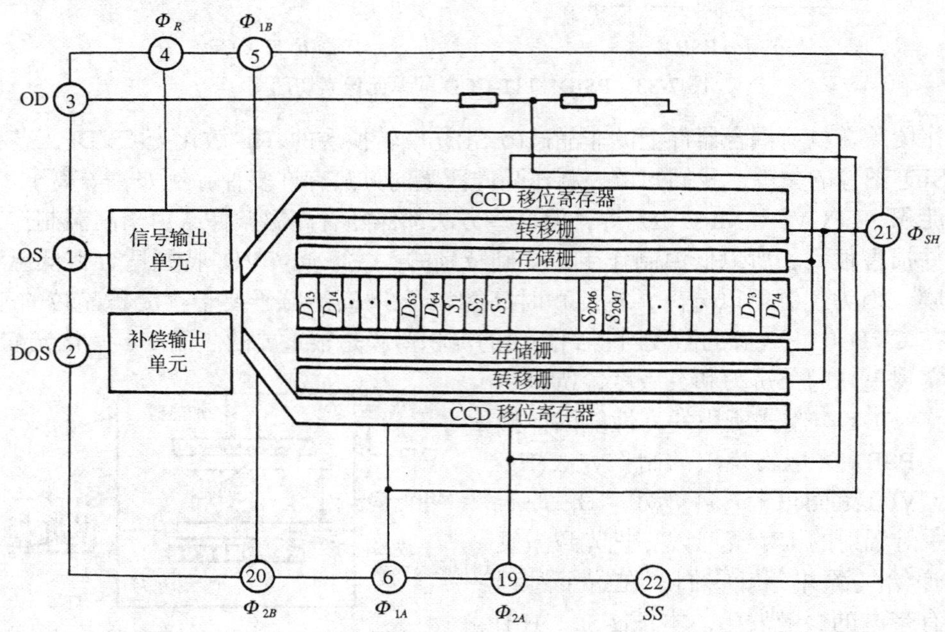

图 7-35　TCD142D 图像传感器结构原理框图

2. TCD142D 工作原理

TCD142D 在图 7-36 所示的驱动脉冲的作用下工作。当 Φ_{SH} 脉冲高电平到来时，正值 Φ_1 为高电平，移位寄存器中的所有 Φ_1 电极下均形成深势阱，同时 Φ_{SH} 的高电平使 Φ_1 电极下的深势阱与 MOS 电容存储势阱沟通，MOS 电容中的信号电荷包迅速向上下两列模拟移位寄存器的 Φ_1 电极转移。当 Φ_{SH} 由高变低时，Φ_{SH} 低电平形成势垒，使 MOS 电容与 Φ_1 电极隔离。而后，Φ_1 与 Φ_2 交替变化，使存于 Φ_1 电极下的信号电荷包顺序地向左转换，并经输出电路由 OS 电极输出。由于结构上的安排，OS 端首先输出 13 个虚设单元的脉冲，再输出 51 个暗信号脉冲后才连续输出 2 048 个信号脉冲。输出第 2 048 个信号脉冲 ΔU_{2048} 后，再输出 11 个暗电流脉冲，接下去可输出多余无信号脉冲。由于该器件是两列并行传输，所以在一个 Φ_{SH} 周期中至少要有 1 061 个 Φ_1 脉冲，即 $T_{SH} > 1\ 061T_1$，图 7-36 中的 Φ_R 是复位输出级的复位脉冲，复位一次输出一个光脉冲信号。

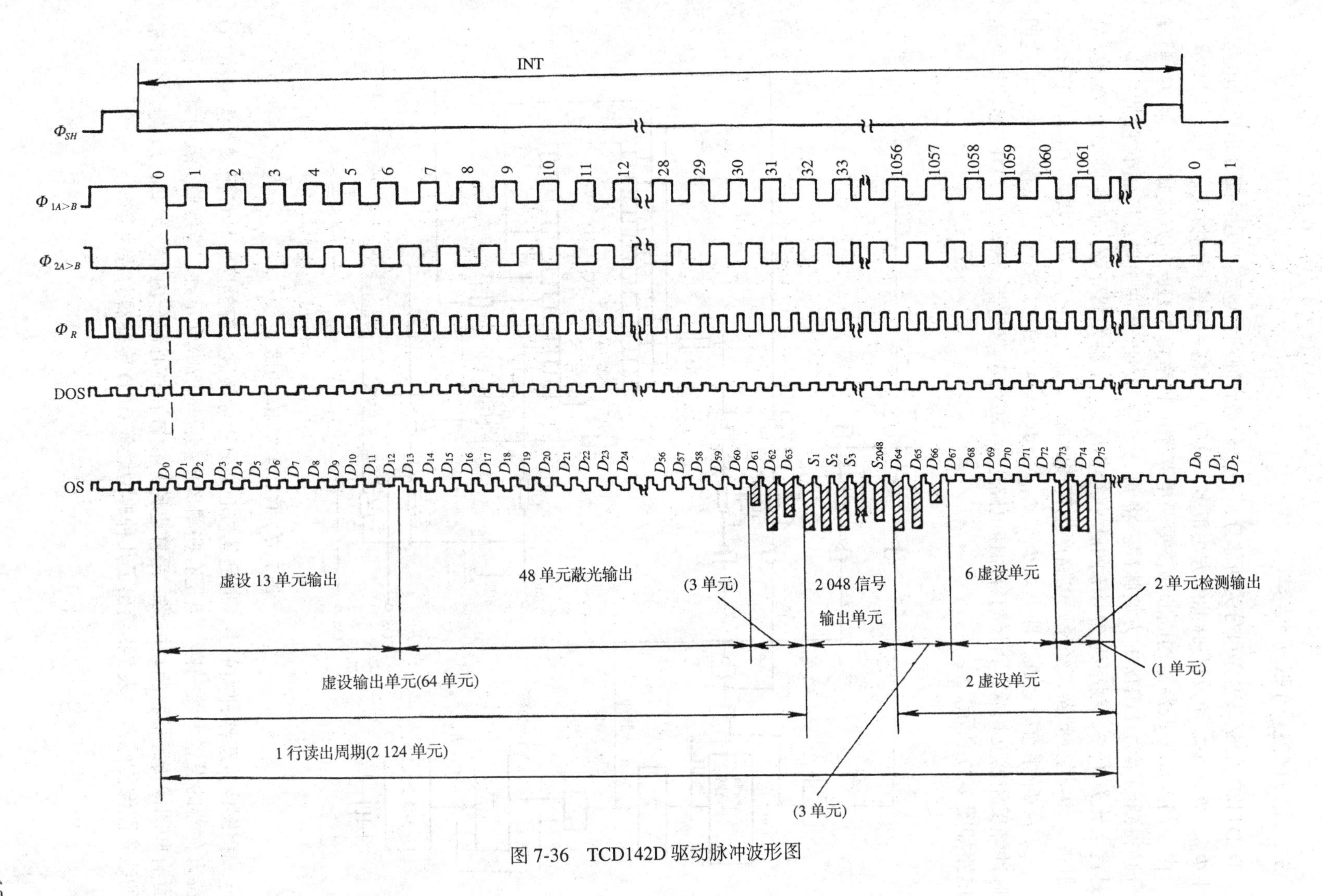

图 7-36　TCD142D 驱动脉冲波形图

3. TCD142D 的驱动电路

TCD142D 的驱动电路可分为两部分，一部分是脉冲产生电路；另一部分是驱动电路。产生Φ_{SH}，Φ_1，Φ_2，Φ_R四路脉冲的方法很多，这里只介绍一种常用的方法。

由非门及晶体振荡器构成的晶体振荡电路输出频率为 4MHz 的方波脉冲，经 JK 触发器分频得到频率为 2MHz 的方波脉冲。将 4MHz 与 2MHz 脉冲相与，形成Φ_R脉冲，Φ_R脉冲是占空比为 1 : 3，频率为 2MHz 的脉冲。将Φ_R经 JK 触发器分频，产生频率为 1MHz 的Φ_1'脉冲，Φ_1'送分频器，经译码电路产生转移脉冲 $\overline{\Phi_{SH}}$，且使 $\overline{\Phi_{SH}}$ 周期 $T_{SH} > 1\,061\mu s$。将 $\overline{\Phi_{SH}}$ 及Φ_1'相与产生Φ_1，即$\Phi_1 = \Phi_1' \ \overline{\Phi_{SH}}$，$\Phi_2 = \overline{\Phi_1}$，这样就产生了四路脉冲。将这四路脉冲经反相器反相后，再经阻容加速电路送至 H0026 驱动器，驱动 TCD142D。整个驱动电路如图 7-37 所示。

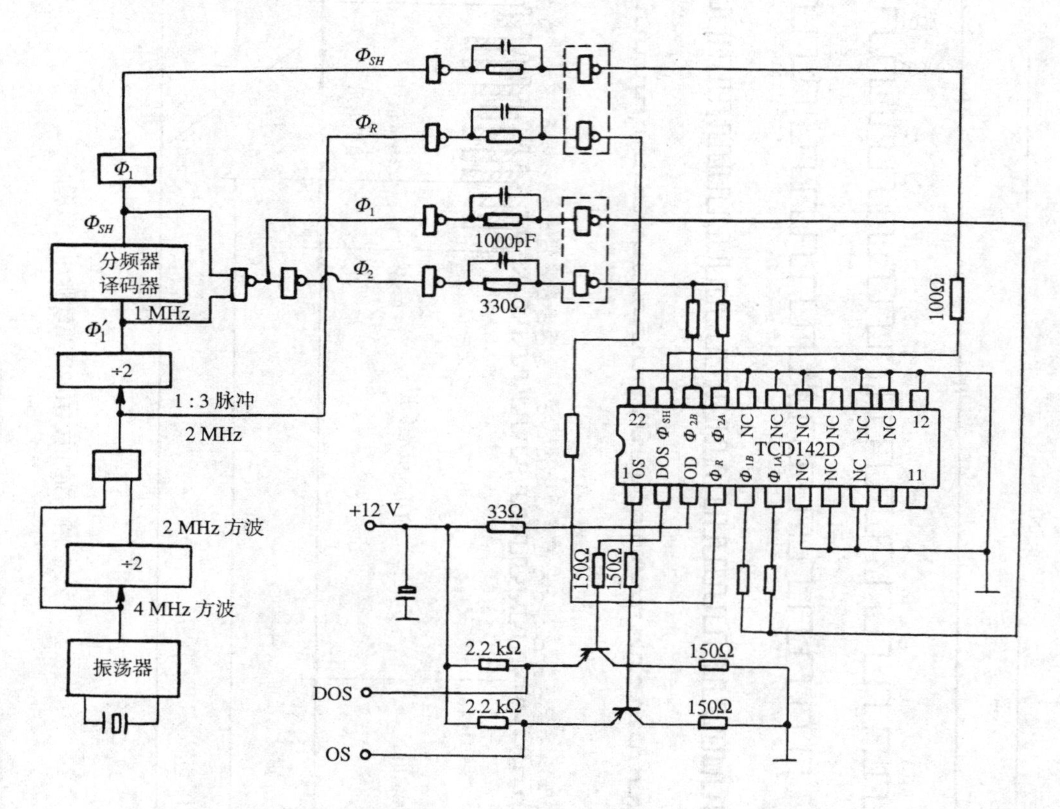

图 7-37 TCD142D 驱动电路

线型图像传感器种类很多，但是其核心部分：像敏区、存储区、转移栅和双沟道 CCD 移位寄存器的设置大致一样，只是有些图像传感器的像敏单元数、像敏单元尺寸不一样，或者有些图像传感器将驱动电路、采样电路均设置在核心部分内等，因此，形成了各种指标的线阵图像传感器。表 7-1 给出了几种典型线阵 CCD 传感器的特性参数。

表 7-1　几种典型线阵 CCD 图像传感器的特性参数

型　号	像敏单元数	像元尺寸 /μm²	响应度 /V/(lx・s)	饱和曝光量 /(lx・s)	饱和输出电压 /V	像敏单元不均匀度 (%)	暗信号电压 /mV	总传输效率 (%)	输出阻抗 /kΩ	直流功率损耗 /mW	动态范围	驱动频率 /MHz	特　点
TCD101C	1 728	15×15	0.6	0.83	0.5	±10	0.8	95	1.7	29	600	1.0	单路输出
TCD102C	2 048	14×14	1.08	1.0	1.0	±10	10	95	0.9	30	600	1.0	有采样保持电路
TCD102D	2 048	14×14	1.08	1.0	1.0	10	1.8	95	0.9	30	600	1.0	有采样保持电路
TCD103C	2 592	11×11	1.05	1.05	1.0	±10	1.8	95	0.5	100	600	2.5	单路输出
TCD106C	5 000	7×7	1.2	0.83	1.0	20	2.0	95	0.4	150	500	1.0	单、双路两种方式输出
TCD132D	1 023	14×14	12	0.25	3.0	10	15	92	1.0			1.0	内有驱动器和采样保持电路
TCD142D	2 048	14×14	6.0	0.25	1.5	10	1.5	92	1.0	45	1 500	2.0	单路输出
MN3660	2 048	14×14		0.5	0.7	20	0.5	90				10.0	单路输出有采保
MN3664	5 000	7×7	0.38	0.4	0.8	20	0.4	90				7.0	双路输出
μPD3573	2 048	14×14	20.4	0.3	2.0	10	3.0		0.5	30		2.0	单路输出
μPD3571	5 000	7×7	1.5	1.0	2.0	±10	2.0		0.5	100		24	双路输出
RL1024D	1 024	13×13	2.3	47μJ/cm²	1.3	3	0.5		2.0	126	13 000	20	双路输出
RL1284D	512	18×18	2.4	0.45	1.5	±5	1.0		1.5	600	7 500	15	双路输出
RL2048S	2 048	25×25				±10						5	双路输出

六、典型面型图像传感器的结构、原理及其驱动时序

本节将介绍典型面阵 CCD 传感器 DL32 的结构和工作原理，以此帮助大家掌握面阵图像传感器的设计和使用。

1. 结构

DL32 型面阵 ICCD 为 N 型表面沟道、三相三层多晶硅电极、帧转移型面阵器件。该器件主要由摄像区、存储区、水平移位寄存器和输出电路等四部分构成。如图 7-38 所示，摄像区和存储区均由(256 × 320)个三相 CCD 单元构成。水平移位寄存器由 325 个三相交叠的 CCD 单元构成。其输出电路由输出栅 OG、补偿放大器和信号通道放大器构成。

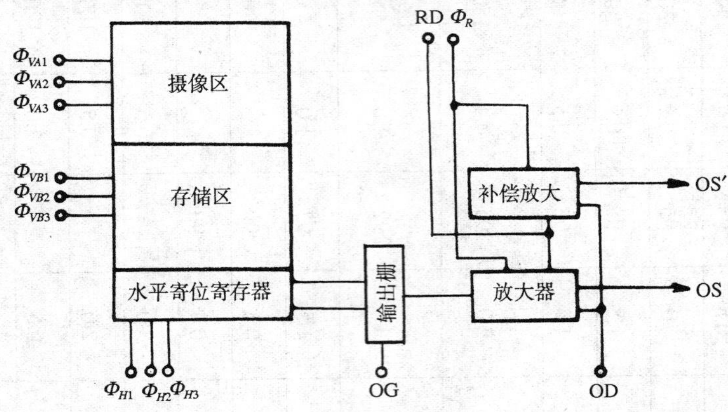

图 7-38 DL32 型 CCD 的结构框图

摄像区和存储区的 CCD 单元的结构尺寸如图 7-39 所示。其沟道区长为 20μm，沟阻区长为 4μm。在垂直方向上，它由三层交叠多晶硅电极构成，每层电极的宽度为 8μm，一个 CCD 单元的垂直尺寸为 24μm。可见，某一电极光积分时的有效光敏面积为(8 × 20)μm²。光敏区总面积为(7.7 × 6.1)mm²，对角线长度为 9.82mm。

水平移位寄存器的 CCD 单元尺寸如图 7-40 所示，水平方向长 18μm，沟道宽度为 36μm。每个电极处理电荷的实际区域为(6 × 36)μm²。

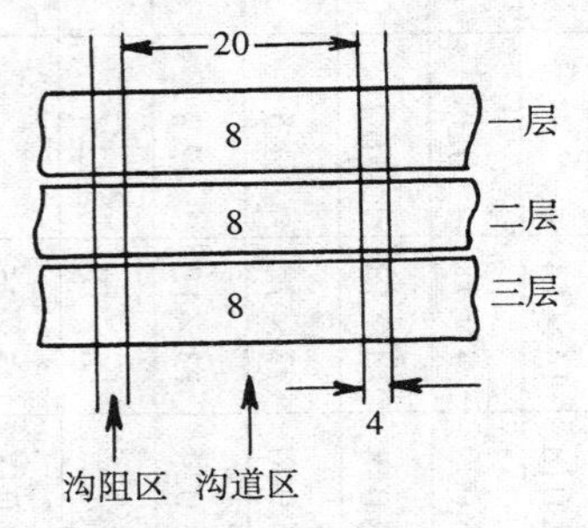

图 7-39 像敏区、存储区 CCD 单元结构图

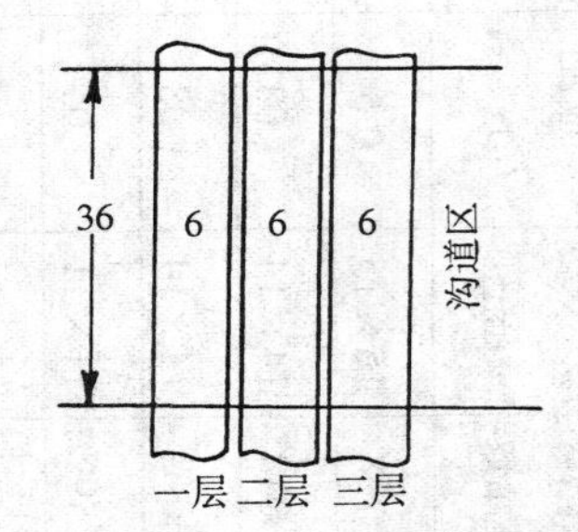

图 7-40 水平移位寄存器 CCD 单元尺寸

CCD 输出电路如图 7-41 所示，由一个双栅(直流栅 U_{RD} 和交流栅 Φ_R)复位场效应管和用做源极跟随放大器的场效应管构成。复位管双栅沟道长为 30μm，宽为 20μm。放大场效应

管沟道长为 10μm，宽为 60μm。这两个场效应管的跨导分别为 180μs 和 600μs。

2. 工作原理

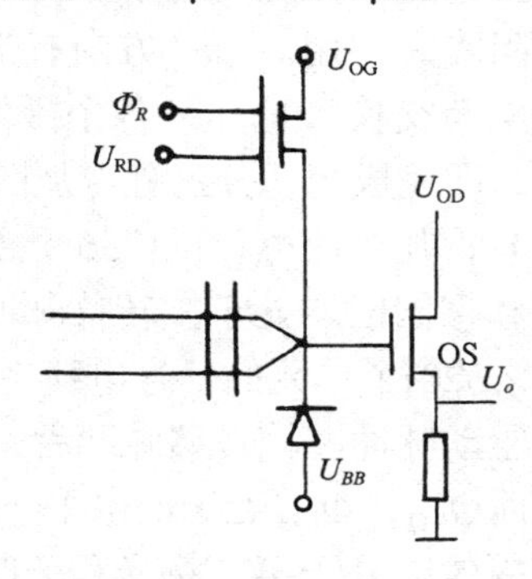

图 7-41　输出电路示意图

DL32 型 CCD 摄像器正常工作需要 11 路驱动脉冲和 6 路直流偏置电平。即像敏区的三相交叠脉冲Φ_{VA1}，Φ_{VA2}，Φ_{VA3}；存储区的三相交叠脉冲Φ_{VB1}，Φ_{VB2}，Φ_{VB3}；水平移位寄存器的三相交叠脉冲Φ_{H1}，Φ_{H2}，Φ_{H3}；胖零注入脉冲Φ_{is}和复位脉冲Φ_R。6 路直流偏置电平为复位管及放大管的漏极电平 U_{OD}，直流复位栅电平 U_{RD}，注入直流栅电平U_{G1}与U_{G2}，输出直流栅电平U_{OG}和衬底电平 U_{BB}。这些直流偏置电平值对于不同的器件，要求亦不相同，要作适当的调整。各路驱动脉冲的时序图如图 7-42 所示。

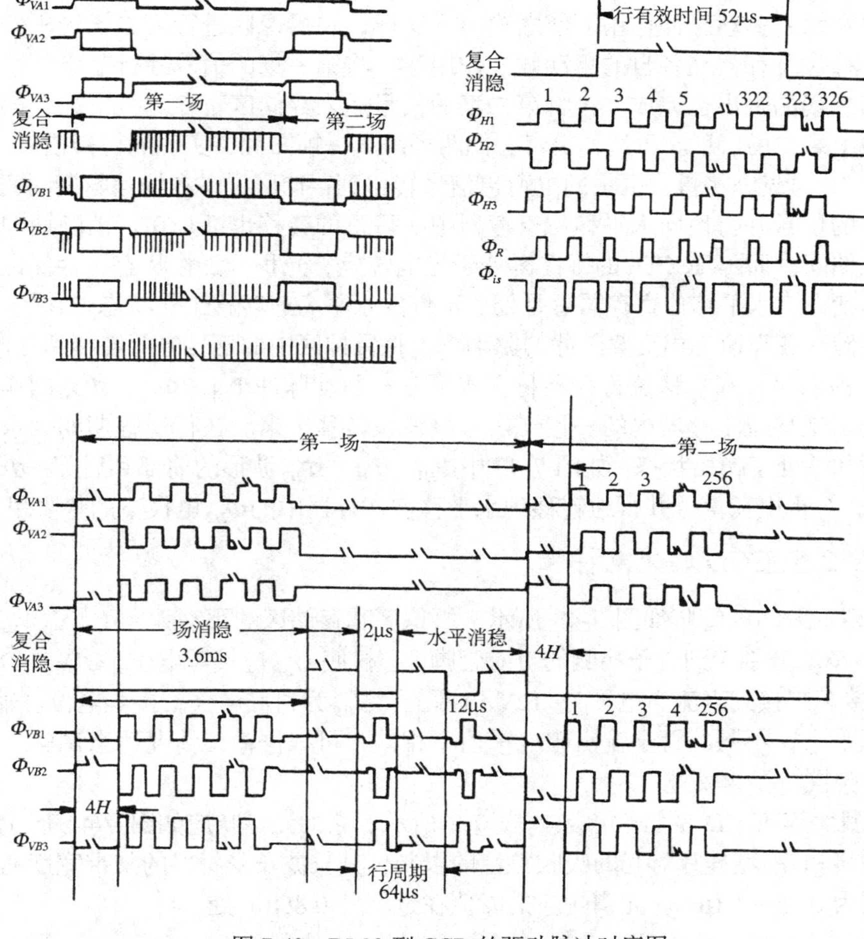

图 7-42　DL32 型 CCD 的驱动脉冲时序图

当摄像区工作时，三相电极中的一相为高电平而处于光积分状态，其余两相为低电平，起到沟阻隔离作用。水平方向有沟阻区，使各个摄像单元成为一个个独立的区域，各区域之间无电荷交换。这样，各个摄像单元进行光电转换，信号电荷(电子)存储在相应单元的势阱里，即完成光积分过程。从图 7-42 中看出，当第一场Φ_{VA3}处于高电平时，Φ_{VA1}和Φ_{VA2}处于低电平,凡是接Φ_{VA3}的(256 × 320)个单元均处于光积分时间。当第一场光积分结束后，摄像区和存储区均处于帧转移脉冲工作状态。它们在帧转移的高速脉冲驱动下，将摄像区的(256 × 320)个单元的信号电荷平移到存储区，在存储区的(256 × 320)个单元中暂存起来。摄像区驱动脉冲在帧转移脉冲后，处于第二场光积分时间。由图 7-42 可见，此时Φ_{VA2}处于高电平而Φ_{VA1}，Φ_{VA3}处于低电平。故凡是接Φ_{VA2}的(256 × 320)个电极均处于第二场光积分过程。当摄像区处于第二场光积分时，存储区的驱动脉冲处于行转移脉冲。在整个光积分周期中，存储区进行 256 次行转移，每次行转移脉冲驱动存储区各单元将信号电荷向水平移位寄存器平移一行。第一个行转移脉冲将第一行信号平移入水平移位寄存器中，水平移位寄存器在水平三相交叠脉冲的驱动下快速地将这一行的 320 个信号经输出电路输出，一行全部输出后，存储区又进行一次行转移，各行信号又步进一行，第二行信号进入水平移位寄存器，再在水平驱动脉冲作用下使之输出。这样，在摄像区进行第二场光积分期间，存储区和水平移位寄存器在各自的驱动脉冲作用下，将第一场的信号逐行输出。第二场光积分结束，第一场的输出也完成。再将第二场的信号送入存储区暂存。接下去，第三场光积分的同时输出第二场信息。显然，由奇、偶两场组成一帧图像，实现隔行扫描。

由图 7-42 可见，将摄像区中的电荷包信号转移到存储区，是在场消隐期间完成的。而将存储区中的信号并行地向水平移位寄存器中一行行的转移也都是在行消隐期间完成的。即在场正程期间，面阵 ICCD 的摄像区处于光电转换、光积分工作状态，存储区则处于并行转移工作状态，水平移位寄存器总是处于不停的水平高速转移工作状态。在场逆程期间，摄像区与存储区在高速三相交叠脉冲的驱动下，将摄像区中的信号电荷转移到存储区。

在行正程期间，水平移位寄存器将在水平三相驱动脉冲Φ_{H1}，Φ_{H2}，Φ_{H3}的作用下，将并行转移到水平移位寄存器内的一行光信号电荷包转移出来。在行逆程期间，水平移位寄存器的驱动脉冲处于初始状态，如图 7-42 中Φ_{H1}，Φ_{H2}，Φ_{H3}波形的前部和后部，Φ_{H1}低，Φ_{H2}高，Φ_{H3}低，一行电荷信号并行地转移到水平移位寄存器中的Φ_{H2}电极下的势阱里。

3. DL32 型 CCD 的光电特性

DL32 型 ICCD 的管脚如图 7-43 所示。摄像区和存储区的驱动脉冲Φ_{VA1}，Φ_{VA2}，Φ_{VA3}，Φ_{VB1}，Φ_{VB2}，Φ_{VB3}分别接到管子两侧的对应管脚上。衬底U_{BB}应接零电位，OD 与 OD′及 RG，RD 均可并接起来接到直流高电平为+12V 电源上。U_{BB}为衬底电极，接零电位。输出栅 OG 接在可调电平上，不同的管子输出栅电平值不相同，可根据输出情况适当调整，其他电极与线阵器件类同，不再赘述。

DL32 型面阵 ICCD 的特性参数如表 7-2 所示。它的光谱响应如图 7-44 所示，其短波长受窗口材料和 P 型硅片对光的吸收特性的限制，其长波长受材料的禁带宽度的限制。光谱响应范围为 0.45 ~ 1.1μm。光谱响应的峰值在近红外 0.86μm 处。

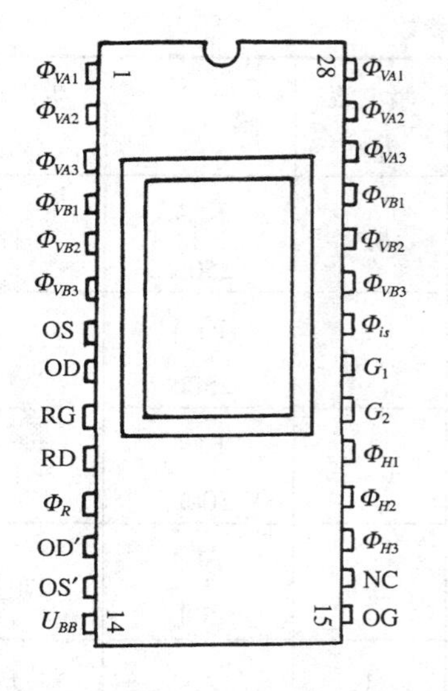

图 7-43　DL32 型面阵 CCD 管脚图

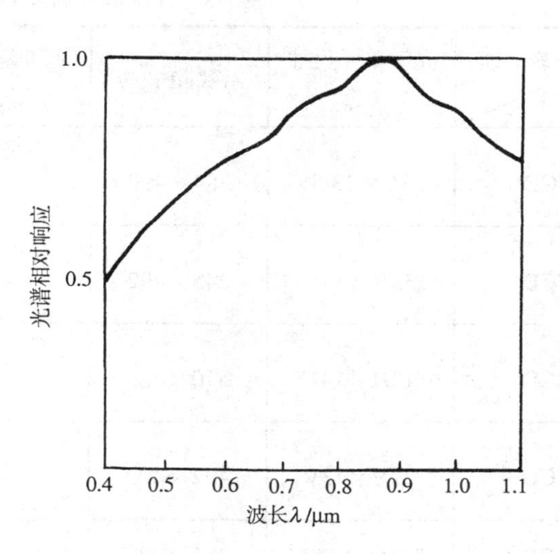

图 7-44　DL32 的光谱响应

表 7-2　DL32 图像传感器的光电特性

符　号	名　称	单　位	典型值	备　注
DR	动态范围		100 ~ 500	
SE	饱和曝光量	lx · s	25×10^{-2}	2 856K 温度的白炽灯
R	灵敏度	mV/(lx · s)	140	同上
I_{AD}	摄像区暗电流	nA	10 ~ 15	
$U_{\text{p-p}}$	峰-峰信号电压	mV	20 ~ 300	
	暗信号不均匀性	%	< 16	
SR	光谱响应范围	μm	0.45 ~ 1.1	
η	转移效率		> 99.9%	
HLR	水平极限分辨率	L	200 ~ 240	电视线对
f_M	水平移位寄存器工作频率	MHz	6.1	

表 7-3 给出几种典型的面阵 CCD 的参数。

表 7-3　几种典型面阵 CCD 的参数

参数 / 型号	光敏单元尺寸 /μm	分辨单元数	饱和曝光量 /$\mu J/cm^2$	暗电流 /nA	感　度	生产厂家（公司）
IT-CCD	$23H\times13.5V$	384×490	—	0.5	F1.4 250lx	日电
IT-CCD	$36H\times14V$	245×492	—	1～2	F1.4 250lx	索尼
IT-CCD	$12H\times14V$	570×488	—	1～2	F1.4 500lx	
IT-CCD	$22H\times13V$	492×400	—	0.4	F1.4 350lx	东芝
IT-CCD	$23H\times13.5V$	385×488	—	1	—	夏普
MOS	$23H\times13.5V$	384×485	—	0.1	F1.4 500lx	日立
MEC IT-CCD	$24H\times14V$	379×502	—	—		松下
CPD	$24H\times28V$ $24H\times14V$	384×485	—	—	F1.4 400lx	
N-CCD (1.70cm 2/3 英寸)	$24H\times14V$	404×506	—	—	F1.4 100lx	
N-CCD (1.27cm 1/2 英寸)	$17.2H\times10V$	404×506	—	—	—	
NXA1011(A)	$15.6H\times10V$	576×604	—	—	—	菲利浦
NXA1031(A)	$18.6H\times9.9V$	490×610	—	—	—	
RCASID52501	$30H\times10V$	510×320	0.4	—	—	美国 RCA 公司
VS1024	$12H\times12V$	$1\,024\times1\,024$	—	—	—	FordAero
RAO256BAG011	$40H\times40V$	256×256	0.4	—	—	EG&G
CCD211	$12H\times18V$	488×380	—	—	—	仙童公司
TC242(A)	—	486×774	—	—	—	Texas Instr.

第三节　光导式(光纤)传感器

光导式传感器实际就是利用光在光纤中传导引起光的特性发生变化而研制的一种传感器。该传感器的核心是光导纤维。

光(导)纤(维)是 20 世纪 70 年代的重要发明之一，它与激光器、半导体探测器一起构成了新的光学技术，创造了光电子学的新天地(领域)。光纤的出现产生了光纤通信技术，特别是光纤在有线通信上的优势越来越突出，它为人类 21 世纪的通信基础——信息高速公路奠定了基础，为多媒体(符号、数字、语音、图形和动态图像)通信提供了实现的必需条件。由于光纤具有许多新的特性，所以不仅在通信方面，而且在其他方面也提出了许多新的应用方法，例如，把待测的量与光纤内的导光联系起来就形成光纤传感器。光纤传感器始于 1977 年，经过近 30 年的研究，光纤传感器取得了十分重要的进展，目前已进入研究和实用并存的阶段。它对军事、航天航空技术、生命科学和宽带通信等的发展起着十分重要的作用。随着新兴学科的交叉渗透，它将会出现更广阔的应用前景。

一、光纤结构

光纤结构十分简单，如图 7-45 所示。它是一种多层介质结构的圆柱体。该圆柱体由纤芯、包层和护层组成。

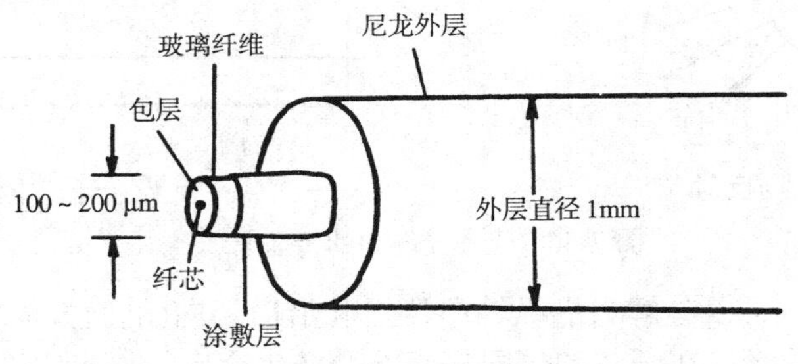

图 7-45　光纤结构

纤芯材料的主体是二氧化硅(SiO_2)或塑料，制成很细的圆柱体，其直径在 5 ~ 75μm 内。有时在主体材料中掺入极微量的其他材料如二氧化锗或五氧化二磷等，以便提高光的折射率。围绕纤芯的是一层圆柱形套层(包层)，包层可以是单层，也可以是多层结构，层数取决于光纤的应用场所，但总直径控制在 100 ~ 200μm 范围内。包层材料一般为 SiO_2，也有的掺入极微量的三氧化二硼或四氧化硅，但包层掺杂的目的却是为了降低其对光的折射率。包层外面还要涂上如硅铜或丙烯酸盐等涂料，其作用是保护光纤不受外来的损害，增加光纤的机械强度。光纤最外层是一层塑料保护管，其颜色用以区分光缆中各种不同的光纤。光缆是由多根光纤组成，并在光纤间填入阻水油膏以此保证光缆的传光性能。光缆主要用于光纤通信。

二、光纤的传光原理

根据几何光学理论，当光线以某一较小的入射角θ_1(光线与法线间的夹角)，由折射率(n_1)

较大的光密物质射向折射率(n_2)较小的光疏物质(即 $n_1 > n_2$)时，则一部分入射光以折射角θ_2折射入光疏物质，其余部分以θ_1角度反射回光密物质，如图 7-46(*a*)所示。根据 Snell 定律，光折射和反射之间关系为

$$\frac{\sin\theta_1}{\sin\theta_2} = \frac{n_2}{n_1} \tag{7-6}$$

当光线的入射角θ_1增大到某一角度θ_c时，透射入光疏物质的折射光则折向界面传播($\theta_2 = 90°$)，称此时的入射角θ_c为临界角。那么，由 Snell 定律得

$$\sin\theta_c = \frac{n_2}{n_1} \tag{7-7}$$

由此可知临界角θ_c仅与介质的折射率的比值有关。

当入射角$\theta_1 > \theta_c$时，光线不会透过其界面，而全部反射到光密物质内部，也就是说光被全反射。根据这个原理，只要使光线射入光纤端面的光与光轴的夹角小于一定值，即当光入射界面的角θ_1小于临界角θ_c时，光线就不会射出光纤的纤芯，如图 7-46(*b*)所示。光线在纤芯和包层的界面上不断地产生全反射而向前传播，光在光纤内经过若干次的全反射，光就能从光纤的一端以光速传播到另一端，这就是光纤传光的基本原理。

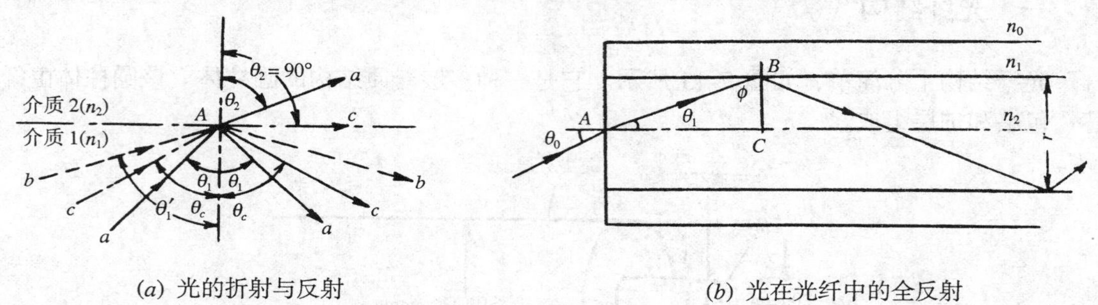

(*a*) 光的折射与反射　　(*b*) 光在光纤中的全反射

图 7-46　光在光纤中的传播原理

光纤传输的光波，可以分解为沿纵轴向传播和沿横切向(剖面方向)传播的两种平面波成分。沿横切向传播的光波在纤芯和包层界面上会产生全反射。当它在横切向往返一次的相位变化 2π的整数倍时，将形成驻波。只有能形成驻波的那些以特定角度射入光纤的光才能在光纤内传播，形成驻波的光线组称为模。即在光纤中被允许传播的光波称为模(式)。它们是离散存在的，即某一种光纤只能传输特定模数的光。

通常用麦克斯韦方程导出的归一化频率f作为确定光纤传输模数的参数。f的值可由下式确定：

$$f = 2\pi r\frac{NA}{\lambda} \tag{7-8}$$

式中　r——纤芯半径；

λ——光波长；

NA——数值孔径。

所谓光纤的孔径就是当光线经某一子午面射入光纤时，光纤端面的临界入射角θ_c的两倍角称为光纤的孔径角。$2\theta_c$的大小表示光纤能接收光的范围。$2\theta_c$越大，光纤入射端的端面上接收光的范围越大，进入纤芯的光线越多。根据 Snell 折射定律可得到，由折射率为 n_0

的外界介质(空气 $n_0 = 1$)射入纤芯时，实现全反射的临界角为

$$\sin\theta_c = \frac{1}{n_0}(n_1^2 - n_2^2)^{\frac{1}{2}} = NA \tag{7-9}$$

NA 就称为光纤的数值孔径。可以证明：当 $NA < 1$ 时，集光能力与 NA 的平方成正比；当 $NA \geqslant 1$ 时，集光能力达到最大。从公式可知，纤芯和包层介质的折射率差值越大，数值孔径越大，光纤的集光能力越强。因此，数值孔径是反映纤芯接收光量的多少，它是光纤的重要参数。

三、光纤分类

根据光纤的折射率、光纤材料、传输模式、光纤用途和制造工艺，有如下几种分类方法：

1. 阶跃型和梯度型光纤

根据光纤的折射率的分布函数，普通光纤可分为阶跃型和梯度型两类。

阶跃光纤的纤芯折射率是均匀阶跃分布的，包层内的折射率分布也大体均匀，折射率为常数；但是，在纤芯和包层的界面上呈台阶状，如图 7-47(a)所示。在纤芯内，中心光线沿光纤轴线传播，通过轴线的子午光线(光的射线永远在一个平面内运动，这种光线称为子午光线)呈锯齿形轨迹。

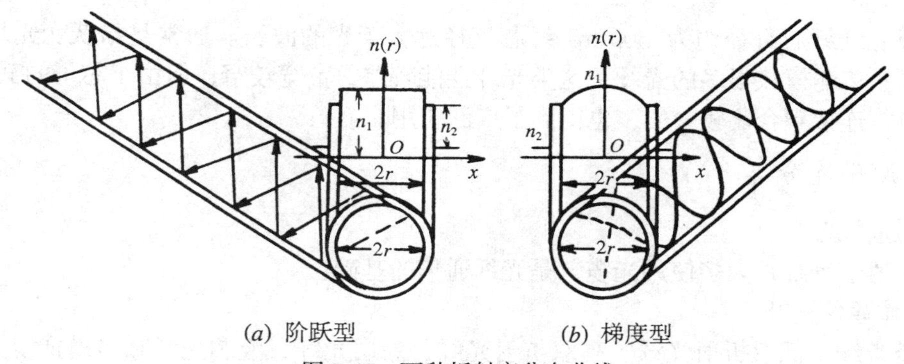

(a) 阶跃型　　(b) 梯度型

图 7-47　两种折射率分布曲线

梯度光纤纤芯内的折射率不是常量，而是从中心轴线开始沿径向大致按抛物线形成递减，中心轴折射率最大，因此，光线在纤芯中传播会自动地从折射率小的界面向中心会聚，光纤传播的轨迹类似正弦波形。梯度光纤又称为自聚焦光纤，如图 7-47(b)所示。

这两种光纤传输模的总数 N 可表示为

$$N = \begin{cases} \dfrac{f^2}{2} & (\text{阶跃型}) \\[2ex] \dfrac{f^2}{4} & (\text{梯度型}) \end{cases} \tag{7-10}$$

从式(7-10)可知，f 大的光纤传输的模数多，称之为多模光纤。通常纤芯直径较粗(几十微米以上)的，能传播几百个以上的模；而纤芯很细的(5 ~ 10μm)只能传输一个模(基模)，称之为

单模光纤。

2. 按材料分类

(1) 高纯度石英(SiO_2)玻璃纤维。

这种材料的光损耗比较小，在$\lambda = 1.2\mu m$的波长时，最低损耗约为0.47dB/km。锗硅光纤，包层用硼硅材料，其损耗约为0.5dB/km。

(2) 多组分玻璃光纤。

用常规玻璃制成，损耗也很低。如硼硅酸钠(Sodiumborosilicate)玻璃光纤在$\lambda = 0.84\mu m$时，最低损耗为3.4dB/km。

(3) 塑料光纤。

用人工合成导光塑料制成，其损耗较大。当$\lambda = 0.63\mu m$时，达到100 ~ 200dB/km；但重量轻，成本低，柔软性好，适用于短距离导光。

3. 按传输模数分类

(1) 单模光纤。

单模光纤纤芯直径仅有几微米，接近波长。单模光纤通常是指跃变光纤中内芯尺寸很小，光纤传输模数很少，原则上只能传送一种模数的光纤，常用于光纤传感器。这类光纤传输性能好，频带很宽，具有较好的线性度；但因芯小，难以制造和耦合。

(2) 多模光纤。

多模光纤纤芯直径约为 50μm，纤芯直径远大于光的波长。通常是指跃变光纤中内芯尺寸较大，传输模数很多的光纤。这类光纤性能较差，带宽较窄；但由于芯子的截面积大，容易制造，连接耦合比较方便，也得到了广泛应用。

4. 按用途分类

(1) 通信光纤。

用于通信系统，大多使用光缆，是光纤通信的基础。

(2) 非通信光纤。

这类光纤有低双折射光纤、高双折射光纤、涂层光纤、液芯光纤和多模梯度光纤等几类。

5. 按制作工艺分类

(1) 应用化学气相沉积法(CVD)或改进化学气相沉积法(MCVD)的工艺制作高纯度石英玻璃光纤。

(2) 应用双坩埚法或三坩埚法工艺制作多组分玻璃光纤。

四、光纤传感器基本工作原理及类型

1. 光纤传感器基本工作原理

光纤传感器的基本工作原理是将来自光源的光经过光纤送入调制器，使待测参数与进入调制区的光相互作用后，导致光的光学性质(如光的强度、波长、频率、相位、偏振态等)发生变化，成为被调制的信号光，再经过光纤送入光探测器，经解调器解调后，获得被测参数。

2. 光纤传感器的类型

光纤传感器按其传感器原理分为两大类：一类是传光型，也称为非功能型光纤传感器；另一类是传感型，或称为功能型光纤传感器。前者多数使用多模光纤，后者常使用单模光纤。

在传光型光纤传感器中，光纤仅作为传播光的介质，对外界信息的“感觉”功能是依靠其他物理性质的功能元件来完成的。传感器中的光纤是不连续的，其间有中断，中断的部分要接上其他介质的敏感元件，如图 7-48 所示。调制器可能是光谱变化的敏感元件或其他敏感元件。光纤在传感器中仅起传光作用。

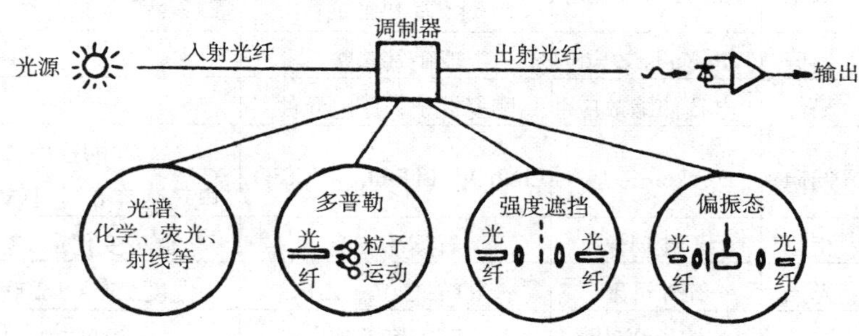

图 7-48　传光型光纤传感器

传光型光纤传感器主要利用已有的其他敏感材料，作为其敏感元件，这样可以利用现有的优质敏感元件来提高光纤传感器的灵敏度。传光介质是光纤，所以采用通信光纤甚至普通的多模光纤就能满足要求。传光型光纤传感器占据了光纤传感器的绝大多数。

传感型光纤传感器是利用对外界信息具有敏感能力和检测功能的光纤(或特殊光纤)作传感元件，将“传”和“感”合为一体的传感器。在这类传感器中，光纤不仅起传光的作用，而且还利用光纤在外界因素(弯曲、相变)的作用下，其光学特性(光强、相位、偏振态等)的变化来实现传和感的功能。因此，传感器中的光纤是连续的，如图 7-49 所示。

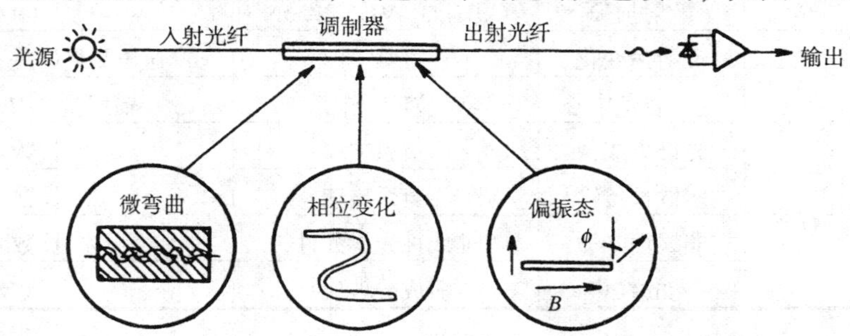

图 7-49　传感型光纤传感器

功能型光纤传感器在结构上比传光型光纤传感器简单，因为光纤是连续的，可以少用一些光耦合器件；但为了光纤能接受外界物理量的变化，往往需要采用特殊光纤来作探头，这样就增加了传感器制造的难度。随着对光纤传感器基本原理的深入研究和各种特殊光纤的大量问世，高灵敏度的功能型光纤传感器必将得到更广泛的应用。

表 7-4 列出了常用的光纤传感器及性能分类。

表 7-4　常用光纤传感器及性能

待测物理量	类型	调制方式	光学现象	纤芯材料	性能
电流 磁场	FF	偏振	法拉第效应	石英系玻璃，铝丝玻璃	电流 150 ~ 1 200A，精度 0.24% 磁场强度 0.8 ~ 4 800A/m，精度 2%
		相位	磁致伸缩效应	镍，68 碳镍合金	最小检测磁场强度 8×10^{-6}A/m(1 ~ kHz)
	NF	偏振	法拉第效应	YIG 系强磁体 FR-5 铅玻璃	磁场强度 0.08 ~ 160A/m，精度 0.5%
电压 电场	FF	偏振	Pockels 效应	亚硝基苯胺	
		相位	电致伸缩效应	陶瓷振子，压电元件	
	NF	偏振	Pockels 效应	$LiNbO_3$，$LiTaO_3$，$Bi_{12}SiO_2$	电压 1 ~ 1 000V 电场强度 0.1 ~ 1kV/cm，静度 1%
温度	FF	相位	干涉现象	石英系玻璃	温度变化量 17 条/(℃ · m)
		光强	红外透射	SiO_2，CaF_2，ZrF_2	温度 250 ~ 1 200℃，精度 1%
		偏振	双折射变化	石英系玻璃	温度 30 ~ 1 200℃
	NF	透射率	禁带宽度变化	GaAs，CdTe，半导体	温度 0 ~ 80℃
			透射率变化	石蜡	开(63℃)，关(52℃)
		光强	荧光辐射	$(Gd0.99Eu0.01)_2O_2S$	−50 ~ 300℃，精度 0.1℃
速度	FF	相位	Sagnac 效应	石英系玻璃	$\omega = 3\times10^{-3}$rad/s 以上
		频率	多普勒效应	石英系玻璃	流速 $10^{-4} \sim 10^3$m/s
振动 压力	FF	频率	多普勒效应	石英系玻璃	最小振幅 0.4μm(120Hz)
		相位	干涉现象	石英系玻璃	压力 154(kPa · m)/条
	NF	光强	散射损失	$C_{45}H_{78}O_2$+VL · 2255N	压力 0 ~ 40kPa
		光强	反射角变化	薄膜	血压测量误差 2.6×10^3Pa
射线	FF	光强	生成着色中心	石英系玻璃，铅系玻璃	辐照量 0.01 ~ 1Mrad
图像	FF	光强	光纤束成像	石英系玻璃	长数米
			多波长传输	石英系玻璃	长数米
			非线性光学	非线性光学元件	长数米
			光的聚焦	多成分玻璃	长数米

3. 光纤传感器的特点

光纤传感器有以下三大特点，因而得到广泛的应用。

(1) 光纤传感器具有优良的传光性能，传光损耗很小，目前损耗能达到≤0.2dB/km 的水平。

(2) 光纤传感器频带宽，可进行超高速测量，灵敏度和线性度好。

(3) 光纤传感器体积很小，重量轻，能在恶劣环境下进行非接触式、非破坏性以及远距离测量。

五、光纤传感器的调制器原理

光纤对许多外界参数有一定的效应，如表 7-4 所示。光纤传感器原理的核心是如何利用光纤的各种效应，实现对外界被测参数的“传”和“感”的功能。从图 7-48 和图 7-49 可知，光纤传感器的核心就是光被外界参数的调制原理，调制的原理就能代表光纤传感器的机理。研究光纤传感器的调制器就是研究光在调制区与外界被测参数的相互作用，使外界信号可能引起光的特性(强度、波长、频率、相位、偏振态等)变化，从而构成强度、波长、频率、相位和偏振态调制原理。下面将分别介绍几种常用的调制原理。

1. 强度调制

利用被测量的一些因素改变光纤中光的强度，再通过光强的变化来测量外界物理量，称为强度调制。其原理如图 7-50 所示。

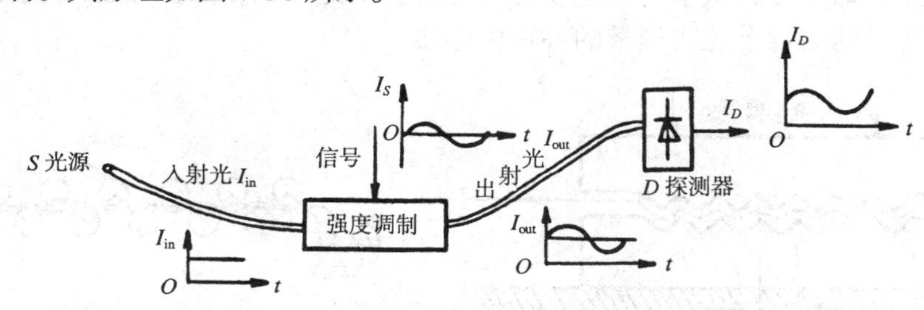

图 7-50　强度调制原理

当一恒定光源的光波 I_{in} 注入调制区时，在外力场强 I_S 的作用下，输出光波强度被 I_S 所调制，载有外力场信息的射出光 I_{out} 的包络线与 I_S 形状一样，光探测的输出电流 I_D(或电压)也作了同样的调制。同理，可以利用其他各种光强调制方式如光纤位移、光栅、反射式、微弯、模斑、斑图、辐射等来调制入射光，从而形成相应的调制器。

强度调制是光纤传感器使用最早的调制方法，其特点是技术简单、可靠，价格低，可采用多模光纤且光纤的连接器和耦合器均已商品化。光源可采用 LED 和高强度的白炽光等非相干光源。探测器一般用光电二极管、三极管和光电池等。

下面介绍几种强度调制的方法：

(1) 小的线性位移和角位移调制方法。

这种调制方法使用两根光纤：一根为光的入射光纤，另一根为调制后的光的出射光纤，如图 7-51 所示。两根光纤的间距为 2 ~ 3μm，端面为平面，两者对置。通常入射光纤不动，外界因素如压力、张力等使得出射光纤作横向或纵向位移或转动，于是出射光纤输出的光强被其位移所调制。利用这一调制过程可以测量位移量等。

若入射和出射光纤均采用相同性能的单模光纤，径向位移 d 与功率耦合系数 T 之间有下列关系：

$$T = e\frac{d^2}{S_0^2} \tag{7-11}$$

式中 S_0 为光纤中的光斑尺寸，T 和 d 的关系为高斯型曲线。这种调制方法可以测量 10μm 以内的位移量。

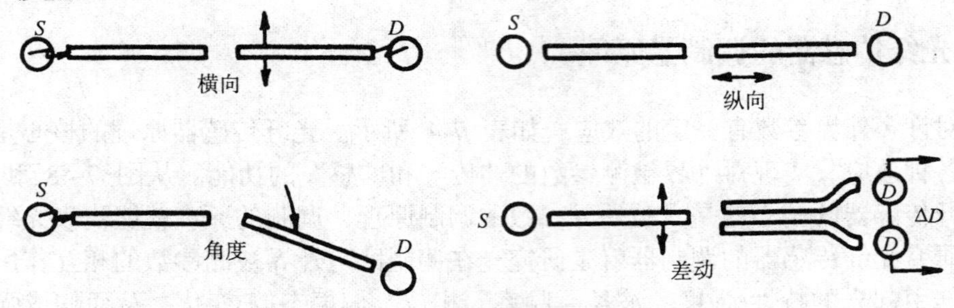

图 7-51 光强小位移调制

(2) 微弯损耗光强调制。

根据模态理论，当光纤轴向受力而微弯时，光纤中的部分光会折射到纤芯的包层中去，不产生全折射，这样将引起纤芯中的光强发生变化。因此，可以通过对纤芯或包层的能量变化来测量外界力如应力、重量、加速度等物理量。由此可制作如图 7-52 所示的微弯损耗光强调制器，而得到测量上述物理量的各种传感器。

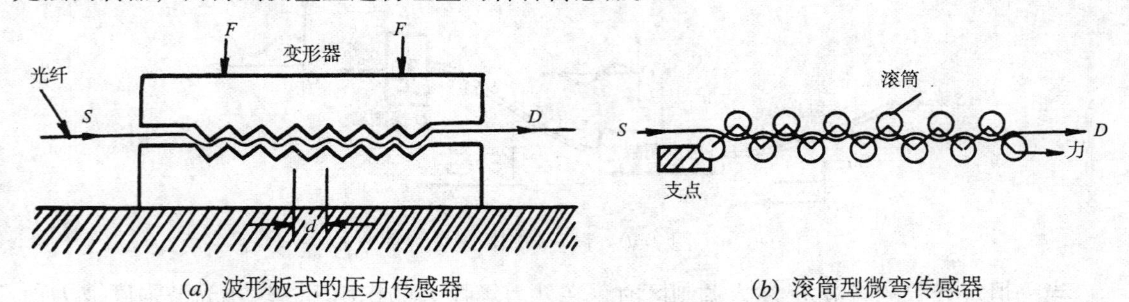

(*a*) 波形板式的压力传感器　　(*b*) 滚筒型微弯传感器

图 7-52 微弯损耗光强调制器及其传感器

微弯光纤压力传感器由两块波形板或其他形状的变形器构成。其中一块活动，另一块固定。变形器一般采用有机合成材料如尼龙、有机玻璃等制成。一根光纤从一对变形器之间通过，当变形器的活动部分受到外界力的作用时，光纤将发生周期性微弯曲，引起传播光的散射损耗，使光在芯模中重新分配：一部分从纤芯耦合到包层，另一部分光反射回纤芯。当外界力增大时，泄漏到包层的散射光随之增大；相反，光纤纤芯的输出光强度减小。它们之间呈线性关系，如图 7-53 所示。由于光强度受到调制，通过检测泄漏包层的散射光强或光纤纤芯透射光强度的变化能测出压力或位移的变化。

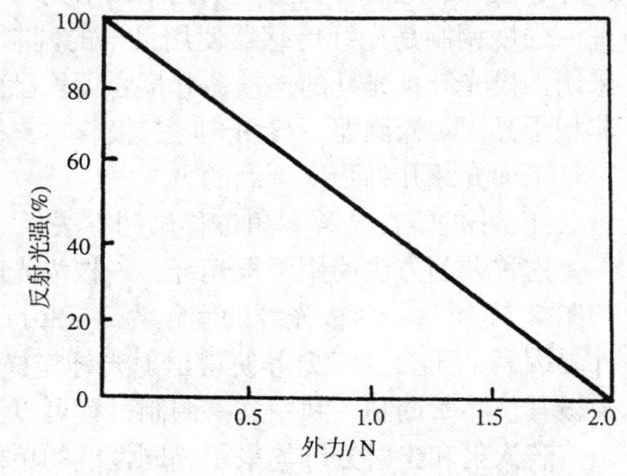

图 7-53 纤芯透射光强度与外力的关系

(3) 吸收特性的强度调制。

X，γ射线等辐射会引起光纤材料的吸收损耗增加，光纤的输出功率降低，从而可以构造成强度调制器来测量各种辐射量的光纤传感器，其原理如图 7-54(*a*)所示。通过不同材料的光纤对不同射线的敏感程度不一样这一特性，可以鉴别不同的射线。例如铅玻璃光纤对X，γ射线和中子射线特别灵敏，而且这种材料的光纤，在小剂量射线照射时，具有较好的线性关系，可以测量射线辐射剂量。吸收量与射线辐射剂量的关系如图 7-54(*b*)所示。

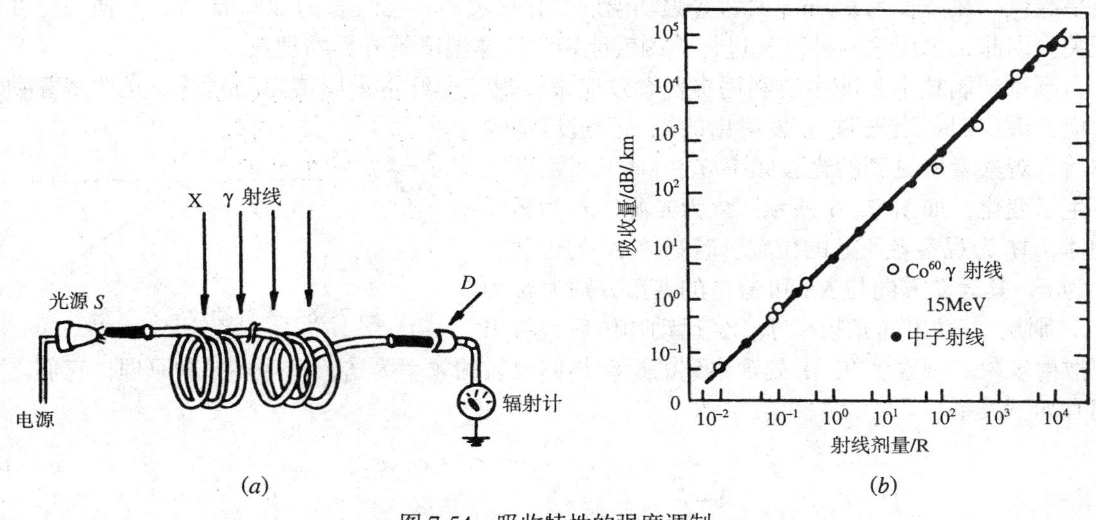

图 7-54 吸收特性的强度调制

2. 波长调制和频率调制

利用外界因素改变光纤中光的波长或频率，然后，通过检测光纤中的波长或频率的变化来测量各种物理量的原理，分别称为波长调制和频率调制。

波长调制技术比强度调制技术用得少，其原因是解调技术比较复杂，通常使用分光仪；但是，采用光学滤波和双波长检测技术后，使其解调技术简化了。由于波长调制技术对其引起光纤或连续损耗增加的某些器件的稳定性不敏感的特点，该技术广泛用于液体浓度的化学分析、磷光和荧光现象分析、黑体辐射分析等方面。

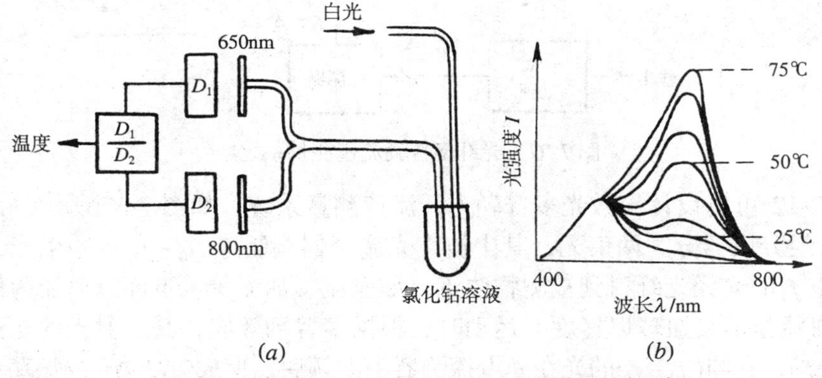

图 7-55 利用热色溶液变化进行波长调制测量温度

例如，利用热色物质的颜色变化进行波长调制，从而达到测量温度以及其他的物理量。图 7-55 给出了利用热色溶液变化进行波长调制测量温度的原理。光源为 60W 钨丝的白光，经光纤进入热变色溶液(如溶于异丙醇溶液中的氯化钴)，其反射光被另一光纤接收后，两束光分别经过波长为 650nm 和 800nm 的滤光片，最后由光敏元件 D_1，D_2 接收。当热变色溶液温度改变时，溶液色度与光的波长有如图 7-55(b)所示的关系。当温度为 20℃时，在 500nm 处有一个吸收峰，溶液呈红色；温度升到 70℃时，在 650nm 处也有一个吸收峰，溶液呈绿色。在波长为 650nm 时，光强随温度变化最灵敏；在波长为 800nm 时，光强与温度无关。因此，选用这两种波长进行检测就能确定液体温度等外界物理量。

频率调制技术目前主要利用多普勒效应来实现。光纤常采用传光型光纤。光学多普勒效应告诉我们：当光源 S 发射出的光，经过运动物体后，观察者所见到的光波频率 f_1 相对于原频率 f_0 发生了变化，如图 7-56 所示。S 为光源，N 为运动物体，M 为观察者所处的位置。若物体 N 的运动速度为 v，其运动方向与 NS 和 MN 的夹角分别为 φ_1 和 φ_2，则从 S 发出的光频率 f_0，经运动物体后，将出现散射现象。观察者在 M 处观察到的运动物体反射的频率为 f_1，根据多普勒原理，它们之间有如下关系：

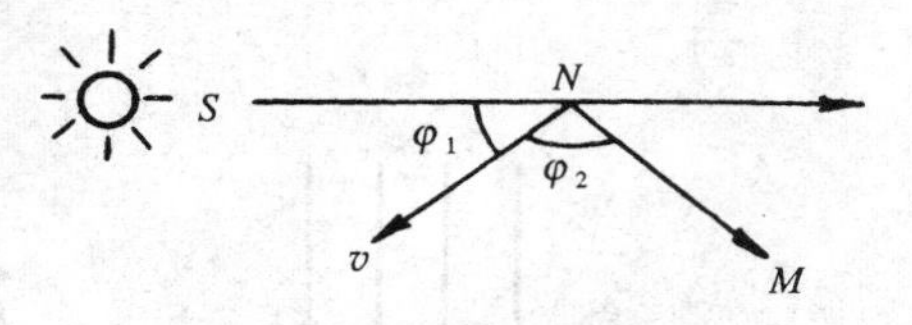

图 7-56　多普勒效应示意图

$$f_1 = \frac{f_0}{1-\dfrac{v}{c}} \approx f_0\left[1+\frac{v}{c}(\cos\varphi_1+\cos\varphi_2)\right] \tag{7-12}$$

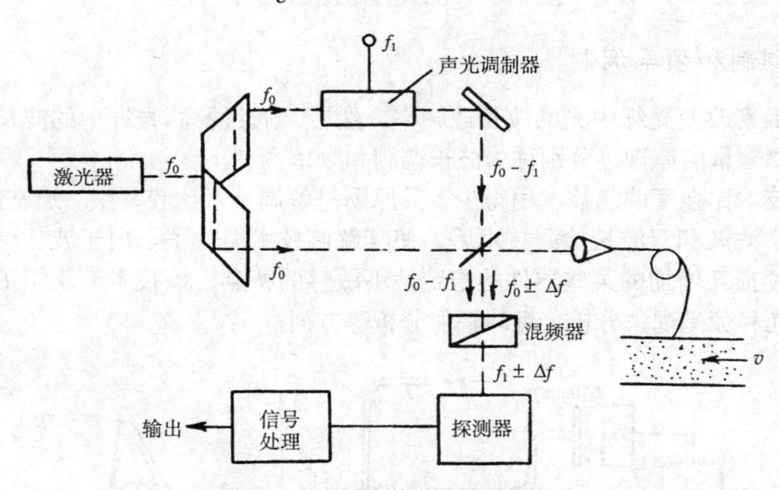

图 7-57　光纤多普勒流速测量系统

根据式(7-12)可以设计出激光多普勒光纤流速测量系统，如图 7-57 所示。设激光光源频率为 f_0，f_0 经分束器分为两束光，其中被声光调制器调制成(f_0-f_1)的一束光，射入探测器中；另一束 f_0 的光经光纤射到被测物体流，如血流、油流等。下面以血流为例说明其测量原理。当血流里的红血球以速度 v 运动时，根据多普勒效应，其反射光的光谱产生边带频率为($f_0\pm\Delta f$)，它与(f_0-f_1)的光在光电探测器中混频后，形成($f_1\pm\Delta f$)的振荡信号，通过测量 Δf，由式(7-12)换算出血流速度 v。声光调制频率 f_1 一般取 40MHz。在频谱分析仪上，除有 40MHz 的调制频率的一个峰外，还有移动的Δf 次峰，根据次峰可确定血流等流体的速度。

3. 相位调制

利用外界因素改变光纤中光波的相位，通过检测光波相位变化来测量物理量的原理称为相位调制。

光纤中的光波相位由光纤波导的物理长度、折射率及其分布、波导横向几何尺寸所决定。一般来说，压力、张力、温度等外界物理量可以直接改变上述三个波导参数，产生相应变化，实现光纤的相位调制；但是，目前尚没有直接感知光波相位变化的光敏器件，因此必须采用光的干涉技术将相位变化转变为光强变化，才能实现对外界物理量的测量。光纤传感器中的相位调制技术应包括两部分：一是产生光波相位变化的物理机理；二是光的相干技术。

由于采用了干涉技术，使其具有很高的相位调制灵敏度。例如对于温度、压力、应变(轴向)分别具有 106rad/(m・℃)，10^{-9}rad/(m・Pa)，11.4rad/(μm・m)。光纤探头的形式灵活多样，能适用于不同的测试环境。

例如，应力应变的相位调制：

当光纤受到轴向的机械应力作用时，将产生三个主要的物理效应，导致光纤中的光相位发生变化：① 光纤的长度变化——应变效应；② 光纤纤芯的感应折射率变化——光弹效应；③ 光纤纤芯的直径变化——泊松效应。根据有关文献介绍，光波通过长度为 L 的光纤后，出射光的相位延迟Φ为

$$\Phi=\beta L \tag{7-13}$$

式中 β——光波在光纤中的传播常数。

当光纤长度或传播速度变化时，引起光波相位变化为

$$\Delta\Phi=\beta\Delta L+L\Delta\beta=\beta L\left(\frac{\Delta L}{L}\right)+L\left(\frac{\partial\beta}{\partial n}\right)\Delta n+L\left(\frac{\partial\beta}{\partial d}\right)\Delta d \tag{7-14}$$

式中$\Delta\Phi$为ΔL 和$\Delta\beta$ 引起的相位变化，d 为光纤芯的半径。

式(7-14)中的第一项为光纤长度(应变效应)变化引起的相位延迟；第二项表示感应折射率变化(光弹效应)所引起的相位延迟；第三项为光纤纤芯的直径变化(泊松效应)引起的相位延迟。

又例如，温度应变相位调制：

温度应变是将光纤放置在变化的温场中，设温场变化等效于一个作用力 F 时，则作用力 F 同时影响光纤折射率 n 和长度 L 的变化。由下式引起光纤中光波相位延迟为

$$\frac{\mathrm{d}\Phi}{\mathrm{d}F}=K_0L\frac{\mathrm{d}n}{\mathrm{d}F}+K_0n\frac{\mathrm{d}L}{\mathrm{d}F}=K_0\left(L\frac{\mathrm{d}n}{\mathrm{d}F}+n\frac{\mathrm{d}L}{\mathrm{d}F}\right) \tag{7-15}$$

式(7-15)中第一项为折射率变化引起的相位变化；第二项为光纤几何长度变化引起的相位变化。由温度等效于某一作用力 F 后，得到式(7-15)，则可用温度变化ΔT 和相位进行描述：

$$\frac{\Delta\Phi}{\Delta T}=K_0\left(L\frac{\mathrm{d}n}{\mathrm{d}T}+n\frac{\mathrm{d}L}{\mathrm{d}T}\right) \tag{7-16}$$

此式只考虑长度应变未考虑径向应变。

关于光的干涉测量技术通常使用下列四种干涉测量仪实现相位调制：迈克尔干涉仪；马赫-泽德尔干涉仪；塞格纳克干涉仪；法布里-珀罗干涉仪。由于篇幅限制，它们的工作原理不再一一介绍了。

4. 时分调制

利用外界因素调制返回信号的基带频谱，通过检测基带的延迟时间、幅度大小的变化来测量各种物理量的大小和空间分布的方法，称为时分调制。

图 7-58 为时分调制系统，光脉冲被耦合到各测量点上，通过被测量调制区返回到输入端，通过检测返回脉冲位置的变化就能知道外界的物理量，如位移、压力、温度等。这种系统就是一种串联分布阵列的离散传感器系统，称为准分系统，或称为多路系统。这种系统的空间分辨率显然由传感元件的体积决定。传感元件可以是一段光纤，也可以是其他敏感元件。图 7-59 是连续分布系统，它是利用光纤中微小不均匀性产生瑞利背向散射(Rayleigh Backscatter)，通过光纤时域反射计(OTDR)技术来决定外界物理量的变化，如光纤的断裂、裂纹以及不正常的损耗等，所以称为全分布传感器系统。这种系统的空间分辨率由脉宽和检测系统响应时间决定。

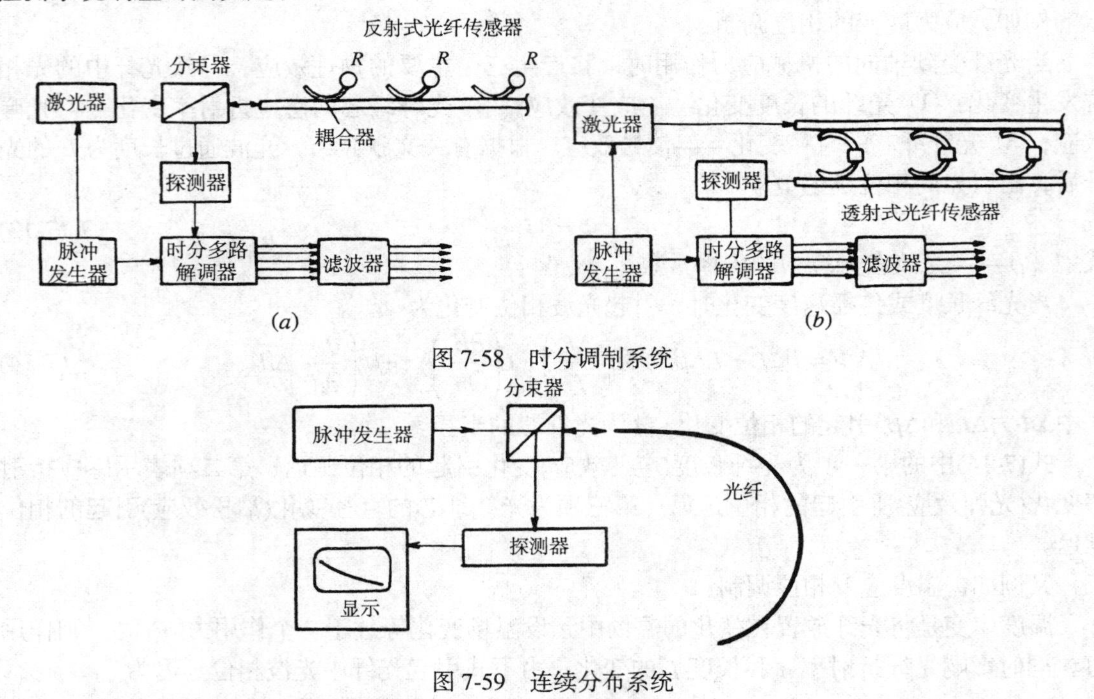

图 7-58　时分调制系统

图 7-59　连续分布系统

5. 偏振调制

根据电磁场理论，光波是一种横波；光振动的电场矢量 $\boldsymbol{E}$ 和磁场矢量 $\boldsymbol{H}$ 始终与传播方向垂直。光波的电场矢量 $\boldsymbol{E}$ 和磁场矢量 $\boldsymbol{H}$ 的振动方向在传播过程中保持不变，只是它的大小随相位改变，这种光称为线偏振光。线偏振光的 $\boldsymbol{E}$ 和 $\boldsymbol{H}$ 与传播方向组成的面称为线偏振光的振动面，与光的 $\boldsymbol{E}$，$\boldsymbol{H}$ 振动方向垂直且包含传播方向的面称为偏振面。光在传播中，$\boldsymbol{E}$，$\boldsymbol{H}$ 的大小不变，而振动方向绕传播轴均匀地转动，矢量端点轨迹为一个圆，这种光称为圆偏振光。如果矢量轨迹为一个椭圆，这种光称为椭圆偏振光。如果自然光在传播过程中，受到外界的作用而造成各个振动方向上强度不等，使某一方向的振动比其他方向占优势，所造成的这种光称为部分偏振光。如果外界作用使自然光的振动方向只有一个，造成的光称为完全偏振光。利用光波的这些偏振性质，可以制成光纤的偏振调制传感器。光纤传感器中的偏振调制器常用电光、磁光、光弹等物理效应进行调制。

(1) 法拉第效应。

当平面偏振光在磁场作用下，使偏振光的振动面发生旋转，这种现象称为法拉第效应。光矢量($\boldsymbol{E}$，$\boldsymbol{H}$)旋转角θ 与光在物质中通过的距离 L 和磁感应强度 B 成正比，即

$$\theta = V\int_0^L H\mathrm{d}L = VLB \tag{7-17}$$

式中　V——物质的弗尔德常数；

　　H——磁场强度。

利用法拉第效应可以测量磁场。其测量原理如图 7-60 所示。

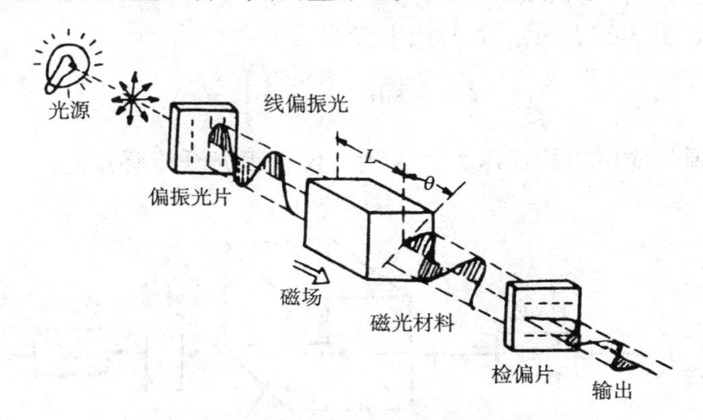

图 7-60　利用法拉第效应测量磁场原理

(2) 普克尔(Pockels)效应。

当压电片受光照射并在其正交的方向上加以高压，晶体将呈现双折射现象，这种现象称为 Pockels 效应。如图 7-61 所示。

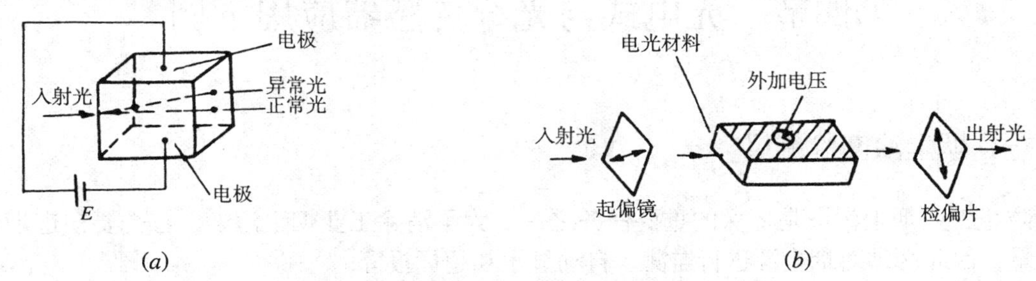

(a)　　(b)

图 7-61　Pockels 效应及应用

在晶体片中，两正交的偏振光的相位变化为

$$\varPhi = \frac{\pi n_0^3 d_e U}{\lambda_0} \frac{L}{d} \tag{7-18}$$

式中　n_0——正常折射率；

d_e——电光系数；

U——加在晶体片上的电压；

λ_0——光波长；

L——光传播方向的晶体长度；

d——电场方向晶体厚度。

(3) 光弹效应。

在垂直于光波传播方向上施加应力，被施加应力的材料将使光产生双折射现象，折射率与应力有关。这种现象称为光弹效应。由光弹效应产生的偏振光的相位变化为

$$\Phi = \frac{2\pi KPL}{\lambda} \tag{7-19}$$

式中 K——物质光弹性常数；

P——施加在物体上的压强；

L——光波通过材料的长度。

光弹效应原理如图 7-62 所示。此时出射光强为

$$I = I_0 \sin^2\left(\frac{\pi KPL}{\lambda}\right)$$

利用物质的光弹效应可以构成压力、振动、位移等光纤传感器。

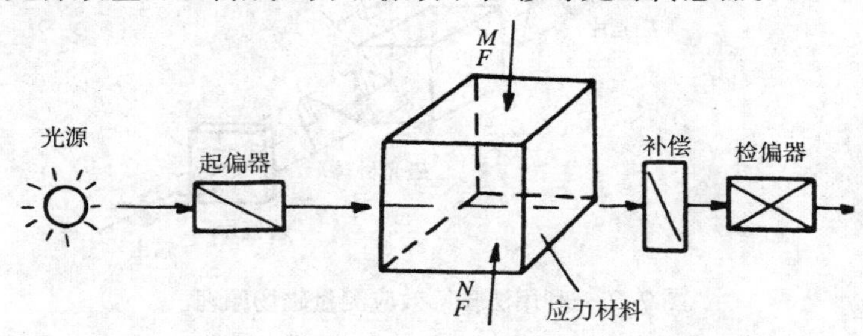

图 7-62　光弹效应实验系统

第四节　光电式与光纤传感器应用举例

一、烟尘浊度监测仪

防止工业烟尘污染是环保的重要任务之一。为了消除工业烟尘污染，首先要知道烟尘排放量，因此必须对烟尘源进行监测、自动显示和超标报警。

烟道里的烟尘浊度是通过光在烟道里传输过程中的变化大小来检测的。如果烟道浊度增加，光源发出的光被烟尘颗粒的吸收和折射增加，到达光检测器的光量减少，因而光检测器输出信号的强弱便可反映烟道浊度的变化。

图 7-63 是吸收式烟尘浊度监测系统的组成框图。为了检测出烟尘中对人体危害性最大的亚微米颗粒的浊度和避免水蒸气与二氧化碳对光源衰减的影响，选取可见光作光源(400～

700nm 波长的白炽光)。若选择光检测器光谱响应范围为 400～600nm 的光电管，则可获取随浊度变化的相应电信号。为了提高检测灵敏度，采用具有高增益、高输入阻抗、低零漂、高共模抑制比的运算放大器，对信号进行放大。刻度校正被用来进行调零与调满刻度值，以保证测试准确性。显示器可显示浊度瞬时值。报警电路由多谐振荡器组成，当运算放大器输出浊度信号超过规定值时，多谐振荡器工作，输出信号经放大后推动喇叭发出报警信号。

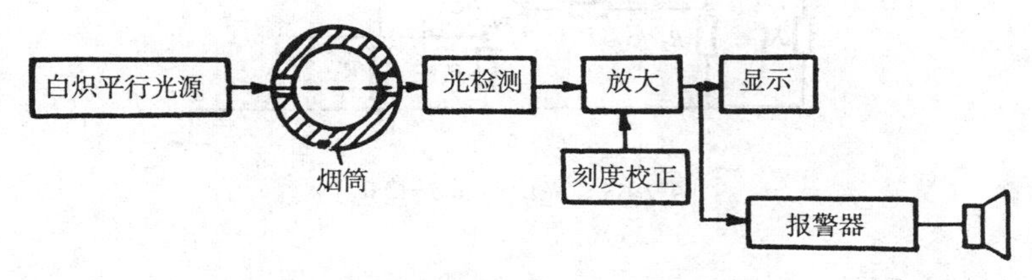

图 7-63 吸收式烟尘浊度监测仪框图

二、光电转速传感器

图 7-64 是光电数字式转速表的工作原理图。图(a)是在待测转速轴上固定一带孔的调制盘 1，在调制盘一边由白炽灯 2 产生恒定光，透过盘上小孔到达光敏二极管组成的光电转换器 3 上，转换成相应的电脉冲信号，经过放大整形电路输出整齐的脉冲信号，转速由该脉冲频率决定。图(b)是在待测转速的轴上固定一个涂上黑白相间条纹的圆盘，由于它们具有不同的反射率，则当转轴转动时，反光与不反光将交替出现，光电敏感器件间断地接收光的反射信号，再经转换电路处理，将反射光脉冲转换成电脉冲信号。

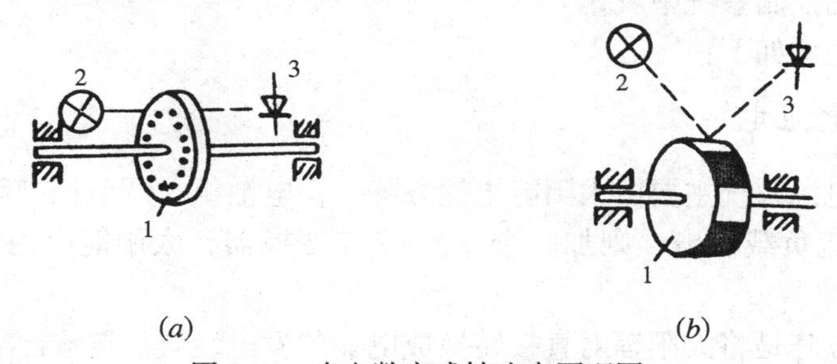

图 7-64　光电数字式转速表原理图

每分钟转速 n 与脉冲频率 f 的关系如下：

$$n=\frac{f}{N}\times 60 \tag{7-20}$$

式中 N 为孔数或黑白条纹数目。

例如：孔数 $N=600$ 孔，光电转换器输出的脉冲信号频率 $f=4.8\text{kHz}$，则 $n=\frac{f}{N}\times 60$ $=\frac{4.8\times 10^3}{600}\times 60=480(\text{r})$。

频率可用一般的频率计测量。光电器件多采用光电池、光敏二极管和光敏三极管，以提高寿命、减小体积、减小功耗和提高可靠性。

光电脉冲转换电路如图 7-65 所示。BG_1 为光敏三极管，当光线照射 BG_1 时，产生光电流，使 R_1 上压降增大，导致晶体管 BG_2 导通，触发由晶体管 BG_3 和 BG_4 组成的射极耦合触发器，使 U_o 为高电位；反之，U_o 为低电位。该脉冲信号 U_o 可送到计数电路计数。

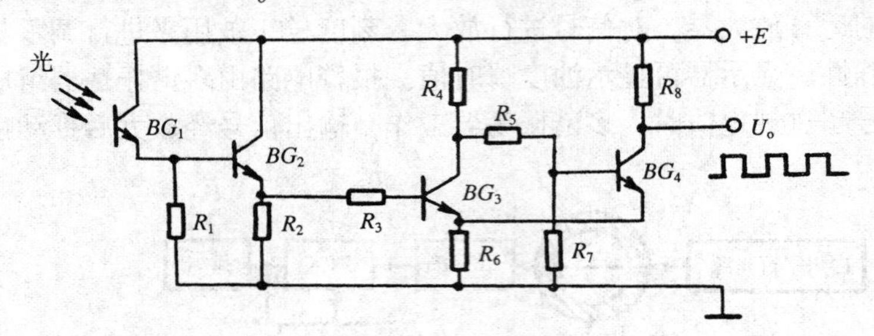

图 7-65　光电脉冲转换电路

三、光电池应用

光电池至今主要有两大类型的应用：一类是将光电池作光伏器件使用，利用光伏作用直接将太阳能转换成电能，即太阳能电池。这是全世界范围内人们所追求、探索新能源的一个重要研究课题。太阳能电池已在宇宙开发、航空、通信设施、太阳能电池地面发电站、日常生活和交通事业中得到广泛应用。目前太阳能电池发电成本尚不能与常规能源竞争，但是随着太阳能电池技术不断发展，成本会逐渐下降，太阳能电池定将获得更广泛的应用。另一类是将光电池作光电转换器件应用，需要光电池具有灵敏度高、响应时间短等特性，但不要求像太阳能电池那样的光电转换效率。这一类光电池需要特殊的制造工艺，主要用于光电检测和自动控制系统中。

光电池应用举例如下：

1. 太阳能电池电源

太阳能电池电源系统主要由太阳能电池方阵、蓄电池组、调节控制和阻塞二极管组成。如果还需要向交流负载供电，则加一个直流-交流变换器，太阳能电池电源系统框图如图 7-66 所示。

太阳能电池方阵是将太阳辐射直接转换成电能的发电装置。按输出功率和电压的要求，选用若干片性能相近的单体太阳能电池，经串联、并联连接后封装成一个可以单独作电源使用的太阳能电池组件。然后，由多个这样的组件再经串、并联构成一个阵列。在有阳光照射时，太阳能电池方阵发电并对负载供电，同时也对蓄电池组充电，储存能量，供无太阳光照射时使用。

蓄电池组的作用是将太阳能电池方阵在白天有太阳光照射时所发出的电量的多余能量(超过用电装置需要)储存起来的储能装置。

调节控制器是将太阳能电池方阵、蓄电池组和负载连接起来，实现充、放电自动控制的中间控制器。它一般由继电器和电子线路组成。控制器在充电电压达到蓄电池上限电压时，它能自动地切断充电电路，停止对蓄电池充电。当蓄电池电压低于下限值时，自动切断输出电路。因此，调节控制器不仅能使蓄电池供电电压保持在一定范围，而且能防止蓄电池因充电电压过高或过低而损伤。

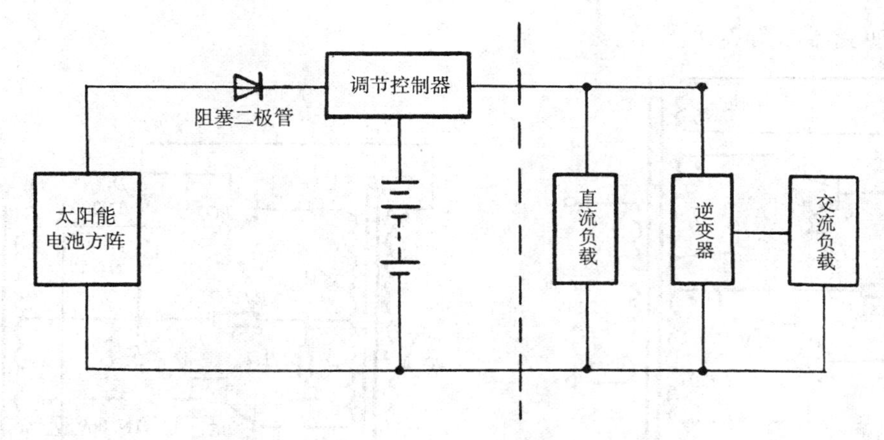

图 7-66　太阳能电池电源系统方框图

图 7-67 给出了一种 12V 电池充电电路。它适用于 12V 的凝胶电解质铅酸电池充电。其中 LM350 是一个正输出三端可调集成稳压器，它可以提供 1.25～33V，3A 的输出。当开关 *S* 合上时，充电器的输出电压为 14.5V，此时充电电流限制在 2A 左右，随着电池电压的升高，充电电流逐渐减小，当充电电流减小到 150mA 时，充电器转换到一个较低的浮动充电电压，以防止过充电。随着向电池的满量充电，充电电流继续减小，则输出电压从 14.5V 降到 12.5V 左右，充电终止。此时三极管 BG_1 导通，使发光二极管点亮，表示电池充电已充足。当然对于大功率太阳能电源其充电电路中的器件需要作适当的选择，使它们适配，才能适合较大的储存电流。

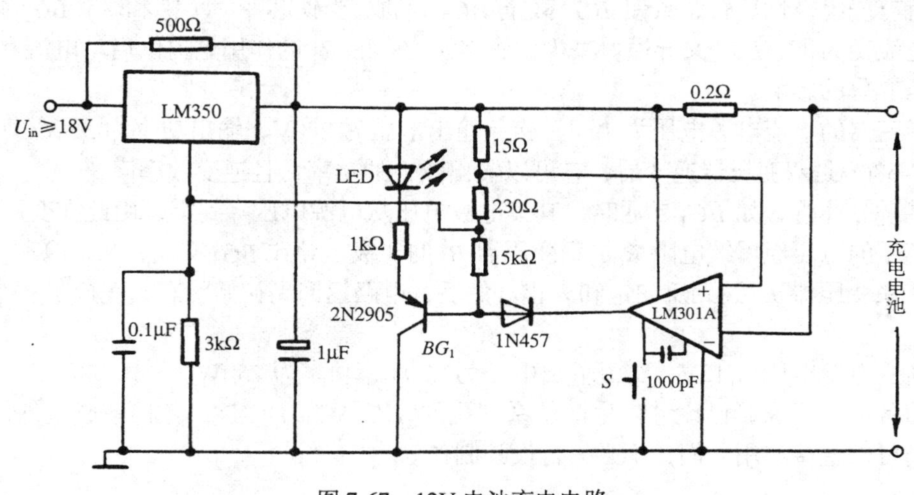

图 7-67　12V 电池充电电路

阻塞二极管的作用是利用其单向性，避免太阳能电池方阵不发电或出现短路故障时，蓄电池通过太阳能电池放电。阻塞二极管通常选用足够大的电流、正向电压降和反向饱和电流小的整流二极管。

直流-交流变换器是将直流电转换为交流电的装置(逆变器)。最简单的可用一只三极管构成单管逆变器。在大功率输出场合，广泛使用推挽式逆变器。为了提高逆变器效率，特别在大功率的情况下，采用自激多谐振荡器，经功率放大，再由变压器升压，形成高压交流输出。逆变器如图 7-68 所示。

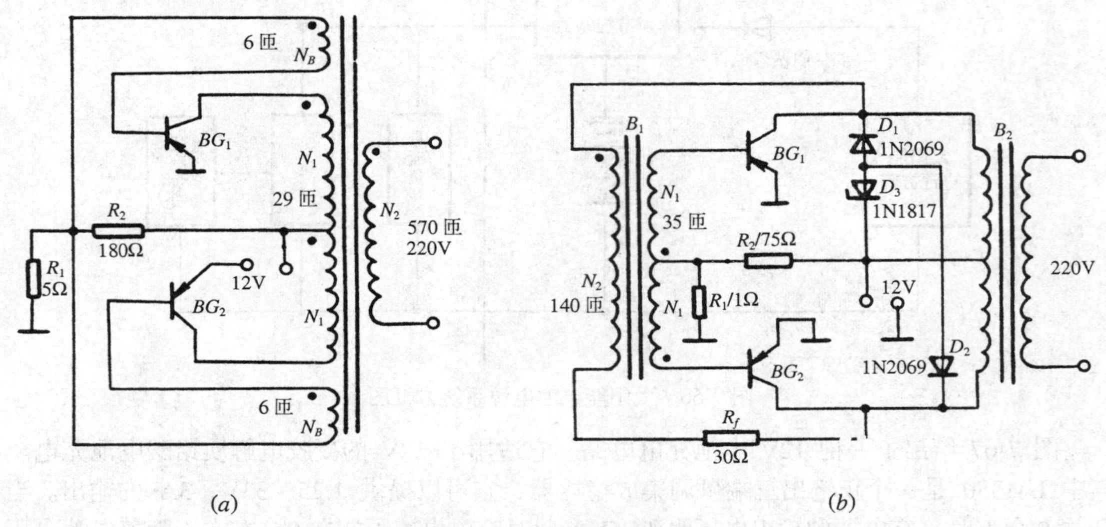

图 7-68　实用逆变器电源

图 7-68(*a*)是一种实用的晶体管单变压器逆变器。该逆变器输出功率较小，但线路简单，制作容易。电路中任何一个不平衡电压都会引起一个晶体管导通，例如 BG_1，正反馈使 BG_2 截止。随着 BG_1 集电极电流不断提高，变压器铁芯逐渐饱和，此时变压器绕组中感应电压为零，结果造成基极激励不足，从而引起 BG_1 截止，集电极电流降为零。集电极电流的下降引起所有绕组极性反转，致使 BG_1 截止 BG_2 导通。当铁芯变为负饱和时，BG_2 截止，其集电极电流变为零，BG_1 又导通。基极偏置电阻 R_1 和 R_2 的作用是提供启动电流和减小基-射极电压变化的影响。

该逆变器的直流电源电压为 12V，交流输出电压为 220V，输出功率为 55W。

图 7-68(*b*)是双变压器逆变器，它可以输出较大的功率，且逆变效率高。

当某一晶体管，如 BG_1 导通时，其集电极电压从电源电压降到零，由此在变压器 B_2 初级两端产生的电压经反馈电阻 R_f 加到变压器 B_1 的初级，导致 BG_1 截止，BG_2 饱和，该状态一直维持在变压器 B_1 达到反向饱和为止。然后，电路返回到初始状态，完成了一个逆变周期。

该逆变电源电压为 12V，交流输出电压为 220V，功率为 250W。

目前各电源厂家，已设计、生产了系列化的 DC-AC，DC-DC 各种集成组件供用户选用，我们可以直接选用它们，不必另行设计制作。

2. 光电池在光电检测和自动控制方面的应用

光电池作为光电探测使用时，其基本原理与光敏二极管相同，但它们的基本结构和制造工艺不完全相同。由于光电池工作时不需要外加偏压，光电转换效率高，光谱范围宽，频率特性好，噪声低等，它已广泛地用于光电读出、光电耦合、光栅测距、激光准直、电影还音、紫外光监视器和燃气轮机的熄火保护装置等。

光电池在检测和控制方面应用中的几种基本电路如图 7-69 所示。

图 7-69(*a*)为光电池构成的光电跟踪电路，用两只性能相似的同类光电池作为光电接收

器件。当入射光能量相同时，执行机构按预定的方式工作或进行跟踪。当系统略有偏差时，电路输出差动信号带动执行机构进行纠正，以此达到跟踪的目的。

图 7-69(*b*)所示电路为光电开头，多用于自动控制系统中。无光照时，系统处于某一工作状态，如通态或断态。当光电池受光照射时，产生较高的电动势，只要光强大于某一设定的阈值，系统就改变工作状态，达到开关目的。

图 7-69(*c*)为光电池触发电路。当光电池受光照射时，使单稳态或双稳态电路的状态翻转，改变其工作状态或触发器件(如可控硅)导通。

图 7-69(*d*)为光电池放大电路。在测量溶液浓度、物体色度、纸张的灰度等场合，可用该电路作前置级，把微弱光电信号进行线性放大，然后带动指示机构或二次仪表进行读数或记录。

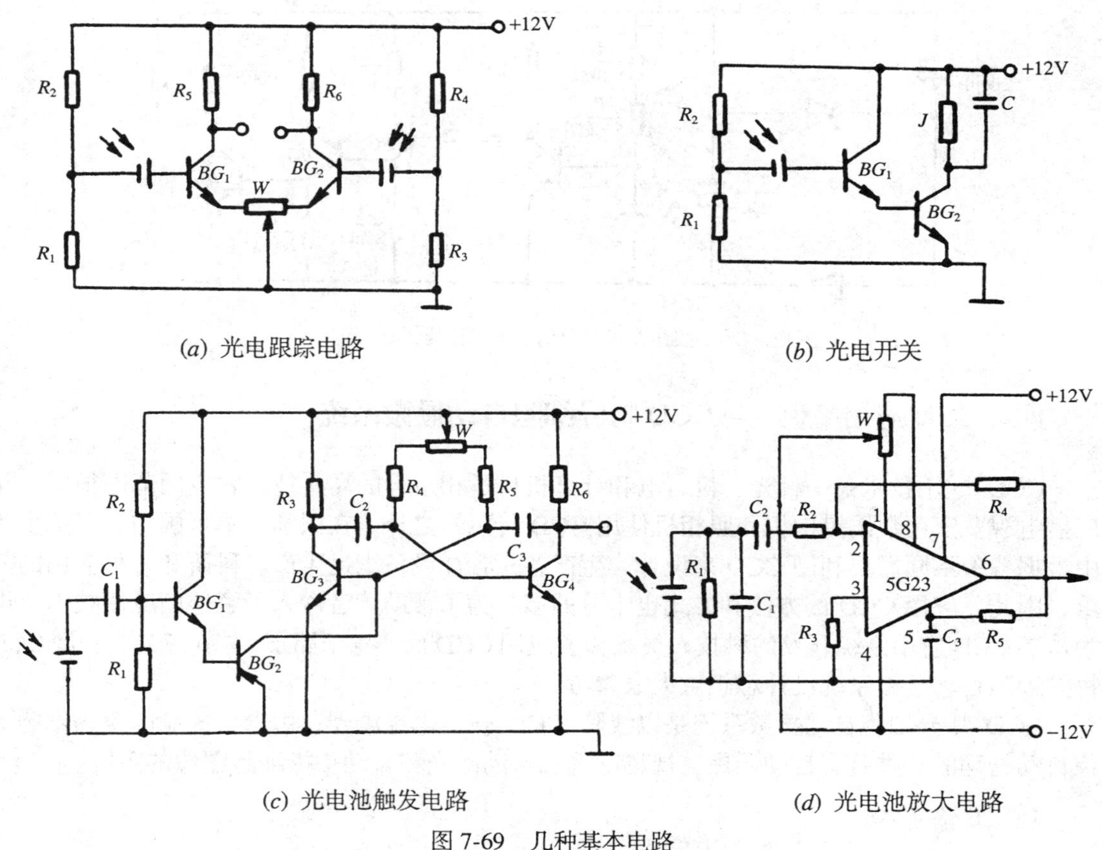

图 7-69　几种基本电路

在实际应用中，主要利用光电池的光照特性、光谱特性、频率特性和温度特性等，通过基本电路与其他电子线路的组合可实现检测或自动控制的目的。

例如，路灯光电自动开关。

图 7-70 为路灯自动控制器的线路。线路的主回路的相线由交流接触器 CJD-10 的三个常开触头并联以适应较大负荷的需要。接触器触头的通断由控制回路控制。

当天黑无光照射时，光电池 2CR 本身的电阻和 R_1，R_2 组成分压器，使 BG_1 基极电位为负，BG_1 导通，经 BG_2，BG_3，BG_4 构成多级直流放大，BG_4 导通使继电器 J 动作，从而接通交流接触器，使常开触头闭合，路灯亮。当天亮时，硅光电池受光照射后，它产生 0.2 ~ 0.5V 电动势，使 BG_1 在正偏压后而截止，后面多级放大器不工作，BG_4 截止，继电器 J 释放使回路触头断开，灯灭。调节 R_1 可调整 BG_1 的截止电压，以达到调节自动开关的灵敏度。

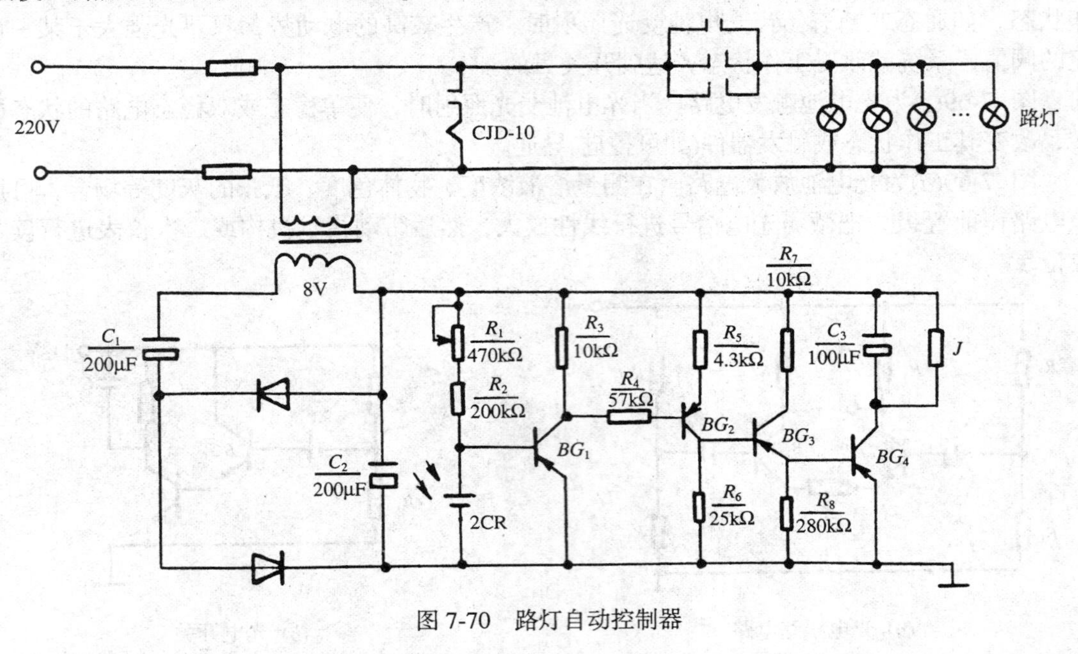

图 7-70　路灯自动控制器

四、CCD 应用举例——CCD 特异细胞自动显微系统

CCD 应用技术是一种光、机、电和计算机科学相结合的高科技。它应用范围很广，除广播电视及家用数码摄像机和照相机使用 CCD 传感器之外，在医学、军事国防、工业生产中根据各种不同需要利用 CCD 来设计、生产各式各样设备满足生产、科研和各种应用的需求，因此，应用 CCD 的方法和方式也十分的多。为了帮助读者深入了解这门应用技术，也为从事 CCD 应用系统开发的科技人员来探索应用 CCD 而产生新路子,本节特选取一例 CCD 特异细胞自动显微系统设计思想供大家参考。

CCD 特异细胞自动显微系统是以线阵 CCD 作光电探测器，由微机控制的生物细胞图像自动处理的一种具有自动调焦、视场筛选、自动测光和自动拍摄细胞图像的系统。

1. 工作原理

由光学-机械混合式 CCD 扫描机械输出的显微镜图像，经放大和 A/D 转换后变换成数字化图像，存入计算机内存。对图像信息分析后，当需要对涂片进行调焦时，微机启动步进电机驱动载物平台，使之沿垂直方向上下移动，进行调焦。当需要变换视场时，步进电机驱动载物平台作平面内 X，Y 两方向移动即可。当图像处理结果表明需要记录下某个视场时，微机可进入测光和拍摄子程序，计算出光强的大小，按自动曝光方程，求解出一个合适的曝光时间T。通过控制接口电路，以实现上紧快门、卷片、开启快门、延时曝光以及快门关闭等操作。生物涂片的换片是由一个输片机械手自动完成。系统硬件框图见图 7-71。系统软件程序流程图如图 7-72 所示。

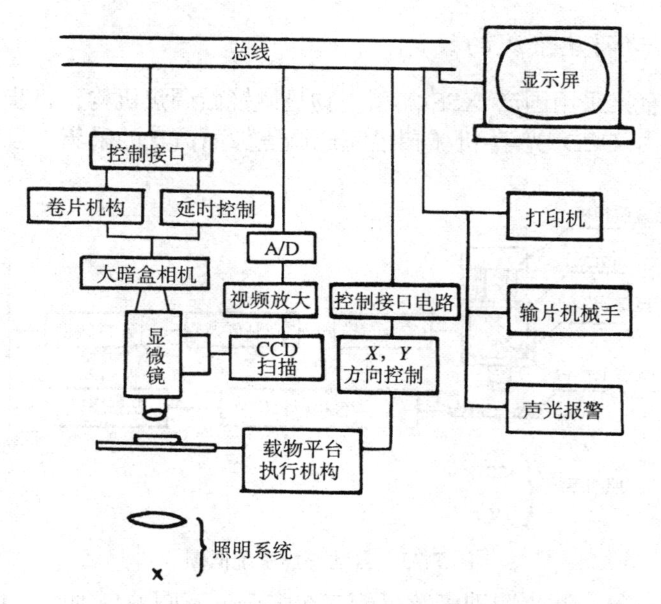

图 7-71　CCD 自动显微镜系统框图

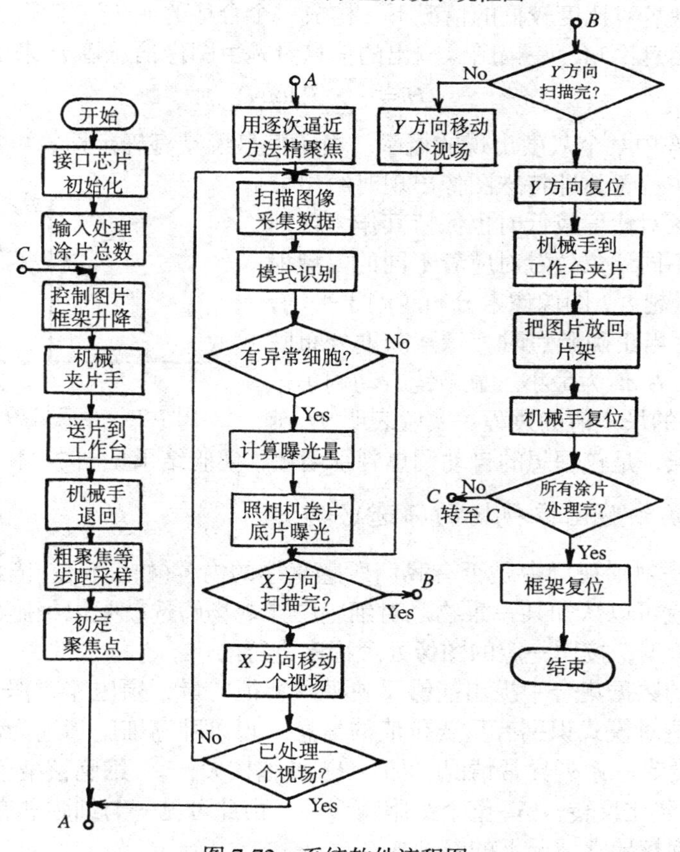

图 7-72　系统软件流程图

2. 显微镜自动调焦系统的设计

自动调焦机构直接采用国产 XSS-2 型生物显微镜微调焦机构，将步进电机的转轴与该微调焦手轮连接，由 CCD 光学-机械扫描完成调焦像面信息的采集。自动调焦系统图见图 7-73。

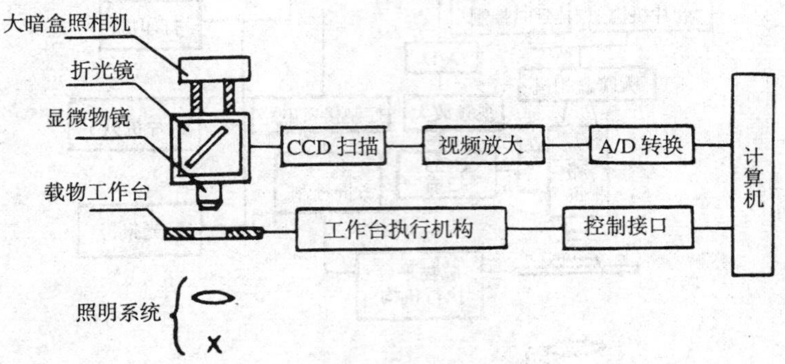

图 7-73　自动调焦系统框图

对于同一控制对象，调焦判别函数可能存在多个，不同的判别函数具有其自身的特点。特别是在显微镜视场对比度较低的情况下，构成一个合适的调焦判别函数是必要的。

由 Shannon 信息论知，一幅图像输出的信息量是由图像信息熵 H 来度量的：

$$H = -\sum P_i \log P_i \tag{7-21}$$

式中，P_i 是在图像中某个灰度出现的概率。由于信息熵具有确定性、可加性和极值性等性质，故在最佳调焦位置，即特殊图像出现时给出最小值。而且在视场对比度较低时也保持其作为判别函数的有效性。不同调焦位置对应着不同的模糊程度的图像。离焦量越大，图像像素分布越趋于平均，信息熵 H 越大。当正确调焦时，像素灰度分布脱离平均分布状态，H 值为最小。显微镜自动调焦过程就是找出 H 值的最小值的过程。实验表明 H 函数抗干扰能力较强，是较理想的自动调焦判别函数，实验结果见图 7-74。

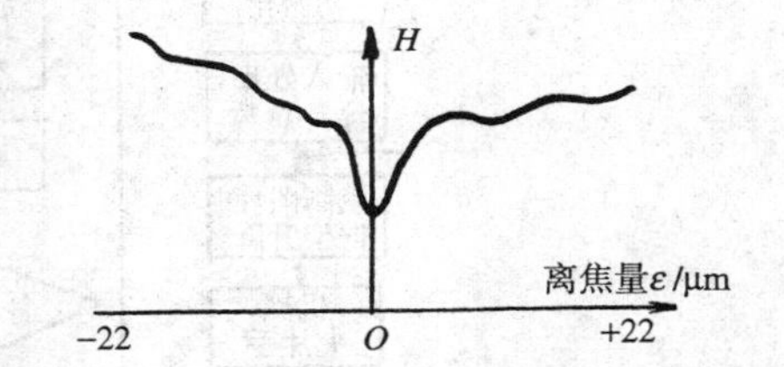

图 7-74　信息熵 H 分布实验曲线

3. 显微生物细胞图像视场的筛选思路

所谓筛选就是判别视场中是否有我们所感兴趣的内容(如细胞)。依靠图像中景物的几何形态和其灰度就可以认知某一景物。对细胞图像视场筛选就是以细胞的图像像素灰度和细胞形态参数为依据，按照一定的图像处理程序进行的。

为了从繁多的数据集合中提出能够反映模式特征的量，须压缩数据，剔除与识别无关的信息，提取那些对模式识别有重要价值的信息。现以肺癌细胞筛选为例，根据医学实验总结，肺细胞癌变有一系列异常情况，如：① 细胞核大；② 细胞核染色增深；③ 细胞核形态畸变；④ 核浆比反转；⑤ 整个细胞畸形等。由此可见，与细胞核有关的特征占多数，故应重点考虑细胞核异常情况下的参数。

作为对细胞的初筛选，如仅考虑视场内有无脱落细胞存在，选取癌变细胞核面积作为一个特征参数的上下限，选取细胞核染色深度作为另一个特征参数，就可以用一定数量的训练样本得到筛选视场的判别函数。

模式识别系统的基本功能是判别各模式所归属的类别。在计算机模式识别技术中，最基本的判别方法之一是选用一个线性判别函数进行模式分类。把显微镜的视场中有癌变细胞和正常细胞视为一类ω_1，而把无细胞或杂质视为另一类ω_2。如图 7-75 所示。视场筛选软件框图如图 7-76 所示。

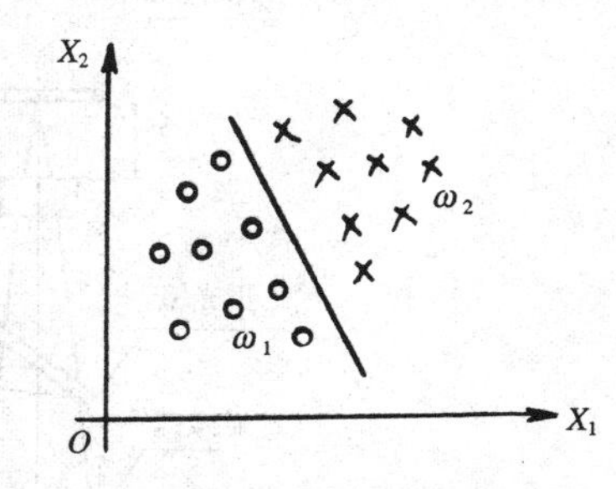

图 7-75　用直线分开的两类模式ω_1，ω_2

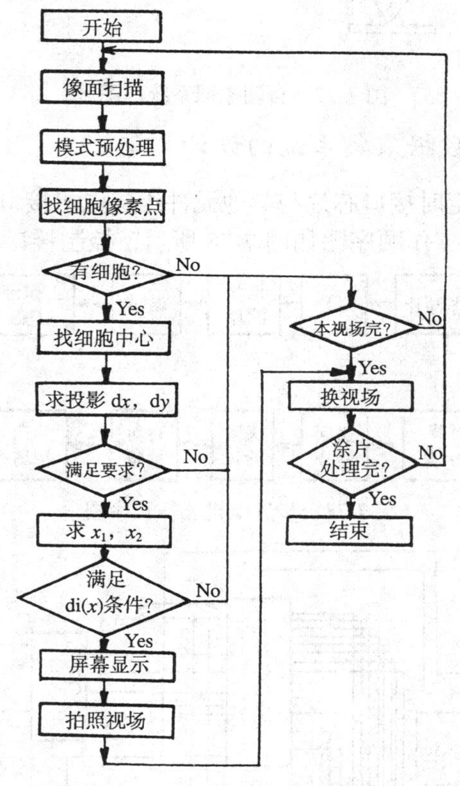

图 7-76　视场筛选软件框图

4. 显微图像自动拍照系统设计

为了快速地自动记录下对显微视场所感兴趣的内容，需要有一个自动测光、自动卷片、开启快门和自动曝光的拍照系统。自动拍照系统框图如图 7-77 所示。CCD 作为自动测光传感器件，其视频信号与像面照度之间存在着一定的比例关系。由曝光方程和显微镜光能传递公式可以推出，视频信号的总和 U 与感光胶片曝光时间 T 之间有如下的确定关系：

$$T = \frac{Q}{U} \tag{7-22}$$

式中，Q 为常数，可根据实验确定。

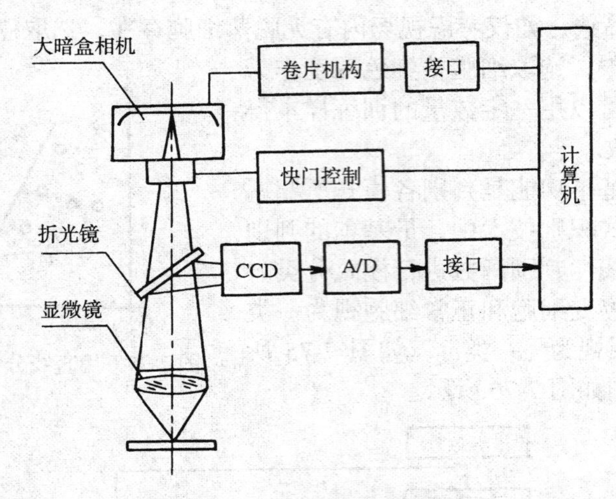

图 7-77　自动拍照系统框图

5. 控制接口电路和数据采集系统的设计

采用八位并行 CPU 和定时接口芯片与其他元件组成电机接口电路，通过软件对七个步进电机进行控制。步进电机工作顺序图如图 7-78 所示，控制接口电路如图 7-79 所示。

开始	→	夹紧涂片	→	送片	→	松开涂片	→	退回	→	工作台扫描	→	图像扫描
		↓										
		升降涂片架	→	送回涂片	→	夹紧涂片	→	自动拍照	→	筛选视场	→	自动调焦

图 7-78　步进电机工作顺序图

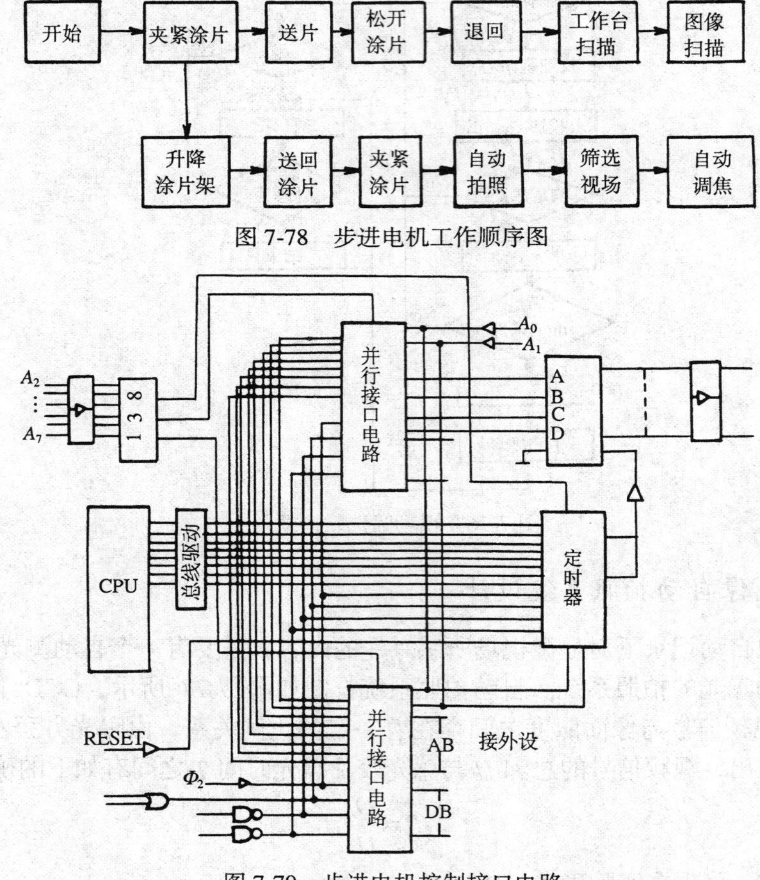

图 7-79　步进电机控制接口电路

由视频放大电路、A/D 转换电路、同步控制电路及微机接口电路构成了 CCD 数据采集系统。系统的工作软件用汇编语言编写。数据采集系统框图见图 7-80。

CCD 自动处理显微镜系统不仅为生物涂片的处理提供了一种快速有效的仪器，而且若对细胞图像视场筛选判别函数修改后，也可为其他显微结构分析提供一种图像自动处理的手段和方法。

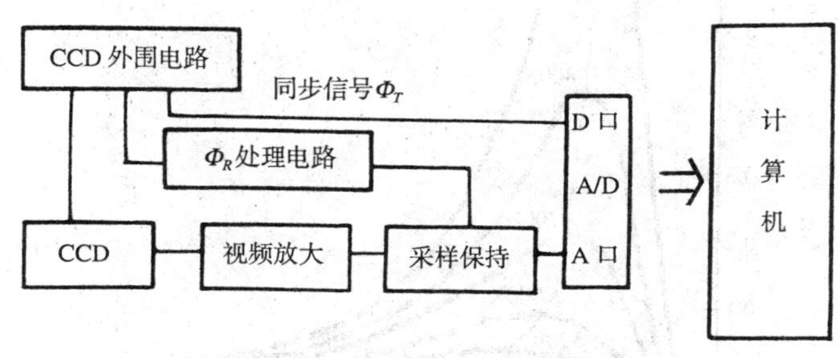

图 7-80 数据采集系统框图

五、光纤传感器应用举例

光纤传感器使用面很广，几乎所有的物理量都可以使用光纤传感器来测量，从前面的原理中已略知一二，本节再举几例加以说明。

1. 光纤温度传感器

光纤用在温度测量中是近几年来发展起来的新技术。按照其调制原理有相干型和非相干型两类。在相干型中有偏振干涉、相位干涉温度传感器等；在非相干型中，有辐射式温度计、半导体吸收式温度计和荧光温度计等。下面介绍光纤辐射温度传感器的测量原理与结构。

辐射温度传感器属于被动式温度测量，即无需光源，其测量原理是黑体辐射定律。对于“理想黑体”其辐射源发射的光谱辐射能量可用普朗克公式表示：

$$M(\lambda,\ T)=c_1\lambda^{-5}\left(\mathrm{e}^{\frac{c_2}{\lambda T}}-1\right)^{-1} \tag{7-23}$$

式中 $M(\lambda,\ T)$是黑体发射的光谱辐射亮度，单位为 $\mathrm{W\cdot cm^{-2}\cdot \mu m^{-1}}$；$c_1=3.74\times10^{-12}\,\mathrm{W\cdot cm^2}$ 为第一辐射常数；$c_2=1.44\,\mathrm{cm\cdot K}$ 为第二辐射常数；λ为光谱辐射波长，单位为μm；T 为黑体辐射温度(K)。黑体光谱亮度同波长 λ 和温度 T 的关系如图 7-81 所示。当温度为 500K 时，开始出现暗红色的辐射，随着温度增加，亮度也在加强。利用光电检测器测量亮度即光强的变化，便能检测温度，这就是单波长测量原理。

单波长测温的框图如图 7-82 所示。被测辐射热能由探头中物镜会聚，经滤色镜限制工作光谱范围后，将光经光纤送到探测器，由探测器把光强信号变换成电信号，再经线性化、V/I 转换、A/D 转换，就可由数字仪器读出温度。

光纤辐射温度计主要优点是非接触测量，可用于瞬时高温测量，且响应快。光纤辐射温度计在冶金、窑炉、高频淬火、涡轮发电机、电站、油库等方面得到广泛的应用。

光纤温度传感器除上述的辐射式之外，还有半导体吸收式光纤温度传感器计等。

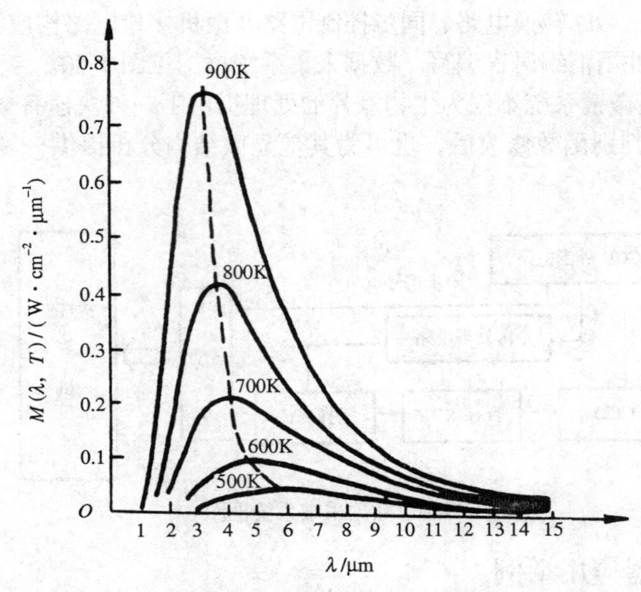

图 7-81　黑体光谱亮度同波长和温度的关系

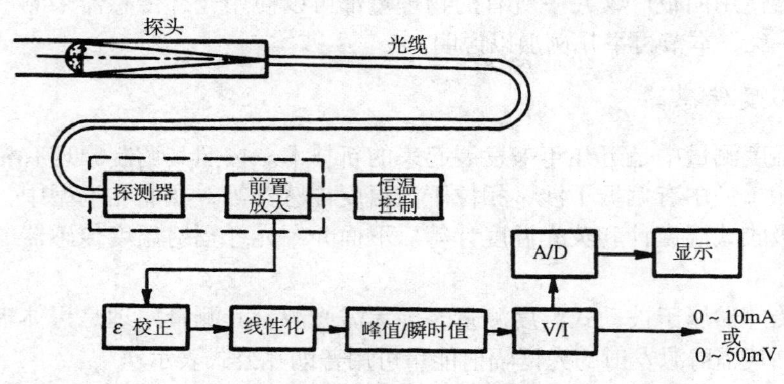

图 7-82　单波长测温框图

表 7-5 为美国 Land 仪器公司生产的部分产品。

表　7-5

温度计型号	温度测量范围/℃	精　　度	探测器
FP_{11}	600～1 300	±0.25%+2℃	Si
FP_{12}	750～1 850	±0.25%+2℃	Si
FP_{20}	300～750	±0.4%±2℃	Ge
FP_{21}	500～1 100	±0.4%±2℃	Ge

2.　三路光纤干涉压力传感器

本节介绍西班牙科技人员设计的一种相位调制型的三路光纤干涉压力传感器测量压力的系统。其系统结构如图 7-83 所示。

(1) 传感器工作原理

光纤压力传感器的原理是将作用于光纤上的外部压力导致通光长度发生变化，将该变化转换为干涉仪中的相角变化。光纤中光的相角随光纤的几何尺寸或折射率的变化而变化。在外界压力作用情况下，该相角正比于光源的发光强度和光源到光纤的通光长度，即为

$$\Delta\Phi = -\frac{\beta(1-2\mu)pL}{E} + \frac{\beta n^2(1-2\mu)(2P_{12}+P_{11})pL}{2E} \tag{7-24}$$

式中 β——光学常数；

μ——泊松比；

E——弹性模量；

n——光纤芯部折射率；

P_{11} 和 P_{12}——光弹应变元件；

p——压力；

L——光纤的通光长度。

图 7-83 系统采用了有源零差法。系统使用了两个反馈系统(伺服系统 A 和伺服系统 B)。这两个反馈电路连接在 PZT(压电跃变)棒上。每一个 PZT 棒上都绕有约 40 匝的光纤。支路 1 接受两个外部激励的变化，其一是压力；支路 2 作为参考；支路 3 仅接受压力差的变化。该干涉仪的目的在于测量两个同时作用的激励源。因此，当支路 3 的相角发生偏移时，伺服系统 B 的输出产生偏移，导致 $\Delta\Phi_B = \Delta\Phi_{3P}$ 成立，其中 $\Phi_B = K_B V_B$，而 K_B 是支路 2 中 PZT 的电压与弧度间的转换系数，V_B 是伺服电路 B 的输出电压，Φ_{3P} 是支路 3 中外部干涉产生的相位移。

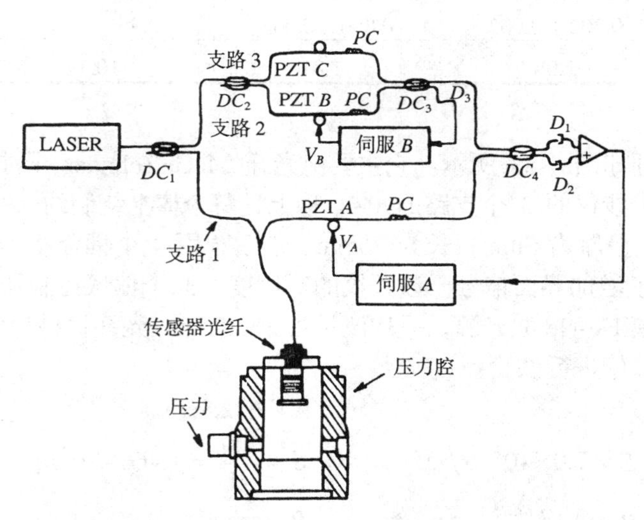

图 7-83　三路光纤干涉压力测量系统示意图

一旦干涉仪中有两个支路部分在最佳灵敏点保持同步，伺服系统 A 使得 $\Delta\Phi_A = \Delta\Phi_B - \Delta\Phi_{1P}$ 成立。其中 $\Phi_A = K_A V_A$，而 K_A 为支路 1 中 PZT 棒上电压与弧度间的转换系数，V_A 是伺服电路 A 的输出电压，Φ_{1P} 是支路 1 中外部干涉产生的相位移。

于是，如果两个外部激励源同时发生变化时，其中一个变化作用于支路 3 上，而两个变化都作用在支路 1 上，那么 $\Delta\Phi_B = K_B V_B$ 和 $\Delta\Phi_A = \Delta\Phi_B - \Delta\Phi_{1P}$ 成立。为了进一步说明这

些表达式成立，在两个 PZT 上用电压的变化来模拟激励源。支路 1 和支路 3 的光纤分别绕在 PZT1 和 PZT3 上。施加在 PZT1 上的总电压V_1是两个干涉量的总和，即$V_1 = V_{1P} + V_{3P}$，其中V_{3P}是施加在支路 3 上的电压，这意味着支路 1 上有两个干涉同时作用。其中一值与支路 3 上的干涉值V_{3P}相同，而另一值仅在支路 1 上起作用(V_{1P})。

伺服系统 A 和 B 使等式$\Delta\Phi_B = \Delta\Phi_{3P}$和$\Delta\Phi_A = \Delta\Phi_B - \Delta\Phi_{1P}$成立，并以电压变化的形式表示，即$\Delta V_B K_B = \Delta V_{3P} K_3$和$\Delta V_A K_A = \Delta V_{3P} K_3 - (\Delta V_{3P} + \Delta V_{1P}) K_1$。

若分别施加在 PZT3 和 PZT1 上的供电电压ΔV_{3P}^T，ΔV_1^T以$\Delta V_{3P}^T = \dfrac{1}{5}\Delta V_1^T$关系供给，伺服系统 A 和 B 的输出电压ΔV_A和ΔV_B将随施加电压ΔV_{3P}^T和ΔV_1^T的变化而变化。ΔV_{3P}，ΔV_{1P}是利用$\Delta V_B K_B = \Delta V_{3P} K_3$和$\Delta V_A K_A = \Delta V_{3P} K_3 - (\Delta V_{3P} + \Delta V_{1P}) K_1$两式，代入两伺服系统的输出电压$\Delta V_A$和$\Delta V_B$的值而得到的值。表 7-6 表示了不同的实际供电电压ΔV_1^T、理论值ΔV_{1P}^T与实验结果相比而得到的误差率。

表 7-6　不同的实际电压ΔV_1^T的不同结果

ΔV_1^T /V	0.52	1.00	1.2	1.5
ΔV_{3P}^T /V	0.050 4	0.2	0.24	0.3
ΔV_A /V	0.04 ± 0.01	0.20 ± 0.01	0.23 ± 0.01	0.28 ± 0.01
ΔV_B /V	-0.10 ± 0.01	-0.40 ± 0.01	-0.34 ± 0.01	-0.50 ± 0.01
ΔV_{3P} /V	0.04 ± 0.01	0.20 ± 0.01	0.23 ± 0.01	0.28 ± 0.01
ΔV_{1P} /V	0.19 ± 0.05	0.83 ± 0.05	0.78 ± 0.05	1.7 ± 0.05
ΔV_{1P}^T /V	0.202 ± 0.002	0.800 ± 0.002	0.96 ± 0.003	1.20 ± 0.003
(%)	3.06	1.8	10.3	5.7

(2) 系统结构

系统的结构原理如图 7-83 所示。它主要由光纤 Mach-Zehnder 干涉结构组成。该系统由单模光纤绕制在干涉仪的 3 个支路的 PZT 棒上，每个棒上绕制约 40 匝光纤导线。PZT 棒的外径为 51mm，壁厚为 5mm，长为 76mm。然后，用 4 个耦合器 $DC_{1\sim4}$ 以机械方式直接连接在一起。为了增加界面信号干涉条纹的对比度，3 个偏振控制器排列成一条直线。系统中的光源是单模 He-Ne 激光源，平均波长为 632.8nm。光纤材料为可熔性硅纤维材料。本系统采用如下参数值进行试验：

$$n = 1.456 \qquad \lambda = 632.8\text{nm}$$

$$E = 7.0\times10^{10}\ \text{N/m}^2 \qquad \beta = \frac{2\pi n}{\lambda} = 1.466\times10^{7}\ \text{m}^{-1}$$

$$\mu = 0.17 \qquad P_{12} = 0.27$$

$$P_{11} = 0.121$$

将上述参数值代入式(7-24)，得

$$\frac{\Delta\Phi}{pL} = -4.09\times10^{-5}\ \text{rad/(Pa}\cdot\text{m)}$$

受压力变化的光纤长度为 1.5m，故每单位压力(bf/in^2)所引起的相角差值为

$$\left|\frac{\Delta\Phi}{p}\right| = 0.423\,\text{rad/(bf} \cdot \text{in}^{-2})$$

然后配以适当的电路，使输出信号放大并转换为相应的电压，利用数字显示器显示输出电压。

(3) 试验结果

使受压力变化的传导光纤(1.5m)穿过压力为 0～280bf/in^2 的高压室。伺服系统 A 的输出电压(V)可由压力变化(bf/in^2)求得，实验表示它们之间呈图 7-84 所示的线性关系，但要求实验时的温度保持不变。

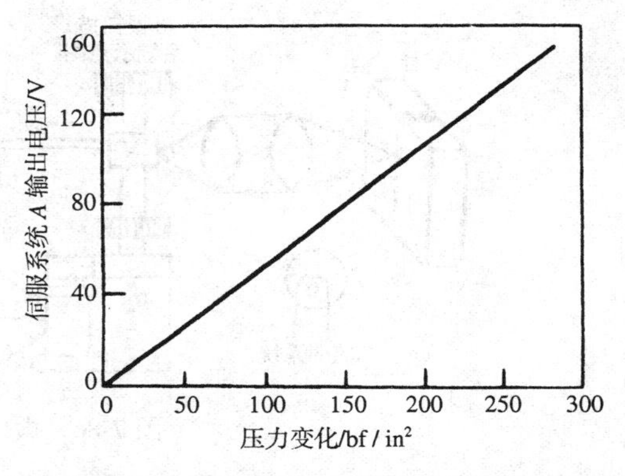

图 7-84　伺服系统 A 输出电压与压力变化的关系

PZT A 的电压与弧度间的转换系数为 0.806rad/V，因此，伺服系统 A 的输出电压与压力变化的比值 m_T 为

$$m_T = 0.53\text{V/(bf} \cdot \text{in}^{-2})$$

图 7-84 中的斜率为

$$m_E = 0.525\text{V/(bf} \cdot \text{in}^{-2})$$

由此可知，两者间误差率为 5%。

3. 光纤图像传感器

光纤图像传感器是靠光纤传像束实现图像传输的。传像束由玻璃光纤按阵列排列而成。一根传像束一般由数万到几十万条直径为 10～20μm 的光纤组成，每条光纤传送一个像素信息。用传像束可以对图像进行传递、分解、合成和修正。传像束式的光纤图像传感器在医疗、工业、军事部门有广泛的应用。

(1) 工业用内窥镜

在工业生产的某些过程中，经常需要检查系统内部结构状况，而这种结构由于各种原因不能打开或靠近观察，采用光纤图像传感器可解决这一难题。将探头事先放入系统内部，通过光束的传输可以在系统外部观察、监视系统内部情况，其工作原理如图 7-85 所示。该传感器主要由物镜、传像束、传光束、目镜或图像显示器组成。光源发出的光通过传光束照射到待测物体上，照明视场，再由物镜成像，经传像束把待测物体的各像素传送到目镜或图像显示设备上，观察者便可对该图像进行分析处理。

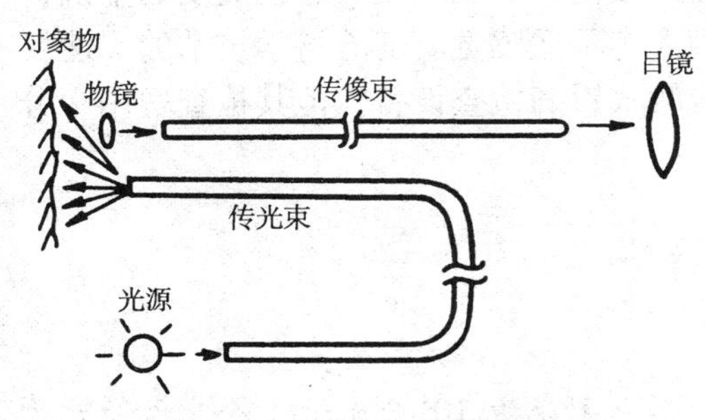

图 7-85　工业用内窥镜原理图

另一种结构形式如图 7-86 所示。内部结构的图像通过传像束送到 CCD 器件，这样把像信号转换成电信号，送入微机进行处理，微机输出可以控制一伺服装置，实现跟踪扫描，其结果也可以在屏幕上显示和打印。

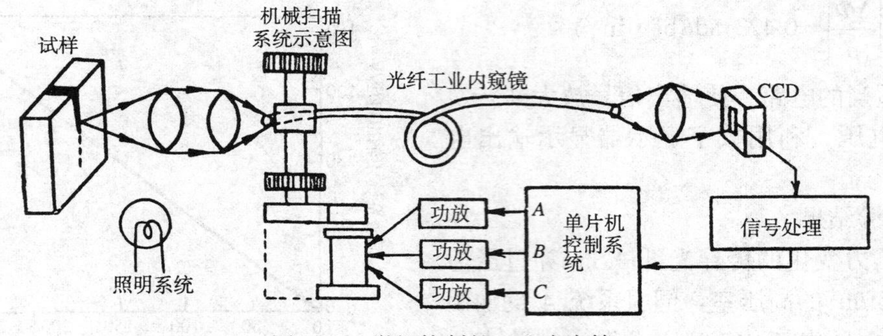

图 7-86　微机控制的工业内窥镜

(2) 医用内窥镜

医用内窥镜子的示意图如图 7-87 所示，它由末端的物镜、光纤图像导管、顶端的目镜和控制手柄组成。照明光是通过图像导管外层光纤照射到被观察物体上，反射光通过传像束输出。

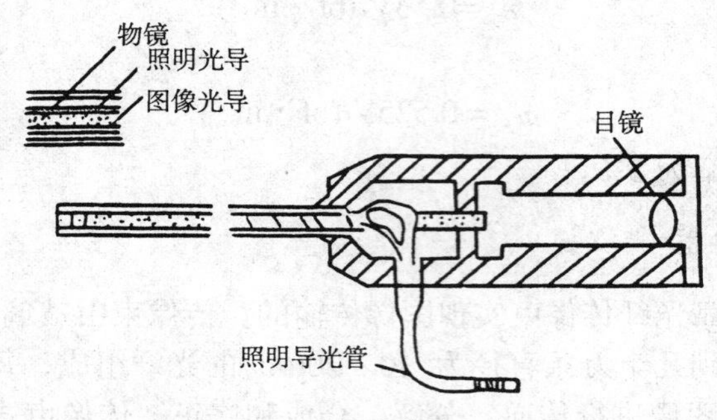

图 7-87　医用内窥镜示意图

由于光纤柔软，自由度大，末端通过手柄控制能偏转，传输图像失真小，因此，它是检查和诊断人体胃肠疾病和进行某些外科手术的重要仪器。为了提高成像效果，近年来日本 OLYMPUS 公司推出了新一代高性能电子胃镜，该胃镜用 CCD 代替光纤内镜的导像束，将光信号转变为电信号，然后通过图像处理装置对信号进行高速处理再显示在监视器上。该胃镜图像分辨力非常清晰，可观察到胃黏膜的微细结构，有利于良、恶性病变的鉴别；但是这种胃肠内窥镜对胃肠有一定的刺激作用，病人有不适感觉。随着科学技术的飞速发展，近年来已在临床检查中使用无线成像技术无接触式胃病检查设备，但其检查费用十分昂贵。

习题与思考题

1. 试说明爱因斯坦光电效应方程的含意。

2. 叙述外光电效应的光电倍增管的工作原理。若入射光为 10^3 个光子(1 个光子等效于 1 个电子电量)，光电倍增管共有 16 个倍增极，输出阳极电流为 20A，且 16 个倍增极二次发射电子数按自然数的平方递增，试求光电倍增管的电流放大倍数和倍增系数。

3. 试比较光敏电阻、光电池、光敏二极管和光敏三极管的性能差异，给出什么情况下应选用哪种器件最为合适的评述。

4. 试分别使用光敏电阻、光电池、光敏二极管和光敏三极管设计一种适合 TTL 电平输出的光电开关电路。并叙述其工作原理。

5. 如何实现线型 CCD 电荷的四相定向转移？试画出定向转移图。

6. 利用光敏三极管和 NPN 硅三极管实现图 7-70 的控制电路，并叙述其工作过程。

7. 叙述光纤导光的原理。

8. 什么是单模和多模光纤？并叙述驻波和模的关系。

9. 试比较光电传感器和光纤传感器工作原理的不同点。

10. 根据频率调制原理，设计一个用光纤传感器测量石油管道中石油流速的系统，并叙述其工作原理。

11. 根据你所掌握的知识，利用光纤传感器详细设计一个工业探伤成像系统。

附表 7-1　光电管参数

型　　号	光谱响应范围 /Å	光谱峰值波长 /Å	灵敏度 /μA / lm	阳极工作电压 /V	暗电流 /μA	环境温度 /℃	直径 /mm	高度 /mm	主要用途
GD-3	4 000 ~ 6 000	(4 500 ± 500)	≥80	240	1×10^{-2}	10 ~ 30	ϕ30	62	各种自动装置仪器
GD-5	2 000 ~ 6 000	(4 000 ± 200)	≥30	30	3×10^{-5}	5 ~ 35	ϕ42	130	分光光度计等
GD-7	3 000 ~ 8 500	4 500	≥45	100	8×10^{-4}	≤40	ϕ30	95	光电比色计等
GD-51	4 000 ~ 6 000	(4 500 ± 500)	≥80	240	1×10^{-2}	10 ~ 30	ϕ26	59	各种自动装置仪器

附表 7-2　光电倍增管参数

型　　号	光谱响应范围 /Å	光谱峰值波长 /Å	阴极灵敏度 /μA / lm	阳极灵敏度 /A / lm	暗电流 /nA	倍增级数	直径 /mm	高度 /mm	主要用途
GDB-106	2 000 ~ 7 000	(4 000 ± 500)	30	30(860V)	7(30A /lm)	9	14	68	光度测量
GDB-143	3 000 ~ 8 500	(4 000 ± 200)	20	1(800V)	20(1A /lm)	9	30	100	光度测量
GDB-235	3 000 ~ 6 500	(4 000 ± 200)	40	1(750V)	60(10A /lm)	8	30	110	闪烁计数器
GDB-413	3 000 ~ 7 000	(4 000 ± 200)	40	100(1 250V)	10(100A /lm)	11	30	120	分光光度计等
GDB-546	3 000 ~ 8 500	(4 200 ± 200)	70	20(1 300V)	100(200A /lm)	11	51	154	激光接收器

附表 7-3　光敏电阻参数

型　　号	亮电阻 /Ω	暗电阻 /Ω	光谱峰值波长 /Å	时间常数 /ms	耗散功率 /mW	极限电压 /V	温度系数 /%/℃	工作温度 /℃	光敏面 /mm²	使用材料
RG-CdS-A	$\leqslant 5\times10^4$	$\geqslant 1\times10^8$				100	< 1			
RG-CdS-B	$\leqslant 1\times10^5$	$\geqslant 1\times10^8$	5 200	< 50	< 100	150	< 0.5	−40 ~ 80	1 ~ 2	硫化镉
RG-CdS-C	$\leqslant 5\times10^5$	$\geqslant 1\times10^8$				150	< 0.5			
RG1A	$\leqslant 5\times10^3$	$\geqslant 5\times10^6$			20	10				
RG1B	$\leqslant 20\times10^3$	$\geqslant 20\times10^6$	4 500 ~ 8 500	≤20	20	10	≤±1	−40 ~ 70		硫硒化镉
RG2A	$\leqslant 50\times10^3$	$\geqslant 50\times10^6$			100	100				
RG2B	$\leqslant 200\times10^3$	$\geqslant 200\times10^6$			100	100				
RL-18	$< 5\times10^9$	$> 1\times10^9$		< 10		300				
RL-10	$(5\sim9)\times10^4$	$> 5\times10^8$	5 200	< 10	100	150	< 1	−40 ~ 80		硫化镉
RL-5	$< 4\times10^4$	$> 1\times10^9$		< 5		30 ~ 50				
81-A	$< 1\times10^4$	$> 1\times10^8$								
81-B	$< 1\times10^4$	$> 5\times10^6$								
81-C	$< 5\times10^4$	$> 1\times10^7$	6 400	10	15	50	< 0.2	−50 ~ 60		硫化镉
81-D	$< 1\times10^5$	$> 2\times10^7$								
81-E	$< 1\times10^6$	$> 1\times10^8$								
82-A	$< 5\times10^3$	$> 1\times10^8$	7 500	5	40	50	1	−40 ~ 60		硒化镉
82-B	$< 1\times10^5$	$> 1\times10^{10}$		3						
625-A	$< 5\times10^4$	$> 5\times10^7$	7 400	2 ~ 6	< 100	100	1	±40	180	
625-B	$< 5\times10^5$	$> 5\times10^7$			< 300				274	

附表 7-4　2CR 型硅光电池参数

光谱响应范围 /μm	光谱峰值波长 /μm	灵敏度 /nA/(mm² · lx)	响应时间 /s	开路电压* /mV	短路电流* /mA /cm²	转换效率* (%)	使用温度 /℃
0.4 ~ 1.1	0.8 ~ 0.95	6 ~ 8	10^{-3} ~ 10^{-4}	450 ~ 600	16 ~ 30	6 ~ 12 以上	–55 ~ +125

* 指测试条件在 100mW/cm² 的入射光照射下，每一平方厘米的硅光电池所产生的。

附表 7-5　2CU 型硅光敏二极管参数

型号 \ 测试条件	光谱响应范围 /Å	光谱峰值波长 /Å	最高工作电压 U_{max}/V	暗电流 /μA	光电流 /μA	灵敏度 /μA /μW	响应时间 /s	结电容 /pF	使用温度 /℃
			$I_D < 0.1\mu A$ $H < 0.1\mu W/cm^2$	$U = U_{max}$	$U = U_{max}$	$U = U_{max}$ 入射光波长为 9 000Å	$U = U_{max}$ 负载电阻为 1 000Ω	$U = U_{max}$	
2CU1A			10	< 0.2	> 80			< 5	
2CU1B			20	< 0.2	> 80			< 5	
2CU1C			30	< 0.2	> 80			< 5	
2CU1D			40	< 0.2	> 80			< 5	
2CU1E			50	< 0.2	> 80			< 5	
2CU2A			10	< 0.1	≥30			< 5	
2CU2B	4 000 ~ 11 000	8 600 ~ 9 000	20	< 0.1	≥30	≥0.5	10^{-7}	< 5	–55 ~ +125
2CU2C			30	< 0.1	≥30			< 5	
2CU2D			40	< 0.1	≥30			< 5	
2CU2E			50	< 0.1	≥30			< 5	
2CU5A			10	< 0.1	≥10			< 2	
2CU5B			20	< 0.1	≥10			< 2	
2CU5C			30	< 0.1	≥10			< 2	

附表 7-6　几种硅 PIN 光电二极管的特性参数

型　号	光谱响应范围 λ/nm	峰值灵敏度波长 λ_p/nm	光电灵敏度 $S(\lambda=\lambda_p)$ /A/W	暗电流 I_d (max) /nA	截止频率 f_c/MHz	终端电容 C_t (f = 1MHz) /pF	NEP	最大反转电压 U_r(max) /V	功耗 P/mW
S591	320 ~ 1 060	900	0.64	1	100	3	7.4	20	50
S122	320 ~ 1 100	960	0.60	10	30	10	9.4	30	100
S510	320 ~ 1 100	960	0.72	5	20	40	1.6	30	50
S359008	320 ~ 1 100	960	0.66	6	40	40	3.8	100	100
S470701	320 ~ 1 100	960	0.56	5	20	14	9.0	20	50
S505	320 ~ 1 000	800	0.46	0.3	200	4	5.5	20	50

附表 7-7　3DU 型硅光敏三极管参数

型号 \ 测试条件	光谱响应范围 /Å	光谱峰值波长 /Å	最高工作电压 U_{max}/V	暗电流 /μA	光电流 /μA	结电容 /pF	响应时间 /s	集电极最大电流 /mA	最大功耗 /mW	使用温度 /℃
测试条件				$U_{ce}=U_{max}$	$U_{ce}=U_{max}$ 入射光照度 1 000lx	$U_{ce}=U_{max}$ 频率 1kHz	$U_{ce}=10V$ 负载电阻为 100Ω			
3DU11			10	<0.3	≥0.5	<10		20	150	
3DU12			30	<0.3	≥0.5	<10		20	150	
3DU13			50	<0.3	≥0.5	<10		20	150	
3DU21			10	<0.3	≥1.0	<10		20	150	
3DU22			30	<0.3	≥1.0	<10		20	150	
3DU23			50	<0.3	≥1.0	<10		20	150	
3DU31			10	<0.3	≥2.0	<10		20	150	
3DU32	4 000 ~ 11 000	8 600 ~ 9 000	30	<0.3	≥2.0	<10	10^{-5}	20	150	−55 ~ +125
3DU33			50	<0.3	≥2.0	<10		20	150	
3DU41			10	<0.5	≥4.0	<10		20	150	
3DU42			30	<0.5	≥4.0	<10		20	150	
3DU43			50	<0.5	≥4.0	<10		20	150	
3DU51A			15	<0.2	≥0.3	<5		10	50	
3DU51B			30	<0.2	≥0.3	<5		10	50	
3DU51C			30	<0.2	≥0.1	<5		10	50	

第八章　磁电式传感器

本章主要介绍半导体磁电传感器，有时也称为磁敏传感器，其原因是因为这类传感器所使用的机理是磁参量的变化导致电参量变化而研制的一种传感器。

近年来磁电传感器的应用日益扩大，地位越来越重要。磁电式传感器按其结构可分为体型和结型两大类。前者有霍尔传感器，其材料主要有 InSb，InAs，Ge，Si，GaAs 等和磁敏电阻(InSb，InAs)；后者有磁敏二极管(Ge，Si)、磁敏晶体管(Si 等)。它们都是利用半导体材料中的自由电子或空穴随磁场改变其运动方向这一特性而制成的一种传感器。磁电传感器的应用范围可分为模拟用途和数字用途两种。例如利用霍尔传感器测量磁场强度，用磁敏电阻、磁敏二极管作无接触式开关等。

第一节　霍尔传感器

霍尔传感器是利用霍尔效应实现磁电转换的一种传感器。霍尔效应自 1879 年被发现至今已有 100 多年的历史，但直到 20 世纪 50 年代，由于微电子学的发展，才被人们所重视和利用，开发了多种霍尔元件。我国从 20 世纪 70 年代开始研究霍尔器件，经过 30 余年的研究和开发，目前已经能生产各种性能的霍尔元件，例如普通型、高灵敏度型、低温度系数型、测温测磁型和开关式的霍尔元件。

由于霍尔传感器具有灵敏度高、线性度和稳定性好、体积小、耐高温等特性，它已广泛应用于非电量测量、自动控制、计算机装置和现代军事技术等各个领域。

一、霍尔效应和霍尔元件的工作原理

1. 霍尔效应

如图 8-1 所示的一块半导体薄片，其长度为 L，宽度为 b，厚度为 d，当它被置于磁感应强度为 B 的磁场中，如果在它相对的两边通以控制电流 I，且磁场方向与电流方向正交，则在半导体另外两边将产生一个大小与控制电流 I 和磁感应强度 B 乘积成正比的电势 U_H，即$U_H = K_H IB$，其中 K_H 为霍尔元件的灵敏度。这一现象称为霍尔效应，该电势称为霍尔电势，半导体薄片就是霍尔元件。

2. 工作原理

设霍尔元件为 N 型半导体，当它通以电流 I 时，半导体中的自由电荷即载流子(电子)受到磁场中洛仑兹力 F_L的作用，其大小为

$$F_L = -evB \tag{8-1}$$

式中 v 为电子速度，B 为垂直于霍尔元件表面的磁感应强度。使电子向垂直于 B 和自由电子运动方向偏移，其方向符合右手螺旋定律，即电子有向某一端积聚的现象，使半导体一端面产生负电荷积聚，另一端面则为正电荷积聚。由于电荷聚积，产生静电场，即为霍尔电场。该静电场对电子的作用力 F_E 与洛仑兹力 F_L 方向相反，将阻止电子继续偏转，其大小为

$$F_E = -eE_H = -e\frac{U_H}{b} \tag{8-2}$$

式中 E_H 为霍尔电场，e 为电子电量。

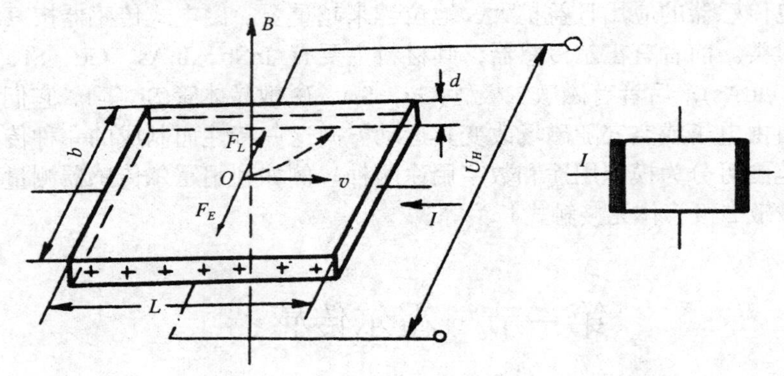

图 8-1　霍尔效应原理图

当静电场作用于运动电子上的 F_E 与洛仑兹力 F_L 相等时，电子积累达到动态平衡，即

$$-evB = -e\frac{U_H}{b}$$

所以

$$U_H = bvB \tag{8-3}$$

流过霍尔元件的电流 I 为

$$I = \frac{\mathrm{d}Q}{\mathrm{d}t} = bdvn(-e) \tag{8-4}$$

式中 bd 为与电流方向垂直的截面积，n 为单位体积内自由电子数(载流子浓度)。

将式(8-4)代入式(8-3)得

$$U_H = -\frac{IB}{ned} \tag{8-5}$$

若霍尔元件为 P 型半导体，则霍尔电势为

$$U_H = \frac{IB}{ped} \tag{8-6}$$

式中　p ——单位体积内空穴数(载流子浓度)。

上述过程中产生的霍尔电势简单地讲就是半导体中的自由电荷受磁场中洛仑兹力作用而产生的。

3. 霍尔系数及灵敏度

在式(8-5)和(8-6)中，分别取

$$R_H = -\frac{1}{ne}$$

或

$$R_H = \frac{1}{pe} \tag{8-7}$$

则式(8-5)和式(8-6)将变为

$$U_H = R_H \frac{BI}{d} \tag{8-8}$$

则 R_H 被定义为霍尔传感器的霍尔系数。很明显，霍尔系数由半导体材料性质决定，且它决定霍尔电势的强弱。

设

$$K_H = \frac{R_H}{d} \tag{8-9}$$

则 K_H 即为霍尔元件的灵敏度，那么式(8-5)和式(8-6)可写为

$$U_H = K_H IB \tag{8-10}$$

所谓霍尔元件的灵敏度(K_H)，就是指在单位磁感应强度和单位控制电流作用时，所能输出的霍尔电势的大小。

由于材料电阻率 ρ 与载流子浓度和其迁移率 μ 有关，即

$$\rho = \frac{1}{n\mu Q}$$

或

$$\rho = \frac{1}{p\mu Q}$$

则 $\rho = \frac{R_H}{\mu}$，于是得到 $R_H = \rho\mu$。由此可见，要想霍尔电势强，半导体材料的电阻率必须要高，且迁移率也要大。虽然，金属导体的载流子迁移率很大，但其电阻率低；绝缘体电阻率很高，但其载流子迁移率低。因此，只有半导体材料为最佳霍尔传感器的材料。表 8-1 列出了一些霍尔元件材料特性。霍尔电势除了与材料的载流子迁移率和电阻率有关，同时还与霍尔元件的几何尺寸有关。在实际应用中，一般要求霍尔元件灵敏度越大越好，由于霍尔元件的厚度 d 与 K_H 成反比，因此，霍尔元件的厚度越小其灵敏度越高。当霍尔元件的宽度 b 加大，或 $\frac{L}{b}$ 减小时，载流子在偏转过程中的损失将加大，将会使 U_H 下降。通常要对式(8-10)加以形状效应修正：

$$U_H = R_H \frac{1}{d} IBf\left(\frac{L}{b}\right) \tag{8-11}$$

式中 $f\left(\frac{L}{b}\right)$——形状效应系数，其修正值如表 8-2 所示。

表 8-1　霍尔元件的材料特性

材料	迁移率 /cm²/(V·s)		霍尔系数 R_H/cm²/C	禁带宽度 /eV	霍尔系数温度特性 /%/℃
	电子	空穴			
Ge1	3 600	1 800	4 250	0.60	0.01
Ge2	3 600	1 800	1 200	0.80	0.01
Si	1 500	425	2 250	1.11	0.11
InAs	28 000	200	570	0.36	–0.1
InSb	75 000	750	380	0.18	–2.0
GaAs	10 000	450	1 700	1.40	0.02

表 8-2　形状效应系数

L/b	0.5	1.0	1.5	2.0	2.5	3.0	4.0
$f(L/b)$	0.370	0.675	0.841	0.923	0.967	0.984	0.996

二、霍尔元件的主要技术参数

1. 额定功耗 P_0

霍尔元件在环境温度 $T = 25$℃时，允许通过霍尔元件的电流和电压的乘积，分最小、典型、最大三挡，单位为 mW。当供给霍尔元件的电压确定后，根据额定功耗可以知道额定控制电流 I，因此有些产品则提供额定控制电流，不给出额定功耗 P_0。

2. 输入电阻 R_i 和输出电阻 R_o

R_i 是指控制电流极之间的电阻值，R_o 指霍尔元件电极间的电阻，单位为Ω。R_i 和 R_o 可以在无磁场即 $B = 0$ 时，用欧姆表等测量。

3. 不平衡电势 U_0

在额定控制电流 I 之下，不加磁场时，霍尔电极间的空载霍尔电势称为不平衡(不等)电势，单位为 mV。不平衡电势和额定控制电流 I 之比为不平衡电阻 r_0。有些产品也提供不平衡电阻参数值。

4. 霍尔电势温度系数 α

在一定的磁感应强度和控制电流下，温度每变化 1℃时，霍尔电势变化的百分率，称为霍尔电势温度系数 α，单位为 1/℃。

5. 内阻温度系数 β

霍尔元件在无磁场及工作温度范围内，温度每变化 1℃时，输入电阻 R_i 与输出电阻 R_o 变化的百分率称为内阻温度系数 β，单位为 1/℃。一般取不同温度时的平均值。

6. 灵敏度 K_H

其定义同前述。有时某些产品给出无负载时灵敏度，即在某一控制电流和一定强度的磁场中，输出极开路时元件的灵敏度。

表 8-3 列出中国科学院半导体研究所生产的砷化镓(GaAs)霍尔元件的主要技术参数。

表 8-3 砷化镓霍尔元件的主要技术参数

项　目	符号	测试条件($T=25$℃)	最小值	典型值	最大值	单　位
额定功耗	P_0	$T=25$℃	10	25	50	mW
无负载灵敏度	K_H	$I=1$mA，$B=1$kGs	2	20	30	mV/mA /kGs
不平衡电势	U_0	$I=1$mA，$B=0$	0.01	0.1	1.0	mV
输入电阻	R_i	$I=1$mA，$B=0$	200	500	1 500	Ω
输出电阻	R_o	$I=1$mA，$B=0$	200	500	1 500	Ω
磁线性度	r	$I=1$mA，$B=0\sim10$kGs	0.1	0.2	0.5	%
电线性度		$I=0\sim10$mA，$B=1$kGs	0.05	0.1	0.5	%
U_H温度系数	α	$T=0\sim150$℃		0.3		%/℃
内阻温度系数	β	$I=1$mA，$B=1$kGs，$T=0\sim50$℃	<0.5	1	5	10^{-4}/℃

三、霍尔元件连接方式和输出电路

1. 基本测量电路

霍尔元件的基本测量电路如图 8-2 所示。

控制电流 I 由电源 E 供给，电位器 W 调节控制电流 I 的大小。霍尔元件输出接负载电阻 R_L，R_L 可以是放大器的输入电阻或测量仪表的内阻。由于霍尔元件必须在磁场与控制电流作用下，才会产生霍尔电势 U_H，所以在测量中，可以把 I 和 B 的乘积，或者 I，或者 B 作为输入信号，则霍尔元件的输出电势分别正比于 IB 或 I 或 B。

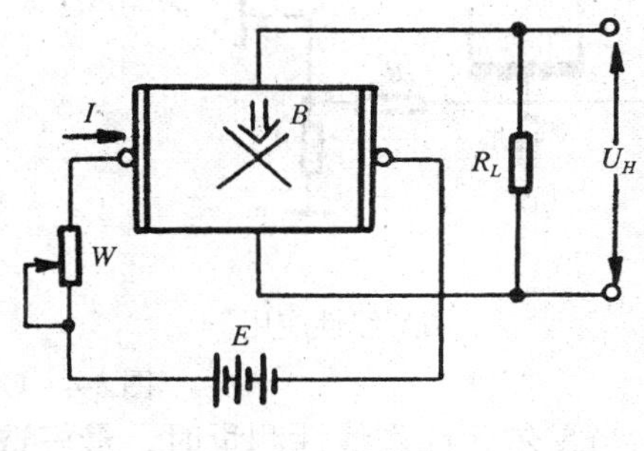

图 8-2 基本电路

2. 连接方式

除了霍尔元件基本电路形式之外，如果为了获得较大的霍尔输出电势，可以采用几片叠加的连接方式，如图 8-3(*a*)所示。

图 8-3(*a*)为直流供电情况。控制电流端并联，由 W_1，W_2 调节两个元件的输出霍尔电势，A，B 为输出端，则它的输出电势为单块的两倍。

图 8-3(*b*)为交流供电情况。控制电流端串联，各元件输出端接输出变压器 B 的初级绕

组，变压器的次级便有霍尔电势信号叠加值输出。

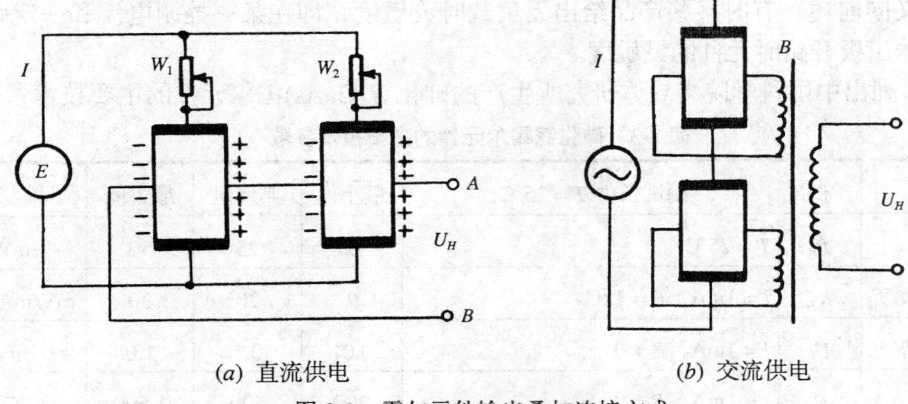

(a) 直流供电

(b) 交流供电

图 8-3　霍尔元件输出叠加连接方式

3. 霍尔电势的输出电路

霍尔器件是一种四端器件，本身不带放大器。霍尔电势一般在毫伏量级，在实际使用时必须加差分放大器。霍尔元件大体分为线性测量和开关状态两种使用方式，因此，输出电路有如图 8-4 所示两种结构。下面以中国科学院半导体研究所生产的 GaAs 霍尔元件为例，给出两种参考电路，分别如图 8-4(a)和(b)所示。

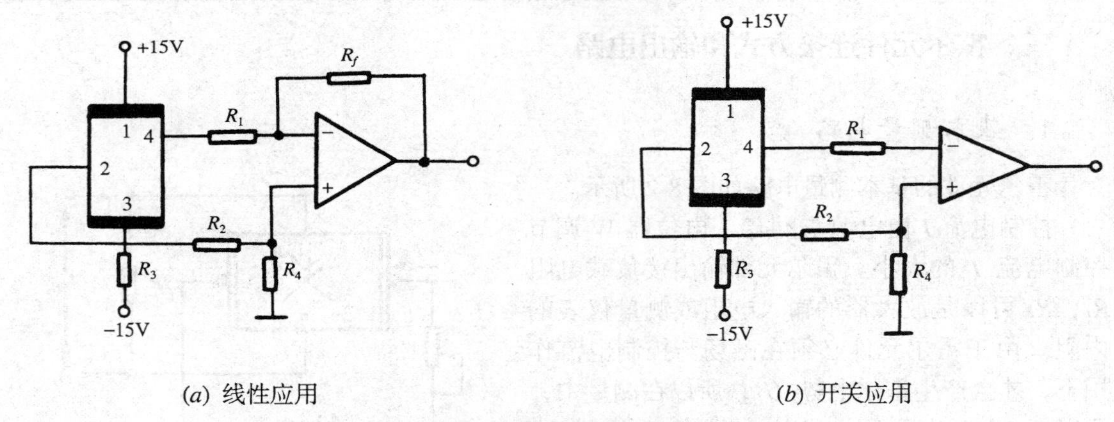

(a) 线性应用

(b) 开关应用

图 8-4　GaAs 霍尔元件的输出电路

当霍尔元件作线性测量时，最好选用灵敏度低一点、不等位电势小、稳定性和线性度优良的霍尔元件。

例如，选用 K_H = 5mV/(mA · kGs)，控制电流为 5mA 的霍尔元件作线性测量元件，若要测量 1Gs ~ 10kGs 的磁场，则霍尔器件最低输出电势 U_H 为

$$U_H = 5\text{mV}/(\text{mA}\cdot\text{kGs}) \times 5\text{mA} \times 10^{-3}\text{kGs} = 25\,\mu\text{V}$$

最大输出电势为

$$U_H = 5\text{mV}/(\text{mA}\cdot\text{kGs}) \times 5\text{mA} \times 10\text{kGs} = 250\text{mV}$$

故要选择低噪音的放大器作为前级放大。

当霍尔元件作开关使用时，要选择灵敏度高的霍尔元件。

例如，$K_H = 20\text{mV}/(\text{mA}\cdot\text{kGs})$，如果采用 $2\times3\times5(\text{mm})^3$ 的钐钴磁钢的器件，控制电流为 2mA，施加一个距离器件为 5mm 的 300Gs 的磁场，则输出霍尔电势为

$$U_H = 20\text{mV}/(\text{mA}\cdot\text{kGs})\times 2\text{mA}\times 300\text{Gs} = 120\text{mV}$$

这时选用一般的放大器即可满足。

四、霍尔元件的测量误差和补偿方法

霍尔元件在实际应用时，存在多种因素影响其测量精度，但造成测量误差的主要因素有两类：一类是半导体固有特性；另一类为半导体制造工艺的缺陷。其表现为零位误差和温度引起的误差。

1. 零位误差及补偿方法

霍尔元件在加控制电流但不加外磁场时出现的霍尔电势称为零位误差。由制造霍尔元件的工艺问题造成的不等位电势是主要的零位误差。因为在工艺上难以保证霍尔元件两侧的电极焊接在同一等电位面上，如图 8-5(*a*)所示。当控制电流 *I* 流过时，即使未加外磁场，*A*，*B* 两电极此时仍存在电位差，此电位差称为不等位电势 U_0。

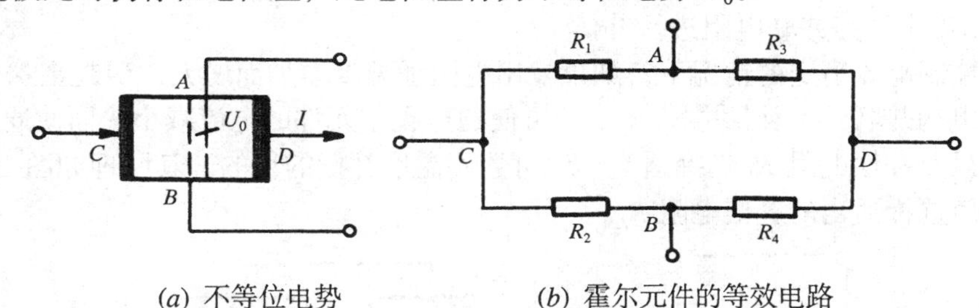

(*a*) 不等位电势　　(*b*) 霍尔元件的等效电路

图 8-5　霍尔元件的不等位电势和等效电路

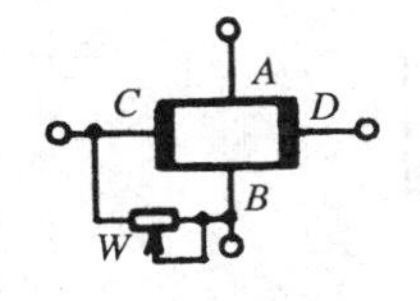

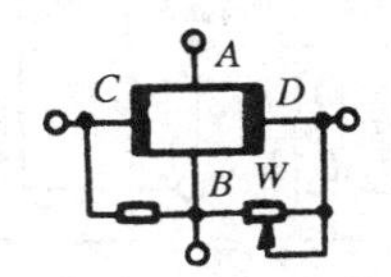

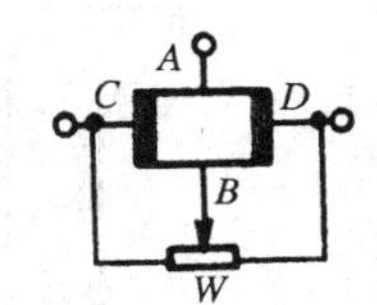

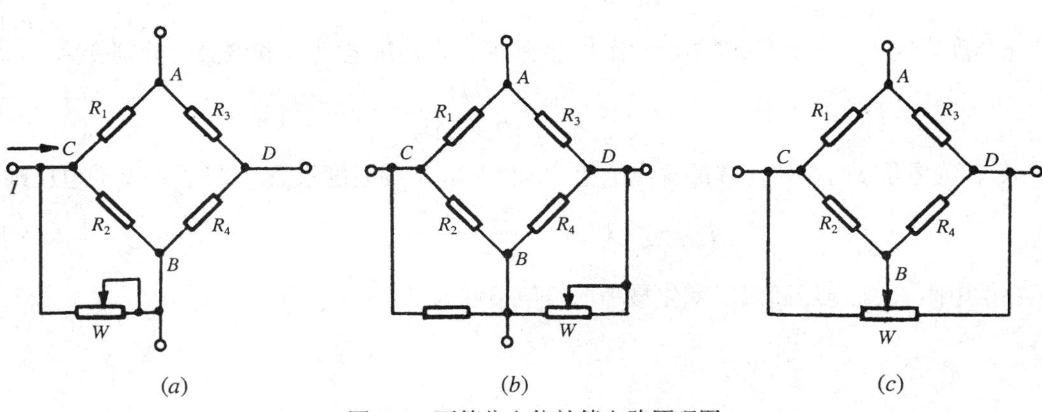

(*a*)　(*b*)　(*c*)

图 8-6　不等位电势补偿电路原理图

为了减小或消除不等位电势，可以采用电桥平衡原理补偿。根据霍尔元件的工作原理，可以把霍尔元件等效于一个四臂电桥，如图 8-5(*b*)所示。如果两个霍尔电极对 *A*，*B* 处在同一等位面上，桥路处于平衡状态，即 $R_1 = R_2 = R_3 = R_4$，则不等位电势 $U_0 = 0$。如果两个霍尔电势极不在同一等位面上，电桥不平衡，不等位电势 $U_0 \neq 0$。此时根据 *A*，*B* 两点电位高低，判断应在某一桥臂上并联一个电阻，使电桥平衡，从而就消除了不等位电势。

图 8-6 给出几种常用的补偿方法。为了消除不等位电势，可在阻值较大的桥臂上并联电阻，如图 8-6(*a*)所示，或在两个桥臂上同时并联如图 8-6(*b*)、(*c*)所示的电阻。显然，方案(*c*)调整比较方便。

2. 温度误差及其补偿

由于半导体材料的电阻率、迁移率和载流子浓度等都随温度变化而变化，因此，会导致霍尔元件的内阻、霍尔电势等也随温度而变化，这种变化的程度随不同半导体材料有所不同。而且温度高到一定程度，产生的变化相当大。温度误差是霍尔元件测量中不可忽视的误差。针对温度变化导致内阻(输入、输出电阻)的变化，可以采用对输入或输出电路的电阻进行补偿。

(1) 利用输出回路并联电阻进行补偿

在输入控制电流恒定的情况下，如果输出电阻随温度增加而增大，引起霍尔电势增加，我们可在输出端并联一个补偿电阻 R_L，则可使通过霍尔元件的电流减小，而使通过 R_L 的电流却增大。只要补偿电阻 R_L 选择适当，就可达到温度补偿的目的，其原理如图 8-7 所示。下面介绍如何选择适当的补偿电阻 R_L。

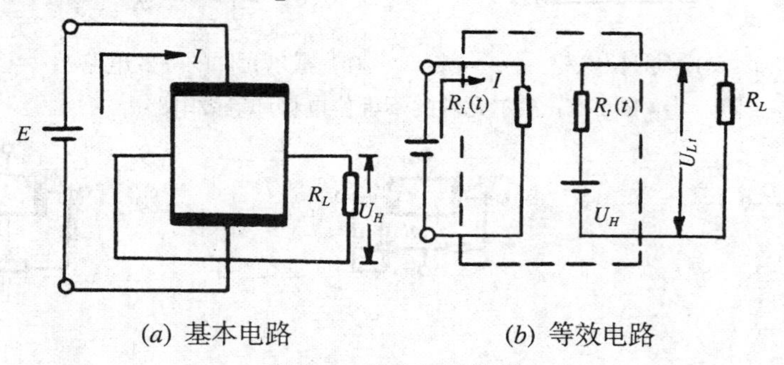

(*a*) 基本电路　　(*b*) 等效电路

图 8-7　输出回路补偿

在温度影响下，若元件的输出电阻 R_{t0} 变到 R_t，则输出电阻 R_t 和电势应分别变为

$$R_t = R_{t0}(1 + \beta t)$$

$$U_{Ht} = U_{Ht0}(1 + \alpha t)$$

式中α，β 为温度 t 时霍尔元件的输出电势 U_{Ht} 和电阻 R_t 的温度系数。此时 R_L 上的电压则为

$$U_{Lt} = U_{Ht0}\frac{R_L(1 + \alpha t)}{R_{t0}(1 + \beta t) + R_L} \tag{8-12}$$

补偿电阻 R_L 上电压随温度变化最小的极值条件为

$$\frac{\mathrm{d}U_{Lt}}{\mathrm{d}t} = 0$$

即

$$\frac{R_L}{R_{t0}}=\frac{\beta-\alpha}{\alpha} \tag{8-13}$$

因此当知道霍尔元件α，β，R_{t0}时，便可以计算出能实现温度补偿的电阻R_L的值。

(2) 利用输入回路的串联电阻进行补偿

霍尔元件的控制回路用稳压电源E供电，其输出端处于开路工作状态，如图 8-8 所示。当输入回路串联适当的电阻R时，霍尔电势随温度的变化可得到补偿。

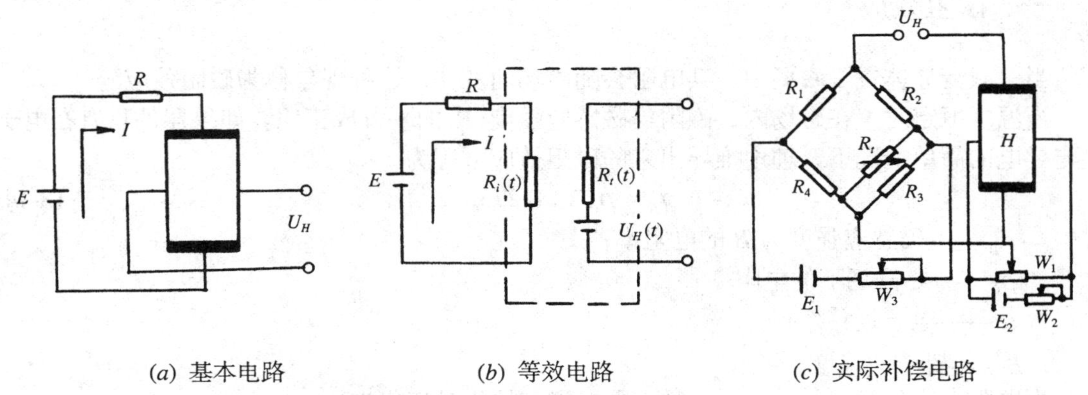

(*a*) 基本电路　　(*b*) 等效电路　　(*c*) 实际补偿电路

图 8-8　输入回路补偿原理及实际补偿电路

当温度增加时，霍尔电势的增加值为

$$\Delta U_H=U_{Ht0}\alpha t$$

另一方面，元件的输入电阻随温度的增加值为

$$\Delta R_i=R_{it0}\beta t$$

用稳压源供电时，控制电流的减小量为

$$\Delta I=\frac{I_{t0}R_{it0}\beta t}{R+R_{it0}(1+\beta t)}$$

它使霍尔电势的减小量为

$$\Delta U'_H=U_{H0}\frac{R_{it0}\beta t(1+\beta t)}{R+R_{it0}(1+\beta t)}$$

要想得到全补偿，应有$\Delta U_H=\Delta U'_H$，则

$$R=\frac{(\beta-\alpha)R_{it0}(1+\beta t)}{\alpha}$$

由此可知，只要给出霍尔元件的α，β值，即可求得R和R_{it0}的关系。

除此之外，还可以在霍尔元件的输入端采用恒流源来减小温度的影响。

实际的补偿电路如图 8-8(*c*)所示。调节电位器W_1可以消除不等位电势。电桥由温度系数低的电阻构成，在某一桥臂电阻上并联热敏电阻R_t，当温度变化时，热敏电阻将随温度变化而变化，使补偿电桥的输出电压U_H相应变化，只要仔细调节，即可使其输出电压U_H与温度基本无关。

第二节　磁敏电阻器

磁敏电阻器是基于磁阻效应的磁敏元件。磁敏电阻的应用范围比较广，可以利用它制成磁场探测仪、位移和角度检测器、安培计以及磁敏交流放大器等。

一、磁阻效应

当一载流导体置于磁场中，其电阻会随磁场而变化，这种现象称为磁阻效应。

当温度恒定时，在磁场内，磁阻与磁感应强度 B 的平方成正比。如果器件只有在电子参与导电的简单情况下，理论推导出来的磁阻效应方程为

$$\rho_B = \rho_0(1+0.273\mu^2 B^2) \tag{8-14}$$

式中　ρ_B——磁感应强度为 B 的电阻率；

ρ_0——零磁场下的电阻率；

μ——电子迁移率；

B——磁感应强度。

当电阻率变化为 $\Delta\rho = \rho_B - \rho_0$ 时，则电阻率的相对变化为

$$\frac{\Delta\rho}{\rho_0} = 0.273\mu^2 B^2 = K\mu^2 B^2 \tag{8-15}$$

由式(8-15)可知，磁场一定，迁移率越高的材料，如 InSb、InAs 和 NiSb 等半导体材料，其磁阻效应越明显。

二、磁敏电阻的结构

磁敏电阻通常使用两种方法来制作：一种是在较长的元件片上用真空镀膜方法制成，如图 8-9(*a*)所示的许多短路电极(光栅状)的元件；另一种是在结晶制作过程中有方向性地析出金属而制成磁敏电阻，如图 8-9(*b*)所示。除此之外，还有圆盘形，中心和边缘处各有一电极，如图 8-9(*c*)所示，磁敏电阻大多制成圆盘结构。

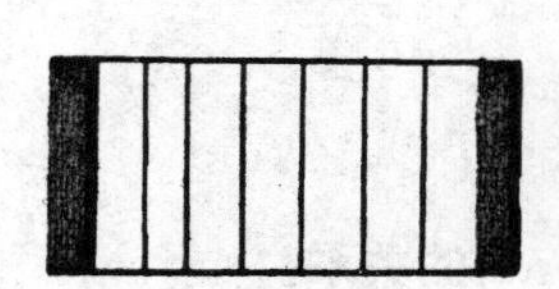

(*a*) 短路电极

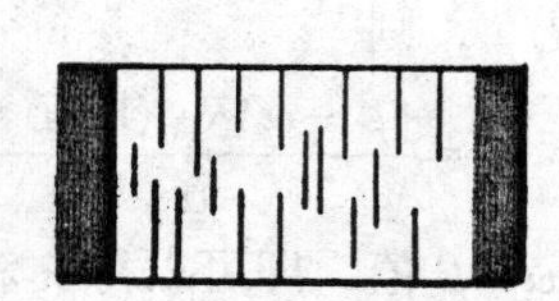

(*b*) 在结晶中有方向性地析出金属

(*c*) 圆盘结构

图 8-9　磁敏电阻的结构

磁阻效应除了与材料有关外，还与磁敏电阻的形状有关。若考虑其形状的影响，电阻率的相对变化与磁感应强度和迁移率的关系可表达为

$$\frac{\Delta\rho}{\rho_0} \approx K(\mu B)^2\left[1-f\left(\frac{L}{b}\right)\right] \tag{8-16}$$

式中　L，b——分别为电阻的长和宽；

$f\left(\frac{L}{b}\right)$——形状效应系数。

在恒定磁感应强度下，其长度(L)与宽度(b)之比越小，则 $\frac{\Delta\rho}{\rho_0}$ 越大。各种形状的磁敏电阻，其磁阻与磁感应强度的关系如图 8-10 所示。由图可见，圆盘形样品的磁阻最大。

磁敏电阻的灵敏度一般是非线性的，且受温度影响大；因此，使用磁敏电阻时，必须首先了解如图 8-11 所示的特性曲线。然后，确定温度补偿方案。

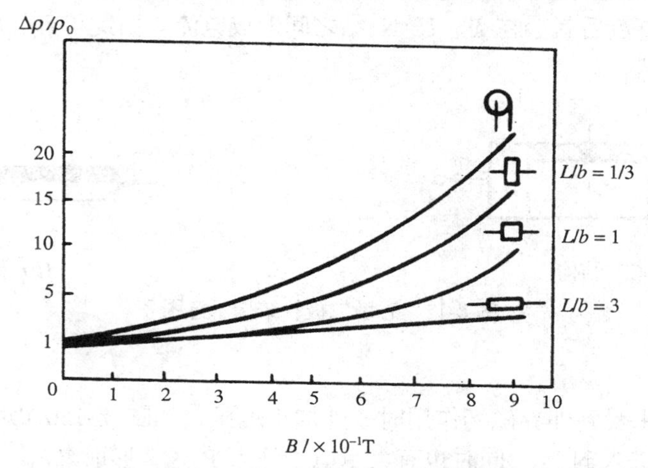

图 8-10　磁阻与磁感应强度的关系

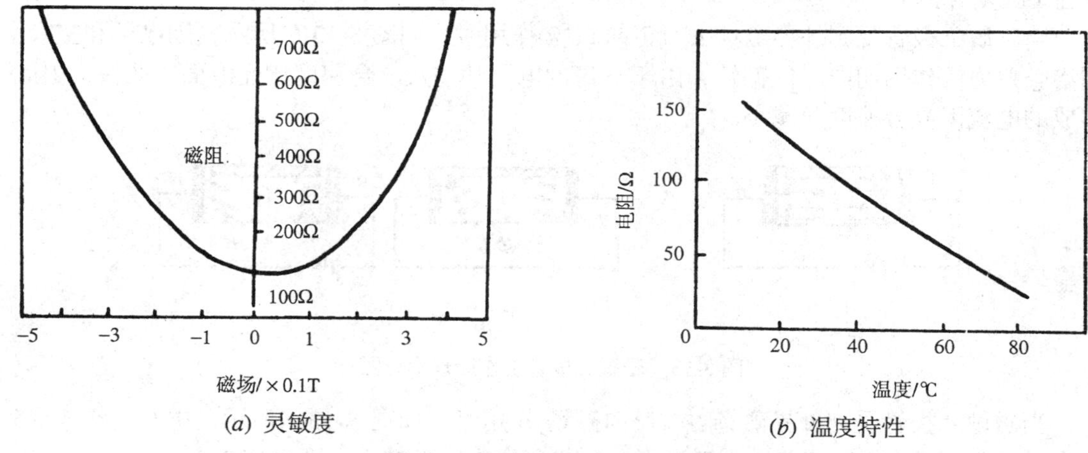

(a) 灵敏度　　　　(b) 温度特性

图 8-11　磁敏电阻(InSb)的特性

第三节　磁敏二极管和磁敏三极管

霍尔元件和磁敏电阻均是用 N 型半导体材料制成的体型元件。磁敏二极管和磁敏三极管是 PN 结型的磁电转换元件，它们具有输出信号大、灵敏度高、工作电流小和体积小等特点，它们比较适合磁场、转速、探伤等方面的检测和控制。

一、磁敏二极管的结构和工作原理

1. 结构

磁敏二极管(SMD)的结构如图 8-12 所示。磁敏二极管的 P 型和 N 型电极由高阻材料制成，在 P，N 之间有一个较长的本征区 I，本征区 I 的一面磨成光滑的复合表面(为 I 区)，另一面打毛，设置成高复合区(为 *r* 区)，其目的是因为电子-空穴对易于在粗糙表面复合而消失。当通以正向电流后就会在 P，I，N 结之间形成电流。由此可知，磁敏二极管是 PIN 型的。

(*a*) 结构　　(*b*) 符号

图 8-12　磁敏二极管结构示意图

2. 工作原理

当磁敏二极管未受到外界磁场作用时，外加正偏压，如图 8-13(*a*)所示，则有大量的空穴从 P 区通过 I 区进入 N 区，同时也有大量电子注入 P 区，形成电流。只有少量电子和空穴在 I 区复合掉。

当磁敏二极管受到外界磁场 H^+(正向磁场)作用时，如图 8-13(*b*)所示，则电子和空穴受到洛仑兹力的作用而向 *r* 区偏转，由于 *r* 区的电子和空穴复合速度比光滑面 I 区快，因此，形成的电流因复合速度而减小。

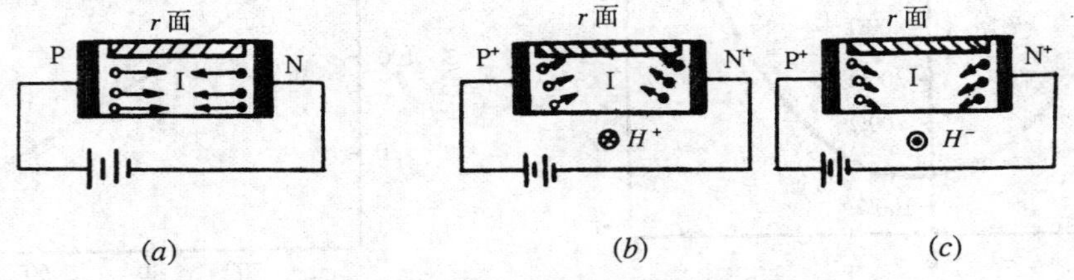

(*a*)　　(*b*)　　(*c*)

图 8-13　磁敏二极管工作原理示意图

当磁敏二极管受到外界磁场 H^-(反向磁场)作用时，如图 8-13(*c*)所示，电子、空穴受到洛仑兹力作用而向 I 区偏移，由于电子、空穴复合率明显变小，则电流变大。

利用磁敏二极管在磁场强度的变化下，其电流会发生变化的现象，于是就能实现磁电转换。

3. 磁敏二极管的主要特性

(1) 磁电特性

在给定条件下，磁敏二极管输出的电压变化与外加磁场的关系称为磁敏二极管的磁电特性。

磁敏二极管通常用单只使用和互补使用两种方式。它们的磁电特性如图 8-14 所示。由图可知，单只使用时，正向磁灵敏度大于反向；互补使用时，正、反向磁灵敏度曲线对称，且在弱磁场下有较好的线性。

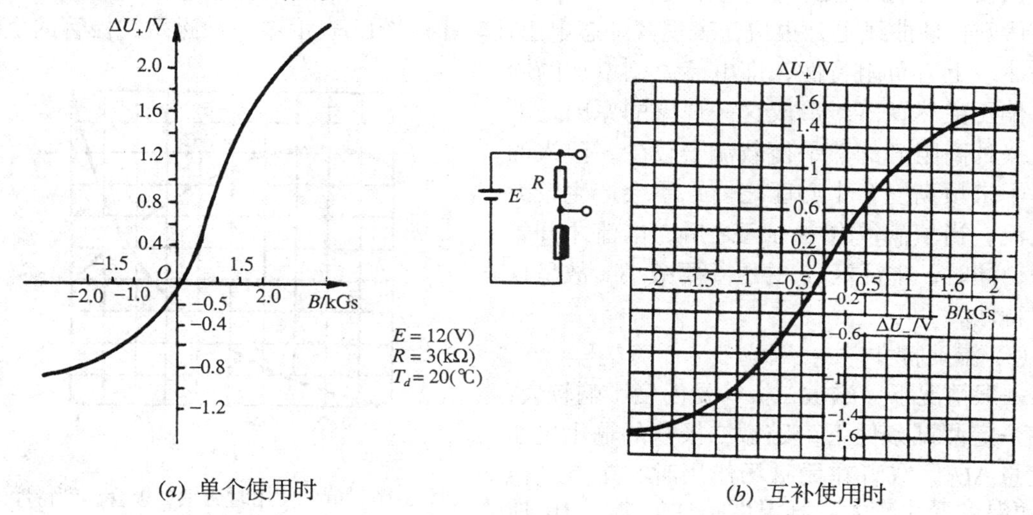

(a) 单个使用时　　(b) 互补使用时

图 8-14　磁电特性

(2) 伏安特性

磁敏二极管正向偏压和通过其上电流的关系称为磁敏二极管的伏安特性，如图 8-15 所示。从图可知，磁敏二极管在不同磁场强度 H 下的作用，其伏安特性将不一样。

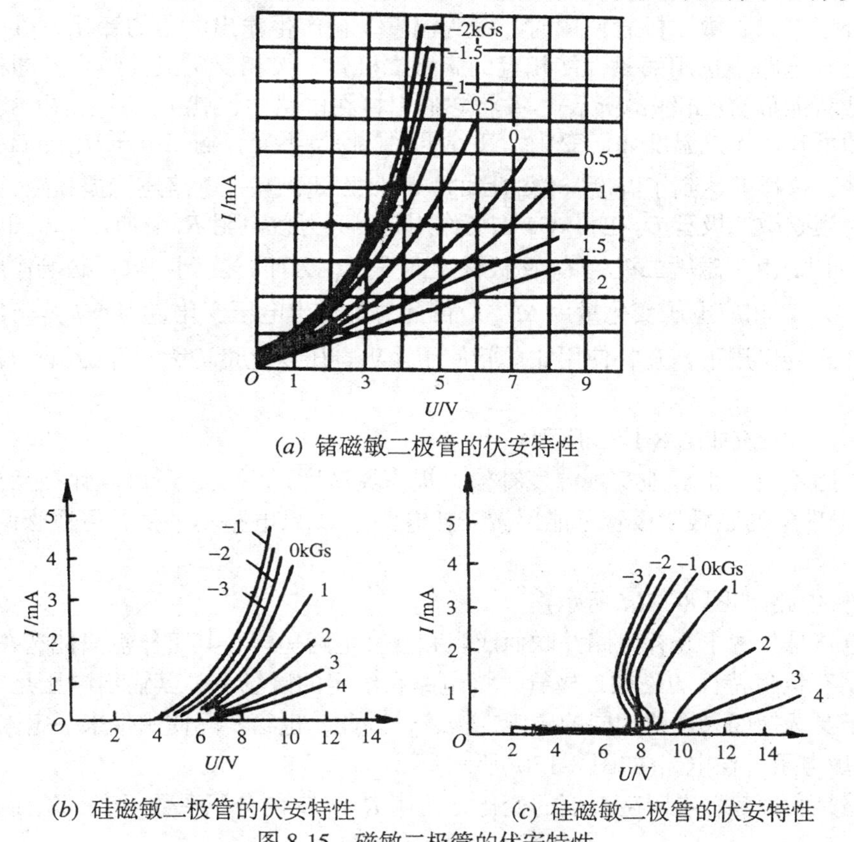

(a) 锗磁敏二极管的伏安特性

(b) 硅磁敏二极管的伏安特性　　(c) 硅磁敏二极管的伏安特性

图 8-15　磁敏二极管的伏安特性

图 8-15(a)为锗磁敏二极管的伏安特性。图(b)、(c)为硅磁敏二极管的伏安特性。图(b)表示在较宽的偏压范围内，电流变化比较平坦；当外加偏压增加到一定值后，电流迅速增加，伏安特性曲线上升很快，表现其动态电阻比较小。图(c)表示这一种磁敏二极管的伏安特性曲线上有负阻特性，即电流急剧增加的同时，偏压突然跌落。造成这一现象的原因是因为这一种高阻硅的热平衡载流子较少，注入的载流子未填满复合中心区之前，不会产生较大的电流；当填满复合中心区之后，电流才开始急增；同时，本征区 I 的压降要减小，故呈现负阻特性。

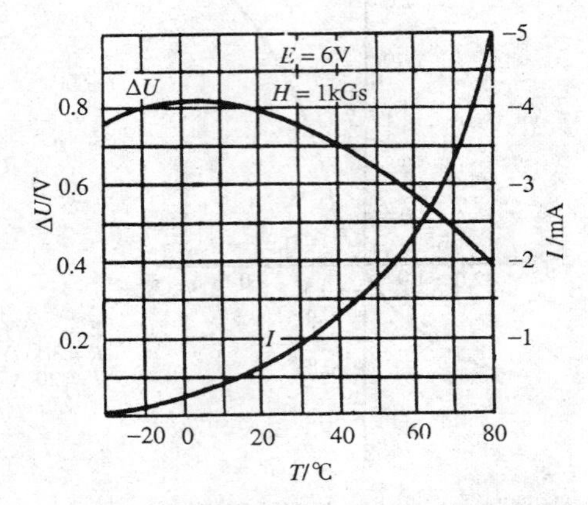

图 8-16　单个使用时磁敏二极管温度特性

(3) 温度特性

一般情况下，磁敏二极管受温度影响较大，即在一定测试条件下，磁敏二极管的输出电压变化量ΔU，或者在无磁场作用时，中点电压U_m随温度变化较大。其温度特性如图 8-16 所示。因此，在实际使用时，必须对其进行温度补偿。常用的温度补偿电路有互补式、差分式、全桥式和热敏电阻四种补偿电路，如图 8-17 所示。

① 互补式温度补偿电路(如图 8-17(a)所示)

为了补偿单只磁敏二极管使用时，因为温度变化产生输出电压的变化，可以采用互补电路。在互补电路中选用两只性能相近的磁敏二极管，按相反磁极性组合，即将它们的磁敏面相对或背向放置(如图(a)所示)，并将它们串接在电路中，就可形成如图(a)所示的互补电路。从图可知，无论温度如何变化，其分压比总保持不变，输出电压U_m随温度变化而始终保持不变，这样就达到了温度补偿的目的。不仅如此，互补电路还能提高磁灵敏度。

例如，当磁敏二极管 D_1 在+1kGs 磁场作用时，其等效电阻 R_1 增加ΔR_1，相应电压变化为ΔU_1^+；同时，由于磁敏二极管 D_2 磁极性反向安置，因而，受到−1kGs 磁场作用，等效电阻 R_2 减少ΔR_2，相应电压变化量为ΔU_2^-。因此总的输出电压变化量为$\Delta U_m = \Delta U_1^+ + \Delta U_2^-$。显然在同样磁场作用下，互补使用比单管使用输出电压变化量增大，即磁灵敏度提高(参见图(b))。

② 差分式电路(如图 8-17(c)所示)

差分电路不仅能很好地实现温度补偿，提高灵敏度，而且，还可以弥补互补电路的不足(具有负阻现象的磁敏二极管不能用做互补电路)。如果电路不平衡，可适当调节电阻 R_1 和 R_2。

③ 全桥电路(如图 8-17(d)所示)

全桥电路是将两个互补电路并联而成。和互补电路一样，其工作点只能选在小电流区，且不能使用有负阻特性的磁敏二极管。该电路在给定的磁场下，其输出电压是差分电路的两倍。由于要选择四只性能相同的磁敏二极管，因此，也给实际使用带来一定困难。

④ 热敏电阻补偿电路(如图 8-17(e)所示)

该电路是利用热敏电阻随温度的变化，而使 R_t 和 D 的分压系数不变，从而实现温度补偿目的。热敏电阻补偿电路的成本略低于上述三种温度补偿电路，因此是常被采用的一种温度补偿电路。

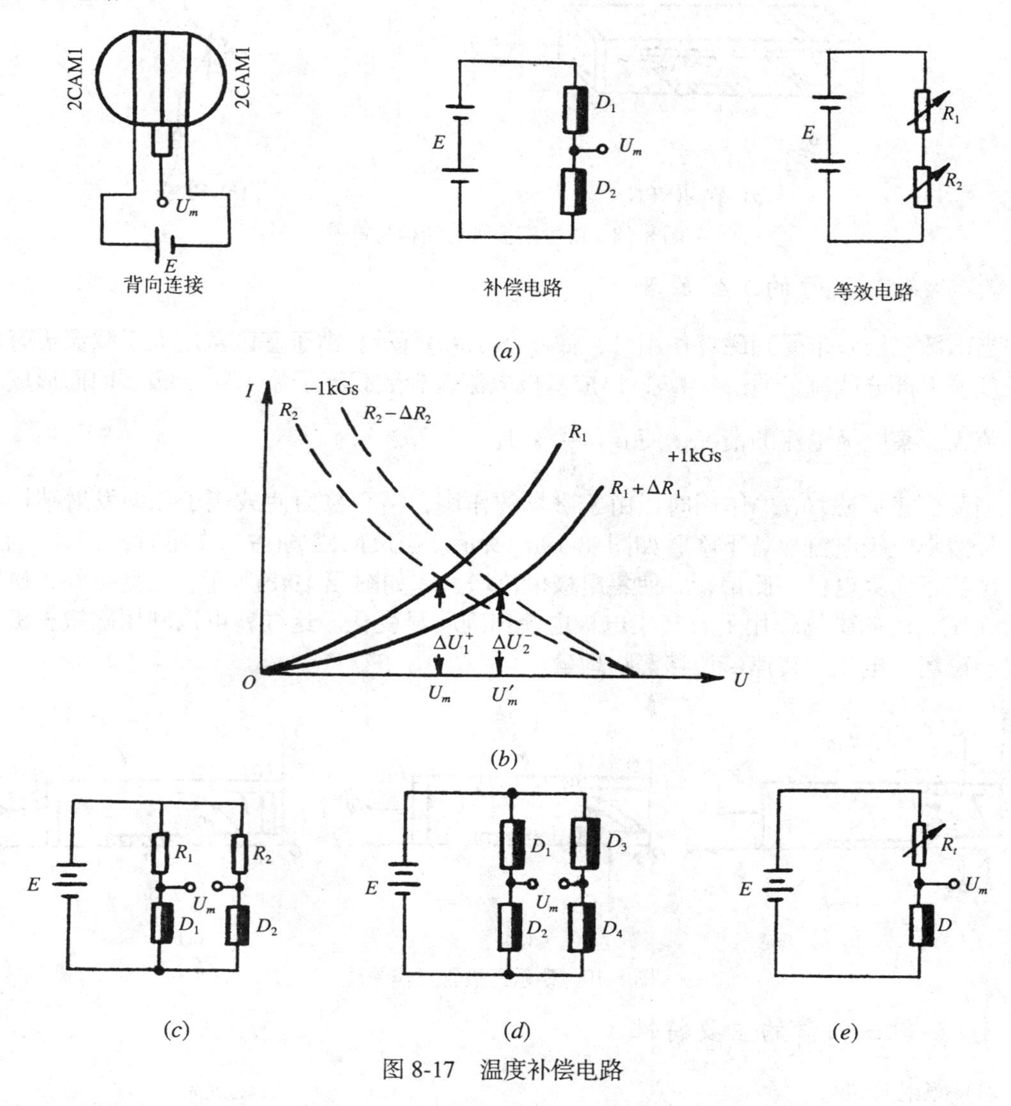

图 8-17　温度补偿电路

二、磁敏三极管的结构和工作原理

1. 磁敏三极管的结构

磁敏三极管的结构如图 8-18 所示。在弱 P 型或弱 N 型本征半导体上用合金法或扩散法形成发射极、基极和集电极。其最大特点是基区较长，基区结构类似磁敏二极管，也有高复合速率的 *r* 区和本征 I 区。长基区分为输运基区和复合基区。磁敏三极管用如图 8-18(*b*) 所示符号表示。

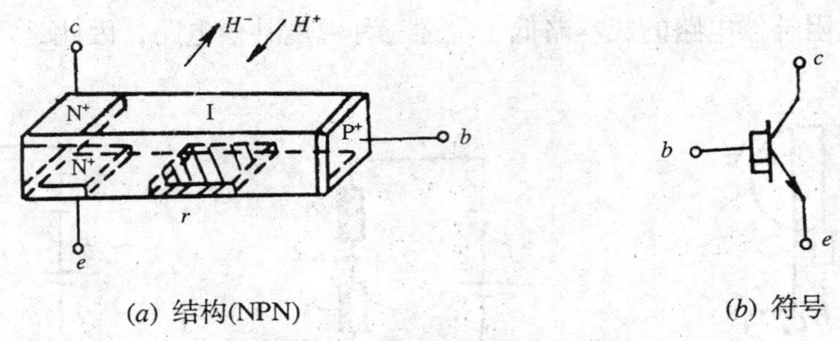

图 8-18　磁敏三极管的结构与符号

2. 磁敏三极管的工作原理

当磁敏三极管未受到磁场作用时，如图 8-18(a)所示。由于基区宽度大于载流子有效扩散长度，大部分载流子通过 e-I-b，形成基极电流；少数载流子输入到 c 极。因而形成了基极电流大于集电极电流的情况，使 $\beta=\dfrac{I_c}{I_b}<1$。

当受到正向磁场(H^+)作用时，由于磁场的作用，洛仑兹力使载流子偏向发射结构的一侧，导致集电极电流显著下降，如图 8-19(b)所示。当反向磁场(H^-)作用时，在 H^- 的作用下，载流子向集电极一侧偏转，使集电极电流增大，如图 8-19(c)所示。由此可知，磁敏三极管在正、反向磁场作用下，其集电极电流出现明显变化。这样就可以利用磁敏三极管来测量弱磁场、电流、转速、位移等物理量。

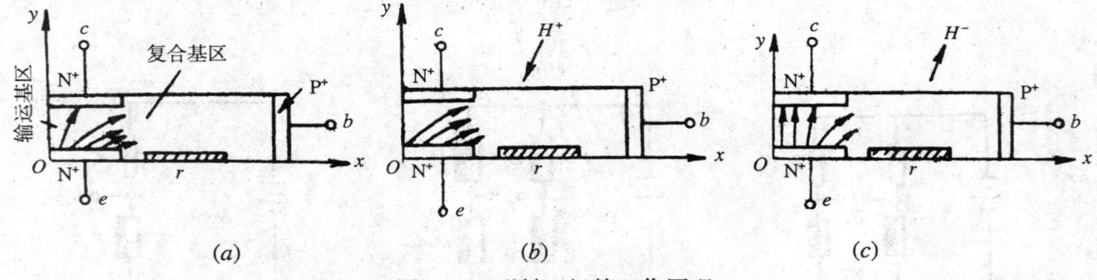

图 8-19　磁敏三极管工作原理

3. 磁敏三极管的主要特性

(1) 磁电特性

磁敏三极管的磁电特性是应用的基础，它是主要特性之一。例如，国产 NPN 型 3BCM(锗)磁敏三极管的磁电特性，在弱磁场作用下，曲线接近一条直线，如图 8-20 所示。

(2) 伏安特性

磁敏三极管的伏安特性类似普通晶体管的伏安特性曲线。图 8-21(a)为不受磁场作用时，磁敏三极管的伏安特性曲线；图 8-21(b)是磁场为 ±1kGs，基极为 3mA 时，集电极电流的变化。由该图可知，磁敏三极管的电流放大倍数小于 1。

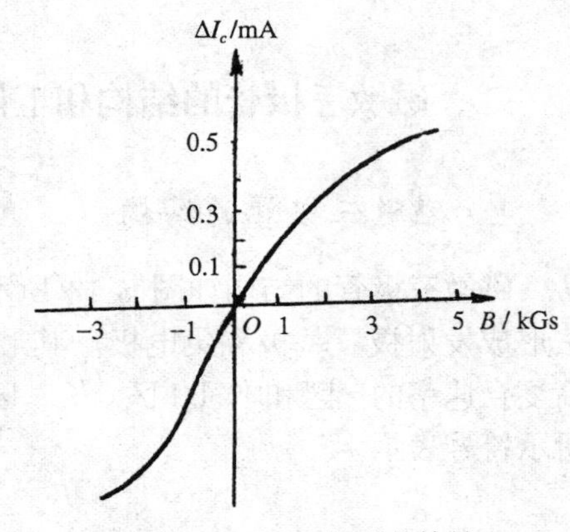

图 8-20　3BCM 的磁电特性

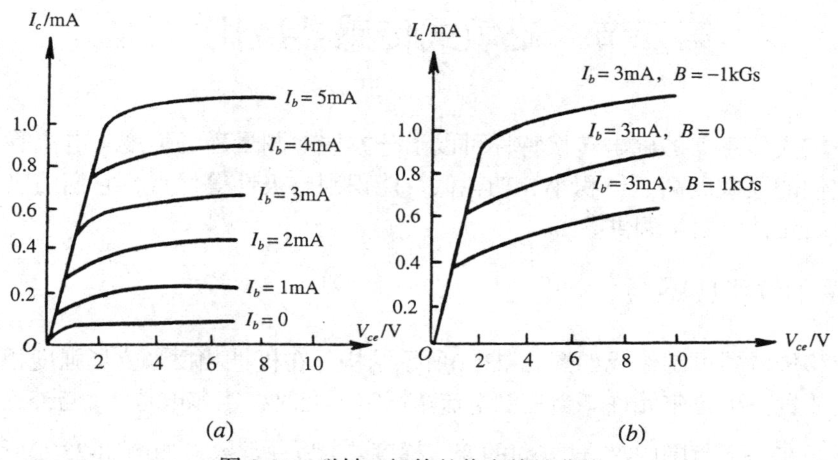

图 8-21　磁敏三极管的伏安特性曲线

(3) 温度特性及其补偿

磁敏三极管对温度比较敏感，实际使用时必须采用适当的方法进行温度补偿。对于锗磁敏三极管，例如，3ACM，3BCM，其磁灵敏度的温度系数为 0.8%/℃；硅磁敏三极管(3CCM)磁灵敏度的温度系数为 –0.6 %/℃。对于硅磁敏三极管可用正温度系数的普通硅三极管来补偿因温度而产生的集电极电流的漂移。具体补偿电路如图 8-22(*a*)所示。当温度升高时，BG_1管集电极电流 I_c 增加，导致 BG_m 管的集电极电流也增加，从而补偿了 BG_m 管因温度升高而导致 I_c 的下降。

图 8-22(*b*)是利用锗磁敏二极管电流随温度升高而增加的这一特性使其作硅磁敏三极管的负载，从而当温度升高时，弥补了硅磁敏三极管的负温度漂移系数所引起的电流下降的问题。除此之外，还可以采用两只特性一致、磁极相反的磁敏三极管组成的差分电路，如图 8-22(*c*)所示，这种电路既可以提高磁灵敏度，又能实现温度补偿，它是一种行之有效的温度补偿电路。

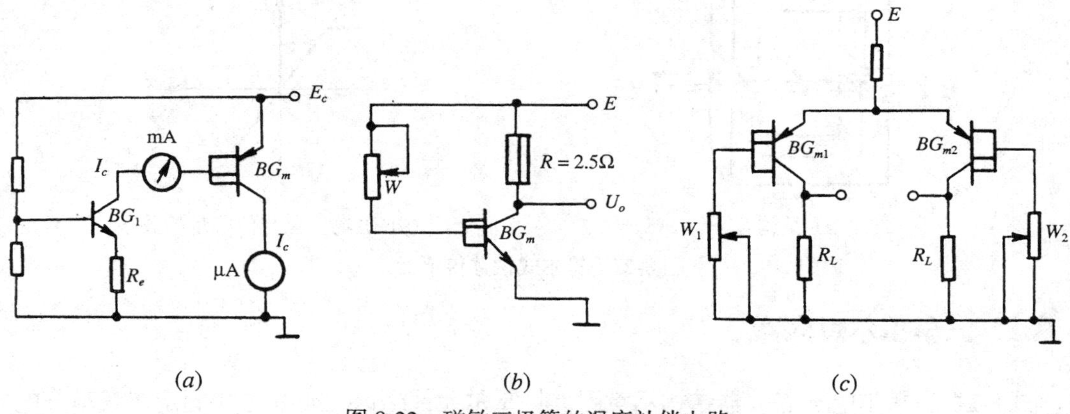

图 8-22　磁敏三极管的温度补偿电路

第四节 磁敏式传感器应用举例

利用磁敏式传感器的磁电转换特性可以十分方便地测量磁场强度、电流等有关的物理量。由于它们的灵敏度高、体积小、功耗低、能识别磁极性等优点，它们的应用前景十分广泛。现介绍几种应用实例供参考。

一、霍尔位移传感器

霍尔位移传感器可制作成如图 8-23(*a*)所示结构。在极性相反、磁场强度相同的两个磁钢的气隙间放置一个霍尔元件。当控制电流 I 恒定不变时，霍尔电势 U_H 与外磁感应强度成正比；若磁场在一定范围内沿 x 方向的变化梯度 $\frac{\mathrm{d}B}{\mathrm{d}x}$ 为一常数，如图 8-23(*b*)所示，则当霍尔元件沿 x 方向移动时，霍尔电势变化为

$$\frac{\mathrm{d}U_H}{\mathrm{d}x}=R_H\frac{1}{d}\frac{\mathrm{d}B}{\mathrm{d}x}=K \tag{8-17}$$

式中　K——位移传感器的输出灵敏度。

对式(8-17)积分后得

$$U_H=Kx \tag{8-18}$$

式(8-18)说明霍尔电势与位移量成线性关系。其输出电势的极性反映了元件位移方向。磁场梯度越大，灵敏度越高；磁场梯度越均匀，输出线性度越好。当 $x=0$ 时，则元件置于磁场中心位置，$U_H=0$。这种传感器一般可测量 1～2mm 的微小位移，其特点是惯性小，响应速度快，无触点测量。利用这一原理可以测量与之有关的非电量，如力、压力、加速度、液位和压差等。

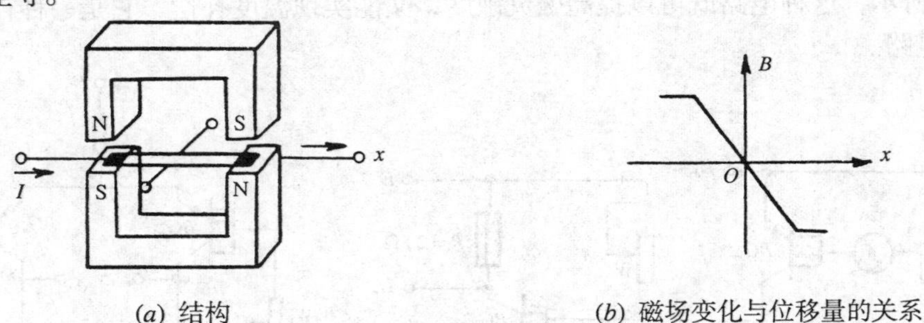

(*a*) 结构　　(*b*) 磁场变化与位移量的关系

图 8-23　霍尔式位移传感器

二、汽车霍尔点火器

图 8-24 是霍尔电子点火器结构示意图。将霍尔元件(图 8-24 中之 3)固定在汽车分电器的白金座上，在分火点上装一个隔磁罩 1，罩的竖边根据汽车发动机的缸数，开出等间距的缺口 2，当缺口对准霍尔元件时，磁通通过霍尔器件而成闭合回路，所以电路导通，如图 8-24(*a*)所示，此时霍尔电路输出低电平≤0.4V；当罩边凸出部分挡在霍尔元件和磁体之间时，电路截止，如图 8-24(*b*)所示，霍尔电路输出高电平。

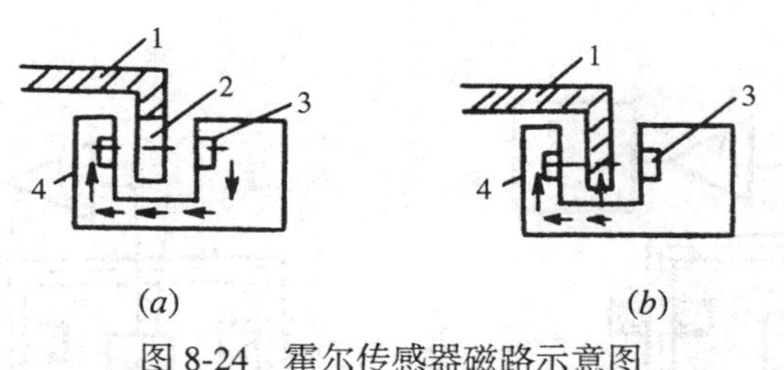

图 8-24　霍尔传感器磁路示意图

1—隔磁罩　2—隔磁罩缺口　3—霍尔元件　4—磁钢

霍尔电子点火器原理如图 8-25 所示。当霍尔传感器输出低电平时，BG_1 截止，BG_2，BG_3 导通，点火线圈的初级有一恒定电流通过。当霍尔传感器输出高电平时，BG_1 导通，BG_2，BG_3 截止，点火器的初级电流截断，此时储存在点火线圈中的能量，由次级线圈以高压放电形式输出，即放电点火。

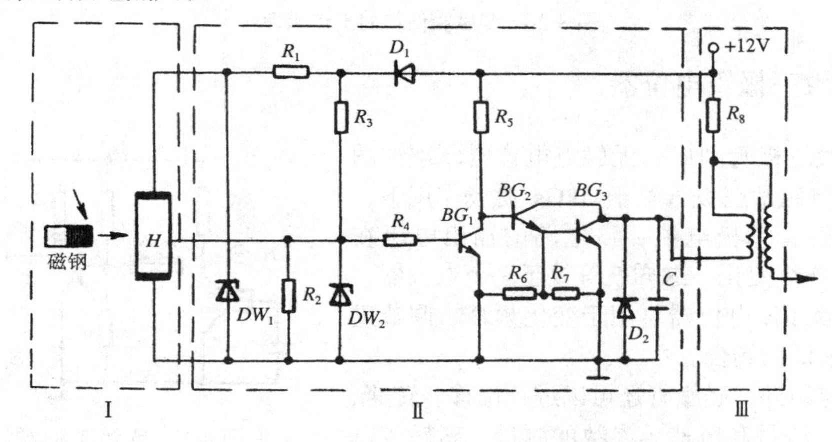

图 8-25　霍尔电子点火器原理图

Ⅰ—带霍尔传感器的分电器　Ⅱ—开关放大器　Ⅲ—点火线圈

汽车霍尔电子点火器，由于它无触点、节油，能适用于恶劣的工作环境和各种车速，冷起动性能好等特点，目前国外已广泛采用。

综合所述，霍尔传感器应用很广，这里不可能一一列举，读者根据需要可参阅应用文献及其技术说明自行设计各种应用方案。

三、磁敏二极管漏磁探伤仪

磁敏二极管漏磁探伤仪是利用磁敏二极管可以检测弱磁场变化的特性而设计的。其原理如图 8-26 所示。

漏磁探伤仪由激励线圈 2、铁芯 3、放大器 4、磁敏二极管探头 5 等部分构成。将待测物(如钢棒 1)置于铁芯之下，并使之不断转动，在铁芯线圈激磁后，钢棒被磁化。若待测钢棒无损伤部分在铁芯之下时，铁芯和钢棒被磁化部分构成闭合磁路，激励线圈感应的磁通为Φ，此时无泄漏磁通，磁敏二极管探头没有信号输出。若钢棒上的裂纹旋至铁芯下，裂纹处的泄漏磁通作用于探头，探头将泄漏磁通量转换成电压信号，经放大器放大输出，根据指示仪表的示值可以得知待测棒中的缺陷。

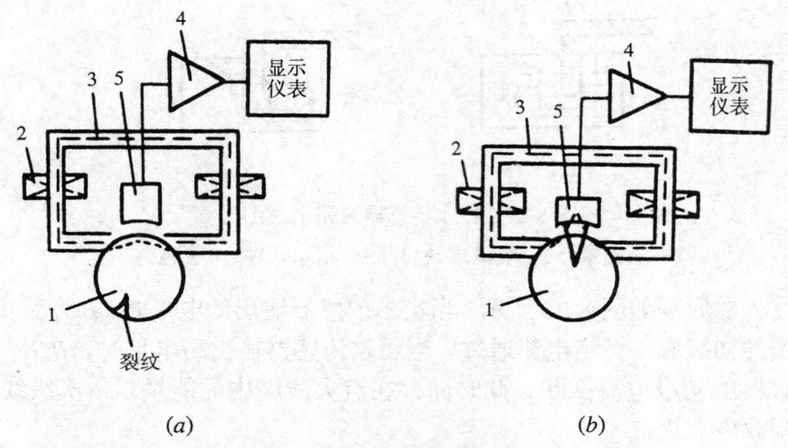

图 8-26　漏磁探伤仪的工作原理

四、磁敏三极管电位器

利用磁敏三极管制成的无触点电位器原理如图 8-27 所示。将磁敏三极管置于 1kGs 磁场作用下，改变磁敏三极管基极电流，该电路的输出电压在 0.7 ~ 15V 内连续变化，这样就等效于一个电位器，且无触点，因而该电位器可用于变化频繁、调节迅速、噪声要求低的场合。

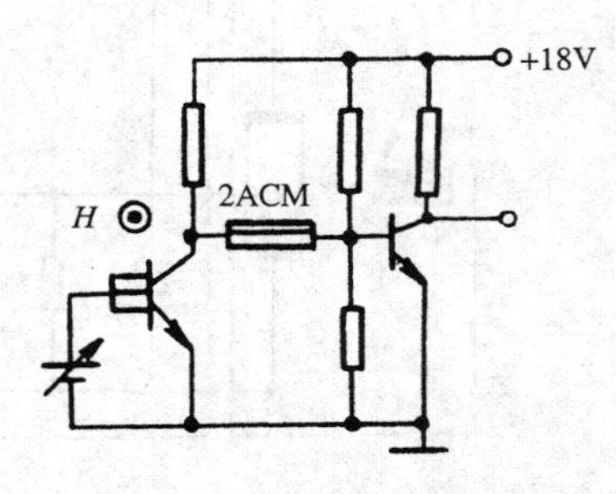

图 8-27　无触点电位器

除上述应用外，磁敏管还可以进行位移、转速、振动、压力、流量和风速等参数的测量。磁敏管具有广泛的发展前景。

五、锑化铟(InSb)磁阻传感器在磁性油墨鉴伪点钞机中的应用

利用锑化铟(InSb)磁阻传感器进行弱磁信号的检测，已取得了成功，例如在磁性油墨鉴伪点钞机中已能很好地鉴别货币的真伪。本节介绍由 InSb 磁阻传感器组成的货币鉴伪系统。

InSb 磁阻传感器是用锑化铟材料制作的半导体磁敏元件。当在该元件的磁敏表面上垂直施加磁通量时，则可使其电阻发生变化，磁场与电阻间特性如图 8-11(*a*)所示。磁性油墨识别传感器用两只具有上述特性的磁阻元件 R_{M1}，R_{M2} 串联而成，然后施加一定的直流工作电压 U_E 和特定磁场 B，如图 8-28(*a*)所示；当外磁场接近两个磁阻元件之一时，则在该元件上产生磁通增量 $\Delta\Phi$，致使输出电压 $U_{R_{M2}}$ 发生如下变化：

$$U_{R_{M2}} = U_{E0} + \Delta U = \frac{R_{M2} + \Delta R_{M2}}{R_{M1} + R_{M2} + \Delta R_{M2}} U_E$$

或

$$U_{R_{M2}} = U_{E0} + \Delta U = \frac{R_{M2}}{R_{M1} + R_{M2} + \Delta R_{M2}} U_E$$

式中　U_{E0}——是 R_{M1}，R_{M2} 在无磁通变化时的分压值；

ΔR_{M1}，ΔR_{M2}——分别是磁通变化而引起磁阻元件产生的阻值增量。

由于该传感器输出的信号比较微弱，因此，设计了如图 8-28(*b*)所示的低噪声信号处理电路。本电路是用脉冲计数方式获取磁性油墨信号的。

该系统由磁敏传感器电桥、低噪声放大器、二阶带通滤波器、信号倍率电路、比较器、自适应比较电平、单片机接口和传感器直流恒压源组成。

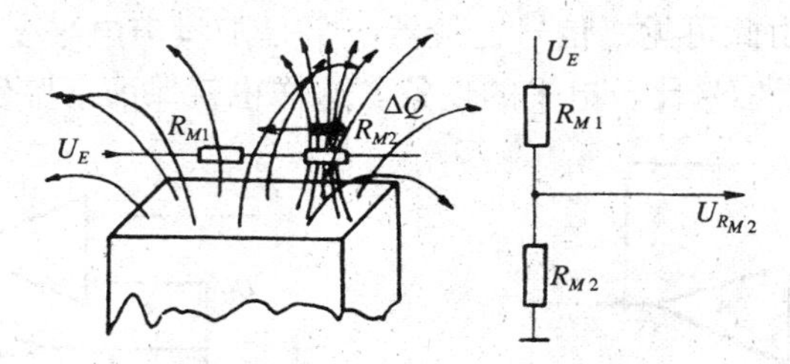

(*a*) 磁性油墨识别传感器原理图

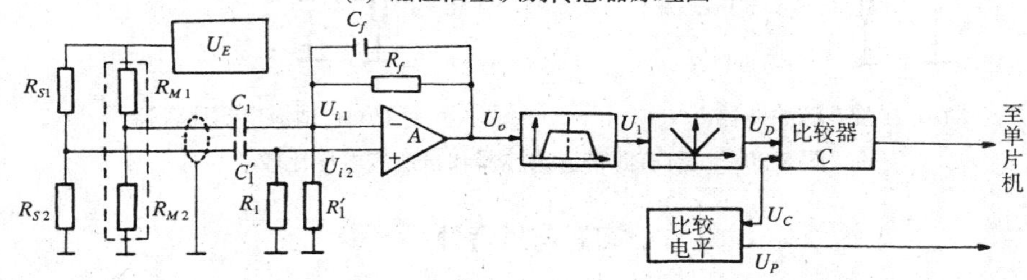

(*b*) 低噪声信号处理系统

图 8-28　磁油墨信号鉴别和处理系统

由图 8-28(*b*)可知，传感器电桥和输入放大器的输出信号 U_o 为 $U_o = (U_{i1} - U_{i2})\dfrac{R_f}{R_1}$，其中 $U_{i1} = \Delta U_E + \Delta U_{EN} + \Delta U_M$，$U_{i2} = \Delta U_E + \Delta U_{EN}$（$\Delta U_E$，$\Delta U_{EN}$ 分别为工作电压 U_E 的交流纹波和高频噪声；ΔU_M 为 R_{M1} 和 R_{M2} 变化产生的输出有用磁信号)。当桥路 $\dfrac{R_{M1}}{R_{M2}} = \dfrac{R_{S1}}{R_{S2}}$，且 $C_1 = C_1'$ 时，由电源来的波纹和高频噪声可以完全被抑制掉。在实际电路中由于元件参数不完全一致性，是不可能完全消除这些干扰信号的，但该电路可以在很大程度上提高信噪比。

有源带通滤波器的通频带是根据点钞机输送钞票的速度和钞票上的磁性油墨图文密度来决定。首先根据工频干扰电源波纹的要求确定该滤波器的低端截止频率为 $f_L \geqslant 2f_{AC} = 100\text{Hz}$，故取 $f_L = 120\text{Hz}$；那么，滤波器高频截止频率 f_H 由点钞机的点钞速度 v (张/s)和每张钞票上产生的磁脉冲个数 N_M 决定。即 $f_H = 2vN_M$。例如，若 $v = 20$ 张/s，N_M 在 10 ~ 40 个脉冲之间，则 $f_H = 1.6\text{kHz}$，所以可采用如图 8-29(*a*)所示的二阶有源带通滤波器；但对于滤波器通带内的干扰，靠滤波也是无法解决的。若在滤波器之后增加一级无死区小信号整流电路，即将负半周信号(包括磁信号和干扰信号)都转至正半周，则可获得信号脉冲倍率的效果。由于干扰脉冲数总少于磁性油墨信号脉冲数，且磁性油墨信号均为正负极性，而干扰脉冲多为单极性脉冲，经整流电路倍率后，其差值增大，这样可区分磁性油墨信号和干扰信号，倘若没有倍率电路那就很难区分了。

自适应信号电平比较器的比较电平的设置是提取计数磁信号脉冲的关键。比较电平的设置原则是既要高于环境噪声电平，又要尽可能地少损失磁性油墨信号，该系统采用一种根据噪声电平自动确定比较电平的方法，电路如图 8-29(*b*)所示。比较电平由单片机产生的调宽脉冲均值检波产生，其电平幅度正比于调宽脉冲占空比。开机后，由单片机控制比较电平由高向低变化，同时读入比较器的输出状态。当比较器输出出现翻转时，此时的比较电平即为噪声电平。为了可靠起见，将该电平适当增加一个可靠的系数，并将其确定为比较器的信号比较电平。由此可见，信号比较器电平是随噪声电平变化而变化的，且可以保证不会出现噪声电平高于信号比较电平的现象。这样也就保证了鉴伪点钞机的工作可靠性。

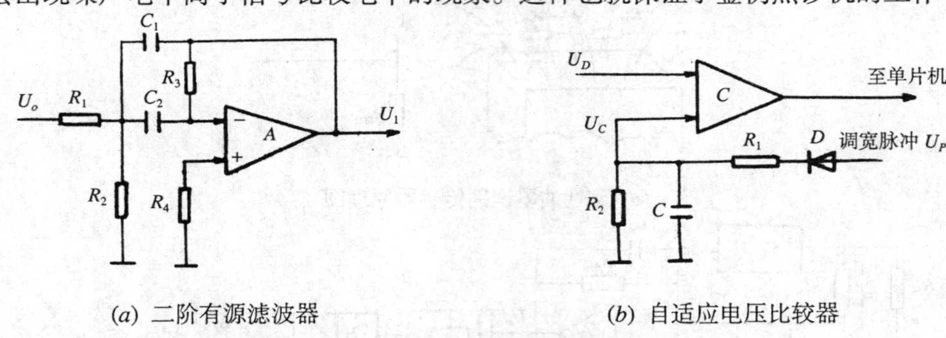

(*a*) 二阶有源滤波器　　　　(*b*) 自适应电压比较器

图 8-29　二阶有源带通滤波器和自适应电压比较器

习题与思考题

1. 一个霍尔元件在一定的电流控制下，其霍尔电势与哪些因素有关?

2. 试说明霍尔元件为什么要引入形状修正函数? 为什么说某些半导体材料是制造霍尔元件的最佳材料?

3. 若一个霍尔器件的 $K_H = 4\text{mV/(mA·kGs)}$，控制电流 $I = 3\text{mA}$，将它置于 1Gs ~ 5kGs 变化的磁场中，它输出的霍尔电势范围多大? 并设计一个 20 倍的比例放大器放大该霍尔电势。

4. 磁感应强度 B 在+1kGs 和−1kGs 两点上的变化，试分别设计一个控制电流 I 为 10mA 的磁敏二极管和磁敏三极管的开关电路，其输出为 0 ~ 4V 的 TTL 电平。

5. 为什么高阻硅磁敏二极管会出现负阻特性的伏安曲线?

6. 试设计一种不同于课本中介绍的磁敏三极管温度补偿电路，并叙述其补偿原理。

7. 根据图 8-25 霍尔电子点火器原理，试设计用运算放大器和晶体管组成的混合型霍尔电子点火器，并叙述其工作原理。

8. 试将图 8-28(*b*)的各部分进行实用化设计。

第九章　气、湿敏传感器

本章介绍气敏和湿敏两类传感器的结构、工作原理和实际应用等方面的内容。

第一节　半导体气敏传感器

气敏传感器是用来测量气体的类别、浓度和成分的传感器。由于气体种类繁多，性质各不相同，不可能用一种传感器检测所有类别的气体，因此，能实现气-电转换的传感器种类很多。按构成气敏传感器材料可分为半导体和非半导体两大类。目前实际使用最多的是半导体气敏传感器。

半导体气敏传感器按照半导体与气体的相互作用是在其表面，还是在内部，可分为表面控制型和体控制型两类；按照半导体变化的物理性质，又可分为电阻型和非电阻型两种。半导体气敏元件的详细分类请参见表 9-1。电阻型半导体气敏元件是利用半导体接触气体时，按其阻值的改变程度来检测气体的成分或浓度；而非电阻型半导体气敏元件根据其对气体的吸附和反应，使其某些有关特性变化对气体进行直接或间接检测。

表 9-1　半导体气敏元件分类

	主要物理特性	类　型	气敏元件	检测气体
电阻型	电阻	表面控制型	SnO_2，ZnO 等的烧结体、薄膜、厚膜	可燃性气体
		体控制型	$La_{1-x}SrCoO_3$ $T\text{-}Fe_2O_3$，氧化钛(烧结体) 氧化镁，SnO_2	酒精 可燃性气体 氧气
非电阻型	二极管整流特性	表面控制型	铂-硫化镉、铂-氧化钛(金属-半导体结型二极管)	氢气，一氧化碳 酒精
	晶体管特性		铂栅、钯栅 MOS 场效应管	氢气、硫化氢

自从 20 世纪 60 年代研制成功 SnO_2(氧化锡)半导体气敏元件后，气敏元件进入了实用阶段。SnO_2 敏感材料是目前应用最多的一种气敏材料，它已广泛地应用于工矿企业、民用住宅、宾馆饭店等内部对可燃和有害气体的检测。因此，本节将以较多的篇幅介绍 SnO_2 气敏材料的气敏传感器。

一、电阻型半导体气敏材料的导电机理

半导体气敏传感器是利用气体在半导体表面的氧化和还原反应导致敏感元件阻值变化

而制成的。当半导体器件被加热到稳定状态，在气体接触半导体表面而被吸附时，被吸附的分子首先在表面物性自由扩散，失去运动能量，一部分分子被蒸发掉，另一部分残留分子产生热分解而化学吸附在吸附处。当半导体的功函数小于吸附分子的亲和力(气体的吸附和渗透特性)，则吸附分子将从器件夺得电子而变成负离子吸附，半导体表面呈现电荷层。例如氧气等具有负离子吸附倾向的气体被称为氧化型气体或电子接收性气体。如果半导体的功函数大于吸附分子的离解能，吸附分子将向器件释放出电子，而形成正离子吸附。具有正离子吸附倾向的气体有 H_2、CO、碳氢化合物和醇类，它们被称为还原型气体或电子供给性气体。

当氧化型气体吸附到 N 型半导体，还原型气体吸附到 P 型半导体上时，将使半导体载流子减少，而使电阻值增大。当还原型气体吸附到 N 型半导体上，氧化型气体吸附到 P 型半导体上时，则载流子增多，使半导体电阻值下降。图 9-1 表示了气体接触 N 型半导体时所产生的器件阻值变化情况。由于空气中的含氧量大体上是恒定的，因此氧化的吸附量也是恒定的，器件阻值也相对固定。若气体浓度发生变化，其阻值也将变化。根据这一特性，可以从阻值的变化得知吸附气体的种类和浓度。半导体气敏时间(响应时间)一般不超过 1min。N 型材料有 SnO_2，ZnO，TiO 等，P 型材料有 MoO_2，CrO_3 等。

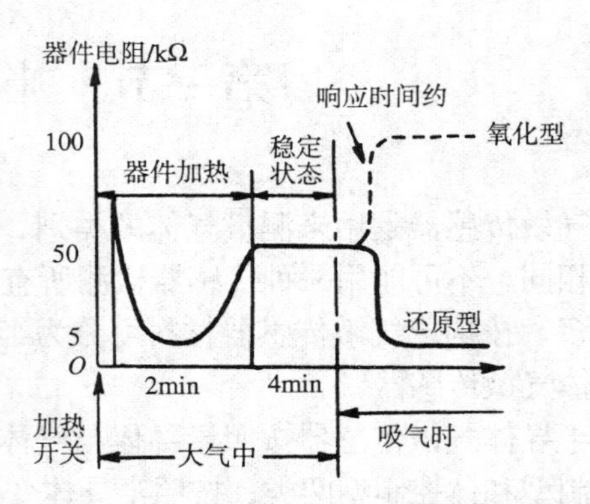

图 9-1 N 型半导体吸附气体时器件阻值变化图

二、电阻型半导体气敏传感器的结构

气敏传感器通常由气敏元件、加热器和封装体等三部分组成。气敏元件从制造工艺来分有烧结型、薄膜型和厚膜型三类。它们的典型结构如图 9-2 所示。

图 9-2(*a*)为烧结型气敏器件。这类器件以 SnO_2 半导体材料为基体，将铂电极和加热丝埋入 SnO_2 材料中，用加热、加压、温度为 700 ~ 900℃的制陶工艺烧结成形。因此，被称为半导体导瓷，简称半导瓷。半导瓷内的晶体直径为 1μm 左右，晶粒的大小对电阻有一定影响，但对气体检测灵敏度则无很大的影响。烧结型器件制作方法简单，器件寿命长；但由于烧结不充分，器件机械强度不高，电极材料较贵重，电性能一致性较差，应用受到一定限制。

图 9-2(*b*)为薄膜型气敏器件。采用蒸发或溅射工艺，在石英基片上形成氧化物半导体薄膜(其厚度约在 1 000Å 以下)。制作方法也很简单。实验证明，SnO_2 半导体薄膜的气敏特性最好；但这种半导体薄膜为物理性附着，器件间性能差异较大。

图 9-2(*c*)为厚膜型气敏器件。这种器件是将 SnO_2 或 ZnO 等材料与 3% ~ 15%(重量)的硅凝胶混合制成能印刷的厚膜胶，把厚膜胶用丝网印刷到装有铂电极的氧化铝(Al_2O_3)或氧化硅(SiO_2)等绝缘基片上，再经 400 ~ 800℃的温度烧结 1h 制成。由于这种工艺制成的元件离散度小、机械强度高，适合大批量生产。所以是一种很有前途的器件。

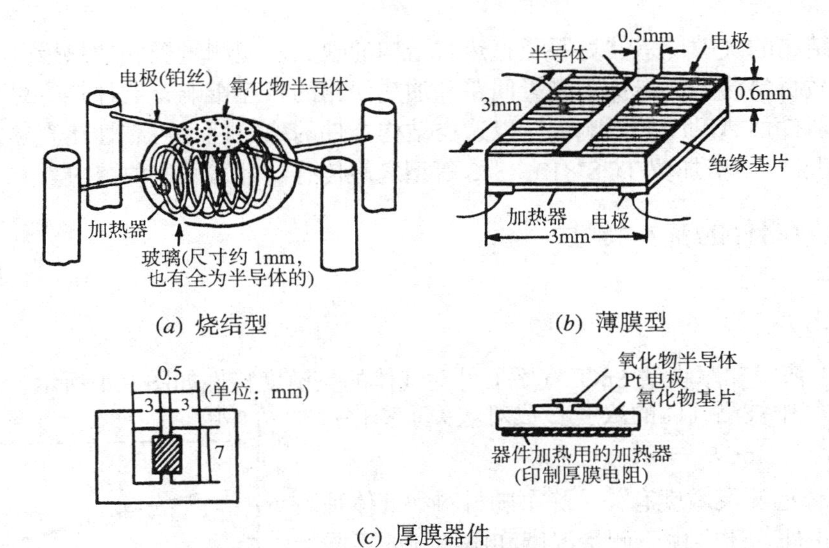

(c) 厚膜器件

图 9-2　半导体传感器的器件结构

加热器的作用是将附着在敏感元件表面上的尘埃、油雾等烧掉，加速气体的吸附，提高其灵敏度和响应速度。加热器的温度一般控制在 200～400℃左右。

加热方式一般有直热式和旁热式两种，因而形成了直热式和旁热式气敏元件。直热式将加热丝直接埋入 SnO_2，ZnO 粉末中烧结而成，因此，直热式常用于烧结型气敏结构。直热式结构如图 9-3(*a*)、(*b*)所示。旁热式是将加热丝和敏感元件同置于一个陶瓷管内，管外配以梳状金电极作测量极，在金电极外再涂上 SnO_2 等材料，其结构如图 9-3(*c*)、(*d*)所示。

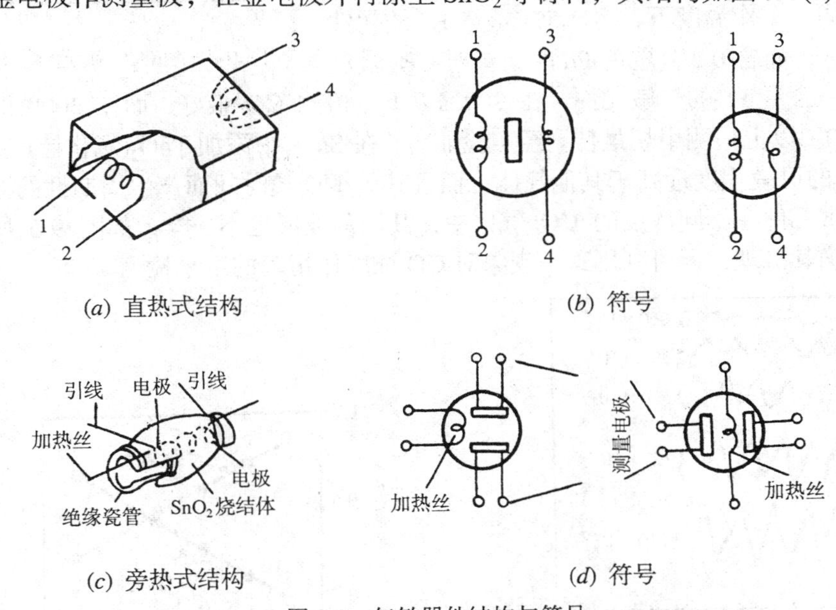

图 9-3　气敏器件结构与符号

直热式结构的气敏传感器的优点是制造工艺简单、成本低、功耗小，可以在高电压回路中使用。它的缺点是热容量小，易受环境气流的影响，测量回路和加热回路间没有隔离而相互影响。国产 QN 型和日本费加罗 TGS#109 型气敏传感器均属此类结构。

旁热式结构的气敏传感器克服了直热式结构的缺点，使测量极和加热极分离，而且加热丝不与气敏材料接触，避免了测量回路和加热回路的相互影响；器件热容量大，降低了环境温度对器件加热温度的影响，所以这类结构器件的稳定性、可靠性比直热式的好。国产 QM-N5 型和日本费加罗 TGS#812，813 等型气敏传感器都采用这种结构。

三、气敏器件的基本特性

1. SnO_2 系

烧结型、薄膜和厚膜型 SnO_2 气敏器件对气体的灵敏度特性如图 9-4 所示。气敏元件的阻值 R_c 与空气中被测气体的浓度 C 成对数关系变化：

$$\log R_c = m \log C + n$$

式中 n 与气体检测灵敏度有关，除了随材料和气体种类不同而变化外，还会由于测量温度和添加剂的不同而发生大幅度变化。m 为气体的分离度，随气体浓度的变化而变化，对可燃性气体，$\frac{1}{3} \leqslant m \leqslant \frac{1}{2}$。

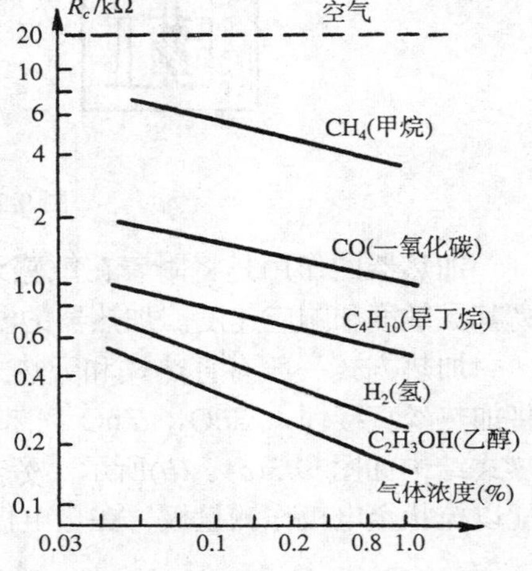

图 9-4　SnO_2 气敏元件灵敏度特性

在气敏材料 SnO_2 中添加铂(Pt)或钯(Pd)等作为催化剂，可以提高其灵敏度和对气体的选择性。添加剂的成分和含量，元件的烧结温度和工作温度都将影响元件的选择性。

例如在同一工作温度下，含 1.5%(重量)Pd 的元件对 CO 最灵敏；而含 0.2%(重量)Pd 时，却对 CH_4 最灵敏。又如同一含量 Pt 的气敏元件，在 200℃以下，检测 CO 最好；而在 300℃时，则检测丙烷；在 400℃以上检测甲烷最佳。经实验证明，在 SnO_2 中添加 ThO_2(氧化钍)的气敏元件，不仅对 CO 的灵敏程度远高于其他气体，而且其灵敏度随时间而产生周期性的振荡现象；同时，该气敏元件在不同浓度的 CO 气体中，其振荡波形也不一样，如图 9-5 所示。虽然目前尚不明确其机理，但可利用这一现象对 CO 浓度作精确的定量检测。

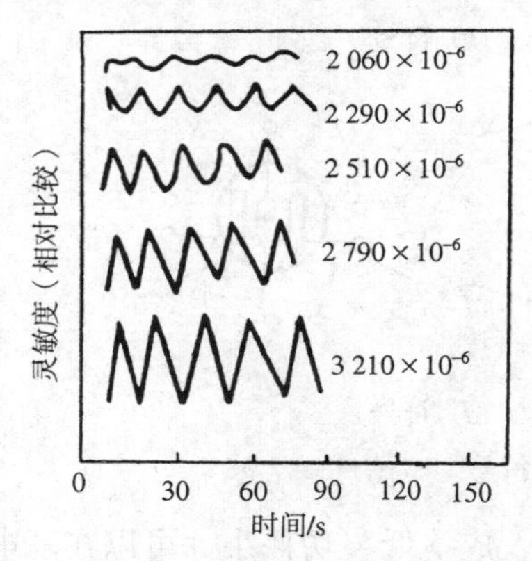

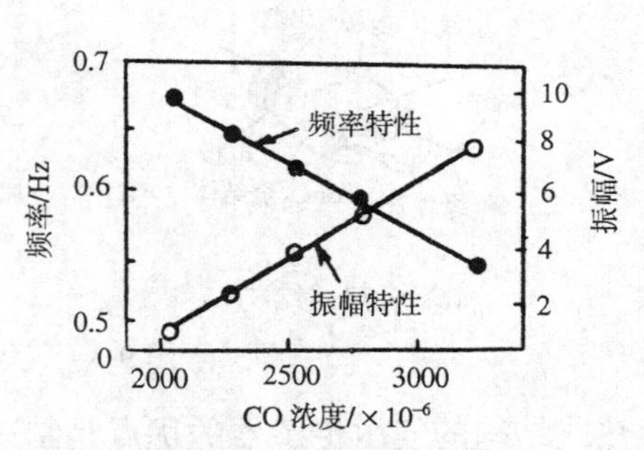

图 9-5　添加 ThO_2 的 SnO_2 气敏元件在不同浓度 CO 气体中的振荡波形、灵敏度和频率、幅度特性

(工作温度为 200℃，添加 1%(重量)的 ThO_2)

SnO_2气敏元件易受环境温度和湿度的影响，图 9-6 给出了 SnO_2气敏元件受环境温度、湿度影响的综合特性曲线。由于环境温度、湿度对其特性有影响，所以使用时，通常需要加温度补偿。

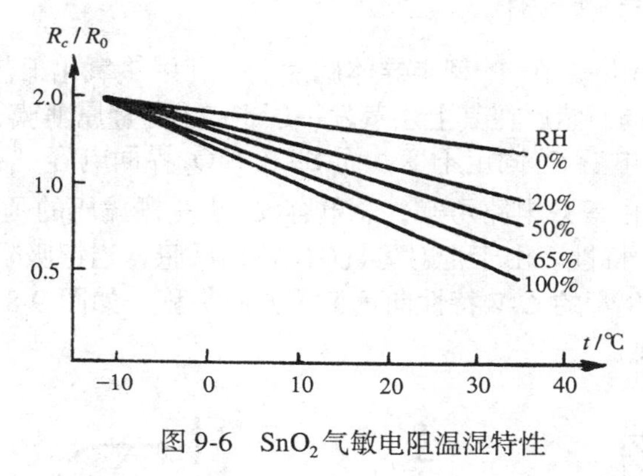

图 9-6　SnO_2气敏电阻温湿特性

2. ZnO 系

ZnO(氧化锌)系气敏元件对还原性气体有较高的灵敏度。它的工作温度比 SnO_2 系气敏元件约高 100℃左右，因此不及 SnO_2系元件应用普遍。同样如此，要提高 ZnO 系元件对气体的选择性，也需要添加 Pt 和 Pd 等添加剂。例如，在 ZnO 中添加 Pd，则对 H_2 和 CO 呈现出高的灵敏度；而对丁烷(C_4H_{10})、丙烷(C_3H_8)、乙烷(C_2H_6)等烷烃类气体则灵敏度很低，如图 9-7(*a*)所示。如果在 ZnO 中添加 Pt，则对烷烃类气体有很高的灵敏度，而且含碳量越多，灵敏度越高；而对 H_2，CO 等气体则灵敏度很低，如图 9-7(*b*)所示。

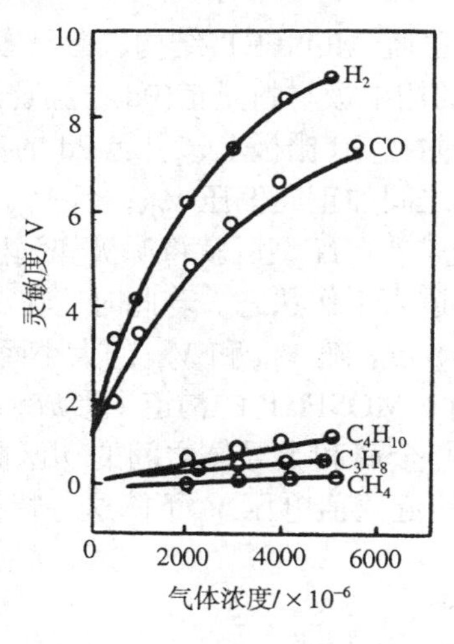

(*a*) ZnO 添加 Pd 的灵敏度特性

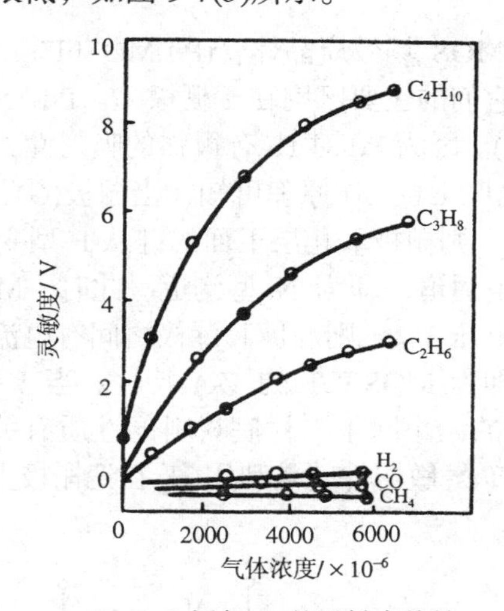

(*b*) ZnO 添加 Pt 的灵敏度特性

图 9-7　ZnO 系气敏元件的灵敏度特性

四、非电阻型半导体气敏器件

非电阻型半导体气敏器件也是半导体气敏传感器之一。它是利用 MOS 二极管的电容-电压特性的变化以及 MOS 场效应晶体管(MOSFET)的阈值电压的变化等物性而制成的气敏元件。由于这类器件的制造工艺成熟，便于器件集成化，因而其性能稳定且价格便宜。利用特定材料还可以使器件对某些气体特别敏感。

1. MOS 二极管气敏器件

MOS 二极管气敏元件是在 P 型半导体硅片上，利用热氧化工艺生成一层厚度为 50～100nm 的二氧化硅(SiO_2)，然后在其上层蒸发一层钯(Pd)的金属薄膜，作为栅电极，如图 9-8(*a*)所示。由于 SiO_2 层电容 C_a 固定不变，而 Si 和 SiO_2 界面电容 C_s 是外加电压的函数，其等效电路见图 9-8(*b*)。由等效电路可知，总电容 C 也是栅偏压的函数。其函数关系称为该类 MOS 二极管的 *C-V* 特性。由于钯对氢气(H_2)特别敏感，当钯吸附了 H_2 以后，会使钯的功函数降低，导致 MOS 管的 *C-V* 特性向负偏压方向平移，如图 9-8(*c*)所示。根据这一特性就可用于测定 H_2 的浓度。

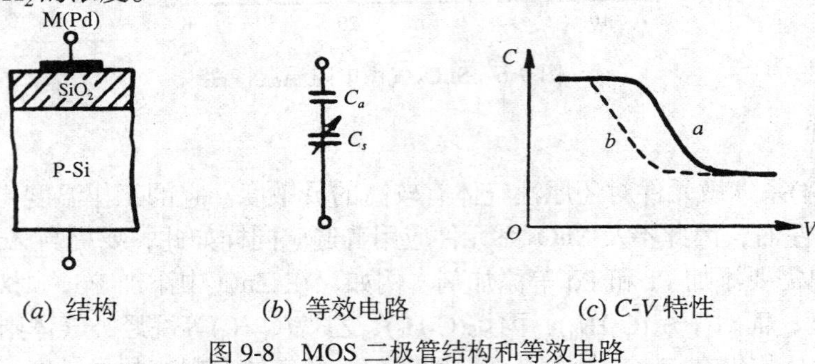

(*a*) 结构　　(*b*) 等效电路　　(*c*) *C-V* 特性

图 9-8　MOS 二极管结构和等效电路

2. 钯-MOS 场效应晶体管气敏器件

钯-MOS 场效应晶体管(Pd-MOSFET)的结构与普通 MOSFET 结构，参见图 9-9。从图可知，它们的主要区别在于栅极 *G*。Pd-MOSFET 的栅电极材料是钯(Pd)，而普通 MOSFET 为铝(Al)。因为 Pd 对 H_2 有很强的吸附性，当 H_2 吸附在 Pd 栅极上，引起 Pd 的功函数降低。根据 MOSFET 工作原理可知，当栅极(*G*)、源极(*S*)之间加正向偏压 V_{GS}，且 $V_{GS} > V_T$(阈值电压)时，则栅极氧化层下面的硅从 P 型变为 N 型。这个 N 型区就将源极和漏极连接起来，形成导电通道，即为 N 型沟道。此时，MOSFET 进入工作状态。若此时，在源(*S*)漏(*D*)极之间加电压 V_{DS}，则源极和漏极之间有电流流通(I_{DS})。I_{DS} 随 V_{DS} 和 V_{GS} 的大小而变化，其变化规律即为 MOSFET 的 *V-A* 特性。当 $V_{GS} < V_T$ 时，MOSFET 的沟道未形成，故无漏源电流。V_T 的大小除了与衬底材料的性质有关外，还与金属和半导体之间的功函数有关。Pd-MOSFET 气敏器件就是利用 H_2 在钯栅极上吸附后引起阈值电压 V_T 下降这一特性来检测 H_2 浓度。

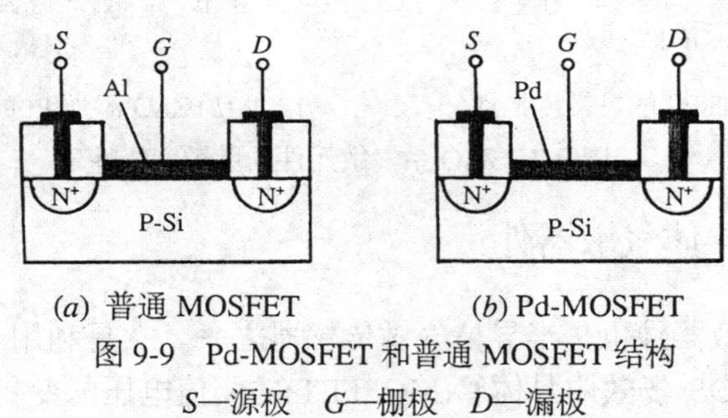

(*a*) 普通 MOSFET　　(*b*) Pd-MOSFET

图 9-9　Pd-MOSFET 和普通 MOSFET 结构

S—源极　*G*—栅极　*D*—漏极

由于这类器件特性尚不够稳定，用 Pd-MOSFET 和 Pd-MOS 二极管定量检测 H_2 浓度还不成熟，只能作 H_2 的泄漏检测。

第二节　湿敏传感器

湿度是指大气中的水蒸气的含量。通常采用绝对湿度和相对湿度两种方法表示。绝对湿度是单位空间中所含水蒸气的绝对含量或者浓度或者密度，一般用符号 AH 表示。相对湿度是指被测气体中的水蒸气压和该气体在相同温度下饱和水蒸气压的百分比，一般用符号%RH 表示。相对湿度给出大气的潮湿程度，因此，它是一个无量纲的值。在实际使用中多使用相对湿度概念。

虽然人类早已发明了毛发湿度计、干湿球温度计，但因其响应速度、灵敏度、准确性等性能都不高，而且难以与现代的控制设备相连接，所以只适用于家庭。20 世纪 50 年代后期，陆续出现了电阻型等湿敏计，使湿度的测量精度大大提高；但是，与其他物理量的检测相比，无论是敏感元件的性能，还是制造工艺和测量精度都差得多和困难得多。原因是空气中水蒸气的含量少，而且在水蒸气中，各种感湿材料涉及到的种种物理、化学过程十分复杂，目前尚未完全清楚所存在问题的原因。

下面介绍一些至今发展比较成熟的几类湿敏传感器。

根据水分子易于吸附在固体表面并渗透到固体内部的这种特性(称之为水分子亲和力)，湿敏传感器可分为水分子亲和力型湿敏传感器和非水分子亲和力型传感器。湿敏传感器的分类如下所示：

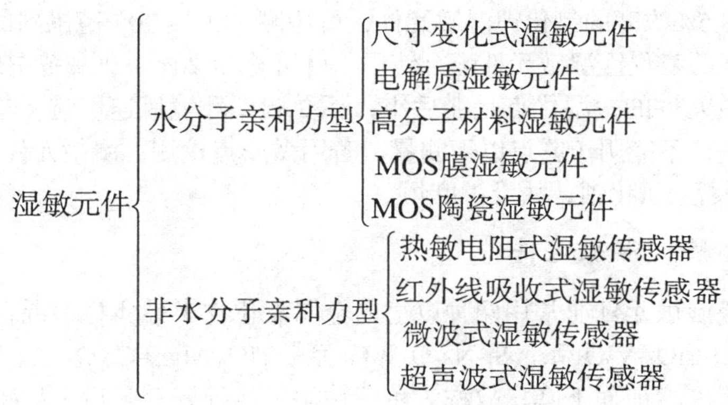

一、水分子亲和力型湿敏元件

1. 氯化锂湿敏元件

氯化锂(LiCl)是电解质湿敏元件的代表。它是利用阻值随环境相对湿度变化而变化的机理制成的测湿元件。氯化锂湿敏元件的结构是在条状绝缘基片(如无碱玻璃)的两面，用化学沉积或真空蒸镀法做上电极，再浸渍一定比例配制的氯化锂-聚乙烯醇混合溶液，经老化处理，便制成了氯化锂湿敏元件，其结构如图 9-10(*a*)所示。

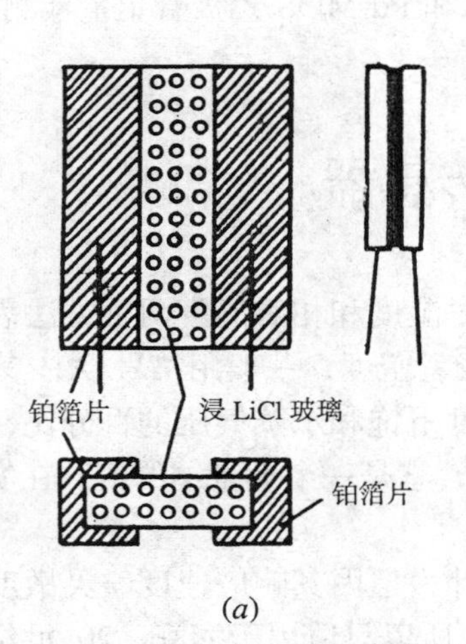

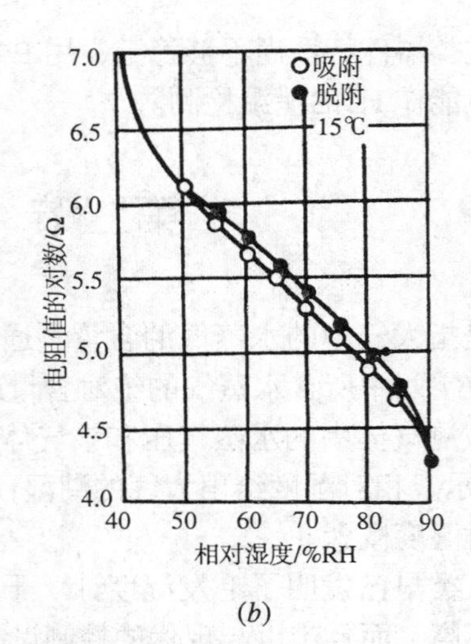

图 9-10　氯化锂湿敏元件的结构和电阻-湿度性能

氯化锂是典型的离子晶体。氯化锂溶液中的 Li 和 Cl 是以正、负离子形式存在。实验证明，其溶液中的离子导电能力与浓度成正比。即当溶液置于一定温湿场中，若环境相对湿度高，溶液将吸收水分使浓度降低，因此，使溶液电阻率增高；反之，环境相对湿度变低时，则溶液浓度升高，其电阻率下降。从而可实现对湿度的测量。氯化锂湿敏元件的电阻值-湿度特性如图 9-10(*b*)所示。由图可知，在 50%～80%相对湿度范围内，电阻与湿度的变化成线性关系。为了扩大湿度测量的线性范围，可以采用几支浸渍不同浓度氯化锂的湿敏元件组合使用。如用浸渍 1%～1.5%(重量)浓度氯化锂湿敏元件，可检测 20%～50%范围的湿度；而用 0.5%浓度的氯化锂湿敏元件，可检测 40%～90%范围内的湿度。这样，将两支浸渍不同浓度的氯化锂湿敏元件配合使用，就可检测 20%～90%范围内的湿度。

氯化锂湿敏元件的检湿优点是滞后小，不受测试环境风速影响，检测精度高达±5%。缺点是耐热性差，不能用于露点以下测量。若用做露点检测，湿敏元件必须 3 个月左右清洗 1 次和涂敷(浸渍)氯化锂，故维护麻烦。

2. 半导体陶瓷湿敏元件

半导体陶瓷湿敏元件通常用两种以上的金属氧化物半导体材料混合烧结成多孔陶瓷，这些材料有 $ZnO-LiO_2-V_2O_5$ 系、$Si-Na_2O-V_2O_5$ 系、$TiO_2-MgO-Cr_2O_3$ 系、Fe_3O_4 等。前三种材料的电阻率随湿度增加而下降，故称为负特性湿敏半导瓷；最后一种(Fe_3O_4)的电阻率随湿度增加而增大，故称之为正特性湿敏半导瓷。无论是负特性，还是正特性的湿敏元件的工作机理至今尚无公认，比较一致的看法如下：

(1) 负特性湿敏半导瓷的导电机理

由于水分子中的氢原子具有很强的正电场，当水在半导瓷表面吸附时，就有可能从半导瓷表面俘获电子，使半导瓷表面带负电。如果该半导瓷是 P 型半导体，则由于水分子吸附使表面电势下降，将吸引更多的空穴到达其表面，于是，其表面层的电阻下降。若该半导瓷为 N 型，由于水分子的附着使表面电势下降，如果表面电势下降甚多，不仅使表面层的电子耗尽，同时吸引更多的空穴到达表面层，有可能使到达表面层的空穴浓度大于电子浓度，出现所谓表面反型层，这些空穴称为反型载流子。它们同样可以在表面迁移而对电导做出贡献。同样，由于水分子的吸附，使 N 型半导瓷材料的表面电阻下降。这就是大部分人认为的负特性湿敏半导瓷的导电原理。图 9-11 表示了几种负特性材料半导瓷阻值与湿度的关系。

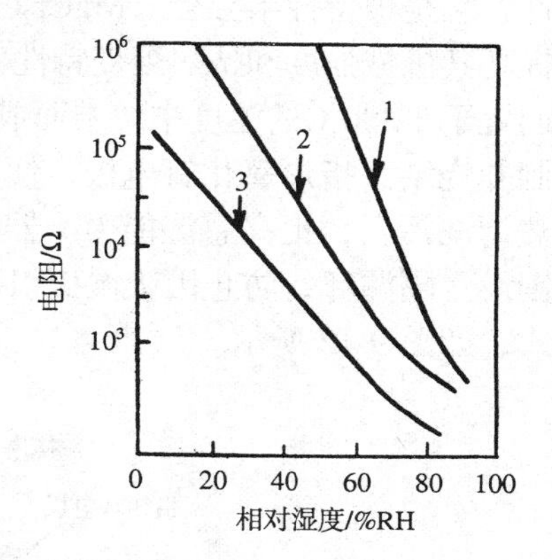

图 9-11 几种半导瓷湿敏负特性

1—$ZnO-LiO_2-V_2O_5$系

2—$Si-Na_2O-V_2O_5$系

3—$TiO_2-MgO-Cr_2O_3$系

(2) 正特性湿敏半导瓷的导电机理

正特性湿敏半导瓷的导电机理的解释可以认为这类材料的结构、电子能量状态与负特性材料有所不同。一般解释为：

当水分子附着半导瓷的表面使电势变负时，导致其表面层电子浓度下降，但是还不足以使表面层的空穴浓度增加到出现反型程度，此时仍以电子导电为主。于是，表面电阻将由于电子浓度的下降而增大。这一类半导瓷材料的表面电阻将随湿度的增加而加大。如果对某一种半导瓷，它的晶粒间的电阻并不比晶粒体内电阻大得多，那么表面层电阻的加大对总电阻并不起多大作用。不过，通常湿敏半导瓷材料都是多孔的，表面电导占的比例很大，故表面层电阻的升高，必将引起总电阻值的明显升高；但是，由于晶料内部低阻支路的存在，正特性半导瓷的总电阻值的升高没有负特性材料的阻值下降得那么明显。参阅图 9-11 和图 9-12。从两图可见，当湿度从 0%RH 变化到 100%RH 时，负特性材料的阻值均下降 3 个数量级，而正特性材料的阻值只增大了约 1 倍。

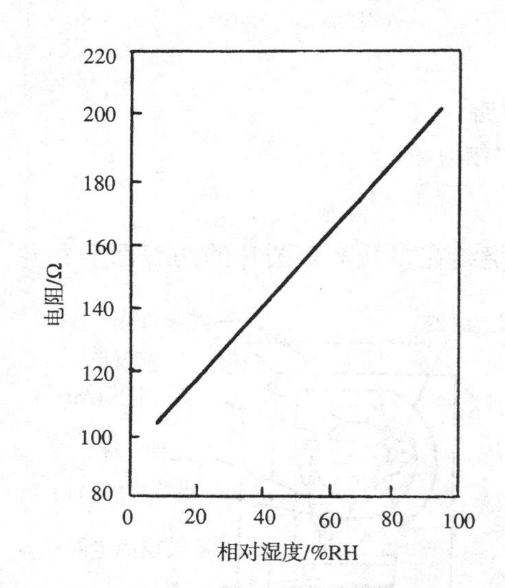

图 9-12 Fe_3O_4半导瓷的正湿敏特性

(3) 膜型湿敏元件导电机理

膜型湿敏元件是用金属氧化物粉末或某些金属氧化物烧结体研成粉末，通过某种方式的调合，然后，喷洒或涂敷在具有叉指电极的陶瓷基片上而制成的。使用这种工艺做成的湿敏元件的阻值随湿度变化非常剧烈。其原因是由于粉末间较松散，接触电阻大，而且粉粒间有较大的空隙，这就便于水分子的吸附。对于那些极性、离解力较强的水分子的吸附，将使粉粒接触程度增加，因而使接触电阻显著降低。当环境湿度越大时，附着的水分子越多，接触电阻就越低。实验证明，无论是负特性型还是正特性型湿敏瓷粉作其原料，只要是粉粒堆集型的湿敏元件，其阻值总是随环境湿度的增高而急剧下降。即这种结构的湿敏元件均属于负特性型的。例如，烧结型 Fe_3O_4 湿敏元件具有正特性，而瓷粉膜型 Fe_3O_4 湿敏电阻却具有负特性。

(4) 典型半导瓷湿敏元件

① $MgCr_2O_4-TiO_2$湿敏元件

氧化镁复合氧化物-二氧化钛($MgCr_2O_4$-TiO_2)湿敏材料通常制成多孔陶瓷型“湿-电”转换器件，它是负特性半导瓷。$MgCr_2O_4$为P型半导体，它的电阻率较低，阻值温度特性好。为了提高其机械强度和抗热聚变特性，故增加TiO_2。$MgCr_2O_4$和TiO_2的比例为70%∶30%，将它们置于1 300℃的温度中烧结而成陶瓷体。然后，将该陶瓷体切割成薄片，在薄片两面，再印制并烧结叉指形氧化钌电极，便成了感湿体。而后，在感湿体外罩上一层加热丝，用以加热清洗污垢，提高感湿能力。器件安装在高致密、疏水性的陶瓷片底座上。在测量电极周围设置隔漏环，防止因吸湿而引起漏电。国产 SM-1 型湿敏半导体传感器就是这种结构形式，如图 9-13 所示。

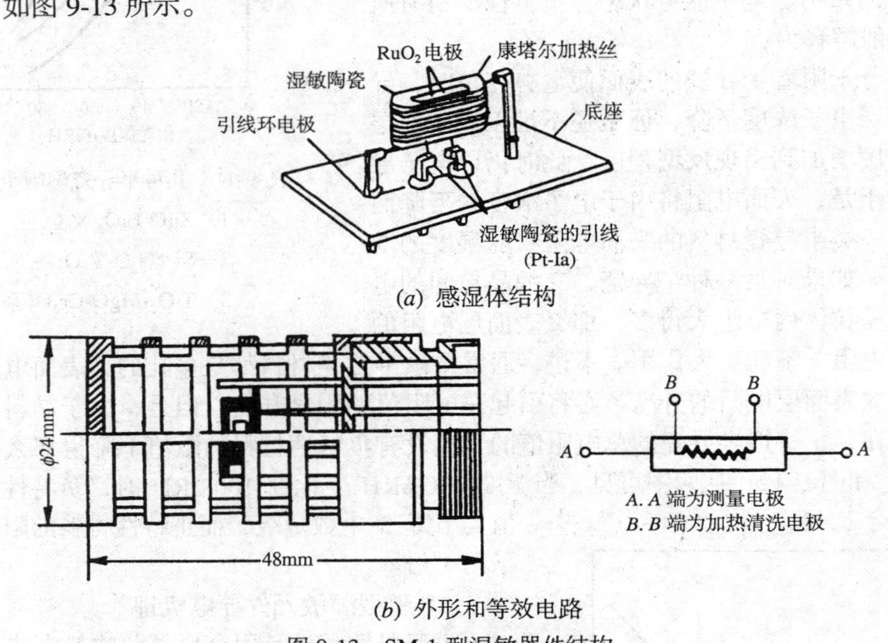

图 9-13　SM-1 型湿敏器件结构

② ZnO-Cr_2O_3陶瓷湿敏元件

ZnO-Cr_2O_3湿敏元件的结构是将多孔材料的电极烧结在多孔陶瓷圆片的两表面上，并焊上 Pt 引线，然后将敏感元件装入有网眼过滤器的方型塑料盒中用树脂固定，便形成了ZnO-Cr_2O_3陶瓷湿度传感器。其结构如图 9-14 所示。

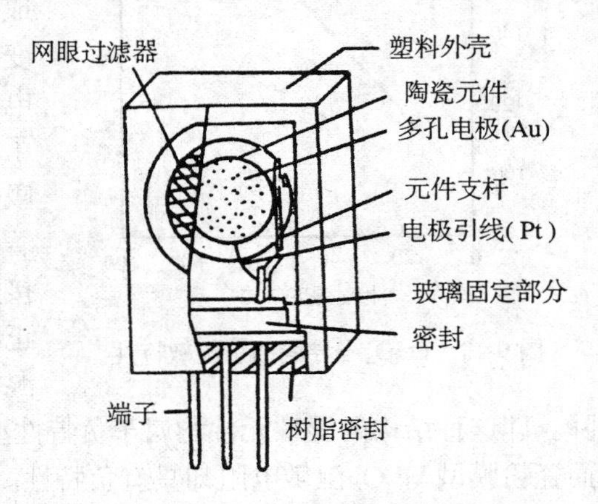

图 9-14　ZnO-Cr_2O_3陶瓷湿敏传感器结构

ZnO-Cr_2O_3传感器能连续稳定地测量湿度，而无需加热除污装置，因此功耗低于 0.5W，体积小、成本低，也是一种常用的测湿传感器。

③ 膜型四氧化三铁(Fe_3O_4)湿敏元件

Fe_3O_4湿敏器件由基片、电极和感湿膜组成。基片选用滑石瓷，其光结度为▽10～▽11，它的吸水率低，机械强度高，物化性能稳定。

基片上用丝网印刷工艺制成梳状金电极。将预先调好的 Fe_3O_4 胶液涂敷在已有金电极的基片上，膜厚一般为 20 ~ 30μm 左右，然后，经低温烘干后，引出电极便成产品。Fe_3O_4 湿敏器件属于负特性的感湿体。

Fe_3O_4 湿敏器件的主要优点是：在常温、常湿下性能比较稳定，有较强的抗结露能力，它有较为一致的湿敏特性和较好的温度-湿度特性。图 9-15 和图 9-16 分别为国产 MCS 型 Fe_3O_4 湿敏器件的电阻-湿度特性和温度特性曲线。

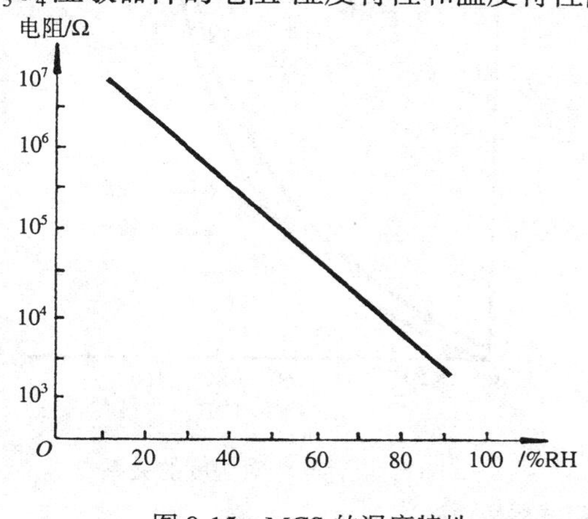

图 9-15　MCS 的湿度特性

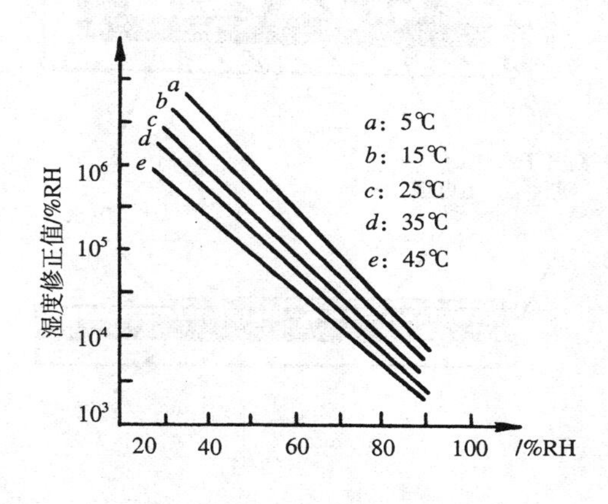

图 9-16　MCS 的温度-湿度特性

④ 膜型 Fe_2O_3 湿敏元件

在 α-Fe_2O_3 中添加 13% (mol = mole)K_2CO_3 后，在 1 300℃中焙烧，将烧结块粉碎成粒径小于 1μm 的粉末加入有机粘合剂，调成糊状，然后，印刷在有梳状电极的基片上，经加热烘干便成湿敏元件。

Fe_2O_3 湿敏元件在低湿、高温条件下具有很稳定的湿敏特性。例如，在 80℃，5%RH ~ 80%RH 的环境中，重复检测 10^4 次，重复误差为 ±5%。元件耐恶劣环境的能力很强。

除此之外，将 Cr_2O_3，Mn_2O_3，Al_2O_3，ZnO，TiO_2 按上述方法制成膜型元件都有较好的感湿能力。

3. 高分子湿敏元件

(1) 电容式湿敏元件

高分子电容式湿敏元件是利用湿敏元件的电容值随湿度变化的原理进行湿度测量的。具有感湿的高分子聚合物，例如，乙酸-丁酸纤维素和乙酸-丙酸纤维素等，做成薄膜，实验证明，它们具有迅速吸湿和脱湿的能力。薄膜覆盖在叉指形金电极(下电极)上，然后在感湿薄膜表面上再蒸镀一层多孔金属膜(上电极)，如此结构就构成了一个平行板电容器，如图 9-17(*a*)所示。

当环境中的水分子沿着上电极的毛细微孔进入感湿膜而被吸附时，湿敏元件的电容值与相对湿度之间具有正比关系，线性度约为±1%，如图 9-17(*b*)所示。

(2) 石英振动式湿敏元件

在石英晶片的表面涂敷聚胺脂高分子膜，当膜吸湿时，由于膜的重量变化而使石英晶片振荡频率发生变化，不同的频率就代表不同程度的湿度。这种湿敏元件，在 0 ~ 50℃，元件检湿范围是 0%RH ~ 100%RH，误差为± 5%RH。

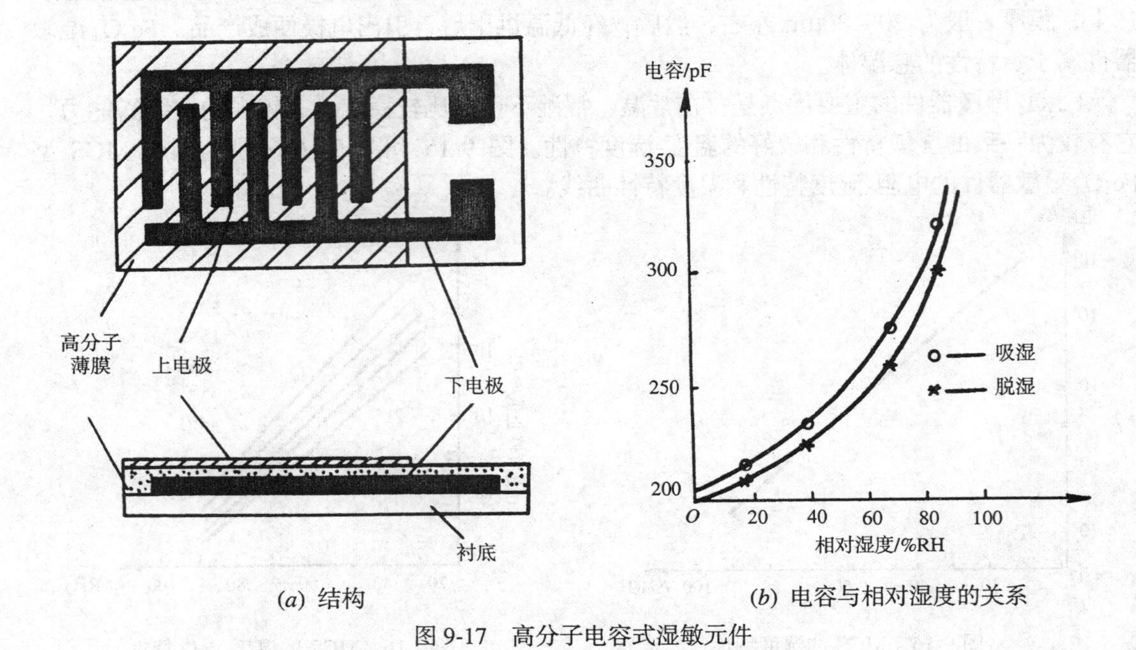

(*a*) 结构　　(*b*) 电容与相对湿度的关系

图 9-17　高分子电容式湿敏元件

除上述介绍的湿度传感器之外，还有早已使用的毛发湿度计、干湿球湿度计等也属于水分子亲和力型湿敏元件。

二、非水分子亲和力型湿敏传感器

水分子亲和力型湿敏传感器，因为响应速度低，可靠性较差，不能很好地满足人们使用的需要。随着其他技术的发展，现在人们正在开发非水分子亲和力型的湿敏传感器，例如，利用微波在含水蒸气的空气中传播，水蒸气吸收微波使其产生一定损耗而制成的微波湿敏传感器；又如，利用水蒸气能吸收特定波长的红外线这一现象构成的红外湿敏传感器等。它们都能克服水分子亲和力型湿敏传感器的缺点。因此，开发非水分子亲和力型湿敏传感器是湿敏传感器重要的研究方向。关于这方面的内容请参阅有关资料，本节不赘述。

第三节　气、湿敏传感器应用举例

气敏传感器(特别是半导体气敏传感器)随着它性能的不断提高，目前已广泛地用在气体检漏、报警、自动控制和测试等方面。无论哪种应用，气敏传感器总是作气-电转换器件，从气敏元件获取信号。获取信号的方法归纳起来有如下几种：

(1) 利用吸附平衡状态稳定值取出信号

气敏元件接触待测气体后，气敏元件电阻将随气体种类和浓度不同而变化，最后达到平衡，元件阻值达到稳定，利用这一特性，设计相应电路来获取信号是最常用的方法。

(2) 利用吸附平衡速度取出信号

气敏元件表面对气体的吸附平衡速度因气体种类不同而有差异，因此可以利用它们在不同时刻的不同阻值这一特点，设计在不同时刻检测相应气体的电路。

(3) 利用吸附平衡值与温度的依存性取出信号

气敏元件表面对气体的吸附与工作温度有紧密的依存性，每种气体有一个特定的依存关系。利用该特性，可设计气敏元件在不同工作温度下，取出信号的应用电路。这种方法常用于混合气体对某种气体的选择检测。

然而，湿度测量方法相对于气体检测方法来说，无论是定性还是定量检测，无疑不如气体检测那样灵活多样了。下面介绍气、湿敏元件的几种应用实例。

一、基于 SnO_2 气敏传感器的自动吸排油烟机

自动吸排油烟机能感知厨房等处的油烟等所造成的室内空气污染，并自动开动排风扇，净化室内空气。图 9-18(*a*)给出了一种实用控制电路。SnO_2 气敏传感器采用 TGS109(见图 9-18(*b*))。

当室内空气受到污染时，随着污染空气浓度的增加，传感器 TGS#109 的电阻就会减小，一旦空气污染气体浓度达到电位器 W_2 设置的数值 C_s 时，BG 晶体管导通，从而，继电器(JN，J)接通，排风扇起动通风换气。当污染气体浓度降低到预置值 C_s 以下时，排风扇仍继续工作一段时间，直到污染浓度降到足够低的 C_d 点才停止排风。C_d 控制点由延时电路设置，图 9-19 示出了气体浓度和排风扇开、关的关系。电路中的电阻 R_1 和电位器 W_1 分别用于修正传感器的固有电阻及灵敏度的离散度。

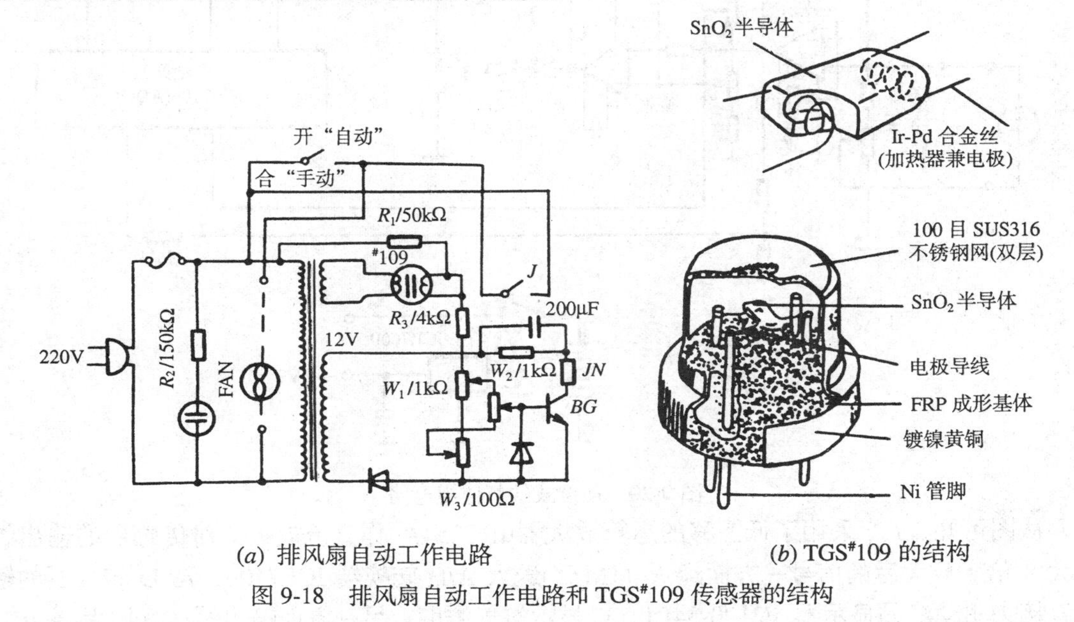

(*a*) 排风扇自动工作电路　　(*b*) TGS#109 的结构

图 9-18　排风扇自动工作电路和 TGS#109 传感器的结构

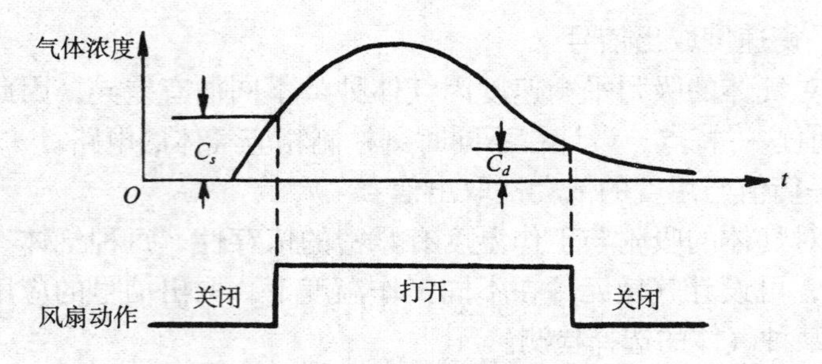

图 9-19 气体浓度和排风扇的开关关系

二、便携式缺氧监视器

在地下隧道、仓库、矿井工作的工人最关心的是他们工作环境是否有足够的氧气，因为这些地方的氧气浓度往往较低。为了防止缺氧，必须对这些场所的氧气浓度进行监测。图 9-20 是一种便携式缺氧监视器的检测电路。测氧传感器是一种伽伐尼电池式传感器。它能对空气中的氧气产生约为 50mV 的输出电压，而且它在 0%～10%的氧气浓度范围内有线性输出的特性。如果将传感器的输出给 A/D 转换器转换成数字信号，即能高精度地用数字仪表显示出氧气的浓度。本系统利用 3 只液晶显示器 LCD(Liquid Crystal Display)组成氧气浓度显示电路。当氧气浓度低于 18%(一般空气中含有 21%的氧气)时，由蜂鸣器启动报警。

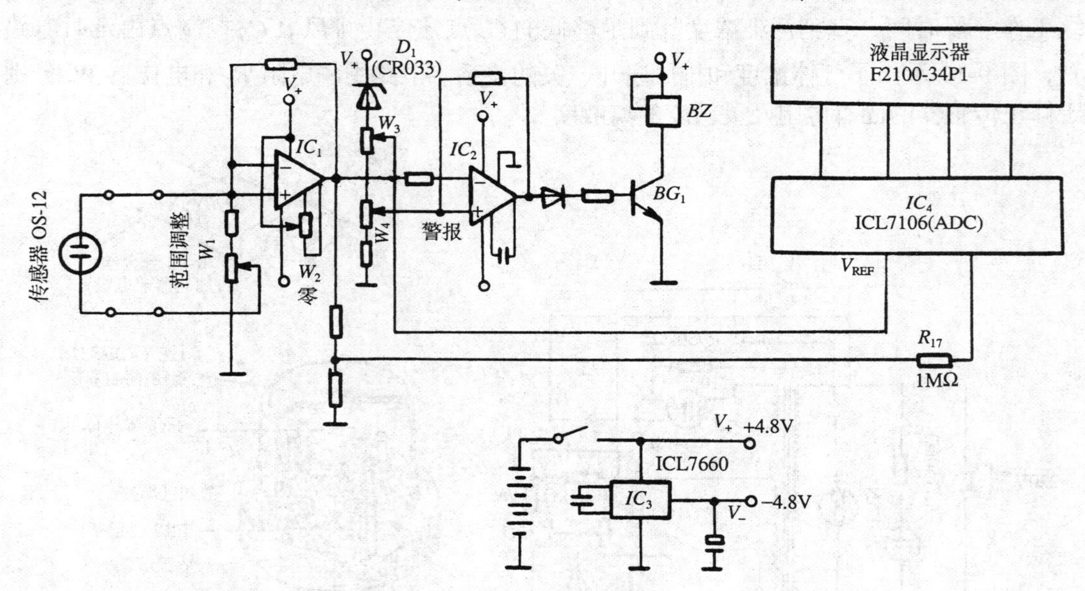

图 9-20 便携式缺氧监视电路

从图可知，IC_1 采用了低漂移的运算放大器μPC254A 作直流放大，对传感器的输出约放大 8 倍。放大后的信号一方面经 R_{17}(1MΩ)送入 A/D 转换器 ICL7106，A/ D 转换器的输出直接去驱动液晶显示器 F2100-34P1，以显示氧气浓度；另一方面输出给运算放大器 IC_2，IC_2 作检测氧气浓度低于 18%的比较器，其基准电压由二极管 D_1 提供，连接到 IC_2 的正端。当氧气浓度低于 18%时，IC_2 输出警报信号驱动 BG_1 晶体管，使峰鸣器鸣响。D_1(CR033)是一种 FET 恒流元件，工作电流为 330μA。

ICL7106 是 $3\frac{1}{2}$ 位的单片 A/D 转换器，其基准电压 V_{REF} 由 D_1 提供。ICL7106 与 LCD 联合使用，能使它们的消耗电流降低为 1mA 左右。A/D 转换器所显示的数值为 $1\,000(V_{in}/V_{REF})$。IC_3 是将正电源变为负电源的一种高效变换器，提供系统的负电源。

电源采用 4 节 450mA 高效型 Ni-Cd 电池，可使系统连续工作 100h。当用 LED(发光二极管)显示器时，A/D 转换器的 ICL7106 需换用 ICL7107 型 A/D 转换器，此时，电池只能使用 10h。

三、SMC-2 型湿度传感器及其测量电路

SMC-2 型湿度传感器是利用 SM-1 型湿敏半导体器件实现“湿-电”转换的。SM-1 型湿敏器件是用金属氧化物半导体材料($MgCr_2O_4$-TiO_2)制成多孔半导瓷。此电导率随半导瓷对水蒸气的吸、脱附而发生变化，然后，将湿度转换成电压输出。其工作原理如图 9-21 所示。

从图 9-21(*a*)可知，它由正弦波发生器、湿度取样器、电压跟随器、精密检波器、对数放大器组成，具体的电路如图 9-21(*b*)所示。

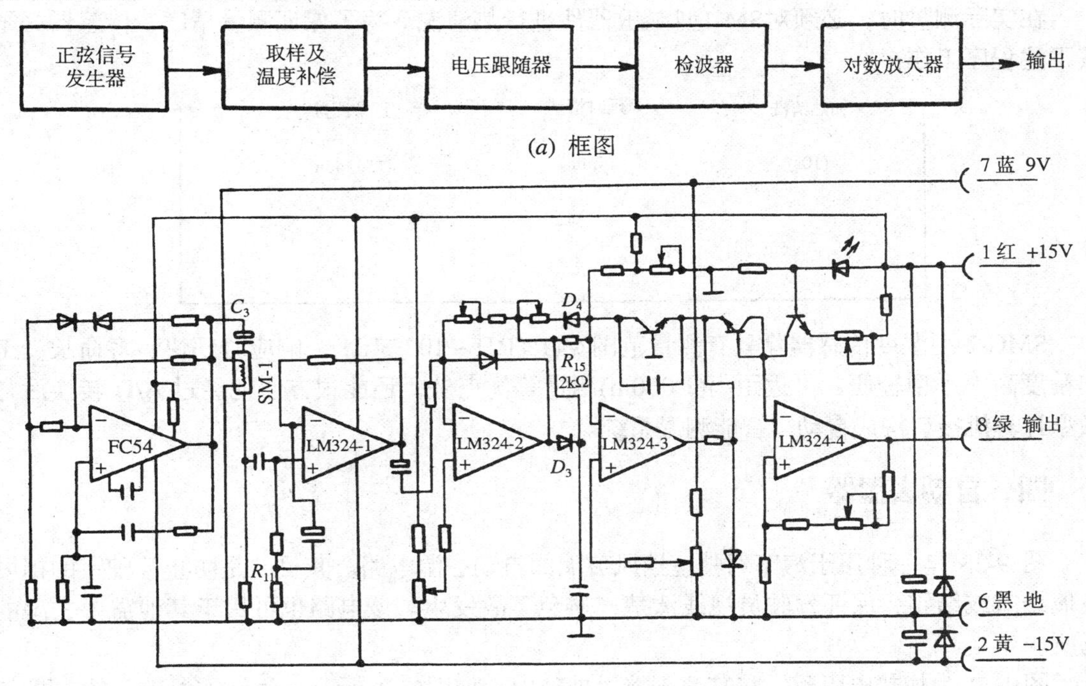

(*b*) SMC-2 型湿度传感器测量电路

图 9-21　SMC-2 型湿度测量原理图

利用运算放大器 FC54 适当外接一些元器件，组成正弦信号发生器。正弦信号经电容器 C_3 耦合到湿敏器件 SM-1、热敏电阻 R_{11} 组成的取样和温度补偿电路上，湿敏器件随湿度变化其阻值也发生变化。该阻值与 R_{11} 构成分压器，分压信号再由跟随器(LM324-1)输出，

因为其输入阻抗很高，输出阻抗极低，所以保证了精确的电压输出。由于输出的是交流信号电压，且其有效值与相对湿度成指数关系，此交流信号电压经精密检波器(LM324-2，D_3，D_4，R_{15})转换为直流信号电压，然后，再由对数放大器变换成与相对湿度成线性关系的直流信号电压。因此，SMC-2 型湿度传感器输出的电压与湿度的关系如图 9-22 所示。

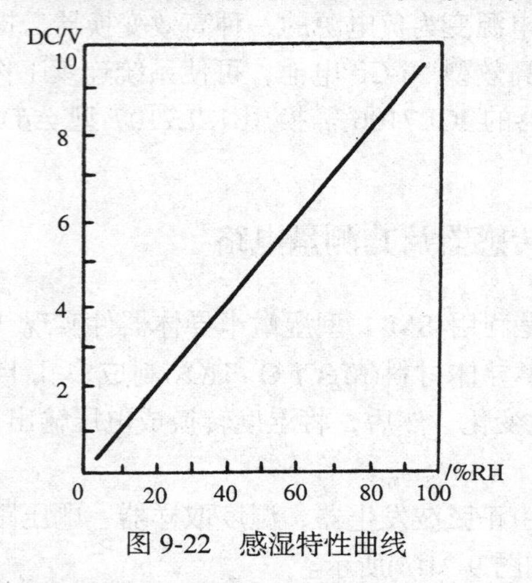

图 9-22　感湿特性曲线

在实际测量时，必须对SM-1型湿敏器件进行热清洗。为了保证测量精度，传感器必须按下述程序工作：

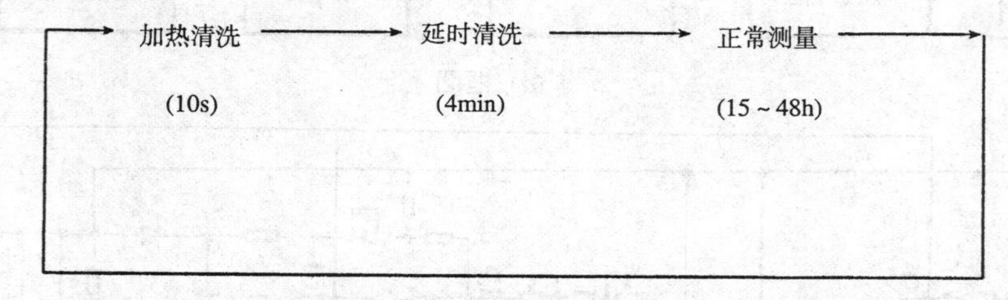

SMC-2 型湿度传感器除具有测量范围宽(1%RH ~ 100%RH)、响应时间快、寿命长、工作精度高、小型轻便、可远距离(1 000m)测量等优点外，还能很方便地经过 A/D 转换后与微型计算机接口构成自动、智能测湿系统。

四、自动去湿器

图 9-23 是一种用于汽车驾驶室挡风玻璃的自动去湿电路。其目的是防止驾驶室的挡风玻璃结露或结霜，保证驾驶员视线清楚，避免事故发生。该电路也可用于其他需要去湿的场所。

图中 R_s 为加热电阻丝，将其埋入挡风玻璃内，如图(a)所示。H 为结露湿敏元件，图(b)为其控制电路。晶体管 BG_1，BG_2 为施密特触发电路，BG_2 的集电极负载为继电器 J 的线圈绕组。R_1，R_2 为 BG_1 的基极电阻，R_p 为湿敏元件 H 的等效电阻。在不结露时，调整各电阻值，使 BG_1 导通，BG_2 截止。一旦湿度增大，湿敏元件 H 的等效电阻 R_p 值下降到某一特定值，$R_2 /\!/ R_p$ 减小，使 BG_1 截止，BG_2 导通，BG_2 集电极负载-继电器 J 线圈通电，它的常开触点Ⅱ接通加热电源 E_c，并且指示灯点亮，电阻丝 R_s 通电，挡风玻璃被加热，驱散湿气。

当湿气减少到一定程度时，$R_p//R_2$ 回到不结露时的阻值，BG_1，BG_2 恢复初始状态，指示灯熄灭，电阻丝断电，停止加热，从而实现了自动去湿控制。

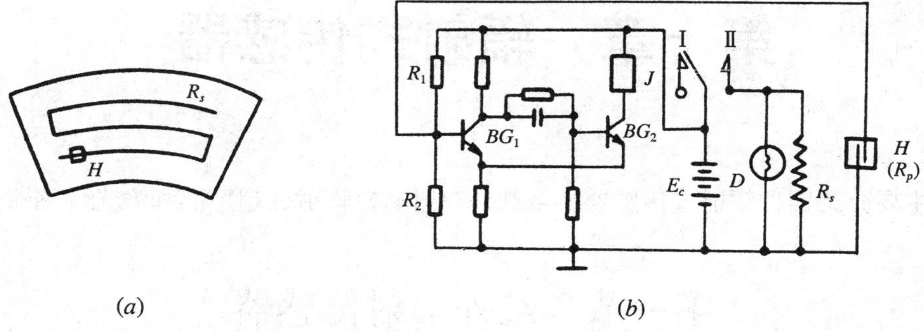

图 9-23　自动去湿电路

习题与思考题

1. 什么是绝对湿度和相对湿度？
2. 半导体气敏元件是如何进行分类的？试叙述 P 型半导体气敏传感器的工作原理。
3. 试叙述 Pd-MOSFET 管和 MOS 二极管的气敏原理。
4. 什么叫做水分子亲和力？这类传感器的半导瓷湿敏元件的工作原理是什么？
5. 如何提高 ZnO 气敏传感器对 H_2 和 CO 气体的选择性？
6. 膜型 Fe_3O_4 湿敏元件和烧结型 Fe_3O_4 湿敏元件各具有什么特性？为什么？
7. 试叙述电容式和石英振动式湿敏元件的工作原理。
8. 试设计图 9-20 所示的缺氧检测仪的具体电路，并写出电路原理设计报告。

条件：报警点为≤18%的氧气，若对应的电压为 40mV，用 $3\frac{1}{2}$ 位的直流数字电压表测量。

9. 设计一个恒湿控制装置，且恒湿的值可任意设定。

第十章　辐射式传感器

本章主要介绍四种辐射式传感器——红外辐射、核辐射、超声波和激光传感器。

第一节　红外辐射传感器

红外辐射技术在最近 40 多年中已经发展成为一门新兴技术科学。它在广泛的领域中，特别是在科学研究、军事工程和医学方面起着极其重要的作用。例如红外制导火箭、红外成像、红外遥感等。红外辐射技术的重要工具就是红外辐射传感器，它是遥感技术、空间科学等的敏感部件。

一、红外辐射的基本特点

红外辐射就是指辐射波长为 1.0 ~ 1 000μm 的红外光。红外光是太阳光谱的一部分，其波长范围和在电磁波中的位置如图 10-1 所示。红外光的最大特点就是具有光热效应，能辐射热量，它是光谱中最大光热效应区。红外光处在光谱中可见光之外，它是一种不可见光。红外光与所有电磁波一样，具有反射、折射、散射、干涉、吸收等性质。红外光在真空中的传播速度为 3×10^{8} m /s。红外光在介质中传播会产生衰减。红外光在金属中传播衰减很大，但红外辐射能透过大部分半导体和一些塑料，大部分液体对红外辐射吸收非常大。气体对其吸收程度各不相同，大气层对不同波长的红外光存在不同的吸收带。根据研究分析证明，对于波长为 1 ~ 5μm，8 ~ 14μm 区域的红外光具有比较大的“透明度”，即这些波长的红外光能较好地穿透大气层。

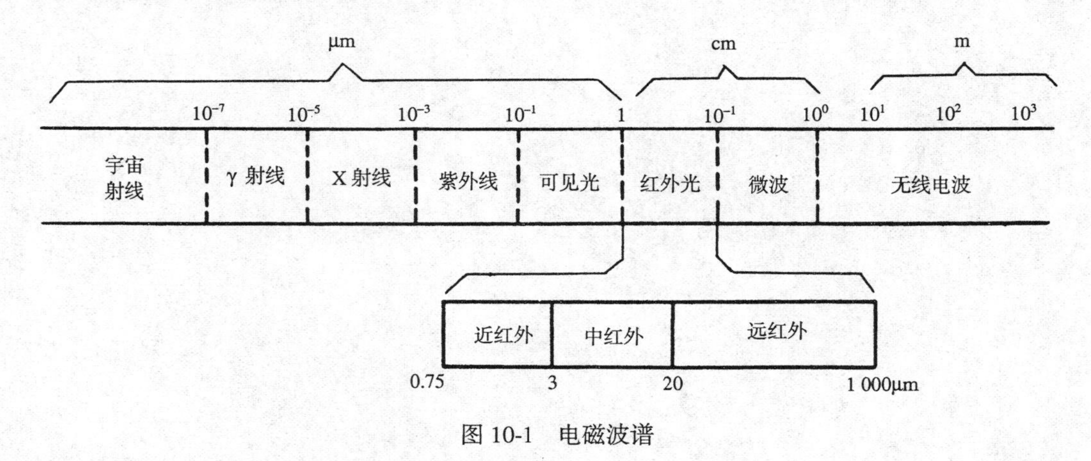

图 10-1　电磁波谱

自然界中任何物体，只要其温度在绝对零度之上，都能产生红外光辐射。

红外光的光热效应对不同的物体是各不相同的，热能强度也不一样，例如，黑体(能全部吸收投射到其表面的红外辐射的物体)、镜体(能全部反射红外辐射的物体)、透明体(能全部透过红外辐射的物体)和灰体(能部分反射或吸收红外辐射的物体)将产生不同的光热效应。严格来讲，自然界并不存在黑体、镜体和透明体，而绝大部分物体都属于灰体。

上述这些特性就是把红外光辐射技术用于卫星遥感遥测、红外跟踪等军事和科学研究项目的重要理论依据。

二、红外辐射的基本定律

1. 希尔霍夫定律

希尔霍夫定律指出一个物体向周围辐射热能的同时也吸收周围物体的辐射能。如果几个物体处于同一温度场中，各物体的热发射本领正比于它的吸收本领，这就是希尔霍夫定律。可用下面公式表示：

$$E_r = aE_0 \tag{10-1}$$

式中 E_r——物体在单位面积和单位时间内发射出来的辐射能；

a——该物体对辐射能的吸收系数；

E_0——等价于黑体在相同温度下发射的能量，它是常数。

黑体是在任何温度下全部吸收任何波长辐射的物体，黑体的吸收本领与波长和温度无关，即 $a=1$。黑体吸收本领最大，但是加热后，它的发射热辐射也比任何物体都要大。

2. 斯忒藩-玻尔兹曼定律

物体温度越高，它辐射出来的能量越大。可用下面公式表示：

$$E = \sigma\varepsilon T^4 \tag{10-2}$$

式中 E——某物体在温度 T 时单位面积和单位时间的红外辐射总能量；

σ——斯忒藩-玻尔兹曼常数($\sigma = 5.6697\times10^{-12}\ \mathrm{W/cm^2K^4}$)；

ε——比辐射率，即物体表面辐射本领与黑体辐射本领之比值，黑体的 $\varepsilon=1$；

T——物体的绝对温度。

式(10-2)就是斯忒藩-玻尔兹曼定律。即物体红外辐射的能量与它自身的绝对温度 T 的四次方成正比，并与 ε 成正比。表 10-1 是各种材料的比辐射率 ε 值。物体温度越高，其表面所辐射的能量就越大。

表 10-1 各种材料的比辐射率 ε 值

材料名称		温度/℃	ε 值
铅板	抛光	100	0.05
	阳极氧化	100	0.55
铜	抛光	100	0.05
	严重氧化	20	0.78
铁	抛光	40	0.21
	氧化	100	0.09

(续表)

材料名称		温度/℃	ε值
钢	抛光	100	0.07
	氧化	200	0.79
红砖		20	0.93
玻璃(抛光)		20	0.94
石墨(表面粗糙)		20	0.98
蜡克	白的	100	0.92
	无光泽黑的	100	0.97
油漆(16色平均)		100	0.94
砂		20	0.90
土壤	干燥	20	0.92
	水分饱和	20	0.95
水	蒸馏水	20	0.96
	光滑的冰	−10	0.96
	雪	−10	0.85
人的皮肤		32	0.98

3. 维恩位移定律

热辐射发射的电磁波中包含着各种波长。实验证明，物体峰值辐射波长 λ_m 与物体自身的绝对温度 T 成反比。即

$$\lambda_m = \frac{2897}{T} \qquad (\mu m) \tag{10-3}$$

式(10-3)称为维恩位移定律。图 10-2 给出了分谱辐射出射度 M_λ 与波长 λ 的分布与温度的关系。

从图所示曲线可知，峰值辐射波长随温度升高向短波方向偏移。当温度不很高时，峰值辐射波长在红外区域。

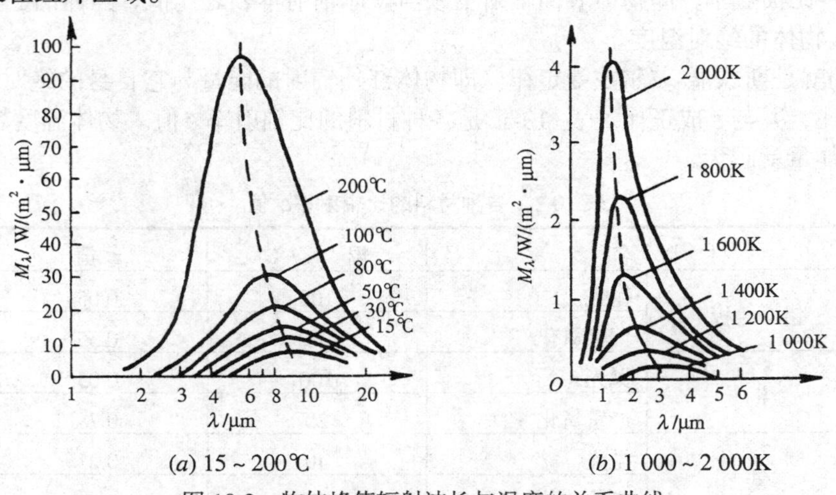

图 10-2　物体峰值辐射波长与温度的关系曲线

三、红外探测器(传感器)

能将红外辐射量变化转换成电量变化的装置称为红外探测器(红外传感器)。红外探测器根据热电效应和光子效应制成。前者为热敏探测器，后者为光子探测器。从理论上讲，热探测器对入射的各种波长的辐射能量全部吸收，它是一种对红外光波无选择的红外传感器；但是，实际上各种波长的红外辐射的功率对物体的加热效果是不相同的。光子探测器常用的光子效应分为外光电效应、内光电效应(光生伏特效应、光电导效应)和光电磁效应。

热敏探测器对红外辐射的响应时间比光电探测器的响应时间要长得多。前者的响应时间一般在毫秒以上，而后者只有纳秒量级。热探测器不需要冷却，光子探测器多数要冷却。

1. 红外探测器的基本参数

红外探测器主要技术参数有下列几项：

(1) 响应率

所谓红外探测器的响应率就是其输出电压与输入的红外辐射功率之比，即

$$r=\frac{U_o}{P} \tag{10-4}$$

式中 r——响应率(V/W)；

U_o——输出电压(V)；

P——红外辐射功率(W)。

红外探测器的响应率必须在下列条件中测得：

① 辐射源用 500K 的黑体辐射；

② 采用光栅调制，使入辐射的强度按正弦变化，输出电压也按正弦变化；

③ 输入功率与输出电压都采用均方根值表示；

④ 输出为开路电压；

⑤ 探测器必须工作在输出电压与输入功率成正比的范围内。

(2) 响应波长范围

红外探测器的响应率与入射辐射的波长有一定的关系，如图 10-3 所示。曲线①为热敏探测器的特性。热敏红外探测器响应率 r 与波长 λ 无关。光电探测器的分谱响应如图中曲线②所示。

λ_p 对应响应峰值 r_p，$\frac{r_p}{2}$ 对应为截止波长 λ_c。

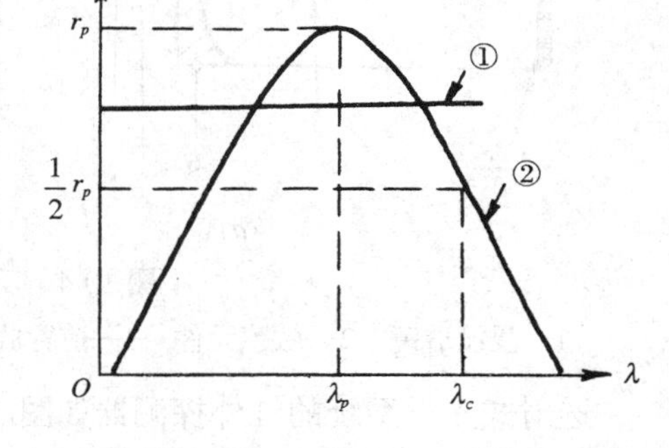

图 10-3 光电探测器分谱响应曲线

(3) 噪声等效功率(NEP)

若投射到探测器上的红外辐射功率所产生的输出电压正好等于探测器本身的噪声电压，这个辐射功率就叫做噪声等效功率(NEP)。

噪声等效功率是一个可测量的量。

设入射辐射的功率为 P，测得的输出电压为 U_o，然后除去辐射源，测得探测器的噪声电压为 U_N，则按比例计算，要 $U_o=U_N$ 的辐射

功率为

$$\mathrm{NEP}=\frac{P}{\frac{U_o}{U_N}}=\frac{U_N}{r} \tag{10-5}$$

(4) 探测率

经过分析，发现 NEP 与检测元件的面积 S 和放大器带宽 Δf 的平方根成正比，那么 $\frac{\mathrm{NEP}}{\sqrt{S\Delta f}}$ 就与 S 和 Δf 没有关系，其倒数称为探测率 D^*。即

$$D^*=\frac{\sqrt{S\Delta f}}{\mathrm{NEP}}=\frac{r}{U_N}\sqrt{S\Delta f} \qquad (\mathrm{cm}\sqrt{\mathrm{Hz}}/\mathrm{W}) \tag{10-6}$$

D^*实质上就是当探测器的敏感元件具有单位面积，放大器的带宽为 1Hz 时，单位功率辐射所获得的信噪比。

(5) 响应时间

红外探测器的响应时间就是加入或去掉辐射源的响应速度，而且加入或去掉辐射源的响应时间相等。红外探测器的响应时间是比较短的。

2. 红外探测器的一般组成

红外探测器一般由光学系统、敏感元件、前置放大器和信号调制器组成。光学系统是红外探测器的重要组成部分。根据光学系统的结构分为反射式光学系统的红外探测器和透射式光学系统的红外探测器两种。

反射式光学系统的红外探测器的结构如图 10-4 所示。它由凹面玻璃反射镜组成，其表面镀金、铝和镍铬等红外波段反射率很高的材料构成反射式光学系统。为了减小像差或使用上的方便，常另加一片次镜，使目标辐射经两次反射聚集到敏感元件上，敏感元件与透镜组合一体，前置放大器接收热电转换后的电信号，并对其进行放大。

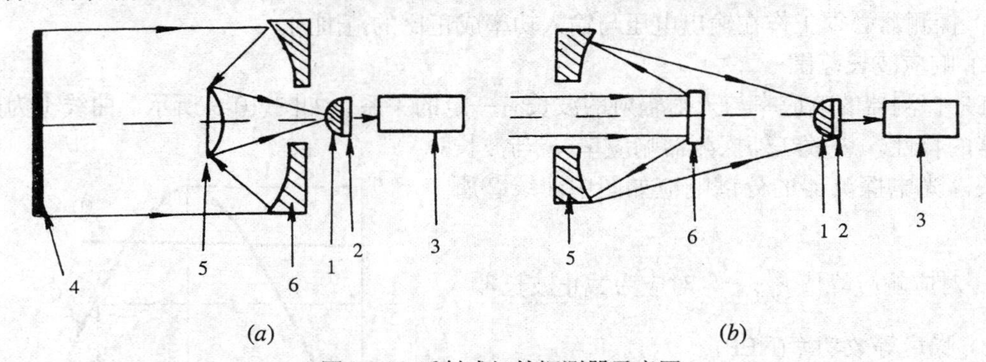

图 10-4 反射式红外探测器示意图

1—浸没透镜 2—敏感元件 3—前置放大器 4—聚乙烯薄膜 5—次反射镜 6—主反射镜

透射式光学系统的红外探测器如图 10-5 所示。透射式光学系统的部件用红外光学材料做成，不同的红外光波长应选用不同的红外光学材料：在测量 700℃以上的高温时，用波长为0.75～3μm范围内的近红外光，用一般光学玻璃和石英等材料作透镜材料；当测量100～700℃范围的温度时，一般用 3～5μm 的中红外光，多用氟化镁、氧化镁等热敏材料；测量

100℃以下的温度用波长为5~14μm的中远红外光，多采用锗、硅、硫化锌等热敏材料。获取透射红外光的光学材料一般比较困难，反射式光学系统可避免这一困难，所以，反射光学系统用得较多。

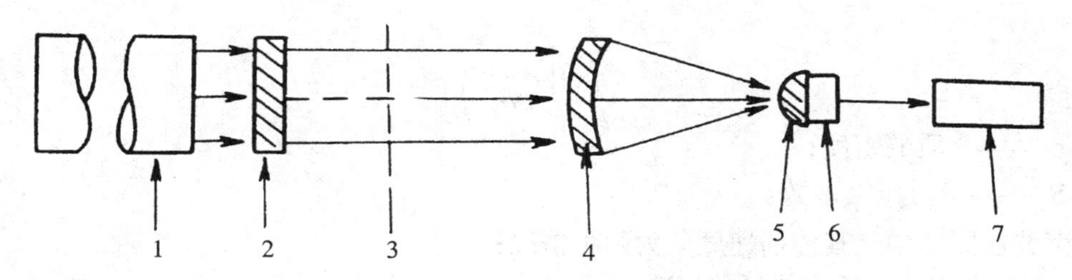

图 10-5　透射式红外探测器示意图

1—光管　2—保护窗口　3—光栅　4—透镜　5—浸没透镜　6—敏感元件　7—前置放大器

第二节　超声波传感器

超声技术是一门以物理、电子、机械及材料学为基础的、各行各业都要使用的通用技术之一。该技术在国民经济中，对提高产品质量，保障生产安全和设备安全运作，降低生产成本，提高生产效率特别具有潜在能力。例如，超声波技术广泛应用于冶金、船舶、机械、医疗等各个工业部门的超声清洗、超声焊接、超声加工、超声检测和超声医疗等方面，并取得了很好的社会效益和经济效益。因此，我国对超声波技术及其传感器的研究十分活跃。

超声技术是通过超声波产生、传播及接收的物理过程完成的。超声波具有聚束、定向及反射、透射等特性。按超声振动辐射大小不同大致可分为：用超声波使物体或物性变化的功率应用，称之谓功率超声；用超声波获取若干信息，称之谓检测超声。这两种超声的应用，同样都必须借助于超声波探头(换能器或传感器)来实现。

一、超声波的基本特性

超声波是听觉阈值以外的振动，其频率范围在 $10^4 \sim 10^{12}$Hz，其中常用的频率大约在 $10^4 \sim 3\times10^6$ Hz 之间。超声波在超声场(被超声所充满的空间)传播时，如果超声波的波长与超声场相比，超声场很大，超声波就像处在一种无限介质中，超声波自由地向外扩散；反之，如果超声波的波长与相邻介质的尺寸相近，则超声波受到界面限制不能自由地向外扩散。于是，超声波在传播过程中产生如下特性和作用：

1. 超声波的传播速度

超声波在介质中可产生三种形式的振荡波：横波——质点振动方向垂直于传播方向的波；纵波——质点振动方向与传播方向一致的波；表面波——质点振动介于纵波与横波之间，沿表面传播的波。横波只能在固体中传播，纵波能在固体、液体和气体中传播，表面波随深度的增加其衰减很快。为了测量各种状态下的物理量多采用纵波形式的超声波。超声波的频率越高，越与光波的某些性质相似。

超声波与其他声波一样，其传播速度与介质密度和弹性特性有关。

超声波在气体和液体中，其传播速度 c_{gL} 为

$$c_{gL} = \left(\frac{1}{\rho B_a}\right)^{\frac{1}{2}} \tag{10-7}$$

式中 ρ——介质的密度；

B_a——绝对压缩系数。

超声波在固体中，其传播速度分为两种情况：

(1) 纵波在固体介质中传播的声速

其传播速度与介质形状有关。

$$c_q = \left(\frac{E}{\rho}\right)^{\frac{1}{2}} \quad \text{(细棒)} \tag{10-8}$$

$$c_q = \left[\frac{E}{\rho(1-\mu^2)}\right]^{\frac{1}{2}} \quad \text{(薄板)} \tag{10-9}$$

$$c_q = \left[\frac{E(1-\mu)}{\rho(1+\mu)(1-2\mu)}\right]^{\frac{1}{2}} = \left(\frac{K+\frac{4}{3G}}{\rho}\right)^{\frac{1}{2}} \quad \text{(无限介质)} \tag{10-10}$$

式中 E——杨氏模量；

μ——泊松系数；

K——体积弹性模量；

G——剪片弹性模。

(2) 横波声速公式为

$$c_q = \left[\frac{E}{\rho \times 2(1+\mu)}\right]^{\frac{1}{2}} = \left(\frac{G}{\rho}\right)^{\frac{1}{2}} \quad \text{(无限介质)} \tag{10-11}$$

在固体中，μ 介于 0 ~ 0.5 之间，因此，一般可视横波声速为纵波声速的一半。

2. 超声波的物理性质

(1) 超声波的反射和折射

当超声波传播到两种特性阻抗不同介质的平面分界面上时，一部分声波被反射；另一部分透射过界面，在相邻介质内部继续传播；这样的两种情况称之为超声波的反射和折射，如图 10-6 所示。

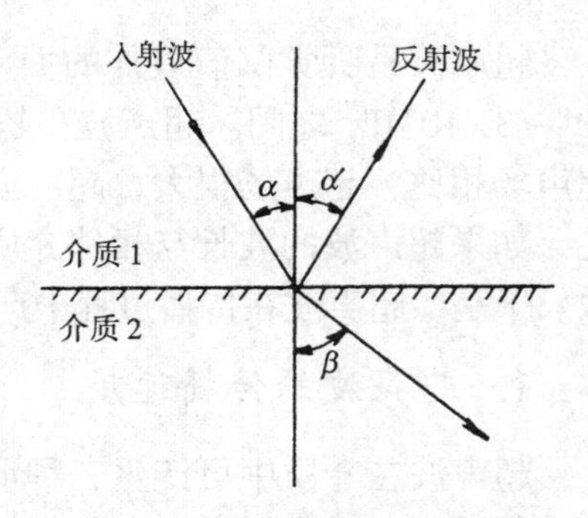

图 10-6 超声波的反射和折射

声波的反射系数和透射系数可分别由如下两式求得：

$$R=\frac{\dfrac{\cos\beta}{\cos\alpha}-\dfrac{\rho_2c_2}{\rho_1c_1}}{\dfrac{\cos\beta}{\cos\alpha}+\dfrac{\rho_2c_2}{\rho_1c_1}} \tag{10-12}$$

$$T=\frac{\dfrac{2\rho_2c_2}{\rho_1c_1}\cos\alpha}{\cos\beta+\dfrac{\rho_2c_2}{\rho_1c_1}} \tag{10-13}$$

式中　α，β——分别为声波的入射角和折射角；

ρ_1c_1，ρ_2c_2——分别为两介质特性阻抗，其中c_1和c_2为反射波和折射波的速度。

反射角、折射角与其速度c_1，c_2满足折射定律的关系式：$\dfrac{\sin\alpha}{\sin\beta}=\dfrac{c_1}{c_2}$。

当超声波垂直入射界面时，即$\alpha=\beta=0$，则

$$R=\frac{1-\dfrac{\rho_2c_2}{\rho_1c_1}}{1+\dfrac{\rho_2c_2}{\rho_1c_1}} \tag{10-14}$$

$$T=\frac{2\dfrac{\rho_2c_2}{\rho_1c_1}}{1+\dfrac{\rho_2c_2}{\rho_1c_1}} \tag{10-15}$$

如果$\sin\alpha>\dfrac{c_1}{c_2}$，入射波完全被反射，在相邻介质中没有折射波。

如果超声波斜入射到两固体介质界面或两粘滞弹性介质界面时，一列斜入射的纵波不仅产生反射纵波和折射纵波，而且还产生反射横波和折射横波。

(2) 超声波的衰减

超声波在一种介质中传播，其声压和声强按指数函数规律衰减。

在平面波的情况下，距离声源x处的声压p和声强I的衰减规律如下：

$$p=p_0\mathrm{e}^{-Ax} \tag{10-16}$$

$$I=I_0\mathrm{e}^{-2Ax} \tag{10-17}$$

式中　p_0，I_0——距离声源$x=0$处的声压和声强；

x——超声波与声源间的距离；

A——衰减系数，单位为Np/cm(奈培/厘米)。

若A'为以 dB/cm 表示的衰减系数，则$A'=20\log e\times A=8.686A$，此时式(10-16)和式(10-17)相应变为$p=p_0\times10^{-0.05A'x}$与$I=I_0\times10^{-0.1A'x}$。实际使用时，常采用$10^{-3}$dB/mm 为单位，这时，在一般检测频率上，$A'$为一到数百。

例如，若衰减系数为 1dB/mm，声波穿透 1mm，则衰减 1dB，即衰减 10%；声波穿透 20mm，则衰减 1dB/mm×20mm=20dB，即衰减 90%。

(3) 超声波的干涉

如果在一种介质中传播几个声波，于是会产生波的干涉现象。若以两个频率相同，振幅 ξ_1和ξ_2 不等，波程差为 d 的两个波的干涉为例，该两个波的合成振幅为 $\xi_r = \left(\xi_1^2 + \xi_2^2 + 2\xi_1\xi_2\cos\frac{2\pi d}{\lambda}\right)^{\frac{1}{2}}$，其中 λ 为波长。从上式看出，当 $d=0$ 或 $d=n\lambda$ (n 为正整数)时，合成振幅 ξ_r 达到最大值；而当 $d=n\frac{\lambda}{2}$ (n = 1，3，5，…)时，合成振幅 ξ_r 为最小值。当 $\xi_1=\xi_2=\xi$ 时，$\xi_r=2\xi\cos\frac{\pi d}{\lambda}$；当 $d=\frac{\lambda}{2}$ 的奇数倍时，例如 $d=\frac{\lambda}{2}$，则 $\xi_r=0$，两波互相抵消，合成振幅为 0。

由于超声波的干涉，在辐射器的周围将形成一个包括最大和最小的超声场。

(4) 超声波的波型转换

当超声波以某一角度入射到第二介质(例如固体)界面上时，除有纵波的反射、折射外，还会有横波的反射和折射，如图 10-7 所示。在一定条件下，还能产生表面波。它们符合几何光学中的反射定律，即

$$\frac{c_L}{\sin\alpha} = \frac{c_{L1}}{\sin\alpha_1} = \frac{c_{S1}}{\sin\alpha_2} = \frac{c_{L2}}{\sin\gamma} = \frac{c_{S2}}{\sin\beta} \quad (10\text{-}18)$$

式中 α——入射角；

α_1，α_2——纵波与横波的反射角；

γ，β——纵波与横波的折射角；

c_L，c_{L1}，c_{L2}——入射介质、反射介质、折射介质内的纵波速度；

c_{S1}，c_{S2}——反射介质、折射介质内的横波速度。

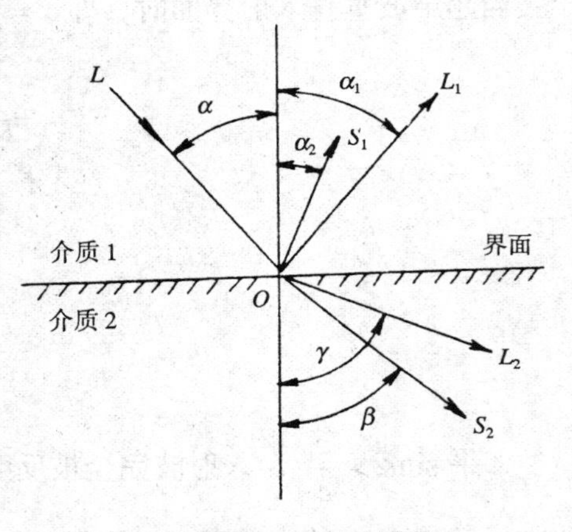

图 10-7 波型转换图

L—入射波 L_1—反射纵波

L_2—折射纵波 S_1—反射横波

S_2—折射横波

若介质为液体或气体，则仅有纵波。

利用式(10-18)可以实现波型转换。

3. 超声波对超声场产生的作用(效应)

超声波在超声场中传播时，会对超声场产生如下几种十分有用的作用(效应)。

(1) 机械作用

超声波在传播过程中，会引起介质质点交替的压缩与伸张，构成了压力的变化，这种压力的变化将引起机械效应。超声波引起的介质质点运动，虽然产生的位移和速度不大，但是，与超声振动频率的平方成正比的质点加速度却很大。有时超过重力加速度的数万倍，这么大的加速度足以造成对介质的强大机械效应，甚至能达到破坏介质的程度。

(2) 空化作用

在流体动力学中指出，存在于液体中的微气泡(空化核)在声场的作用下振动，当声压达到一定值时，气泡将迅速膨胀，然后突然闭合，在气泡闭合时产生冲击波，这种膨胀、

闭合、振动等一系列动力学过程称为声空化(Acoustic Cavitation)。这种声空化现象是超声学及其应用的基础。

液体形成空化作用与介质的温度、压力、空化核半径、含气量、声强、粘滞性、频率等因素有关。一般情况下，温度高易于空化；液体中含气高、空气阀值低，易于空化；声强高，也易于空化；频率高，空化阀值高，不易于空化。例如，在 15kHz 时，产生空化的声强只需要 0.16 ~ 2.6W/cm^2；而频率在 500kHz 时，所需要的声强则为 100 ~ 400 W/cm^2。

在空化中，当气泡闭合时所产生的冲击波强度最大。设气泡膨胀时的最大半径为 R_m，气泡闭合时的最小半径为 R，从膨胀到闭合，在距气泡中心为 1.587R 处产生的最大压力可达到 $p_{\max} = p_0 4^{-\frac{4}{3}}\left(\frac{R_m}{R}\right)^3$。当 $R \to 0$ 时，$p_{\max} \to \infty$。根据上式一般估算，局部压力可达到上千个大气压，由此足以看出空化的巨大作用和应用前景。

(3) 热学作用

如果超声波作用于介质时被介质所吸收，实际上也就是有能量吸收。同时，由于超声波的振动，使介质产生强烈的高频振荡，介质间互相摩擦而发热，这种能量能使液体、固体温度升高。超声波在穿透两种不同介质的分界面时，温度升高值更大，这是因为分界面上特性阻抗不同，将产生反射，形成驻波引起分子间的相对摩擦而发热。

超声波的热效应在工业、医疗上都得到了广泛应用。

超声波除了上述几种作用(效应)外，还有声流效应、触发效应和弥散效应，它们都有很好的应用价值。

二、超声波传感器

利用超声波在超声场中的物理特性和种种效应而研制的装置可称为超声波换能器、探测器或传感器。超声波传感器可以是超声波发射装置，也可以既能发射又能接收发射超声回波的装置。这些装置一般都能将声信号转换成电信号。

超声波探头按其结构可分为直探头、斜探头、双探头和液浸探头。超声波探头按其工作原理又可分为压电式、磁致伸缩式、电磁式等。在实际使用中，压电式探头最为常见。

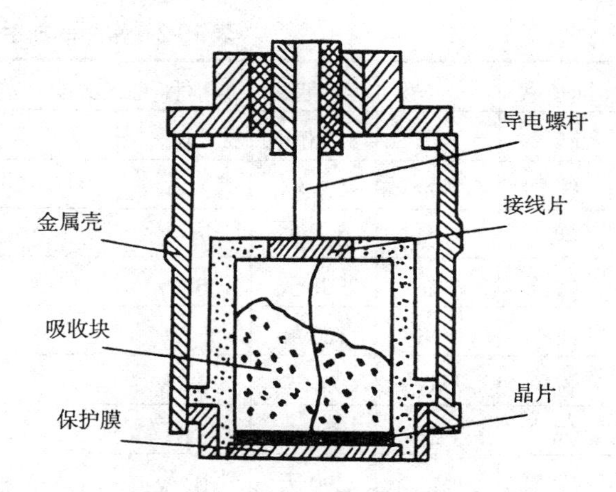

图 10-8　压电式超声波探头结构

压电式探头主要由压电晶片、吸收块(阻尼块)、保护膜组成，其结构如图 10-8 所示。压电晶片多为圆板形，其厚度与超声频率成反比。例如，晶片厚度为 1mm，自然频率约为 1.89MHz；厚度为 0.7mm，自然频率为 2.5MHz。压电晶片的两面镀有银层，作导电的极板。阻尼块的作用是降低晶片的机械品质，吸收声能量。如果没有阻尼块，当激励的电脉冲信号停止时，晶片仍会继续振荡，加长超声波的脉冲宽度，使分辨率变差。

超声波传感器广泛应用于工业中超声波清洗、超声波焊接、超声波加工(超声钻孔、切削、研磨、抛光、超声波金属拉管、拉丝、轧制等)、超声波处理(搪锡、焊接、凝聚、淬火、超声波电镀、净化水质等)、超声波治疗和超声波检测(超声波测厚、检漏、成像等)等，因此掌握有关超声技术和知识是十分重要的。

第三节　核辐射传感器

核辐射传感器的测量原理是基于核辐射粒子的电离作用、穿透能力、物体吸收、散射和反射等物理特性，利用这些特性制成的传感器可用来测量物质的密度、厚度，分析气体成分，探测物体内部结构等，它是现代检测技术的重要部分。

一、核辐射源——放射性同位素

在核辐射传感器中，常有用α、β、γ 和 X 射线的核辐射源，产生这些射线的物质通常是放射性同位素。所谓放射性同位素就是原子序数相同，原子质量不同的元素。这些同位素在没有外力的作用下，能自动发生衰变，衰变中释放出上述射线。其衰减规律为

$$J = J_0 e^{-\lambda t} \tag{10-19}$$

式中 J 、J_0 分别为 t 和 t_0 时刻的辐射强度；λ 为衰变常数。

核辐射检测要采用半衰期比较长的同位素。半衰期是指放射性同位素的原子核数衰变到一半所需要的时间，这个时间又称为放射性同位素的寿命。核辐射检测除了要求使用半衰期比较长的同位素外，还要求放射出来的射线要有一定的辐射能量。目前常用的放射性同位素约有 20 余种，它们被列于表 10-2 中。

表 10-2　常用的放射性同位素有关参数

同位素	符　号	半衰期	辐射种类	α 射线能量	β 射线能量	γ 射线能量	X 射线能量
碳 14	^{14}C	5 720 年	β		0.155		
铁 55	^{55}Fe	2.7 年	X				5.9
钴 57	^{57}Co	270 天	γ，X			0.136，0.001 4	6.4
钴 60	^{60}Co	5.26 天	β，γ		0.31	1.17，1.33	
镍 63	^{63}Ni	125 年	β		0.067		
氪 85	^{85}Kr	9.4 年	β，γ		0.672，0.159	0.513	
锶 90	^{90}Sr	19.9 年	β		0.54，2.24		
钌 106	^{106}Ru	290 天	β，γ		0.035，3.9	0.52	
铯 134	^{134}Cs	2.3 年	β，γ		0.24 0.658，0.090	0.568，0.602 0.744	
铈 144	^{144}Ce	282 天	β，γ		0.3，2.96	0.03～0.23 0.7～2.2	

（续　表）

同位素	符　号	半衰期	辐射种类	α 射线能量	β 射线能量	γ 射线能量	X 射线能量
钷 147	^{147}Pm	2.2 年	β		0.229		
铥 170	^{170}Tm	120 天	β，γ		0.884，0.004 0.968	0.084 1，0.001	
铱 192	^{192}Ir	747 天	β，γ		0.67	0.137，0.651	
铊 204	^{204}Tl	2.7 年	β		0.783		
钋 210	^{210}Po	138 天	α，γ	5.3		0.8	
钚 238	^{238}Pu	86 年	X				12 ~ 21
镅 241	^{241}Am	470 年	α，γ	5.44，0.06		5.48，0.027	

说明：射线能量单位 MeV。

二、核辐射的物理特性

1. 核辐射

核辐射是放射性同位素衰变时，放射出具有一定能量和较高速度的粒子束或射线。主要有四种：α 射线、β射线、γ 射线和 X 射线。

α，β射线分别是带正、负电荷的高速粒子流；γ 射线不带电，是以光速运动的光子流，从原子核内放射出来；X 射线是原子核外的内层电子被激发射出来的电磁波能量。

式(10-19)表示了某种放射性同位素的核辐射强度。由该式可知，核辐射强度是以指数规律随时间而减弱。通常以单位时间内发生衰变的次数表示放射性的强弱。辐射强度单位用 Ci(居里)表示：1Ci 的辐射强度就是辐射源 1s 内有 3.7×10^{10} 次核衰变。1Ci (居里) = 10^3mCi (毫居里) = 10^6μCi (微居里)。在检测仪表中常用 mCi 或μCi 作为计量单位。

2. 核辐射与物质的相互作用

(1) 核辐射线的吸收、散射和反射

α，β，γ 射线穿透物质时，由于原子中的电子会产生共振，振动的电子形成四面八方散射的电磁波，在其穿透过程中，一部分粒子能量被物质吸收，一部分粒子被散射掉，因此，粒子或射线的能量将按下述关系式衰减：

$$J = J_0 e^{-a_m \rho h} \tag{10-20}$$

式中　J_0，J——分别为射线穿透物质前、后的辐射强度；

h——穿透物质的厚度；

ρ——物体的密度；

a_m——物质的质量吸收系数。

三种射线中，γ 射线穿透能力最强，β射线次之，α射线最弱，因此，γ 射线的穿透厚度比β，α要大得多。

β射线的散射作用表现最为突出。当β射线穿透物质时，容易改变其运动方向而产生散射现象。当产生相反方向散射时，更容易产生反射。反射的大小取决于散射物质的性质和厚度。β射线的散射随物质的原子序数增大而增大。当原子序数增大到极限情况时，投射到反射物质上的粒子几乎全部反射回来。反射的大小与反射物质的厚度有如下关系：

$$J_h = J_m(1 - e^{-\mu_h h}) \tag{10-21}$$

式中 J_h——反射物质厚度为 h(mm)时，放射线被反射的强度；

J_m——当 h 趋向无穷大时的反射强度，J_m 与原子序数有关；

μ_h——辐射能量的常数。

由式(10-20)、(10-21)可知，当 J_0，a_m，J_m，μ_h 等已知后，只要测出 J 或 J_h 就可求出其穿透厚度 h。

(2) 电离作用

当具有一定能量的带电粒子穿透物质时，在它们经过的路程上就会产生电离作用，形成许多离子对。电离作用是带电粒子和物质相互作用的主要形式。

α粒子由于能量、质量和电荷均大，故电离作用最强，但射程(带电粒子在物质中穿行时，能量耗尽前所经过的直线距离)较短。

β粒子质量小，电离能力比同样能量的α粒子要弱；由于β粒子易于散射，所以其行程是弯弯曲曲的。

γ 粒子几乎没有直接的电离作用。

在辐射线的电离作用下，每秒钟产生的离子对的总数，即离子对形成的频率可由下式表示：

$$f_e = \frac{1}{2}\frac{E}{E_d}CJ \tag{10-22}$$

式中 E——带电粒子的能量；

E_d——离子对的能量；

J——辐射源的强度；

C——在辐射源强度为 1Ci 时，每秒放射出的粒子数。

利用式(10-22)可以测量气体密度等。

三、核辐射传感器

核辐射与物质的相互作用是核辐射传感器检测物理量的基础。利用电离、吸收和反射作用以及α、β、γ 和 X 射线的特性可以检测多种物理量。常用电离室、气体放电计数管、闪烁计数器和半导体检测核辐射强度，分析气体，鉴别各种粒子等。

1. 电离室

利用电离室测量核辐射强度的示意图见图 10-9。在电离室两侧的互相绝缘的电极上，施加极化电压，使两极板间形成电场，在射线作用下，两极板间的气体被电离，形成正离子和电子，带电粒子在电场作用下运动形成电流 I。于是，在外接电阻上便形成压降。电流 I 与气体电离程度成正比，电离程度又正比于射线辐

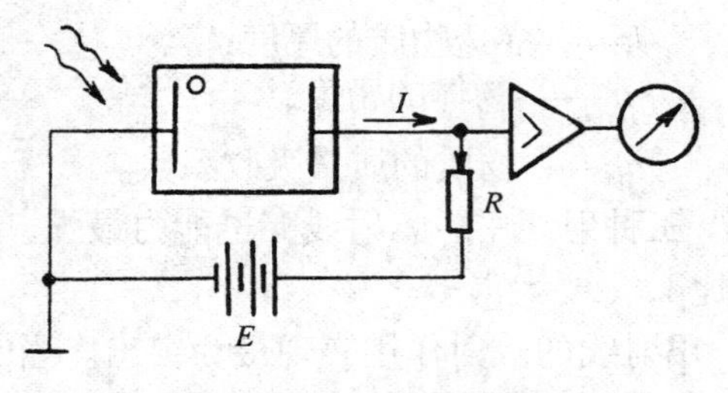

图 10-9 电离室结构示意图

射强度，因此，测量电阻 R 上的电压值就可得到核辐射强度。

电离室主要用于探测α，β粒子。电离室的窗口直径约为 100mm 左右，不必太大。γ 射线的电离室同α，β的电离室不太一样，由于γ射线不直接产生电离，因而只能利用它的反射电子和增加室内气压来提高γ 光子与物质作用的有效性，因此，γ 射线的电离室必须密闭。

2. 盖格计数管

盖格计数管又称为气体放电计数管，其结构如图 10-10(*a*)所示。计数管中心有一根金属丝并与管子绝缘，它是计数管的阳极；管壳内壁涂有导电金属层，为计数管的阴极，并在两极间加上适当电压。计数管内充有氩、氮等气体，当核辐射进入计数管内后，管内气体被电离。当电子在外电场的作用下向阳极运动时，由于碰撞气体产生次级电子，次级电子又碰撞气体分子，产生新的次级电子，这样次级电子急剧倍增，发生“雪崩”现象，使阳极放电。放电后，由于雪崩产生的电子都被中和，阳极积聚正离子，这些正离子被称为“正离子鞘”。正离子的增加使阳极附近电场降低，直至不产生离子增值，原始电离的放大过程停止。在外电场作用下，正离子鞘向阴极移动，在串联电阻 R 上产生脉冲电压，其大小正比于正离子鞘的总电荷。由于正离子鞘到达阴极时得到一定的动能，能从阴极打击出次级电子。由于此时阳极附近的电场已恢复，又一次产生次级电子和正离子鞘，于是又一次产生脉冲电压，周而复始，便产生连续放电。

盖格计数管的特性曲线如图 10-10(*b*)所示。J_1，J_2 代表入射的核辐射强度，且 $J_1 > J_2$。由图可知，在外电压 U 相同的情况下，入射的核辐射强度越强，盖格计数管内产生的脉冲 N 越多。盖格计数管常用于探测α射线和β粒子的辐射量(强度)。

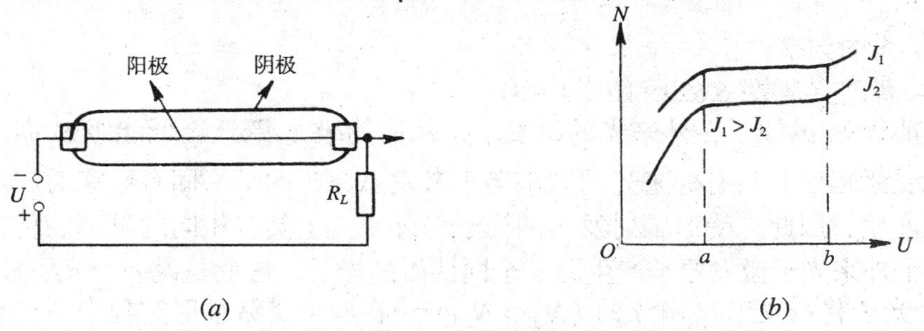

图 10-10　盖格计数管示意图和特性曲线

3. 闪烁计数器

闪烁计数管由闪烁晶体(受激发光物体，常有气体、液体和固体三种，分为有机和无机两类)和光电倍增管组成，如图 10-11 所示。当核辐射照射在闪烁晶体上后，便激发出微弱的闪光，闪光射到光电倍增管，经过 N 级倍增后，倍增管的阳极形成脉冲电流，经输出处理电路，就得到与核辐射量有关的电信号，将该信号送至指示仪表或记录器则可显示核辐射强度。

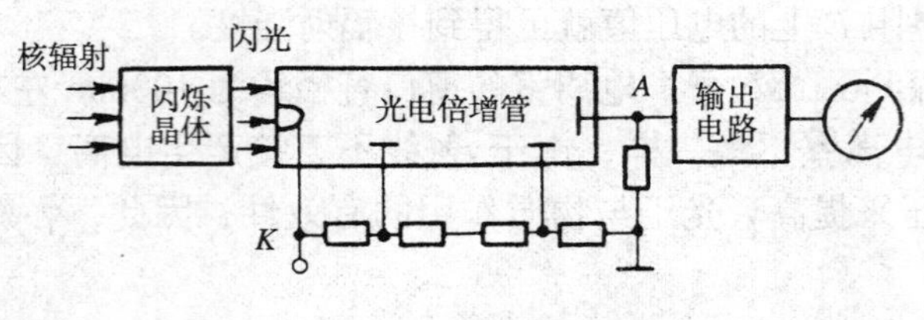

图 10-11　闪烁计数管示意图

第四节　激光探测器(传感器)

自 1960 年激光问世以来，虽然历史不长，但其发展速度很快，激光技术已经成为近代最重要的科学技术之一，并已广泛应用于工业生产、国防军事、医学卫生和非电量测量等各方面。

一、激光产生的机理

原子在正常分布状态下，总是稳定地处于低能级 E_1，如无外界作用，原子将长期保持这种稳定状态。一旦原子受到外界光子的作用，赋予原子一定的能量 E 后，原子就从低能级 E_1 跃迁到高能级 E_2，这个过程称为光的受激吸收。光受激后，其能量有下列关系：

$$E = h\nu = E_2 - E_1 \tag{10-23}$$

式中　$E_2 - E_1$——光子的能量；

ν——光的频率；

h——普朗克常数(6.623×10^{-34} J・S)。

处于高能级 E_2 的原子在外来光的诱发下，从高能级 E_2 跃迁至低能级 E_1 而发光。这过程叫做光的受激辐射。只有外来光的频率等于激发态原子的某一固有频率时，原子的受激辐射才可能产生，因此，受激辐射发出的光子与外来光子具有相同的频率、传播方向和偏振状态。一个外来光子激发原子产生另一个同性质的光子，这就是说一个光子放大为 N_1 个光子，N_1 个光子将诱发出 N_2 个光子($N_2 > N_1$)……在原子受激辐射过程中，光被加强了，这个过程称为光放大。

在外来光的激发下，如果受激辐射大于受激吸收，原子在某高能级的数目就多于低能级的数目，相对于原子正常分布状态来说，称之为粒数反转。当激光器内工作物质中的原子处于反转分布，这时受激辐射占优势，光在这种工作物质中传播时，会变得愈来愈强。通常把这种处于粒子数反转分布状态的物质称为增益介质。

增益介质通过外界提供能量的激励，使原子从低能级跃迁到高能级上，形成粒子数反转分布，外界能量就是激光器的激励能源。

当工作物质实现了粒子数反转分布后，只要满足式(10-23)条件的光就可使增益介质受激辐射。为了使受激辐射的光强度足够大，通常还设计一个光学谐振腔。光学谐振腔由两个平行对置的反射镜构成，一个为全反射镜，另一个为半反半透镜，其间放有工作物质。

当原子发出来的光沿谐振腔轴向传播时，光子碰到反射镜后，就被反射折回，在两反射镜间往返运行，不断碰撞工作物质，使工作物质受激辐射，产生雪崩似的放大，从而形成了强大的受激辐射光，该辐射光称为激光。然后，激光由半反半透镜输出。

二、激光的特性

激光与普通光相比，具有如下的特点：

1. 方向性强

激光具有高平行度，其发散角小，一般约为0.18°，比普通光和微波小 2~3 个数量级。激光光束在几公里之外的扩展范围不到几厘米，因此，立体角极小，一般可小至10^{-3} rad；由于它的能量高度集中，其亮度很强，一般比同能量的普通光源高几百万倍。例如，一台高能量的红宝石激光器发射的激光会聚后，能产生几百万度的高温，能熔化一切金属。

2. 单色性好

激光的频率宽度很窄，比普通光频率宽度的 1/10 还小，因此，激光是最好的单色光。例如，普通光源中，单色性最好的同位素氪-86 (^{86}Kr)灯发出的光，其中心波长$\lambda = 605.7$nm，$\Delta\lambda = 0.047$nm；而氦氖激光器$\lambda = 632.8$nm，$\Delta\lambda = 10^{-6}$ nm。

3. 相干性好

激光的时间相干性和空间相干性都很好。所谓相干性好就是指两束光在相遇区域内发出的波相叠加，并能形成较清晰的干涉图样或能接收到稳定的拍频信号。时间相干是指同一光源在相干时间τ内的不同时刻发出的光，经过不同路程相遇而产生的干涉。空间相干是指同一时间由空间不同点发出的光的相干性。由于激光的传播方向、振动态、频率、相位完全一致，因此，激光具有优良的时间和空间相干性。

三、激光器及其特性

由上述内容可知，要产生激光必须具备三个条件：(1) 必须有能形成粒子数反转分布的工作物质(增益介质)；(2) 激励能量(光源)；(3) 光学谐振腔。将这三者结合在一起的装置称为激光器。

到目前为止，激光器按增益介质可分为：

1. 固体激光器

它的增益介质为固态物质。尽管其种类很多，但其结构大致相同，特点是体积小而坚固，功率大，目前，输出功率可达几十兆瓦。常用的固体激光器有红宝石激光器、掺钕的钇铝石榴石激光器(简称 YAG 激光器)和钕玻璃激光器等。

2. 液体激光器

它的工作物质是液体。液体激光器最大特点是它发出的激光波长可在一波段内连续可调，连续工作，而不降低效率。液体激光器可分为有机液体染料激光器、无机液体激光器和螯合物激光器等。较为重要的是有机染料激光器。

3. 气体激光器

工作物质是气体。其特点是小巧，能连续工作，单色性好，但是输出功率不及固体激光器。目前，已开发了各种气体原子、离子、金属蒸气、气体分子激光器。常用的有 CO_2 激光器、氦氖激光器和 CO 激光器等。

4. 半导体激光器

半导体激光器是继固体和气体激光器之后发展起来的一种效率高、体积小、重量轻、结构简单，但输出功率小的激光器。其中有代表性的是砷化镓激光器。半导体激光器广泛应用于飞机、军舰、坦克、大炮上瞄准、制导、测距等。

第五节　辐射式传感器应用举例

红外探测器应用越来越广泛，它可以用于非接触式的温度测量，气体成分分析，无损探伤，热像检测，红外遥感以及军事目标的侦察、搜索、跟踪和通信等，红外传感器的应用前景随着现代科学技术的发展，将会更加广阔。超声波传感器是医学、工业界捕获信息的重要手段之一，例如，心电图检测、B 超成像仪、CT 断层成像仪、无损探伤仪等。核辐射传感器除了用于核辐射的测量外，也能用于气体分析、流量、物位、重量、温度、探伤以及医学等方面，它是现代科学技术中极重要的分支之一。激光探测器在军事、工业等领域中有着十分重要的应用价值。

一、红外气体分析仪

根据红外辐射在气体中的吸收带的不同，可以对气体成分进行分析。例如二氧化碳，它对红外光的透射光谱如图 10-12 所示。二氧化碳对波长(λ)为 2.7μm、4.33μm 和 14.5μm 红外光能强烈吸收，而且吸收谱线相当的宽，即存在吸收带。根据实验分析，只有 4.33μm 吸收带不受大气中其他成分影响，因此可以利用这个吸收带来判别大气中的 CO_2 成分。

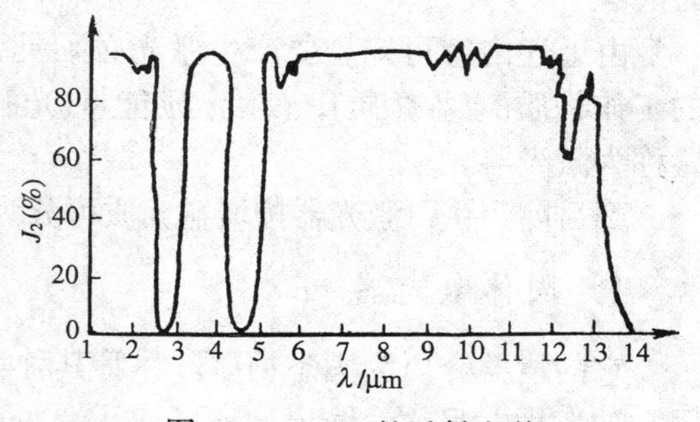

图 10-12　CO_2 的透射光谱

图 10-13 是 CO_2 红外气体分析仪示意图。它由气体(含 CO_2)的样品室、参比室(无 CO_2)、电机式调制、反射镜系统、滤光片、红外检测器和选频放大器等组成。

测量时，使待测气体连续流过样品室，参比室里充满没有 CO_2 的气体或含有一定量的 CO_2 的气体。红外光源发射的红外光分成两束光经反射镜反射到样品室和参比室，再经反射镜系统，将红外光经中心波长为 4.33μm 的红外光滤色片投射到红外敏感元件上，敏感元件交替地接收通过样品室和参比室的辐射。

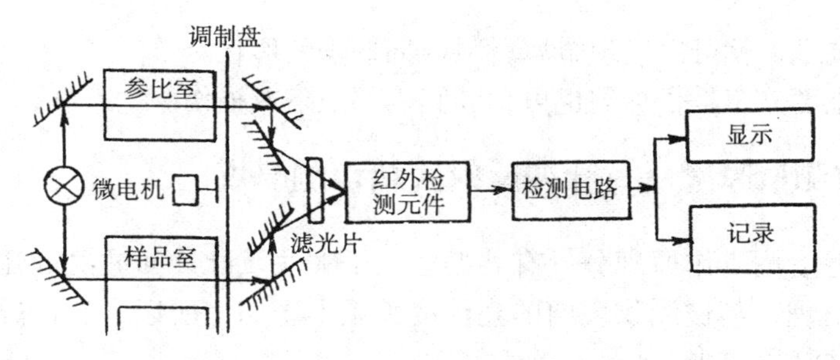

图 10-13 CO_2 红外气体分析仪示意图

若样品室和参比室均无 CO_2 气体，只要两束辐射完全相等，那么敏感元件所接收到的是一个通量恒定不变的辐射。因此，敏感元件只有直流响应，交流选频放大器输出为零。

若进入样品室的气体中含有 CO_2 气体，对 4.33μm 的辐射就有吸收，那么两束辐射的通量不等，则敏感元件所接收到的就是交变辐射，这时选频放大器输出不为 0。经过标定后，就可以从输出信号的大小来推测 CO_2 的含量。

二、红外无损探伤仪

红外无损探伤仪在机械工业、航空航天工业等部门应用十分广泛，并且很受欢迎，它能用来检查部件内部缺陷，而且对部件结构无任何损伤。

例如检查两块金属板的焊接质量，利用红外辐射探伤仪能十分方便地检查漏焊或缺焊。为了检测金属材料的内部裂缝，也可利用红外探伤仪。

如图 10-14 所示为一块内部有断裂的金属材料，其表面却完好无缺。如要将这样的材料使用在飞机、卫星、机械中，其灾害、损失将十分巨大。利用如下的方法可以检查出这块材料的内部断裂。

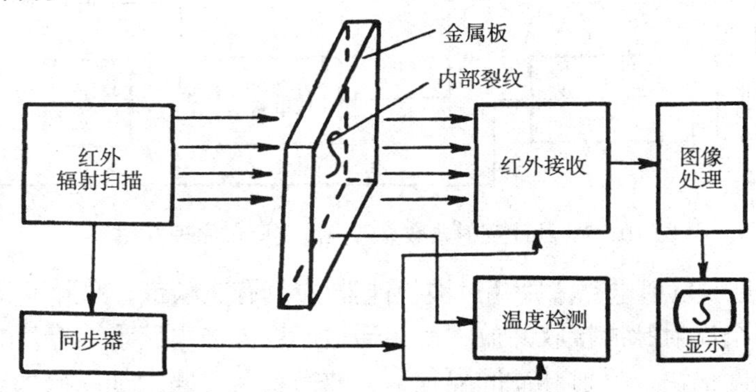

图 10-14 红外辐射探伤

利用红外辐射对金属板均匀辐射，以及金属对红外辐射的吸收与空隙(或有某种气体或真空)的吸收不一样，可以探测出金属断裂空隙。

当红外辐射扫描器连续发射一定波长 λ 的红外光通过金属板时，在金属板另一侧的红外接收器也同时连续接收经过金属板衰减的红外光的入射；当扫描器扫完整块金属板后，红外接收器则得到相应红外辐射。如果内部无断裂，则红外接收器收到的是等量的红外辐射；如果内部有断裂，红外接收器在断裂处所接收到的红外辐射值与其他地方不一致。如果加上图像处理技术，就可以发现金属材料内部缺陷的形状。

另外，检测温度分布是否均匀也可判断其内部缺陷或损伤。

三、超声波测量厚度——脉冲反射式超声测厚仪

超声波测量厚度按工作原理分，有共振法、干涉法及脉冲回波法等几种。由于脉冲反射法不涉及共振机理，与被测物表面的光洁度关系不密切，所以，超声波脉冲反射式是最受用户欢迎的一种测量方法。

1. 测量原理

脉冲反射式超声测厚原理是测量超声波脉冲通过试样所需的时间间隔，然后根据超声波脉冲在样品中的传播速度求出样品厚度。

$$d = \frac{1}{2}ct \tag{10-24}$$

式中 d——样品厚度；

c——超声波速度；

t——超声波从发射到接收回波的时间。

在数字显示的超声测厚仪中，通常用代表厚度的两个反射脉冲触发双稳或其他触发器形成厚度，然后用计数脉冲填充厚度方波，再通过数字显示单元显示厚度数值。典型的脉冲反射式数显超声波测厚仪原理方框图如图 10-15 所示。

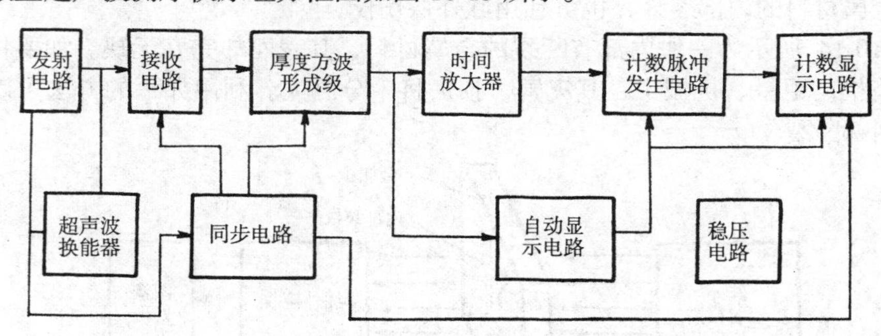

图 10-15　脉冲反射式数显超声波测厚仪原理框图

由图 10-15 可见：发射电路激励超声波换能器(应具有宽频带、窄脉冲特性)产生超声脉冲，接收电路将两个反射脉冲接收并放大后，通过厚度方波电路形成厚度方波。由于超声波在材料中传播速度很快，反射脉冲间隔很窄，故需要在时间上加以放大。计数脉冲是时间标尺(厚度分辨率)，在放大的厚度方波内填充该计数脉冲即可实现厚度值的数字显示，这一过程实际就是时间间隔的测量过程。自动显示电路的作用是自动控制只有厚度方波形成时数码管才亮，除此之外数码管暗。同步电路是实现仪器各部分有条不紊工作的时序基准。

2. 部分电路设计

下面将图 10-15 中的发射电路、接收电路和厚度方波形成电路进行具体设计，其余部

分请读者自行设计。

(1) 发射电路

超声波发射电路实际上是超声波窄脉冲信号形成电路，它由超声波大电流脉冲发射电路和抵消法窄脉冲发射电路组成。

① 超声波大电流脉冲发射电路。

图 10-16 是一种典型的超声波大电流脉冲发射电路原理图。在测厚仪中，通常采用复合晶体管作开关电路，由 BG_1 和 BG_2 组成高反压大电流脉冲发生的复合管。当同步脉冲到来时，复合管突然雪崩导通，充有较高电压的电容 C 迅速放电，形成前沿极陡的高压冲击波，以激励超声波探头为产生极窄的超声发射脉冲波作准备。

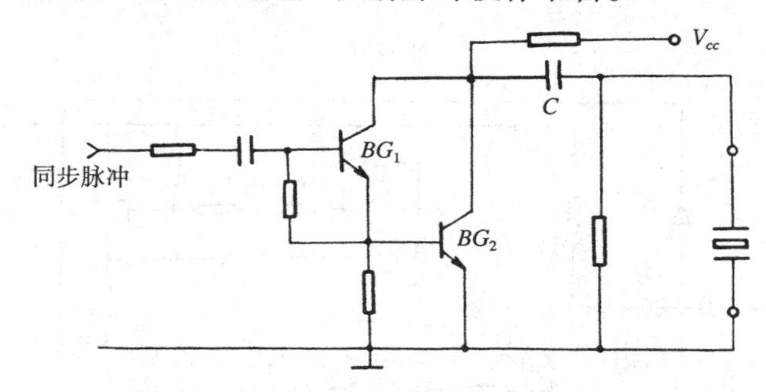

图 10-16　超声波大电流脉冲发生电路

② 抵消法窄脉冲发射电路。

抵消法窄脉冲发射电路如图 10-17(b)所示。它的作用是将图 10-16 所产生的超声波信号变为一个只保留前半周期的窄脉冲信号。电路的工作原理如下：从主控器来的正脉冲信号经过两条通路施加到换能器上。一路是经 BG_2 倒相放大成为负脉冲，立即通过 D_1 加到换能器上，使它开始作固有振荡。另一路是先经过电感 L_1、L_2 和变容二极管 D_3、D_4 组成的延迟电路，使脉冲信号延迟一段时间，然后再经 BG_1 倒相放大，通过 D_2 加到换能器上，使它在原来振动的基础上，叠加一个振动。调节电位器 W_1 和 W_2 可控制两脉冲信号的幅度；调节 W_2 使变容二极管 D_3 和 D_4 的反向电压变化，以此达到改变它们电容的目的，从而可使脉冲信号的延迟时间在一定范围内变化。这样调节幅度与滞后量，使两个振动互相叠加后，除了开始的半个周期外，其余部分都因振幅相等，相位相反而互相抵消，形成超声波换能器输出的单个超声波窄脉冲。参见图 10-17(a)。

(2) 超声波接收电路

由于超声波的反射信号是很微弱的脉冲信号，因此，接收电路的设计必须考虑如下因素：

① 足够大的增益，至少要 60dB 的增益，这时既要防止放大器的饱和又要防止其自激；

② 脉冲放大电路与接收换能器之间的匹配，使接收灵敏度与信噪比最佳；

③ 放大器要以足够宽的频带，使脉冲信号不失真；

④ 前置级放大电路必须是低噪声的。

根据上述要求，又由于换能器是容性的，因此，通常选用共射-共集连接的宽频带放大器，比较适合于脉冲反射式超声波测厚仪的接收电路，如图 10-18 所示电路可作为该测厚仪的接收电路。该电路由输入级、中间级和输出级组成。输入级其增益 $K_I=18$，能对 2mV 的输入电压脉冲进行低噪声宽带(5MHz)放大。中间级增益 $K_M \approx 33$。最后，包括脉冲信号经输出级的放大、整形后，送入控制显示电路进行计数。

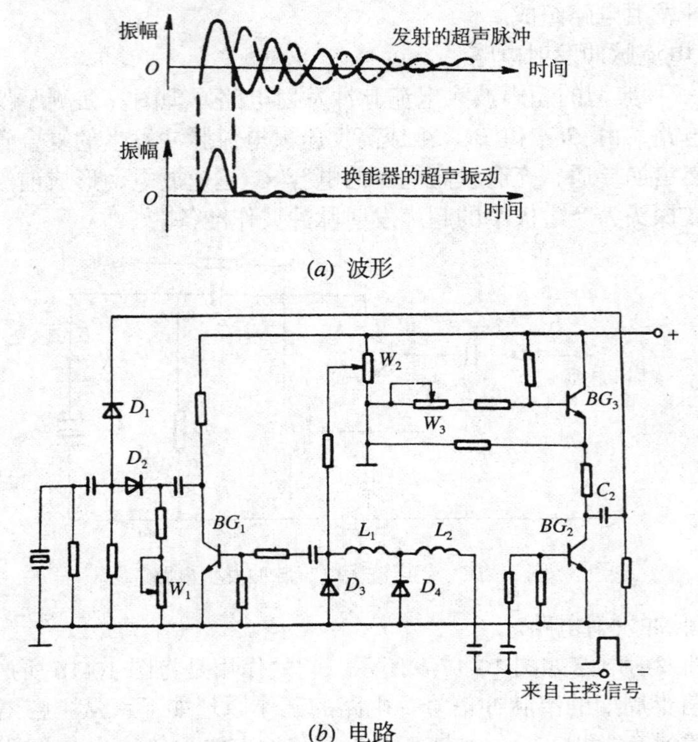

(a) 波形

(b) 电路

图 10-17　窄脉冲发射电路

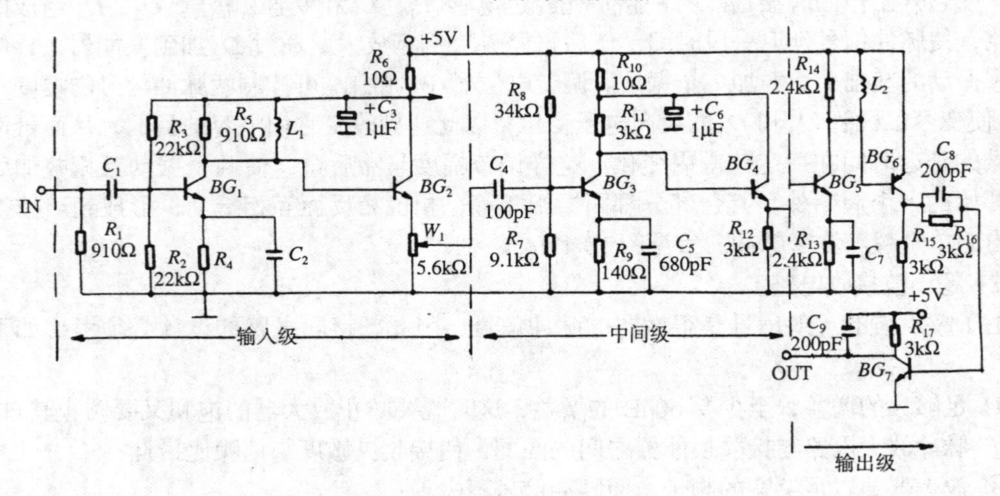

图 10-18　超声波接收电路

四、超声波诊断仪

超声波诊断仪是通过向体内发射超声波(主要采用纵波)，然后接收经人体各组织反射回来的超声波并加以处理和显示，根据超声波在人体不同组织中传播特性的差异进行诊断的。由于超声波对人体无损害，操作简便，结果迅速，受检查者无不适感，对软组织成像清晰，因此，超声波诊断仪已成为临床上重要的现代诊断工具。超声波诊断仪类型较多，最常用的有 A 型超声波诊断仪、M 型超声波心动图仪和 B 型超声波断层显像仪等。

1. A 型超声波诊断仪

A 型超声波诊断仪又称为振幅(Amplitude)型诊断仪，它是超声波最早应用于医学诊断的一门技术。A 型超声波诊断仪原理框图如图 10-19 所示。其原理类似示波器，所不同的是在垂直通道中增加了检波器，以便把正负交变的脉冲调制信号变成单向的视频脉冲信号。

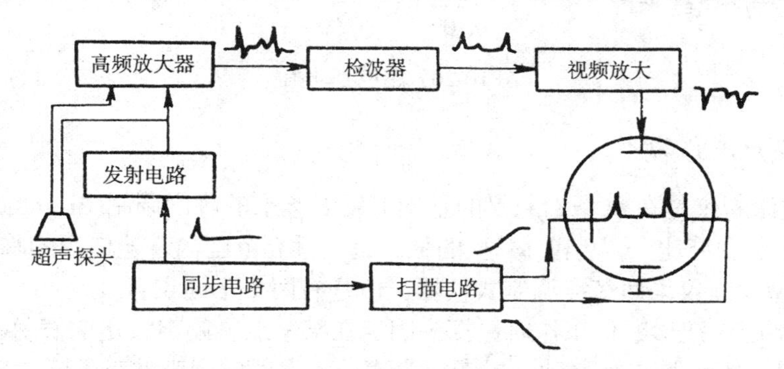

图 10-19　A 型超声波诊断仪原理框图

同步电路产生 50Hz～2kHz 的同步脉冲，该脉冲触发扫描电路产生锯齿波电压信号，锯齿波电压信号的频率与超声波的频率相同，而且与视频信号同步。

发射电路在同步脉冲作用下，产生一高频调幅振荡，即产生幅度调制波。发射电路一方面将调幅波送入高频放大器放大，使荧光屏上显示发射脉冲(如荧光屏上的第一个脉冲)；另一方面将调幅波送到超声波探头激励探头产生一次超声振荡，超声波进入人体后的反射波由探头接收并转换成电压信号，该电压信号经高频放大器放大、检波、功率放大，于是，荧光屏上将显示出一系列的回波(如荧屏上的第二、第三个……脉冲)，它们代表着各组织的特性和状况。

2. M 型超声波诊断仪

M 型超声波诊断仪主要用于运动(Motion)器官的诊断，常用于心脏疾病的诊断，故又称为超声波心动图仪。它是在 A 型超声波诊断仪的基础上发展起来的一种辉度调制式仪器，它与 A 型超声波诊断仪的不同点是 M 型的发射波和回波信号不是加到示波管的垂直偏转板上，而是加到示波管的栅极或阴极上，这样控制了到达示波管的电子束的强度。脉冲信号幅度高，荧光屏上的光点亮；反之，光点暗。

在实际操作时，将探头固定在某一部位，如心脏部位，由于心脏搏动，各层组织与探头的距离而不同，在荧光屏上会呈现随心脏搏动而上下摆动的一系列光点，当代表时间的扫描线沿水平方向，从左至右等速移动时，上下摆动的光点便横向展开，得到心动周期、心脏各层组织结构随时间变化的活动曲线，这就是超声心动图。如图 10-20 所示。

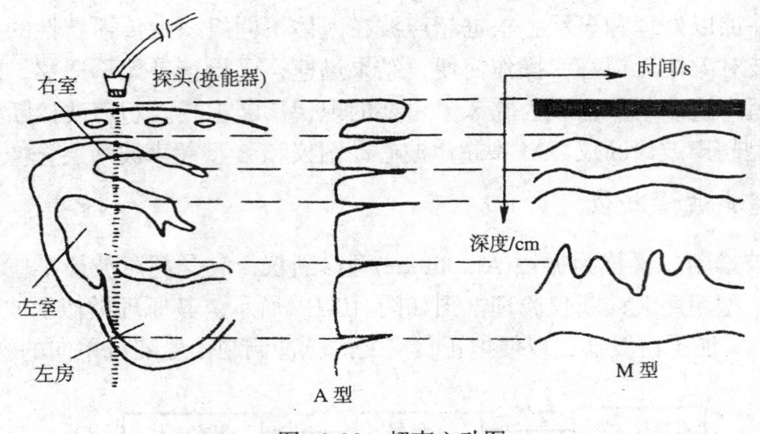

图 10-20　超声心动图

3. B 型超声波诊断仪

B型超声波诊断仪是在M型诊断仪的基础上发展起来的辉度调制(Brightness Modulation)式诊断仪。其诊断功能比 A 型和 M 型的强，是全世界范围内普遍使用的临床诊断仪。虽然，B 型和 M 型诊断仪均属辉度调制式仪器，但是有两个不同点：

(1) 当 M 型超声波诊断仪工作时，探头固定在某一点，超声波定向发射；而 B 型超声波诊断仪工作时，探头是连续移动，或者探头不动而发射的超声波束不断地变动传播方向。探头由人手移动的称之为手动扫描，用机械移动的称之为机械扫描，用电子线路变动超声波束方向的称之为电子扫描。

(2) M 型超声波诊断仪显示的是超声心动图，而 B 型超声波诊断仪显示的是人体组织的二维断层图像。B 型超声波诊断仪要接收两种信号：一是超声回波的强度信息；二是超声探头的位置信息。由探头发射和接收的超声波经电路处理后，将视频脉冲输送到存储示波管的栅极进行调辉。此外，把探头在空间的某一位置定为参考位置，偏离参考位置的角度经位置传感器转换成电压加至示波管的 X，Y 偏转板上，使得探头移动线(声束截面上反射组织的 X-Y 位置)与荧光屏上亮点的 X-Y 位置相对应，于是在荧光屏上便可显示出人体内器官的影像图。

除此之外，超声波还可以测量液位、硬度，并可用于物体探伤等。

五、核辐射流量计

核辐射流量计可以检测气体和液体在管道中的流量，其工作原理如图 10-21 所示。若测量天然气体的流量，在气流管壁上装有如图所示的的两个活动电极，其一的内侧面涂覆有放射性物质构成的电离室。当气体流经两电极间时，由于核辐射使被测气体电离，产生电离电流；电离子一部分被流动的气体带出电离室，电离电流减小。随着气流速度的增大，带出电离室的离子数增加，电离电流也随之减小。当外加电场一定，辐射强度恒定时，离子迁移率基本是固定的，因此，可以比较准确地测出气体流量。为了精确地测量，可以配用差动电路。

若在流动的液体中，掺入少量放射性物质，也可以运用放射性同位素跟踪法求取液体流量。

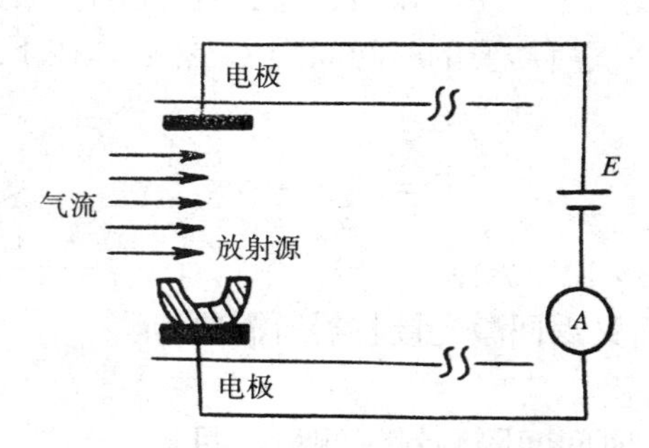

图 10-21　核辐射气流流量计原理图

六、核辐射测厚仪

核辐射测厚仪是利用射线的散射与物体厚度的关系来测量物体厚度的。图 10-22 是利用差动和平衡变换原理测量镀锡钢带镀锡层厚度的测量仪。

图中 3，4 为两个电离室，电离室外壳加上极性相反的电压，形成相反的栅极电流，使电阻 R 上的压降正比于两电离室辐射强度的差值。电离室 3 的辐射强度取决于辐射源 2 的放射线经镀锡钢带镀锡层后的反向散射，电离室 4 的辐射强度取决于 8 的辐射线经挡板 5 位置的调制程度。利用 R 上的电压，经过放大后，控制电机转动，以此带动挡板 5 位移，使电极电流相等。用检测仪表测出挡板的位移量，即可测量镀锡层的厚度。

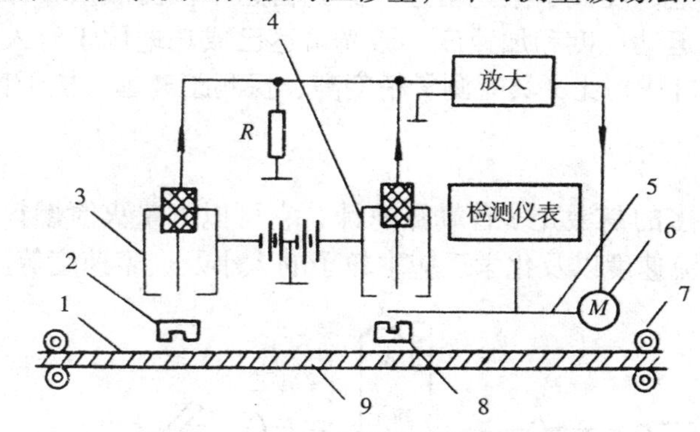

图 10-22　核辐射测厚仪

1—镀层　2—放射源　3，4—电离室　5—挡板　6—电机　7—滚子　8—辅助放射源　9—钢带

七、激光探测器的应用

激光技术有着非常广泛的应用，如激光精密机械加工、激光通信、激光音响、激光影视、激光武器和激光检测等。激光技术用于检测是利用它的优异特性，将它作为光源，配以光电元件来实现的。它具有测量精度高、范围大、检测时间短及非接触式等优点，从测量领域来讲，它主要用来测量长度、位移、速度、振动等参数。

1. 激光测距

激光测距是激光测量中一个很重要的方面。如飞机测量其前方目标的距离，激光潜艇定位等。激光测距的原理如图 10-23 所示。激光测距首先测量激光射向目标，而后又测量经目标反射到激光器的往返一次所需要的时间间隔 t，然后，按下式求出激光探测器到目标的距离 D：

$$D = c\frac{t}{2} = \frac{1}{2}ct \tag{10-25}$$

式中 c ——激光传播速度(3×10^8 m/s)；

t ——激光射向目标而又返回激光接收器所需要的时间。

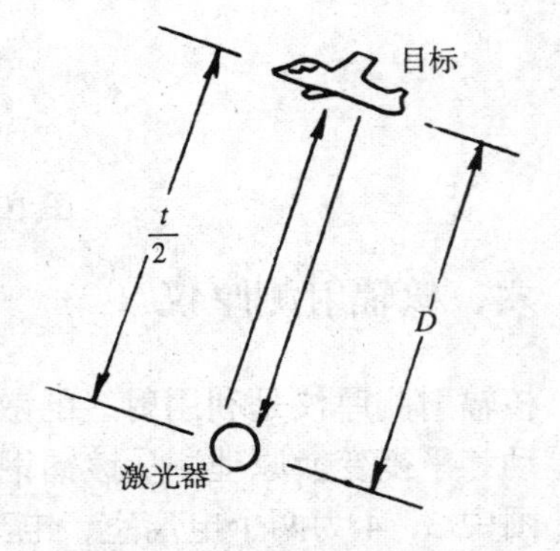

图 10-23 激光测距示意图

时间间隔 t 可利用精密时间间隔测量仪测量。目前，国产时间间隔测量仪的单次测量分辨率达±20ps。由于激光方向性强，功率大，单色性好，这些对于测量远距离，判别目标方位，提高接收系统的信噪比和保证测量的精确性等起着很重要的作用。激光测距的精度主要取决于时间间隔测量的精度和激光的散射。例如，$D=1500$km，激光往返一次所需要的时间间隔为(10ms±1ns)，±1ns 为测时误差。若忽略激光散射，则测距误差为±15cm；若测时精度为±0.1ns，则测距误差可达±1.5cm。若采用无线电波测量，其误差比激光测距误差大很多。

在激光测距的基础上，发展了激光雷达。激光雷达不仅能测量目标距离，而且还可以测出目标方向以及目标运动速度和加速度。激光雷达已成功地用于对人造卫星的测距和跟踪。这种雷达与无线电雷达相比，具有测量精度高、探测距离远、抗干扰能力强等优点。

2. 激光测流速

激光测速应用得最多的是激光多普勒流速计，它可以测量火箭燃料的流速，飞行器喷射气流的速度，风洞气流速度以及化学反应中粒子的大小及会聚速度等。

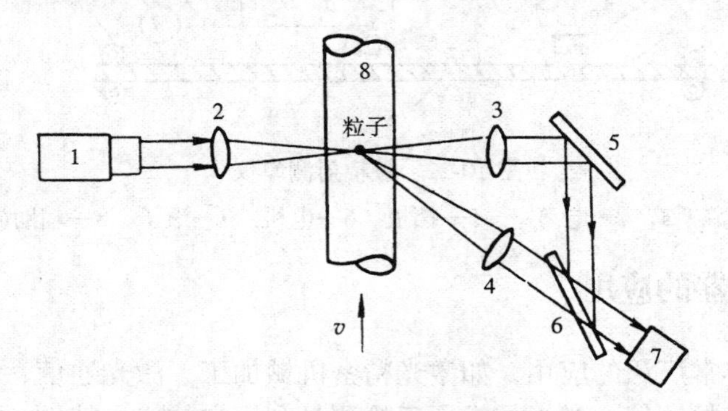

图 10-24 激光多普勒流速计原理图

激光多普勒流速计的基本原理如图 10-24 所示。激光测流速是基于多普勒原理。所谓多普勒原理就是光源或者接收光的观察者相对于传播流体的介质而运动，则观察者所测得的流速不仅取决于光源，而且还取决于光源或观察者的运动速度的大小和方向。当激光照射到跟流体一起运动的微粒上时，激光被运动着的微粒所散射，根据多普勒效应，散射光的频率相对于入射光将产生正比于流体速度的偏移。若能测量散射光的偏移量，那么就能得到流体的速度。

流速计主要包括光学系统和多普勒信号处理两大部分。激光器 1 发射出来的单色平行光经聚焦透镜 2 聚焦到被测流体区域内，运动粒子使一部分激光散射，散射光与未散光之间发生频偏。散射光与未散射光分别由两个接收透镜 3 和 4 接收，再经平面镜 5 和分光镜 6 重合后，在光电倍增管 7 中进行混频，输出一个交流信号；该信号输入到频率跟踪器内进行处理，即可获得多普勒频偏 f_d，从 f_d 就可以得到运动粒子的流速 v。运动物体(v)所引起的光学多普勒频偏为

$$f_d = \frac{2v}{\lambda} \tag{10-26}$$

式中 λ 为激光波长。当激光波源频率确定后，λ 为定值，所以频偏与速度 v 成正比。

3. 激光测长

激光测长是光学测长的近代发展。由于激光是理想的光源，使激光测长能达到非常精密的程度。在实际测量中，在数米长度内，其测量精度可在 0.1μm 内。

从光学原理可知，某单色光的最大可测长度 L 与该单色光源波长 λ 及其谱线宽度 $\Delta\lambda$ 关系为

$$L = \frac{\lambda^2}{\Delta\lambda}$$

用普通单色光源，如氪-86($\lambda = 605.7\text{nm}$)，谱线宽度 $\Delta\lambda = 0.047\text{nm}$，测量的最大长度仅为 $L = 38.5\text{cm}$。若要测量超过 38.5cm 的长度，必须分段测量，这样将降低测量精度。若用氦氖激光器作光源($\lambda = 6\,328\text{Å}$)，由于它的谱线宽度比氪-86 的小 4 个数量级以上，它的最大可测量长度达几十公里。因此，激光测长成为精密机械制造和光学加工工业的重要技术。

习题与思考题

1. 试说明希尔霍夫、斯忒藩-玻尔兹曼和维恩定律各自所阐述的侧重点是什么？
2. 计算一块氧化铁被加热到 100℃时，它能辐射出多少热量？铁块表面积为 0.9m^2。
3. 叙述红外探测器的噪声等效功率和探测率的物理含意。
4. 试设计一个红外控制的电离开关自动控制电路，并叙述其工作原理。
5. 超声波在介质中有哪些传播特性？
6. 利用超声波测量厚度的基本原理是什么？试设计一台超声波液位检测仪。
7. 什么是放射性同位素？辐射强度与什么有关系？
8. 试说明用β射线测量物体厚度的原理。
9. 试用核辐射原理设计一个物体探伤仪，并说明其工作原理。
10. 试将图 10-15 的具体电路设计出来，形成一个实用的测厚仪。
11. 叙述激光产生的机理和激光束的特性。
12. 试设计一种利用激光探测器测量 8 000m 高山高度的方案。

第十一章　数字式传感器

随着数字化技术的迅速发展和广泛的渗透，对信号的检测、控制和处理，必然进入数字化阶段。原来利用模拟式传感器和 A/D 转换器将信号转换成数字信号，然后由微机和其他数字设备处理，虽然是一种很简便和有用的方法，但由于 A/D 转换器的转换精度受到参考电压精度的限制而不可能很高，系统的总精度也将受到限制。如果有一种传感器能直接输出数字量，那么，上述的精度问题就可望得到解决。这种传感器就是数字式传感器。显然，数字式传感器是一种能把被测模拟量直接转换成数字量的输出装置。

数字式传感器与模拟式传感器相比较有以下特点：测量的精度和分辨率更高，抗干扰能力更强，稳定性更好，易与微机接口，便于信号处理和实现自动化测量，等等。

目前，常用的数字式传感器有四大类：(1) 栅式数字传感器；(2) 编码器；(3) 频率输出式数字传感器；(4) 感应同步器式的数字传感器。

第一节　栅式数字传感器

栅式数字传感器主要有光栅和磁栅两种，它们广泛用于测量位移以及与位移有关的非电物理量。

一、栅式数字传感器的分类

根据栅式数字传感器的工作原理，可分为光栅和磁栅两种。光栅是由很多等节距的透光缝隙和不透光的刻线均匀相间排列构成的光电器件。按其原理和用途，它又可分为物理光栅和计量光栅。物理光栅是利用光的衍射现象制造的，主要用于光谱分析和光波长等量的测量。计量光栅主要利用莫尔(Moire)现象，测量长度、角度、速度、加速度、振动等物理量。计量光栅按应用范围不同又有透射光栅和反射光栅两种，具体制作时又可制作成线位移的长光栅和角位移的圆光栅。按光栅的表面结构，又可分为幅值光栅和相位(闪耀)光栅等。幅值光栅是利用照相复制工艺加工成栅线与缝隙为黑白相间结构，故又称为黑白光栅。相位光栅的横断面呈锯齿状，常用刻划工艺加工。除了上述光栅外，目前还研制了激光全息光栅和偏振光栅等新型光栅。

磁栅是一种磁电转换器，其工作原理类似录音带。本节主要介绍透射式计量光栅和磁栅。

二、栅式传感器的结构和工作原理

1. 透射式光栅结构和工作原理

光栅的基本元件是主光栅和指示光栅。它们是在一块长条形光学玻璃上，均匀刻上许多明暗相间、宽度相等的刻线，如图 11-1(*a*)所示。常用的光栅每毫米有 10、25、50、100 和 250 条线。主光栅的刻线一般比指示光栅长。若刻线宽度为 a，缝隙宽度为 b，则 $W=a+b$ 为光栅节距或栅距。通常取 $a=b=\dfrac{W}{2}$。

若将两块光栅(主光栅、指示光栅)叠合在一起，并且使它们的刻线之间成一个很小的角度 θ，如图 11-1(*b*)所示。由于遮光效应，两块光栅的刻线相交处形成亮带，而在一块光栅的刻线与另一块光栅的缝隙相交处形成暗带，在与光栅刻线垂直的方向，将出现明暗相间的条纹，这些条纹就称为莫尔条纹。

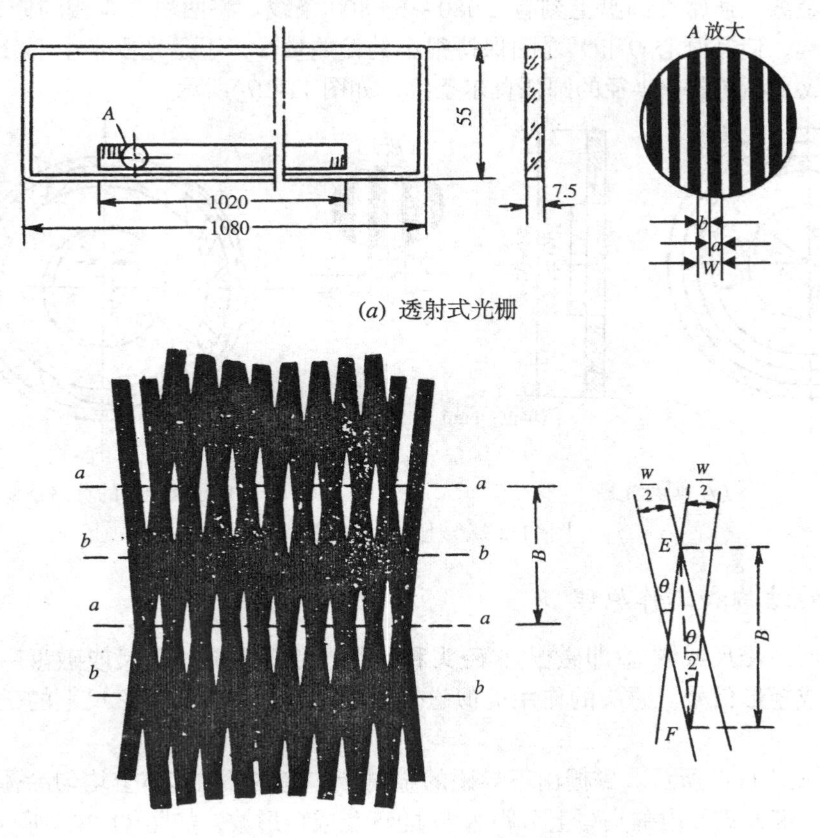

(*a*) 透射式光栅

(*b*) 横向莫尔条纹

图 11-1 透射长光栅和莫尔条纹

如果改变 θ 角，两条莫尔条纹间的距离 B 也随之变化。由图 11-1(*b*)可知，条纹间距 B 与栅距 W 和夹角 θ 有如下关系：

$$B=\frac{\frac{W}{2}}{\sin\frac{\theta}{2}}\approx\frac{\frac{W}{2}}{\frac{\theta}{2}}=\frac{W}{\theta} \tag{11-1}$$

莫尔条纹与两光栅刻线的夹角θ的平分线 EF 近似垂直，如图(b)所示。当两块光栅沿着垂直于刻线方向相对移动时，莫尔条纹将沿着刻线方向移动，光栅移动一个节距 W，莫尔条纹也移动一个间距离B。

从式(11-1)可知，θ越小，B 越大，使得$B>>W$，即莫尔现象有使栅距放大的作用，因此，读出莫尔条纹的数目比读光栅刻线要方便得多。通过光栅栅距的位移和莫尔条纹的对应关系，就可以容易地测量莫尔条纹移动数，获取小于光栅栅距的微小位移量。

透射式圆盘光栅如图 11-2(a)所示。光栅盘内是一个定位圆($\phi=42$mm)，圆光栅上每根刻线都通过圆心，W为节距(见图 11-2 的A放大图)。同样，取$a=b=\frac{W}{2}$，两条相邻刻线的夹角称为角距离。通常在圆盘上刻有 1 080 ~ 64 800 条线。将两块具有相同栅距 W 的圆光栅叠合在一起，使其圆心O和O'之间保持很小的偏差量 c，于是光栅各个部分的夹角θ将不同，便形成了不同曲率半径的圆弧莫尔条纹，如图 11-2(b)所示。

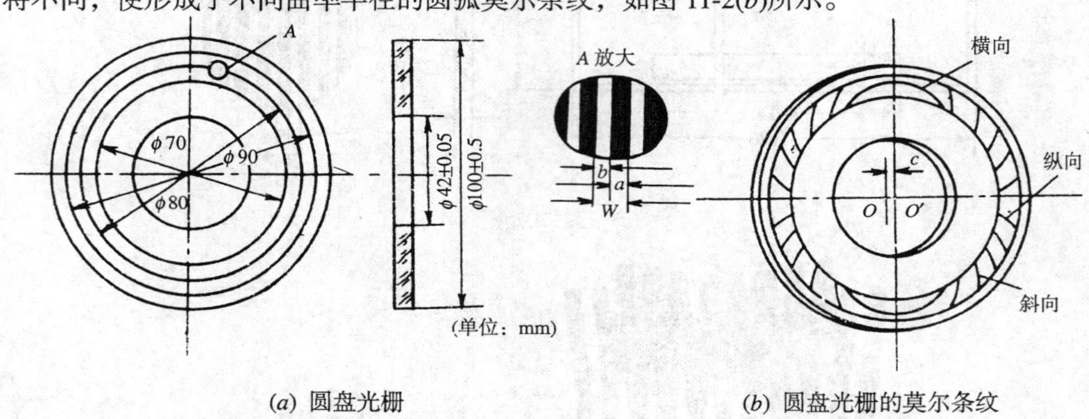

(a) 圆盘光栅　　　　(b) 圆盘光栅的莫尔条纹

图 11-2　透射式圆盘光栅

2. 磁栅的结构和工作原理

磁栅传感器由磁尺或磁盘(即磁栅)、磁头和检测电路等组成。磁尺或磁盘用于记录一定功率的正弦或矩形信号。磁头的作用类似磁带机的磁头，用于读写磁尺上的磁信号，并转换为电信号。

磁栅结构如图 11-3 所示。磁栅由不导磁的金属带作基体，在基体上均匀涂覆一层薄磁膜，然后用写磁带方式，由磁头写上节距为 W 的正弦或矩形波，如图 11-3(a)所示的栅状磁化图形。磁栅也可以利用激光录磁方式制成。目前磁栅的栅条数一般在 100 ~ 30 000 之间，栅距应大于 0.04mm；否则，磁头读取信号的幅值将十分微弱。

磁头一般分为动态和静态两种，由读取信号方式决定。

静态磁头的结构如图 11-4(a)所示。在 H 型铁芯上绕有两个线圈，一个为激磁绕组 L_1，另一个为输出绕组 L_2。静态磁头与磁栅间无相对运动，一般由若干个磁头串行连接构成多间隙静态磁头体。当在激磁绕组上施加交变的激磁信号时，H 型铁芯的中间部分，在每个周期内两次被激磁信号产生磁通而饱和，此时铁芯的磁阻很大，磁栅上的信号磁通不能通过磁头，因而输出绕组无感应电势输出。只有当激磁信号两次过零时，铁芯不饱和，磁栅上的信号磁通才能通过输出绕组的铁芯而产生感应电势。磁栅信号的频率是激磁信号的两倍，幅值与磁栅信号磁通的大小成比例。输出电压可用下式表示：

$$U = U_m \sin\frac{2\pi x}{W}\sin\omega t \tag{11-2}$$

式中 U_m——幅值系数；

x——磁头与磁栅的相对位移；

W——磁栅的节距；

ω——激磁信号的两倍角频率。

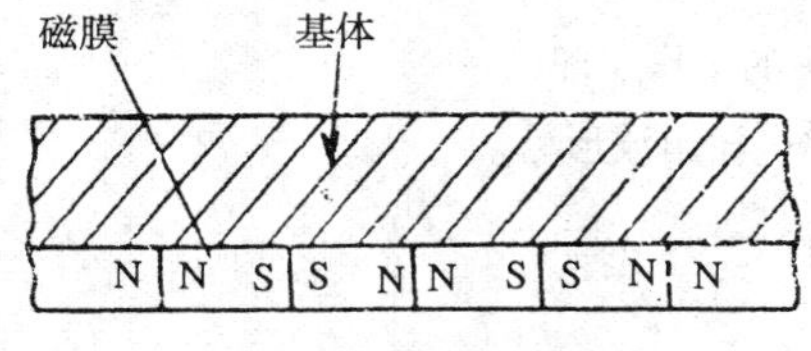

(*a*) 光栅剖面结构

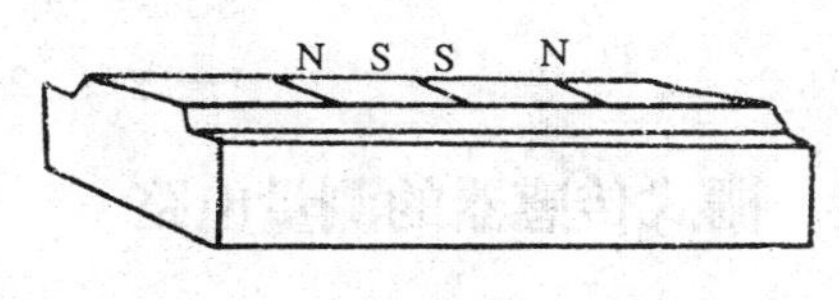

(*b*) 尺形长磁栅

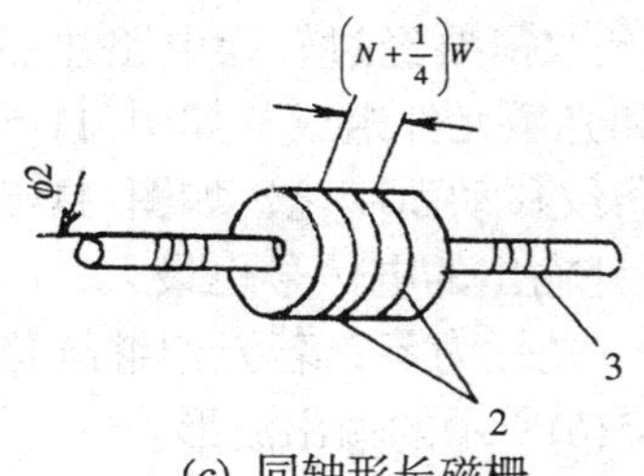

(*c*) 同轴形长磁栅

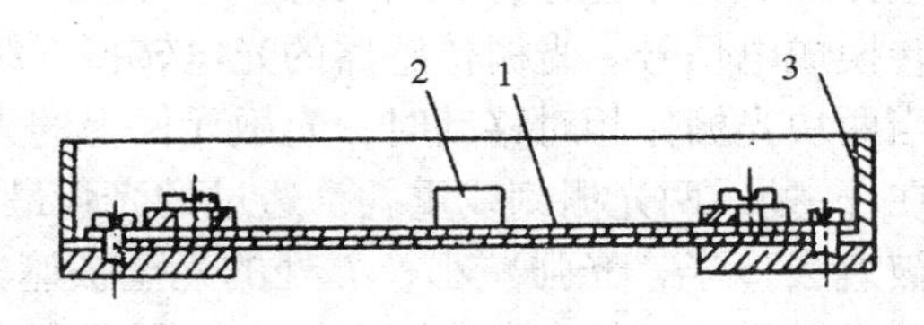

(*d*) 带形长磁栅

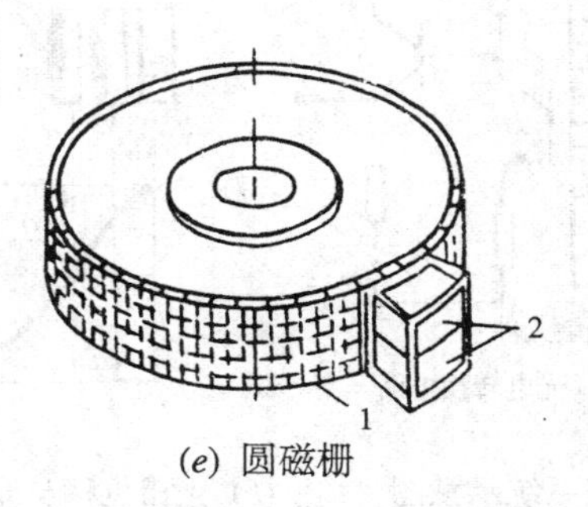

(*e*) 圆磁栅

图 11-3　几种常用磁栅结构

1—磁栅　2—磁头　3—屏蔽罩

动态磁头仅有一组输出绕组，如图 11-4(*b*)所示。动态磁头只有相对磁栅运动才有信号输出，输出信号的幅值随运动速度而变化。为了保证一定幅值的输出，通常规定磁头以一定速度运行，因此，动态磁头不适合长度测量。当磁头以一定速度运动时，磁头输出一定频率的正弦信号，且在N，N处信号达到正向峰值，在S，S处达到负向峰值。

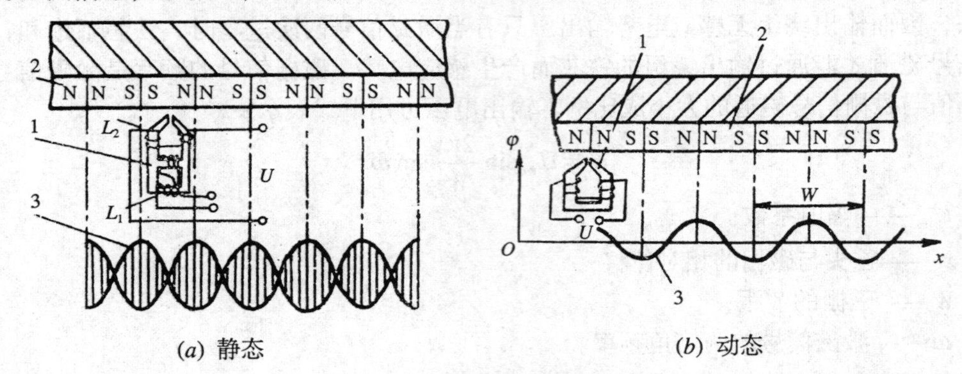

图 11-4 静、动态磁头的工作原理

1—磁头 2—磁栅 3—输出波形

三、栅式传感器的测量电路

1. 光栅传感器的测量电路

(1) 光电转换

主光栅和指示光栅作相对位移产生了莫尔条纹，莫尔条纹需要经过转换电路才能将光信号转换成电信号。光栅传感器的光电转换系统由聚光镜和光敏元件组成，如图 11-5(*a*)所示。当两块光栅作相对移动时，光敏元件上的光强随莫尔条纹移动而变化，如图 11-5(*b*)所示。在 *a* 处，两光栅刻线重叠，透过的光强最大，光电元件输出的电信号也最大；*c* 处由于光被遮去一半，光强减小；*d* 处的光全被遮去而成全黑，光强为零；若光栅继续移动，透射到光敏元件上的光强又逐渐增大，因而形成了如图 11-5(*b*)所示的输出波形。

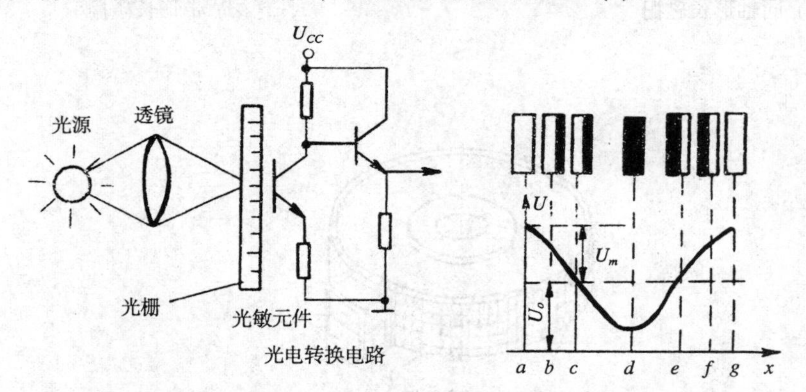

(*a*) 光电转换系统示意图　　(*b*) 光栅位移与光强、输出信号的关系

图 11-5 光电转换

光敏元件输出的波形可由如下公式描述：

$$U = U_o + U_m \sin\left(\frac{2\pi x}{W}\right) \tag{11-3}$$

式中 U_o——输出信号的直流分量；

U_m——交流信号的幅值；

x——光栅的相互位移量。

由式(11-3)可知，利用光栅可以测量位移量 x 的值。

(2) 辨向原理

为了辨别主光栅是向左还是向右移动，仅有一条明暗交替的莫尔条纹是无法辨别的，因此，在原来的莫尔条纹上再加上一条莫尔条纹，使两个莫尔条纹信号相差 $\frac{\pi}{2}$ 相位。实现的方法是在相隔 $\frac{1}{4}$ 条纹间的位置上安装两只光敏元件，如图 11-6 所示。

两种信号经整形后得到方波 U_1' 和 U_2'。当主光栅右移(见图(*b*)、(*d*))时，U_1' 的微弱信号与 U_2' 相与得到正向移动脉冲，从与门 Y_1 输出；而 U_1' 倒相后微分，在与门 Y_2 相与，由于在 U_1' 的微分脉冲出现时，U_2' 是低电位，故 Y_2 无输出脉冲。当主光栅左移(见图(*c*)、(*d*))时，U_1 信号超前 U_2 信号 $\frac{\pi}{2}$ 相位，U_1' 的倒相方波经微分后，在与门 Y_2 上相与；U_1' 微分信号与 U_2' 在与门 Y_1 上相与的结果正好和右移情况相反，而 Y_1 无脉冲信号输出，Y_2 有信号脉冲输出。这样就实现了主光栅左右移动的方向辨别。

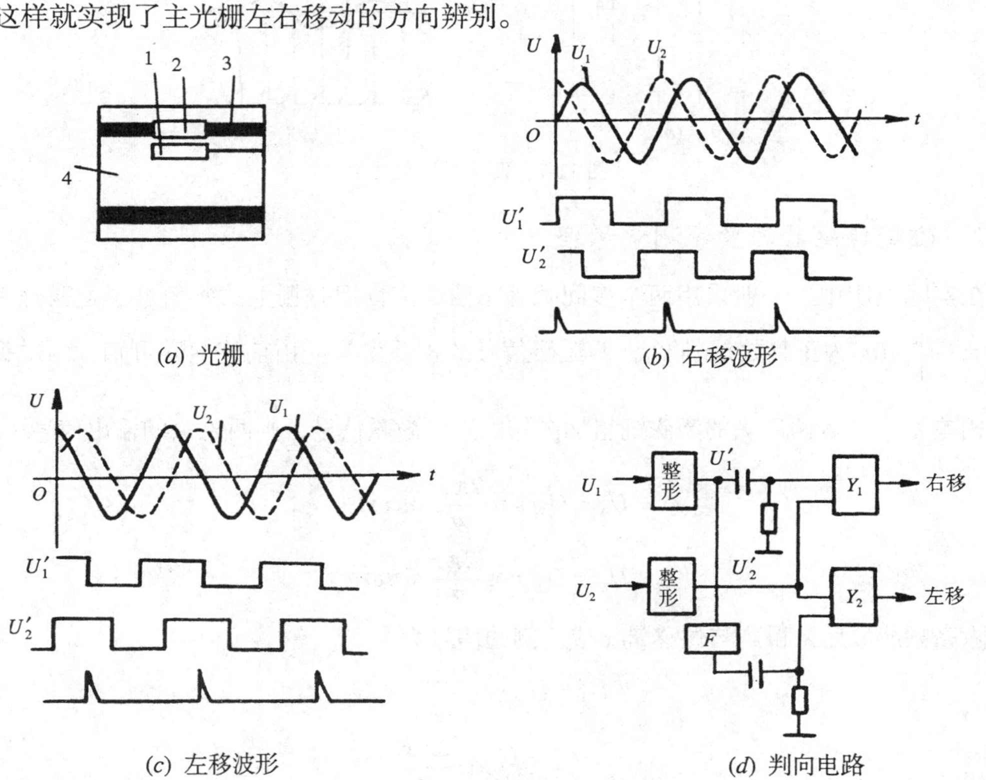

图 11-6　辨向电路原理图

1，2—光电元件　3—莫尔条纹　4—指示光栅

(3) 细分原理

如果仅以光栅的栅距作其分辨单位，只能读到整数莫尔条纹；倘若要读出位移为 0.1 μm，势必要求每毫米刻线 1 万条，这是目前工艺水平无法实现的。因此，只能在有合适的光栅栅距的基础上，对栅距进一步细分，才可能获得更高的测量精度。常用的细分方法有倍频细分法、电桥细分法等。这里介绍四倍频细分法，其他方法可参阅相关文献。

在一个莫尔条纹宽度上并列放置四个光电元件，如图 11-7(*a*)所示，得到相位分别相差 $\frac{\pi}{2}$ 的四个正弦周期信号。用适当电路处理这一列信号，使其合并得到如图 11-7(*b*)所示的脉冲信号。每个脉冲分别和四个周期信号的零点相对应，则电脉冲的周期为 $\frac{1}{4}$ 个莫尔条纹宽度。用计数器对这一列脉冲信号计数，就可以读到 $\frac{1}{4}$ 个莫尔条纹宽度的位移量。这样，将是光栅固有分辨率的四倍。此种方法称为四倍频细分法。若再增加光敏元件，同理可以进一步地提高测量分辨率。

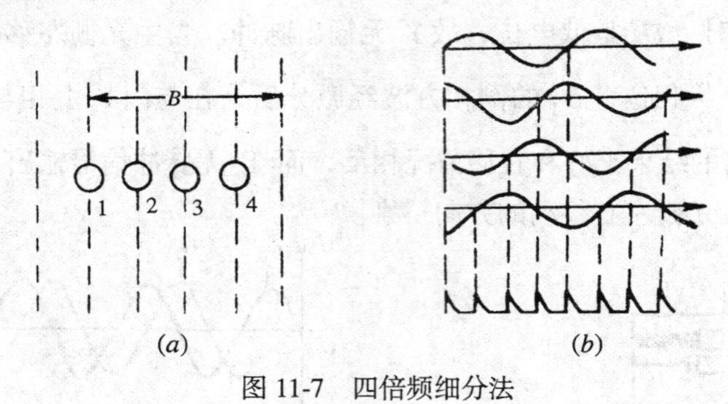

图 11-7　四倍频细分法

2. 磁栅传感器的数字测量原理

在实际应用中，一般采用两个多间隙静态磁头来读取磁栅上的磁信号。若两磁头间距为 $\left(n \pm \frac{1}{4}\right)W$ (n 为正整数)，那么，两激磁信号的相差为 $\frac{\pi}{4}$。由前述内容可知，两磁头输出信号相差为 $\frac{\pi}{2}$。若两磁头的激磁绕组加同相的正弦激磁信号，则两磁头的输出信号为

$$U_1 = U_m \sin\frac{2\pi x}{W}\sin\omega t$$

$$U_2 = U_m \cos\frac{2\pi x}{W}\sin\omega t$$

经滤除高频载波后，得到与位移量 x 成比例的信号为

$$U_1' = U_m \sin\frac{2\pi x}{W} \tag{11-4}$$

$$U_2' = U_m \cos\frac{2\pi x}{W} \tag{11-5}$$

U_1', U_2' 是与位移 x 成比例的信号，经过适当处理后便可得到位移量，这就是所谓的鉴幅法。

若激磁绕组上施加相位差为 $\frac{\pi}{4}$ 的正弦激励信号，或将输出信号移相 $\frac{\pi}{2}$，则两磁头输出信号为

$$U_1 = U_{m1} \sin \frac{2\pi x}{W} \cos \omega t$$

$$U_2 = U_{m2} \cos \frac{2\pi x}{W} \sin \omega t$$

将 U_1 与 U_2 叠加，在 $U_{m1} = U_{m2} = U_m$ 的条件下：

$$U_1 + U_2 = U_m \sin\left(\frac{2\pi x}{W} + \omega t\right) \tag{11-6}$$

式(11-6)表示输出信号是一个幅值不变，但相位与磁头、磁栅相对位移量有关的信号，这就是鉴相法。常用的鉴相法的电路工作原理如图 11-8 所示。

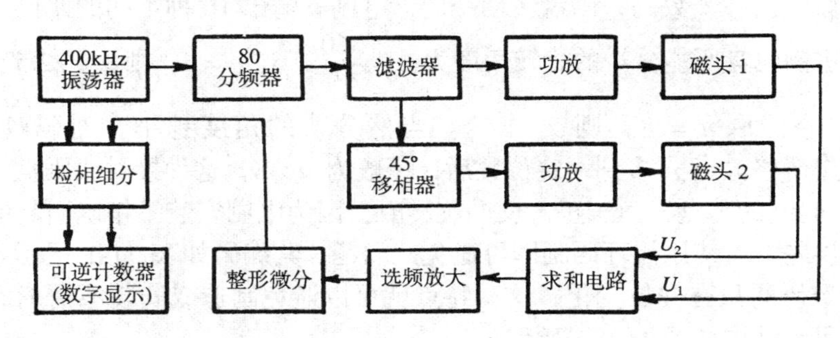

图 11-8　鉴相法测量电路框图

第二节　编 码 器

编码器主要分为脉冲盘式和码盘式两大类：

编码器
- 脉冲盘式编码器(增量编码器)
- 码盘式编码器(绝对编码器)
  - 接触式编码器
  - 电磁式编码器
  - 光电编码器

脉冲盘式编码器不能直接输出数字编码，需要增加有关数字电路才可能得到数字编码。而码盘式编码器能直接输出某种码制的数码(后面将详细说明)。这两种形式的数字传感器，由于它们的高精度、高分辨率和高可靠性，已被广泛应用于各种位移量的测量。目前，使用最多的是光电编码器，本节将重点予以介绍。

码盘式编码器也称为绝对编码器，它将角度转换为数字编码，能方便地与数字系统(如微机)连接。编码器按其结构可分为接触式、光电式和电磁式三种，后两种为非接触式编码器。

一、接触式编码器

1. 结构与工作原理

接触式编码器由码盘和电刷组成。码盘利用制造印刷电路板的工艺，在铜箔板上，制作某种码制图形(如 8-4-2-1 码、循环码等)的盘式印刷电路板。电刷是一种活动触头结构，在外界力的作用下，旋转码盘时，电刷与码盘接触处就产生某种码制的某一数字编码输出。下面以四位二进制码盘为例，说明其工作原理和结构。

图 11-9(*a*)是一个四位 8-4-2-1 码制的编码器的码盘示意图。涂黑处为导电区，将所有导电区连接到高电位("1")；空白处为绝缘区，为低电位("0")。四个电刷沿某一径向安装，四位二进制码盘上有四圈码道，每个码道有一个电刷，电刷经电阻接地。当码盘转动某一角度后，电刷就输出一个数码；码盘转动一周，电刷就输出 16 种不同的四位二进制数码。由此可知，二进制码盘所能分辨的旋转角度为$\alpha=\frac{360}{2^n}$。若$n=4$，则$\alpha=22.5°$。位数越多，分辨的角度越小。取 $n = 8$，则$\alpha=1.4°$。当然分辨的角度越小，对码盘和电刷的制作和安装要求越严格。当 n 多到一定位数后，一般为 $n>8$，这种接触式码盘将难以制作。另外，8-4-2-1 码制的码盘，由于正、反向旋转时，因为电刷安装不精确引起的机械偏差，会产生非单值误差。若使用循环码制即可避免此问题，其编码如表 11-1 所示。循环码的特点是相邻两个数码间只有一位变化，这一特点就可以避免制造或安装不精确而带来的非单值误差。循环码盘结构如图 11-9(*b*)所示。

表 11-1　电刷在不同位置时对应的数码

角度	电刷位置	二进制码(B)	循环码(R)	十进制数
0	*a*	0000	0000	0
1α	*b*	0001	0001	1
2α	*c*	0010	0011	2
3α	*d*	0011	0010	3
4α	*e*	0100	0110	4
5α	*f*	0101	0111	5
6α	*g*	0110	0101	6
7α	*h*	0111	0100	7
8α	*i*	1000	1100	8
9α	*j*	1001	1101	9
10α	*k*	1010	1111	10
11α	*l*	1011	1110	11
12α	*m*	1100	1010	12
13α	*n*	1101	1011	13
14α	*o*	1110	1001	14
15α	*p*	1111	1000	15

2. 提高精度的途径

(1) 循环码盘

采用 8-4-2-1 码制的码盘，虽然比较简单，但是对码盘的制作和安装要求严格，否则会产生错码。例如，如图 11-9(*a*)所示的二进制码盘，当电刷由二进制码 0111 过渡到 1000 时，本来是 7 变为 8；但是，如果电刷进入导电区的先后不一致，可能会出现 8 ~ 15 之间的任一十进制数，这样就产生了前面所说的非单值误差，解决这一问题的方法之一就是采用循环码盘(如图 11-9(*b*)所示)。由循环码的特点可知，即使制作和安装不准，产生的误差最多也只是最低位的一个比特。因此采用循环码盘比采用 8-4-2-1 码盘的精度高。

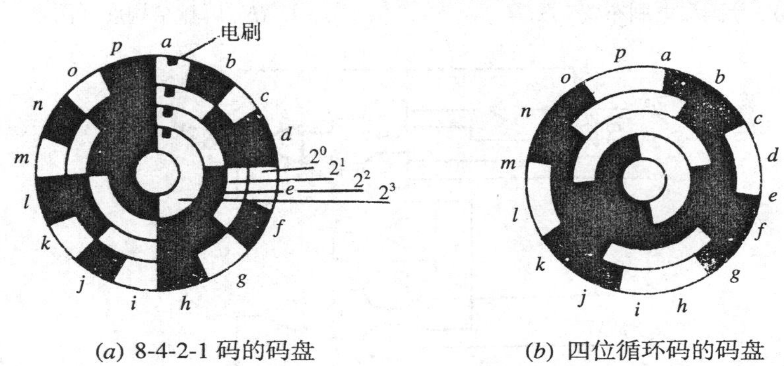

(*a*) 8-4-2-1 码的码盘　　(*b*) 四位循环码的码盘

图 11-9　接触式四位二进制码盘

(2) 扫描法

扫描法有 V 扫描、U 扫描以及 M 扫描三种。它是在最低位码道上安装一电刷，其他位的码道上均安装两个电刷：一个电刷位于被测位置的前边，称为超前电刷；另一个放在被测位置的后边，称为滞后电刷。若最低位码道有效位的增量宽度为 x，则各位电刷对应的距离依次为 $1x$，$2x$，$4x$，$8x$ 等。这样在每个确定的位置上，最低位电刷输出电平反映了它真正的值。而由于高电位有两只电刷，就会输出两种电平。根据电刷分布和编码变化规律，为了读出反映该位置的高位二进制码对应的电平值，当低一级轨道上电刷真正输出的是“1”的时候，高一级轨道上的真正输出必须从滞后电刷读出；若低一级轨道上电刷真正输出的是“0”，高一级轨道上的真正输出则要从超前电刷读出。由于最低位轨道上只有一个电刷，它的输出则代表真正的位置，这种方法就是 V 扫描法。V 扫描的电刷布置和扫描逻辑见图 11-10。

这种方法的原理是根据二进制码的特点设计的。由于 8-4-2-1 码制的二进制码是从最低位由高位逐级进位的，最低位变化最快，高位逐渐减慢。当某一个二进制码的第 i 位是 1 时，该二进制码的第$(i+1)$位和前一个数码的$(i+1)$位状态是一样的，故该数码的第$(i+1)$位的真正输出要从滞后电刷读出。相反，当某一个二进制码的第 i 位是 0 时，该数码的第$(i+1)$位的输出要从超前电刷读出。读者可以从表 11-1 上的数码来验证。

除此之外，还可以利用码盘组合来提高其分辨率，这里不再介绍了。

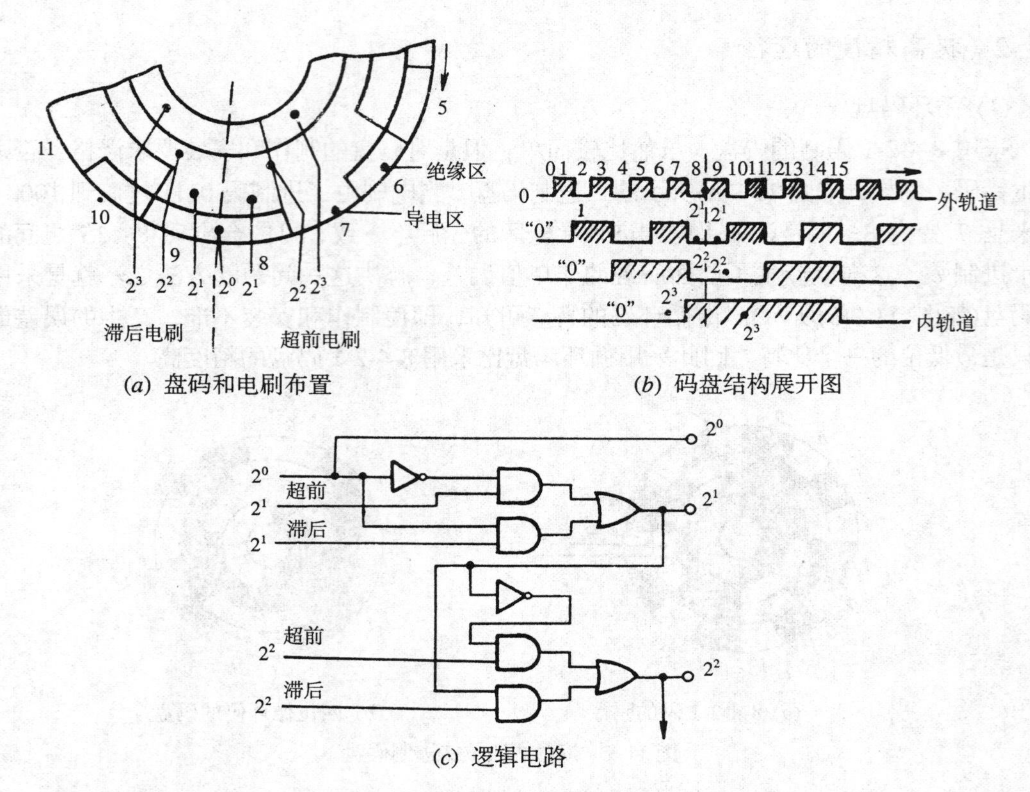

(*a*) 盘码和电刷布置　　(*b*) 码盘结构展开图

(*c*) 逻辑电路

图 11-10　V 扫描的电刷分布和逻辑电路

二、光电式编码器

接触式编码器的分辨率受电刷的限制，不可能很高；而光电式编码器由于使用了体积小、易于集成的光电元件代替机械的接触电刷，其测量精度和分辨率能达到很高水平，所以它在自动控制和自动测量技术中得到了广泛的应用。例如，多头、多色的电脑绣花机和工业机器人都使用它作为精确的角度转换器。我国目前已有 16 位光电编码和 25 000 脉冲/Ring 的光电增量编码器，并形成了系列产品，为科学研究和工业生产提供了对位移量进行精密检测的手段。

1. 光电式编码器的结构和工作原理

光电编码器的最大特点是非接触式的，因此，它的使用寿命长，可靠性高。它是一种绝对编码器，即几位编码器其码盘上就有几位码道，编码器在转轴的任何位置都可以输出一个固定的与位置相对的数字码。这一点与接触式码盘编码器是一样的。不同的是光电编码器的码盘采用照相腐蚀工艺，在一块圆形光学玻璃上刻有透光和不透光的码形，如图 11-11 所示。在几个码道上，装有相同个数的光电转换元件代替接触式编码器

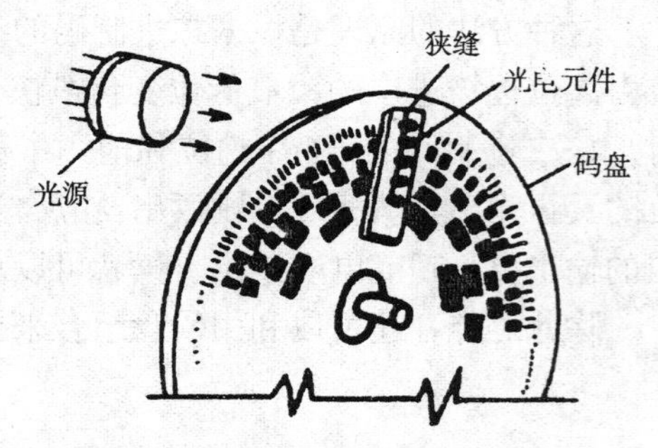

图 11-11　光电码盘编码器结构

的电刷，并且将接触式码盘上的高、低电位用光源代替。当光源经光学系统形成一束平行光投射在码盘上时，转动码盘，光经过码盘的透光和不透光区，在码盘的另一侧就形成了光脉冲，脉冲光照射在光电元件上就产生与光脉冲相对应的电脉冲。码盘上的码道数就是该码盘的数码位数。由于每一个码位有一个光电元件，当码盘旋至不同位置时，各个光电元件根据受光照与否，就能将间断光转换成电脉冲信号。

光电编码器的精度和分辨率取决于光码盘的精度和分辨率，即取决于刻线数。目前，已能生产径向线宽为 6.7×10^{-8} rad 的码盘，其精度达 1×10^{-8}。显然，比接触式的码盘编码器精度要高很多个数量级。如果再进一步采用光学分解技术，可获得更多位的光电编码器。

光电编码器与接触式码盘编码器一样，通常采用循环码作为最佳码形，这样可以解决非单值误差的问题。光电码盘的优点是没有触点磨损，因而允许高速转动；但是其结构较为复杂，光源寿命较短。

2. *提高分辨率的方法——插值法*

为了提高测量的精度和分辨率，常规的方法就是增加码盘的码道数，即增加刻线数；但是，由于制作工艺的限制，当刻线数多到一定数量后，工艺就难以实现。如何在这样的情况下，进一步提高其分辨率呢？这里介绍一种用光学分解技术(插值法)提高分辨率的方法。

例如，若码盘已具有 14 条(位)码道，在 14 位的码道上增加 1 条专用附加码道，如图 11-12 所示。附加码道的扇形区的形状和光学的几何结构与前 14 位有所差异，且使之与光学分解器的多个光敏元件相配合，产生较为理想的正弦波输出；通过平均电路进一步处理，消除码盘的机械误差，从而获得更理想的正弦或余弦信号。附加码道输出的正弦或余弦信号，在插值器中按不同的系数叠加在一起，形成多个相移不同的正弦信号输出。各正弦波信号再经过零比较器转换为一系列脉冲，从而细分了附加码道的光电元件输出的正弦信号，于是产生了附加的低位的几位有效数位。图 11-12 所示的 19 位光电编码器的插值器产生 16 个正弦波信号。每两个正弦信号之间的相位差为 $\frac{\pi}{8}$，从而在 14 位编码器的最低有效数位间隔内插入了 32 个精确等分点，即相当于附加 5 位二进制数的输出，使编码器的分辨率从 2^{-14} 提高到 2^{-19}，角位移小于 3″。

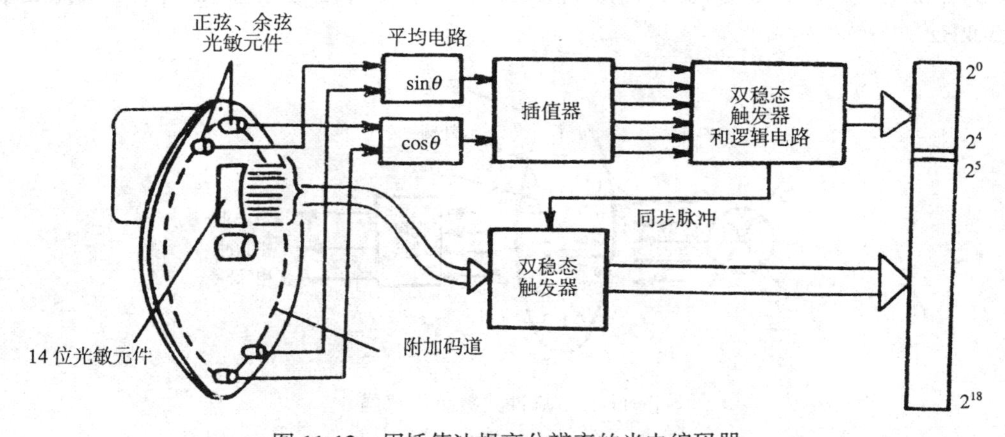

图 11-12　用插值法提高分辨率的光电编码器

三、电磁式编码器

电磁式码盘用磁化方法磁化在圆盘上，并按编码图形制作成磁化区(导磁率高)和非磁化区(导磁率低)。它采用了小型磁环或微型码蹄形磁芯作磁头，磁头靠近但不接触码盘表面。每个磁头(环)上绕有两个绕组，原边绕组用恒幅恒频的正弦波激磁，该线圈称为询问绕组，输出绕组(或读出绕组)通过感应码盘磁化信号转换为电信号。当询问绕组被激磁以后，输出绕组产生同频信号；但其幅值和两绕组匝数比有关，也与磁头附近有无磁场有关。当磁头对准磁化区时，磁路饱和，输出电压很低；若磁头对准一个非磁化区，它就类似于变压器，输出电压会很高。输出电压经逻辑状态的调制，就得到用“1”，“0”表示的方波输出。几个磁头同时输出就形成了数码。

电磁式码盘比接触式码盘工作可靠，对环境条件要求较低，但是其成本比接触式的要高。对三种码盘而言光电码盘性能价格比为最高。

四、脉冲盘式数字传感器

脉冲盘式编码器又称为增量编码器。增量编码器一般只有三个码道，它不能直接产生若干位的编码输出，故它不具有绝对码盘码的含义，这是脉冲盘式编码器与绝对编码器的不同之处。

1. 结构与工作原理

脉冲盘式编码器的圆盘上等角距地开有两道缝隙，内外圈(A，B)的相邻两缝距离错开半条缝宽；另外在某一径向位置，一般在内外两圈之外，开有一狭缝，表示码盘的零位。在它们的相对两侧面分别安装光源和光电接收元件，如图 11-13 所示。当转动码盘时，光线经过透光和不透光的区域，每个码道将有一系列光电脉冲由光电元件输出，码道上有多少缝隙就将有多少个脉冲输出。例如，国产 SZGH-01 光电编码器采用封闭式结构，内装发光二极管光电接收器和编码盘等，通过联轴节与被测轴连接，将角位移转换成 A，B 两脉冲信号，供双向计数器计数；同时还输出一路零脉冲信号，作零位标记，即它能输出 600P/r 个 A，B 相脉冲和 1P/r 的零位(C 相)脉冲。A，B 两相脉冲信号相差90° 相位，最高工作频率达 30kHz。

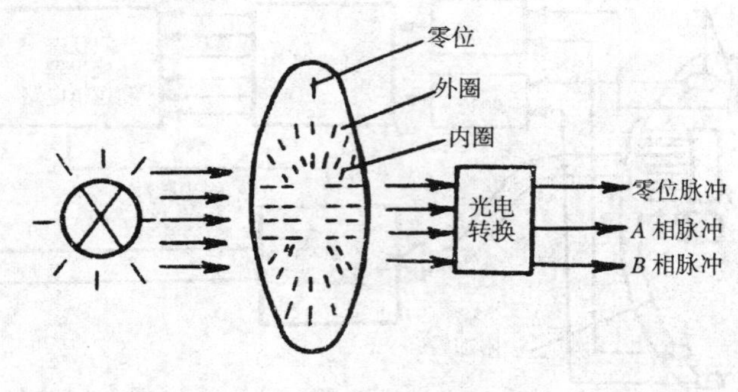

图 11-13　脉冲式数字传感器

由此可知，增量编码器的精度和分辨率与绝对编码器一样，主要取决于码盘本身的精度。

2. 旋转方向的判别

为了辨别码盘旋转方向，可以采用图 11-14 所示原理图实现。光电元件 A 和 B 输出信号经放大整形后，产生 P_1 和 P_2 脉冲。将它们分别接到 D 触发器的 D 端和 CP 端，参见图(a)，由于 A 和 B 两道缝距相差90°，D 触发器(FF)在 CP 脉冲(P_2)的上升沿触发。当正转时，P_1 脉冲超前 P_2 脉冲90°，FF 的 Q = “1”，表示正转；当反转时，P_2 超前 P_1 脉冲90°，FF 的 Q = “0”，即 $\overline{Q}$ = “1”，表示反转。分别用 $Q = 1$ 和 $\overline{Q} = 1$ 控制可逆计数器是正向还是反向计数，即可将光电脉冲变成编码输出。C 相脉冲接至计数器的复位端，实现每转动一圈复位一次计数器的目的。无论正转还是反转，计数器每次反映的都是相对于上次角度的增量，故这种测量称为增量法。

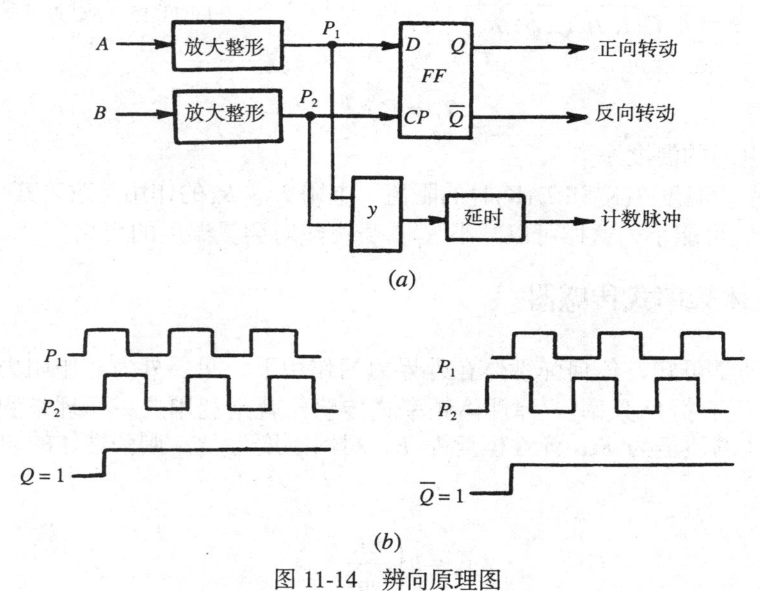

图 11-14 辨向原理图

除了光电式的增量编码器外，目前相继开发了光纤增量传感器和霍尔效应式增量传感器等，它们都得到广泛的应用。

第三节 频率式数字传感器

频率式数字传感器是能直接将被测非电量转换成与之相对应的，且便于处理的频率信号。尽管脉冲盘式传感器能输出一系列脉冲信号，但是尚不具有频率的概念。为了实现频率信号输出，脉冲盘式传感器需要解决单位时间内所能形成的脉冲数的问题后，才有频率的概念。频率式数字传感器一般有两种类型：

(1) 利用振荡器的原理，使被测量的变化改变振荡器的振荡频率。常用振荡器有 RC 振荡电路和石英晶体振荡电路两种。

(2) 利用机械振动系统，通过其固有振动频率的变化来反映被测参数。

下面列举两例说明频率式数字传感器的工作原理。

一、RC 振荡器式频率传感器

温度-频率传感器就是 RC 振荡器式频率传感器的一例。这里利用热敏电阻 R_T 测量温度，且 R_T 作为 RC 振荡器的一部分，完整的电路如图 11-15 所示。该电路是由运算放大器和反馈网络构成一种 RC 文氏电桥正弦波发生器。当外界温度 T 变化时，R_T 阻值也随之变化，RC 振荡器的频率因此而变化。经推导，RC 振荡器的振荡频率可由下式决定：

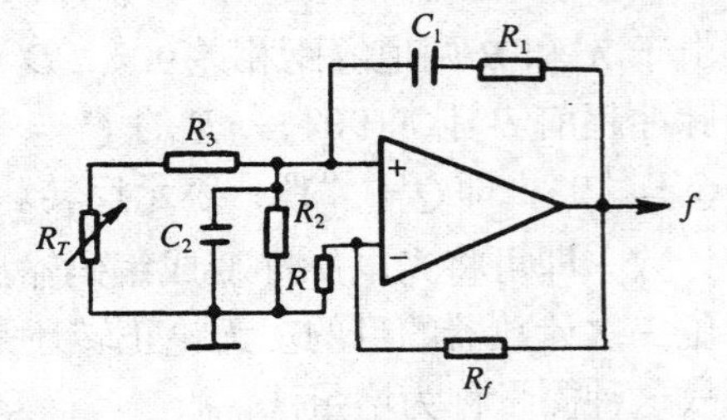

图 11-15　RC 振荡式频率传感器

$$f=\frac{1}{2\pi}\left[\frac{R_3+R_T+R_2}{C_1C_2R_1R_2(R_3+R_T)}\right]^{\frac{1}{2}} \tag{11-7}$$

其中 R_T 与温度 T 的关系为

$$R_T=R_0\mathrm{e}^{B(T-T_0)} \tag{11-8}$$

其中 B 为热敏电阻的温度系数。

R_T，R_0 分别为温度 T(K)和 T_0(K)时的阻值。电阻 R_2，R_3 的作用是改善其线性特性。流过 R_T 的电流应尽可能小，这样可以减小 R_T 自身发热对测量温度的影响。

二、弹性体频率式传感器

由机械振动学可知，任何弹性体在外界力的作用下，只要外力克服阻力，它就具有一定的振荡频率(固有振荡频率)。弹性体频率式传感器就是利用这一原理来测量有关物理量的。设弹性物体的质量为 m，弹性模量为 E，材料刚度为 K，则弹性体的初始固有频率 f_0 为

$$f_0=h\left(\frac{EK}{m}\right)^{\frac{1}{2}} \tag{11-9}$$

式中 h 为与量纲有关的常量。

弹性体频率式传感器，如果是通过振弦、振膜、振筒和振梁等的固有振荡频率来测量被测物理量，那么就形成了振弦式、振膜式和振筒式频率传感器。下面介绍振弦式频率传感器的结构及其激励电路。

振弦式传感器测量应力的原理如图 11-16 所示。振弦式传感器包括振弦、磁铁、夹紧装置等三个主要部分。将一根细的金属丝置于永磁铁所产生的磁场内，振弦的一端固定，另一端与被测量物体的运动部分连接，并使振弦拉紧。作用于振弦上的张力就是传感器的被测量。

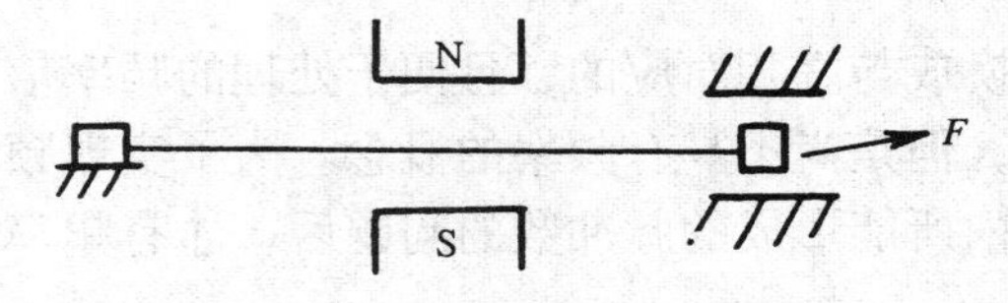

图 11-16　振弦张力传感器工作原理图

振弦的固有振动频率可用下式表达：

$$\begin{cases} f_0 = \dfrac{1}{2L}\left(\dfrac{F}{\rho}\right)^{\frac{1}{2}} \\ F = A\sigma \end{cases} \tag{11-10}$$

式中　L——振弦的有效长度；

ρ——振弦的线密度，$\rho = \dfrac{m}{L}$，m 为其质量；

A——弦的截面积；

σ——弦的应力。

当振弦确定后，L，m 均为已知量，那么，振弦的固有振荡频率应由张力 F 决定，即由其应力决定。因此，根据振弦的振动频率，可以测量力和位移等物理量。

振弦的激振方式有连续激振和间歇激振两种。连续激振方式如图 11-17(*a*)所示。连续激振方法使用了两个电磁线圈，一个用于连续激励，另一个用于接收振弦振荡信号。当振弦被激励后，接收线圈 1 产生感应电势，经放大后，正反馈至激励线圈 2，以维持振弦的连续振荡。间歇激振方式如图 11-17(*b*)所示。当激励电路产生脉冲电流给激励线圈后，电磁铁将振弦吸住；在激励脉冲电流为零时，电磁铁松开振弦，于是，振弦随激励脉冲电流频率而产生振荡。为了克服阻尼作用对振弦振动的衰减，必须间隔一定时间激励一次。下面讨论连续激振方式的应力传感器测量原理和电路。

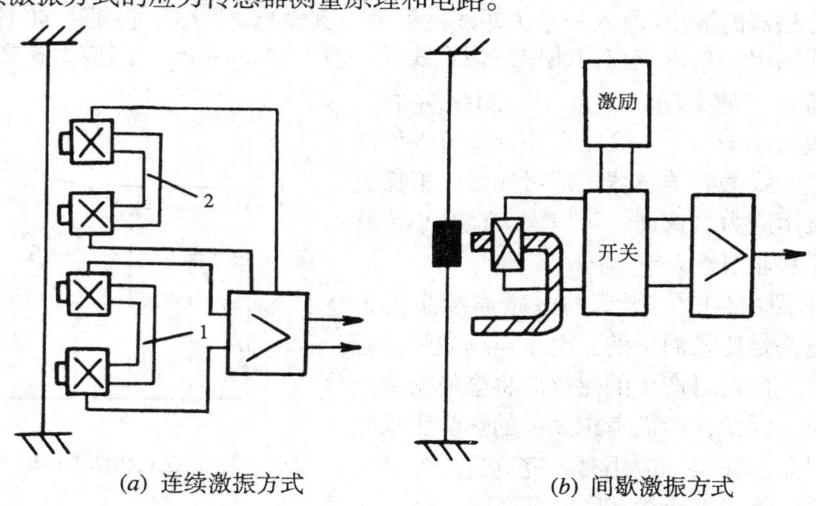

(*a*) 连续激振方式　　　(*b*) 间歇激振方式

图 11-17　激振方式原理图

用振弦与运算放大器组成一个自激振荡的连续激振应力传感器的测量电路，如图 11-18 所示。当电路接通时，有一个初始电流流过振弦，振弦受磁场作用，使振弦振荡。振弦在激励电路中组成一个选频的正反馈网络，不断提供振弦所需要的能量，于是振荡器产生等幅的持续振荡。

激励电路是一个由运算放大器振弦等元件组成的自激振荡器。电阻 R_2 和振弦支路形成正反馈，R_1、R_f 和场效应管 FET 组成负反馈电路。R_3、R_4、二极管 D 和电容 C 组成的支路，提供对 FET 管的控制信号。由负反馈支路和场效应管控制支路控制起振条件和自动稳幅。控制起振和自动稳幅的原理如下：

如果工作条件变化，引起振荡器的输出幅值增加，输出信号经过 R_3、R_4、D 和 C 检波后，成为 FET 管的栅极控制信号，具有较大的负电压，使 FET 管的漏源极间的等效电阻增加，从而使负反馈支路的负反馈增大，运算放大器的闭环增益降低，导致输出信号幅值减小，趋向于增加前的幅值；反之，输出幅值减小，负反馈作用减弱，运算放大器闭环增益提高，有使输出幅值自动提升的趋势。因而，就起到了自动稳定振幅的作用。

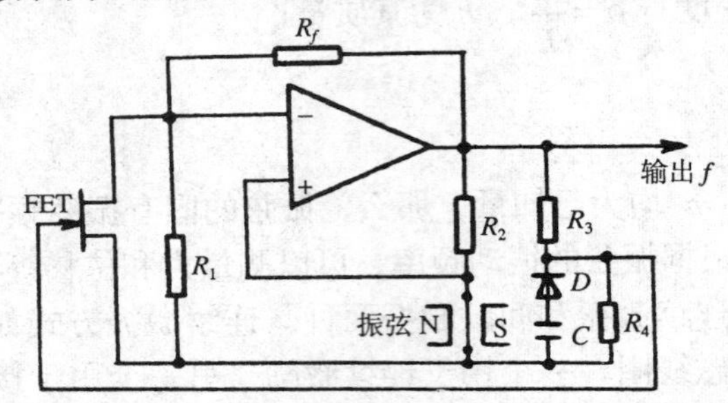

图 11-18　连续激励振弦式传感器激励电路

如果振动器停振，输出信号等于零，此时 FET 管处于零偏压状态。由于 FET 管的漏源极与 R_1 的并联作用，使负反馈电压近似等于零，因而大大削弱了电路负反馈作用，使电路正增益大大提高，为起振创造了有利条件。

振弦式传感器的输出-输入一般为非线性关系，其输出-输入特性如图 11-19 所示。为了得到线性的输出，可以选取曲线中近似直线的一段，如 $\sigma_1 \sim \sigma_2$；当应力 σ 在 $\sigma_1 \sim \sigma_2$ 之间变化时，若振弦的振动频率为 1～2kHz 左右，其非线性误差可小于 1%。除此之外，也可以用两根振弦构成差动式振弦传感器，通过测量两根振弦的频率差来表示应力。这样，可以大大地减小传感器的温度误差和非线性误差。

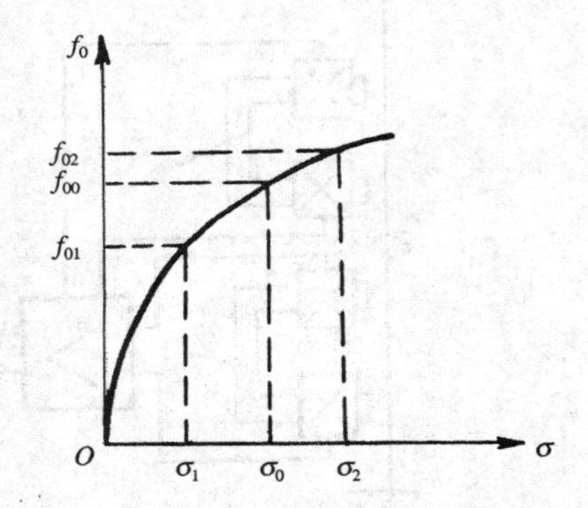

图 11-19　振弦式传感器的输入-输出特性

如果采用图 11-17(*a*)所示的电磁连续激励方法，其测量电路是比较简单的。由于连续激励振弦容易疲劳，连续振荡时产生的热效应将会使振弦产生热膨胀现象。因此，尚需考虑振弦的热膨胀系数产生的温度误差。在实际应用时，究竟选用何种方式，要根据被测量的工作状态和要求而定。

三、频率式传感器的基本测量电路

频率式传感器已将被测非电量转换成为频率信号，因此，可采用两种方式测量。一种是测量其输出信号的频率，另一种是测量其周期。前者适用于振荡频率较高的情况，后者适用于振荡频率较低的情况。两者均可分别采用电子计数的测频和测周期(或测时间)功能测量，如图 11-20 所示。或者根据具体情况，自行设计测频和测时专用电路。

根据图 11-20 所示的测量频率和周期的原理，则

$$f_x = \frac{N_x}{T_G} \tag{11-11}$$

或

$$f_x = \frac{1}{T_x} = \frac{1}{\tau N_0} \tag{11-12}$$

式中　N_x——在闸门时间 T_G 内的被测信号频率的个数；

τ——机内时钟脉冲(时基) f_0 的周期。

必须注意：当被测振荡频率低于所选用的通用计数器的内部石英晶体振荡器的频率(时钟频率)时，必须采用周期或时间间隔测量功能，或者采用等精度计数器，否则将会由于数字仪器固有±1误差而造成极大的测量误差。例如，传感器输出信号频率为 1Hz，若仍然采用测频方法测量，取测量闸门时间为 1s，测量结果可能会产生 100%的误差。在这种情况下，为了提高测量精度，可以利用周期测量法或多周期测量方法。

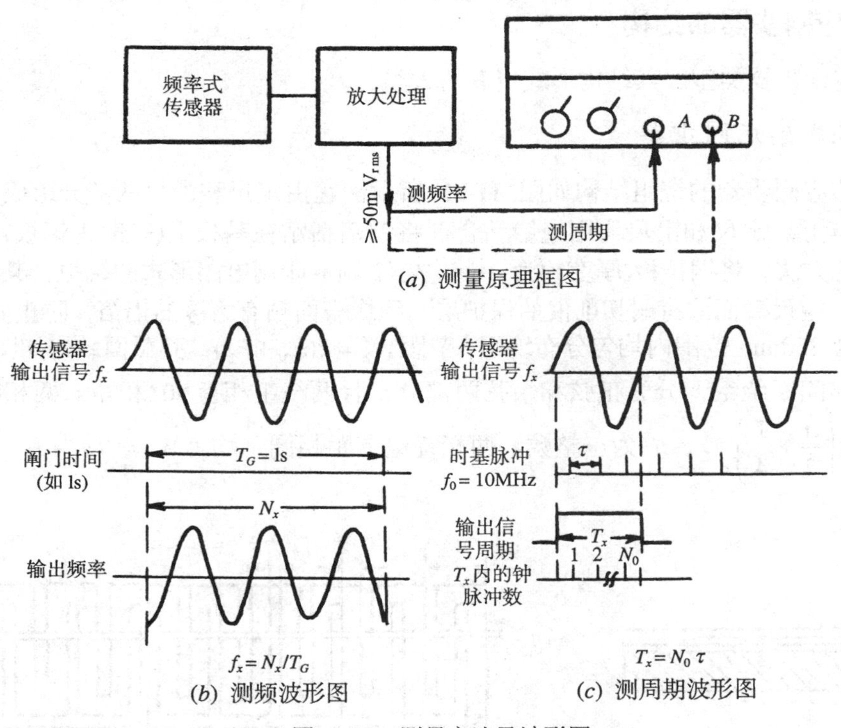

图 11-20　测量方法及波形图

第四节　感应同步器

感应同步器由两个平面型印刷电路绕组构成。这两个绕组类似于变压器的初、次级绕组，故又称为平面变压器。它是通过两个绕组的互感量随位置变化来检测位移量的。感应同步器主要用于测量线位移、角位移以及与此相关的物理量如转速、振动等。它广泛地用于坐标镗床、坐标铣床及其他机床的定位、数控和数显，也常用于雷达天线定位跟踪和某些仪表的分度装置等。感应同步器是一种多极感应元件，因此可以利用它的多极结构进行误差补偿，所以感应同步器具有精度高、工作可靠、寿命长、抗干扰能力强等特点。

一、感应同步器的类型

感应同步器的类型主要有两大类，它们的分类及其特性见表 11-2。

表 11-2　感应同步器分类

类　型		特　性
直线式同步器	标准型	精度高、可扩展，用途最广
	窄　型	精度较高，用于安装位置不宽敞的地方，可扩展
	带　型	精度较低，定尺长度达 3m 以上，对安装面精度不高
旋转式同步器		精度高，极数多，易于误差补偿，精度与极数成正比

二、感应同步器的结构

根据感应同步器类型，其结构形式也有两大类：

1. 直线式感应同步器

直线式感应同步器的绕组结构如图 11-21 所示。它由定尺和滑尺两部分组成，即有两个绕组分布其上。定尺和滑尺均用绝缘粘合剂将铜箔粘贴在基板上(一般为钢板)，再用光刻技术或其他方法，将铜箔板(厚度约为 1mm 左右)制成印刷电路形式的绕组，其截面结构如图(*a*)所示。定尺表面涂有耐切削液的保护层，绝缘表面贴有绝缘的铝箔，防止静电感应。在定尺长度为 250mm 范围内均匀分布绕组，节距 $W_2 = 2(a_2 + b_2)$，其截面结构如图(*c*) 所示。滑尺上分布有间断绕组，分为正弦和余弦两部分，且两绕组相差 90° 相角。两相绕组的中心线距为 $l_1 = \left(\frac{n}{2} + \frac{1}{4}\right)W_2$，$n$ 为正整数。两相绕组节距相同，均为 $W_1 = 2(a_1 + b_1)$，截面结构参见图(*d*)。

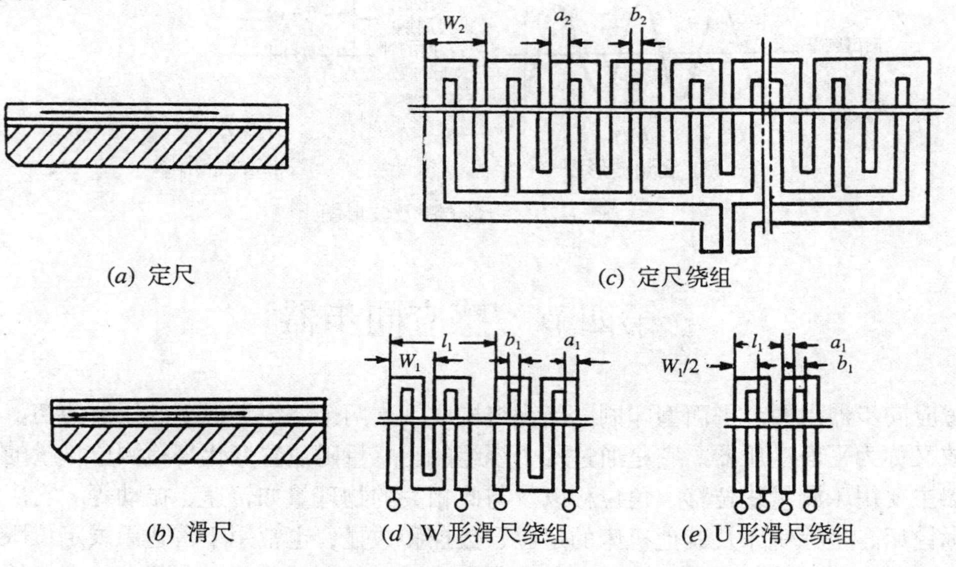

(*a*) 定尺　(*c*) 定尺绕组

(*b*) 滑尺　(*d*) W 形滑尺绕组　(*e*) U 形滑尺绕组

图 11-21　直线式感应同步器的绕组结构及截面结构

一般情况下，定尺节距 2mm(标准型)。定尺绕组的导片宽度由下式决定：

$$a_2 = \frac{nW_2}{\gamma} \tag{11-13}$$

式中　γ——谐波次数；

　　n——正整数。

显然，$a_2 < \frac{W_2}{2}$。根据式(11-13)，可以选取导片宽度来消除谐波次数。

滑尺的节距 $W_1 = W_2$，其绕组的导片宽度按式(11-13)来选择。

2. 旋转式感应同步器

旋转式感应同步器由定子和转子两部分组成，它们呈圆片形状，用直线式感应同步器的制造工艺制作两绕组，如图 11-22 所示。定子、转子分别相当于直线式感应同步器的定尺和滑尺。目前旋转式感应同步器的直径一般有 50mm、76mm、178mm 和 302mm 等几种。径向导体数(极数)有 360、720 和 1 080 几种。转子是绕转轴旋转的，通常采用导电环直接耦合输出，或者通过耦合变压器，将转子初级感应电势经气隙耦合到定子次级上输出。旋转式感应同步器在极数相同情况下，同步器的直径越大，其精度越高。

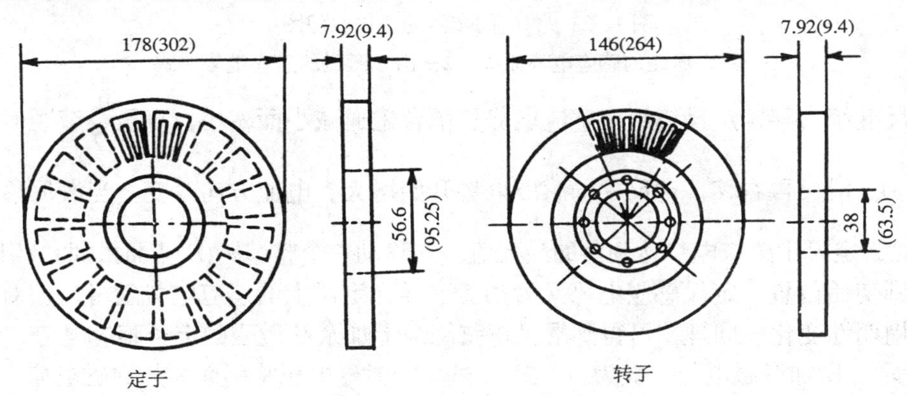

图 11-22　旋转式感应同步器外形

三、感应同步器的工作原理

感应同步器的定尺和滑尺在使用时相互平行放置，使其间有一定的气隙，如图 11-23(*a*)所示。定尺固定不动，滑尺相对定尺移动。当滑尺上的正弦绕组和余弦绕组分别以 1～10kHz 的正弦电压激磁时，在定尺绕组上将产生同频率的感应电势。定尺上的感应电势的大小除了与激磁频率、激磁电流和两绕组间的间隙有关，还与两绕组的相对位置有关。如果在滑尺的余弦绕组上加正弦激磁电压，则图(*b*)可说明感应同步器的感应电势与位置的关系。

当滑尺位移到 *A* 点时，余弦绕组左右侧的两块导片内的电流在定尺中产生的感应电势之和为零。

当滑尺继续平移时，感应电势逐渐增大；直到 *B* 点时，即滑尺移到 $\frac{1}{4}$ 节距位置，耦合磁通最大，感应电势也最大。

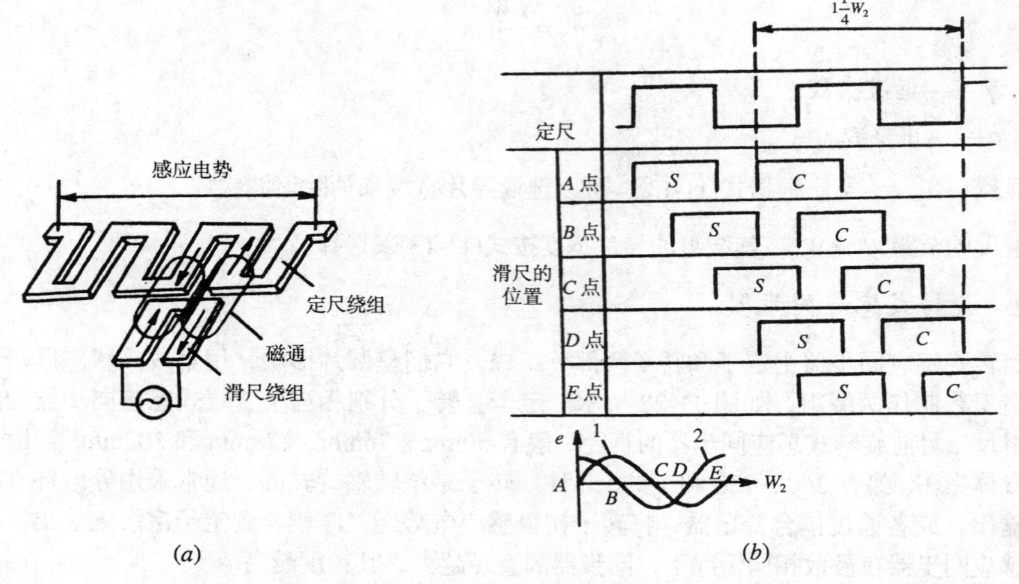

图 11-23　感应同步器的工作原理图

1—由 C 激磁的感应电势曲线　2—由 S 激磁的感应电势曲线

若滑尺继续右移，定尺绕组中感应电势随耦合磁通减小而减小，直至$\frac{1}{2}$节距时，感应电势变为 0。滑尺再右移，定尺中的感应电势开始增大，电流方向改变。当滑尺移到$\frac{3}{4}$节距(D 点)时，定尺中感应电势达到负的最大值。在移动一个整节距(E 点)时，两绕组的耦合状态又回到初始位置，定尺感应电势又为 0。这样，定尺上的感应电势随滑尺相对定尺的移动呈现周期性变化。同理，可得到滑尺正弦绕组上加余弦激磁的定子感应电势，如图(b)曲线 2 所示。所加激磁电压一般为 1 ~ 2V，过大的激磁电压将引起大的激磁电流，导致升温过高，而使其工作不稳定。

第五节　数字式传感器应用举例

一、光电增量编码器在电脑绣花机中的应用

电脑绣花机是缝纫设备中迄今为止最先进、最复杂的机-电一体化的缝纫设备。绣花机在电脑控制下，完成一切花样的缝绣动作。目前，电脑绣花机已发展到 24 头 12 色的高精度、高效率的机型，大量使用的则是 12 头 6 色、10 头 6 色、10 头 3 色、6 头 6 色等等系列。它们对“人体包装”等工业产品的高质量、高工艺和高效率的生产做出了极大的贡献。电脑和机头机械是绣机的主体，然而，实现电脑对机头机械自动运行控制的主要部件之一，

就是光电增量编码器。

光电增量编码器在电脑绣花机中的作用，主要有两个方面：(1) 确定机头针杆进针的位置；(2) 检测绣机的转速。

电脑绣花机将绣花样品的运动轨迹分解成若干子样，电脑将子样动作通过 X，Y 方向的步进电机实现自动移绷、刺针等动作。固定绣品的绷框在 X，Y 合成方向前进一步后，机头上的绣针向绣品刺一针，电脑连续不断地根据绣品轨迹数据，向 X，Y 方向的步进电机发送刺绣数据，步进电机就动作一次，针按一定步距刺绣一针。机头针杆的运动量是由 Z 方向的电磁离合式电机的旋转带动，在机械机构的帮助下，将电机的旋转动作转变为机头针杆的上下直线运动，电机每旋转一圈，针杆上下往返一次，针按一定步距向绣品刺一针。那么，针杆的动作和移绷动作怎样准确协调一致地进行的呢？这是由固定在 Z 电机转轴上的光电增量编码器来实现的。

根据上述绣机动作简介，不难知道，针杆动作和移绷动作只能在某一适当位置产生，否则，将损坏绣机。实现刺绣一针的动作可分解为：当针在绣品(布)之上时，绣品绷框可移动一次，即 X，Y 方向的步进电机走一步；在移绷动作结束后的某一时刻，针才能向绣品刺一针。因此，必须通过编码器将 Z 电机的旋转一圈的相位分解成如图 11-24 所示的几部分。光电编码器的角度可以产生如下动作：入布(115°)，表示此时针开始刺向绣品；出布(230°)，表示针将出布。出布之后，再产生移绷动作：最高位，表示针杆上抬的位置，即停针位；最低位(173°)，表示针刺向布下的距离。

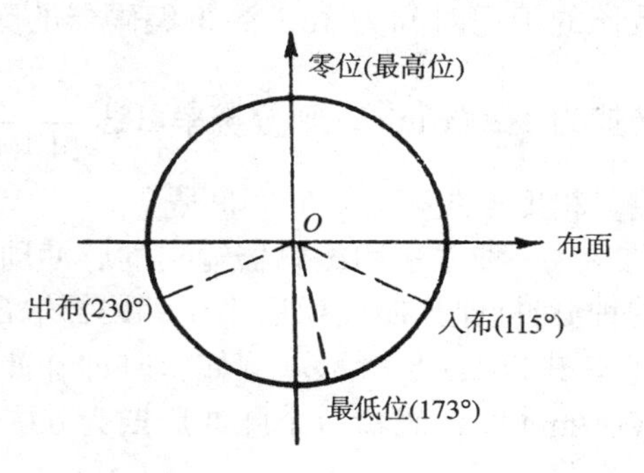

图 11-24　一圈的动作分解

电脑绣花机通常采用每转输出 512 ~ 1 024 个脉冲，转速 1 000r/min，每转输出 1 个零位脉冲的光电增量编码器，控制绣花机动作。例如，使用每转为 1 024 个脉冲的增量编码器。根据图 11-24 的动作时间，需要将入布、出布等信号的相位转换成对应的脉冲数。因此，入布对应第 492 个脉冲，出布对应第 654 个脉冲等。

电脑绣花机的入布、出布等信号的产生可采用如图 11-25 所示电路。

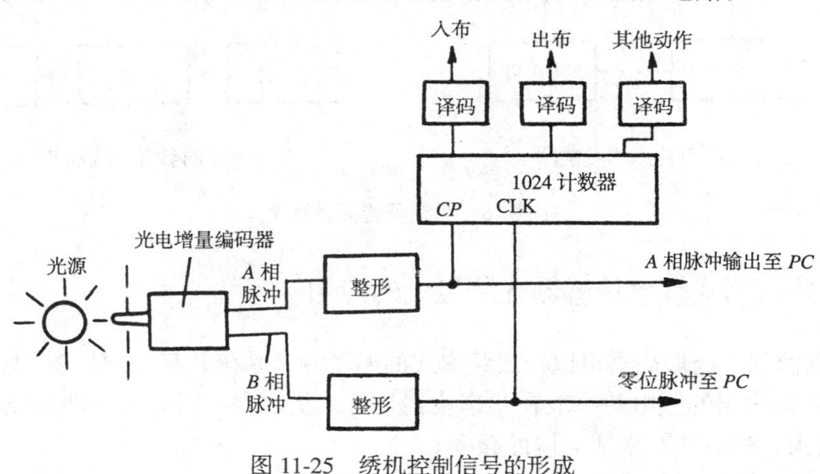

图 11-25　绣机控制信号的形成

光电增量编码器每旋转一圈 A 相能输出 1 024 个脉冲，B 相输出 1 个脉冲，它们经过整形后，A 相脉冲加到计数器的计数脉冲端 CLK，当分别计数到 492，654 个脉冲时，译码器分别译码出入布和出布等信号，该信号经光电隔离后输出给电脑，电脑根据出布信号产生 X，Y 方向的步进电机的步进动作。电脑在接收到入布信号后，从内存中读取一针所必要的数据以及其他的控制动作信号。这样就可以控制绣机的正常运转，使绣机完成绣品的刺绣。关于绣机如何利用光电增量编码器实现转速控制，将在下面一例中说明。

二、转速测量

增量编码器除直接用于测量角位移外，常用来测量转轴的转速。测量转速的方法有两种。一种是在给定的时间间隔内对编码器的输出脉冲进行计数，这种方法测量的是平均转速，其测量的原理框图见图 11-26(*a*)。例如，一个每转 $P=720$ 个脉冲的光电编码器，若计数器的闸门时间为 1s，测得编码器的频率为 $f=\dfrac{N}{T}=1440\,(\text{Hz})$，则其分辨率达 $\dfrac{1}{1440}$。若转速为 1 200r/min，则分辨率可达 $\dfrac{1}{14\,400}$。因此，这种测量方法的分辨率随被测速度而变，测量精度取决于计数时间间隔。

另一种方法用编码器输出的脉冲周期作为计数器的门控信号，而计数脉冲则是计数器的钟脉冲(钟脉冲周期远小于编码器输出脉冲的周期)，这种方法测量的是瞬时转速，其原理如图 11-26(*b*)所示。例如，时钟脉冲频率为 1MHz，对于每转 100 个脉冲的编码器，在 100r/min 时，码盘每个脉冲周期为 0.006T 内，可获得 6 000 个时钟脉冲的计数，即分辨率为 $\dfrac{1}{6\,000}$。显然，提高钟脉冲信号频率可以提高其分辨率。

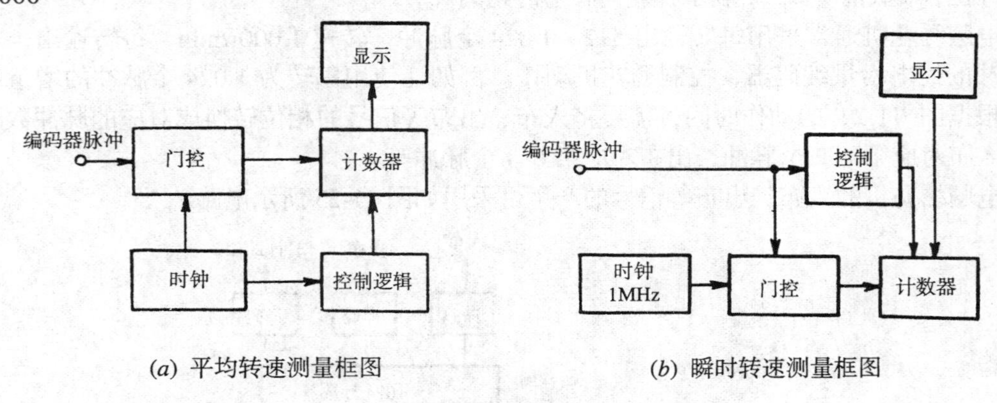

(*a*) 平均转速测量框图　　(*b*) 瞬时转速测量框图

图 11-26　用编码器测量转速

三、压控振荡式频率传感器在测温上的应用

利用热电偶和压控振荡器可以构成频率式的温度测量系统，其原理见图 11-27。由第五章知道，热电偶输出的热电势一般在几毫伏到几百毫伏之内，因此热电偶的热电势必须经 DC 放大器放大，然后再转换成对应的频率。

图中BG_1，BG_2构成晶体管放大电路，BG_3为单结晶体管(双基极二极管)，组成张弛振荡电路。当热电势增大时，U_i增大，BG_1管的集电极电流I_{C1}增大，使BG_1的集电极电位U_{C1}降低，即BG_2的基极电位降低，这相当于晶体管BG_2的输出电阻减小。同理，当U_i减小时，BG_2的输入电阻变大。因此，U_i的变化，改变了对电容 C 的充电时间常数，也就改变了输出脉冲信号的频率。

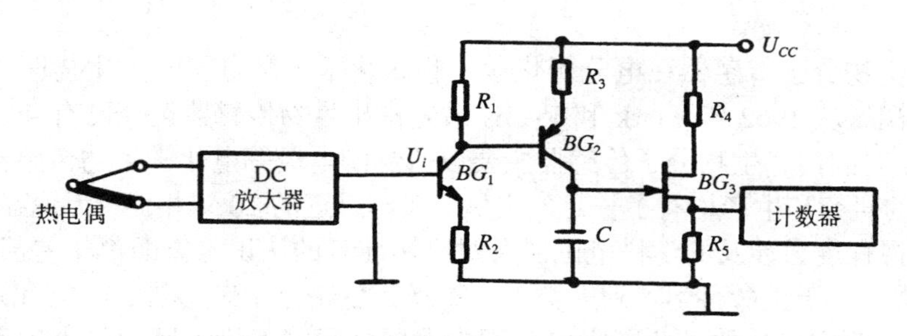

图 11-27　压控振荡器式频率传感器的温度测量

习题与思考题

1. 透射式光栅传感器的莫尔条纹是怎样产生的？条纹间距、栅距与夹角的关系是什么？

2. 如何判别光栅传感器的转动方向？

3. 接触式码盘是怎样制造的？为什么 BCD 码制的码盘会产生非单值误差？采用什么方法消除？试说明消除非单值误差的原理。

4. 如何实现提高光电式编码器的分辨率？

5. 试叙述脉冲盘式数字传感器的一般结构。用一只每圈有 1 024 个输出脉冲的脉冲盘式传感器设计一个测量高速钻床的转速装置，最高转速为 5 000r/min。

6. 试说明图 11-27 测量温度的原理。

第十二章　生物分子传感器[①]

近年来，生物分子传感器在电分析化学、临床化学、微电子学、生物医学、生命科学等领域深受重视。从 1962 年 Clark 和 Lyons 最先提出生物传感器至今已有 40 余年的历史，在最初的 15 年时间内，生物分子传感器主要以研制酶电极等电化学生物传感器为主。这期间，生物电极的研究和生产均有了长足的发展，但与最近的 20 年相比，无论在研究的规模、投入力量、重视程度、涉及的学科范围以及对应用前景的认识等方面都相差甚远。进入 20 世纪 80 年代后，由于生命科学得到人类极大重视，生物分子传感器的研究和开发呈现出突飞猛进的局面。西方发达的工业国家以及不少发展中国家都投入巨大的人力和物力研究生命科学及其获取生命信息的生物分子传感器。仅日本就有 5 个管理部门和 50 多个公司从事生物传感器的研究。欧洲把生物传感器的研究列为尤里卡计划。美国各大学均有该方面的研究机构。这种研究的新高潮的形成，说明各国都充分认识到生物传感器在微电子学、生物医学、生命科学研究中的重要地位。笔者认为作为一本传感器方面的教科书，有责任为之服务和推动这一研究高潮的进一步发展，为此，编写了此章内容。

第一节　生物分子传感器的基本结构与工作原理

一、生物分子传感器的定义

早在本世纪 40 年代，就开始用酶作为分析试剂来检测特定物质。众所周知，酶是能选择性地催化特定物质反应的蛋白质，具有良好的分子识别作用。酶首先被选为对有机物呈特异响应的传感器的敏感材料。1962 年 Clark 最先提出利用酶的这种特异性，把它和电极组合起来，用以测定酶的底物。1967 年 Updike 和 Hicks，根据 Clark 的设想，并采用了生物技术中的酶固定化技术，把葡萄糖氧化酶(GOD)固定在疏水膜上，再和氧电极结合，组装成了第一个酶电极(传感器)——葡萄糖电极。生物体内除了酶以外，还有其他具有分子识别作用的物质，例如，抗体、抗原、激素等，把它们固定在膜上也能作传感器的敏感元件。此外，固定化的细胞、细胞体(器)及动、植物组织的切片也有类似作用。人们把这类用固定化的生物体成分：酶、抗原、抗体、激素等，或生物体本身：细胞、细胞体(器)、组织作为敏感元件的传感器称为生物分子传感器或简称生物传感器。

二、生物传感器基本结构

生物传感器通常将生物物质固定在高分子膜等固体载体上，被识别的生物分子作用于

① 为可选择性教学内容。

生物功能性人工膜(生物传感器)时，将会产生变化的信号(电位、热、光等)输出。然后，采用电化学反应测量、热测量、光测量等方法测量输出信号。因此，生物传感器的基本结构可用图 12-1 形象地表示。

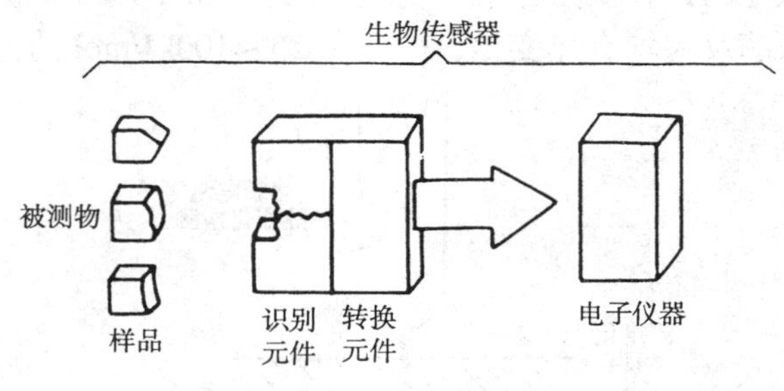

图 12-1　生物传感器的基本结构

三、生物传感器的工作原理及类型

生物传感器是经过 40 多年的研究而发展起来的一种新型传感器，它只有在各种生物分子敏感材料发现后才能产生。发展到今天，已经商品化或正在研究的生物传感器，从工作原理上来看，大致有如下几种：

1. 将化学变化转变成电信号

目前绝大部分生物传感器的工作原理均属此类。现以酶传感器为例加以说明。

酶能催化特定物质发生反应，从而使特定物质的量有所增减。用能把这类物质的量的改变转换为电信号的装置和固定化的酶相耦合，即组成酶传感器。常用的这类信号转换装置有 Clark 型氧电极、过氧化氢电极、氢离子电极、其他离子电极、氨气敏电极、CO_2气敏电极、离子敏场效应晶体管等。除酶以外，用固定化细胞，特别是微生物细胞等，同样可以组成相应的传感器，其工作原理与酶相似。生物传感器这种工作原理可由图 12-2 所示。

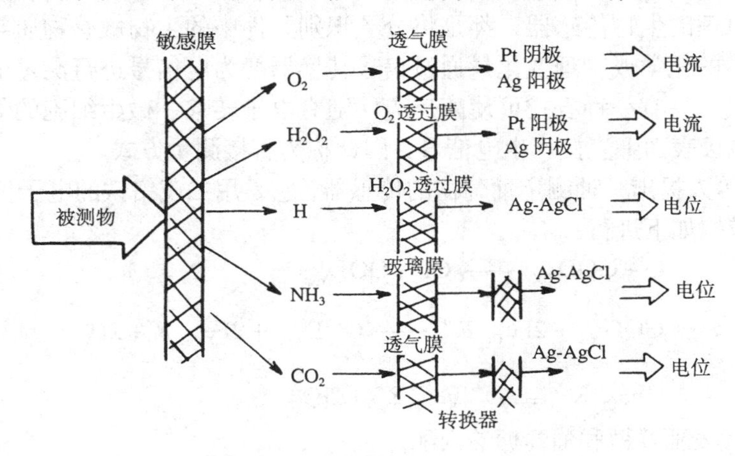

图 12-2　将化学变化转换成电信号的生物传感器

2. 将热变化转换为电信号

当固定化的生物材料与相应的被测物作用时，常伴有热的变化，即产生热效应。然后，利用热敏元件，如热敏电阻，转换为电阻等物理量的变化。图 12-3 就是这类生物传感器的工作原理。例如大多数酶反应均有热变化，一般在 25 ~ 100kJ/mol 的范围。

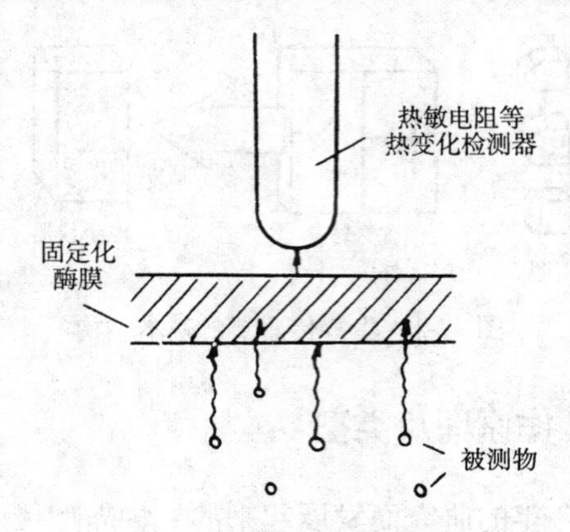

图 12-3　热效应生物传感器

3. 将光效应转变为电信号

有些生物物质，如过氧化氢酶，能催化过氧化氢/鲁米诺体系发光，因此，如能将过氧化氢酶膜附着在光纤或光敏二极管等光敏元件的前端，再用光电流检测装置，即可测定过氧化氢的含量。许多酶反应都伴有过氧化氢的产生，又如葡萄糖氧化酶(GOD)在催化葡萄糖氧化时也产生过氧化氢。因此 GOD 和过氧化氢酶一起做成复合酶膜，则可利用上述方法测定葡萄糖。除酶传感器外，也可依据上述原理组成酶标免疫传感器。

4. 直接产生电信号

上述三种原理的生物传感器，都是将分子识别元件中的生物敏感物质与待测物发生化学反应，所产生的化学或物理变化量通过信号转换器变为电信号进行测量的，这些方式称为间接测量方式。另有一种方式可使酶反应伴随有电子转移、微生细胞的氧化或通过电子传送体作用在电极表面上直接产生电信号，因此称为直接测量方式。

例如 Gass 等人提出一种测定葡萄糖的传感器，它是用二茂络铁的电子传送体，使 GOD 的氧化还原反应按如下进行：

$$G + GOD_{OX} \longrightarrow GL + GOD_{rcd}$$

$$GOD_{rcd} + 2Fe_{CP_2}R^{+} \longrightarrow GOD_{OX} + 2Fe_{CP_2}R + 2H^{+}$$

$$2Fe_{CP_2}R^{+} \rightleftharpoons 2Fe_{CP_2}R^{+} + 2e^{-}$$

其中　G，GL 代表葡萄糖和葡萄糖酸内酯；

GOD_{OX}，GOD_{rcd} 为氧化型和还原型 GOD；

$Fe_{CP_2}R$，$Fe_{CP_2}R^{+}$ 为还原型和氧化型的二茂络铁。

葡萄糖被 GOD 氧化的同时，GOD 被还原成 GOD_{rcd}，氧化型的电子传送体 $Fe_{CP_2}R^{+}$ 可

将 GOD_{red} 再氧化成 GOD_{OX}，使之再生；同时它本身被还原成 $Fe_{CP_2}R$，后者又在阳极上电化学氧化生成 $Fe_{CP_2}R^+$，所得的氧化电流可用于测定葡萄糖。又如利用微生物细胞直接或通过电子传送体在铂阳极上的氧化产生电流，利用这一过程现已研制成了测定菌数的传感器等。

随着科学技术的发展，基于新的原理的生物传感器将不断涌现，这是毫无疑问的。总之，生物传感器种类较多，内容较为广深，是一大类很有发展前途的传感器。直到今天，生物传感器大致可分为如下几种：

敏感材料	分子识别部分	信号转换部分
酶传感器	酶	电化学测定装置
微生物传感器	微生物	场效应晶体管
免疫传感器	抗体或抗原	光纤或光敏二极管
细胞器传感器	细胞器	热敏电阻等
组织传感器	动、植物组织	SAW 装置

第二节　酶传感器及其应用

酶是生物体内具有催化作用的活性蛋白质，早在 1962 年就得以证实。Sumer 首先制得酶晶体，并经水解最终获得了氨基酸，从而证实了酶的本质是蛋白质。与其他蛋白质一样，具有特异的催化功能，因此，酶被称为生物催化剂。酶的理化性质即为蛋白质的理化性质。酶蛋白属两性电解质，在等电位点易发生聚沉，在电场中则发生电泳。酶是大分子化合物，分子量从一万到几十万。酶可分为单纯蛋白酶和结合蛋白酶两大类。单纯蛋白酶除蛋白质以外不含其他成分，如胃蛋白酶、胰蛋白酶和脲酶等。结合蛋白酶是由蛋白和非蛋白两部分组成。两者结合得牢固的则称为辅基，如细胞色素氧化酶中的铁卟啉部分(即为铁卟啉的辅基)等；两者结合不牢的则称为辅酶，如烟酰胺腺嘌呤二核苷酸(NAD，辅酶Ⅰ)和烟酰胺腺嘌呤二核苷酸磷酸(NADP，辅酶Ⅱ)，两者均称为脱氢酶的辅酶。

由于酶在生物体内具有催化作用，它在生命活动中起着极为重要的作用。它参加新陈代谢过程中的所有生化反应，并以极高的速度和明显的方向性维持生命的代谢活动，包括生长、发育、繁殖与运动，可以说没有酶就没有生命。

目前已鉴定出的酶有 2 000 余种，酶与一般催化剂相同。在相对浓度较低时，仅能影响化学反应的速度，而不改变反应的平衡点，反应前后不发生明显改变；但酶又不同于一般催化剂，酶的催化效率比一般催化剂要高 $10^6 \sim 10^{13}$ 倍。酶催化反应所需要的条件较为温和，在常温、常压、近中性条件下均可进行。而这一特性也反映在工业上，若以非酶催化，则需要在 300 个大气压、500℃温度的条件下方可进行。酶的催化具有高度的专一性，即一种酶只能作用于一种或一类物质，产生一定的产物，即特异催化功能。正因为酶有如此的特性，才被用做对某种物质的敏感材料，而制造成传感器。

一、酶传感器的结构

酶传感器主要由固定化的酶膜与电化学电极系统复合而成。它既有酶的分子识别功能和选择催化功能，又具有电化学电极响应快、操作简便的优点。其结构如图 12-4 所示。

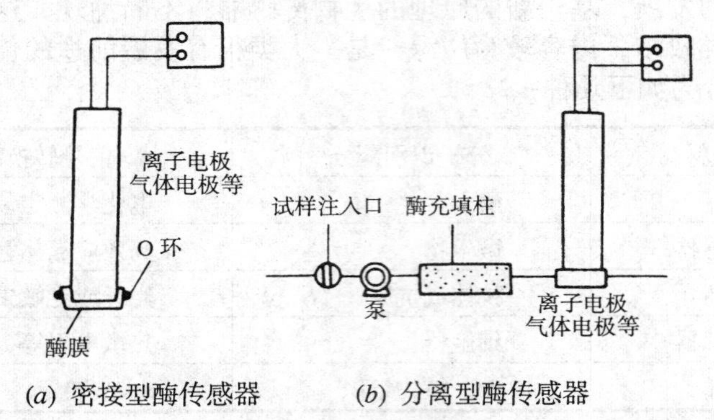

(*a*) 密接型酶传感器　　(*b*) 分离型酶传感器

图 12-4　酶传感器的结构

在传感器的化学电极的敏感面上组装固定化酶膜，当酶膜接触待测物质时，该膜对待测物质的基质(酶可以与之产生催化反应的物质)作出响应，催化它的固有反应，结果是与此反应的有关物质明显增加或减少，该变化再转换为电极中的电流或电位的变化，此种装置就是图(*a*)所示的密接型的酶传感器。图(*b*)所示的酶传感器为分离型酶传感器，也称为液流偶联型酶传感器。它是将固定化酶充填在反应柱内，待测物质流经反应柱时，发生酶催化反应，随后产物再流经电极表面，引起响应。一般在酶膜外再加一层尼龙布或半透膜的保护层，以防止酶的流失。

二、酶传感器的分类

酶传感器按照所测电极的参数的不同，一般可分为电位型和电流型两大类。

1. 电位型酶传感器

这种酶传感器输出的是电位信号，该信号与待测物的浓度之间遵守能斯特关系。它所使用的信号转换器有离子选择型和氧化还原型电极。电位型酶传感器的响应时间、检测下限等性能均与基础电极的性能密切相关。电位型酶传感器的适用范围在 $10^{-2} \sim 10^{-4}$mol/L 之间，有的可扩展到 $10^{-1} \sim 10^{-5}$mol/L，这取决于待测物质在水中的溶解度和基础电极的检测下限。电位型酶传感器随着使用时间的增加，其检测范围变窄，斜率降低，响应时间增长。因此，使用到指标规定的时间就必须更换新的传感器。

2. 电流型酶传感器

该类传感器输出信号为电流。其结构与电位型酶传感器相似，也是将固定化酶膜和基础电极组合而成。电流型酶传感器所用的基础电极为 Clark 氧电极、H_2O_2 电极及燃料电池型电极等。它们将酶催化反应所引起的物质量的变化转变成电流信号输出，输出电流的大小直接与待测物质浓度呈线性关系。

三、酶传感器的响应机理

人们已经提出了不同的数学模型，来说明上述两类酶传感器的响应机理，以寻找出设计酶传感器的理论依据。下面先对电位型酶传感器的响应机理加以说明。

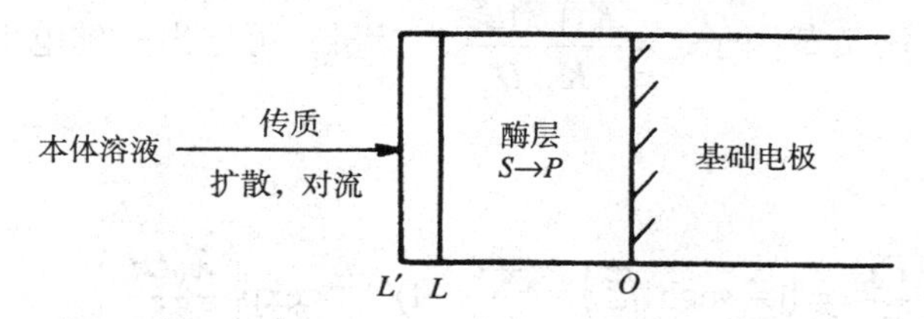

图 12-5　酶电极的工作过程

酶传感器的工作过程可用图 12-5 表示。根据此结构可知，基础电极的外部活性表面为 O(如基础电极是气敏电极，则指透气膜的外表面)，它与一个很薄酶层 OL 紧密相接。固定化酶层的外表面暴露在被测液中，后者通常是处于充分搅拌下，以尽量减小其浓度梯度。若酶层基质的机械强度较差，则在其外侧再加一个能透过底物和辅助试剂的薄膜 LL'。底物在被测过程中一般需经历如下步骤：

(1) 底物 S 由溶液传输至电极表面 L'；

(2) S 在酶层与溶液之间进行分配；

(3) S 在酶层中传输与反应；

(4) 产生物 P 传输至基础电极上被检测。

显然，影响上述步骤的任何因素都有可能引起响应特性的变化。在理想的情况下，如产生物在基础电极上响应很快，外部保护膜 LL' 相当的薄，本体溶液又经过充分混合，则酶层中的反应和扩散是过程的控制步骤，酶反应遵循 Michaelis-Menten 动力学。酶层中($0<x<L$)S 和 P 的浓度分布可由反应速度和扩散方程确定：

$$\frac{\partial[S]}{\partial t}=D_S\frac{\partial^2[S]}{\partial x^2}-\frac{K_2[E][S]}{K_M+[S]} \tag{12-1}$$

$$\frac{\partial[P]}{\partial t}=D_P\frac{\partial^2[P]}{\partial x^2}+\frac{K_2[E][S]}{K_M+[S]} \tag{12-2}$$

当 $0\leqslant x\leqslant L$，$t=0$ 时

$$[S]=[P]=0 \tag{12-3}$$

当 $x=L$，$t>0$ 时

$$[S]=C_S\,,\qquad [P]=0 \tag{12-4}$$

当 $x=0$，$t>0$ 时

$$\frac{\partial[S]}{\partial x}=\frac{\partial[P]}{\partial x}=0 \tag{12-5}$$

其中　D_S 和 D_P——分别是底物和产生物在酶层中的扩散系数；

L——酶层厚度；

$[E]$——酶浓度；

K_2 和 K_M——分别为酶的反应速度常数和 Michaelis 常数。

式(12-3)表示测量前酶层中不含 S 和 P。式(12-4)表示如果溶液受到良好搅拌，透析膜很薄，且相间分配系数为 1，则 $x = L$ 处的$[S]$等于溶液中浓度 C_S，同时由于 P 不扩散出酶层，该处$[P]$为 0。式(12-5)表示在电位法检测中，S 和 P 均不会发生电化学反应而消耗掉。因为，电位分析法属于零电流分析法，所以在基础电极表面 O 处的物质流量为 0。若 $D_S = D_P = D$，并引入酶负载因子$\xi = \dfrac{K_2[E]L^2}{K_M D}$为参量，可导出基础电极表面 $x = 0$ 处的产物浓度$[P]_0$如下：

当 $C_S \ll K_M$ 时

$$\frac{[P]_0}{C_S} = \left(1 - \operatorname{sech}\sqrt{\xi}\right) - 2\sum_{n=1}^{\infty}(-1)^{n+1} \times \exp\left(\frac{\lambda_n^2 Dt}{L^2}\right) \times \left\{1 + \frac{\lambda_n^2}{2\xi}\left[1 - \exp\left(-\frac{K_2[E]t}{K_M}\right)\right]\right\}\left[\lambda_n\left(1 + \frac{\lambda_n^2}{\xi}\right)\right]^{-1} \tag{12-6}$$

当 $C_S \gg K_M$ 时

$$\frac{[P]_0}{C_S} = \frac{K_2[E]L^2}{DC_S} - \left[\frac{1}{2} - 2\sum_{n=1}^{\infty}\frac{(-1)^{n+1}}{\lambda_n^8}\exp\left(\frac{-\lambda_n^2 Dt}{L^2}\right)\right] \tag{12-7}$$

式中 $\lambda_n = \dfrac{(2n-1)\pi}{2}$，$n = 1，2，3，\cdots$。

由式(12-6)和(12-7)可知，电极响应达稳态时，即 $t \to \infty$，则当 $C_S \ll K_M$ 时

$$[P]_0 = C_S\left(1 - \operatorname{sech}\sqrt{\xi}\right) \tag{12-8}$$

当 $C_S \gg K_M$ 时

$$[P]_0 = \frac{K_2[E]L^2}{D} \tag{12-9}$$

这表明，当 C_S 很小时，$[P]_0$与 C_S 成正比；但当 C_S 较大时，$[P]_0$与 C_S 无关。式中 E 为基础电极显示的电位值，它与$[P]_0$的关系，服从 Nernst 方程式：

$$E = K + \frac{RT}{ZF}\ln\left([P]_0 + \sum K_I^P[I]\right) \tag{12-10}$$

K_I^P 为干扰物质 I 对 P 的选择性系统。可见，酶电极的检测限度将受离子选择性电极检测限度的制约。当$[P]_0 < 10\sum K_I^P[I]$时，校正曲线不再呈直线关系。根据式(12-8)，同一 C_S 值时，对应的$[P]_0$将随ξ而变化，如图 12-6 所示。显然，提高ξ有利于增大$[P]_0$，因而可以改善酶电极的实际检测下限。当取$\dfrac{[P]_0}{C_S} = 0.99$时，$\xi$必须不小于 25，若 $K_M = 10^{-6}$mol/mL，$D = 10^{-5}$ cm^2/s，酶层厚度为 300μm 时，酶的活性必须大于 18μ/mL，据此可以估算酶的用量。

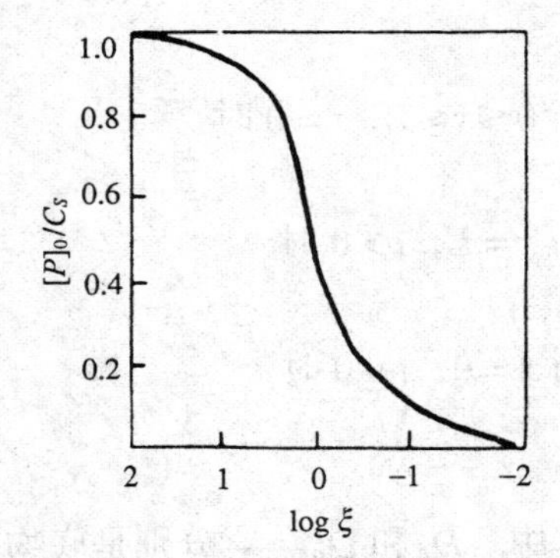

图 12-6 ξ 对$[P]_0$值的影响

图 12-6 是由式(12-8)和(12-9)作出的理论校正曲线，它暗示提高 K_M 和 $K_2[E]$均可扩大线

性范围。当 K_M 减小而其他参数不变时，线性范围的上限下移；而减小 $K_2[E]$时，线性范围的下限上移。在理想情况下，校正曲线直线段的斜率遵循 Nernst 关系，即使ξ值很小也不例外，只是整条直线移向低电位而已。

四、酶传感器应用实例

1. 葡萄糖传感器

葡萄糖传感器是第一支酶传感器，在 1967 年由 Updike 和 Hicks 研制成功。葡萄糖传感器是由葡萄糖氧化酶膜和电化学电极两部分组成。当葡萄糖溶液与酶膜接触时，将产生

$$C_6H_{12}O_6 + 2H_2O + O_2 \xrightarrow{GOD} C_6H_{12}O_7 + 2H_2O_2$$

的反应。所以，根据样品上葡萄糖酸的生成、氧的消耗和 H_2O_2(过氧化氢)的生成量，分别用 pH 电极、氧电极和 H_2O_2 电极来测定葡萄糖的含量。

葡萄糖传感器不仅广泛应用于临床化验分析，而且广为食品工业，如蔗糖工业生产等所接受。除测定葡萄糖、蔗糖以外，还被应用于乳糖、半乳糖、次黄苷的分析。也可将葡萄糖氧化酶作为生物样品的标记物，将葡萄糖电极应用于抗原、抗体、受体等的测定。

2. 氨基酸传感器

用 L-氨基酸氧化酶做成的酶传感器，其酶催化反应为

$$RCHNH_2COOH + O_2 + H_2O \xrightarrow{\text{氨基酸氧化酶}} RCOCOOH + NH_3 + H_2O_2$$

它的基础电极可为氧电极、H_2O_2 电极与氨电极。此类传感器可用于氨基酸生产线上的分析和监控。

3. 乙醇传感器

由于乙醇在乙醇氧化酶(AOE)的作用下，在耗氧过程中将生成乙醛与过氧化氢，其反应为

$$CH_3CH_2OH + O_2 \xrightarrow{AOE} CH_3CHO + H_2O_2$$

虽然，可以直接测定酶催化反应时产生的过氧化氢(H_2O_2)，但受到乙醛的干扰，所以其测定较为困难。若使用 AOE 与 HRP 同时固定化并与氧电极偶联做成乙醇电极，这样在测定血样的氧的还原过程时，电流变化较为明显，因此，就有实用价值。

乙醇在乙醇脱氢酶(ADH)的作用下，将发生如下反应：

$$CH_3CH_2OH + \text{电子传送体(OX)} \xrightarrow{ADH} CH_3\overset{\overset{\displaystyle O}{\|}}{C}-H + \text{电子传送体(red)}$$

有人把乙醇脱氢酶固定在盘状铂电极上，加入 10mmol/L 的六氰合铁(Ⅲ)酸钾作为电子传送体，来测定酒精产品中的乙醇含量。此外，由于辅酶Ⅰ(NAD)能促进 ADH 作用，使乙醇氧化为乙醛，辅酶Ⅰ本身则还原为 NADH，于是，测定 NADH 氧化时所产生的瞬时电流的变化，而达到测定乙醇的含量。根据此原理已制成混合固定化乙醇脱氢酶——乙醇传感器。其制作方法如下：

先将载体——葡聚糖用溴化氰活化，取出活化的葡聚糖 0.8g 放入 10mL，0.1mol/L $NaHCO_3$溶液中，加入 12mg ADH，在 4℃下搅拌 16h，用布氏漏斗过滤，除去游离酶，并以大量的 1mol/ L NaCl 和 PBS(pH = 7.40)洗涤，然后将此酶胶液存放在 4℃的 PBS 中予以备用，酶胶液中酶活性为 0.5 ~ 15 μ/g。将带有缓冲液的酶胶液慢慢注入网状玻碳电极上方的槽孔中形成酶柱，这样就制成了葡聚糖键合包裹的网状玻碳盘状电极，以它为工作电极，Ag-AgCl 作为参比电极。每天测定开始前，先将网状玻碳电极在−1.25 ~ +1.25V 下预处理 15min，然后在流速为 1.45mL/min 的 0.1mol/L 的 PBS(pH = 7.40)和$[NAD^+]$ = 50 μmol/L 以下，施加 0.9V 电压，测定 NADH 的瞬时氧化电流的变化，记录电流的改变值，再绘出电流变化值与乙醇浓度曲线，即可测得乙醇含量。该传感器的检测范围为 10^{-6} ~ 1.5×10^{-4} mol/ L，响应时间为 15s。本方法噪声低，灵敏度高。

4. 尿素传感器

尿素传感器是酶传感器中研究得较成熟的传感器。它是利用尿素水解反应。

$$(NH_2)_2CO + H_2O \xrightarrow{\text{尿酶}} 2NH_3 + CO_2$$

生成氨和二氧化碳来测定尿素含量的。因此可将氨和 CO_2 制成基础电极，其中氨气敏电极灵敏度最高，线性范围较宽，故常被采用。尿素传感器可以用于临床全血、血清-尿液等样品中尿素的测定和尿素生产线上的分析。尿素酶膜的制备方法很多，下面介绍一种用交流电导转换器的尿素生物传感器。其工作原理如下：

$$H_2NCONH_2 + 3H_2O \xrightarrow{\text{尿酶}} 2NH_4^+ + HCO_3^- + OH^-$$

经过酶催化反应后生成了较多离子，导致溶液电导增加，然后，用铂电极作电导转换器，将制成的尿酶膜固定在电极表面。在每组电极间施加一个等幅振荡的正弦(1kHz，10mV)电压信号，引导产生交变电流，经检波整流成直流信号。此信号与溶液的电导成正比，于是便可知尿素的含量。据文献提供的资料，这种方法是尿素传感器中最好的一种测定方法。

5. 青霉素传感器

青霉素在青霉素酶作用下水解生成青霉素噻唑酸：

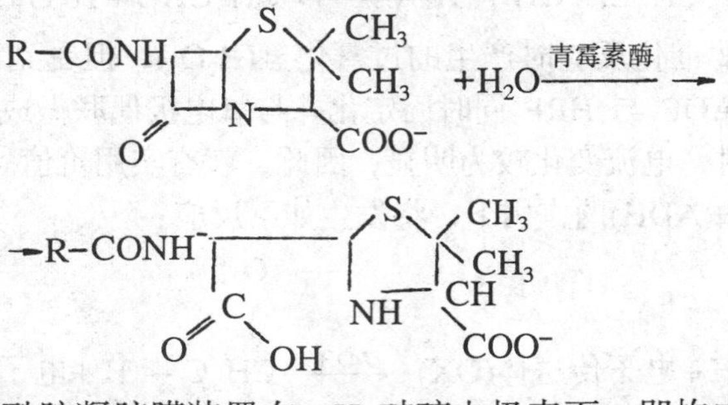

R—CONH—(S, CH_3, CH_3, N, O, COO^-) $+ H_2O \xrightarrow{\text{青霉素酶}}$

→ R—CONH—(C(=O)OH)—(S, CH_3, CH_3, NH, CH, COO^-)

将青霉素酶聚丙烯酰胺凝胶膜装置在 pH 玻璃电极表面，即构成青霉素电极。在测定前，先将测试液 pH 调节为(6.900 ± 0.005)；测定时，量度溶液 pH 将变化，即可测定 10^{-5} ~ 3×10^{-3}mol/L 的青霉素浓度。若青霉素浓度在 10^{-2} ~ 10^{-3}mol/L 之间，$\Delta pH\approx1.4$，稳定时间为 3 周，响应时间为 2 ~ 4min。此种传感器可用于发酵槽中青霉素生产程序的控制。

酶传感器除了上述介绍的各种传感器外，酶还可以制成有机酸盐电极、苯甲酸盐电极、亚硝酸盐电极等。随着科学技术的不断发展，各学科的交叉渗透，各种酶传感器将随之出现。

第三节　微生物传感器及其应用

酶作为生物传感器的敏感材料虽然已有许多应用，但因酶的价格比较昂贵并且不够稳定，因此它的应用受到一定限制。

近年来，微生物固定化的技术在不断发展，从而固定化微生物越来越多地被用做生物传感器的分子识别元件，于是产生了微生物电极。

微生物电极与酶电极相比有其独到之处，它可以克服酶价格昂贵、提取困难及不稳定等弱点。对于复杂反应，还可同时利用微生物体内的辅酶。此外，微生物电极尤其适合于发酵过程的测定，因为在发酵过程中常存在对酶的干扰物质，应用微生物电极则有可能排除这些干扰。总之，微生物电极的应用是很有前景的。

微生物电极是以活的微生物作为分子识别元件的敏感材料，其工作原理大致可分为以下几种类型：

(1) 利用微生物体内含有的酶(单一酶或复合酶)系来识别分子，这与酶电极相类似；但利用微生物体内的酶可免去提取、精制酶的复杂过程。

(2) 利用微生物对有机物的同化作用。有些微生物能够对某一特定的有机物有同化作用，当固定化微生物与该有机化合物接触时，有机化合物就会扩散到固定有微生物的膜中，并被微生物所同化，微生物细胞的呼吸活性(摄氧量)在同化有机物后有所提高，可通过测定氧的含量来估计被测物的浓度。

(3) 有些对有机物有同化作用的微生物是厌氧性的，它们同化有机物后可生成各种电极敏感的代谢物，通过检测这些代谢物来估计被测物的浓度。

测定不同的物质，选择不同的微生物，各种微生物的性质和响应机理也各不相同。

一、微生物的固定化技术

微生物作为传感器的敏感材料，首要的问题是如何将微生物固化在某种载体上。将其固定化的目的就是使微生物在保持固有性能的前提下，处于不脱落状态，以便同基础电极组装为一体。目前，常用的微生物固定化方法有：吸附法、包埋法和共价交联法三种，使用最多的固定化技术是包埋法。下面简介这三种固化方法。

1. 物理吸附法

吸附法是将微生物活细胞直接结合于不溶性载体上。吸附法常分为物理吸附和离子吸附两种。

物理吸附实际上就是微生物细胞附着于固体载体上，细胞与载体不起任何作用。其载体一般有聚氯乙烯膜、醋酸纤维素膜、聚四氯乙烯膜等一些有机高分子物膜。

离子吸附是由载体和细胞表面的静电作用而形成。此法，离子与细胞相结合，显然要比物理吸附牢固；但细胞仍能繁殖，在使用中细胞仍要脱落。常用的载体有离子交换树脂，如阴离子交换树脂等。

2. 包埋法

包埋法是将微生物活细胞包埋于适当的立体网状材料中，如图 12-7(*a*)所示。常用的包埋材料有：聚丙烯酰胺凝胶、角叉菜聚糖凝胶、琼脂、骨胶等。这几种材料的包埋法所需要的材料和制作工艺请参阅有关文献。

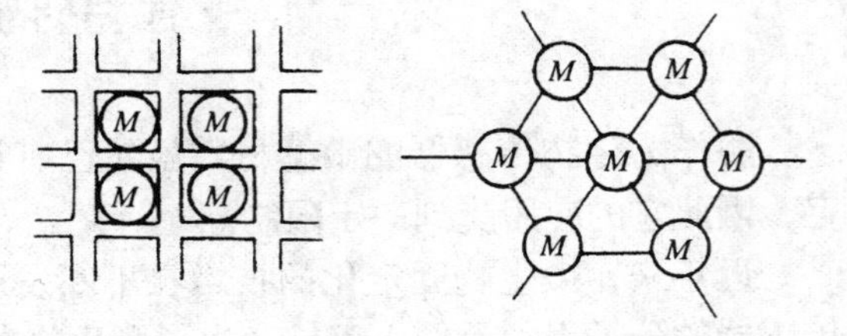

(*a*) 包埋法 (*b*) 共价交联法

图 12-7 微生物固定化方法

(图中Ⓜ代表微生物)

3. 共价交联法

该方法是通过交联剂将活细胞共价联到载体上，如图 12-7(*b*)所示。常用的交联剂有异氰酸盐、氨基硅烷、戊二醛及氰尿酰氯等。例如将 500mg 菌体与 5mL 蛋白混合均匀，再用浓度为 2%的戊二醛交联，在 25℃下停放 2.5h，便成了包埋式的细胞膜。由于共键形成过程中往往毒害了活细胞，所以应用受到限制。

二、微生物传感器的结构与分类

1. 微生物传感器的结构

微生物传感器的结构如图 12-8 所示。它主要由固定化微生物膜和转换器件两部分组成。转换器可采用电化学电极、场效应晶体管(FET)等，但习惯上称前者为微生物传感器；后者被叫做微生物 FET 或生物电子学传感器，此类传感器将在后面再介绍。常用于电化学电极的有 pH 玻璃电极、氧电极、氨气敏电极、CO_2气敏电极等。

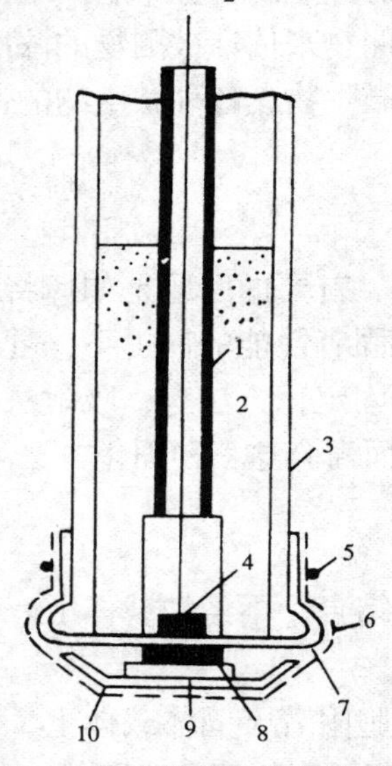

图 12-8 微生物电极的结构示意图

1—铝阳极 2—电解液 3—绝缘体 4—铂阴极 5—橡胶圈 6—尼龙网
7—聚四氟乙烯膜 8—微生物 9—醋酸纤维素膜 10—多孔聚四氟乙烯膜

2. 微生物传感器的分类

微生物传感器种类很多，与传感器总的分类法也很相似，可根据输出信号性质和工作原理等方法来分类。前者分类可分为电流型和电压型微生物传感器两类，其具体分类法参见表 12-1 和表 12-2；后者分类可将微生物传感器分为测定呼吸活性型微生物传感器和测定代谢物质型微生物传感器，其工作原理将在下一节介绍。

表 12-1 电流型微生物电极

被测物	微生物	固定化方法	转换器件	稳定性/d	响应时间/min	测定范围/mg/L
葡萄糖	Pseudomonas fluorescens	包埋法	氧电极	14	10	5 ~ 20
同化糖	Brevibacterium Lactofermentum	吸附法	氧电极	20	10	$20 \times 2 \times 10^2$
甲醇	未鉴定菌	吸附法	氧电极	30	10	5 ~ 20
醋酸	Trichosporon brassicae	吸附法	氧电极	20	10	$10 \sim 10^2$
乙醇	Trichosporon brassicae	吸附法	氧电极	30	10	5 ~ 20
蚁酸	Clostridium butyrioum	包埋法	燃料电池型电极	30	30	$1 \sim 3 \times 10^2$
氨气	硝化细菌	吸附法	氧电极	20	5	5 ~ 45
L-色氨酸	Pseudomonas fluorescens	吸附法	氧电极	n.d.	3 ~ 5	$4 \times 10^{-4} \sim 7 \times 10^{-1}$*
L-抗坏血酸	Enterobacter agglomeranans	吸附法	氧电极	11	3	0.004×0.7*
制霉菌素	Saccharomyces cerevisiae	吸附法	氧电极	n.d.	60	$1 \sim 8 \times 10^2$
甲烷	Methylomonas flagellata	吸附法	氧电极	30	0.5	$20 \sim 2 \times 10^2$
菌数	—	—	燃料电池型电极	60	15	$10^5 \sim 7 \times 10^{11}$ 个/mL
胆固醇	Nocardia erythropolis	包埋法	氧电极	28	2 ~ 7	0.015 ~ 0.13*
维生素 B_1	Lactobacillus fermenti	—	燃料电池型电极	60	360	$10 \sim 10^2$
BOD	Trichosporon cutaneum	包埋法	氧电极	30	6.5	
庆大霉素	Escherichia coli	吸附法	氧电极	30	3 ~ 10	1 ~ 20
磷酸盐	Chlorella Vulgaris	滤于聚碳酸酯膜	氧电极	60	1	8 ~ 70*

* mmol/L

表 12-2　电位型微生物电极

底　物	微生物	被检物质	线性范围/mol/L
L-精氨酸	Streptococcus faecium	NH_3	$5\times10^{-5}\sim1\times10^{3}$
L-天冬氨酸	Bacterium cadaveris	NH_3	$3\times10^{-4}\sim7\times10^{-3}$
L-天冬酰胺	Serratia marcescens	NH_3	$1\times10^{-3}\sim9\times10^{-3}$
NAD^+	Escherichia coli/NADase	NH_3	$5\times10^{-5}\sim8\times10^{-4}$
三乙酸胺	Pseudomonas sp	NH_3	$1\times10\sim7\times10$
L-酪氨酸	Aeromonas phenologenes	NH_3	$8.3\times10^{-5}\sim1.0\times10^{-3}$
L-谷氨酰胺	Sarcina flara	NH_3	$2\times10^{-5}\sim1\times10^{-2}$
L-组氨酸	Pseudomonas sp	NH_3	$1\times10^{-4}\sim1.6\times10^{-2}$
硝酸盐	Azotobacter vinelandii	NH_3	$1\times10^{-5}\sim8\times10^{-4}$
L-丝氨酸	Clostridium acidiurici	NH_3	$1.8\times10^{-4}\sim1.6\times10^{-2}$
尿酸	Pichea membranaefaciens	CO_2	$1.0\times10^{-4}\sim2.5\times10^{-3}$
L-谷氨酸	E.coli	CO_2	$1\times10^{-5}\sim1\times10^{-3}$
丙酮酸盐	Streptococcus faecium	CO_2	$2.2\times10^{-4}\sim3.2\times10^{-2}$
L-赖氨酸	E.coli	CO_2	10×100mg/L
乳酸盐	Hansenula anomala	H^+	$4\times10^{-5}\sim2\times10^{-3}$
头孢菌素	Citrobacter freudii	H^+	$60\sim500$mg/L
烟酸	Lactobacillus arabinosa	H^+	10×500mg/L
L-半胱氨酸	Proteus morganii	H_2S	$5\times10^{-5}\sim9\times10^{-4}$

三、微生物传感器的基本工作原理

根据微生物与待测物质之间作用关系分为两种情况：一种是需氧性微生物作为其敏感材料，它与待测物质作用(同化有机物)时，其细胞的呼吸活性有所提高，因此可以测定其呼吸活性来测定待测物质，如此机理就构成了测定呼吸活性型微生物传感器，其工作原理如图 12-9(*a*)所示。把需氧性微生物固定化膜装在隔膜式氧电极上，构成微生物电极。再将该电极插入含有可被同化的有机化合物样品溶液中，有机化合物就扩散到含有微生物细胞的固相膜内并被微生物同化，微生物细胞的呼吸活性则在同化有机物后有所提高，这样扩散到氧探头上的氧量就相应减少，则氧电流值降低，据此可间接求出被微生物同化的有机物的浓度。正因为如此，这一类微生物传感器一般都是电流型微生物传感器。另一种是用厌氧性微生物构成敏感材料。可通过测定它在同化有机物后生成的各种电极敏感代谢物来进行分子识别，因此就构成了测定代谢物质型微生物传感器，其工作原理如图 12-9(*b*)所示。若同化产生物中的某一物质是电极的敏感物质，则可利用该电极为信号转换器件，与固相化微生物膜一起组成微生物传感器用以测定待测物质的浓度。例如测量有机化合物的浓度，我们可以把能够产生氢的“产氢菌”固定在高分子凝胶中，再把它装在燃料电池型(该电池是以白金为阳极，过氧化银(Ag_2O_2)为阴极，极间充有磷酸盐缓冲液(pH7.0)所构成，氢等电极活性物质在阳极上发生氧化反应，则可为产生电流的一种燃料电池)的阳极上，把这种微生物电极浸入含有有机化合物的溶液中，有机化合物扩散到凝胶膜中的产氢菌处，则被同化而产生氢。产生的氢，则向与凝胶紧密接触的阳极扩散，在阳极上被氧化，所以测得的电流值与扩散来的氢的量值成正比，又因为氢生成量与试样溶液中的有机化合物浓度成比例，故待测有机化合物浓度就可转换为电流来测量。

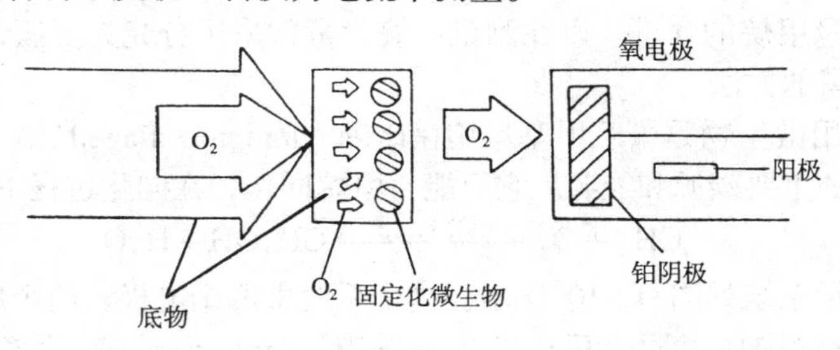

(*a*) 测定呼吸活性型微生物传感器

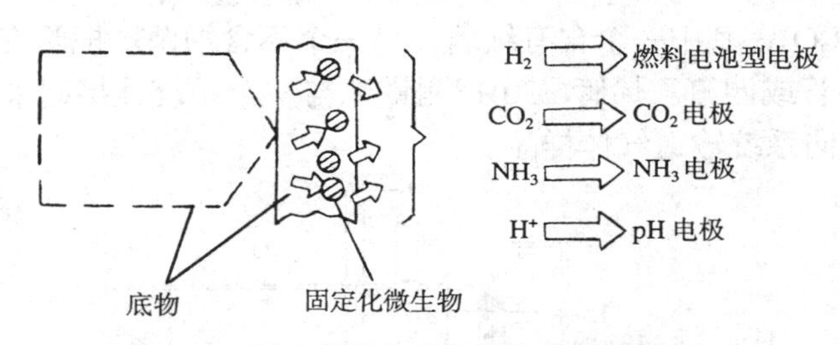

(*b*) 测定代谢物质型微生物传感器

图 12-9 微生物传感器的一般工作原理

四、微生物传感器的应用实例

微生物传感器研制的主要工作是微生物膜的制备，因此，下面介绍几种菌膜的制备工艺，供读者参考。

1. 葡萄糖微生物电极

虽然从前面知道，测定葡萄糖可用酶电极，但是它不能用于发酵过程的葡萄糖的测定，在发酵过程中常用微生物电极测定葡萄糖的含量。对葡萄糖敏感的菌膜利用佛鲁奥森假单胞菌(Pseudomonas fluorescens)制成，将该细菌置于氧条件下，温度保持在 30℃环境中培养 20h，培养后，再将之置于 5℃，600g 条件下离心集菌，然后用蒸馏水洗涤 2 次。制备菌膜的细菌悬浮液按 1.8g 胶原纤维和 0.6g 湿细胞配比制成混合菌液，把该细菌悬浮液滴在聚四氟乙烯膜上，置于 20℃下自然干燥，即可制成细菌胶原膜。最后，将细菌胶原膜浸于 1%的戊二醛中 1min 左右，再置于 4℃中干燥即成可使用的菌膜。

当菌膜与氧电极组合成测定葡萄糖的微生物电极后，将之浸入葡萄糖样品中，细菌开始同化样品中的葡萄糖，随之，氧被胶原膜中的细菌消耗，引起膜附近溶解氧浓度的减小，导致电极电流随时间显著下降，直到稳定值，即细菌消耗的氧量和从溶液扩散到膜附近的氧量达到平衡。该电极可测定 50μmol/L 葡萄糖溶液，电极浸入溶液后 10min 测定 1 次电流值，再由电流值求得溶液中葡萄糖的含量。

2. 微生物传感器在甲烷测定中的应用

甲烷是天然气中的主要成分，甲烷与空气结合可形成爆炸性混合物。另外，甲烷的生产过程实际是一个发酵过程，控制发酵过程则需要测定各发酵阶段的甲烷含量。因此，需要一种快速方法测量甲烷的含量。以往测定甲烷含量常采用分光光度法，现在多采用微生物电极测量甲烷含量的方法。

制备该电极所用微生物是鞭毛甲基单胞菌(Methylomonas flagellata)。它通过氧化甲烷而生长，甲烷是它的主要碳源和能源。它只能与甲烷同化，在同化过程中，它呼吸消耗氧：

$$CH_4 + O_2 \xrightarrow{\text{甲烷氧化菌}} CH_3OH + H_2O$$

利用甲烷电极的测量系统如图 12-10 所示。这个系统由两个电极、两个反应器、一个电流放大器和一个记录仪构成。两个反应器中各含有 41mL 营养液(营养液的成分为 0.5g $(NH_4)_2SO_4$、0.3 g KH_2PO_4、1.8g $Na_2HPO_4 \cdot 12H_2O$、0.2g $MgSO_4 \cdot 7H_2O$、10mg $FeSO_4 \cdot 7H_2O$ 和 1.0mg $CuSO_4 \cdot 5H_2O$)，其中一个含有细菌，另一个不含细菌。把两支电极分别安装在两个测量池中，用玻璃管或四氟乙烯管(ϕ30)把测量池与整个系统连接起来，用两个真空泵分别抽空管中的气体和向系统输送气体样品。

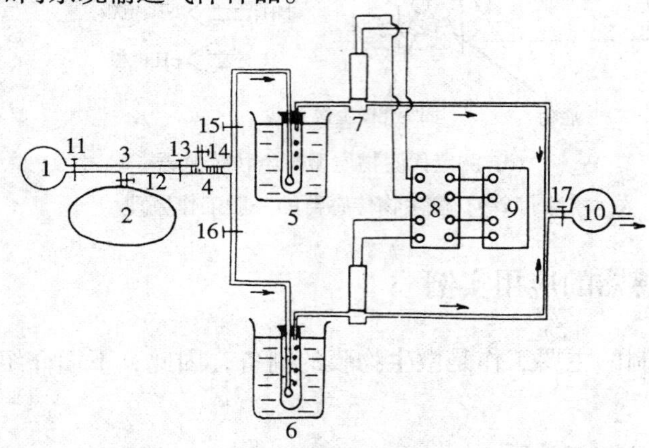

图 12-10 甲烷微生物电极的测量系统

1—真空泵 2—样气袋 3—气样管路 4—棉花滤器 5—控制反应器 6—甲烷氧化菌反应器 7—氧电极 8—放大器 9—记录仪 10—真空泵 11 ~ 17—玻璃阀

甲烷电极系统测量的是两个反应池中氧电极的电流差值，电流差值由氧含量不同而引起。当含有甲烷的气体样品流过有微生物的反应池时，甲烷被微生物同化，同时微生物呼吸活性增强，引起该反应池中氧电极电流减小直到最低的稳定状态。由于，系统中含有两个传感器，另一支传感器所在的反应池中不含有微生物，氧含量及电流值均不会减小，所以两电极电流的最大差值依赖于气体样本甲烷含量。

3. 微生物传感器在抗生素测量中的应用

抗生素的测定通常用比浊法或滴定法，但这些方法培养细菌需要较长的时间，因此通过微生物法连续迅速地测定抗生素是困难的。固定化酶电极亦可用于测定抗生素，然而由于头孢菌素酶的分子量($MW=3\,000$)较低且酶较不稳定，所以头孢菌素酶的固定化是较困难的。

可以用固定化微生物制成电极来测定头孢菌素，该菌体中含有头孢菌素酶，电极由细菌胶原膜和复合 pH 电极组成。

(1) 细菌-胶原膜的制备

取 Citrobacter freudii(头孢菌素氧化酶)B-0652 在 37℃需氧条件下培养 5h，在 5℃，8 000g 下离心集菌，用去离子水洗涤 3 次。

将湿菌 4g 加到 60g 0.75%的胶纤维悬浮液中，然后将悬浮液浇注在尼龙板上，并在室温下干燥 20h，便制成了细菌胶原膜。用 1%的戊二醇处理膜 1min，再置于室温下干燥，备用。

制成的细菌胶原膜厚度约为 50 ~ 60μm。在胶原膜固定化细胞中的酶是稳定的，而固定化头孢菌素酶的活性大约只残余 9%。

(2) 酶催化反应原理

Citrobacter freudii 菌可产生头孢菌素氧化酶，头孢菌素氧化酶可催化如图 12-11 所示的反应。从图 12-11 可见，反应可释放出氢离子，因此用 pH 电极测量氢离子浓度的改变即可知头孢菌素浓度。

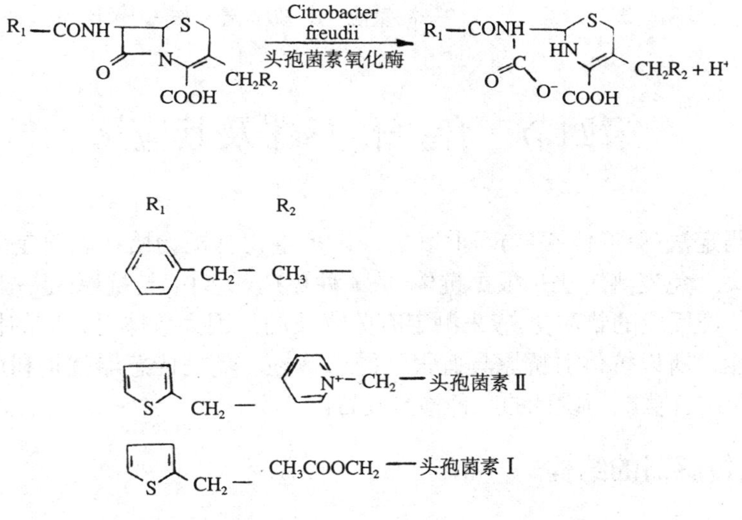

R_1—CONH … COOH, CH_2R_2 —(Citrobacter freudii / 头孢菌素氧化酶)→ R_1—CONH … HN, COO^-, COOH, CH_2R_2 + H^+

R_1	R_2	
C_6H_5—CH_2—	CH_3—	
噻吩基—CH_2—	吡啶基 N^+—CH_2—	头孢菌素Ⅱ
噻吩基—CH_2—	CH_3COOCH_2—	头孢菌素Ⅰ

图 12-11 头孢菌素氧化酶催化反应

(3) 测量系统及测量过程

用微生物电极连续测定头孢菌素的整个系统如图 12-12 所示。反应器(聚丙烯塑料，直径 1.8cm、高 5.2cm)是生物催化型的，中间有一隔板，微生物胶原膜用塑料网($5\times20cm^2$，20 目)包住镶嵌在隔板上，反应器的体积是 4.1mL。

测量时，首先将磷酸盐缓冲液(0.5mmol/L，pH7.2)连续地输送到反应器和敏感池中，使 pH 电极的电位达到一稳定值，然后将不同浓度的样品用蠕动泵输送到反应器中，每份样品以 2mL/min 的速度输送 10mL。样品进入反应器后，发生如图 12-11 所示的反应并定量地释放出氢离子，测定池中的复合 pH 电极可对其检测，结果显示在记录仪上。

除上述应用之外，还可以利用微生物传感器测定醇、氨、BOD 等。随着科学技术中新机理的发现，陆续地研制出了一批新型微生物传感器。例如，燃料电池型微生物电极、光微生物电极、酶-微生物电极等等，为生命科学和生物医学等领域提供了先进的检定手段。

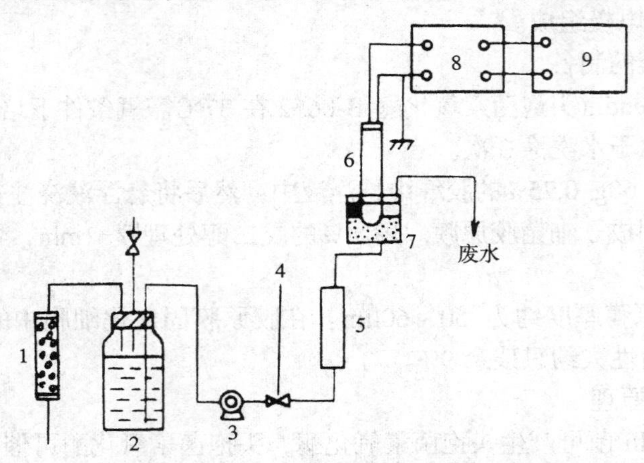

图 12-12　头孢菌素微生物电极测量系统

1—碱石灰　2—缓冲液贮存器　3—蠕动泵　4—进样阀　5—固定化细胞反应器

6—复合玻璃电极　7—测量池　8—放大器　9—记录仪

第四节　免疫传感器及其应用

自从免疫测定法(免疫传感器)问世以来，许多生物有机物质在以前是无法测量的，现在逐一得以解决。免疫测定法是根据抗体(是一种免疫球蛋白)与抗原(是一种进入机体后能刺激机体产生免疫反应的物质)反应来测定有关物质的。因为抗体对相应的抗原具有识别和结合的双重功能，所以抗体对抗原具有很强的选择性。免疫传感器就是利用抗体与相应抗原的识别功能和结合功能而设计的一种检测装置。

一、免疫传感器的结构

免疫传感器是由分子识别元件和电化学电极组合而成。抗体或抗原具有识别和结合相应的抗原或抗体的特性。在均相免疫测定中，作为分子识别元件的抗原或抗体分子不需要固定在固相载体上，而在非均相免疫测定中则需将抗体或抗原分子固定到一定的载体上使之变成半固态或固态。固定的方法可以是物理的也可以是化学的。

抗体或抗原在与相应的抗原或抗体结合时，自身的立体结构和物性发生变化，这个变化是比较小的。为使抗体与抗原结合时产生明显的化学量的变化，人们常利用酶的化学放大作用使其变化明显化。若采用竞争法测定抗原，则用酶标记抗原；若采用夹心法测定抗原，则用酶标记这个抗原的抗体。在酶免疫测定法中，不管是夹心法还是竞争法，都是根据标记的酶催化底物发生化学变化进行化学放大的，最终导致分子识别元件的环境产生比较大的改变。在抗原和抗体结合时，分子识别元件自身变化或其周围环境的变化均可采用转换器来检测。电化学免疫传感器所使用的转换器是电化学电极。根据信息的转换过程，电化学免疫传感器的结构大致可分为直接型和间接型两类。

1. 直接型电化学免疫传感器的结构

这类传感器的特点是在抗体与其相应抗原识别结合的同时，就把这个免疫反应的信息直接转变成电信号。这类传感器在结构上又可分为结合型和分离型两种，前一种是将抗体或抗原直接固定在转换器表面上，将分子识别元件和转换器两者合为一体。Janata 所提出的“免疫电极”即属于这种类型。他是将抗体通过聚氯乙烯膜直接固定到金属导体上制成的。后来 Yamamoto 等使用钛丝或钨丝，通过化学修饰后用溴化氰活化将抗体或抗原借共价键偶联到金属丝的表面上(图 12-13)。这类结构的传感器与相应的抗体或抗原发生结合的同时产生电位改变。另一种类型，分子识别元件与转换器是分开的。如用抗体或抗原制作的抗体膜或抗原膜，当它与相应的配基反应时，膜的电位发生变化。在测定这种膜电位的装置中，抗体膜或抗原膜与转换器(电极)是分开的。

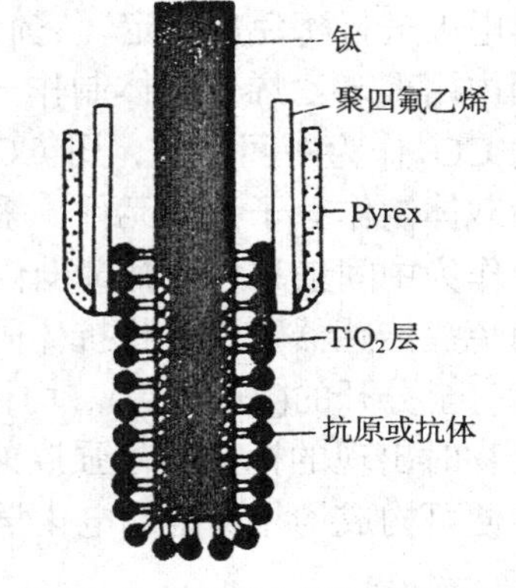

图 12-13　用蛋白修饰的工作电极

2. 间接型电化学免疫传感器的结构

这种类型传感器的特点是将抗原和抗体结合的信息转变成另一种中间信息，然后再把这个中间信息转变成电学信号。这类传感器在结构上也有两种类型：结合型和分离型。前一种结构是将抗体或抗原通过化学方法直接结合到电化学电极的表面上，或将制成的抗体膜或抗原膜贴附在电极的表面上。它们的中间信息的转换器实质上是一种在化学上把分子识别元件和转换器连接起来的化学体系，在两者之间实现这种联系的可以是标记酶的体系或其他标记物。Robison 等人采用玻碳电极组装一种新型的测定 hCG 电化学免疫传感器属于前者。他们把葡糖氧化酶(GOD)固定在玻碳电极上，然后再将抗 hCG McAb 结合在 GOD 上(图 12-14(*a*))，这个电极在电子传送体 *M* 和酶的底物 *S* 存在下，电极上 GOD 的活性随电极上固定的抗 hCG McAb 与 hCG 结合量的增多而增大，从而影响催化电流。

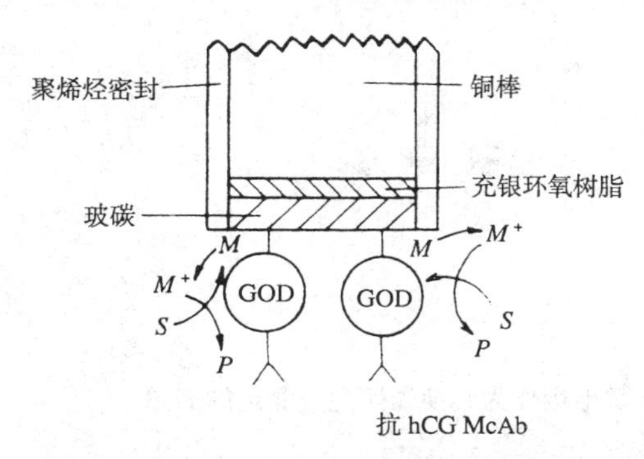

(*a*) 均相生物电化学免疫测定法测定 hCG 的电极

银电极(阳极)
KCl 溶液
铂电极(阴极)
透氧膜(聚四氟乙烯)
抗体膜
抗体
过氧化氢酶标抗原
抗原
O_2
H_2O_2

(*b*) 由氧电极组成的酶免疫传感器的结构图

图　12-14

另一种结合型用得比较多的是将抗体膜或抗原膜贴附在氧电极的聚四氟乙烯的透气膜上(图 12-14(*b*))，采用这种结构的传感器通常使用过氧化氢酶或 GOD 作为标记酶。采用电位型电极进行测定时也用类似于图 12-14(*b*)的方法将抗体膜或抗原膜贴附在电极敏感表面上。

还有一种类型的间接型电化学免疫传感器结构是分子识别元件和转换器，两者是完全分开的。例如，使用聚苯乙烯珠或其微孔管内壁吸附抗体或抗原制作分子识别元件，用电化学电极进行酶免疫测定，它们分子识别元件和转换器是完全分开的，如图 12-15 所示。该图中用聚苯乙烯作载体制作分子识别元件，采用过氧化物酶作为标记酶，它催化底物产生的 CO_2 作为中间信息，用 CO_2 气敏电极作为转换器进行测定。图 12-16 中用聚苯乙烯管作为载体制作分子识别元件，采用碱性磷酸酶作为标记酶，它催化 6-磷酸葡萄糖产生的葡萄糖作为中间信息，用葡萄糖传感器作为转换器进行测定。Karube 等在他们研制的“反应型酶免疫传感器”中，将抗体固定在 5Å 分子筛上作为分子识别元件，且与转换器氧电极也是完全分开的(图 12-17)。均相酶免疫测定法是依赖于标记抗原和抗体结合形成抗体-抗原复合物时出现的标记信号强度的改变，所以将测定这个信号改变的电化学电极插入这个体系中便可构成均相测定的电化学免疫传感器。

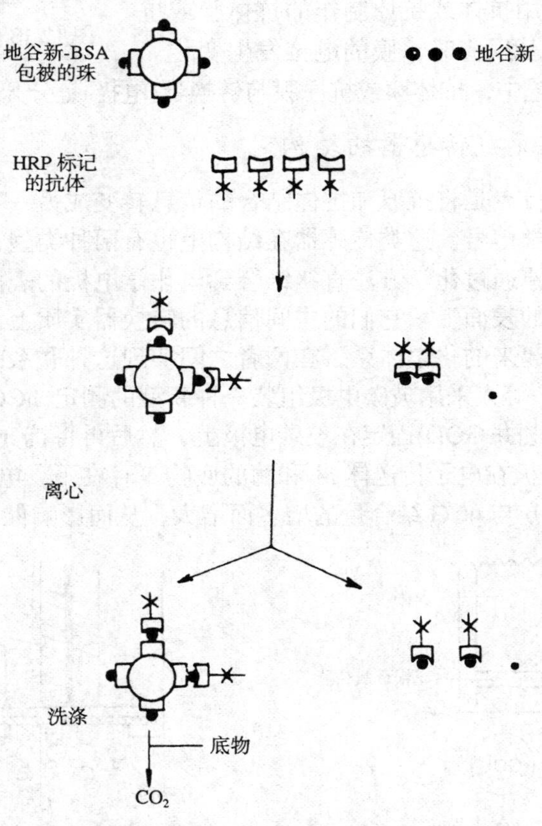

图 12-15　用 CO_2 作为中间信息，用 CO_2 气敏电极作为转换器酶免疫测定的简图

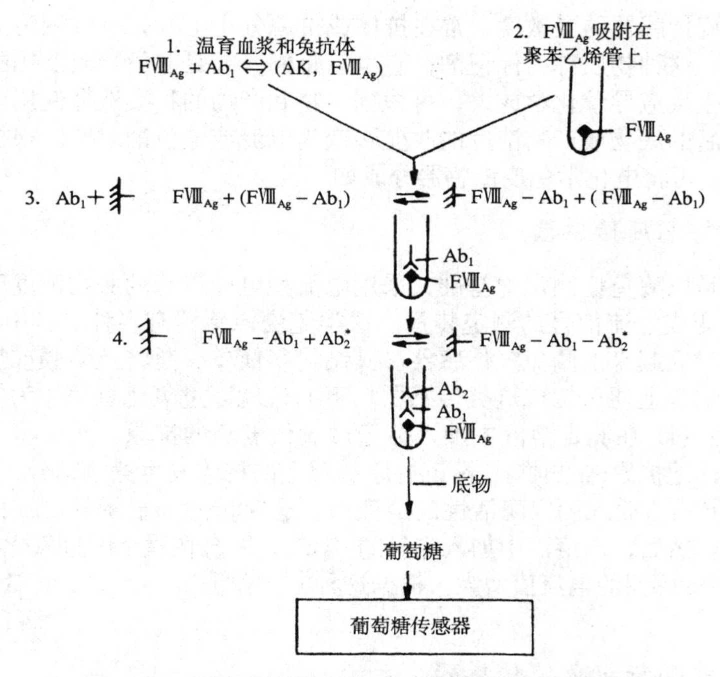

图 12-16　用葡萄糖传感器作转换器的酶免疫测定简图

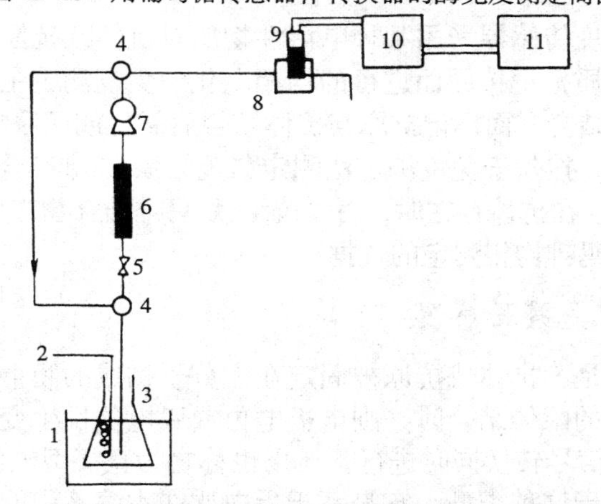

图 12-17　分子识别元件和转换器完全分开的酶反应传感器体系

1—水浴　2—N_2氮　3—磷酸盐缓冲液　4—三通活塞　5—注入部件　6—固定抗体的反应器　7—蠕动泵　8—流通池　9—氧电极　10—安培计　11—记录器

二、免疫传感器的分类和测定原理

在电化学免疫传感器中所使用的电化学电极有两种：电位型和电流型。电位型电极工作于电极敏感界面处，电位处于平衡状态，在此状态下的电极电位或膜电位与被测物浓度之间存在着对数关系，且其理想的电极斜率为$\frac{59}{n}$(mV)。电流型电极与电位型电极不同，它需要在电极上施加电压，推动电极表面的电化学反应，由此而产生的电流与在电极上发生氧化或还原的电活性物质浓度之间存在着线性关系。

为了提高免疫传感器的灵敏度，常在抗体或抗原分子上标记一种测定灵敏度高和选择性好的可测物质，这种物质称为标记剂，它可以是酶，或是非酶物质。用酶作标记剂，由酶催化其底物发生反应导致化学放大，可根据底物和产物的种类选择使用电流型或电位型电极将化学放大后的底物或产物浓度的改变转变为电流或电位的改变。根据所用的标记物种类和电极类型，可将电化学免疫传感器分成如下五类：

1. 电流型酶免疫传感器

这种传感器是以酶免疫测定为基础，采用电流型电极将酶的底物浓度改变或其催化产物的浓度改变转变成电流信号的测定装置。这类免疫传感器有多种，其中之一是以 Clark 氧电极为基础而建立起来的酶免疫传感器。其结构很简单，是将抗体膜或抗原膜固定到氧电极的聚四氟乙烯膜上便可构成这类传感器。下面仅就以过氧化氢酶作为标记酶来说明其测定方法的原理：(1) 在测定溶液中加入标记过氧化氢酶的抗原，然后将免疫传感器插入上述溶液中，未标记抗原(被测物)和标记抗原对膜上的抗体发生竞争结合；(2) 洗去未反应的抗原；(3) 将传感器插入测定酶活性的溶液中，这时传感器显示的电流值是由测定液中溶存氧量决定的。然后，向溶液中加入定量的 H_2O_2，结合在膜上的过氧化氢酶使 H_2O_2 分解产生 O_2，随之传感器的电流值增大。根据这种方法曾测定过 IgG、hCG、甲胎蛋白、茶碱和胰岛素等。

2. 电流型非酶标记免疫传感器

电流型非酶标记免疫传感器采用某种电活性物质对抗体或抗原作标记的，而不采用酶作标记。采用电活性物质标记抗原而进行的均相电化学免疫测定主要是根据抗原和标记抗原对定量抗体进行竞争结合，而标记抗原与抗体结合后氧化或还原电流减少。Webber 等人曾用二茂络铁标记吗啡，按伏安免疫测定法测定二茂络铁-吗啡结合物在抗吗啡抗体的存在与不存在时的氧化作用。在抗体存在时，由二茂络铁-吗啡结合物产生的氧化而使电流减小，他的试验结果构成了对吗啡均相测定的依据。

3. 电位型无标记免疫传感器

这种传感器的特点是：抗体或抗原被固定在大分子构成的膜上或金属电极上，当被固定的抗体或抗原与相应的配体结合时，则电极电位或膜电位发生变化。由于这种类型的免疫传感器的分子识别和信号转换同时进行，所以也称之为直接型电化学免疫传感器。Janata 所制作的免疫电极就属于这种类型。它是基于蛋白质在水溶液中能电离而使其本身带有电荷。抗体是一种蛋白质，当它与其抗原结合时电荷要发生变化。如果参与和抗原相互作用的抗体结合点是游离的，则固定抗体的电极与参比电极之间的电位差取决于游离抗原的浓度。Janata 的模型体系是在铂丝上涂一层厚为 5μm 的聚氯乙烯薄膜，然后将外凝集素刀豆 A 固定在这个薄膜上。当向此体系加入多糖时，可观察到电极电位发生变化。

将抗血清蛋白固定到膜上，使这个膜的两侧与适当的电解质溶液接触，通过测定两侧电解质溶液之间的电位差便可测出抗体膜的膜电位。当电解质浓度和温度一定时，膜电位将依赖于膜的电荷和离子在膜中的迁移率等。结合有抗血清蛋白抗体的抗体膜在酸性和中性介质的条件下带正电，而血清蛋白则相反，带负电。当抗体抗原反应时，抗体膜的表面结合上血清蛋白，因而使抗体膜电荷密度和膜中的离子迁移率等发生变化，从而膜电位发生变化。Aizawa 等曾根据这个原理将心肌磷酯固定在纤维膜上制作出抗原膜组成的梅毒传感器来测定血清中梅毒抗体。

4. 电位型酶免疫传感器

在这种免疫传感器中使用的标记酶的底物或其底物的催化产物是能用电位型电极测定的。通常所使用的电极有离子选择电极、CO_2气敏电极和氨气敏电极等。

采用离子选择电极组成电位型酶免疫传感器的例子有：使用氟离子选择电极，以辣根过氧化物酶作为标记剂，采用非均相免疫测定法测定人血清中IgG，可测到0.9μg/mL。用NH_4^+选择电极，以腺苷脱氨酶作为标记剂组成新的均相酶免疫传感器测定模型抗原HSA。使用碘离子选择电极，以辣根过氧化物酶作标记剂，按夹心法测定人IgG，可测到2.5μg/mL。采用气敏电极组成电位型酶免疫传感器的例子有：采用CO_2气敏电极，用氯过氧化物酶作为标记剂测定人IgG，可测到1μg/mL。使用氨气敏电极，以脲酶作为标记剂，采用固二抗非均相竞争免疫测定法测定模型抗原BSA和CAMP，可测到BSA < 10μg/mL，CAMP $< 10^{-8}$mol。

5. 电位型非酶标记免疫传感器

在这种类型传感器中所使用的标记剂不是酶而是除酶以外可用电位型电极进行测定的其他标记剂。因非酶物质没有酶的化学放大作用，灵敏度较低，因此这类型传感器比较少见。这种类型的免疫传感器可以被利用的放大效应是采用非酶标记的微脂粒。Shiba等报道一种非酶标记的微脂粒免疫传感器。他们采用TPA^+(四苯基铵离子)作为标记剂，将TPA^+和类脂抗原(ε-二硝基苯氨基乙酰基-磷脂酰乙醇胺)包埋在微脂粒中，当将此微脂粒与抗类脂抗原的抗体和补体一起温育时，由于特异的抗体和补体的作用产生免疫溶解，从微脂粒中释放出大量的TPA^+。这个变化起到了放大作用，见图12-18(*a*)。释放出的TPA^+，用TPA^+离子选择电极和板形Ag-AgCl电极，采用薄层电位法进行测定。见图12-18(*b*)，此法所需试样体积非常小，在微升数量级。

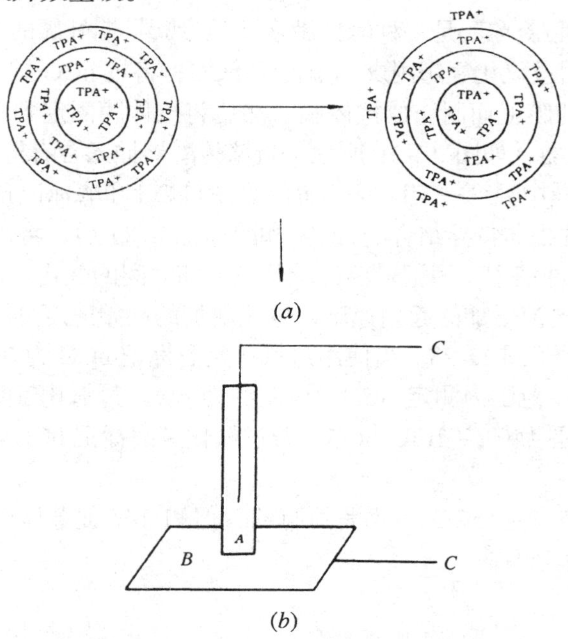

图12-18 微脂粒免疫溶解(*a*)和薄层电位法的装置(*b*)

A—TPA^+离子选择电极　　*B*—板状Ag-AgCl电极

三、免疫传感器应用实例

1. 免疫传感器在测量胰岛素中的应用

胰岛素对物质代谢的作用非常重要，总的效果是促进合成代谢，抑制分解代谢。若缺少胰岛素，则血糖值升高。因此，测定血液中胰岛素浓度和血糖值对诊断、治疗糖尿病是很重要的。

Haga 等为测定血中胰岛素含量曾研制测定胰岛素的酶免疫传感器。他们用氧电极作为转换器，将氧电极端部做成凸面防止气泡附着(图 12-19)，用牛胰岛素作抗原，将溴醋酸纤维素和胰岛素抗体直接偶联制成抗体膜，用戊二醛将过氧化氢酶标记在胰岛素上。其测定方法是将装有抗体膜的氧电极置于含有胰岛素和酶标胰岛素的溶液中，30℃温育 10min 后再放入 pH 8 缓冲液中浸泡 5min 除去非特异结合的物质。将该电极插入 30℃，pH 7.0 缓冲液中，输出电流稳定后，加入一定量的 H_2O_2，用记录仪记录加入底物后电流值的增加，求出电流增加的初始速度(di/dt)，然后将它对胰岛素浓度作图制作标准曲线。测定完毕可将电极置入 pH 2.2，0.2mol/L 甘氨酸-HCl 溶液中 10min 使电极上抗体再生。此法得到的标准曲线示于图 12-20。由图可看出，可检出胰岛素浓度范围为 $4\times10^{-8}\sim10^{-7}$mol/L，最小检出浓度为 4×10^{-8} mol/L。

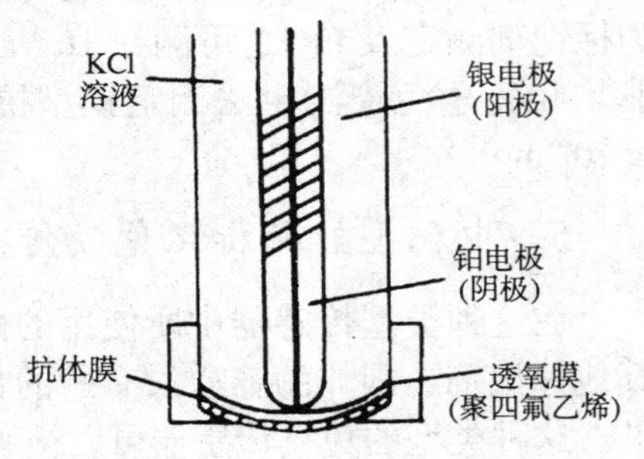

图 12-19　酶免疫电极简图

2. 免疫传感器在人绒毛膜促性腺激素 hCG 测定中的作用

hCG(人绒毛膜促性腺激素)是一种雌性激素，是诊断早期妊娠的重要指标。有些专家用氧电极作转换器，采用过氧化氢酶用戊二醛标记 hCG，将抗 hCG 抗体固定在用溴乙酸纤维素和乙酸纤维素制成的膜上而制作成抗体膜，然后将抗体膜固定到氧电极聚四氟乙烯膜上组成 hCG 酶免疫传感器，如图 12-21 所示。将该传感器插入含有待测游离的 hCG 和一定量的酶标记 hCG 的溶液中温育一定时间，这时待测的 hCG 和酶标记 hCG 对抗体膜上抗 hCG 抗体发生竞争结合。洗去非特异结合的 hCG 和酶标记 hCG 后，将传感器插入 30℃用氧饱和的 pH 7.0 磷酸盐缓冲液中，用记录仪记录其电流随时间的变化。当电流稳定后加入定量的酶底物 H_2O_2，测定电流增加的起始速度，电流增加的起始速度见图 12-22 和未标记 hCG 浓度之间的关系曲线示于图 12-23。当使用过氧化氢酶标记 hCG 为 0.4IU/mL 时，可在 hCG 浓度为 0.02～1.0IU/mL 范围内测定 hCG，误差约为 5%。过氧化氢酶标记 hCG 为 4IU/mL 时，可测定 hCG 的范围为 0.2～10IU hCG；若过氧化氢酶标记 hCG 浓度为 40IU/mL，则可测定 2～100IU hCG。

这种免疫传感器在测定 hCG 方面是可行的，但和 LH(促黄体激素)有交叉反应。这个问题可使用单克隆抗体来解决。

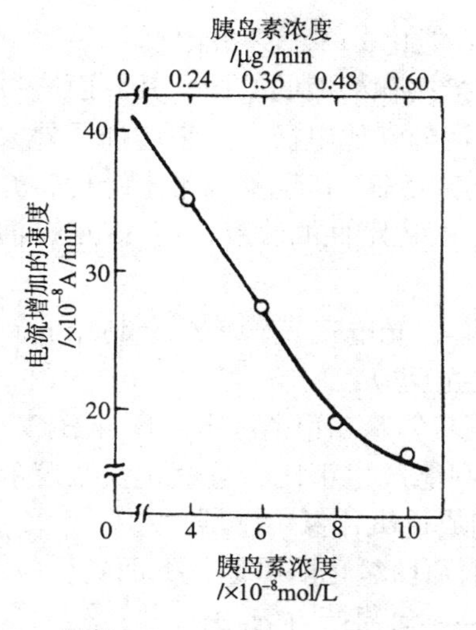

温育：pH 8.0，30℃，10min

测定：pH 7.0，10mmol/L H_2O_2

图 12-20　标准曲线

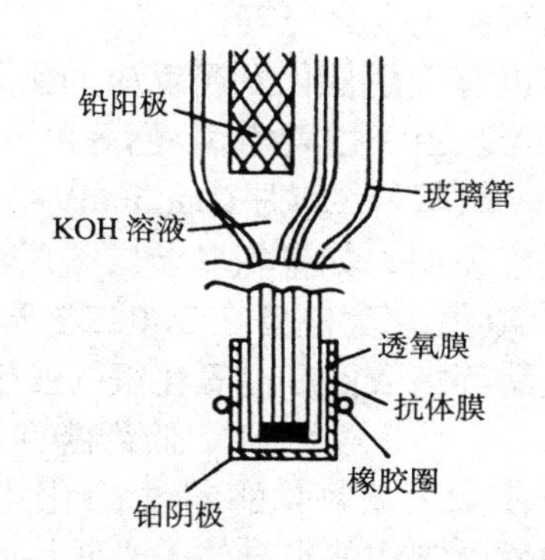

图 12-21　测定 hCG 酶免疫传感器的结构图

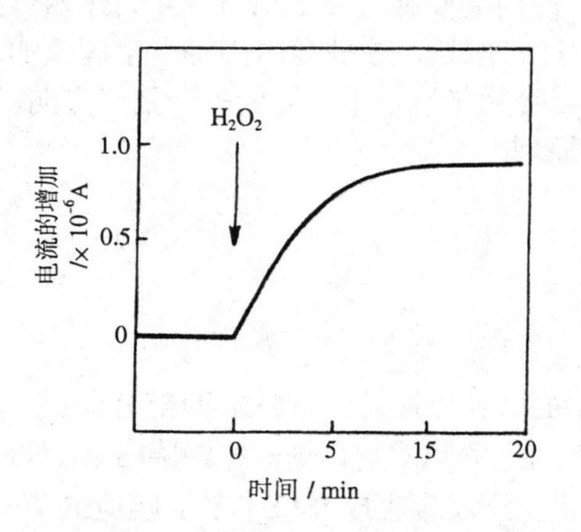

图 12-22　酶免疫传感器输出的时间曲线

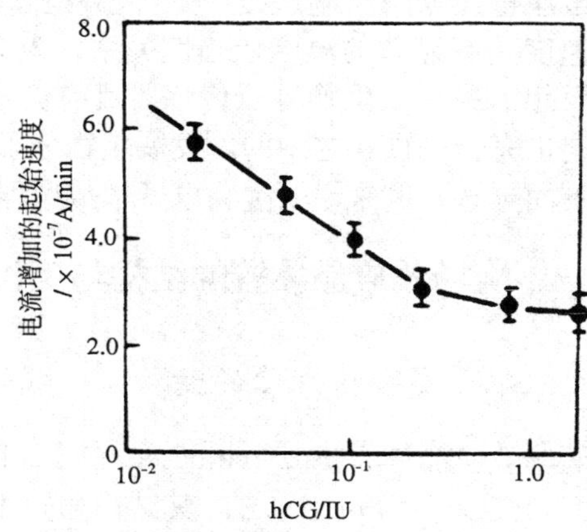

过氧化氢酶标记 hCG 浓度为 0.4IU/mL

图 12-23　电流增加的起始速度与 hCG 浓度之间的关系曲线

第五节　生物电子学传感器及其应用

由于近年来离子感应性场效应管(ISFET)实用性的突破，给半导体器件应用于生物传感器创造了极好的机遇。由此，将生物分子和半导体器件等电子器件融合制作的传感器就称为生物电子学传感器。

利用酶固定化技术和半导体工艺技术将酶薄膜制作在 ISFET 的栅极上，就可以制成具有酶分子识别功能的生物电子学传感器。虽然，这类传感器仍处在研究阶段，但是，由于利用了十分成熟的半导体工艺技术，不难想像，这类传感器将具有如下优点：(1) 有可能微型化；(2) 有大批量生产的可能；(3) 单片化、智能化；(4) 多功能化。

目前正在研究的 ISFET 是采用栅极绝缘膜直接接触溶液的结构，其界面电位随溶液中的离子浓度而变化。最初制作 ISFET 时，没有采用外参比电极，后来增加了外参比电极，使其特性趋于稳定。最新研究的酶 FET 以 pH 响应的 FET 传感器为基本结构，并在其栅极绝缘膜上制作有酶膜。随着酶膜制作方法的改进，酶稳定性的改善，使 ISFET 演变成多功能、单片智能化变为现实。

现在也有人用催化发光反应的酶与光电二极管、光电三极管等组合制作成新的生物电子学传感器。由于过氧(化)物酶等可催化下面的发光反应：

$$\text{氨基苯二酰肼(Luminal)} + H_2O_2 \longrightarrow \text{氨基邻苯二甲(酸)酐} + N_2 + H_2O + h_\nu$$

由此该反应说明，如果氨基苯二酰肼浓度恒定，则能产生正比于过氧化氢浓度的光子。因此，将过氧(化)物酶制备在光电二极管表面就可制成过氧化氢传感器。

氧化酶等多数伴有过氧化氢的发生。例如，葡萄糖氧化酶可催化下面的反应：

$$\text{葡萄糖} + O_2 + H_2O \longrightarrow \text{葡萄糖} + H_2O_2$$

因此，若使葡萄糖氧化酶和过氧(化)物酶共存，则可制作葡萄糖检测用的酶光电二极管。利用这种反应制作的半导体受光元件而制作的生物传感器自然有很美好的发展前景。

若注重伴随酶反应过程中少许温度变化，还可以研究开发酶热敏电阻。利用超声波的传播速度具有显著的温度依赖性关系，人们提出了使用表面弹性波(SAW)器件制作酶传感器的设想。虽然，生物分子传感器目前仍是一种尝试，但是，这种尝试必将产生辉煌的成果，这也完全是预料之中的。发展生物分子传感器是今后传感技术研究的一个重要方向。

下面列举几例来说明生物电子学传感器的工作原理。

一、酶场效应晶体管的结构与工作原理

1. 酶场效应晶体管的结构

酶场效应晶体管(Enzyme-based FET，简记 ENFET)是由酶膜和 ISFET 两部分构成，其中的 ISFET 又多为 pH-ISFET，其结构如图 12-24 所示。把酶膜固定在栅极绝缘膜(Si_3N_4-SiO_2)上，进行测量时，由于酶的催化作用，使待测的有机分子反应生成 ISFET 能够响应的离子。当 Si_3N_4 表面离子浓度发生变化时，表面电荷将发生变化。由于场效应晶体管栅极对表面电荷非常敏感，由此引起栅极的电位变化，这样就可以对漏极电流进行调制。

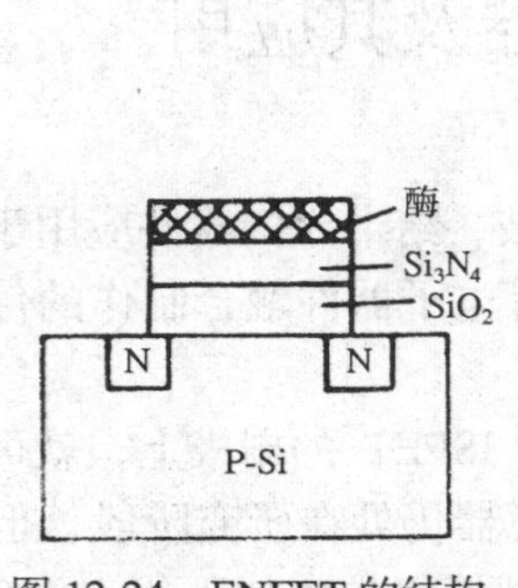

图 12-24　ENFET 的结构

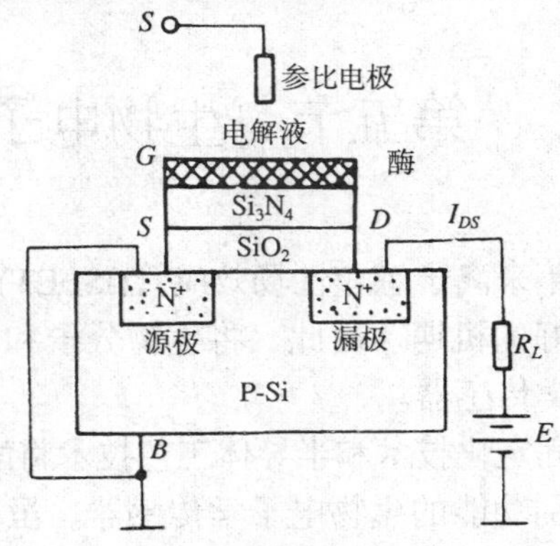

图 12-25　酶 FET 的工作原理

2. 酶场效应晶体管工作原理

临床医生通常通过测定患者血液中脂质含量来判断患者动脉硬化程度。ENFET 的出现，使得这种测定变得很简单。现以铃木研制出的测定中性脂肪的 ENFET 为例说明其工作原理。他将脂蛋白脂肪酶(LPL)以共价结合固定在 pH-FET 的栅极最外层 Si_3N_4 膜上，LPL 可以催化中性脂肪发生下列水解反应产生 H^+：

$$\begin{array}{l} H_2COOC-R \\ \ \ | \\ HCOOC-R + 3H_2O \xrightarrow{LPL} \\ \ \ | \\ H_2COOC-R \end{array} \begin{array}{l} CH_2OH \\ \ \ | \\ CHOH + 3RCOOH \\ \ \ | \\ CH_2OH \end{array}$$

$$RCOOH + H_2O \longrightarrow RCOO^- + H_3O^+$$

这样就可以引起栅极电位变化，再通过漏电流的变化，按图 12-25 所示测出所需信号。

二、免疫场效应晶体管的结构与工作原理

当抗原或抗体一经固定于膜上，例如将抗体固定在醋酸纤维素膜上，就形成具有识别免疫反应的分子功能性膜。抗体是蛋白质，蛋白质为两性电解质(正负电荷数随 pH 而变)，所以抗体的固定膜具有表面电荷，而此膜电位随电荷变化而变化(抗原与抗体的电荷状态往往差别很大)。因此，可根据抗体膜的膜电位变化测定抗原的结合量。

免疫场效应晶体管(Immuno Sensitive FET，简记 IMFET)是由 FET 和识别免疫反应的分子功能性膜所构成，如图 12-26(*a*)所示。首先把抗体固定在有机膜上，再把带抗体的有机膜覆复在 FET 栅极上，即制成 IMFET。

用 IMFET 具体测量时，组成如图 12-26(*b*)所示电路，基片与源极接地，漏极接电源，相对地电压为 V_{DS}。测量时，将抗原放入缓冲液中，参比电极为 Ag-AgCl。

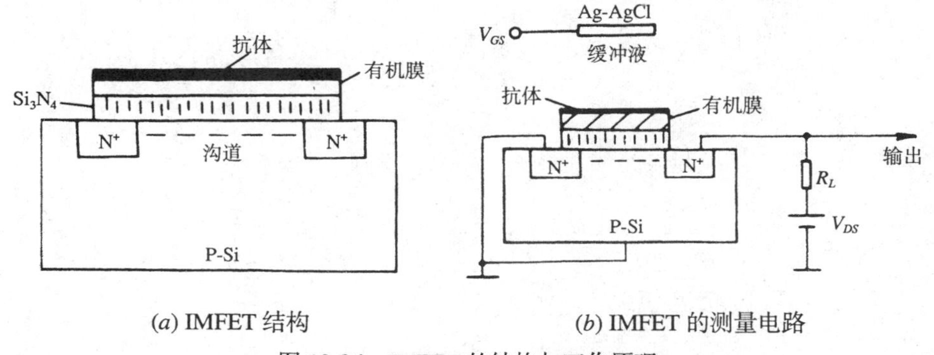

(*a*) IMFET 结构　　(*b*) IMFET 的测量电路

图 12-26　IMFET 的结构与工作原理

除了上述介绍的酶、微生物、免疫和生物电子学传感器之外，还有利用动、植物组织薄片作敏感材料的组织传感器。这类传感器仍然是利用动、植物组织中酶的催化作用作测量电极，因此，这里就不再介绍；但是世界范围内从事该项研究的人数很多，它是生物传感器中的一个重要课题。

习题与思考题

1. 什么是生物传感器？简述生物传感器基本结构和工作原理。

2. 叙述酶传感器的工作原理及其基本结构。

3. 叙述微生物传感器的基本工作原理。它有哪些固定生成技术？

4. 叙述免疫传感器的基本工作原理。电化学免疫传感器的结构有哪几种？抗体和抗原结合时产生的化学量的变化是很微弱的，怎样使这种变化量放大？

5. 什么是生物电子学传感器？它具有哪些优点？

6. 试叙述酶场效应晶体管和免疫场效应晶体管的结构和工作原理？

7. 如何用生物传感器诊断一个病人是否得了糖尿病？

8. 请大胆设想一下，生物传感器和分子生物传感器的今后发展前景以及它对揭示人类生命信息所起的巨大作用。

第十三章　智能传感器

智能传感器是人类社会发展的需要，科学技术发展到高级阶段的结果。没有这两点智能传感器不可能出现。可以预料随着人类社会发展的进步和科学技术水平进一步提高，我们在本章所涉及的智能传感器的概念和技术将会有更新、更全面、更丰富的内容。因此，本章就以传感器发展到今日和科技界凭借目前所掌握的知识，对传感器今后发展可能的状况作力所能及的介绍。

第一节　智能传感器的概念和特点

一、智能传感器的概念

智能传感器是一门涉及多种学科的综合技术，是当今世界正在发展中的高新技术。它虽然已被军事、航天航空、科研、工业、农业、医疗、交通等领域和部门广泛地应用，但是至今尚无公认的规范化的定义。早期，很多人认为智能传感器是将“传感器与微型计算机(微处理器)组装在同一块芯片上的装置”；或者认为智能传感器是将“一个或多个敏感元件和信号处理器集成在同一块硅或砷化镓芯片上的装置”。随着以传感器系统发展为特征的传感器技术的出现，人们逐渐发现上述对智能传感器的认识，在实际应用中并非总是必需，而且也不经济；重要的是传感器与微处理器(微型计算机)如何赋以“智能”的结合。若没有赋予足够的“智能”的结合，只能说是“传感器微型化”，或者是智能传感器的低级阶段，还不能说是“智能传感器”。一个真正意义上的智能传感器必须具备如下几个方面的功能：① 具有自校零、自标定、自校正和自动补偿的能力；② 具有自动采集数据和处理数据的能力；③ 具有自整定、自适应的能力；④ 具有一定程度的存储、识别和信息处理能力。⑤ 具有双向通信、标准化符号输入和输出能力；⑥ 具有特定算法进行判断、决策处理的能力。正如 Schodel H、Beniot E 等人对智能传感器综合叙述的那样，“一个真正意义上的智能传感器，必须具备感知、学习、推理、通信以及管理功能”的装置。

关于智能传感器的称谓，目前尚不统一，美国人有的将所谓的智能传感器写成“Smart Sensor”，也有的写成“Integrated Smart Sensor”；英国人则称之为“Intelligent Sensor”。对此，中国学者有的将“Smart Sensor”译为“灵巧传感器”，也有的译为“智能传感器”。本书推荐“Intelligent Sensor”为我们所陈述的智能传感器英语称谓。

二、智能传感器的特点

由于智能传感器具备上述六大功能(能力)，它必然具有如下特点：

1. 高精度和高分辨力

由于智能传感器具备自校正零点、自动补偿和数字化的功能，它就具备了高精度和高分辨力这一特点。自校正零点能消除系统零点偏差；自动切换量程、软件数字滤波、数据融合和相关分析等处理可以保证测量高分辨率；自动补偿非线性的误差；数字化可以通过大量数据的统计处理消除偶然误差的影响……从而保证了智能传感器的高精度和高分辨力的特点。

2. 高稳定性和高可靠性

智能传感器的自动补偿能力除了保证该传感器的高精度特点外，能自动补偿因工作条件和环境参数发生变化后而引起的系统特性漂移，例如温度变化而产生的零点和灵敏度的漂移，保障系统稳定可靠地工作。智能传感器的适时自我检验、分析、诊断和校正能力，能使系统在异常情况下也能可靠稳定工作。

3. 强自适应性

由于智能传感器具有判断、分析与处理功能，它能根据系统工作情况决定各部件的供电情况、与系统中的上位计算机的数据传输速率，使系统以最适当的数据传送速率工作在最优低功率状态。

4. 高性能价格比

智能传感器的高性能是无可质疑的，那么它的价格与传统传感器相比是否高很多呢?可以肯定地讲，智能传感器采用低廉的集成电路工艺并具有强大的软件功能，其性能价格比远高于传统传感器。

由此可见，智能化设计是传感器传统设计中的一次革命，是传感器发展的主要方向。

第二节　智能传感器的实现途径

智能传感器技术实现途径主要有如下三种：

(1) 传感器和信号处理装置的功能集成化是实现传感器智能化的主要技术途径。

利用集成或混合集成方式将敏感元件、信号处理器和微处理器集成在一起，利用驻留在集成体内的软件，实现对测量过程的控制、逻辑判断和数据处理以及信息传输等功能，从而构成功能集成化的智能传感器。这类传感器具有小型化、性能可靠、能批量生产、价廉等优点，因而，被认为是智能传感器的主要发展方向。

例如，多功能集成 FET 生物传感器是将多个具有不同固有成分选择的 ISFET(单个有选择性的场效应管)和多路转换器集成在同一芯片上，实现多成分分析。日本电气公司已经研制成能检测葡萄糖、尿素、维生素 K 和白蛋白四种成分的集成 FET 传感器。

另外一种功能集成传感器是将多个具有不同特性的气敏元件集成在一个芯片上，利用图像识别技术处理传感器而得到的不同灵敏度模式，然后将这些模式所获取的数据进行计算，与被测气体的模式比较，便可辨别出气体种类和确定各自的浓度。

(2) 基于新的检测原理和结构，实现信号处理的智能化。

采用新的检测原理，通过微机械精细加工工艺和纳米技术设计新型结构，使之能真实地反映被测对象的完整信息，这也是传感器智能化的重要技术之一。

人们研究的多振动智能传感器就是利用这种方式实现传感器智能化的实例。

工程中的振动通常是多种振动模式的综合效应，常用频谱分析方法解析振动。由于传感器在不同频率下的灵敏度不同，势必造成分析上的失真。现在采用微机械加工技术，在硅片上制作出极其精细的沟、槽、孔、膜、悬臂梁、共振腔等，构成性能优异的微型传感器。

加工时，首先在片上外延生长片状悬臂梁的振动板；然后，在其上生长一层 SiO_2 绝缘膜；再在 SiO_2 上生成起应变片作用的多晶硅膜；最后，在应变片的电极部分与振动板的自由端处蒸金，形成电极敏感部分。多层结构工艺结束后，从自由端处打一小孔，采用各向异性腐蚀工艺进行深度加工，形成硅单晶片状悬臂梁，同时在硅片上集成信号处理器。采用这种精细加工工艺，可以构成完整的多振动的信号感知和处理的智能传感器。

目前，人们已能在(2×4)mm 硅片上制成 50 条振动板，其谐振频率为 4 ~ 14kHz 的多振动智能传感器。

(3) 研制人工智能材料是当今实现智能传感器以及实现人工智能的最新手段和最新学科。

近几年来，人工智能材料 AIM(Artificial Intelligent Materials)的研究是当今世界上的高新技术领域中的一个研究热点，也是全世界有关科学家和工程技术人员主要的研究课题。

所谓人工智能就是研究和完善达到或超过人的思维能力的人造思维系统。其主要内容包括机器智能和仿生模拟两大部分。前者是利用现有的高速、大容量电子计算机的硬件设备，研究计算机的软件系统来实现新型计算机原理论证、策略制定、图像识别、语言识别和思维模拟，这是人工智能的初级阶段。后者，则是在生物学已有成就的基础上，对人脑和思维过程进行人工模拟，设计出具有人类神经系统功能的人工智能机。为了达到上述目的，无疑，计算机科学是实现人工智能的必要手段，而仿生学和材料学则是推动人工智能研究不断前进的两个车轮。从图 13-1 可知智能材料的重要性。

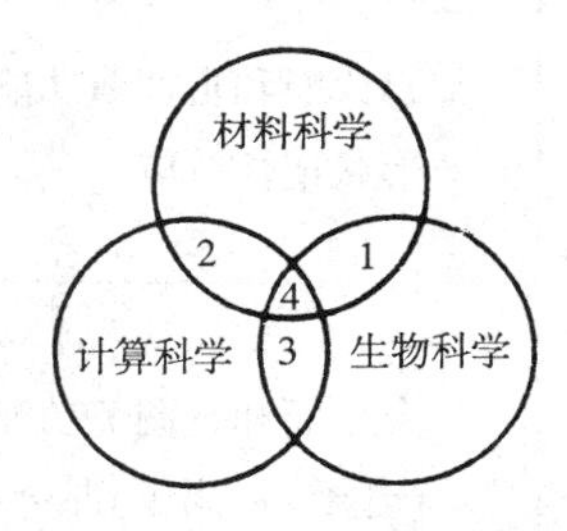

图 13-1　人工智能与材料学的关系

1—仿生材料学　2—计算材料学

3—人工智能学(计算生物学)

4—人工智能材料学

人工智能材料是继天然材料、人造材料、精细材料后的第四代功能材料。它有三个基本特征：能感知环境条件的变化(普通传感器的功能)，进行自我判断(处理器功能)以及发出指令和自动采取行动(执行器功能)。显然，人工智能材料除具有功能材料的一般属性(即电、磁、声、光、热、力等特定功能)能对周围环境进行检测的硬件功能外，还能按照反馈的信息，具有进行调节和转换等软件功能。这种材料具有自适应自诊断、自修复自完善和自调节自学习的特性，这是制造智能传感器极好的材料。因此，人工智能材料和智能传感器是不可分割的两个部分。

智能材料是一种结构灵敏性材料，其种类繁多、性能各异。按电子结构和化学键分为金属、陶瓷、聚合物和复合材料等几大类；按功能特性又分为半导体、压电体、铁弹体、铁磁体、铁电体、导电体、光导体、电光体和电致流变体等几种；按形状分则有块材、薄膜和芯片智能材料。前两者常用作为分离式智能元器件或者传感器(Discrete Intelligent Componts，简称 DIC)，后者则主要用做智能混合电路和智能集成电路(Intelligent Integrated Circuit，简称 IIC)。几种智能材料的主要特性及其应用，可见表 13-1。

表 13-1　几种智能材料的功能特征和应用

种类	功能和效应	主要材料	智能元器件应用举例
半导体陶瓷	自诊断和自调节功能 热阻效应 PTC NTC	$BaTiO_3$，$(Ba，Sr)TiO_3$ 等 Mn，Ni，CoFe 等过渡金属氧化物	测温、控温开关、取代温控线路和保护线路
	自诊断和自调节功能 湿阻效应和气阻效应	MgO/ZrO_2(碱性/酸性) 异质结界面电阻变化	快速检测微波炉的湿度和温度，调节烹调火候和时间，取代复杂的检测线路。不需高温清洗，具有自诊断和自修复功能
	自诊断和自修复功能 湿阻效应和电化学反应	CuO/ZnO(p/n 多孔陶瓷) 异质结界面电阻变化 水分子和污秽在高温上可自行分解	快速检测环境湿度和 CO 泄漏，具有启动电压低(<0.5V)，灵敏度高，不需清洗，可连续重复使用(即自修复功能)
合金	自诊断和自调节功能 形状记忆效应	Ni-Ti，Cu-Zn-Al，Fe-Ni-C，Fe-Ni-Co-Ti 力致可逆马氏相变超弹性材料	利用形状记忆效应对温度的可逆敏感特性，在可自动启合式卫星天线、高压管道的自膨胀接口等方面有特殊应用
氧化物薄膜	自诊断和自调节功能 (电子 + 离子)混合导电性材料的场致变色效应和光记忆效应	WO_3，MoO_3，NiO，普鲁士蓝 $PBKFe_3+[(Fe_2+CN)_6]$ $Fe_4^3+[Fe_2+(CN)_6]_3 \cdot 6H_2O$	利用电致变色效应和光记忆效应作成电色显示器和低压(<2V)自动调光窗口材料，既可减轻空调负荷又能节约能源，在建筑物窗玻璃、汽车玻璃和大屏幕显示等领域有广泛用途
高聚物薄膜	自诊断和自调节功能 热(释)电效应和热记忆效应	PVDF 等	利用热电效应和热记忆效应可用于智能红外摄像和智能多功能自动报警，取代复杂的检测线路
光导纤维	自诊断功能 光电效应	光导纤维 Si 等	利用埋于大跨度桥梁内光导纤维因桥梁过载开裂，光路被切断而自动报警，取代复杂的检测线路

第三节　集成化的智能传感器

一、集成智能传感器的概念与分类

智能传感器的主要实现技术就是利用集成方法实现智能传感器的制造。智能传感器的集成实现包含两方面的概念：① 把许多同样功能的单个传感器按一定规律进行阵列集成，可以形成一维和二维阵列传感器。例如 CCD 图像传感器即属此类传感器。② 把传感器的功能集成化。比如将传感器与其后的各种信号调整电路集成在同一芯片上，形成单片集成传感器；或者将它们集成在几块芯片上，再将这几块芯片组装在一起形成混合集成传感器。

集成智能传感器的基本组成如图 13-2 所示。它包括传感器、补偿和校正、调整电路、输入接口、微处理器和信息接口等。

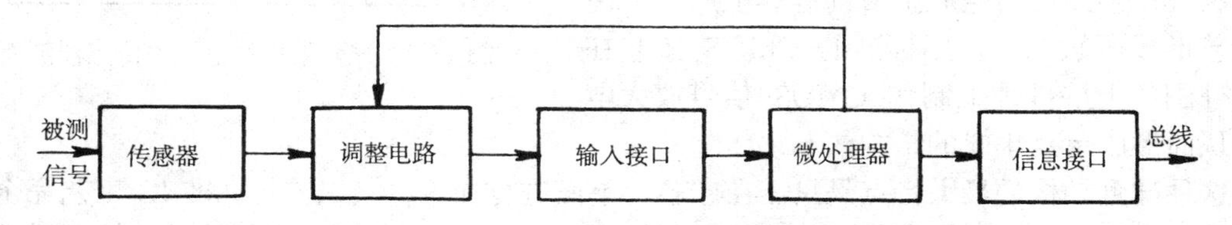

图 13-2　集成智能传感器的基本框图

根据智能传感器的集成度和所包括的功能多少及复杂程度可分为初级、中级和高级三种形式。

1. 智能传感器的初级形式

初级智能传感器仅仅包含补偿电路(如温度补偿)及校正电路、线性补偿和调整电路，但不含有微处理器。虽然，可增加的电路能提高其性能和测控精度，但其智能含量较少，因此，这类传感器属于智能传感器的初级阶段(形式)。

2. 智能传感器的中级形式

这类传感器除了包含初级智能传感器的功能外，还具有自诊断、自校正、数据通信接口和微处理器等。传感器与微处理器的集成形式可以为单片式或混合式。利用微处理器实现多种功能，进一步提高性能，增强自适应能力，以微处理器为核心自成一个独立系统。

3. 智能传感器的高级形式

这类传感器除具有上述两种形式的所有功能外，还具有多维检测、图像识别、分析理解、模式识别、自学习和逻辑推理能力等。因此，它涉及的理论领域应包括：模糊理论、神经网络和人工智能等等。该传感器系统可具有人类“五官”的功能，能从复杂背景中提取有用信息，进行智能化处理，它是真正意义上的智能传感器。

上述划分符合事物发展进程和人对事物的认可程度。虽然智能传感器出现的时间不长，但是，现有的产品已层出不穷，随着其他高新技术和新工艺的出现，还将会出现崭新的更先进的产品，供各领域使用。

二、集成智能传感器举例

1. 具有 CMOS 放大器的单片集成压阻式压力传感器

图 13-3 为硅盒式集成压力传感器芯片剖面图。该结构将压敏单元与 CMOS 信号调整电路集成在同一硅芯片上，其加工过程是先在下层硅片表面通过掩蔽腐蚀的方法形成深 10μm，长宽各 60μm 的凹坑，将上层硅片与下层硅片在 1 150℃高温中键合形成硅盒结构，从而在两层硅片之间生成一个参照压力空腔；然后将上层硅片减薄至 30μm，再将其表面抛光，通过光刻对中的方法，在参照压力空腔上方的硅膜上用离子注入工艺形成压敏电桥。用标准的 CMOS 工艺在空腔外围的上层硅片上制作 CMOS 信号放大电路，从而形成单片集成的结构。

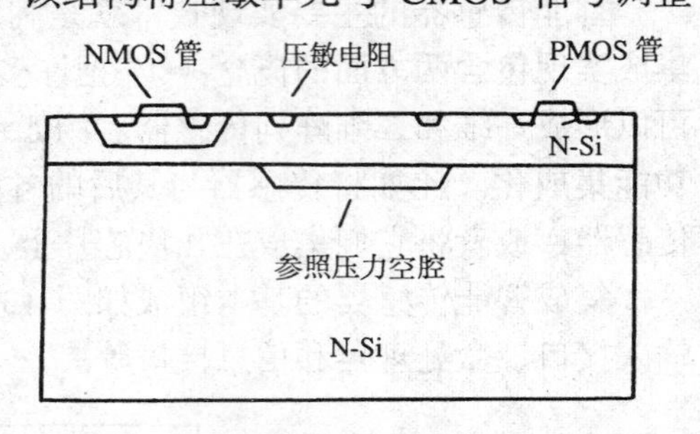

图 13-3　硅盒结构集成压力传感器剖面

这种硅盒结构的最大特点是只需在硅芯片单面进行加工，其工艺与标准 IC 工艺完全兼容，从而克服了传统硅杯型压力传感器在制作工艺上与 IC 工艺不兼容的缺点，使压敏元件与信号调整电路的单片集成成为现实。

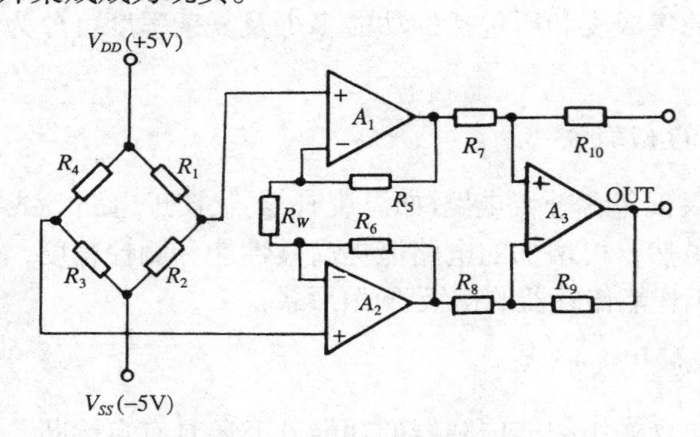

$R_5=R_6$；$R_7=R_8$；$R_9=R_{10}$

图 13-4　带 CMOS 放大器的集成压力传感器

整个集成压力传感器芯片面积为 1.5mm²，其电路如图 13-4 所示。$R_1 \sim R_4$ 组成的压阻全桥构成了力敏传感单元，每臂电阻阻值约为5kΩ，信号放大电路由三个 CMOS 运算放大器及电阻网络组成。图 13-4 中 A_1，A_2 构成同相输入放大器，输入电阻很高，共模抑制比也很高，A_3 接成基本差动输入放大器形式，整个放大电路的差模放大倍数为

$$A_d = \left(1+\frac{R_5+R_6}{R_W}\right)\frac{R_9}{R_8} \tag{13-1}$$

改变 R_W 可以调整差模放大倍数 A_d。该电路要求 A_3 的外接电阻严格匹配，即 $R_{10}=R_9$，$R_7=R_8$。

因为 A_3 放大的是 A_1，A_2 输出之差，电路的失调电压主要是由 A_3 引起的，故降低 A_3 的增益有益于减小输出温度漂移。

对整个传感器进行了实际测试，结果表明该传感器具有较高的灵敏度与精度，并且具有良好的线性。

2. 具有微处理器(MCU)的单片集成压力传感器

本例给出一种由摩托罗拉公司新开发的单片 CMOS 压力传感器。芯片上集成有微处理器 MCU、A/D 转换器、D/A 转换器、数字通信接口、信号调整电路以及温度传感器，它采用 SOI 衬底工艺制作，工艺技术适合于生产制造。传感器的输出特性由微处理器 MCU 进行软件补偿和校准，所以该传感器在相当宽的温度范围内具有极高的精度。为对传感器进行校准和补偿，使用了专用校准系统。

将 MCU 和压力传感器进行单片集成，一方面实现了传感器系统的小型化，有利于避免信号噪声影响；另一方面，由于芯片上集成了微处理器 MCU，从而使传感器具有更多的智能功能，比如：逻辑分析判断、向外部设备输出控制信号以及数字通信能力等等。下面对该单片集成压力传感器作一介绍。

(1) 系统设置

整个集成压力传感器系统包含：压阻式桥路压力传感器、温度传感器、CMOS 模拟信号调整电路、稳压供电电源和稳流供电电源、8 位微处理器 MCU(68H05)、10 位模数转换器(A/D)、8 位数模转换器(D/A)、2KB EPROM、128B RAM、系统引导程序存储器(BOOT ROM)以及数字通信外围电路接口(SPI)。整个系统的电路结构框图如图 13-5 所示。

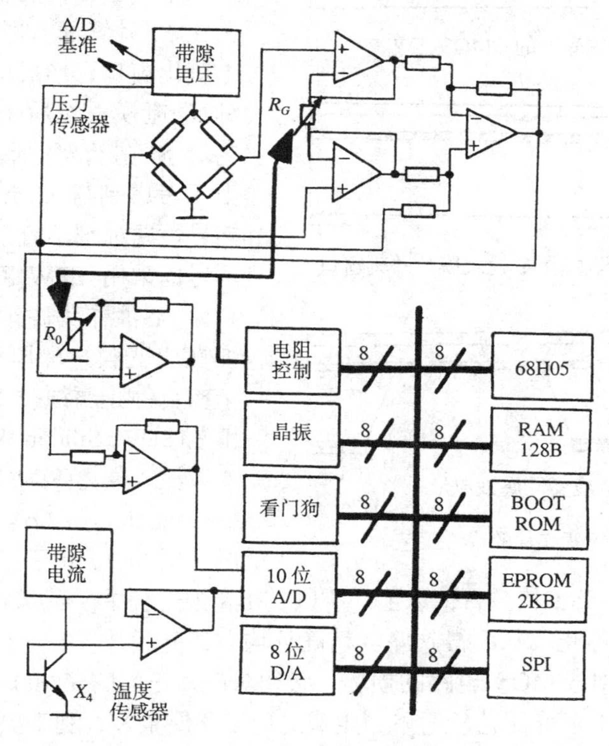

图 13-5　传感器系统的电路结构框图

所有的电路在 10μm 厚的 SOI(Silicon On Insulator)封底硅片上制成，图 13-6 标明了由 4 个压敏电阻组成的压力敏感元件。其中 4 个压敏电阻为浓度 10^{17} 的硼掺杂电阻，且位于硅应变膜(大小为 1 000μm^2)的边缘位置。由图 13-5 可以看出，传感器调整电路的放大倍数可通过可变电阻 R_G 调节，传感器的零点调节可由可变电阻 R_0 进行，而两个可调电阻 R_G 和 R_0 均由 MCU 的程序控制调节。这样，通过调节 R_0 和 R_G，可以把压力传感器的输出信号调整至 A/D 转换器的最佳转换范围，保证其有效的工作。温度传感器主要用于传感器输出校准产生的温度信号，它由 4 个 N 阱区 N-P-N 型晶体管级联而成。温度传感器要尽量靠近压敏电阻全桥，以准确感受工作环境温度的变化。带隙恒压供电电源为压力传感器、调整放大电路以及 A/D 转换器提供恒压电源，而带隙恒流源则为温度传感器提供恒流电源。

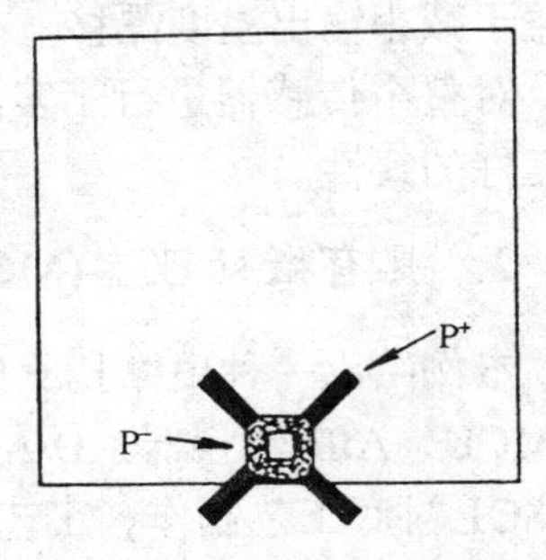

图 13-6　应变膜片上的敏感单元

(2) 传感器制作工艺

整个芯片制作基于双多晶硅、单金属 CMOS 工艺，这一工艺常用于制作含 EPROM 的 MCU。在此工艺基础上再附加几个工艺步骤，以便制作压力及温度传感器，形成单片集成结构，弹性应变膜片成形工艺在 CMOS 工艺之后进行。图 13-7 为弹性应变膜片的成形工艺图。首先用 PECVD(等离子化学气相淀积)工艺把氮化硅(Si_3N_4)淀积在 Si 片背面，通过干法刻蚀在 Si_3N_4 上刻出窗口，形成应变膜片腐蚀成形的 Si_3N_4 掩模；然后采用各向异性腐蚀工艺对 Si 进行腐蚀形成应变膜片的空腔。由于考虑到与 CMOS 工艺兼容，故各向异性腐蚀剂不宜采用 KOH 腐蚀液，可考虑采用 EPW(乙二胺 + 邻苯 = 酚 + 水)溶液作为腐蚀剂。为了准确控制弹性应变膜片的厚度，采用了 Si-SiO_2 结构自停止腐蚀技术，即事先通过键合工艺(SDB，Silicon Wafer Direct Bonding)或氧注入隔离(SIMOX，Separation by Ion Implantation of Oxygen)工艺在硅片中形成一层 SiO_2。由于各向异性腐蚀液 EPW 对于 Si 的腐蚀速度较 SiO_2 快数百倍以上，所以，在腐蚀过程中，当腐蚀液到达 SOI 的 SiO_2 层时，腐蚀就会自动停止，从而得到厚度精确且均匀的硅膜片。在应变膜的腐蚀制作过程中，为了防止腐蚀液对 CMOS 电路的损坏，必须对硅片正面的 CMOS 电路进行保护。采用 SOI 结构的应变膜的制作工艺较简单，生成的应变膜质量好，利于提高成品率。

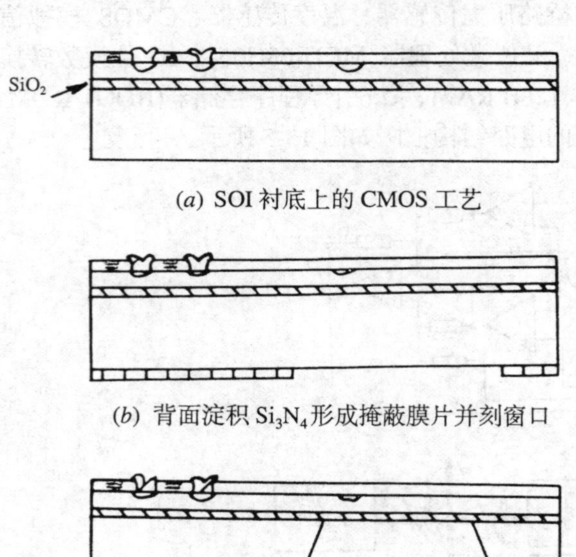

(*a*) SOI 衬底上的 CMOS 工艺

(*b*) 背面淀积 Si_3N_4 形成掩蔽膜片并刻窗口

(*c*) 应变腔腐蚀成形

图 13-7　弹性应变膜片的成形工艺

最后将整个芯片封装在一个 40 管脚的 DIP 陶瓷衬底上，其上带有一个金属管接口，作为待测压力的输入口，芯片用 RTV 粘合在封装衬底上，以便隔绝封装应力。

为了准确地测量待测压力，尚需用传感器芯片中的微处理器 MCU，按一定数学模型对传感器的输出信号进行校准，并补偿其非线性误差和温度漂移。这些均由 MCU 中的软件实现。

3. 高级形式智能传感器系统举例

智能传感器系统的高级形式除具有初级和中级智能系统的功能外，通常还具有多维检测，包括图像显示、图像识别、自学习以及思维判断等能力。高级智能形式的传感器将达到或超过人类“五官”对环境的感测能力，部分代替人的认识活动，能够高效地从复杂对象中提取有效信息。目前，在传感器的整体水平上还未达到上述的高级智能程度，但已有一些传感器具备了部分高级智能的特征，比如：多维检测、图像显示及识别等。仿生传感器具备了高级智能传感器的基本功能。下面将在多维检测和图像显示两方面举例说明高级智能传感器的这些特征。

(1) 采用传感器阵列形式的多维智能气体传感器

当检测某种物质的空间分布信息时，我们感兴趣的不再是空间某点的信息，而是待测物质在空间和时间上的多维分布信息，比如某种化学气体，它在空间的浓度分布随时间和位置而变化，此时我们对气体在空间某处的浓度感兴趣，而空间某处的浓度由于气体分子的运动，又随时间而变化。显然此时再使用前面所述的单个传感器已无法满足检测需要，因为单个传感器的信号只能反映空间某处的待测信息，而不能检测气体的空间和时间分布。为检测待测物质的空间及时间信息，可将多个单传感器连成阵列，来完成对待测物质的多维检测。当被测物质是能看见的固态物体时，可以使用固体图像传感器进行探测；当被测物体是看不到的化学气体时，可将气体传感器连成多维阵列进行探测。此时对不可见气体的较好检测方案是：通过传感器输出信号的处理，使本不可见的气体显形化，比如将气体的空间、时间分布信息实时地用 CRT 显现出来。

图 13-8 为气体多维检测智能传感器系统。图中的传感器阵列为由64个半导体气体传感器组成的二维面阵。气体传感器阵列的输出经过信号调整电路进入数字计算机，经过计算机的计算和处理，将气体的空间信息送到显示器 CRT 上，这样在 CRT 上可显现出气体空间和时间的实时分布信息。比如：观察酒精的挥发过程，我们可以在 CRT 上观察到酒精挥发的过程图像，由于信号计算处理的速度足够快，在 CRT 上的气体图像信息是实时的，非常直观，易于理解。

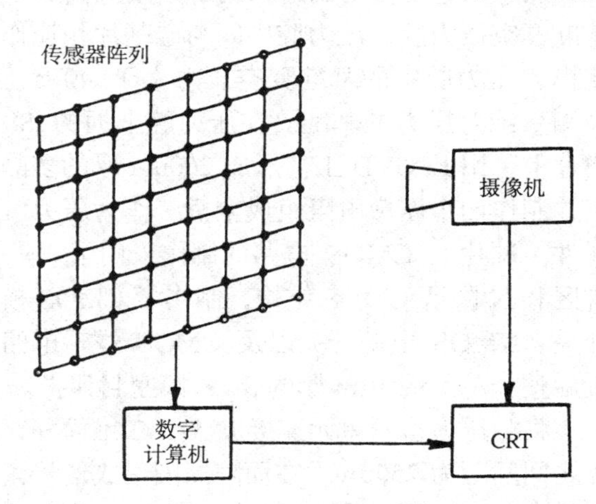

图 13-8　气体多维检测智能传感器系统

利用这种面阵气体智能传感器系统，可以方便地检测管道气体的漏气(比如煤气管道的泄漏)，而且可很快找到准确泄漏位置。另外，这种传感器阵列的检测思路也可用在其他问题上，比如：对声波的传播过程研究，自然此时传感器阵列由单个的声压传感器组成。如果对这种气体阵列形式的智能传感器进行进一步研究，使之能探测多种气体并确定气体的各种成分，则其实用价值将更大。

(2) 带有 CMOS 调整电路的高分辨率压力图像传感器

本例给出的是32×32 阵列形式的压力图像传感器，它是为精确检测二维压力分布而设计制造的。它自身带有 CMOS 信号调整电路，制造工艺采用了标准的 IC 工艺和硅微加工工艺，传感器阵列是由 1 024 个微压力检测单元组成的二维面阵，而其中每个微压力检测单元是由 4 个多晶硅压敏电阻连成惠斯登全桥构成的，这 4 个桥路压敏电阻位于 100μm×100μm 的氮化硅弹性膜片上，二维面阵中微压力检测单元之间的间距为 250μm，传感器的 CMOS 信号调整电路位于传感器阵列周围，与传感器阵列位于同一芯片上。最后由压力图像传感器输出的是经过调整的连续模拟信号。下面分别介绍传感器的结构和信号读出系统。

① 传感器的结构

传感器是由 1 024 个微压力检测单元组成的，其中每个微压力检测单元的横截面如图 13-9 所示，在一块硅晶片上分别制作了压力敏感元件和相应的 CMOS 电路。

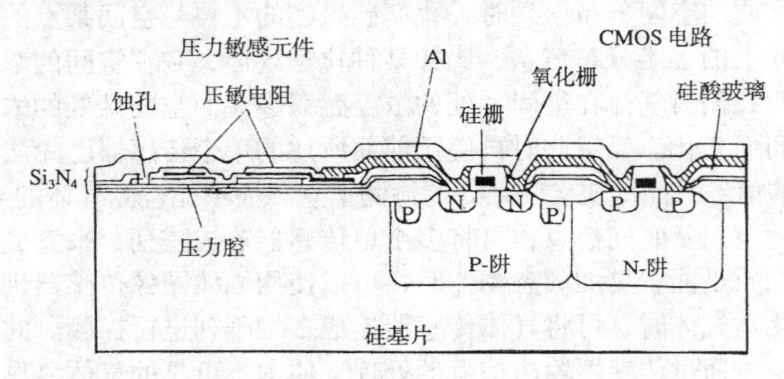

图 13-9　硅压力检测单元横截面图

压力敏感元件的制造采用了硅微机械加工技术，在 Si_3N_4 掩模和硅基片之间制造了一个基准真空压力腔，压力腔中间与硅基片相连作为支撑，压力腔中的基准真空压力小于 40Pa，作为测量绝对压力的基准。在压力腔上面的 Si_3N_4 膜片上，用 LPCVD 工艺形成 200nm 厚的多晶硅层并制作四个压敏电阻组成全桥，作为压力敏感元件。硅片上 CMOS 电路的制作采用了双阱(P-阱区和 N-阱区)CMOS 结构，制作了 CMOS 模拟开关、NMOS 电源开关以及 CMOS 逻辑电路，最后整个单元用 1μm 厚的 Si_3N_4 膜密封保护。

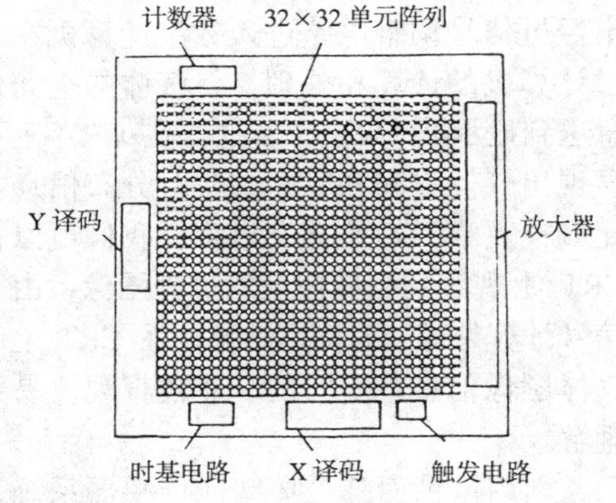

图 13-10　传感器系统芯片框图

将微压力检测单元连接成 *X-Y* 二维面阵，单元之间间距为 250μm，在面阵周围集成信号读出及放大电路，整个传感器芯片如图 13-10 所示，它的整个外形尺寸为10mm×10mm。

② 信号读出系统

该传感器信号读出系统的特点为每个压力单元均采用压敏全桥的双线读出，且系统所采用的电源激励方法使传感器系统的能耗很低(约为 50mW)。

图 13-11 为传感器面阵的等效电路。其中任一压力检测单元均为由四个压敏电阻全桥构成，故每个单元的输出信号均由双线输出。以其中一个压力检测单元 G_1 为例，SX_1，SX_2 为该单元压敏全桥信号输出的两个 CMOS 模拟开关，NMOS 电源开关 V_1 同时给该单元的桥路和 CMOS 逻辑电路控制供电。对面阵传感器的压力检测单元的寻址方法同计算机存储器寻址方式。由于采用了 X-Y 扫描顺序工作，某一时刻只有一个压力检测单元接通电源，所以，该阵列系统的能量消耗只有一个压力检测单元的能量消耗(约为 50mW)。对单元 G_1 而言，模拟开关 SX_1，SX_2，SY_1，SY_2 分别由地址选通线 X_0 和 Y_0 决定，当 X_0 和 Y_0 分别将该四个模拟开关同时闭合时，则 G_1 单元的信号从模拟输出口输出。其他压力检测单元的输出，以此类推。

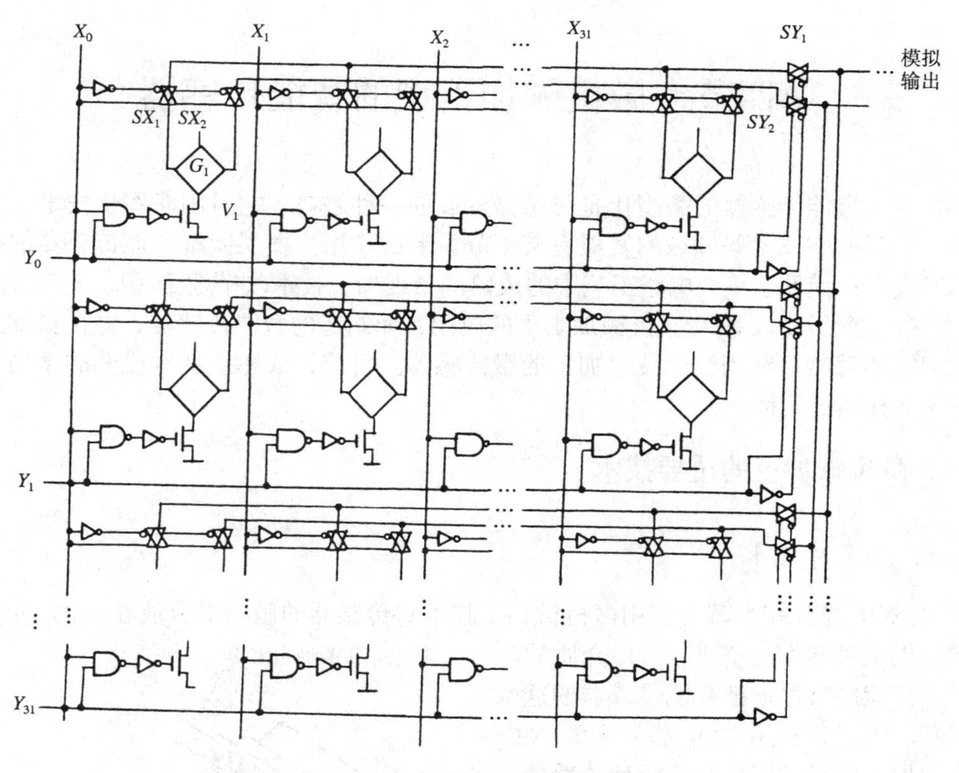

图 13-11 传感器面阵的等效电路

信号读出系统的完整的逻辑框图如图 13-12 所示。它由时基电路(时钟频率为 4MHz)，行(X)、列(Y)译码电路，压力单元连续或随机选通的选择器(S/R)，触发电路，放大电路和其他接口电路组成。该信号读出系统与传感器阵列均用 CMOS 工艺集成在同一芯片上。

当然，只有对以上传感器系统的输出信号作进一步分析和处理，才能真正得知待测空间的压力分布情况，进而得到压力分布图像。该系统可作机器人的压觉传感器。

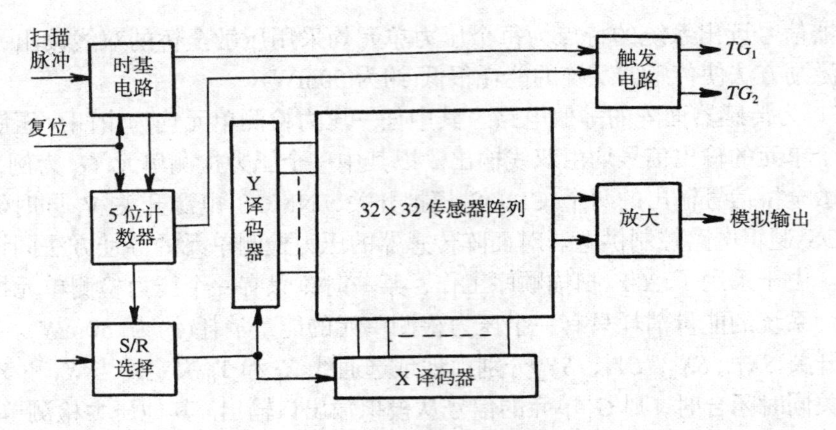

图 13-12　传感器读出系统方框图

第四节　微机械加工型的智能传感器

传感器及智能传感器的微型化是传感器发展的一种趋势，它对国防军事技术、生命科学研究、航天航空技术等领域的发展有着十分重要的作用。发展微型智能传感器的技术大致分为三大类：借助于集成电路工艺中的成熟的微细加工技术(如薄膜淀积、光刻、腐蚀、外延、扩散、离子注入等)在微机械加工中的应用，而制造的智能传感器；微机械加工技术制造的智能传感器；利用纳米技术加工的微传感器。目前，成熟或基本成熟的微加工技术主要有下面介绍的几种。

一、微机械加工的重要技术

1. SOI 晶片技术

所谓 SOI 晶片技术就是利用微机械加工技术将传感器的敏感部分放在 SiO_2 介质的一边，传感器的有源部分置于 SiO_2 介质的另一边，这样就能很好地把智能传感器的这两部分隔开。同时，利用 SOI 晶片中的 SiO_2 层作为微加工的腐蚀层来制造微型传感器，这样大大简化了微机械加工的工艺步骤。SOI 晶片的制造方法主要有如下几种：

(1) 在多晶硅层上用条形加热源使多晶硅再结晶(单晶硅)，其方法如图 13-13 所示。这种方法是早期制作 SOI 晶片的一种方法，它不能制作大面积的 SOI 晶片。制作过程如下：

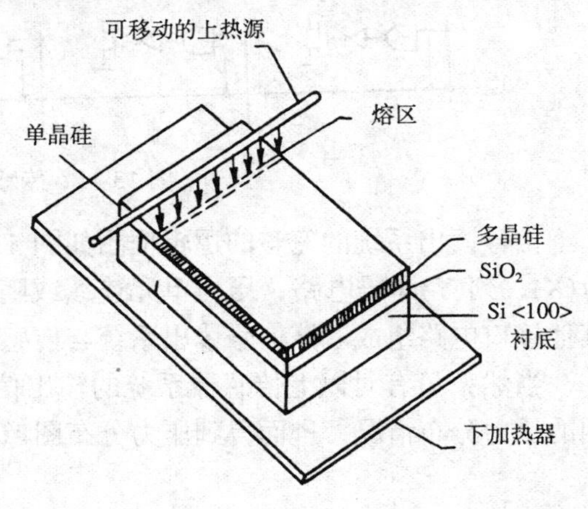

图 13-13　SOI 加工示意图

① 在平整的硅衬底上氧化生成一个

SiO_2薄层；

② 利用光刻方法在 SiO_2 上刻出一定图形，图形内裸露出硅；

③ 在表面上气相淀积一层厚为 0.5 ~ 1μm 的多晶硅；

④ 加热源使多晶硅熔化，一直熔化到硅衬底上，对熔硅来说，这时衬底起籽晶作用；

⑤ 横向移动条形加热源，在氧化层上横向生长出单晶硅。热源可以是加热器、非相干光灯、激光或电子束等。

(2) SIMOX 制造 SOI 晶片技术。SIMOX 是制造 SOI 晶片最成熟最主要的技术。利用 SIMOX 可制造 10.16 ~ 20.32cm 的晶片，且在晶片上部的硅层(0.2μm)能满足制造 LSI 电路的要求。主要的制作过程是在硅衬底中注入氧离子，然后进行高温(> 1 300℃)退火。氧离子注入剂量为 $1.8\times10^{18}\text{cm}^{-2}$，远高于普通的注入剂量。在离子注入时，需要温度在 500℃左右，以防衬底非晶化，同时严格控制注入剂量、离子束方向和离子能量。

例如，用 SIMOX 技术制作上部硅层厚度为 200nm，SiO_2 埋层厚为 400nm 的 SOI 晶片的位错密度小于 10^5cm^{-2}，通过 SiO_2 埋层的漏电流密度小于 0.1nA/cm^2。

(3) SDB 技术。SDB 硅片直接接合技术主要依靠氧化了的硅片表面有很强的亲水性，在一定温度下，硅片重合的界面上，氢键的作用是使表面吸附的 OH^- 聚合分解成水和硅的氧化物，在高温下依靠硅的塑性变形而形成一体。

具体方法是将硅片在湿氧中氧化得到可需要的 SiO_2 膜厚度，放入硫酸加双氧水溶液中处理，用去离子水中冲洗、甩干。在室温下，面对面重合放入扩散炉中，在氮气保护下，置高于 1 000℃的温度下烧结，形成 $Si/SiO_2/Si$ 结构。最后，根据器件需要，采用自停止腐蚀或磨片、抛光方法将硅片减薄。

2. 硅的各向异性刻蚀技术

硅的各向异性刻蚀技术是制造微机械器件的关键技术之一，利用这种技术能制造出微型传感器和微执行器的精密三维结构，且能够和集成电路工艺兼容。

湿法一般来说是各向同性腐蚀，而各向异性腐蚀是在特定溶液和材料中沿不同晶向，其腐蚀速率不同，呈现出晶向的选择性腐蚀，这就是所谓的各向异性腐蚀。

例如，用 NaOH 溶液对 Si 进行腐蚀时，腐蚀速率沿(100)晶面最快，沿(110)晶面次之，沿(111)相对而言最慢，因此，对(100)的硅片表面，其深度方向的刻蚀呈现各向异性，如图 13-14 所示。由于硅(100)与(111)的夹角为54.7°，所以在宽度为 W_1 的腐蚀图形中，腐蚀深度为 h 时，得到下面的腐蚀宽度近似为

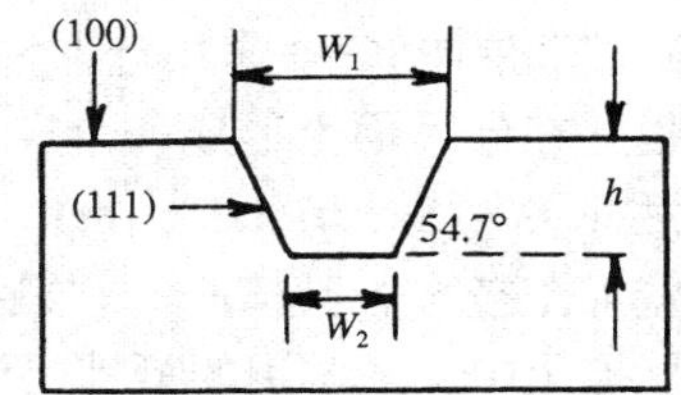

图 13-14　选择取向腐蚀

$$W_2 = W_1 - 2h\cot 54.7° \tag{13-2}$$

如果是各向同性腐蚀的话，则 W_2 为

$$W_2 = W_1 - 2h\cot 45° \tag{13-3}$$

在湿法刻蚀中常用的三种刻蚀剂：① 乙二胺、集儿茶酚和水溶液(EDP)；② KOH 水溶液；② HF、HNO_3 和乙酸 CH_3OOH(HNA)。它们各有特点，都可用于硅各向异性腐蚀，详细情况请查阅相关资料。

3. 干法刻蚀

湿法刻蚀不论是各向同性还是各向异性，当器件尺寸小到10^{-6} m和10^{-7} m量级时，都会因横向钻蚀影响器件结构和性能。因此，目前在 VLSI 和微机械加工中，广泛采用等离子体刻蚀、反应离子刻蚀等干法刻蚀技术对光刻胶、SiO_2、Si_3N_4、多晶硅、铝、金属硅化物等材料进行刻蚀。对硅和二氧化硅刻蚀中常用氟基和氯基作为微机械和集成电路中刻蚀气体，最常用的是氟化碳气体，如 CF_4。由于刻蚀速率同等离子气体气压、输入功率、气体流速、样品负载以及反应室温度都有关，所以，应有一套完整的技术加以严密控制，具体技术请参阅有关资料。

由于刻蚀速率、各向异性比和掩模腐蚀速率比的限制，干法刻蚀最初主要用于表面微机械加工，但近年来研究出了许多刻蚀速率、各向异性比和掩模腐蚀速率比很高的反应离子刻蚀技术(RIE)，开始应用于体微机械加工，成为制作高深宽比的微机械结构加工的有用工具。例如，利用电子回旋共振(Electron Cyclotron Resonance RIE)的反应离子刻蚀技术可以刻蚀出深度大于 40μm，宽度只有 2μm 的深沟结构；利用时频感应耦合(RFIC)等离子体源，硅腐蚀速率可达 6μm/min 以上。硅和二氧化硅的腐蚀速率比达到 150 : 1；硅和光刻胶的腐蚀速率比达 50 : 1；刻蚀硅的各向异性很好，在刻蚀深度达 300μm 时仍可大于 15 : 1；利用感应耦合等离子体源的反应刻蚀系统，用光刻胶作掩模，刻蚀深度可以穿过整个硅片，硅和光刻胶的腐蚀速率比为 50 : 1。

硅的精密腐蚀技术是发展集成电路和微机械加工工艺的一种关键技术。为了使微结构具有良好的性能和一致性的尺寸，在腐蚀时要精确控制腐蚀深度，为此在精密腐蚀时，需要采用自致停技术。常用的自致停技术有 P^+自致停腐蚀，P-N 结自致停腐蚀和埋层腐蚀终止技术。这三种自致停腐蚀技术各有优缺点，但它们都在相应领域得到应用。

4. 牺牲层技术

牺牲层技术主要用于表面的微机械加工。由于表面微机械加工技术主要利用淀积、氧化、外延等各种薄膜生成技术，根据需要在硅表面可生长多层薄膜，如 SiO_2、多晶硅、Si_3N_4和磷硅玻璃层(PSG)。采用选择性腐蚀技术，将两层薄膜中的下层薄膜腐蚀掉，从而得到上层薄膜并在硅平面上形成一个空腔结构、多晶硅梁甚至可动部件，去除的部分膜层就称之为“牺牲层”(SacrificialLayer)。因为整个加工过程都是在硅表面层上进行，因此称为表面微机械加工技术，其核心的“牺牲层”技术实际上就是薄膜选择性腐蚀技术。在传感器和微机械加工中，最常用的牺牲层为 SiO_2。

5. LIGA 技术

LIGA 技术是德国 Karlsruhe 研究中心于 1987 年开发出来的。它主要用于微机械加工，例如加工多种金属材料，加工陶瓷、塑料等非金属材料。

LIGA 技术，首先用同步加速器产生软 X 射线，通过掩模照射，将部件的图形深深地刻在光敏聚合物层上，经过处理，在光敏聚合物上留下部件立体模型，再使用电场将金属迁移到由上述光刻过程所形成的金属结构上，以这个金属结构作为微型模具将其他材料成形为所需要的部件。目前，LIGA 技术可加工的深度达数百微米，加工宽度可小至 1μm，是一种高深宽比的三维加工技术。

LIGA 工艺主要包括如下三个过程：(1) 深刻蚀 X 射线光刻；(2) 微电镀；(3) 复制。其工艺过程如图 13-15 所示。其主要实现步骤为：

① 在金属衬底上，聚合一层厚度为几百微米的 PMMA 胶；

② 将光刻掩模固定在 PMMA 层的上方；

③ 将同步辐射加速器产生的高能量 X 射线($\lambda=0.2\sim0.5$nm)通过掩模板，使 PMMA 胶部分感光；

④ 对 PMMA 胶进行显影，将曝光部分溶解，而形成如图 13-15(*d*)的第一级结构；

⑤ 采用微电镀方法在第一级结构空隙里填充金属；

⑥ 将第一级结构清除，从而得到一个金属层的第二级结构；

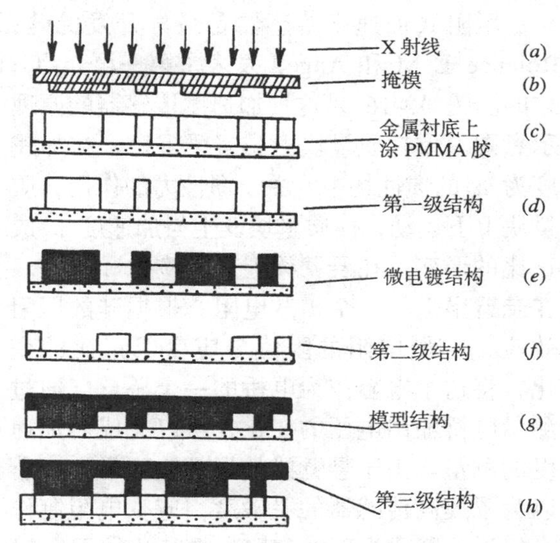

图 13-15　LIGA 技术的工艺过程

⑦ 将聚合物注入第二级结构中进行模塑；

⑧ 从金属模具中抽出塑模的聚合物，便形成如图 13-15(*h*)所示的第三级结构。

由于该技术中使用了价格昂贵的同步辐射 X 光源，且与集成电路工艺兼容不好，随 LIGA 技术之后，又研发出一种采用金属电镀技术，不需要同步辐射 X 光源的准 LIGA 技术。准 LIGA 技术对设备要求较低，具与集成电路工艺兼容性好，目前对准 LIGA 技术的应用较 LIGA 技术更广泛。准 LIGA 技术把常用的 IC 工艺(近紫外光刻)扩展应用于厚抗蚀层的光刻中，可以保持近似于 LIGA 技术的分辨率。整个工艺类似于 LIGA 工艺，其工艺主要有两个步骤：① 紫外光刻工艺；② 电铸成形工艺。详细的工艺过程请参阅相关资料。

二、典型微机械加工的传感器举例

1. 硅微加速度传感器

硅微加速度传感器是技术成熟并得到实际应用的硅微机械传感器。它广泛应用于工业自动控制、汽车、振动及地震测试、科学测量、军事和空间系统等方面。利用改进的半导体工艺加工的硅微加速度传感器，具有体积小、重量轻、便于大批量生产、廉价且性能优越等一系列特点，近年来发展很快，出现了适用于不同需要的多种形式的硅微加速度传感器。

绝大多数加速度计由一个有质量的弹性系统构成。在恒定加速度的作用下，质量块将偏离它的平衡位置(零加速度位置)，直至弹性力足以使质量块产生加速度为止。在这个过程中，弹性力和加速度均与质量块的位置偏移成正比。

下面介绍几种典型的硅微加速度传感器的原理、结构和特性。

(1) 硅微压阻式加速度传感器

压阻式加速度传感器是最早开发的硅微加速度传感器。1979 年美国斯坦福大学的 Rolance L M 和 Angell 发表了第一篇介绍硅微加速度传感器的文章，其传感方式就是压阻式的。图 13-16 是这种加速度传感器的原理示意图。惯性质量块由悬臂梁支撑，在加速度为 a 的惯性场中，由于惯性力的作用，质量块上下运动，使质量块发生与加速度 a 成正比的形变，在悬臂梁上产生应力和应变。在悬臂梁上作一个扩散电阻，根据硅的压阻效应，扩散电阻的阻值与应变成正比的变化，将这个电阻作为电桥的一个桥臂，通过测量电桥输出电压的变化，可以完成对加速度的测量。由于悬臂梁的根部应变最大，所以为了提高传感器的灵敏度，应变电阻制作在靠近悬臂梁根部的位置。在基片的固定部分制作了另一个电阻，以补偿由温度变化引起的输出漂移。这种传感器是为测量心脏壁的运动研制的，它的外形尺寸为 2mm×3mm×0.6mm，质量为 0.02g，测量范围为±200 g，最大过载量为±600 g，灵敏度为 0.05mV/(g · V)，一阶共振频率为 2.33kHz，线性度为±1%，横向灵敏度为 10%。

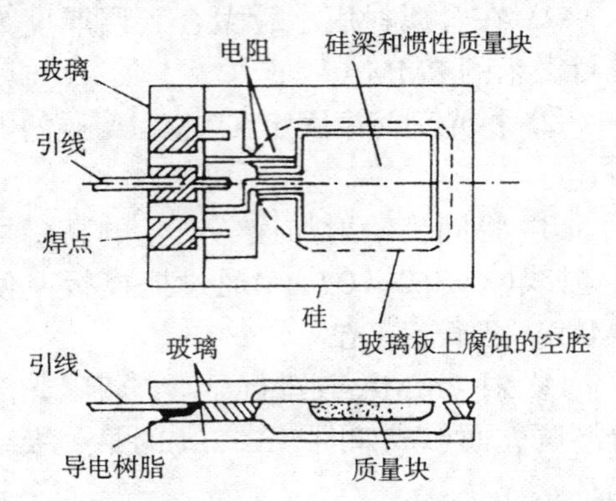

图 13-16　硅压阻式微加速度传感器的原理示意图

加速度计的上下两层玻璃盖采用标准的集成电路 TO-5 型管壳和双列式封装结构。两玻璃盖板各腐蚀出一个槽井，使梁能偏转到给定距离。玻璃盖用静电键合的方法密封到硅梁的厚边框上，以形成一个内含梁、重物和悬臂结构的密封腔。

芯片采用 N 型(100)硅晶片。先热氧化生成 1.5μm 厚的氧化层，再进行两次光刻的扩散，以形成 10Ω的 P^+ 接触和 100Ω的 P 型电位器。在硅片下表面刻出梁周围空气隙和窗孔，在梁的下表面及空气隙区用 KOH 溶液腐蚀，待硅从窗孔中消失即中止腐蚀。

两玻璃盖板用 7740 型玻璃制造，先制成圆形并抛光达到光学平整度，然后用 30% HNO_3 和 70% HF 混合作腐蚀液，用 Cr-Au 膜作掩模，在一块玻璃板上淀积铝，形成金属焊接片。

最后将玻璃盖与芯片对准，在 400℃温度下加 600V 电压于玻璃盖和芯片之间，使两者键合密封。

(2) 电容式硅微加速度传感器

电容式加速度传感器在灵敏度、分辨率、精度、线性、动态范围和稳定性等方面都优于压阻式加速度传感器。两者的制造成本也非常接近，常用于惯性制导和导航方面。

电容式加速度传感器的基本结构如图 13-17 所示。作为惯性质量和电容极板的动板由一个或两个悬臂梁支撑，由加速度产生的惯性力引起动板位移，通过测量动板与其上下两个固定电极间电容量的变化可以测出加速度。电容式加速度传感器的测量范围一般是 0.1～20g，频率响应范围从直流到数百赫兹，测量精度在 1%～0.1%之间。电容式加速度传感器的缺点是频率响应范围窄和需要复杂的信号处理电路。

力平衡式硅微加速度传感器是在电容式加速度传感器的基础上发展起来的。它的原理如图 13-18 所示，将悬臂梁支撑的惯性质量块作为可动极板，在可动极板的上下分别有一个固定的极板，与可动极板构成两个电容。

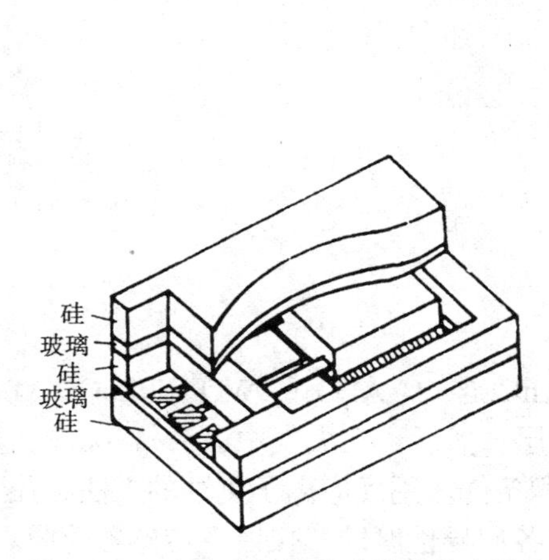

图 13-17 电容式加速传感器的基本结构

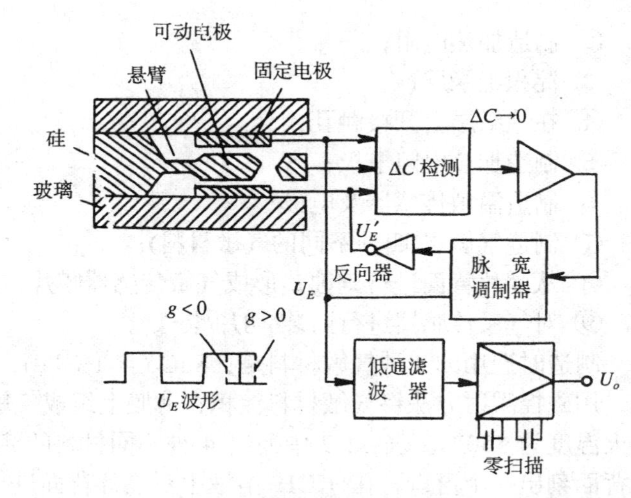

图 13-18 力平衡式硅微加速度传感器及检测电路原理图

可动极板的位置可通过测量这两个电容的差来确定，将脉冲宽度调制器产生的两个脉冲宽度调制信号 U_E 和 U_E' 加到可动极板和两个固定电极上，通过改变脉冲宽度调制信号的脉冲宽度，控制作用在可动极板上的静电力。利用脉冲宽度调制和电容测量结合，可使可动极板准确地保持在中间位置。由于采用了脉冲宽度调制的静电伺服技术，脉冲宽度与被测加速度成正比，即可通过测量脉冲宽度来测量加速度。

这种加速度传感器有如下性能：

① 可测量低频的微弱加速度，测量范围为 $0 \sim 1g$；

② 分辨率可达 $10^{-6}g$ 量级；

③ 频响范围为 0 ~ 100Hz；

④ 在整个测量范围内非线性误差小于±0.1%；

⑤ 横向灵敏度小于±0.5%。

2. 利用集成电路工艺和微机械加工技术制造的智能传感器举例——电子鼻

利用气敏传感器阵列和神经网络模式识别系统可以组成一种智能化传感器——电子鼻。薄膜淀积技术和微机械加工技术能够用来制造微型硅基气敏传感器阵列，这种传感器具有灵敏度高、选择性强、响应速度快、稳定性好和功耗低等特点，能够满足气体传感器的基本要求；同时微型硅基气敏传感器还具有工作温度可精确控制、体积小、价格低、容易大批量生产、容易阵列化和与电子线路集成等独特优点，非常适合制造电子鼻。

下面介绍的这种气敏传感器阵列由 4 种气敏材料组成，利用这个阵列与相应电路和神经网络模式识别系统组成的电子鼻系统，能够鉴别 12 种气体样品(CH_3SH、$(CH_3)_3N$、C_2H_5OH 和 CO 气体浓度为$(0.1 \sim 100)\times 10^{-6}$)，或者鉴别 6 种气味(胡萝卜、大葱、女士香水(eau de cologne)、男士香水(eau de toilette)、25%酒精(Korean soju)、40%酒精(威士忌))，传感器阵列在 300℃工作时功耗仅为 65mW。

气敏传感器阵列由气敏层、电极和热敏传感器层、隔离层一系列薄膜组成。在隔离层上有加热电阻。这个传感器的制造一共需要十块掩模版。其主要的制造步骤如下：

① 在硅衬底上淀积隔离薄膜层；

② 制造加热电阻；

③ 淀积绝缘层；

④ 在绝缘层上开接触孔；

⑤ 制造加热电阻电极；

⑥ 制造温敏传感器及电极；

⑦ 制造气敏层(四种不同的气敏材料)；

⑧ 从晶片背面进行刻蚀，形成气敏传感器膜片；

⑨ 对气敏传感器进行封装(切片/装架)。

制造时选用的 4 种气敏材料是：SnO_2(含 1% Pd)、ZnO(含 6% Al_2O_3)、WO_3 和 ZnO。首先，用磁控溅射方法将气敏材料淀积在薄膜上组成气敏层；然后，在大气中退火 120min，退火温度为 550℃。表 13-2 中列出 4 种不同材料的淀积条件。用反应离子刻蚀的方法在晶片背面刻出一个窗口，在 KOH 溶液中对晶片背面进行各向异性腐蚀，仅留下传感器薄膜。在腐蚀时应对气敏传感元进行保护，最后，将气敏传感器阵列封装在 16 管脚的标准管壳内。

表 13-2　四种不同气敏材料的淀积条件

敏感材料	ZnO	SnO_2	ZnO	WO_3
掺杂材料	Al_2O_3	Pd	—	—
掺杂浓度(重量%)	6.0	1.0	—	—
真空度/Pa	6.65	3.99	3.99	2.66
O_2 含量(%)	0	20	20	10
薄膜厚度/nm	500	400	500	800

测量和辨别气体的电子鼻系统，如图 13-19 所示。它由 Teflon 管、两个电磁阀、传感器单元、压力缓冲器(消除流速改变时的压力涨落)、抽气泵、接口卡(包括 CPU、A/D 以及 D/A)和计算机组成。计算机通过 A/D 转换读取传感器的输出信号，通过 D/A 转换控制电磁阀和加热功率，同时计算机还依据组分分析和神经网络的原理进行气体种类识别。

传感器阵列安装在测量室内，待测气体和干燥空气通过电磁阀进行切换。测量室体积为 30cm^3，空气和待测气体流量均为 500cm^3/min。

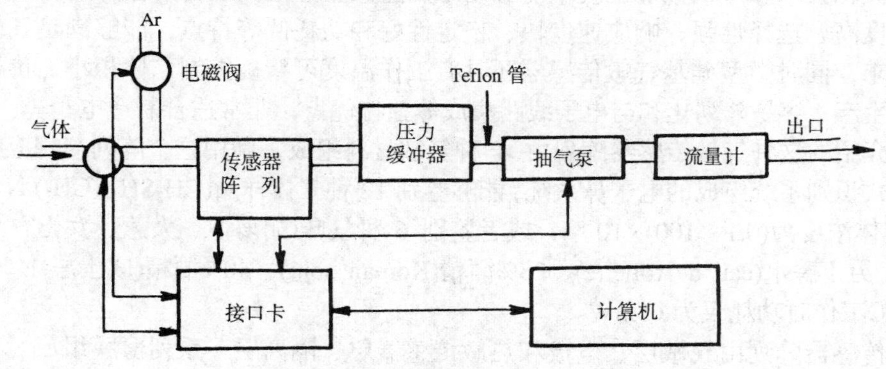

图 13-19　测量和辨别气体的电子鼻系统

图 13-20 是传感器阵列对不同气体样品的响应灵敏度：

$$S_{30m}=\left(\frac{R_{g30}}{R_a}\right)_m$$

式中　R_g和 R_a分别指传感元在待测气体(gas)和空气(air)中的电阻值；

下标 30 是指在待测气体中暴露 30s；

下标 m 则指的是多次测量平均值(这里是 5 次)。

传感器暴露在待测气体后，其电阻值发生改变，而且传感器的灵敏度同所用敏感材料关系非常大。从图中可以看出，WO_3 对四种气体均有较高的灵敏度，ZnO 对 CH_3SH 有很高的灵敏度，掺 Al_2O_3 的 ZnO 对 CH_3SH 和$(CH_3)_3N$ 的灵敏度比对 C_2H_5OH 的灵敏度高得多。气体的 S_{30} 输出值是系统进行组分分析的主要参数。

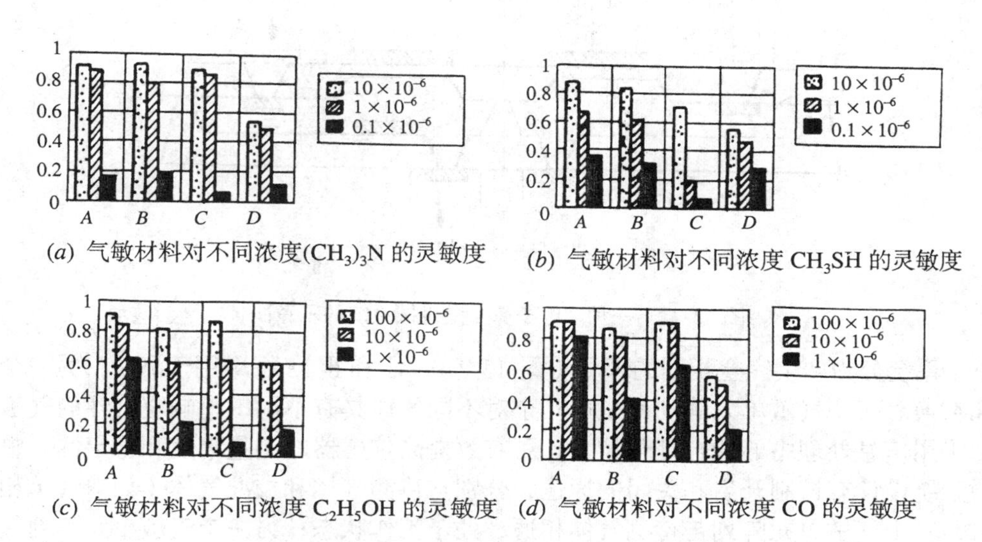

(a) 气敏材料对不同浓度$(CH_3)_3N$ 的灵敏度　(b) 气敏材料对不同浓度 CH_3SH 的灵敏度

(c) 气敏材料对不同浓度 C_2H_5OH 的灵敏度　(d) 气敏材料对不同浓度 CO 的灵敏度

图 13-20　传感器阵列对不同气体样品的响应灵敏度

利用上述电子鼻系统对1×10^{-6}的 CO 和 0.1×10^{-6}的$(CH_3)_3N$ 气体区分不是很明显，这主要是因为待测气体浓度过低。除此之外，电子鼻系统能很好区分其他各种气体样品。利用神经网络模式识别系统能够区分 12 种气体样品和 6 种气味样品。用来识别 12 种气体样品的神经网络有 24 个单元，包括 4 个输入单元、8 个隐单元和 12 个输出单元，组成 4，8，12 的三层结构。识别气味样品的神经网络有 16 个单元，包括 4 个输入单元、6 个隐单元和 6 个输出单元，组成 4，6，6 结构。对 12 种气体样品，用 S_{30m} 作输入值，对 6 种气味用 S_{5m} 作输入值，经过多次学习之后，神经网络能在输入单元和输出单元间建立连接，正确鉴别各种样品。经过 10 000 次学习后，电子鼻对气体样品的鉴别率高达 100%；经过 20 000 次学习的电子鼻，对上述 6 种气味的鉴别率能达到 93%。如果能够研制出灵敏度更高、选择性更好的敏感材料或器件结构，电子鼻系统对样品的鉴别能力还会进一步得到提高。

目前，“电子鼻”所采用的气敏材料可分为金属氧化物半导体材料和生物敏感材料两大类。这两类材料的共同缺点是存在“毒化”和“疲劳”现象，稳定性差，使用寿命短，迄今为止对材料性能的研究还没有取得突破性的进展。利用集成电路工艺和微机械加工技术可将多个微型气敏传感器阵列、微机械阈门、加热器和测温元件等集成在一起，组成传感器微系统，有望弥补气敏材料易“毒化”和“疲劳”的缺点，提高气敏传感器的使用寿命和稳定性。

图 13-21 是一种“电子鼻”微机械系统的示意图。该系统包含有两层硅结构，上面有一个铝膜和单晶硅膜合成的双层膜，中间扩散有加热电阻，进出通道由两个单向阈控制，中间有一个泵室。当加热电阻上加有电压时，双层膜产生温升并因此而弯曲，当电压切断，双层膜冷却并恢复原状。这种运动引起泵室容积的变化，从而导致泵室内压力改变。泵室容积增大时，泵室与输入口存在压力差而使阈 1 开启，这时流体进入泵室内，阈 2 则阻止向输出口返流。相反，泵室容积下降，流体流出阈 2，阈 1 阻止向输入口返流。

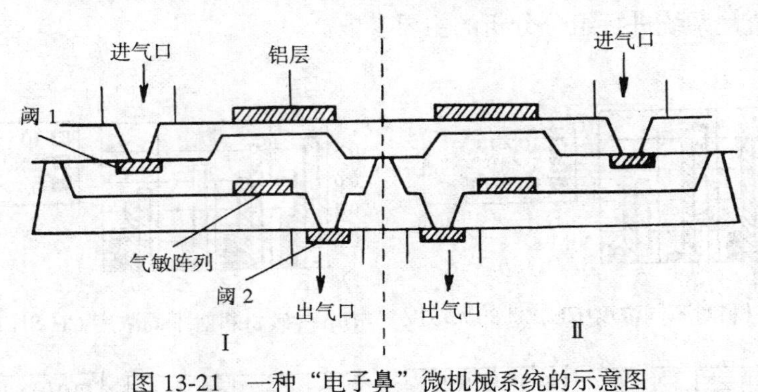

图 13-21　一种“电子鼻”微机械系统的示意图

整个系统分为两个完全相同的部分（图 13-21 中Ⅰ和Ⅱ），一个用于测量，另一个用于校验和替换。每个气敏单元阵列都是由几个对不同气体具有不同敏感响应特性的气敏元组成的。采用信息处理中的融合处理技术，可有效提高传感器的测量精度和稳定性。整个传感器微系统设计有控制开启和关闭的通道，分别与待测气体和校准气体（如空气）相通。使用时，一个气敏单元阵列与待测气体相通，处于工作状态；另一个气敏单元阵列保持在空气状态，定时开启，进行校准，以提高测量的可靠性。

当工作单元逐渐被“毒化”而呈“疲劳”状态时，就用新的气敏阵列代替进入工作状态，同时对替代下来的单元进行加热清洗，使敏感材料的特性得以恢复，重新用于校验。这种测量机制可实现抗“疲劳”的目的。

第五节　仿生传感器

目前，人是最有智慧、最富有创造性的生命体。人创造了先进的科学技术，为自身创造了优越的生存环境。科学技术进而又把人的行为和思维活动部分地转移到非生命的装置上，使这些装置反过来为人类服务，创造更多的财富和科学研究的条件。例如，电脑和机器人就是人类智慧的结晶，它们是具有代表性的仿生学产物。仿生学就是利用现有的科学技术把生物体或人的行为和思维进行部分模拟的科学。机器人是一个典型仿生装置。科学家和工程技术人员对人的种种行为如视觉、听觉、感觉、嗅觉和思维等进行模拟，研制了自动捕获信息、处理信息、模仿人类的行为装置——仿生传感器。从某种意义上来说，电脑是人脑功能的部分模拟。电脑的出现，对仿生传感器的发展产生了极大的促进作用。从上述内容来看，仿生传感器实属智能传感器一类，所以，我们将之归入智能传感器一类来介绍；但由于这类传感器非常“年轻”，它的技术尚处在发展完善阶段，本节仅对几种研究得较为成熟的仿生传感器以定性描述方式进行介绍。

一、仿生传感器的主要类型及其作用

仿生传感器的典型代表就是机器人所用的传感器，一般可分为机器人外部传感器(感觉传感器)和内部传感器两大类。其内部传感器的功能是测量运动学及动力学参数，以使机器人按规定的位置、轨迹、速度、加速度和受力大小进行工作。机器人的外部传感器的功能是识别工作环境，为机器人提供信息，其目的是检查对象物体、控制操作、应付环境和修改程序。感觉传感器的功能是部分或全部地再现人的视觉、触觉、听觉、冷热觉、病觉(异觉)、味觉等感觉。目前对这类仿生传感器研究得较深入。仿生传感器的基本原理是建立在前面各种传感器原理的基础上，但有其特殊性，因此，本节主要论述它们与普通传感器的不同之处。

视觉传感器主要检测或确定被敏感对象的明暗度、位置距离、运动方向、形状特征等。通过明暗觉传感器判别有无对象物体，检测所通过对象物体的轮廓；通过位置觉传感器检测物体的平面位置、角度、到达物体的距离，达到确定物体空间位置，识别物体方向和移动范围等目的；通过色觉传感器检测物体或环境的色彩、颜色浓度，达到根据颜色选择物体进行正常工作的目的；通过形状觉传感器检测物体的面、棱、顶点、二维形状或三维形状，达到提取物体轮廓、识别物体及提取物体固有特征的目的。

触觉是指人与对象物体接触所得到的全部感觉。它可分为接触觉、压觉、力觉、接近觉和滑觉等。接触觉传感器检测“手”和“皮”与对象物体是否接触以及接触对象物体的部位和接触模型，以达到决定位置、控制速度、探索和控制路径、识别物体的姿态和形状等目的；压觉传感器检测对象物体对传感器的压力，感受压力分布等，达到控制握力、弹性、识别所握物体的目的等；接近觉传感器检测是否与被测物体接近以及靠近的距离和对象面的斜度，达到控制位置、探索和控制路径等；滑觉传感器检测在垂直于握持方向物体的位移、旋转、由重力引起的变形，以达到修正受力值、防止滑动、进行多层次作业及测量物体重量和表面特性等；冷热觉传感器是检测对象物体温度或导热率，以确定对象物体的温度特性；味觉和嗅觉传感器通称为化学感觉传感器，它的功能是确定对象物体的酸、咸、苦、甜及芳香的程度，以确定对象物体的化学特性。所以，这类传感器均以前面各章传感器为基础，在工艺和结构上作适当改进而制成的。

下面分类介绍其工作原理、简单结构等。

二、视觉传感器

人的视觉是获取外界信息的主要的感觉行为。据统计，人所获得外界信息的 80%是靠视觉得到的，因此，视觉传感器是仿生传感器中最重要的部分。人类视觉的模仿多半是用电视摄像机和计算机技术来实现的，故又称为计算机视觉。视觉传感器的工作过程可分为检测、分析、描绘和识别四个主要步骤。简述如下：

1. 视觉检测

视觉检测主要利用图像信号输入设备，将视觉信息转换成电信号。常用的图像信号输入设备有摄像管和固态图像传感器。摄像管分为光导摄像管(如电视摄像装置的摄像头)和析像管两种，前者是存储型的，后者是非存储型的。固态图像传感器分为线阵传感器和面阵传感器，其工作原理详见第七章。

输入给视觉检测部件的信息形式有亮度、颜色和距离等，这些信息一般可以通过电视摄像机获得。亮度信息用 A/D 转换器按 4～10bit 量化，再以矩阵形式构成数字图像，存于计算机内。若采用彩色摄像机可获得各点的颜色信息。对三维空间的信息还必须处理距离信息。常用于处理距离信息的方法有光投影法和立体视法。光投影法是向被测物体投以特殊形状的光束，然后检测反射光，即可获得距离信息。

例如，用点光束的激光扫描器把激光束投射在被测物体上，用摄像机接收物体的反光，进行画面位置的检测(其原理如图 13-22 所示)，根据发射激光束的空间角度与反射光线空间角度，以及发射源和摄像机位置间的几何关系，可以确定反射点的空间坐标。用激光束的二维扫描可以确定被测物体各点的距离信息。

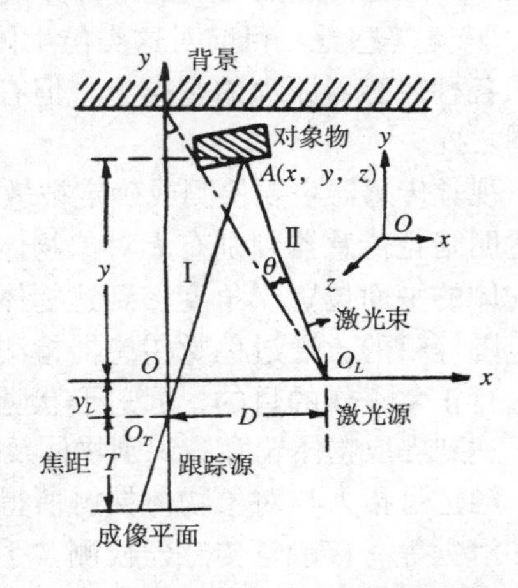

图 13-22　激光扫描三维视觉原理

立体视觉法采用两只摄像机测距，实现人的两眼视觉效果，通过比较两只摄像机拍摄的画面，找出物体上任意两点在两画面上的对应点，再根据这些点在两画面中的位置和两摄像机的几何位置，通过大量的计算，就可确定物体上对应点的空间位置。

为了得到视觉效果，景物的照明也是很重要的因素。设计一个很好的照明系统，对于景物照明，使图像的处理变得简单。最佳光源是亮度高，相干性、方向性和单色性好的激光光源。

2. 视觉图像分析

视觉图像分析是把摄取到的所有信号去掉杂波及无价值像素，重新把有价值的像素按线段或区域等排列成有效像素集合。被测图像被划分为各个组成部分的预处理过程为视觉图像分析。

分析算法主要有边缘检测、门限化和区域法三种。

(1) 边缘检测法

图像中明暗变化显著的点，在多面体上的被测对象中往往是构成棱边的对应点。通过对图像微分运算，在计算结果中，选择某一阈值以上的点，就可求出明暗变化的交界点。

若被检测图像为二元函数 $G(x, y)$，对 $G(x, y)$一阶偏微分为

$$\Delta G(x, y)=\frac{\partial G}{\partial x}i+\frac{\partial G}{\partial y}j \tag{13-4}$$

由于检测到的图像信号已经被离散化，因此，也可得到其抽样点的数值 $G(i, j)$，离散化后，

就可用差分方程近似地代替微分方程。因为我们只关心图像明暗变化的速度，不考虑其正负，所以可以得到一种算法：

$$D(i,\ j)=\sqrt{[G(i+1,\ j+1)-G(i,\ j)]^2+[G(i+1,\ j)-G(i,\ j+1)]^2} \tag{13-5}$$

式中 i，j 为像素所在的行列位置。设定某一阈值，从中选取大于某一给定阈值的 $D(i,\ j)$，就可重新构成一幅图像。

一阶微分可以给出多面体图像的边缘，但不适合曲面图像，为了获得曲面图像的边缘，需要采用高阶微分。详细的知识请参阅有关图像处理技术书籍。

图 13-23 是边缘检测的一个实例，图(*a*)为机械零件，图(*b*)为用微分技术处理后的结果。

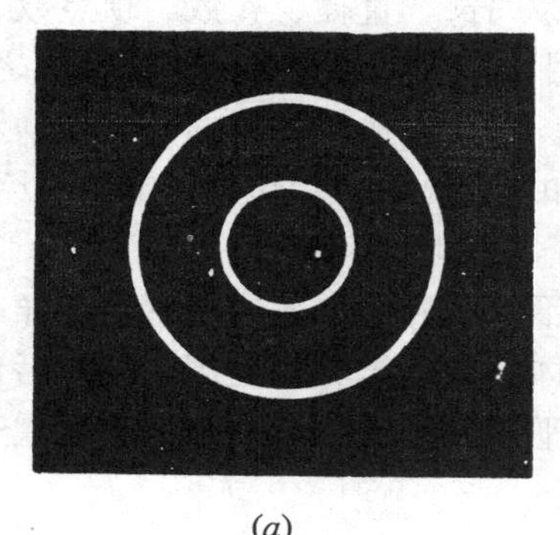

(*a*)

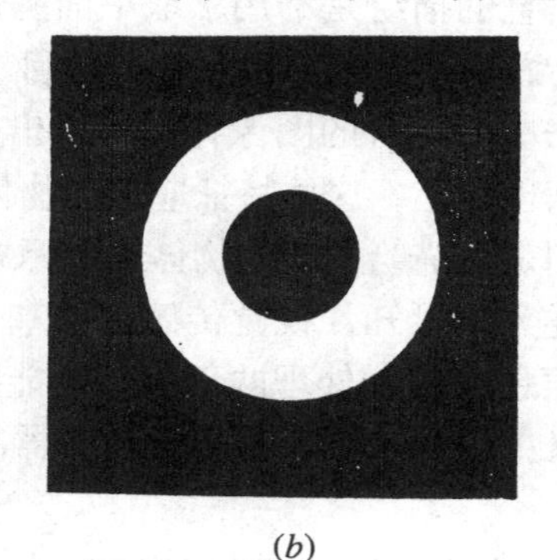

(*b*)

图 13-23　微分技术求取的边缘

(2) 门限化方法

门限化是按某种限制抽取成加工图像信息的一种广泛使用的方法。

一般的门限化技术可按下式定义：

$$G(x,\ y)=k$$

若

$$T_{k-1}\leqslant P(x,\ y)\leqslant T_k$$

其中　$k=1,\ 2,\ 3,\ \cdots,\ m$；

$G(x,\ y)$——被分析的图像函数；

$(x,\ y)$——像素坐标；

$P(x,\ y)$——像素在 $(x,\ y)$ 处的特征函数，例如亮度。

m——对于一个被门限化的图像所取的级别数通常为亮度的级别数；

T_k——第 k 级阈值。

如果令 $f(x,\ y)$ 为点 $(x,\ y)$ 的某些局部性质(如平均亮度)，则 T_k 被看做如下形式的函数：

$$T_k=T_k[x,\ y,\ f(x,\ y),\ P(x,\ y)] \tag{13-6}$$

如果 T_k 取决于特征函数 $P(x,\ y)$，则称 T_k 为总体阈值；如 T_k 取决于局部性质 $f(x,\ y)$ 和特征函数 $P(x,\ y)$，则 T_k 为局部阈值；如果 T_k 取决于 $f(x,\ y)$、$P(x,\ y)$ 和像素 $(x,\ y)$，则 T_k 为动态阈值。动态阈值取决于像素的位置 $(x,\ y)$，使用动态阈值易于把被测物体图像从背景中区别出来。局部阈值常用于物与环境的图像信息特性区别不明显的灰度图像。总体阈值适用于被测物体图像信息的一些特性相对于背景变化很显著的情况。例如 $P(x,\ y)$ 为单色亮度，只要一个常数值就可将物体从背景中区分出来。

(3) 区域法

区域法是把亮度大体一致的像素集合，合并为一个区域进行归纳的方法。它先通过连续亮度相同的相邻点，把画面分割成许多小区域，然后根据小区域的亮度差和边界形状把相邻小区域进行合并，构成有较大含义的区域。此法同样适用于检测区分颜色和距离信息，它适用于物体之间或物体与背景环境间难于用门限法或边缘检测法区分的情况。

3. 描绘与识别

图像信息的描绘是利用求取平面图形的面积、周长、直径、孔数、顶点数、二阶矩，周长平方与总面积之比，以及直线数目、弧的数目，最大惯性矩和最小惯性矩之比等方法，把这些方法中所隐含的图像特征提取出来的过程。因此，描绘的目的是为从物体图像中提取特征。从理论上，这些特征应该与物体的位置和取向无关，只包含足够的描绘信息。

而识别是对描绘过程的物体给予标志，如钳子、螺帽等名称。

由上述分析可知，视觉传感器的基本组成已不像所介绍的普通传感器那样单一了，它必须包括信息获取和处理两部分，才能把对象物体特征通过分析处理、描绘后识别出来。从一定意义上说，一个典型视觉传感器的组成原理可由图 13-24 所示。它已属于智能传感器的范畴。

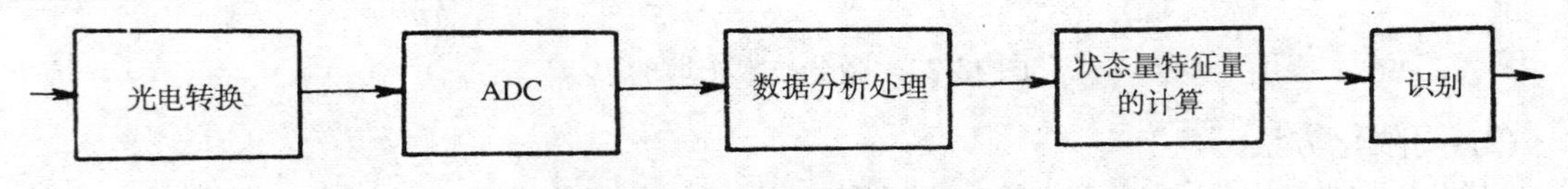

图 13-24 视觉传感器的典型结构原理

三、听觉传感器

听觉传感器是人工智能装置，为机器人中必不可少的部件，它是利用语音信息处理技术制成的。机器人由听觉传感器实现“人-机”对话。一台高级的机器人不仅能听懂人讲的话，而且能讲出人能听懂的语言，赋于机器人这些智慧的技术统称为语音处理技术。前者为语音识别技术，后者为语音合成技术。具有语音识别功能的传感器称为听觉传感器。

语音识别实质上是通过模式识别技术识别未知的输入声音，通常分为特定话者和非特定话者两种语音识别方式。后者为自然语音识别，这种语音的识别比特定人语音识别困难得多。特定话者的语音识别技术已进入了实用阶段，而自然语音的识别尚在研究阶段。特定语音识别是预先提取特定说话者发音的单词或音节的各种特征参数并记录在存储器中，要识别的输入声音属于哪一类，决定于待识别特征参数与存储器中预先登录的声音特征参数之间的差。实现这技术的大规模集成电路的声音识别电路已在 20 世纪 80 年代末商品化了，其代表型号有：TMS320C25FNL、TMS320C25GBL、TMS320C30GBL 和 TMS320C50PQ 等。采用这些芯片构成的传感器控制系统如图 13-25 所示，由此可知，该系统是一个很复杂的系统。

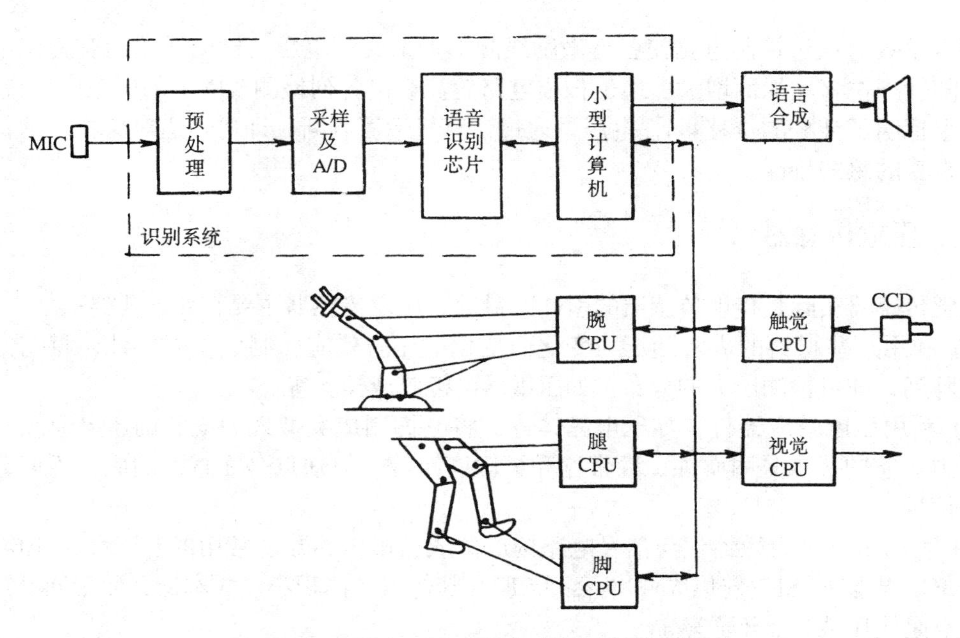

图 13-25　语音识别的听觉传感器的控制系统框图

四、接触觉传感器

人的接触觉是通过四肢和皮肤对外界物体的一种物性感知。为了感知被接触物体的特性以及传感器接触对象物体后自身的情况，例如，是否握牢对象物体和对象物体在传感器何部位等，常使用接触传感器。它有机械式(例如微动开关)、针压差动变压器、含碳海绵及导电橡胶等几种。当接触力作用时，这些传感器以通断方式输出高低电平，实现传感器对被接触物体的感知。

例如，图 13-26 所示的针式差动变压器矩阵式接触传感器，它由若干个触针式触觉传感器构成矩阵形状。每个触针传感器由钢针、塑料套筒以及给每针杆加复位力的磷青铜弹簧等构成，如图 13-26(*a*)所示。并在各触针上绕着激励线圈与检测线圈，用以将感知的信息转换成电信号，由计算机判定接触程度、接触部位等。

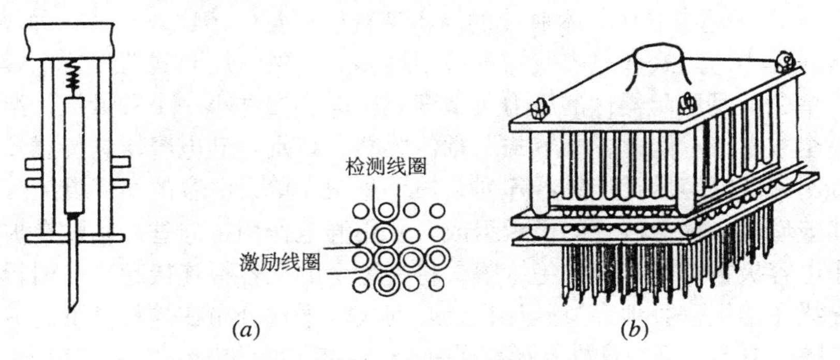

图 13-26　针式变压器矩阵接触传感器

当针杆与物体接触而产生位移时，其根部的磁极体将随之运动，从而增强了两个线圈间的耦合系数。通过控制电路使各行激励线圈上加上交流电压，检测线圈则有感应电压，该电压随针杆位移增加而增大。通过扫描电路轮流读出各列检测线圈上的感应电压(感应电压实际上标明了针杆的位移量)，电压量通过计算机运算判断，即可知道对象物体的特征或传感器自身的感知特性。

五、压觉传感器

压觉传感器实际是接触传感器的引伸。目前，压觉传感器主要有如下几类：

(1) 利用某些材料的内阻随压力变化而变化的压阻效应，制成压阻器件，将它们密集配置成阵列，即可检测压力的分布。如压敏导电橡胶或塑料等。

(2) 利用压电效应器件，如压电晶体等，将它们制成类似人的皮肤的压电薄膜，感知外界压力。它的优点是耐腐蚀、频带宽和灵敏度高等，但缺点是无直流响应，不能直接检测静态信号。

(3) 利用半导体力敏器件与信号电路构成集成压敏传感器。常用的有三种：压电型(如ZnO/Si-IC、电阻型 SIC(硅集成)和电容型 SIC。其优点是体积小、成本低，便于同计算机接口，缺点是耐压载差、不柔软。

(4) 利用压磁传感器和扫描电路与针式差动变压器式接触觉传感器构成压觉传感器。压磁器件有较强的过载能力，但体积较大。

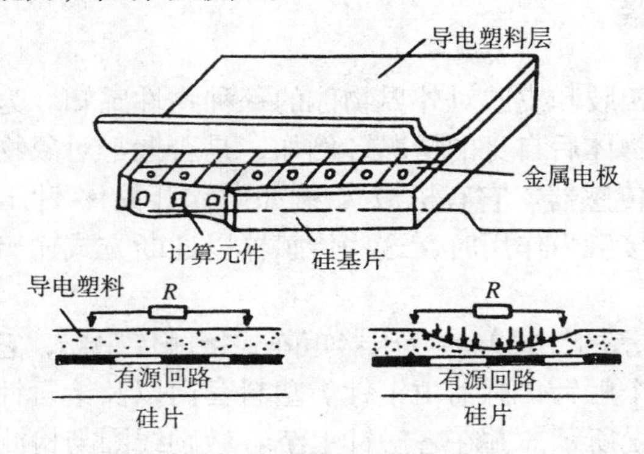

图 13-27　高密度智能压觉传感器

图 13-27 所示是用半导体技术制成的高密度智能压觉传感器，它是一种很有发展前途的压觉传感器。其中压阻式和电容式器件使用最多。虽然，压阻式器件比电容式器件的线性好，封装简单，但是压阻器件的压力灵敏度要比电容器件小一个数量级，温度灵敏度比电容器件大一个数量级。因此，电容式压觉传感器，特别是硅电容压觉传感器得到广泛应用。图 13-28(*a*)为硅电容压觉传感器阵列结构示意图。单元电容的两个电极分别用局部蚀刻的硅薄膜和玻璃板上被金属化的极板组成。采用静电作用把硅基片粘贴在玻璃衬底上，用二氧化硅作电容极板与基片间的绝缘膜，将每行上的电容板连接起来，但行与行之间是绝缘的。行导线在槽里垂直地穿过硅片，金属列线水平地分布在硅片槽下的玻璃板上，在单元区域内扩展成电容电极，这样就形成了一个 *X-Y* 平面的电容阵列。阵列上覆盖有带孔的保护盖板。盖板上有一块带孔的表面覆盖有薄膜层的垫片，垫片上开有槽沟，以减少局部作用力的图像扩散。盖板与垫片的孔连通，在孔中填满传递力的物质，如硅橡胶，见图

13-28(*b*)。其灵敏度取决于硅膜片厚度和极板几何尺寸。

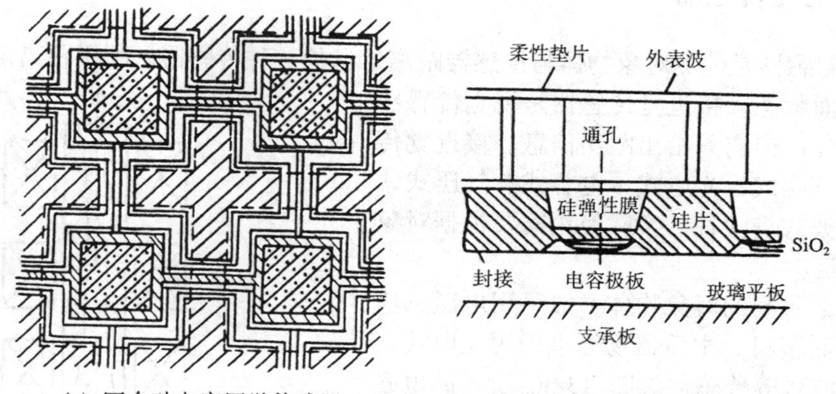

(*a*) 四个硅电容压觉传感器　　(*b*) (*a*)图的剖视图

图 13-28　电容压觉传感器结构示意图

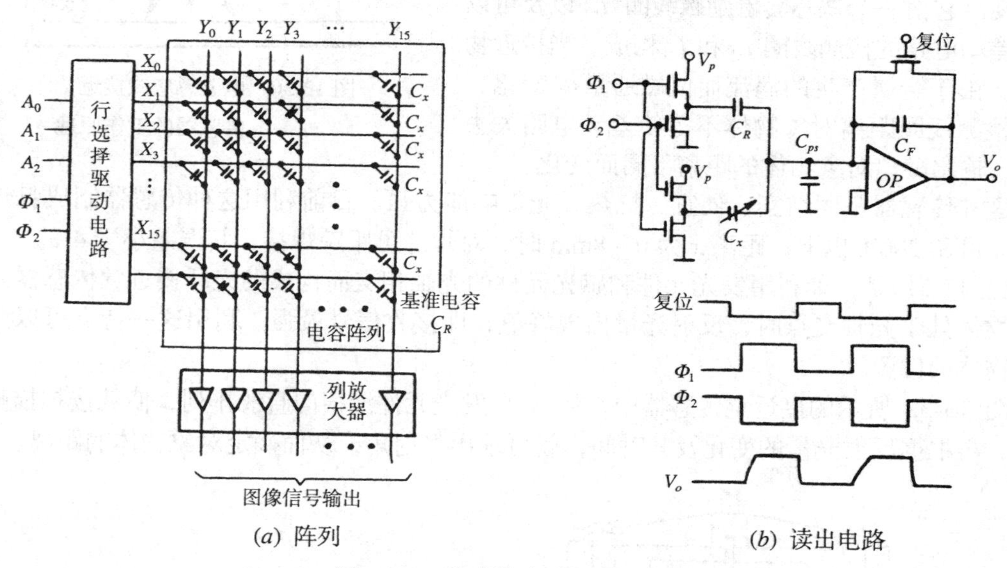

(*a*) 阵列　　(*b*) 读出电路

图 13-29　传感器阵列与读出电路

读出系统如图 13-29(*a*)所示。该系统实现压觉传感器阵列的接口、控制和信号输出作用。由计数器或微机等分别发出行、列地址信号，经译码器和多路转换器产生选通某单元的电容的电压信号，经过检测放大器放大(该放大器采用电容构成负反馈回路)，放大器输出的信号以并行方式送给多路转换器。图像中各敏感元件的信号通过扫描按一定时序经 A/D 变换后，由微处理器采集，并进行零位偏移补偿和灵敏度不均匀性补偿后输出。

列读出电路的基本结构如图 13-29(*b*)所示。图中 C_x，C_R，C_F，C_{ps} 分别为传感器电容、基准电容、放大器反馈电容和寄生电容，若调制交流峰值电压为 V_p，则放大器输出电压为

$$V_o = V_p \frac{C_x - C_R}{C_F} = V_p \frac{\Delta C}{C_F} \tag{13-7}$$

电路中的寄生电容约等于 $(N-1)C_x$，N 为每列中敏感单元数，即等于所有未选中单元的电路容量之和。由于该电路利用了运算放大器虚地工作原理，使 C_{ps} 对读信号基本无影响。

六、接近觉传感器

接近觉传感器是检测对象物体与传感器距离信息的一种传感器。利用距离信息测出对象物体的表面状态。接近觉传感器是视觉传感器功能的一部分，但它只给出距离信息。接近觉传感器有电磁感应式、光电式、电容式、气压式、超声波和微波式等多种。实际使用需要根据对象物体性质而定。

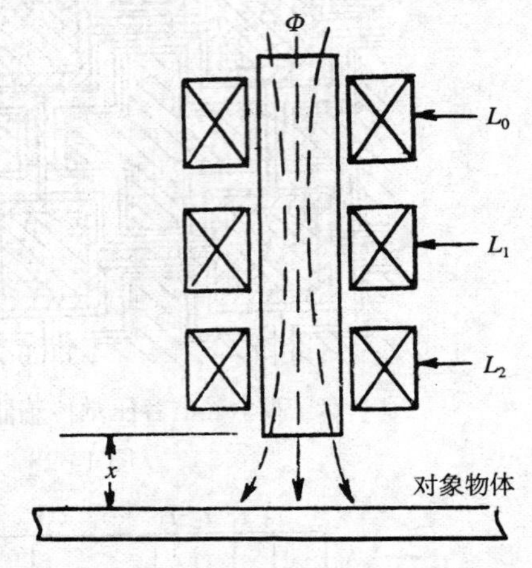

图 13-30　电磁感应式接近觉传感器的工作原理

例如，金属型的对象物体一般采用电磁感应式传感器，而塑料、木质器物等可采用光电式、超声波和微波式等传感器。图 13-30 所示的电磁感应式接近觉传感器常用于感觉金属型对象物体的距离。它由一个铁芯套着励磁线圈 L_0 以及可以连接差动电路的检测线圈 L_1 和 L_2 构成。当接近物体时，由于金属产生的涡流而使磁通量 Φ 变化，两个检测线圈距离对象物体不等使差动电路失去平衡，输出随离对象物体的距离不同而变化。

这种传感器坚固结实、便宜、抗热、光影响能力强。目前利用这种传感器制成弧焊机器人，可在 200℃以下，距离 x 为 0～8mm 时，对焊缝可跟踪焊接，其误差小于 4%。

图 13-31 是一种利用发光元件和感光元件的光轴相交而构成的光纤接近觉传感器。当对象物体处于光轴交点时，反射光量出现峰值，即接收信号最强。利用这一特点可以测定对象物体的位置。

图 13-32 所示的接近觉传感器中，将 n 个发光元件沿横向直线排列，使其按扫描顺序发光，再根据反射光量的变化及其时间，就可求出发射角，从而确定对象物体的距离。

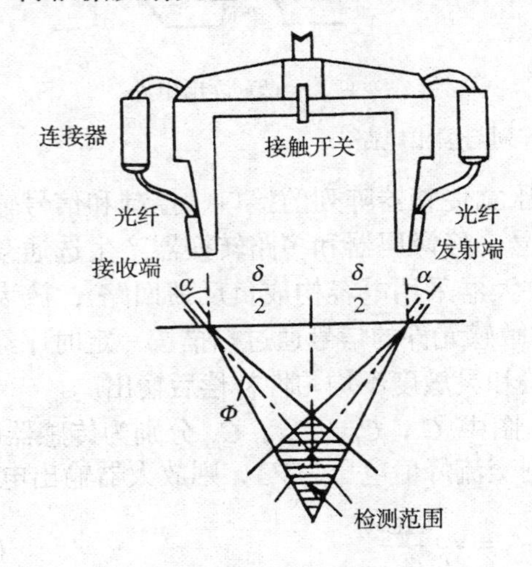

图 13-31　光纤接近觉传感器

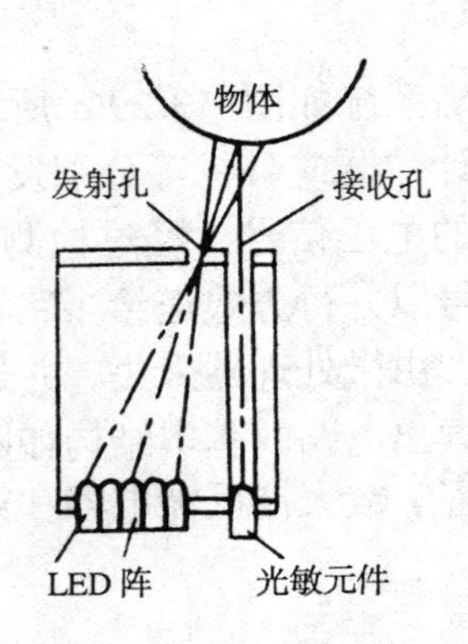

图 13-32　反射角度式接近觉传感器

七、力觉传感器

力觉传感器用于检测和控制机器人臂及手腕的力与力矩。力觉传感器的敏感元件一般用半导体应变片。力觉传感器能直接或通过运算获取多维力和力矩，由此借以感知机器人指、腕和关节等在工作和运动中所受到的力，从而决定如何运动，应采取什么姿态，以及推测对象物体的重量等。

图 13-33 是安装在机器人手指尖上操作间隙为 10μm 的精密镶嵌作业的力觉传感器，用于检测手指尖各方向的力。利用应变片和不同的机械结构可构成适合可作业范围内的不同种类的力觉传感器。

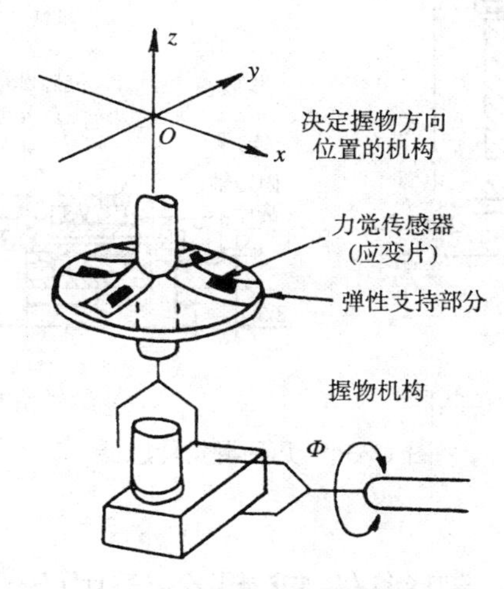

图 13-33　手指尖部位的力觉传感器

八、滑觉传感器

滑觉传感器是用于检测物体接触面之间相对运动大小和方向的传感器。例如，机器人的手爪，就是利用滑觉传感器判断是否握住物体，以及应该使用多大的力等。为了检测滑动，通常采用如下方法：① 将滑动转换成滚球和滚柱的旋转；② 用压敏元件和触针，检测滑动时的微小振动；③ 检测出即将发生滑动时，手爪部分的变形和压力通过手爪载荷检测器，检测手爪的压力变化，从而推断出滑动的大小等。

如图 13-34 所示的球式滑动传感器和滚轴式滑动传感器是经常被使用的一些滑觉传感器。图(*a*)中的球表面是导体和绝缘体配置成的网眼，从物体的接触点可以获取断续的脉冲信号，它能检测全方位的滑动。从图(*b*)可知，当手爪中的物体滑动时，将使滚轴旋转，滚轴带动安装在其中的光电传感器和缝隙圆板而产生脉冲信号。这些信号通过计数电路和 D/A 变换器转换成模拟电压信号，通过反馈系统，构成闭环控制，不断修正握力，达到消除滑动的目的。

由于篇幅限制，其他类型的仿生感觉传感器，如嗅觉、味觉等传感器就不一一介绍了。

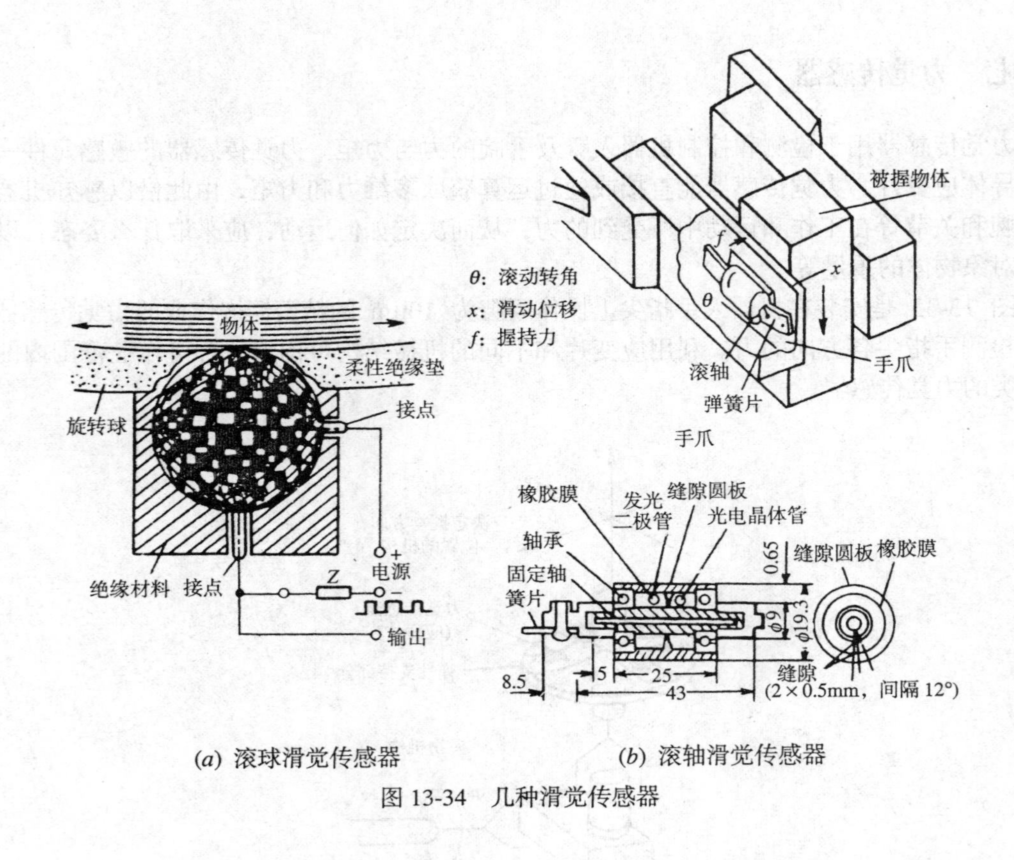

(*a*) 滚球滑觉传感器　　(*b*) 滚轴滑觉传感器

图 13-34　几种滑觉传感器

第六节　智能传感器今后的发展方向

人工智能材料和智能传感器，在最近几年以及今后若干年的时间内，仍然是世人瞩目的一门科学。虽然，在人工智能材料及智能器件的研究方面已向前迈进了重要一步；但是，目前，人们还不能随意地设计和创造人造思维系统，而只能处在实验室中开拓研究的初级阶段。今后人工智能材料和智能传感器的研究内容将主要集中在如下几个主面：

(1) 利用微电子学，使传感器和微处理器结合在一起实现各种功能的单片智能传感器，仍然是智能传感器的主要发展方向之一。例如，利用三维集成(3DIC)及异质结技术研制高智能传感器“人工脑”，这是科学家近期的奋斗目标。日本正在用 3DIC 技术研制视觉传感器就是其中一例。

(2) 微结构(智能结构)是今后智能传感器重要发展方向之一。

“微型”技术是一个广泛的应用领域，它覆盖了微型制造、微型工程和微型系统等各种科学与多种微型结构。

微型结构是指在 1μm ~ 1mm 范围内的产品，它超出了人们的视觉辨别能力。在这样的范围内加工出微型机械或系统，不仅需要有关传统的硅平面技术的深厚知识，还需要对① 微切削加工；② 微制造；③ 微机械；④ 微电子四个领域的知识有一个全面的了解。

这四个领域是完成智能传感器或微型传感器系统设计的基本知识来源。

人们希望，微电子与微机械的集成，即微电子机械系统(MEMS)能够在未来得到迅速发展，以带动智能结构的发展。微型化技术是促成这种集成的重要因素，因此，智能传感器系统的中心在于微电子与微机械的集成。

实现智能传感器特别重要的四个相关技术包括：硅、厚膜、薄厚和光纤技术。同样应包括如下材料加工技术(工艺)：

① 各向异性和各向同性、块硅的刻蚀；

② 表面硅微切削；

③ 活性离子刻蚀；

④ 自然离子刻蚀；

⑤ 激光微切削。

这些技术和工艺是今后智能传感器必须一一攻克的课题。研究和制造智能传感器和微型传感器系统的支撑性技术和工艺可由图 13-35 表示。

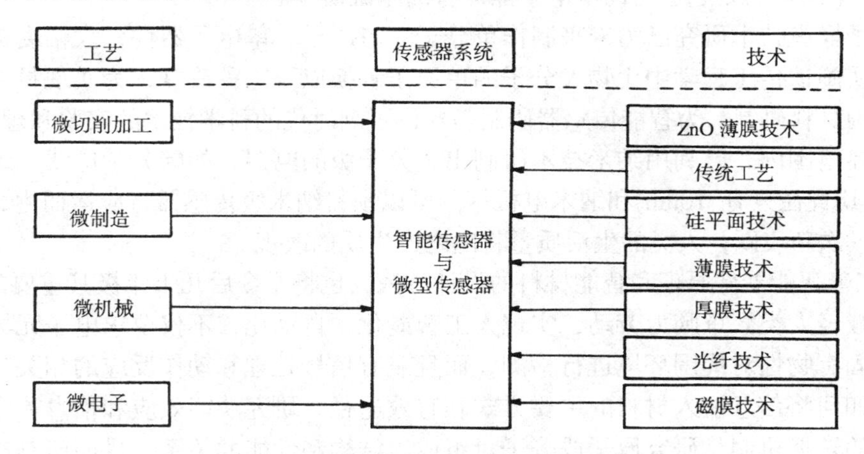

图 13-35　智能传感器和微型传感器系统的支持技术与工艺

在未来 20 年内，微机械技术的作用将会同微电子在过去 20 年所起的作用一样振憾人类，全球微型系统市场价值十分巨大，批量生产微型结构和将其置入微型系统的能力对于全球性市场的开发具有重要作用。“微型”工程技术将会像微型显微镜以及电子显微镜一样影响人类的生活，促进人类进步和科学技术的进一步发展。因此，这也是人类今后数十年内研究的重要课题之一。

(3) 利用生物工艺和纳米技术研制传感器功能材料，以此技术为基础研制分子和原子生物传感器是一门新兴学科，是 21 世纪的超前技术。

纳米科学是一门集基础科学与应用科学于一体的新兴科学。它主要包括纳米电子学、纳米材料、纳米生物学等学科。纳米科学具有很广阔的应用前景，它将促使现代科学技术从目前的微米尺度(微型结构)上升到纳米或原子尺度，并成为推动 21 世纪人类基础科学研究和产业技术革命的巨大动力，当然也将成为传感器(包括智能传感器)的一种革命性技术。

我国科学家在这项前沿科学技术领域已经取得了重大技术突破。在 1991 年，已成功地在硅表面上操纵单个硅原子，并已揭示了这种单原子操纵的机理是电场蒸发效应。1992 年，首次成功地连续移动硅表面上的单个原子，从而在原子表面上加工出了单原子尺度的特殊结构，如单原子线和单原子链等。1993 年，首次成功地连续把单个硅原子施加到硅表面的精确位置上，并在其表面上构成了新颖的单原子沉积的特殊结构，如单原子链等，并能保持硅表面上原有的原子结构不被破坏，还能用单原子修补硅表面上的单原子缺陷。这些基础实验结果证明了利用单个原子存储信息的可能性。1994 年，首次成功地实现了单原子操纵的动态实时跟踪，制作出了单原子扫描遂道显微镜纳米探针，实现了单原子的点接触，并观测到扫描隧道显微镜纳米探针和物质表面之间形成的纳米桥及其延伸和纳米桥延伸断裂时的动态过程。1995 年，成功地在硅表面上制备出原子级平滑的氢绝缘层，并在其表面上对单个氢原子进行了选择性脱附(即移动操纵)，加工出硅二聚体原子链，这是目前世界上最小的二聚体原子链结构。1996 年，首次成功地将从硅的氢绝缘表面上提取的氢原子重新放回到该表面上，再次去饱和表面上的硅悬键。1997 年，首次成功地实现了单原子的双隧道结，并成功地控制和观测到单个电子在此双隧道结中的传输过程，这是目前世界上在最小单位上(单原子尺度)进行的单电子晶体管的基础研究。

单原子操纵技术研究已为未来制作单分子、单原子、单电子器件，大幅度提高信息存储量，为实施遗传工程学中生物大分子的单原子置换以及物种改良，为实现材料科学中的新原子结构材料研制，为智能传感器研制等提供了划时代的科学技术的实验和理论基础。

在世界范围内，已利用纳米技术研制出了分子级的电器，如碳分子电线、纳米开关、纳米马达(其直径只有 10nm)和纳米电机等。可以预料纳米级传感器将应运而生，使传感器技术产生一次新飞跃，人类的生活质量将随之产生质的改观。

(4) 完善智能器件原理和智能材料的设计方法，也将是今后几十年极其重要的课题。

为了减轻人类繁重脑力劳动，实现人工智能化、自动化，不仅要求电子元器件能充分利用材料固有物性对周围环境进行检测，而且兼有信号处理和动作反应的相关功能，因此必须研究如何将信息注入材料的主要方式和有效途径，研究功能效应和信息流在人工智能材料内部的转换机制，研究原子或分子对组成、结构和性能的关系，进而研制出“人工原子”，开发出“以分子为单位的复制技术”，在“三维空间超晶格结构和 K 空间”中进行类似于“遗传基因”控制方法的研究，不断探索新型人工智能材料和传感器件。

我们要关注世界科学前沿，赶超世界先进水平。当前，以各种类型的记忆材料和相关智能技术为基础的初级智能器件(如智能探测器和控制器、智能红外摄像仪、智能天线、太阳能收集器、智能自动调光窗口等)要优先研究，并研究智能材料(如功能金属、功能陶瓷、功能聚合物、功能玻璃与功能复合材料和分子原子材料)在智能技术和智能传感器中的应用途径，从而达到发展高级智能器件、纳米级微型机器人和人工脑等系统的目的，使我国的人工智能技术和智能传感器技术达到或超过世界先进水平。

习题与思考题

1. 什么是智能传感器？画出智能传感器的基本结构图。
2. 概要叙述智能传感器的研发的主要技术途径。
3. 何谓集成化智能传感器？集成化智能传感器可分为哪几类？

4. 使用在智能传感器上的主要微机械加工技术有哪几种？它们的主要工艺过程是什么？

5. 利用 MAX1668 型智能温度传感器(有关资料请在网络下载)设计一个五路温度测量和控制的仪器。

6. 为什么说仿生传感器也是智能传感器？你认为仿生传感器应属三种级别智能传感器中的哪一级别？为什么？

7. 视觉传感器如何获取外界信息？试叙述工作过程的基本内容。

8. 自行设计一种利用智能传感器的非电能测量系统。

第十四章　正确使用传感器的一些技术问题

在学习了传感器的工作原理、基本结构和测量电路之后，有必要来讨论一下正确使用传感器的几个重要的技术问题：传感器的匹配、抗干扰设计、传感器的非线性的线性处理和正确选择传感器等。

第一节　传感器的匹配技术

传感器种类繁多，其输出阻抗也就不一样。有的传感器的输出阻抗特别大，例如，压电陶瓷传感器，其输出阻抗高达 100MΩ；有的传感器的阻抗较小，如电位器式传感器，总电阻为 1.5kΩ；有的传感器更小，其输出阻抗只有几欧。对于高阻抗的传感器，通常采用场效应管或运算放大器来实现匹配。对阻抗特别低的传感器，在交变信号输入时，往往采用变压器匹配。本节根据各种不同的传感器，将其阻抗匹配的技术问题归纳为如下几种，供设计传感器系统的工程技术人员参考。

一、变压器匹配

使用变压器与传感器低阻抗输出的交变信号匹配是十分方便和有效的。这种匹配方法在一定的带宽范围内，能实现无畸变地输出电信号。具体电路应该根据传感器输出信号的情况而定。

二、高输入阻抗放大器

在实际应用中，很多传感器，例如压电传感器、光电二极管等的输出阻抗都很高。要能高精度地测量，传感器和输入电路必须很好地匹配。也就是说，与传感器连接的测量电路的输入阻抗要很高，一般都要在兆欧以上。由于场效应管和集成运算放大器的输入阻抗非常高，所以这些传感器通常要采用场效应管或集成运算放大器实现高阻抗的信号放大。在前面相关章节的应用举例中已经看到它们之间的匹配问题。本节通过两个例子，说明高阻抗匹配的方法。

1. 场效应管阻抗匹配电路

场效应管阻抗匹配电路一般可采用如图 14-1(*a*)和(*b*)所示的电路。我们先来观察一下图

14-1(a)中电路的输入阻抗。该电路是一个跟随电路。虽然场效应管电路可以用自生偏置来获得静态工作电压，但是为了使之能工作在线性区，通常用分压电路来获取静态工作电压。图 14-1(a)中就是采用 R_2 和 R_3 通过 R_1 耦合作为场效应管的偏置电压。而且该电路不因加了 R_2 和 R_3 分压器而降低场效应管的输入阻抗。原因是该电路是跟随器，场效应管FET的源极电压和栅极电压大小近似相等，相位相同；另外，我们再观察一下 R_1 两端的情况，交变信号 U_i 通过电容 C_1 耦合到电阻 R_1 的一端，由于场效应管的源极和栅极电压近似相等，所以，这个信号通过自举电容 C_2 耦合到电阻 R_1 的另一端。这样，R_1 两端的电压接近相同，所以，流入 R_1 的电流很小。于是，保证了场效应管的输入阻抗不因增加了分压电阻而有所降低。

为了获得好的自举效果，自举电容 C_2 必须取得足够大。通常 R_1 两端电压的相位相差应小于 0.6°，这样，就要求 C_2 的容抗 $\dfrac{1}{\omega C_2}$ 与 $R_2//R_3$ 的比值应小于 1%。

如果我们只考虑提高输入阻抗的问题，可以不采用图 14-1(a)的电路，只要将电阻 R_1 选得足够大的值（一般选在兆欧数量级上），那么，我们就可以采用如图 14-1(b)所示的普通场效应管电路；但是当 R_1 很大时，自身的稳定性变差，噪声变大，这就有点得不偿失了。

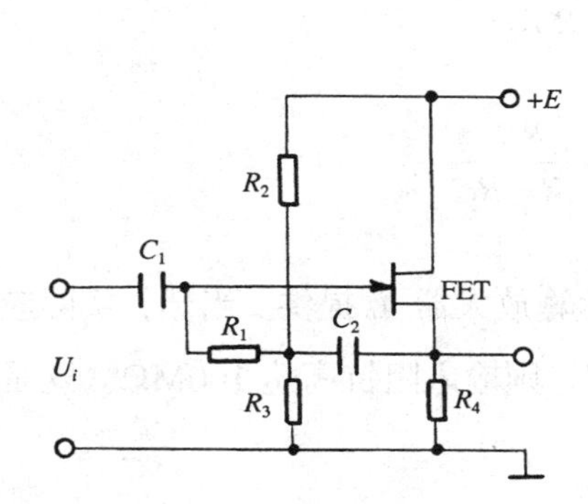

(a) 场效应管的自举反馈电路

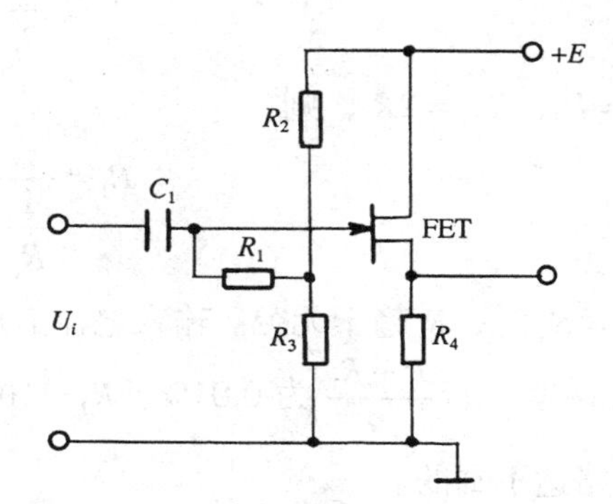

(b) 普通的场效应管电路

图 14-1　高输入阻抗放大器

2. 运算放大器电路

在实际应用中，采用集成运算放大器作输入阻抗匹配是较为简便和理想的。其电路结构如图 14-2 所示。该电路是自举型高输入阻抗放大器。下面分析一下该电路的工作原理。图中运算放大器 A_1 和 A_2 为理想放大器。根据运算放大器虚地原理，A_1 的“−”端电位与“+”端电位相同，而从“−”到“+”端的电流为零。放大器 A_2 的情况与 A_1 类同。这样，就有

$$I_{i1}=\frac{U_i-0}{R_1}=\frac{0-U_o}{R_{f1}} \qquad (14\text{-}1)$$

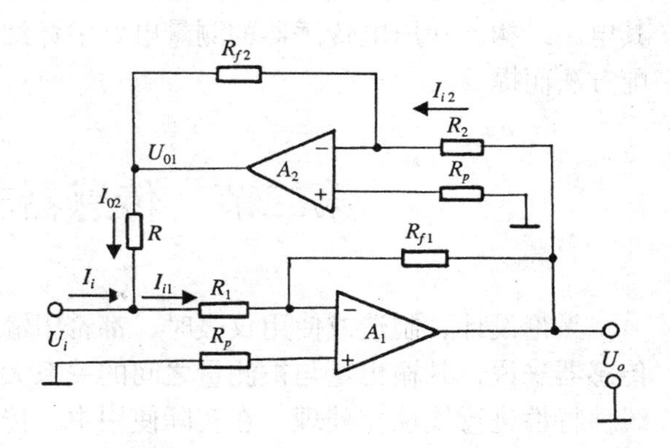

图 14-2　自举型高输入阻抗放大器

$$U_o = -\frac{R_{f1}}{R_1} U_i \tag{14-2}$$

$$I_{i2} = \frac{U_o - 0}{R_2} = \frac{0 - U_{01}}{R_{f2}} \tag{14-3}$$

$$U_{01} = \frac{R_{f2} R_{f1}}{R_1 R_2} U_i \tag{14-4}$$

$$I_{02} = \frac{U_{01} - U_i}{R} = \frac{(R_{f1} R_{f2} - R_1 R_2) U_i}{R_1 R_2 R} \tag{14-5}$$

所以

$$I_i = I_{i2} - I_{02} = \left(\frac{1}{R_1} - \frac{R_{f1} R_{f2} - R_1 R_2}{R_1 R_2 R} \right) U_i \tag{14-6}$$

因此，其输入阻抗为

$$R_i = \frac{U_i}{I_i} = \frac{1}{\dfrac{1}{R_1} - \dfrac{R_{f1} R_{f2} - R_1 R_2}{R_1 R_2 R}} \tag{14-7}$$

若令 $R_{f1} = R_2$，$R_{f2} = 2R_1$，则

$$R_1 = \frac{1}{\dfrac{1}{R_1} - \dfrac{1}{R}} = \frac{R R_1}{R - R_1} \tag{14-8}$$

当 $R = R_1$ 时，R_i 趋于无穷。输入电流 I_i 则由运算放大器 A_2 提供。当然，实际应用时，R 和 R_1 有误差。若 $\frac{R - R_1}{R}$ 为 0.01%，$R_1 = 10\text{k}\Omega$ 时，则输入阻抗高达 100MΩ。这是前面所介绍的电路达不到的。

三、电荷放大器

电荷放大器就是放大电荷的电路，其输出电压正比于输入电荷。它要求放大器的阻抗非常高，以致电荷损失极少。该电路通常利用高增益放大器和绝缘性能很好的电容来实现。其电路结构已在压电传感器的测量电路中详细介绍过，本处只是将此归纳为输入阻抗的匹配方法而提及。

第二节　传感器非线性处理方法

无论设计、制造或使用仪表时，都希望输出量和输入量之间具有线性关系，但是对于传感器来说，其输出量与被测量之间的关系大多数是非线性的。因此，需要对传感器的非线性特性进行线性化处理。在实际使用中，传感器的输出、输入特性曲线是多种多样的，对其线性处理的方法很多，归纳起来不外乎两大类：硬件法和软件法。

一、硬件线性化处理方法

1. 简单线性化方法

敏感元件是非电量检测的第一环节，它的非线性对后级影响很大，所以在可能的条件下，应尽量使其线性化。

简单的线性化处理技术是以非线性矫正非线性，即“以畸制畸”；或者是以线性克服非线性的“以正制畸”两种。

“以畸制畸”的线性处理的典型措施是将两只非线性传感器连接成差动方式，使它们的非线性误差以大小相等、极性相反方向变化，这样就可获得较为理想的线性输出特性，如图 14-3 所示。两种非线性元件 A 和 B 的伏安特性曲线为Ⅰ和Ⅱ，两元件接成差动方式后就可得到曲线Ⅲ所示的输出特性。

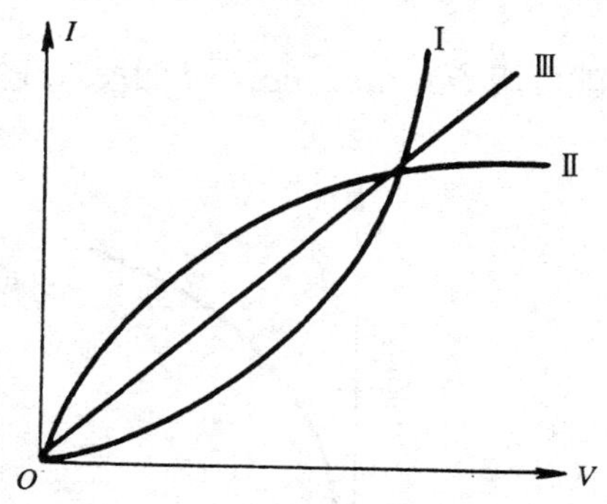

图 14-3　以畸制畸的线性化方法

利用线性元件与非线性元件的串联或并联可以达到“以正制畸”的矫正目的。这一点已在热电式传感器一章中介绍了，本处不再重复。

2. 插值法

插值法实际上是用足够多的线性短线段模拟非线性曲线，从而成为减小传感器非线性误差的一种方法，又称为一次线性插入法。这种方法是把非线性部分划分为若干区间，每个区间输入输出特性用 $y=ax+b$ 作线性近似，因此，要把较严重的非线性曲线能以较高精度地进行线性化，必须使分割区间越多越好，这对于那些缓慢、单调变化的非线性情况还是一种简便的方法。下面简单介绍用电路实现曲线线性化的方法。

假设某非线性曲线如图 14-4(*a*)所示，下面用四条折线近似该曲线并设计相应线性化的硬件电路，该电路工作原理如图 14-4(*b*)、(*c*)所示。

从图中可知，图(*c*)是一个反相放大器，当输出电平低时，二极管导通，放大倍数降低，便形成一段折线。

图中输出电压小于 a 时的增益 G_1 应是所有二极管不导通时的增益，其表达式为

$$G_1=-\frac{R_2}{R_1} \tag{14-9}$$

输出电压为 $a \sim b$ 区间时，只有 B_3 点为负电压，二极管 D_3 导通，该区间的增益 $G_2=-\frac{R_2 // R_3}{R_1}$；二极管开始导通后折点 a 的设定，由基准电压 U_r 和 R_3 决定。即

$$U_o(a)=\frac{R_3}{R_{13}}U_r-U_{D3} \tag{14-10}$$

其中 U_r 是正基准电压，U_{D3} 为 D_3 的正向电压降为 0.5V。这样就得到(0，a)区间的折线表达式和折点电压分别为式(14-9)和式(14-10)，其他区间的折线表达式和折点电压以及电路(*c*)

的工作原理类似上面分析。因此，得到 $a \sim b$ 输出电压增益 $G_2 = -\dfrac{R_2 // R_3}{R_1}$，折点电压 $U_o(b) = -\dfrac{R_4}{R_{14}}U_r - U_{D4}$；$b \sim c$ 输出增益 $G_3 = -\dfrac{(R_2 // R_3 // R_4)}{R_1}$，折点电压 $U_o(c) = -\dfrac{R_5}{R_{15}}U_r - U_{D5}$；$c \sim d$ 输出增益 $G_4 = -\dfrac{(R_2 // R_3 // R_4 // R_5)}{R_1}$。于是，如图($a$)所示的曲线就可用 Oa，ab，bc，cd 四段直线来替代(见图(b))。

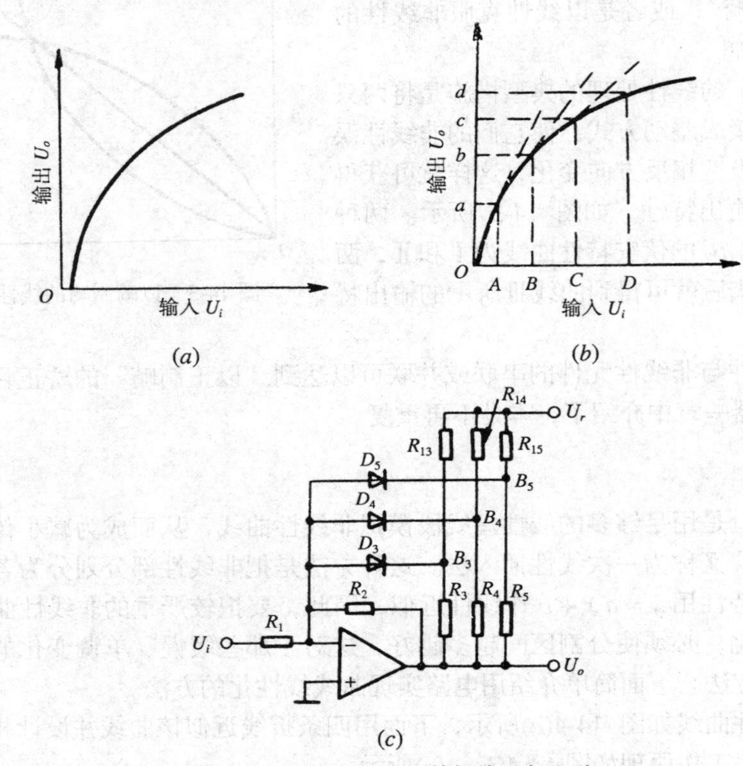

图 14-4　折线近似法及其折线近似电路

这种方法在折点附近的精度高，远离折点处的精度低，而且区间划分不可能很细，所以阻碍了精度的提高。利用高次逼近法可以大大提高其精度，但是，用电路实现是非常困难的。若传感器是接入一个微机控制系统测量某一非电量，这一问题就迎刃而解了。

二、软件线性方法

1. 一次软件插值法

用软件对传感器进行线性化，其方法有三种：计算法、查表法和插值法。前两种方法编制程序比较麻烦，花费的时间比较多。实际使用时，常把计算法和查表法结合起来，形成插值法。

设传感器输入-输出特性曲线如图 14-5(a)所示。根据精度的要求，把曲线分成 n 段，可得到分段点的坐标(x_0, y_0)，(x_1, y_1)，…，(x_n, y_n)，实际检测量 x 必定会落在某一段(x_i, x_{i+1})内，即 $x_i < x < x_{i+1}$。线性插值法就是用直线段近似代替每段的实际曲线，然后通过近似公式计算出输出量。由图 14-5(a)可看出，通过(x_i, y_i)和(x_{i+1}, y_{i+1})两点直线的斜率为

$$k_i = \frac{\Delta y}{\Delta x} = \frac{y_{i+1} - y_i}{x_{i+1} - x_i} \tag{14-11}$$

输出值 y 的计算公式则为

$$y = y_i + \frac{y_{i+1} - y_i}{x_{i+1} - x_i}(x - x_i) \tag{14-12}$$

或者

$$y = y_i + k_i(x - x_i) \tag{14-13}$$

软件插值法是以折点前后的微分来决定斜率的，所以即使远离折点的精度也不会下降；另外(x_{i+1}, x_i)区可以取得很小，大大改善了硬件方法的精度。软件插值法的流程图如图 14-5(b)所示。

对曲线的分段可采用沿 x 轴等距离选取法，这一般用于曲线的非线性程度不太大的情况；若曲线非线性比较严重，可采用非等距离选取法，但表格常数占据的存储容量增大。当然，采用高次插入法更有利于提高线性的程度。

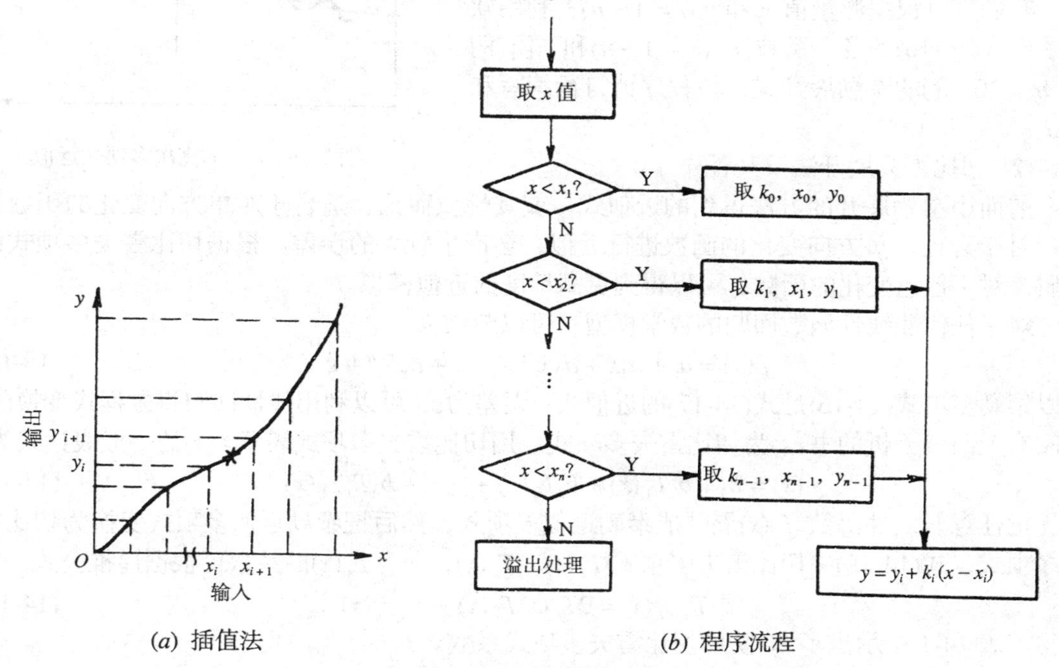

(a) 插值法　　　　(b) 程序流程

图 14-5　插值法流程图

2. 对传感器特性进行高次多项式的近似模拟

对于热电偶和测温电阻等传感器特性，可以预先用数学式表达出来，如温度在 −200 ~ 0℃范围变化时，铂的电阻可以表示为 $R(t) = R_0[1 + At + Bt^2 + C(t - 100)t^3]$；而在 0 ~ 850℃范围，可用 $R(t) = R_0[1 + At + Bt^2]$表示，式中 A，B，C 为常数，R_0 为 0℃时的电

阻值。热敏电阻可用下式表示：

$$R(T)=R_0\exp\left[B\left(\frac{1}{T}-\frac{1}{T_0}\right)\right] \tag{14-14}$$

式中 T 为开氏温度，R_0 为 $T_0=273\text{K}$ 时的电阻值，B 为热敏电阻的材料常数。

但是相当多的传感器特性不能如此明确地表达出来，在这种场合，与其通过经验对电路网络作复杂的调整，不如首先作近似传感器特性的数学描述更好。下面介绍高次多项式的近似作法。

(1) 泰勒展开法及其程序

假设某一传感器特性可用 $y=f(x)$函数表示，若 $y=f(x)$在某区间$[0,\ a]$上，则它可用如下多项式来近似表示(见图 14-6)：

$$P(x)=a_1+a_2x+a_3x^2+\cdots+a_nx^{n-1}+\cdots \tag{14-15}$$

所谓泰勒展开，就是用式(14-15)近似表示 $f(x)$，即

$$f(x)=a_1+a_2x+a_3x^2+\cdots+a_nx^{n-1} \tag{14-16}$$

若测量若干组 x_i，$y_i\,(i=1,\ 2,\ \cdots,\ n)$值，就可求出多项式的系数 $a_i\ (i=1,\ 2,\ \cdots,\ n)$，因此，可得到近似表示某一传感器特性的数学表达式。

我们可以根据测量值 x_i 和 $y_i\,(i=1\sim n)$，利用软件求出式(14-16)的各个系数 $a_i\ (i=1\sim n)$和高阶(例如 $n=20$ 阶)的泰勒展开式，该程序请自行编写和调试。

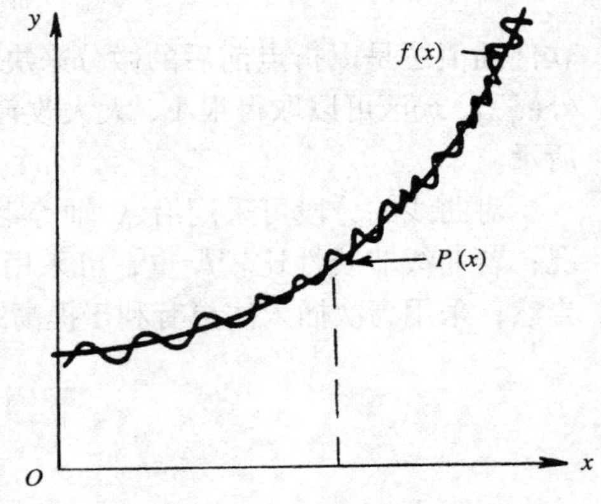

图 14-6　$f(x)$的高次多项式近似

(2) 切比雪夫展开法及其程序

前面用泰勒展开的方法得到的近似式，就其性质而论，适合于对单方向变化的函数近似，对于有正、负方向变化的函数进行近似，会产生较大的误差。根据切比雪夫多项式的性质，对于任意变化的函数，可以得到更高精度的近似模拟。

对于任何非线性函数回归的数学模型，可以归结为

$$f(x)=a_0+a_1x+a_2x^2+\ \cdots\ +a_nx^n+\varepsilon \tag{14-17}$$

所以泰勒多项式(14-16)是式(14-17)的近似式，误差为ε，可以利用线性回归将方程式变换(请参阅有关回归分析的书藉)为切比雪夫多项式。用切比雪夫多项式表示 $f(x)$的一般表达式为

$$f(x)=b_1+b_2T_1(x)+b_3T_2(x)+\ \cdots\ +b_nT_{n-1}(x) \tag{14-18}$$

首先把任意非线性函数 $f\ (x)$展开成泰勒近似多项式，然后把泰勒近似多项式变换为切比雪夫多项式，式(14-18)中切比雪夫多项式 $T_1(x)$，$T_2(x)$，$\cdots$，$T_n(x)$的系数可根据递推公式

$$T_{n-1}(x)=2T_n(x)T_1(x)-T_{n+1}(x) \tag{14-19}$$

求得。表 14-1 中示出了 20 阶的切比雪夫多项式系数。

同样，我们可以设计一段程序求取切比雪夫多项式表示 $f\ (x)$的展开式系数 b_1，b_2，$\cdots$，b_n。

无论是泰勒展开还是切比雪夫展开，其数学处理都不那么简单，如果手头有上述程序就可方便地在微型计算机上计算。下面以 CC(铜-康铜)热电偶的线性化为例加以说明。

假如测量范围为$-100\sim900$℃，其温度-热电势特性如表 14-2 左边部分和图 14-7 所示，可以看到，在$-100\sim300$℃的范围内非线性失真最严重。

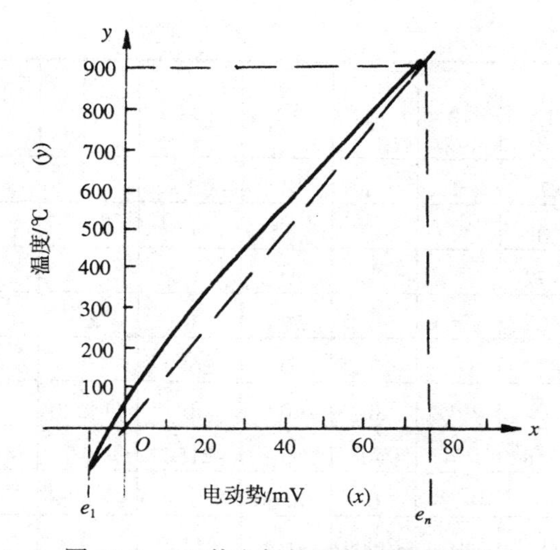

图 14-7　CC 热电偶的温度-电动势特性

表 14-1　20 阶的切比雪夫多项式系数表($T_n(x)=a_0+a_1x+a_2x^2+\cdots+a_nx^n$)

(T_n) n / (a_n) n	0	1	2	3	4	5	6	7	8	9
0	1	0	–1	0	1	0	–1	0	1	0
1	0	1	0	–3	0	5	0	–7	0	9
2	0	0	2	0	–8	0	18	0	–32	0
3	0	0	0	4	0	–20	0	5	0	–120
4	0	0	0	0	8	0	–48	0	160	0
5	0	0	0	0	0	16	0	–112	0	432
6	0	0	0	0	0	0	32	0	–256	0
7	0	0	0	0	0	0	0	64	0	–576
8	0	0	0	0	0	0	0	0	128	0
9	0	0	0	0	0	0	0	0	0	256
10	0	0	0	0	0	0	0	0	0	0
11	0	0	0	0	0	0	0	0	0	0
12	0	0	0	0	0	0	0	0	0	0
13	0	0	0	0	0	0	0	0	0	0
14	0	0	0	0	0	0	0	0	0	0
15	0	0	0	0	0	0	0	0	0	0
16	0	0	0	0	0	0	0	0	0	0
17	0	0	0	0	0	0	0	0	0	0
18	0	0	0	0	0	0	0	0	0	0
19	0	0	0	0	0	0	0	0	0	0
20	0	0	0	0	0	0	0	0	0	0

(续　表)

(a_n) n \ (T_n) n	10	11	12	13	14	15	16	17	18	19	20
0	−1	0	1	0	−1	0	1	0	−1	0	1
1	0	−11	0	13	0	−15	0	17	0	−19	0
2	50	0	−72	0	98	0	−128	0	162	0	−200
3	0	220	0	−364	0	560	0	−816	0	1140	0
4	−400	0	840	0	−1568	0	2688	0	−4320	0	6600
5	0	−1232	0	2912	0	−6048	0	114240	0	−20064	0
6	1120	0	−3584	0	9408	0	−21504	0	44352	0	−84480
7	0	2816	0	−9984	0	28860	0	−71808	0	160512	0
8	−1280	0	6912	0	−26880	0	84480	0	228096	0	549120
9	0	−2816	0	16640	0	−70400	0	239360	0	−695552	0
10	512	0	−6144	0	39424	0	−180224	0	658944	0	−2050048
11	0	1024	0	−13312	0	92160	0	−452608	0	1770496	0
12	0	0	2048	0	−28672	0	212990	0	−1118208	0	4659200
13	0	0	0	4096	0	−61440	0	487424	0	−2723840	0
14	0	0	0	0	8192	0	−131072	0	1105920	0	−6553800
15	0	0	0	0	0	16384	0	−278528	0	4290368	0
16	0	0	0	0	0	0	32768	0	−509824	0	5570560
17	0	0	0	0	0	0	0	65536	0	−1245184	0
18	0	0	0	0	0	0	0	0	131072	0	−2621440
19	0	0	0	0	0	0	0	0	0	262144	0
20	0	0	0	0	0	0	0	0	0	0	524288

为了求这种热电偶的线性近似式，首先把变量 x 在−1 ~ +1 之间进行归一化，即

$$x = \frac{2e-(e_n+e_1)}{e_n-e_1} \tag{14-20}$$

这里，相当于+1 的 e_n 为 68.85mV，相当于−1 的 e_1 为−5.18mV，故 x 为

$$x = \frac{2e-(68.85-5.18)}{68.85+5.18} = 0.027\,016\,1e - 0.860\,057 \tag{14-21}$$

据此，各温度下的归一化变量 x 的值如表 14-2 所示。

上面已经决定了 y（温度/℃）和 x(电动势归一化变量)，为了首先求出泰勒展开构成的近似式，可执行自行设计的求取泰勒展开式中的 a_i 系数程序，表 14-3 为其计算结果，$A(I)$代表的项是近似式的系数 a_i。

然后，利用此结果，起动自行编写的切比雪夫近似式的程序，表 14-4 为其计算结果，$B(I)$表示的项是近似式的系数 b_i。

表 14-2　CC(铜-康铜)热电偶特性

测定温度 y/℃	电动势 e/mV	为进行线性化的归一化变量 $x=0.027\ 016\ 1e-0.860\ 057$	用切比雪夫近似式所得到的线性化结果/℃
−100	−5.18	−1.000 00	−97.2
0	0	−0.860 057	−2.7
+100	+6.32	−0.689 315	+99.3
+200	+13.42	−0.497 501	+201.3
+300	+21.04	−0.291 638	+301.3
+400	+28.95	−0.077 940 9	+400.1
+500	+37.01	0.139 809	+498.5
+600	+45.10	0.358 366	+598.5
+700	+53.14	0.575 579	+700.0
+800	+61.08	0.790 086	+801.1
+900	+68.85	1.000 00	+898.8

表 14-3　泰勒近似式的解($A(I)$是近似式的系数)

I	$A(I)$	$B(I)$
1	4.359 354E+02	4.220 237E+02
2	4.597 724E+02	4.868 685E+02
3	−1.464 493E+01	−1.713 077E+01
4	2.463 566E+01	1.118 311E+01
5	9.097 553E+00	−3.824 332E+00
6	5.882 030E+00	1.639 378E+00
7	−8.055 010E+01	−7.329 921E−01
8	2.998 474E+00	2.827 994E−01
9	1.053 681E+02	−2.316 162E−01
10	6.711 417E+00	2.626 47E−02
11	−5.320 599E+01	−1.039 179E−01

从表 14-3 和表 14-4 可见，系数 $A(I)$，$B(I)$都只是出现至 11 阶。这是因为 x，y 的输入数据只有 11 个，但是，在热电偶等情况下，即使不用更高次式也能获得相当不错的线性。因此，这里取 4 次近似式，则

$$y(x)\approx 422.023\ 7+486.868\ 5T_1(x)-17.130\ 77T_2(x)+11.183\ 11T_3(x)-3.824\ 332T_4(x)$$

由表 14-1 求 $T_1(x)$，$T_2(x)$，$T_3(x)$，$T_4(x)$，于是有

$$y(x)\approx 435.330+453.319x-3.668x^2+44.732\ 4x^3-30.594\ 7x^4 \tag{14-22}$$

但是，该式不是对应于输入电势 e(mV)的，而是对应于归一化变量 x 的，所以把式(14-21)代入式(14-22)，就得到如下近似式：

$$y(e)=-2.693\ 09+17.202\ 4e-0.186\ 02e^2+0.002\ 957\ 44e^3-0.000\ 016\ 300\ 0e^4 \tag{14-23}$$

表 14-2 的最右边列出了由式(14-23)计算的线性数据，由此可以看出，对应于 −100～+900℃范围内，可以实现误差小于±3℃的近似，误差曲线示于图 14-8。

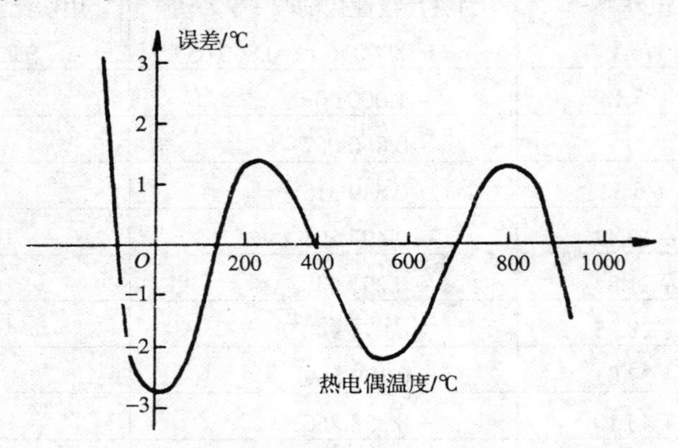

图 14-8　近似式(14-22)中线性特性误差

表 14-4　对表 14-3 的切比雪夫近似式的解($B(I)$是近似式的系数)

I	$A(I)$	$B(I)$
1	$4.359\,354E+02$	$4.220\,237E+02$
2	$4.597\,724E+02$	$4.868\,685E+02$
3	$-1.464\,493E+01$	$-1.713\,077E+01$
4	$2.463\,566E+01$	$1.118\,311E+01$
5	$9.097\,553E+00$	$-3.824\,332E+00$
6	$5.882\,030E+00$	$1.639\,378E+00$
7	$-8.055\,010E+01$	$-7.329\,921E-01$
8	$2.998\,474E+00$	$2.827\,994E-01$
9	$1.033\,681E+02$	$-2.316\,162E-01$
10	$6.711\,417E+00$	$2.622\,647E-02$
11	$-5.320\,599E+01$	$-1.039\,179E-01$

第三节　抗干扰的处理方法

传感器使用场合是多种多样的。有些是在研究室中使用，相对而言，使用环境比较优越，往往不需作严格的抗干扰处理，但是，如果要使传感器作精密的测量，还是要作一些处理的。有不少传感器使用的环境十分恶劣，例如在强辐射、强电场和强磁场等环境中使用，在设计传感器系统时，若不精心进行抗干扰处理，传感器准确测量是无法保证的。归纳起来，干扰可能来自外部的电磁干扰，可能来自供电电路，也可能是器件自身的性能引起的。因此，在传感器电路设计中，往往从如下几个方面采用抗干扰措施。

一、从元器件方面来采取措施

由元器件引起的干扰通常是由制造元器件的材料、结构、工艺和自热程度决定的。

电阻的干扰来自于电阻的电感、电容效应以及电阻本身的热噪声。而且不同的电阻的效果也不相同。

例如，一个阻值为 R 的实芯电阻，等效于电阻 R、寄生电容 C、寄生电感 L 的串并联，如图 14-9 所示。一般来说，寄生电容大约为 0.1 ~ 0.3pF，寄生电感大约为 5 ~ 8nH。在频率高于 1MHz 时，上述的寄生电容和电感就不可忽视了。在高频情况下，往往在阻值低时，则以寄生电感为主；在阻值高时，则以寄生电容为主。

又如阻值为 R 的线绕电阻，也等效于电阻 R、寄生电容 C 和电感 L 的串并联，其等效电路如图 14-10 所示。其寄生电容 C 和电感 L 的值往往由绕线工艺决定。倘若采用双绕线方法，虽然寄生电感可以减小，但寄生电容却会增大。

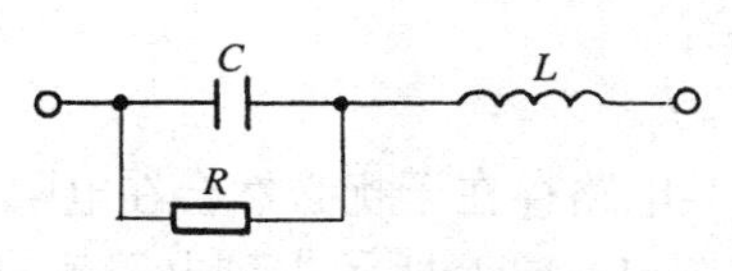

图 14-9 实芯电阻的等效电路

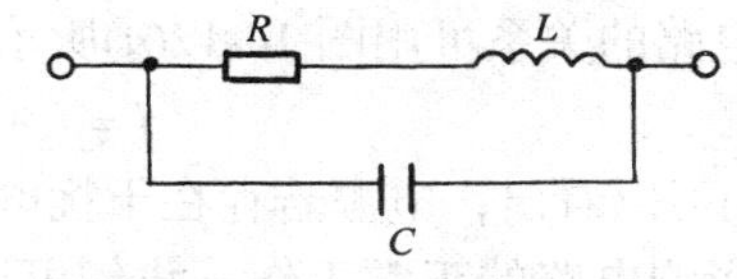

图 14-10 绕线电阻的等效电路

常用的碳膜电阻，其制造上工艺有别于上述两种电阻，它也有寄生电容和电感，但是，其寄生电感比实芯电阻大，比线绕电阻小。

各种电阻工作时，均会产生热噪声。其热噪声电压可以表示为

$$U_T = (4kRTB)^{\frac{1}{2}} \tag{14-24}$$

其中 R 为电阻的阻值；

$k = 1.374 \times 10^{-23}$J/K(波耳兹曼常数)；

T 为绝对温度(K)；

B 为噪声带宽(Hz)。

如果某一电阻 R = 500kΩ，B = 1MHz，T = 20℃ = 293K，则 U_T = 90μV。如果信号为微伏量级，则信号会被噪声淹没。所以，在使用传感器时，必须综合考虑元器件的上述情况对测量产生的影响，否则会得不到正确的测量结果。

电容器类型较多(纸质电容器、聚酯树脂电容器、云母电容器、陶瓷电容器、钽电容器等)，它们都可以用图 14-11 所示等效电路来表示。

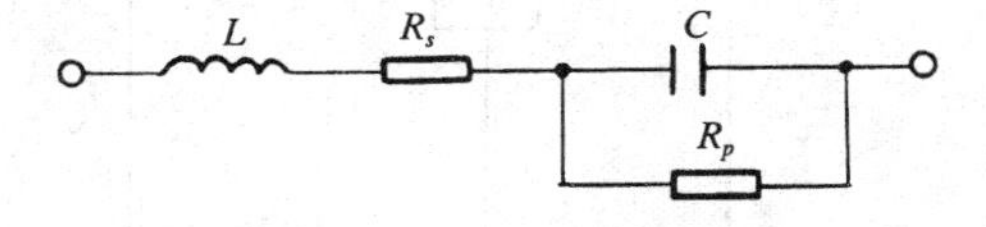

图 14-11 电容器的等效电路

电容器的旁路电阻 R_p 是由介质在电场中泄漏电流造成的；电感 L 主要由内部电极电感和外部引线电感组成。电阻和电容的存在，会影响电路的时间常数。当在频率高的时候，电感效果会增强，在某一频率点会形成共振，使电容器失去效用。电容工作的下限频率由

其容量决定。容量越大，工作频率下限越低。在选用电容器时，我们必须考虑电容器适用的工作频率。

由于电容的结构和介质不同，图 14-11 中所示的电感 L 与串联电阻 R_s 及旁路电阻 R_p 是不相同的。所以，在实际电路设计时，需要根据具体要求选择合适的电容器。

电感器常用于高频振荡、滤波、延时功能中。电感器既是一个干扰源，同时也是抑制干扰的重要元件。

电感器工作时，它发出的磁力线会影响周边电路；同时电感器也容易接收外来电磁干扰。因此，应该尽量采用闭环型的电感器。

二、电源的去耦处理

电源是所有所使用电路的能源。如果电源有干扰存在，其干扰电压必然施加在所有电路上，因此，供电电源与使用电路间必须采用去耦电路，使干扰电压信号消除或减弱。

电源与电路的关系可用图 14-12(*a*)所示框图表示：

$$I = I_1 + I_2 + \cdots + I_n$$

从图 14-12(*a*)可以看出，电源若存在干扰电压 U_s 或某电路存在干扰必然会在电阻 R_s 上产生干扰电压，影响电路的正常工作。我们可以采用如图 14-12(*b*)所示去耦电路解决这一干扰问题。

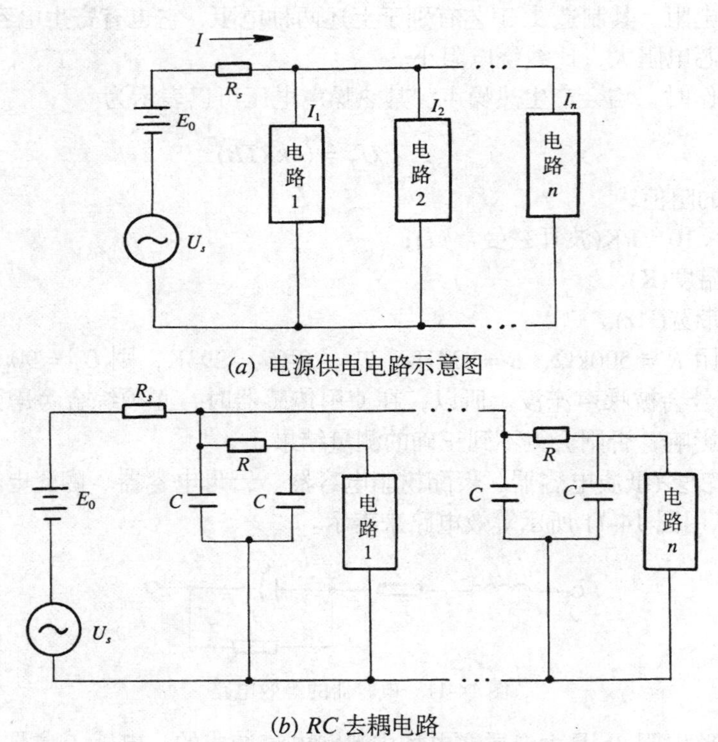

图 14-12　电源与电路间去耦措施

RC 去耦电路是一种简单易行的方法。该 RC 去耦电路既能对电源干扰电压 U_s 进行有效抑制，又能消除各电路间的耦合。当然去耦电路中也可用电感 L 代替电阻 R，然而它们各有优缺点，电阻会消耗能量，降低供电电压；电感虽然不会明显降低电压，但它两端有辐射噪声，也会对其他电路产生干扰。因此，应根据具体情况进行选择使用。

三、印刷电路板的正确布局是去干扰的一种有效方法

在正确选择了元器件，采用了抗干扰若干措施之后，在制作印刷电路板时，确当地设计线路板也很重要。通常在线路板布局设计时，要考虑如下几个措施：

(1) 布线时，干扰源与易受干扰的元件要尽可能远离。

(2) 模拟电路与数字逻辑电路应尽可能分开，且两者不共地线。

(3) 非辐射元件或单级元件应尽可能靠近，以减少公共地阻抗。

(4) 高速元器件应尽可能缩小所占布线面积，且采用最短的布线。

(5) 应尽可能避免窄长的平行线，当不得不采用平行线时，可用地线隔开。

(6) 电源线和地线线径不得小于 1mm，地线可适当加粗。

(7) 当频率小于 1MHz 时，可采用单点接地；当频率在 1~10MHz 时，如果地线长度小于$\lambda/20$，则可采用单点接地，否则应采用多点接地；当频率高于 10MHz 时，应采用多点接地。

(8) 当线条需要转弯时，或用圆弧连接，或向两个方向各转 45°。

(9) 如果采用多层板时，所有元件和连接器都应安装在接地平面内。

(10) 电源和地的布局，应减小耦合回路和电源与地间的分布阻抗。在电源进线处应布有滤波网络。

第四节　传感器的正确选用原则

由于传感器技术的研制和发展非常迅速，各种各样的传感器应运而生，对选用传感器带来了很大的灵活性。根据前面各章内容可知，对于同种被测物理量，可以用各种不同的传感器测量，为了选择适合于测定目的的传感器，有必要讨论传感器的正确选择，并定出几条选用传感器的原则。虽然，传感器选择时应考虑的事项很多，但不必都要一一加以考虑，根据传感器实际使用的目的、指标、环境和成本等限制条件，从不同的侧重点，优先考虑几个重要的条件就可以了。例如，测量某一对象的温度适应性，要求适应 0~150℃温度范围，测量精度为±1℃，且要多点(128 点)测量，那么选用何种温度传感器呢？能胜任这一要求的温度传感器有：各种热电偶、热敏电阻、半导体 PN 结温度传感器、IC 温度传感器等，它们都能满足测量范围、精度等条件。在这种情况下，我们侧重考虑成本低，测量电路、相配设备是否简单等因素进行取舍。相比之下选用半导体结(PN)温度传感器最为恰当。倘若上述测量范围为 0~400℃，其他条件不变，此时只能选用热电偶中的镍铬-考铜或铁-康铜等热电偶。又如，需要长时间连续使用传感器时，就必须重点考虑那些经得起时间变化等方面长期稳定性好的传感器；而对化学分析等时间比较短的测量过程，则需要考虑灵敏度和动态特性均好的传感器。总之，选择使用传感器时，应根据几项基本标准，具体情况具体分析，选择性能价格比高的传感器。选择传感器时应从如下几方面的条件考虑：

一、与测量条件有关的因素

(1) 测量的目的；
(2) 被测试量的选择；
(3) 测量范围；
(4) 输入信号的幅值、频带宽度；
(5) 精度要求；
(6) 测量所需要的时间。

二、与传感器有关的技术指标

(1) 精度；
(2) 稳定度；
(3) 响应特性；
(4) 模拟量与数字量；
(5) 输出幅值；
(6) 对被测物体产生的负载效应；
(7) 校正周期；
(8) 超标准过大的输入信号保护。

三、与使用环境条件有关的因素

(1) 安装现场条件及情况；
(2) 环境条件(湿度、温度、振动等)；
(3) 信号传输距离；
(4) 所需现场提供的功率容量。

四、与购买和维修有关的因素

(1) 价格；
(2) 零配件的储备；
(3) 服务与维修制度、保修时间；
(4) 交货日期。

以上是有关选择传感器时主要考虑的因素。为了提高测量精度，应注意平常使用时的显示值应在满量程的 50%左右来选择测量范围或刻度范围。选择传感器的响应速度，目的是适应输入信号的频带宽度，从而得到高信噪比。精度很高的传感器一定要精心使用。此外，还要合理选择使用现场条件，注意安装方法，了解传感器的安装尺寸和重量等，并且注意从传感器的工作原理出发，联系被测对象中可能会产生的负载效应问题，从而选择最合适的传感器。

习题与思考题

1. 传感器的阻抗匹配方法有哪几种？它们各在什么情况下使用？

2. 学习了全书内容后，请列出所有简单的线性化方法，并绘制图形说明线性化的原理。

3. 用泰勒级数展开和切比雪夫多项式展开作为非线性传感器的特性近似表示主要区别在哪里？

4. 如何正确使用传感器？假如要测量 1μm ~ 2mm 的位移量，测量精度为 0.1μm，试问有哪些种类的传感器可被考虑选用？哪一种最为合适？为什么？

5. 根据所学知识，试设计一种改善传感器非线性输出特性的电路或程序。

6. 试用 C++程序设计语言将泰勒展开式和切比雪夫多项式对铜-康铜热电偶进行线性处理的程序实现。

附录　参考实验内容

实验一　半导体应变片及其压力测量实验

实验二　电容式传感器及其压力测量实验

实验三　电感式传感器及其压力测量实验

实验四　热电偶传感器的多路测温实验

实验五　气敏传感器及其对 O_2、CO、CO_2 等气体的测量实验

实验六　湿度传感器及其对相对湿度的测量实验

实验七　霍尔集成传感器及其对转速测量实验

实验八　光纤传感器及其对位移量的测量实验

实验九　光纤传感器的成像过程的实验

实验十　线阵列 CCD 图像传感器的图像数据获取试验

实验十一　自行设计并实验能测量四路温度(0 ~ 150℃，±1%的误差)和四路湿度(20% ~ 80%的相对湿度)的智能测量系统。

参考文献

[1] 蒋焕文，孙续编著. 电子测量. 北京：计量出版社，1983.

[2] 王治纯主编. 自动检测技术. 北京：冶金工业出版社，1985.

[3] Nagrath I J，Copal M. Control System Engineering. New York: Halsted Press, A Division of John Wiley & Sons, Inc., 1982.

[4] 王厚枢等编. 传感器原理. 北京：航空工业出版社，1989.

[5] 袁希光主编. 传感器技术手册. 北京：国防工业出版社，1986.

[6] 秦积荣编著. 光电检测原理及应用. 北京：国防工业出版社，1985.

[7] 山东大学压电铁电物理教研室编. 压电陶瓷及应用. 济南：山东人民出版社，1974.

[8] 王云章编著. 电阻应变式传感器应用技术. 北京：中国计量出版社，1990.

[9] 沈观林，马良程编. 电阻应变计及其应用. 北京：清华大学出版社，1983.

[10] 严钟豪，谭祖根主编. 非电量检测技术. 北京：机械工业出版社，1983.

[11] 秦自楷等编. 压电石英晶体. 北京：国防工业出版社，1980.

[12] 康昌鹤等编. 气湿敏感器件及其应用. 北京：科学出版社，1987.

[13] 郑成法主编. 核辐射测量. 北京：原子能出版社，1982.

[14] Ulaby F T，Moore R K，Fung A K. Microwave Remote Sensing: Volume I. Addision-Wesley Publishing Company, 1981.

[15] 张志鹏，(英) Gambling W A 著. 光纤传感器原理. 北京：中国计量出版社，1991.

[16] 张国顺等编. 光纤传感器技术. 北京：水利电力出版社，1988.

[17] 刘瑞复等编. 光纤传感器及其应用. 北京：机械工业出版社，1987.

[18] 耿文学著. 激光及其应用. 石家庄：河北科学技术出版社，1986.

[19] 严怡生编. 光纤应用传感器. 传感器技术，1983(4).

[20] 徐同举编著. 新型传感器基础. 北京：机械工业出版社，1987.

[21] 鲍敏抗，吴宪平编著. 集成传感器. 北京：国防工业出版社，1987.

[22] 吴道梯编. 非电量测量技术. 西安：西安交通大学出版社，1990.

[23] 伍尔沃特 G A 著. 数字式传感器. 北京：国防工业出版社，1981.

[24] 广州机床研究所等编. 感应同步器与数显表. 北京：机械工业出版社，1979.

[25] 贾伯年，俞朴主编. 传感器技术. 南京：东南大学出版社，1990.

[26] 实用电子电路手册编写组编. 实用电子电路手册. 北京：高等教育出版社，1991.

[27] 刘瑄. 单片机有效值转换器. 集成电路应用，1988(1)：30 ~ 33

[28] 陈成主编. 微机电子仪器的实用设计. 北京：水利电力出版社，1987.

[29] 黄贤武，刘田康. SD-1 型机床电器温升自动检测系统研制. 机床电器，1991(1).

[30] 黄贤武编著. 微型计算机工业控制. 南京：南京大学出版社，1992.

[31] 田敬民. 智能传感器技术及其研究进展. 电气展望，1992(8)：41～45
[32] 张福学等编. 传感器敏感元器件大全. 北京：电子工业出版社，1990.
[33] 张福学编著. 传感器应用及其电路精选：上、下册. 北京：电子工业出版社，1992.
[34] 黄贤武编. 传感技术. 苏州：苏州大学出版社，1993.
[35] 袁易全主编. 近代超声原理与应用. 南京：南京大学出版社，1996.
[36] 国家科学技术委员会高技术研究发展中心. 传感器世界，1996～1998 年的期刊.
[37] 黄贤武等编. 传感器实用电路设计. 成都：电子科技大学出版社，1998.
[38] 许春向等编著. 生物传感器及其应用. 北京：科学出版社，1993.
[39] 刘君华编著. 智能传感器系统. 西安：西安电子科技大学出版社，1999.